中国科协学科发展研究系列报告

中国科学技术协会／主编

2016—2017

植物保护学
学科发展报告

中国植物保护学会 ｜ 编著

REPORT ON ADVANCES IN
PLANT PROTECTION

中国科学技术出版社
·北 京·

图书在版编目（CIP）数据

2016—2017植物保护学学科发展报告/中国科学技术协会主编；中国植物保护学会编著. —北京：中国科学技术出版社，2018.3

（中国科协学科发展研究系列报告）

ISBN 978-7-5046-7896-6

Ⅰ.①2… Ⅱ.①中…②中… Ⅲ.①植物保护—学科发展—研究报告—中国—2016—2017 Ⅳ.①S4-12

中国版本图书馆CIP数据核字（2018）第047483号

策划编辑	吕建华　许　慧
责任编辑	余　君
装帧设计	中文天地
责任校对	杨京华
责任印制	马宇晨

出　　版	中国科学技术出版社
发　　行	中国科学技术出版社发行部
地　　址	北京市海淀区中关村南大街16号
邮　　编	100081
发行电话	010-62173865
传　　真	010-62179148
网　　址	http://www.cspbooks.com.cn

开　　本	787mm×1092mm　1/16
字　　数	620千字
印　　张	26.75
版　　次	2018年3月第1版
印　　次	2018年3月第1次印刷
印　　刷	北京盛通印刷股份有限公司
书　　号	ISBN 978-7-5046-7896-6 / S·718
定　　价	98.00元

2016—2017

植物保护学
学科发展报告

首席科学家　吴孔明　陈剑平　宋宝安

专 家 组

组　长　陈万权　周雪平

副组长　王振营　郑传临　倪汉祥

成　员　（按姓氏笔画排序）

王　勇　王锡锋　方方浩　方继朝　孔垂华

刘晓辉　李向阳　杨光富　张礼生　张朝贤

陆宴辉　陈学新　柏连阳　娄永根　郭建洋

袁会珠　曹坳程　蔺瑞明

学 术 秘 书　文丽萍

序
FOREWORD

党的十八大以来，以习近平同志为核心的党中央把科技创新摆在国家发展全局的核心位置，高度重视科技事业发展，我国科技事业取得举世瞩目的成就，科技创新水平加速迈向国际第一方阵。我国科技创新正在由跟跑为主转向更多领域并跑、领跑，成为全球瞩目的创新创业热土，新时代新征程对科技创新的战略需求前所未有。掌握学科发展态势和规律，明确学科发展的重点领域和方向，进一步优化科技资源分配，培育具有竞争新优势的战略支点和突破口，筹划学科布局，对我国创新体系建设具有重要意义。

2016 年，中国科协组织了化学、昆虫学、心理学等 30 个全国学会，分别就其学科或领域的发展现状、国内外发展趋势、最新动态等进行了系统梳理，编写了 30 卷《学科发展报告（2016—2017）》，以及 1 卷《学科发展报告综合卷（2016—2017）》。从本次出版的学科发展报告可以看出，近两年来我国学科发展取得了长足的进步：我国在量子通信、天文学、超级计算机等领域处于并跑甚至领跑态势，生命科学、脑科学、物理学、数学、先进核能等诸多学科领域研究取得了丰硕成果，面向深海、深地、深空、深蓝领域的重大研究以"顶天立地"之态服务国家重大需求，医学、农业、计算机、电子信息、材料等诸多学科领域也取得长足的进步。

在这些喜人成绩的背后，仍然存在一些制约科技发展的问题，如学科发展前瞻性不强，学科在区域、机构、学科之间发展不平衡，学科平台建设重复、缺少统筹规划与监管，科技创新仍然面临体制机制障碍，学术和人才评价体系不够完善等。因此，迫切需要破除体制机制障碍、突出重大需求和问题导向、完善学科发展布局、加强人才队伍建设，以推动学科持续良性发展。

近年来，中国科协组织所属全国学会发挥各自优势，聚集全国高质量学术资源和优秀人才队伍，持续开展学科发展研究。从 2006 年开始，通过每两年对不同的学科（领域）分批次地开展学科发展研究，形成了具有重要学术价值和持久学术影响力的《中国科协学科发展研究系列报告》。截至 2015 年，中国科协已经先后组织 110 个全国学会，开展了 220 次学科发展研究，编辑出版系列学科发展报告 220 卷，有 600 余位中国科学院和中国工程院院士、约 2 万位专家学者参与学科发展研讨，8000 余位专家执笔撰写学科发展报告，通过对学科整体发展态势、学术影响、国际合作、人才队伍建设、成果与动态等方面最新进展的梳理和分析，以及子学科领域国内外研究进展、子学科发展趋势与展望等的综述，提出了学科发展趋势和发展策略。因涉及学科众多、内容丰富、信息权威，不仅吸引了国内外科学界的广泛关注，更得到了国家有关决策部门的高度重视，为国家规划科技创新战略布局、制定学科发展路线图提供了重要参考。

十余年来，中国科协学科发展研究及发布已形成规模和特色，逐步形成了稳定的研究、编撰和服务管理团队。2016—2017 学科发展报告凝聚了 2000 位专家的潜心研究成果。在此我衷心感谢各相关学会的大力支持！衷心感谢各学科专家的积极参与！衷心感谢编写组、出版社、秘书处等全体人员的努力与付出！同时希望中国科协及其所属全国学会进一步加强学科发展研究，建立我国学科发展研究支撑体系，为我国科技创新提供有效的决策依据与智力支持！

当今全球科技环境正处于发展、变革和调整的关键时期，科学技术事业从来没有像今天这样肩负着如此重大的社会使命，科学家也从来没有像今天这样肩负着如此重大的社会责任。我们要准确把握世界科技发展新趋势，树立创新自信，把握世界新一轮科技革命和产业变革大势，深入实施创新驱动发展战略，不断增强经济创新力和竞争力，加快建设创新型国家，为实现中华民族伟大复兴的中国梦提供强有力的科技支撑，为建成全面小康社会和创新型国家做出更大的贡献，交出一份无愧于新时代新使命、无愧于党和广大科技工作者的合格答卷！

2018 年 3 月

前言
PREFACE

当前是我国全面建成小康社会和进入创新型国家行列的决胜阶段，是深入实施创新驱动发展战略、全面深化科技体制改革的关键时期。植物保护学科在农作物生物灾害连续呈重发态势的严峻形势下，牢固树立创新、协调、绿色、开放、共享的发展理念，以推进农业供给侧结构性改革为主线，以保障国家粮食安全、重要农产品有效供给和增加农民收入为主要任务，以提升质量效益和竞争力为中心，以节本增效、优质安全、绿色发展为重点，不断提升植保科技自主创新能力、协同创新水平和转化应用速度，产生了一批重要科技创新成果。在基础与前沿技术研究、有害生物关键防控技术、科技成果转化和产业化、科技创新基地和平台建设、创新型科技人才培养造就等方面都取得了长足的进步，显著提升了我国植物保护科技的总体水平，防控生物灾害支撑能力明显增强。

本报告是在2007—2008年、2010—2011年和2012—2013年植物保护学学科发展研究的基础上，对2014年以来植物保护学科几个主要分支学科，即植物病理学、农业昆虫学、生物防治学、入侵生物学、植物化感作用学、农药学、农药应用工艺学、杂草科学、鼠害防治学的新进展、新成果、新理念、新策略、新方法、新技术进行回顾和总结（部分分支学科研究时间跨度适当延长至"十二五"），在总结我国植物保护学科研究现状的基础上，对照国内外植物保护学科发展现状与趋势，认真分析国内外研究热点和难点，展望今后三至五年植物保护学科研究方向，并对我国植保科技创新发展提出具有战略性、前瞻性的指导意见和对策。

坚持开展学科发展研究，促进植物保护科技事业繁荣是中国植物保护学会长期开展的一项主要工作。为进一步提高学科发展研究报告质量，学会在2016年4月13日召开的第十一届九次常务理事会上，研究通过了组织编写《2016—2017植物保护学学科发展报告》的计划。2016年8月30日召开了《2016—

2017 植物保护学学科发展研究》课题组第一次会议，组建了课题组，聘请中国工程院院士吴孔明、陈剑平和宋宝安为首席科学家，中国植物保护学会理事长、中国农业科学院麻类研究所所长陈万权和学会支撑单位中国农业科学院植物保护研究所所长周雪平担任专家组组长，会议研究制订了实施方案、编写提纲、计划和规范。2017 年 7 月 30 日召开课题组第二次会议，审议学科发展研究报告初稿，提出修改完善意见和建议。2017 年 8 月 31 日召开"2016—2017 年植物保护学学科发展研讨会"，审议了学科发展报告修改稿，组织专家进一步提出修改意见。在多次会议研讨中，首席科学家指出，学科发展研究报告首先要明确总体定位，报告不仅要面向科技工作者，还要考虑面向科技管理人员，为科技管理部门提供决策参考；研究报告要体现学科发展全貌，突出重点，全面反映理论、技术、工程、产品等多方面的创新进展，要有导向性；报告内容要归纳总结、高度提炼，避免简单拼凑；研究报告结构要强化国内外研究进展比较和发展趋势与对策部分，既要反映学科发展前沿，也要体现国家战略，采取定性和定量相结合，从学科、人才、平台、机制、政策等进行全面比较；分支学科之间内容可以有交叉，但不要重复，提倡学科之间交叉、融合与渗透；要注意科学性与科普性相结合，但以科学性为主。同时提出学科发展报告要力求达到以下几点：一是报告站位起点要高，既要有全球视野，也要体现中国特色，要转变思维方式，体现价值思维，从难度、高度、深度、宽度、力度五方面综合考虑；二是要处理好点与面的关系，面上要从新颖性、先进性和实用性方面考虑，体现源头保障、过程保护和产品保证全产业链拓展与延伸以及跨学科、跨行业和跨界领域，点上要注意反映重点突破、重点布局和标志性成果；三是要避免传统思维、碎片化、资料堆砌，既不要有严重缺失，也不要唯我独尊。首席科学家们的建议和意见为我们组织编写学科发展报告奠定了良好的基础。

《2016—2017 植物保护学学科发展报告》凝聚了来自中国农业科学院植物保护研究所、江苏省农业科学研究院植物保护研究所、浙江大学、中山大学、北京市农林科学院植物保护环境保护研究所、重庆大学、中国科学院武汉病毒研究所、华中农业大学、云南农业大学、中国科学院动物研究所、南京农业大学、环境保护部南京环境科学研究所、中国科学院生态环境研究中心、西南大学、中国检验检疫科学研究院、中国热带农业科学院环境与植物保护研究所、华南农业大学、中国农业大学、中国医学科学院药用植物研究所、辽宁工程技术大学、中国科学院兰州化学物理研究所、贵州大学、华中师范大学、华东理工大学、农业部南京农业机械化研究所、中国科学院昆明植物研究所、湖南省农业科学院、山东农业大学、山东省农业科学院植物保护研究所、中国科学院亚热带农业生态研究所、四川省林业科学研究院等单位（按专题报告顺序）的七十多位专家学者的心血，他们在完成本身业务工作同时，加班加点，付出了辛勤劳动，并有更多的专家提供编写素材，给予大力支持和帮助，在此一并表示衷心感谢。由于受篇幅、时间以及撰稿人水平所限，难以概全近几年植物保护学科取得的所有研究进展，若有遗漏和不妥之处，敬请读者不吝赐教。

中国植物保护学会

2017 年 11 月

序 / 韩启德

前言 / 中国植物保护学会

综合报告

目录 CONTENTS

专题报告

ABSTRACTS

Comprehensive Report

Reports on Special Topics

综合报告

植物保护学学科发展研究

一、引言

我国是一个农业生物灾害频发、农业生态环境脆弱的农业大国。植物保护是保护国家农业生产安全,保障粮食安全、农产品质量安全、生态安全、人民健康,促进农业可持续发展的重要科学支撑。在全球气候变化和种植业结构不断调整背景下,毁灭性农作物病虫害频繁暴发,危险性外来生物不断入侵,导致农业经济损失与生态环境破坏,加重和突出了农业生物灾害问题。

21世纪以来,我国农作物病虫害呈多发、频发、重发态势。这除气候异常、耕作制度变革等主要因素外,过度依赖化学农药,导致病虫抗药性增强、防治效果下降也是一个重要原因。据初步统计,2016—2017年,我国农作物重大病虫害偏重发生,病虫草鼠害发生面积4.2亿~4.3亿公顷次,每年累计防治面积5.1亿~5.2亿公顷次。受超强厄尔尼诺现象影响,南方大部地区汛期提前、极端天气增多,导致小麦赤霉病、条锈病和穗期蚜虫发生较重;稻飞虱、稻纵卷叶螟、稻瘟病发生早、繁殖快、扩散范围广,对小麦、水稻生产构成严重威胁。玉米病虫害总体偏重发生,棉铃虫、黏虫、玉米蚜虫在部分玉米产区发生较重。棉花病虫害总体中等发生,新疆棉蜘蛛、黄河流域棉盲蝽发生较重。农田草害总体偏重发生,长江中下游直播稻区及东北稻区抗药性稗草发生较重。农区鼠害总体中等偏重发生,东北和华南大部及西北部分地区呈偏重至大发生态势。

为有效控制农作物有害生物,国家一直高度重视植物保护防灾减灾工作。为遏制病虫加重发生的势头,减轻农业面源污染,保护农田生态环境,提倡树立绿色、低碳、循环的现代生态农业发展理念,坚持走产出高效、产品安全、资源节约、环境友好的现代生态农业产业化发展道路。实施农药零增长行动,将促进农药产品向高效低毒低残留、环境友好、人畜安全的方向转变,以价格优势主导的低效农药将逐步淡出市场;同时生物农药使用率明显增加，迅速扭转了过度依赖化学农药的局面，并更加重视保护和利用天敌，实施物理防治、生物防治、生态调控等非化学防控技术的绿色防控措施，绿色防控技术模式不断创新，在我国农作物有害生物防控实践中发挥了关键的科技支撑作用，逐步实现了病虫害可持续治理，维护生态系统多样性，促进生产生态协调发展。同时，在国家重点基础研究发展计划、国家高技术研究发展计划、国家科技支撑计划、国家公益性行业科研专项、国家自然科学基金等计划项目的支持下，植物保护学科在国家经济社会发展中的地位和作用不断得到提高，植物保护学科体系日臻完善。随着生物技术、信息技术等现代科学技术不断发展及其在植物保护研究领域的广泛应用，我国植物保护学科基础理论研究、高新技术研究与应用以及关键技术创新及应用等方面均取得了一批重大研究成果和突破性研究进展，提升了我国的自主创新能力，有效控制了农作物主要有害生物为害，为保障我国生态安全、生物安全、粮食安全和农产品质量安全提供了理论和技术保障，为促进农业增效和农民增收，实现全面建设小康社会的宏伟目标做出了切实的贡献。

二、2014—2017 年植物保护学学科研究进展

（一）基础研究水平进一步提高

1. 植物病理学科

（1）植物新病原物鉴定与传播。病原物种类鉴定及传播流行学是植物病理学科的基础性研究内容。利用下一代测序技术（NGS）开展新病毒种类鉴定，如中国科学技术大学吴清发团队与中国农业科学院植物保护研究所李世访团队合作发现了属于马铃薯纺锤块茎类病毒科的环状 RNA（GLVd）新类病毒。大多数植物病毒主要依赖媒介昆虫进行传播，揭示介体昆虫传播病毒的机制对研究病害流行与防控具有重要意义。中国农业科学院植物保护研究所王锡锋团队发现水稻条纹病毒（RSV）逃避寄主免疫作用的机制，与方荣祥等团队合作揭示了 RSV 卵传途径。福建农林大学魏太云团队和浙江大学王晓伟团队分别发现水稻矮缩病毒（RDV）和番茄黄曲叶病毒（TYLCV）突破介体昆虫经卵传播屏障的途径。

（2）病原物致病性。植物病原物致病因子是植物病理学科中非常活跃的研究领域之一。通过研究明确病原致病机理，能为研发病害防控策略和技术提供重要信息。

1）真菌和卵菌的效应蛋白。大豆疫霉菌（*Phytophthora sojae*）是研究病原菌效应蛋白的重要模式微生物。在侵入早期，寄主能识别 *Phytophthora sojae* 分泌的 PsXEG1，并利用 GmGIP1 抑制其活性。南京农业大学王源超团队发现了 *Phytophthora sojae* 逃避寄主抗性反应的新策略，即 *Phytophthora sojae* 利用效应蛋白的失活突变体 PsXLP1 作为诱饵干扰 GmGIP1，突破大豆抗性反应。由于糖基水解酶 XEG1 在真菌、卵菌和细菌中广泛存在，该研究结果为研发诱导植物广谱抗病性的生物农药提供了重要的理论依据。王源超团队与合作单位研究的"植物疫病菌生长发育与致病机理的研究"项目，于 2014 年获得高等学

校科学研究优秀成果奖一等奖。西北农林科技大学康振生团队发现小麦条锈菌基因组中存在大量分泌蛋白基因，高度杂合性、高频率遗传变异和局部遗传重组对调控病原菌毒性变异具有重要作用。另外，中国农业大学彭友良团队发现稻瘟菌效应蛋白 Slp1 的 N- 糖基化作用有利于逃避寄主的基础免疫反应，中国农业科学院植物保护研究所王国梁团队揭示了寄主抑制效应蛋白介导的细胞坏死的新机制。

2）细菌效应蛋白。在 AvrB–RPM1 互作中，中国科学院周俭民团队发现 AvrB 诱导增强茉莉素信号通路而调控气孔开放，有利于细菌侵入；该团队还发现黄单胞杆菌效应蛋白 AvrAC 对 BIK1 的同源蛋白 PBL2 修饰后，发挥"诱饵"功能，激活其介导的免疫反应。上海交通大学陈功友团队发现非典型结构 TALE（即 iTALEs）能抑制了 Xa1 介导的寄主广谱抗性，证明了细菌效应蛋白从激发寄主抗病性进化到干扰植物抗病过程，为进一步利用 *Xa1* 抗病基因培育广谱抗病水稻奠定了理论基础。

3）病毒功能基因。针对重要植物病毒的功能基因及其致病性的研究已取得了显著进展。中国农业科学院植物保护研究所周雪平团队揭示了棉花卷叶木尔坦病毒（CLCuMuV）可以利用其卫星编码的 βC1 蛋白调节植物的泛素化途径，促进病毒的积累和症状表现。南京农业大学陶小荣团队揭示了负链 RNA 病毒可利用植物所特有的内质网网络系统进行胞间转运和系统侵染的运输新机制。浙江大学李正和团队实现苣苣菜黄网病毒（SYNV）全长 cDNA 侵染性克隆的技术突破。中国农业大学王献兵团队研究发现黄瓜花叶病毒（CMV）清除对寄主顶端分生组织侵染的机制。李大伟团队首次揭示了磷酸化在大麦条纹花叶病毒（BSMV）的侵染和移动中的作用机理，还首次明确了 BSMV 在叶绿体上复制。

4）线虫的效应蛋白。效应蛋白是了解植物病原线虫寄生性和致病机制的关键。中国农业科学院植物保护研究所彭德良团队发现三个内切葡聚糖酶基因和一个酸性磷酸酶基因在线虫寄生初期起着关键作用。华南农业大学廖金玲团队揭示了根结线虫可利用植物翻译后修饰途径对其效应子同时进行糖基化和水解，从而激活效应因子，还发现爪哇根结线虫 MJ–TTL5 效应蛋白通过激活寄主植物活性氧清除系统来抑制植物基础免疫反应及提高其寄生能力。

（3）植物抗病性。解析寄主植物防卫识别机制和信号传导途径，尤其是关于识别病原菌无毒效应因子的植物受体蛋白功能及作用机制研究，依然是当前植物病理学科非常重要的研究领域。

1）泛素蛋白质系统。泛素化在植物抗病信号传导途径中发挥开关的作用。周雪平团队阐明了烟草环状 E3 连接酶 NtRFP1 介导双生病毒编码的蛋白泛素化和蛋白酶体降解。中国科学院遗传与发育生物学研究所沈前华团队发现 MLA 能被泛素化，进而抑制了 MLA 激发的防卫信号传递。浙江大学梁岩团队发现 PUB13 调节几丁质识别受体 LYK5 浓度而改变抗性调控功能。中国水稻研究所曹立勇团队和王国梁团队合作发现复合型 E3 泛素连接酶 CRL3 通过降解 OsNPR1 而负调节水稻细胞死亡和抗稻瘟病性。

2）蛋白激酶。中国科学院遗传与发育生物学研究所唐定中团队发现拟南芥抗白粉病正调控因子 BSK1 激酶是油菜素内酯受体的底物，还揭示了 EDR1 重新定位到病原侵入位点而调控拟南芥的免疫反应，另外发现依赖钙离子蛋白激酶（CPK）能作为钙离子感受分子，参与免疫反应。拟南芥免疫受体 FLS2 可通过细胞质激酶 BIK1 感知细菌鞭毛蛋白抗原表位 flg22，激活防御反应。清华大学柴继杰、韩志富团队与周俭民团队合作揭示了 flg22 激发植物免疫反应和 FLS2–BAK1 识别 flg22 的分子机制。

3）活性氧。植物细胞内活性氧产生和积累是防卫反应的最终途径，抑制病原菌侵入和扩展，参与抗菌物质合成和引起寄主细胞死亡。中山大学姚楠团队发现拟南芥 ACD5 具有神经酰胺激酶活性，促进神经酰胺和线粒体内活性氧积累。四川农业大学陈学伟团队还发现了水稻中编码 C2H2 类型转录因子基因 *Bsr-d1* 启动子自然变异后，通过减弱 H2O2 降解来提高水稻广谱持久抗性，但对水稻产量性状和稻米品质没有明显影响，这一结果对小麦、玉米等粮食作物相关新型抗病机理研究也提供了重要借鉴。

4）抗菌物质。病原菌侵诱导抗菌物质的合成与积累，是植物重要防卫反应途径。浙江大学张舒群团队发现 *Botrytis cinerea* 侵染拟南芥，促进 IGS（indoleglucosinolate）合成，最终转化为胞外不稳定的抗菌化合物；河北农业大学马峙英团队发现了多胺氧化酶参与棉花抗 *Verticillium dahlia* 的防卫反应中精胺和植保素 camalexin 信号传导。

5）钙调素类似蛋白。周雪平团队发现病毒 bC1 蛋白通过上调植物钙调素类似蛋白 Nbrgs–CaM 基因表达而抑制植物 RNA 沉默通路中重要组分依赖 RNA 的 RNA 聚合酶 6（RDR6）的功能，促进了双生病毒侵染，揭示了双生病毒逃避植物 RNA 沉默防御分子机制。

6）内源激素。拟南芥 NPR1 可以显著提高多种作物抗病性，是 SA 信号途径的关键元件。华中农业大学王石平团队与美国杜克大学董欣年教授实验室合作，通过在翻译水平上精准调控 NPR1 表达，在不影响水稻农艺性状前提下，能显著提高水稻对稻瘟病、白叶枯病和细菌性条斑病等病害的抗性，为创建广谱抗病水稻材料提供借鉴。

7）microRNA。在调控植物抗病反应中基因沉默机制发挥重要作用。北京大学生命科学学院李毅团队研究揭示了水稻 AGO18 蛋白通过竞争性结合 miR168 来保护 AGO1，从而增强水稻抗病毒防御反应；与曹晓凤团队合作，发现单子叶植物特有的 miR528 能够通过被 AGO18 竞争性结合，促进植物体内活性氧（ROS）积累，启动下游抗病毒通路。细胞质 mRNA 脱帽途径在真核生物中非常保守，具有抑制转录后水平基因沉默（PTGS）功能。叶健团队发现双生病毒通过调控叶型发育干细胞决定因子 AS2 来增强细胞质 mRNA 脱帽途径，抑制植物 PTGS 发生，增强其致病性。

8）抗病表观遗传学。华南农业大学刘耀光和张群宇团队在水稻中分离到对稻瘟病菌侵染以及抗稻瘟病药物（BIT）信号响应的染色质构型重塑因子基因家族（SNF2）成员 *BRHIS1*，首次揭示了与植物生长发育相关的抗病表观遗传调控机制。

9）细胞骨架。在植物表皮细胞中发现 MAMP 信号传导引起肌动蛋白组成的细胞骨架重塑，肌动蛋白变化动态的调控是基础防卫机制的交汇点。华中农业大学卫扬斗团队证明了重塑肌动蛋白细胞骨架被认为有助于建立细胞外围有效抵抗病原真菌侵染的防卫屏障。

2. 农业昆虫学科

福建农林大学尤民生团队于 2013 年成功完成了小菜蛾基因组测序与分析。通过基因注释和比较基因组分析，从小菜蛾基因组中预测到了 18071 个蛋白质编码基因和 1412 个小菜蛾特有的基因，并从后者发现一些参与感知和解毒的基因家族发生了明显的扩张。利用现有昆虫基因组信息构建系统发育树，发现小菜蛾属于鳞翅目昆虫中一个原始的类型，这与之前细胞学的研究结果一致。结合开展小菜蛾发育和抗药性相关的转录组和表达谱测序，从中分析了在幼虫阶段偏好表达的基因，发现与气味感受、食物消化和解毒代谢相关的基因所构成的复杂基因网络，其中以解毒代谢相关基因的种类最为丰富，多数成员在昆虫消化食物最重要的器官中肠中大量表达。小菜蛾基因组的破译，宣告世界上首个鳞翅目昆虫原始类型基因组的完成，它同时也是第一个世界性鳞翅目害虫的基因组。

中国科学院动物研究所康乐团队于 2014 年构建出约 6.3Gb 大小的东亚飞蝗基因组图谱——这是迄今已测序最大的动物基因组，发现飞蝗基因组中的转座因子发生了扩增并且丢失率很低，造成了飞蝗具有如此庞大的基因组。通过分析基因组信息，发现飞蝗能源代谢和解毒相关的基因家族发生了扩张显著，与其具有远程飞行能力和植食性一致。同时，还发现了几百个潜在的杀虫剂靶基因，包括半胱氨酸环配体门控离子通道，G 蛋白偶联受体和致死基因等。甲基化和转录组分析揭示了群居型和散居型两型转化过程中的微管动态介导的突触可塑性的复杂调控机制。

浙江大学张传溪团队完成了稻飞虱基因组测序与分析。该研究使用全基因组鸟枪法测序结合 Fosmid to Fosmid 测序组装的方法，得到了共 1.14Gb 的褐飞虱基因组序列。通过对褐飞虱和其他 14 个节肢动物基因家族的研究，发现褐飞虱跟蜻是姊妹分类单元，它们两者一起跟蚜虫是姊妹种系，都属于半翅目。为了研究褐飞虱水稻专一食性的特点，对褐飞虱化学感受相关基因家族进行了分析，发现褐飞虱的气味受体和味觉受体基因家族收缩，与褐飞虱只以水稻韧皮汁液为食的严格单食性特性相符。还对褐飞虱的共生真菌 YLS 和细菌 *Arsenophonus nilaparvatae* 做了组装注释，并分析了褐飞虱 – 真菌 – 细菌的共生关系，发现褐飞虱与真菌和细菌共生后才能形成完整的氨基酸、氮素、胆固醇和维生素 B 合成途径。褐飞虱基因组测序和研究，揭示了褐飞虱 – 共生真菌 YLS– 共生细菌三者的依存关系，也研究了褐飞虱专一食性、迁飞的机理。

山东大学赵小凡团队在昆虫蜕皮与变态的功能基因和分子调控机理方面取得了重要进展。鉴定获得了棉铃虫蜕皮激素途径中的多个受体、调控因子和效应因子，进一步阐明了昆虫蜕皮变态的分子调控机制。新发现的 Hsp90、G 蛋白偶联受体 ErGPCR、G 蛋白偶联受体激酶 2、G 蛋白偶联受体 ErGPCR、磷脂酶 C γ1、Broad Z7、G 蛋白 αq、β–Arrestin1、 cAMP 反应元件结合蛋白 CREB、蛋白激酶 C 等重要功能基因参与棉铃虫蜕皮激素途径。而蜕皮激素途径可以引起不同的下游反应，如蜕皮激素可以上调丝氨酸 / 酸酸蛋白质激酶引起细胞凋亡，可以调控超高密度脂蛋白受体的磷酸化引起超高密度脂蛋白上升，可以诱导周期蛋白依赖性蛋白激酶的磷酸化以促进基因转录，可以激活 FoxO 促进蛋白水解。

中山大学徐卫华团队在昆虫发育机制，尤其是在滞育机制方面，通过一系列的蛋白质组学、磷酸化蛋白质组学和代谢组学分析，对棉铃虫的滞育调控进行了深入研究。发现了 *PP2A*、*ESC*、*H3K27me3*、*c-Myc*、*AP-4*、*GSK-3β*、*HIF-1*、*Hexokinase*、*Akt*、*PRMT1*、*FoxO* 等多个基因以及活性氧参与了棉铃虫的滞育调控，调控过程涉及 TGF-β、Wnt/β-catenin、c-Myc-TFAM、胰岛素等多个重要信号途径。

此外，我国在农业害虫先天免疫、抗药性机理、性信息合成通路等方面也取得了重要的研究进展。

3. 生物防治学科

（1）目标与时代需求相适应，发展了生物防治的一些新技术。其主要进展有：①优化了天敌昆虫和病原微生物产品的规模生产技术和工艺，构建了适于我国种植模式特点的天敌昆虫和病原微生物的发掘及应用的技术体系；②以植物对天敌的支持作用作为落脚点，把基于生态学原理开展的生态调控、栖境管理和生物多样性调控赋予更加具体、更有可操作性的内容，提出了害虫天敌的"植物支持系统"概念，指导生产实践；③围绕栖息地生境，深入研究了栖境植物、蜜源植物、诱集植物、储蓄（载体）植物等对捕食螨、寄生蜂等天敌昆虫保育的影响及其机理，围绕天敌昆虫定殖性，从系统、群落、种群三个结构层次，探索研究天敌定殖的时间 – 空间规律。

（2）传统与新兴技术相结合，挖掘了生物防治新资源。主要进展有：①系统研究和整理了世界范围的蔬菜害虫天敌昆虫资源、蚜小蜂类天敌昆虫以及青藏高原天敌昆虫资源；②生防资源得到进一步发掘，已探明的寄生蜂种类共有十二个总科的四十八个科，发现了中国 2 新纪录种捕食螨；在传统生防真菌特别是木霉、粉红粘帚霉、寡雄腐霉、盾壳霉、酵母类生防真菌等方面有突破；筛选出二种对稻飞虱、二种对线虫具高活性的杀虫蛋白 / 基因；③利用 RNAi 技术研究褐飞虱、蝗虫、玉米螟、棉铃虫、小菜蛾等重大害虫基因功能，为 RNAi 靶基因的筛选提供基础；④初步创建我国天敌昆虫和病原微生物的资源库，实现了资源共享，常年保存三十种优质天敌昆虫活体资源，病原微生物菌株六千余株。

（3）宏观与微观手段相结合，丰富了生防控害新理论。其主要进展有：①研究提出了"植物疫苗"的田间应用概念，建立了"植物疫苗"的使用操作规范，系统阐述了"植物免疫诱导剂"与"植物疫苗"的概念和应用前景；②利用病毒介导的低毒菌株，发现相关病毒具有细胞外侵染能力并与噬真菌昆虫厉眼蕈蚊存在互惠性相互作用，为利用真菌 DNA 病毒控制作物病害提供了新理论支持；③从转录组、蛋白质组、代谢组水平，深入研究瓢虫、草蛉、捕食螨等天敌昆虫食性塑造及机理，探索了天敌昆虫寄主嗜好、靶标搜索能力的内在联系。

4. 入侵生物学科

（1）入侵生物与生境中各关键要素的互作机制。入侵物种能否适应入侵地环境，适应性对策和新生境中其他要素的互作是关键的考察指标。我国科学家以入侵我国的 B 烟粉虱 – 中国番茄黄化曲叶病毒 – 烟草组合为试验材料，阐明了媒介昆虫与植物病毒通过寄主植物介导形成互惠关系的生理机制和分子机制。发现烟粉虱本身取食植物可诱导提高植物对烟粉虱的抗性。然而，病毒巧妙地利用转录因子调控寄主防御基因转录表达，从而压抑了植物防御能力，间接保护烟粉虱的存活与生殖，促成了这种通过寄主植物介导的烟粉虱 – 双生病毒之间的互惠关系。这是首次从生理和分子水平揭示媒介昆虫与病毒之间通过植物介导形成互惠关系的重要机制。研究结果发表于 Molecular Ecology 和 Ecology Letters。其他相关研究表明，烟粉虱与植物病毒的互作关系非常复杂，植物病毒不仅可以通过抑制植物防御反应促进烟粉虱存活与繁殖，也可以诱导激活烟粉虱体内的免疫应答反应，增加对植物病毒的自噬。不同隐种烟粉虱传播植物病毒的类型和传毒效率差异很大，原因是病毒本身外壳蛋白与烟粉虱唾液腺相关因子的互作，影响植物病毒的传播，证实了唾液腺在烟粉虱与植物病毒互惠共生关系中的重要作用。同时，取食病毒侵染的寄主植物能显著影响和改变烟粉虱的取食行为，相关研究成果发表在 *Journal of Virology*。

此外，昆虫与其内共生菌互作机制是国际上的研究热点，我国科学家首次通过连续多年田间、多组学数据分析，明确了烟粉虱发生分布格局与内共生菌侵染率的相关性，发现了内共生菌侵染与烟粉虱不同气候区域分布密切相关。也有研究表明，被内共生菌侵染的烟粉虱可以改变寄主植物的防御反应。最新研究也首次揭示了昆虫寄主内共生菌可以借助于寄生蜂进行水平传播的新途径，研究成果发表于 *PLoS Pathogens*。上述入侵机制的揭示，为最终有效管控烟粉虱等媒介昆虫危害提供了理论支撑。

（2）入侵生物入侵过程的重大特征与预测模式。入侵生物入侵过程分析是提升入侵生物预警能力的重要手段，是明确入侵生物入侵地、入侵历史和扩散趋势分析的重要环节，也是提前采取有效防控措施的关键步骤之一。我国科学家以重大入侵植物豚草为对象，依据豚草在入侵地的特征和过程等的分析，首次集成创新了亚热带入侵杂草豚草联合防控、区域减灾与持续治理的技术体系。其主要包括：①农田与果园：采用生物防治为主的方法控制豚草。在一般发生区，采用天敌昆虫的早春助增释放和夏季人工助迁。②交通沿线与堤坝：种植绿化植物百喜草进行绿化与拦截，阻止豚草传播蔓延。在河滩和堤坝两侧的豚草重灾区，种植杂交象草进行生物多样性恢复。此外，在不便于进行替代植物拦截阻断的时期或地带，通过释放天敌昆虫广聚萤叶甲和豚草卷蛾进行生物防治。③林地、牧草地与荒地：可种植杂交象草进行生物多样性恢复。在不容易进行替代控制的生境，可辅以天敌昆虫的早春助增释放和夏季助迁释放，进行持续控制。该体系的建立，将显著降低入侵豚草对我国野生生态系统的影响，是生态系统多样性保护、农业生产稳定的重要技术保障。

（3）基于多组学技术的重大入侵生物大数据信息库创建。近五年，在国家科技项目的支撑下，中国外来有害入侵生物数据库科技含量逐渐提高，实现了数据查询、数据比对、实时上传和数据分析等功能，创建和丰富了在线服务体系。但是，我国外来有害生物的本底信息，特别是基于多组学的微观信息非常匮乏。鉴于此，有必要在入侵生物学学科体系框架内，针对典型重大入侵生物，利用现代科学技术创建属于我国独立运行的入侵生物组学大数据平台，为全面开展综合管理措施提供技术支撑和平台保障。因此，我国科学家先后开展并完成了重大入侵植物紫茎泽兰、薇甘菊，入侵昆虫烟粉虱、苹果蠹蛾，入侵病害大豆疫霉、松材线虫等的全基因组测序工作。例如，由中国农业科学院植物保护研究所、浙江大学等科研单位联合启动并完成了苹果蠹蛾（*Cydia pomonella* L.）的基因组测序、重测序及数据分析等工作。研究结果将对阐明其入侵机制、抗逆机理及防控等研究具有重要的推动意义。此外，我国对苹果蠹蛾、紫茎泽兰、薇甘菊等的转录组、蛋白质组、小RNA组、代谢组、表观基因组等研究工作已经大量开展，以上组学相关工作的开展和完成，不仅有利于入侵物种复杂基因组拼接技术创新、高新技术的应用，还将推动相关技术产业的发展，促进我国有害入侵生物综合管理水平进一步提升，有利于挖掘和推动研发绿色可持续管控技术。

5. 植物化感作用学科

（1）作物 - 杂草化学作用。近五年来，不仅对有关杂草与相关作物的化感作用及其可能的化感物质有了大量的报道，而且就主要粮食作物水稻和小麦化感品种对杂草的化学调控作用及其机理也有了比较深入的研究。黄顶菊（*Flaveria bidentis*）是华北地区常见的入侵植物，其根系发达，抗逆性强，一旦定殖就会快速繁殖，导致其他植物难以共存。中国农业科学院植物保护研究所万方浩课题组研究发现，侵入麦田和棉花田的黄顶菊主要通过落叶残株释放亲水性的酚类化感物质，这类化感物质可以改变土壤有效 P 和 K 含量，从而抑制小麦和棉花的生长发育。并研究发现焚烧后的黄顶菊落叶残株依然有显著的化感效应。中国农业大学孔垂华团队从植物与土壤因子生态互作的角度探讨了水稻化感品种与稗草的种间关系。通过田间小区和温室控制实验发现，水稻化感品种和稗草共存时存在着植物 - 土壤反馈作用，但这一反馈效应随生长期不同而发生根本性变化，负反馈效应发生在苗期而正反馈效应发生在成熟期。尤其是水稻化感品种和稗草共存的植物 - 土壤反馈效应的改变与水稻释放的化感物质显著相关，最终的反馈作用是生长抑制物质（黄酮和萜内酯）和生长促进物质（尿囊素）的净效应，这些化感物质不仅直接影响稗草生长而且间接地改变土壤微生物群落结构。最近，他们又从麦田杂草根分泌物中分离鉴定出茉莉酸、水杨酸、黑麦草内酯和木犀草素等潜在的信号传导活性物质，并发现这些物质均能够在低浓度激发小麦化感物质的合成，揭示了小麦和麦田杂草种间的化学识别主要发生在地下，并由土壤载体的化学信号物质介导。

（2）作物 - 害虫化学作用。围绕作物与害虫的化学互作关系，包括害虫胁迫下作物产生的防御化合物、防御化合物产生的机制以及害虫感知作物信号化合物的机理等，近年来已开展了大量的深入研究。以水稻、害虫及其天敌为研究系统，浙江大学娄永根课题组揭示了害虫诱导的水稻抗虫反应受到 MAPKs 级联反应以及茉莉酸、水杨酸、乙烯和过氧化氢等众多信号途径的调控，明确了茉莉酸以及乙烯信号途径在水稻抵御不同取食习性的害虫中起着不同的作用；发现了一些转录因子，例如 ERF3、WRKY70、WRKY53 等在调控水稻诱导抗虫反应中发挥着重要作用。此外，还阐明了水稻中受褐飞虱（*Nilaparvata lugens*）为害诱导的萜类挥发物 S– 芳樟醇（S–linalool）对褐飞虱具有明显的驱避作用，而对稻虱缨小蜂（*Anagrus nilaparvatae*）则有显著的引诱作用；而不受褐飞虱为害诱导的挥发物（E）– β – 石竹烯则对褐飞虱及其卵期天敌稻虱缨小蜂均具有明显的引诱作用。在害虫感知作物信号化合物机理的研究方面，南京农业大学董双林研究组通过对甜菜夜蛾各龄期转录组数据进行生物信息学分析，共鉴定了 79 个化学感受蛋白，其中包括 34 个气味结合蛋白（odorant binding protein，OBP）、20 个化学感受蛋白（chemosensory protein，CSP）、22 个化学感受受体（chemosensory receptor）和 3 个感觉神经元树突膜蛋白（sensory neuron membrane protein，SNMP）。表达谱分析与荧光互作试验表明 SexiOBP2 主要在触角中表达，并且能与十一醇、十二烷基醛、月桂酸、乙酸辛酯、壬基乙酸、乙酸癸酯等含 10~12 个碳原子线性结构的植物挥发物有较强的结合能力，这意味着 SexiOBP2 可能在甜菜夜蛾若虫的取食行为中发挥重要的定位作用。

（3）作物 – 病原微生物化学作用。许多植物在受到病原微生物侵染后，能产生并积累次生代谢产物，以增强自身的免疫力和抵抗力。如西南大学焦必宁课题组以人工接种寄生疫霉（*Phytophthora parasitica*）的柑橘果皮为材料，采用顶空固相微萃取结合气相色谱 – 质谱联用（GC–MS）技术研究了寄生疫霉病菌侵染对柑橘果皮挥发性物质释放的影响。结果表明柑橘果皮的挥发性物质主要成分由烯萜类、醇类、酯类、醛类、芳香族化合物及少量的其他物质组成，与健康果皮相比，感病后的柑橘果皮挥发性物质总含量增加了一半以上，其中含量增加最多的是烯萜类物质。

除了作物地上部分化学物质能对微生物产生明显影响外，作物根系分泌的化学物质亦能对微生物，尤其是土壤微生物产生显著影响。南京农业大学沈其荣团队在研究旱稻与西瓜间作显著减轻由镰刀菌引起的西瓜枯萎病的作用机理时，发现西瓜的根系分泌物可显著促进西瓜枯萎病菌（*Fusarium oxysporum*）的孢子形成和孢子萌发，而旱稻根系分泌的香豆酸则对其具有显著的抑制作用。云南农业大学朱书生课题组对玉米、烟草、油菜、辣椒混载或轮作对作物土传病害控制的机制进行了研究，结果表明在玉米 – 辣椒混载体系中玉米的根系会对辣椒疫霉菌（*Phytophthora capsici*）的传播起到阻隔的作用。由玉米根系分泌的苯并噻唑类化合物、苯并恶嗪类化合物及其降解产物对辣椒疫霉菌具有显著的抑制活性。同时，还发现在玉米 – 辣椒混载体系中，辣椒的根系分泌物可以诱导玉米根系和幼苗中苯并恶嗪类化合物生物合成相关基因的转录水平上升，从而使玉米合成更高浓度的苯并恶嗪类化合物,并由此控制玉米小斑病的发生。

(4)药用植物的连作障碍。连作障碍一直是中药材可持续生产中的一个重要问题。研究显示,药用植物根分泌的化感物质介导的土壤根际微生物生态失衡是导致连作障碍的重要因素。如沈阳农业大学傅俊范等从人参连作根际土壤中分离鉴定出没食子酸、水杨酸、3-苯基丙酸、苯甲酸和肉桂酸等五种酚酸物质,这些物质能够显著促进人参锈腐病菌菌丝生长和孢子萌发,并加重人参锈腐病的发生。辽宁工程技术大学赵雪淞等研究发现,人参总皂苷抑制了五种非人参病原真菌的生长,而促进了人参锈腐病菌毁灭柱孢菌(*Cylindrocarpon destructans*)的生长,五种非人参病原真菌的生长也受到二醇型人参皂苷和三醇型人参皂苷的抑制,三醇型人参皂苷的抑制活性更强;毁灭柱孢菌的体外生长被三醇型人参皂苷抑制,却被二醇型人参皂苷显著促进。进一步研究发现,六种主要的人参皂苷单体Rb_1、Rb_2、Rc、Rd、Rg_1 和 Re 对四种非人参病原真菌均显示生长抑制作用,而对人参锈腐病菌则显示出了不同的促进活性。

6. 农药学科

农药学科基础理论研究进展主要体现在新功能蛋白的发现、新的可药性靶标的验证和已有靶标的新功能探索。研究、解析了一些与杀菌、抗病毒相关的作用靶标及其功能:揭示了毒氟磷抗 TMV 的作用机制为激活 HrBP1,其潜在作用靶标可能是 SRBSDV P9-1;研究了宁南霉素抑制 TMV CP 复制的靶标;发现了 XoFabV 是抗水稻白叶枯病药物的潜在靶标;研究了氨基寡糖和嘧肽霉素对水稻的免疫诱抗机制、植物激活蛋白 PeaT1 的诱导活性机制、杀菌剂丁吡吗啉的作用机制、植物诱导抗病激活剂甲噻诱胺、氟唑活化酯和大黄素甲醚的作用机理。一些杀虫剂的潜在靶标得到确认:新 mAChR 受体 CG12796 的确认;家蚕和褐飞虱几丁质降解的关键酶的确认和功能分析;潜在杀虫剂靶标 3-羟基 -3-甲基戊二酸单酰辅酶 A 还原酶和固醇转运蛋白的发现;亚洲玉米螟几丁质酶 OfChtI 的晶体结构及其与寡糖底物的复合物的三维结构解析;首次发现了原卟啉原氧化酶的产物反馈抑制机制;首次获得了 AtHPPD 与其天然底物 HPPA 复合物的三维结构;揭示了生长素诱导的 TIR1 泛素连接酶底物识别的详细分子机理,发现了赤霉素进出受体的新通道,并提出了赤霉素受体 GID1 识别底物的全新机制。

7. 农药应用工艺学

中国农业大学刘西莉等探明了病原种类、分离比例、致病性与田间病害发生危害的关系,在国内率先建立了种子健康状况评价技术体系;首次研制出水稻恶苗病、玉米茎腐病和十字花科蔬菜黑斑病的早期分子快速诊断技术。中国农业科学院植物保护研究所针对国内外广泛使用的三唑类杀菌剂,证明了微囊缓释是解决这类杀菌剂种子处理过程中对种子萌发和幼苗生长不利因素的有效途径,且发现微囊化可以是戊唑醇等在种子萌发和幼苗生长过程中产生适当的生长促进作用,进一步研究发现其产生生长促进作用的原因在于使 GA 相关合成酶基因表达量上调和部分 GA 降解酶基因表达量下调。

我国农药应用工艺学科非常关注农药施用技术的理论研究。在农药雾化机理、农药雾滴飘移与沉积规律、农药剂量传递、精准选药、精准配药、精准施药、低容量喷雾等方面均开展了基础理论研究，提出了农药雾滴"杀伤半径"概念，建立了农药利用率模型。中国农业科学院植物保护研究所率先建立了"表面张力和接触角"双因子药液对靶润湿识别技术，制定了作物润湿判别指标，解决了药剂在不同作物表面高效沉积的有效识别与精准调控难题，提高对靶沉积率30%以上。中国农业大学何雄奎研究了农药雾化分析计算方法，用632.8nm激光双脉冲照射，将一个雾滴在同一幅图像中生成两个雾滴的投影，准确获得雾滴粒径、运动速度与方向等数据的瞬时值，发现了雾滴粒径与运动速度三维空间分布状态，得出了雾滴边缘破碎、穿孔破碎、波浪破碎的雾化过程；实现了农药雾滴雾化过程的数据化分析计算。中国农业大学还研究了农药喷雾全程成像技术。在365nm紫外荧光下以高于10000fps高速成像，获得雾滴沉积分布动态过程影像信息，得到0~1000μm农药雾滴沉积、破碎、反弹以及靶标上沉积雾滴谱、覆盖率、沉积密度等数据信息，建立了雾滴沉积能量守恒方程，实现在作物叶片上农药雾滴沉积分布的全程数据化成像。该研究将推动施药技术领域的技术革新，为设计新型雾化装置与高效施药机具及其应用提供理论支持。

8. 杂草科学

（1）杂草生物学。浙江大学樊龙江团队联合中国水稻研究所陆永良团队，明确了我国四个杂草稻群体的起源，其起源方式为独立去驯化起源，确定了其去驯化相关的位点，阐明了其去驯化过程中并非是简单的将栽培基因型恢复为野生型，而是利用新的变异和分子机制适应环境，且已有变异和新的突变在不同类型（籼、粳）杂草稻进化中的作用有明显差异。复旦大学卢宝荣团队和南京农业大学强胜团队通过一系列的研究工作，从不同侧面为去驯化理论提供思路和佐证，发现栽培稻的基因渗入对杂草稻种群的遗传分化、杂草稻适应性进化起着重要作用。

浙江大学樊龙江团队、中国水稻研究所和湖南省农业科学院等联合研究，发现了稗合成异羟肟酸类次生代谢产物丁布的三个相关基因簇，在与水稻混种时，该基因簇会快速启动，大量合成丁布，明显抑制水稻生长。稗还进化出合成次生代谢产物稻壳素的基因簇，稻瘟菌诱导其表达合成稻壳素。揭示了稗通过基因簇合成防御性次生代谢化合物与水稻竞争和抵御稻田病菌的遗传机制。还成功完成了稗六倍体基因组测序，发现其具有目前已知最大CYP450和GST基因家族，为杂草抗药性机制研究提供了重要遗传基础。

中国农业科学院植物保护研究所张朝贤团队运用微卫星（ISSR）分子指纹技术，明确了陕西、山西、山东、河北、河南和江苏六省四十份节节麦和圆柱山羊草的亲缘关系，运用ArcGIS MaxEnt技术，该团队明确了节节麦的适生范围非常大，几乎涵盖所有冬小麦种植区和部分春小麦种植区。

中国科学院昆明植物研究所吴建强课题组与马普化学生态学研究所Ian T.Baldwin教授

合作，创新性地提出了"菟丝子及其连接的不同寄主形成微群落"这一崭新概念，并且发现在这种微群落中，菟丝子能在不同寄主植物间传递代谢物、蛋白及 mRNA 等物质。更重要的是，系统性信号能够通过菟丝子快速、远距离地传递到微群落中的其他寄主植物，从而诱导转录组和代谢物响应。西北农林科技大学马永青团队研究发现多种非寄主植物的根系分泌物质，可以诱导向日葵列当萌发。浙江大学周伟军团队发现茉莉酸处理向日葵种子，可以诱导其整株的系统抗药性。

（2）休眠相关基因的调控作用。与美国科学家合作，中国农业科学院植物保护研究所魏守辉博士发现休眠相关基因 DELAY OF GERMINATION1（DOG1）通过 microRNA 途径调控种子休眠和开花的新机制，*DOG1* 基因不仅参与调控拟南芥和生菜种子的休眠深度，确定种子萌发的适宜时机，而且能影响植株的开花时间。研究证实，*DOG1* 基因主要通过影响 microRNA 的生成来调控植物生长周期中的关键相变。

（3）农田杂草群落及其演替规律。南京农业大学强胜团队揭示了夏熟（麦、油）作物田杂草以猪殃殃属为优势的旱作地杂草植被类型和以看麦娘属为优势的稻茬田杂草植被类型与分布，提出了杂草群落复合体的概念和相应治理策略。中国农业科学院植物保护研究所张朝贤团队、山东省农业科学院植物保护研究所杂草研究团队联合相关单位调查明确了冬小麦田优势杂草以越年生杂草和春季萌发的杂草为主，春小麦田优势杂草则以春季萌发和夏季萌发的杂草为主，麦田杂草群落构成和优势种不断演替变化，研究明确了节节麦、雀麦、大穗看麦娘、多花黑麦草等杂草的生物学特性、扩散机制。

南京农业大学强胜团队进一步明确了细交链格孢菌酮酸（tenuazonic acid，简称 TeA）的作用机理，叶绿体蛋白 Executer 介导的单线态氧信号参与了 TeA 杀草的过程，并明确了马唐致病型弯孢霉 *Curvulariaera grostidis* QZ-2000 菌株在侵入马唐组织过程中产生的 α，β–dehydrocurvularin 毒素对马唐的希尔反应、非环式光合磷酸化和叶绿体 ATPase 活性均有较强的抑制作用。该毒素能够抑制叶绿体和线粒体功能相关基因的表达，引起叶绿体和线粒体的结构紊乱和功能障碍以及蛋白质合成受阻，最终导致了植物生长减缓或死亡。向梅梅等发现空心莲子草（*Alternanthera philoxeroides*）生防菌假隔链格孢（*Nimbya alternantherae*）毒素（Vulculic acid）能够抑制光系统 II 电子传递活性和叶绿体 ATPase 活性。湖南省农业科学院从椰子中分离得到的除草活性化合物羊脂酸，能够导致小飞蓬类囊体结构紊乱、叶绿体变形甚至破裂。沈阳农业大学纪明山团队发现鸭跖草茎点霉毒素能够降低叶绿素含量、抑制希尔反应活力、破坏细胞膜完整性、导致呼吸作用异常，从而抑制鸭跖草幼苗的生长。

9. 鼠害防治学科

（1）害鼠繁殖调控及种群动态。害鼠成灾实质上是害鼠种群数量的暴发，而影响害鼠种群数量的四个因素（出生、死亡、迁入、迁出）中，出生是最基本的因素之一。因此，害鼠繁殖调控及种群动态研究一直是鼠害基础理论研究的核心内容。在害鼠繁殖调控的外因方面，以东方田鼠、布氏田鼠等关键鼠种为研究对象，利用历史数据阐明了东方田鼠、布氏田鼠发生与全球气候变化如 ENSO（南方涛动）、降雨等的相互关系，如降雨量通过影响三峡大坝水位从而影响洞庭湖湖滩植被及土壤理化性质，低水位期有利于东方田鼠繁衍，高水位期则有利于黑线姬鼠种群的增长，在不同气候条件将导致不同害鼠优势种群的更替；利用大型围栏等研究平台获得的数据，表明生态系统的不同因素如降雨、放牧等可以通过影响植被改变害鼠的食物条件从而影响害鼠种群的发生。然而，这种影响方式并非简单的线性影响关系。如在内蒙古地区，适宜的降雨条件都将促进植物生长，从理论上将为害鼠提供更加丰富的食物。然而，由于不同降雨条件将影响害鼠取食行为、巢域等，对害鼠种群发生具有不同的效应。放牧可以通过改变植被盖度为布氏田鼠提供更好的栖息环境，但同时又与布氏田鼠形成食物竞争关系，因此不同放牧强度对害鼠种群发生同样具有不同的效应。这些阈值的获得以及未来在开放系统中的进一步分析验证，对于草原害鼠生态调控策略的研发具有非常重大的意义。

（2）害鼠社群行为。害鼠社群行为在害鼠繁殖调控中起着举足轻重的影响，我国不同团队的研究表明，布氏田鼠等害鼠的自然种群存在近交回避的现象，社群等级、偏雄扩散及亲缘选择则是害鼠近交回避的关键机制。这些机制的阐明，对于未来不育控制策略的制定等具有重要的参考价值。内蒙古围栏研究结果表明，在无法扩散的条件下，越冬鼠完全抑制当年生雄鼠的繁殖，当年生雌鼠也仅有少部分可以参与繁殖。同时，在围栏条件下获得了布氏田鼠的越冬率及主要来源的关键数据，这些数据都为布氏田鼠控制策略的制定提供了重要依据。

（3）害鼠生理、遗传调控机制研究。能量平衡被认为是害鼠生存与繁殖投入的根本决定因素，环境条件决定害鼠繁殖特征，不同环境条件下的害鼠繁殖抑制现象，是研究害鼠繁殖与环境条件互作的优良素材。来源于不同团队的科学家针对褐家鼠、布氏田鼠、黑线仓鼠等关键害鼠从生理、遗传调控机制方面开展了大量研究。对褐家鼠繁殖抑制现象的研究表明，冬季的严酷条件没有影响褐家鼠的减数分裂，但影响精子细胞的成熟过程，一旦条件适宜，褐家鼠即可以从繁殖抑制状态迅速转入繁殖过程，揭示了褐家鼠对环境的高度适应能力。布氏田鼠繁殖的能量依赖机理研究表明，温度、食物等因素可以通过能量通路作用于布氏田鼠繁殖调控通路，影响布氏田鼠的繁殖。布氏田鼠具有严格的光周期依赖周期性繁殖特征，最新研究结果已经获得了开启布氏田鼠繁殖抑制过程的光周期抑制条件，对于进一步研究布氏田鼠的繁殖抑制提供了重要的模型。不同团队的科学家，围绕害鼠繁殖调控的关键通路，克隆了大量基因并进行了相关功能研究，为进一步阐明害鼠繁殖与环境互作的机制提供了重要的分子标记。

害鼠抗性遗传是重要的鼠害控制应用基础研究，*VKORC*1 基因是抗凝血杀鼠剂的靶标基因。最新研究表明，褐家鼠中 *VKORC*1 基因抗性基因频率与目前我国褐家鼠抗性水平密切相关，为该分子标记的应用提供了理论基础。同时多个害鼠种类抗凝血杀鼠剂靶标基因 VKORC1 的克隆为进一步开展害鼠抗性的快速检测提供了重要的分子标记。

（4）害鼠分类与系统进化。采用传统分类学方法与分子生物学技术相结合，发表了系列新种，修订了很多物种的分类地位，到目前为止，我国啮齿目增加到 9 科 78 属 220 种。而多团队的合作及害鼠样本积累，为阐明多种害鼠的起源与分化提供了重要的基础。如最新研究证据证明，褐家鼠起源于我国南方而不是《世界哺乳动物名录》中认为的我国东北及西伯利亚地区，这一结果对于进一步分析褐家鼠繁殖抑制成因以致环境适应机制具有重要的意义。同时，与害鼠系统进化研究相关，害鼠繁殖的大量生理数据为遗传学及表观遗传学角度阐明害鼠繁殖的环境适应机制提供了基础数据与研究素材。

（二）高新技术研究发展加快

1. 植物病理学科

植物抗病新基因发掘及其作用机理研究是开展作物抗病育种的基础性工作。中国农业大学徐明良团队获得玉米第一个抗丝黑穗病基因 *ZmWAK*，为该抗病基因的广泛利用奠定基础。作物近缘种常是发掘抗病新基因重要来源，南京大学田大成团队从玉米、高粱和短柄草中筛选获得抗稻瘟菌基因。中国科学院上海生命科学研究院植物生理生态研究所何祖华团队克隆的持久广谱抗稻瘟病基因 *Pigm*，揭示了水稻广谱抗病与产量平衡的表观调控新机制，为作物抗病育种提供了新工具。

中国农业科学院植物保护研究所彭德良团队和华南农业大学廖金铃团队建立了孢囊线虫、南方根结线虫等一些重要植物病原线虫快速分子检测技术并得到应用。

2. 农业昆虫学科

中国农业大学沈杰团队，建立的"纳米材料载体介导的基因瞬时干扰技术平台"，设计并合成了一类阳离子的核 – 壳荧光纳米粒子，它具有纳米尺寸、荧光追踪、携带核酸效率高、细胞毒性低、基因转染效率高等优点。同时，研究还结合了 RNA 干扰技术，应用这种新型载体，携带了一种外源的几丁质酶基因的 dsRNA，快速进入害虫细胞，抑制几丁质酶的表达。以小地老虎为试验靶标对象，通过采用饲喂法，将新型载体和体外合成的几丁质酶 dsRNA 混合后拌入害虫的饲料内，幼虫取食后，其关键发育基因（包括翅膀关键发育基因）的表达受到有效抑制，导致发育停滞、不能蜕皮、直至死亡；或翅膀不能发育，可导致远距离迁飞的小地老虎成虫将不能飞行。这项创新性研究工作为重要农作物害虫的遗传学控制开辟了新的途径。

中国农业科学院植物保护研究所吴孔明团队，研究发现 *ABCC2* 的变异导致 Cry1Ac 毒素丧失了棉铃虫中肠内的结合位点，从而产生了对 Bt 作物的高水平抗性，由于棉铃虫 *ABCC2* 基因具有从昆虫体内代谢排出阿维菌素的生物学功能，*ABCC2* 的变异导致了阿维菌素在虫体内的积累而显著增加了其杀虫毒性。棉铃虫对两种生物毒素存在负交互抗性现象并阐述了其分子机理，为棉铃虫等靶标害虫对 Bt 作物的抗性治理提供了新思路。

中国农业科学院植物保护研究所王桂荣团队，发现棉铃虫雌蛾挥发性信息素主成分的时间与交配高峰期不一致，进一步的研究发现不同日龄雌虫腺体中 Z11-16:OH 的含量与棉铃虫交配率成负相关，由此推测"性信息素次要组分 Z11-16:OH 可能参与调控棉铃虫的交配"。利用 CRISPR/Cas9 敲除棉铃虫感受 Z11-16:OH 的受体 OR16，突变体雄虫丧失了对 Z11-16:OH 的电生理反应以及驱避行为反应。更重要的是，突变体雄虫不能区分性成熟和未成熟的雌虫，在性信息素主成分的作用下与未成熟的雌虫进行交配，使子代的孵化率和存活率显著降低。该研究为基于性信息素拮抗剂发展棉铃虫驱避剂和交配干扰剂提供了新的理念。

3. 生物防治学科

（1）生物防治新兴技术有所突破。①创建了直接从微生物中获得全长功能蛋白的定向筛选新思路，以诱导植物提高免疫抗性为靶标，从一千余株真菌一万余条蛋白带中挖掘出 8 个能诱导植物提高免疫力并促进植物生长的诱抗蛋白；②建立了多功能、多指标合一的诱导植物免疫蛋白综合筛选评价体系，促进了植物免疫诱导蛋白的研发与应用，拓展了国际新型生物农药的发展方向，促进了我国新型植物免疫诱导产品的研发；③基于滞育诱导、滞育维持和滞育解除的蚜茧蜂、金小蜂、瓢虫、草蛉等发育调控技术，显著延长了天敌产品货架期。

（2）生物防治核心技术有所革新。①革新了优质生物防治作用物大规模扩繁的核心技术，优化了替代寄主、人工饲料等十四项扩繁技术，研发十一种天敌昆虫人工饲料，直接利用人工饲料扩繁天敌昆虫，替代传统的"栽培植物－繁育寄主－扩繁天敌"模式，促进了天敌昆虫产业化发展；②攻克出蜂率低、自动收集等十个技术瓶颈，掌握四种天敌昆虫的滞育调控技术，生产成本降低 15%，残次品率降低 8%，产品贮存期延长 4~8 倍，解决了困扰天敌昆虫规模扩繁与长期贮存的瓶颈，技术达到国际先进水平；③优化了真菌制剂的工厂化生产发酵工艺和后处理工艺，提高了发酵生产率和产品得率。莱氏野村菌、白僵菌、绿僵菌、淡紫拟青霉和玫烟色棒束孢等真菌的微菌核新发酵工艺，比传统液固两相生产工艺缩短发酵周期 50%~60%、降低生产成本 50% 以上，为创制抗逆耐储第二代真菌农药提供可以替代分生孢子的新母药。

（3）研发一批生防产品，部分种类实现系列化标准化。①建立了生物防治作用物工厂化生产规程十二套，研发制定了产品质量标准和应用技术标准八项，防控对象涵盖了我国主要农业病虫害类群；②研发了人工卵卡机、天敌蓄放器等关键设备十二件，建立我国自主知识产权的生物防治作用物产品生产线六条，工艺技术达到国际领先水平。规模化生产赤眼蜂、蚜茧蜂、弯尾姬蜂、捕食螨、瓢虫、草蛉等二十种天敌昆虫，产能达年扩繁天敌昆虫 1.5 万亿头；③生防真菌制剂主要是枯草芽孢杆菌、解淀粉芽孢杆菌、绿僵菌、白僵菌等四类杀虫抗病微生物制剂产品达 2200 吨；商业化的病毒杀虫剂有十多种病毒，登记注册的产品约六十个，生产厂家二十多个产品；④创制诱导植物免疫蛋白制剂二个，建立了年产能力800吨的蛋白质农药产业化基地，已推广应用5000万亩次，对多种农作物病害防效达65%，促增产10%以上，减少化学农药使用量20%以上。

4. 入侵生物学科

基于基因编辑技术的橘小实蝇等转基因昆虫体系构建与防控技术研究取得较好进展。橘小实蝇是我国发生范围最广、危害最大的一种实蝇类害虫，对我国果蔬产业造成了极大危害。目前，国内针对实蝇类害虫主要是结合性诱剂等进行的化学、生物、物理防治等传统防治措施，但这些措施存在产生抗药性、农药残留、环境污染等诸多不足，特别是临近发生区域内防治时间的不同步会大幅度降低防治效果。国际上针对这些不足，逐步形成了基于大区域综合治理策略的防控体系，该体系以不育昆虫释放技术（Sterile Insect Technique，SIT）为主，结合其他防治手段在大区域内综合治理实蝇类害虫。通过辐照破坏雄虫精子是传统SIT技术的主要手段，该技术在多个地区的蝇类害虫的阻截、防治和灭除方面取得了重要成就。但经辐射的昆虫存在稳定性差、交配竞争力低、寿命短等缺点，且辐射本身存在舆论压力等问题。随着技术的快速发展，通过转基因技术实现昆虫"不育"而不降低其雄虫竞争力的思路随之产生，并得以在黑腹果蝇和地中海实蝇等物种上有了很大的进展。

中国农业科学院植物保护研究所农业入侵物种预警与防控创新团队以橘小实蝇为研究对象，通过引进转基因昆虫技术、改进不育昆虫释放技术（SIT）体系为目标；分析了达到该目标需要构建的遗传转化品系的种类；克隆了构建各转基因载体所需的橘小实蝇内源的分子元件、调控因子；通过分子生物学技术构建了各遗传转化品系所需的一系列载体、质粒；利用遗传手段和方法，获得了胚胎条件致死品系所需驱动载体的遗传转化品系，这为后续在橘小实蝇中通过显微注射开展遗传转化实验，并获得相应稳定遗传的转化品系奠定了基础。同时，该团队利用CRISPR/Cas 9技术，构建了基于该技术的靶向基因改造技术平台，通过转基因昆虫技术攻关，搭建了载体构建、遗传转化、稳定性检测等多个关键技术体系和检测规程，实现了标准化操作和鉴定。以上研究结果将为采用基因编辑技术实现橘小实蝇、苹果蠹蛾、烟粉虱等重大入侵害虫的管理提供技术基础，并为继续创新环境友好型绿色防控技术指明了方向。

5. 植物化感作用学科

随着对作物与有害生物化学互作关系及其分子机理认识的逐步深入，相关的有害生物防控新技术也得到了开发。这方面主要包括：

（1）利用作物挥发物中活性组分开发害虫及其天敌的行为调控剂。至今，已在很多作物－害虫－天敌系统中鉴定了对害虫及其天敌具有生物活性的作物挥发物组分，配置了相关的害虫或天敌引诱剂，并在田间试验中取得了比较好的效果。如中国农业科学院植物保护研究所陆宴辉研究组开发了由四种活性化合物，间二甲苯、丙烯酸丁酯、丙酸丁酯和丁酸丁酯组合对绿盲蝽具有显著引诱作用的田间引诱剂。

（2）基于对作物化感作用化学与分子机理的认识，以相关化感物质、信号分子等为先导化合物，通过结构修饰及活性评价，开发了一批对病虫草具有控制作用的新型防控剂。浙江大学娄永根课题组研究表明，低浓度的 2，4-D 处理能增加水稻内源茉莉酸和乙烯含量，提高胰蛋白酶抑制剂活性和水稻挥发物的释放量；这些变化导致水稻对二化螟的抗性增强，但却更招引褐飞虱及其卵寄生蜂稻虱缨小蜂，导致 2，4-D 处理水稻成为褐飞虱卵的死亡诱捕器。中国科学院兰州化物所秦波研究组设计合成了多种结构的新型香豆素衍生物，并从中筛选出具有显著活性的化合物，其中效果较好的对杂草的抑制率达到了 90%，并有一些衍生物对链格孢菌、茄病交链孢霉、灰霉菌和尖孢镰刀菌四种真菌病害的抑制率均达到 87% 以上。南开大学徐效华课题组以 4- 羟基香豆素作为先导化合物进行结构修饰，得到了一系列 3- 苯甲酰基 -4- 羟基香豆素衍生物。生物测定发现，苯甲酰基的导入能显著提高这类物质的除草和杀菌活性，而且这类结构修饰物对双子叶植物有抑制作用而对单子叶杂草基本没有活性，具有非常好的选择性。进一步研究表明，3- 苯甲酰基 -4- 羟基 -1- 甲基 -1，2- 苯噻嗪 -2，2- 二氧衍生物对稻田异型莎草、醴肠、千金子等五种主要杂草具有较好的除草活性，并且对羟苯基丙酮酸二氧酶活性的抑制效果与商品化除草剂品种磺草酮类似，有望开发成为抑制光合作用的新一代除草剂。

（3）培育与创制具有化学调控功能的作物品种。华南农业大学陈雄辉等育成了第一个可商业种植的化感稻 3 号；此后，安徽农业科学院和中国水稻研究所等单位也开展水稻化感新品种选育，目前每年均有新品系通过审定。这对于稻田杂草的控制以及降低稻田除草剂使用量具有重要意义。浙江大学娄永根研究组发现不释放 S- 芳樟醇的水稻品系降低对褐飞虱寄生性天敌和捕食性蜘蛛的吸引，但增加其对褐飞虱的吸引力；不释放（E）-β- 石竹烯的水稻品系降低对褐飞虱及其天敌的吸引。因此，通过创制释放或不释放上述两种挥发物的水稻品系，可以结合起来控制褐飞虱：在稻田边缘种植产生（E）-β- 石竹烯而不产生 S- 芳樟醇的水稻品系（吸引褐飞虱及其自然天敌），在稻田的中间种植释放 S- 芳樟醇而不释放（E）-β- 石竹烯的植株（驱避褐飞虱但吸引天敌）；这样可发挥"推 - 拉"式效应，减轻褐飞虱对稻田主体的危害。

6. 农药学科

新技术进展主要体现在高通量筛选平台和离体、活体测试体系的建立；计算化学生物学技术平台的建立；纳米技术、大数据及基因编辑技术在农药创制中的应用等。具体如下：

贵州大学宋宝安课题组建立了基于 PEG 介导的南方水稻黑条矮缩病毒（South Rice black-streaked dwarf virus，SRBSDV）筛选模型，可以快速有效地筛选抗 SRBSDV 药物；贵州省中国科学院天然产物化学重点实验室郝小江课题组和南开大学范志金课题组先后提出和建立了基于 TMV-GFP 的抗植物病毒药物筛选模型，可快速直观地判断抗植物病毒药物是否作用于烟草花叶病毒外壳蛋白（Tobacco mosaic virus coat protein，TMV CP），革新了抗植物病毒药物的筛选体系。华中农业大学张红雨课题组首次探讨了细菌代谢物浓度与代谢网络拓扑结构和代谢物化学性质之间的关系，建立了基于代谢网络拓扑性质和化学信息学指标、植物致病菌基因组注释数据库 DIGAP 和细菌代谢物浓度的预测方法和筛选模型。

华中师范大学杨光富课题组构建了较为完善的面向绿色农药分子设计的计算化学生物学技术平台。该平台包括药效团连接碎片虚拟筛选方法、计算取代优化方法、计算突变扫描方法、多轨迹模拟退火分子动力学模拟方法、基于一致性分子对接的虚拟筛选方法、一致性反向对接方法以及自动化的定量构效关系方法等多个计算方法组成，拥有多个软件著作权，具有完全自主知识产权。

纳米技术等新技术在农药新剂型、缓释和精准调控方面得到应用。例如，华中师范大学李海兵团队利用主客体系、中国科学院化学所江雷利用双分子表面活性剂实现了通过弱相互作用来调控宏观尺度农药水滴组装黏附，提供了一种农药减量增效新方法；其他还有纳米微胶囊、气溶胶、水分散纳米制剂和亲水性农药和疏水性农药的共同释放的纳米技术；基于大数据预测农药性质、毒性和活性；RNAi 技术在蛾类、鞘翅目、真菌抗病性和线虫抗性中的应用及新型和高效的 RNAi 靶标的确认；利用 CRISPR / Cas9 技术破坏蝗虫中气味受体的基因、敲除对棉铃虫的 Cry1Ac 敏感的 SCD 菌株及斜纹夜蛾 *SlitPBP*3 基因表征；吡虫啉等杀虫剂性能的光控和缓释技术。

7. 农药应用工艺学科

中国农业大学研究成功了干粉种衣剂生产新工艺及其系列新产品。采用 LZQS 系列对撞式超音速气流粉碎机，通过控制超音速频率使产品的粉体粒径小于 4μm，包衣均匀度和悬浮率均由 90%~92% 提高到 98% 以上。每公顷玉米田包衣成本由 22.5 元降低为 7.5 元，成膜时间由 15min 降至 5min。与传统的悬浮型种衣剂易析水分层，有效成分在水中易分解，不耐低温，包装运输成本高等问题相比，干粉种衣剂具有高浓度、低成本、性状稳定，易于贮运等优点。产品采用高分子速溶树脂成膜剂、干粉表面处理剂、二维界面剂、表面活性剂等关键技术，克服干粉间的范德华力，降低液 – 固界面，确保产品性能优异。经专家鉴定，该项技术达到国际领先水平。已登记的用于玉米、小麦和棉花等种子包衣处理的产品有 63% 吡·萎·福美双、70% 福双·乙酰甲、6% 戊唑·福美双、63% 克·戊·福美双干粉种衣剂。上述相关研究成果已获国家科技进步奖二等奖。

中国农业科学院植物保护研究所杨代斌以尿素和甲醛为原料，采取原位聚合法，利用研制出的高效催化剂，在国际上率先制备出了氟虫腈 × 毒死蜱微囊悬浮种衣剂，突破了固体活性成分难以微囊化的难题，创新制备出的 18% 氟虫腈·毒死蜱种子处理微囊悬浮剂具有优异的缓释性能，对花生种子萌发和幼苗生长安全，播种时一次处理即可在花生整个生育期有效控制蛴螬危害，对花生蛴螬防治效果达 95% 以上，显著高于国内外同类制剂，可以显著减少花生蛴螬防治过程农药使用量和使用次数。18% 氟虫腈·毒死蜱种子处理微囊悬浮剂已经获得农业部颁发的农药登记证，达到了国际领先的技术水平。相关理论研究成果分别发表在 *Colloid and Surface B* 和 *Journal of Agriculture and Food Chemistry* 上；相应产品已在花生上大面积推广，对防治蛴螬具有优良效果。

中国农业科学院植物保护研究所曹坳程团队研发了熏蒸剂胶囊施药技术，并全面地评价了熏蒸剂胶囊制剂的应用效果及环境行为。结果表明：氯化苦与 1，3- 二氯丙烯胶囊制剂对番茄和黄瓜地线虫表现出较好的效果，同时能够有效降低枯萎病和根结线虫病病情指数，胶囊施药处理后番茄和黄瓜产量和溴甲烷处理相当。胶囊制剂在防治草莓，生姜等作物土传病害效果也很优良，作物增产效果显著。

中国农业科学院植物保护研究所郑永权主持的"农药高效低风险技术体系创建与应用"获得 2016 年国家科技进步奖二等奖。本成果针对我国农药成分隐性风险高、药液流失严重、农药残留超标和生态环境污染等突出问题，系统分析农药发展历程特点，指出"高效低毒低残留"已不能满足农药发展的需求，率先提出了农药高效低风险理念，创建了以有效成分、剂型设计、施药技术及风险管理为核心的高效低风险技术体系。率先建立了手性色谱和质谱联用的手性农药分析技术，创建了农药有效成分的风险识别技术，成功识别了七种以三唑类手性农药为主的对映体隐性风险，为高效低风险手性农药的研发应用及风险控制提供了技术指导；率先建立了"表面张力和接触角"双因子药液对靶润湿识别技术，制定了作物润湿判别指标，解决了药剂在不同作物表面高效沉积的有效识别与精准调控难题，提高对靶沉积率 30% 以上。开展了作物叶面电荷与药剂带电量的协同关系研究，研发了啶虫脒等六个定向对靶吸附油剂新产品，对靶沉积率提高到 90% 以上。通过水基化技术创新、有害溶剂替代、专用剂型设计、功能助剂优化，研发了十个高效低风险农药制剂并进行了产业化。研发了"科学选药、合理配药、精准喷药"高效低风险施药技术。攻克了诊断剂量和时间控制、货架寿命及田间适应性等技术难题，发明了瓜蚜等精准选药试剂盒 26 套，准确率达到 80% 以上。建立了可视化液滴形态标准，发明了药液沾着展布比对卡，实时指导田间适宜剂型与桶混助剂的使用，可减少农药用量 20%~30%；研究了不同施药条件下药液浓度、雾滴大小、覆盖密度等与防治效果的关系，发明了 12 套药剂喷雾雾滴密度指导卡，实现了用"雾滴个数"指导农民用药，减少药液喷施量 30%~70%。提出了以"风险监测、风险评估、风险控制"为核心的风险管理方案。系统开展了高风险农药对后茬作物药害、环境生物毒性、农产品残留超标等风险控制研究，三唑磷、毒死蜱等八种农药风险控制措施被行业主管部门采纳，为农药风险管理提供了科学支撑。本项目成果为我国农药研发、加工、应用和管理全过程提供了重要理论基础和技术支持。

农业部南京农业机械化研究所薛新宇团队在"863"项目支持下，与中国人民解放军总参谋部第六十研究所等单位合作，率先研制出我国油动单旋翼植保工程无人机，载重量大、续航时间长，实现了遥控驾驶、低空低容量喷雾防治病虫害的技术，并在江苏、江西、安徽、上海、河南、海南、宁夏、新疆等全国二十多个地区进行试验示范，针对水稻、小麦、玉米、枸杞、果树等十多作物上开展田间应用试验和推广。中国农业大学采用电动模式，研制出电动多旋翼植保无人机。在"十二五"期间，在公益性行业科研专项项目、农业部行业标准制定和修订项目等的支持下，团队系统地开展了航空施药飘移控制技术研究、自适应变量施药技术研究、植保无人机高精度自动导航技术研究、施药一体化操控技术研究等，建立了低空低量精准施药技术体系，实现农药靶标定向沉积，提高了农药有效利用率；在无人机高浓度低量施药效果和安全性评价方面，团队进行了高浓度剂型筛选研究、环境安全评估研究，并研发了手机端 APP，实现快捷、直观显示施药效果，科学指导航空施药和量化评估作业质量；根据作物种植模式、不同生育期病虫害发生规律，确定不同防治时期、不同病虫害植保无人飞机喷施方案与喷施要求，制定与不同作物、不同病虫害、不同机型配套的喷施作业技术规范；团队根据我国现有植保无人飞机的类型以及目前行业发展的技术水平，在型号编制、技术要求、检测方法等方面做了详细要求，制订我国首个植保无人飞机行业标准《植保无人飞机质量评价技术规范》，规范行业发展，为政府监管、第三方检测提供了依据。

8. 杂草科学

（1）稻田杂草抗药性。湖南省农业科学研究院柏连阳团队、南京农业大学董立尧团队及其他团队明确了我国部分稻区稻田稗对二氯喹啉酸、五氟磺草胺的抗药性水平，发现稗草体内 ACS 合成酶和 β-CAS 解毒酶活性差异，ALS 对药剂敏感性降低及 GSTs 代谢活性增强，乙烯生物合成及抗氧化酶系的参与，是其对二氯喹啉酸、五氟磺草胺产生抗药性的重要原因。东北农业大学、浙江大学陶波团队证实 ALS 发生 Pro197Ser 突变是耳叶水苋对苄嘧磺隆产生抗药性的分子机理。东北农业大学刘亚光团队明确了黑龙江省部分稻田萤蔺对吡嘧磺隆、苄嘧磺隆、五氟磺草胺以及嘧啶肟草醚的抗药性水平，探讨了不同生物型萤蔺体内 ALS 酶、SOD 酶、POD 酶和 CAT 酶差异与抗药性间的相关性。沈阳农业大学纪明山团队明确了东北地区部分稻田野慈姑对苄嘧磺隆的抗药性，并证实 ALS 发生 Pro197Ser/Leu 导致靶标酶对除草剂敏感性下降是抗药性产生的重要原因，并明确 P450s 活性增强介导的除草剂代谢加强是部分种群对苄嘧磺隆、五氟磺草胺和双草醚产生抗药性的重要原因。中国农业科学院植物保护研究所李香菊团队研究发现江苏部分稻田鳢肠对吡嘧磺隆、苄嘧磺隆、甲磺隆和苯磺隆，啶磺草胺、五氟磺草胺、咪唑乙烟酸、甲氧咪草烟产生广谱抗药性，发现鳢肠 ALS 发生 Pro197Ser 突变导致靶标酶对上述 ALS 抑制剂类除草剂的敏感性。

（2）麦田杂草抗药性。山东农业大学王金信、南京农业大学董立尧和中国农业科学院植物保护研究所李香菊等多个研究团队分别对麦田菵草、看麦娘、日本看麦娘、耿氏硬草对精噁唑禾草灵、甲基二磺隆的抗药性，播娘蒿、荠菜、牛繁缕对苯磺隆的抗药性进行了研究。发现抗药性种群对精喹禾灵、甲基二磺隆等九种不同类型的除草剂产生了不同程度的单抗药性、交互抗药性或多抗药性，发现不同抗药性种群发生了十多种氨基酸取代。团队成功获取 332 个代谢基因全序列，发现一些与杂草抗药性相关的差异蛋白和与调节相关的 microRNA。并对筛选到的部分差异基因进行了初步功能验证。还发现部分抗药性种群 GSTs、P450s 活性较敏感种群有所增强。播娘蒿、荠菜、牛繁缕对苯磺隆的抗药性水平高，靶标 ALS 在三个位点发生了多种突变。代谢酶活性研究表明 GSTs、P450s 活性增强是部分抗药性种群对苯磺隆产生抗药性的原因之一。团队成员还鉴定得到多个潜在代谢抗药性基因。

（3）其他作物田及非耕地杂草抗药性。山东农业科学院植物保护研究所李美团队证实马唐 ALS 基因 Trp574Arg 突变可导致对烟嘧磺隆、咪唑乙烟酸和氟唑嘧磺草胺的广谱抗药性。中国农业科学院植物保护研究所张朝贤团队研究发现靶标 ALS 发生 Ala205Val、Ser653Thr 和 Trp574Leu 突变导致大豆田反枝苋对咪唑乙烟酸的抗药性。湖南省农业科学院柏连阳团队发现 GST 对高效氟吡甲禾灵代谢能力的差异是棉田牛筋草对高效氟吡甲禾灵产生抗药性的一个重要原因。该团队还证实草甘膦处理后不同马唐种群体内莽草酸积累量和 GSTs 活力的变化差异是抗药性产生的原因之一。中国农业科学院植物保护研究所张朝贤团队明确了靶标基因单突变、双突变及其过表达是其产生靶标抗药性的重要机制；筛选出了与牛筋草光合作用、碳代谢及解毒作用相关的重要抗药性基因，发现并验证了其抗药性的产生是多种代谢方式系统作用的结果。华南农业大学陈勇团队通过 RNA-Seq 探究了牛筋草对百草枯的抗药性，通过转录组信息分析筛选到与活性氧清除相关基因，利用 q RT-PCR 明确了 *Pq E*、*Pq TS*1、*Pq TS*2 和 *Pq TS*3 基因在牛筋草抗百草枯机制中的表达差异。

9. 鼠害防治学科

（1）鼠害监测预警技术研究。鼠害监测预警是鼠害综合治理策略制定及实施的根本依据。利用长达三十年的历史数据，我国科学家证明了 ENSO 等气候条件是布氏田鼠等重要害鼠种类暴发的重要启动因子，为害鼠监测预警及预测预报提供了重要的理论依据。与新西兰科学家合作，已经获得了黑线姬鼠种群密度变化的统计模型和预测预报模型。这些成果的获得，对于进一步规范基础数据采集，调整关键理论基础研究，逐步实现鼠害精准控制具有重要的意义。

与鼠害治理实践相结合，我国科学家实现了鼠害控制技术与鼠害监测预警技术的相结合。TBS（围栏捕鼠系统）的应用，在控制鼠害的同时提供了害鼠种群构成、密度变化、基础繁殖数据等多项关键数据。与传统夹捕技术相比，在获得类似的相对密度数据的同时，其种群构成、繁殖特征数据更为可靠。这些数据的进一步积累，将为逐步实现鼠害精准预测预报提供重要的数据支撑。

夹捕与 TBS 技术的数据用于鼠害预测预报建模，必须考虑夹捕及 TBS 本身对害鼠种群密度及动态的影响，在建模中这一变量的增加，在一定程度上将影响模型的准确度。近年来，红外相机技术和物联网技术的快速发展，为动物无损伤监测提供了可能。基于数字分析的新型图像辨识技术，为获得更为精确的害鼠种类及密度数据提供了可能，而物联网、互联网技术、超算技术的相结合，为数据采集、录入、分析、结果快速发布及反馈提供了保障。与传统监测技术相比，这些技术可以反映更为真实的害鼠种类及数量变化的数据，是鼠害监测预警技术的重要发展方向之一。

（2）鼠害化学防控技术。尽管在生态学理念指导下，环境友好型鼠害防控技术，如物理防治、生态调控等在未来鼠害综合防控体系中将占据越来越高的比例。然而，在鼠害集中暴发的条件下，化学防控技术仍旧是不可或缺的关键技术。我国目前登记的化学杀鼠剂主要为抗凝血类杀鼠剂，几十年的应用及目前的抗性调查表明，市场主要抗凝血类杀鼠剂及其毒饵仍旧十分有效，而由政府指导的杀鼠剂轮换使用策略，保证了我国没有发生类似欧美国家的大规模抗性现象。因此，近年来我国化学杀鼠剂研究的主要着眼于化学杀鼠剂高效应用技术的研发。其中之一是针对不同害鼠新型饵料及引诱剂的研发。近年来，不同研究团队相继开展了不同饵料材料对不同鼠种食性差异的研究以及复合配方的研发。我国害鼠种类繁多，食性各异，在大规模鼠害治理中，主要依赖于利用颗粒化原粮配置毒饵进行防治。这些研究及其成果，对于提高毒饵效率及取代原粮毒饵起到了积极的推动作用。另一方面，模拟不同害鼠取食习性，针对不同害鼠发生环境，如农田、村屯、城市等，开发适用于不同环境及要求的毒饵站系统，在提高化学杀鼠剂安全应用，提高杀鼠剂效率和有效期，提高杀鼠剂投放的人工效率等各方面也取得了重要的进展。

杀鼠剂的环境效应监测在我国以至世界化学杀鼠剂研究领域一直是个空白领域。近年来，包括我国在内多起二代抗凝血杀鼠剂导致的非靶标物种中毒事件，引发了科学家对化学杀鼠剂残留及环境监测研究的关注。中国科学院相关团队也已经开始致力于抗凝血杀鼠剂在土壤中残留分析的研究，并取得了长足的进步。

（3）鼠害不育控制技术。鼠害不育控制技术尽管无法实现快速压制害鼠种群的目的，然而，随着生态学理念的发展，通过对害鼠的种群密度调控，在有效控制鼠害的同时发挥害鼠种群的生态功能，对于维持食物链的正常运转以保证天敌群体的正常繁衍及恢复，充分发挥天敌种群在鼠害种群发生中的抑制作用具有重要的意义。尽管在农田鼠害控制中该技术由于作用时间较长而导致其使用存在一定的局限，但在草原生态系统的鼠害控制中，由于和生态调控理念的高度契合将发挥越来越重要的作用。除了已经登记的两种植物源不育剂，我国多个团队针对多个关键害鼠鼠种测试了多种不育药物，其中以炔雌醚和左炔诺孕酮的研究最为深入，近年来就其对害鼠的不育药效评价，对害鼠激素、生殖器官等的影响，不育生理机制的探索，环境行为检测等方面进行了全面深入的研究，并针对黑线毛足鼠，长爪沙鼠、高原鼠兔等进行了一定规模的野外实际防治实践研究，但不育对种群数量压制的持续时间等种群水平的生态调节机制、有效经口配方饵料的研制等大量问题需要解决。

（4）鼠害生态调控技术。我国是最早提出鼠害生态治理理念的国家之一。在早期布氏田鼠发生规律研究基础上，我国学者提出了通过适时的禁牧措施，通过减少对草原植被的影响，从而抑制布氏田鼠的发生。该措施目前已经在我国典型草原区普遍实施。随着害鼠综合治理理念的发展，不育控制技术、TBS 技术等控制技术也逐渐被纳入了鼠害生态调控技术的范畴。目前我国不育控制技术的研究已经取得了长足的进步，但其在实际中的应用及效果评价，还有待进一步的研发。相对而言，TBS 技术已经成为农田鼠害生态调控的关键技术之一，在农业相关部门的推动下，目前已经广泛应用于我国农田害鼠控制。同时，针对我国农田耕作措施要求，在对原有 TBS 技术改进提供的同时，测定了 TBS 技术的有效控制范围及控制效果。这些成果的获得，对于进一步提高综合治理体系中环境友好型技术的比例具有重要的意义。

（三）关键技术研究进展显著

1. 植物病理学科

利用病原菌的效应因子激发寄主植物免疫反应，能有效提高植物抗病性。邱德文团队开发了来源于真菌的植物免疫诱抗制剂阿泰灵（ALI）。基因编辑技术为改良作物重要农艺性状或抗病性带来巨大便利，如中国科学院高彩霞团队和邱金龙团队合作，利用 TALEN 及 CRISPR/Cas9 技术首次对六倍体小麦中 *MLO* 基因三个拷贝同时进行突变，为小麦基因功能的研究以及创制新种质提供了技术路线，该团队利用 CRISPR/Cas9 技术建立了抗双生病毒 BSCTV 的免疫系统，为培育抗病毒作物提供了新途径，构建了高覆盖率水稻突变体库。中国农业科学院植物保护研究所周焕斌团队开发了全新水稻单碱基定点替换技术。

利用生防技术防治植物病害取得的成功，云南大学张克勤团队发现捕食线虫真菌（*Arthrobotrys oligospora*），并在 *Annual Review of Phytopathology* 上综述生防微生物与线虫的互作机制。彭德良团队研发出淡紫拟青霉颗粒剂和甘农系列新型种衣剂等高效安全防控小麦孢囊线虫病新药剂，该项成果 2016 年获中国植物保护学会科学技术奖研究类一等奖。

植物病害综合防治体系的建立和应用取得了持久显著的经济、社会、生态效益。江苏省农业科学院周益军团队阐明水稻条纹叶枯病和黑条矮缩病在我国主要稻麦轮作区危害的原因与暴发成灾机制，获得 2016 年国家科技进步奖二等奖；贵州大学宋宝安团队创制出我国具有自主知识产权的全新结构抗植物病毒仿生新农药毒氟磷，解决了农作物病毒病及媒介昆虫防控的重大难题，获得 2014 年国家科技进步二等奖；中国农业科学院棉花研究所朱荷琴团队与合作单位开展棉花枯、黄萎病抗性鉴定技术创新与应用，2014 年获得河南省科学技术进步奖一等奖；西北农林科技大学王保通团队与合作单位研究的"小麦条锈病菌新毒性小种监测和抗条锈基因挖掘及其应用"项目，2015 年获得陕西省科学技术奖一等奖；河北农业大学曹克强团队与合作单位对苹果树腐烂病发生规律及其安全高效防控关键技术进行研发，2015 年获得河北省科学技术进步奖一等奖。

2. 农业昆虫学科

西藏自治区农牧科学院王保海团队围绕建设我国青藏高原生态屏障和国家高原特色农产品基地的重大战略需求，针对青稞与牧草害虫猖獗为害、粮食产量连续十年徘徊不前、农药不当使用等严峻形势，以青稞和牧草主要害虫为治理对象，查清了昆虫的种类、分布、分化与适应特点，探明了主要害虫成灾机理，创建了青稞与牧草害虫绿色防控技术体系，并进行大面积推广应用。实现了青藏高原二十一年农产品的稳定增产，进一步保护了祖国江河源、水塔源的环境，提升了藏民族的科技水平，促进了藏区的和谐发展。研究成果"青藏高原青稞与牧草害虫绿色防控技术研发及应用"，获得 2014 年度国家科技进步奖二等奖。

由江苏省农业科学院方继朝团队完成的"长江中下游稻飞虱暴发机制及可持续防控技术"，探明该区域单季粳稻面积扩大、籼粳稻区并存，导致灰飞虱前期暴发、褐飞虱后期突发的关键机制；揭示稻飞虱抗药性呈"大小 S 曲线"阶段性上升规律及靶标双突变高抗性机理；创建区域稻飞虱虫情准确预警及高抗性早期监测技术；建立了籼、粳稻区一体化治理新对策和技术体系，为我国水稻高产主产区稻飞虱有效防控及粮食安全作出重要贡献，获 2015 年度国家科技进步奖二等奖。

广东省农业科学院冯夏团队，在研制小菜蛾抗性治理新技术的基础上，根据我国小菜蛾主要发生区的种植结构、气候条件、用药习惯等具体情况，将害虫防治、作物布局与生产模式、生物防治、行为调控和药剂防治等有机融合并优化，形成了针对不同种植区域特点的无害化综合防控技术，并推广应用小菜蛾抗药性"区域治理"理念模式和技术体系，特别是促成了规模化菜场生产模式的根本性转变。鉴于所取得的研究进展，2016 年 *Annual Review of Entomology* 编委会特邀请撰写综述。

浙江省农业科学院吕仲贤团队，通过生态工程的方法降低水稻害虫种群数量、减少农药的使用。采用种植蜜源植物保育天敌、种植诱虫植物（香根草）控害虫、调整氮肥使用策略等措施，丰富稻田系统中节肢动物的生物多样性，增加天敌种群数量，提高天敌对水稻害虫的控制能力，从而建立相对稳定的稻田生态系统。通过该技术，农田生态得到明显改善，实现了经济、社会与生态效益的有机统一。该方法为经济和环境友好的非化学方法控制水稻害虫提供了一套简单实用的控害模式，自 2014 年开始农业部已将该技术列为主推技术之一，在全国水稻种植区推广应用。

中国农业科学院蔬菜花卉研究所张友军团队，研发了"日晒高温覆膜法"防治韭蛆新技术。通过在与地齐平刈割韭菜的地面上铺设透明无滴膜，借助阳光直射提高膜下 5cm 处土壤温度超过 40℃持续 3h 以上，韭蛆幼虫便被全部杀死。这是一项"里程碑式"绿色、安全、实用的防治韭蛆新技术，彻底解决了困扰韭菜生产的重大难题，消除了产品安全隐患，将极大地推动韭菜产业健康发展。

此外，我国在地下害虫以及粉虱类、盲蝽类、果蝇类等害虫绿色防控中取得了系列重要进展。

3.生物防治学科

随着国家"到2020年农药使用量零增长行动"的推进，加快转变病虫害防控方式从以化学防治为主向以生物防治为主转变，大力推进以生物防治、生态调控、科学用药为核心的绿色防控技术，生物防治产品与技术在各地得到大规模应用，并取得显著的成效。

（1）研究集成了一批新型生物防治技术体系。几年来，研究集成了"植物载体技术""保育生物防治技术""天敌推拉技术""生态免疫技术"等新型生物防治技术，探索有效的生物防治轻简化实用技术，包括低碳环保型新技术与生物防治技术集成，如高效释放技术、隔离阻断技术、诱捕诱杀技术、迷向趋避技术等，优选试验组合，优化配套措施，科学组装单项技术，实现多种技术手段的高效集成。充分利用农田生态系统的自身免疫功能，通过调整作物布局，引入伴生植物，调节农田昆虫及微生物种类和结构，创造有利于有益生物类群生存繁衍和控害作用，充分发挥生物多样性的调节效能，提升农田环境的自我修复能力，实现对农业病虫害的可持续治理。

（2）应用推广成效显著：①优选防治重大病虫的轻简化实用技术，组建并应用以生物防治为核心的病虫害防控技术体系。在我国东北、华北、华东及边疆地区，针对玉米、水稻、蔬菜、果树、青稞等大宗农作物和区域特色作物类型，以及边疆天然草原生态类型，开展生物防治为主导的病虫害防控技术体系示范与推广应用，制定技术规程，建立大型示范基地，示范应用生物防治技术。②2015年以来，在全国多个省（市、区）应用技术体系，有效防控了重大农作物病虫害，年均减少农药使用量约三千吨（折百），在生物防治技术应用核心区降低农药使用量50%~70%，天敌数量提高25%~45%，农田生态系统显著恢复，农产品农药残留得到一定程度的遏制，降低了农田土壤和水源污染，维系了农田生态系统良性发展，经济效益、生态效益与社会效益显著。

总之，最近几年是我国生物防治科学研究、技术应用的上升期，国家政策有扶持，研发经费有保障，生防产品有需求，推广应用有成效。

4.入侵生物学科

全程链式综合防控体系建立。研究组建的"主要农业入侵生物的预警与监控技术"，获得2013年度国家科技进步二等奖。该成果由中国农业科学院植物保护研究所，中国科学院动物研究所，全国农业技术推广服务中心等十余家单位的专家经过十余年系统研究，研发了系列关键预警、监控与阻截技术。主要创新成果为：

（1）确证了主要入侵生物及危险等级，创新了入侵生物定量风险分析技术。首次发现并鉴定了11种新入侵生物，确证了527种入侵生物及其分布危害区域，完成了入侵物种编目和安全性分析。构建了以路径仿真模拟、生态位模型比较、时空动态格局分析为主的风险评估技术，率先对99种重要入侵生物进行了定量风险分析，制定了63种高风险入侵生物的控制方案；根据风险分析所建议的扶桑绵粉蚧等9种入侵生物被列为全国农业检疫

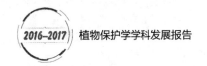

性有害生物。

（2）发展了重要入侵生物检测监测新技术，提高了对入侵生物野外跟踪监控能力。创新了69种入侵生物特异性快速分子检测技术，研发了检测试剂盒13套；首次建立了实蝇和蓟马2类195种入侵昆虫DNA条形码鉴定技术。攻克了入侵植物病菌难以鉴定到种以下水平、入侵昆虫幼体和残体无法准确鉴定的技术障碍。建立了入侵生物野外实时数据采集、远程传输和跟踪监控的技术体系。对82种重要入侵生物进行了监测，解决了疫情难以及早发现难题。创建了集物种数据信息、安全性评价、DNA条形码识别与诊断、远程监控等系统为一体的入侵生物早期预警与监控技术平台，提升了预警与监控的快速反应能力。

（3）集成创新了入侵生物阻截防控技术。实现了对重大入侵生物的区域联防联控集成建立了有效阻截与扑灭的技术体系，制定了12种重大农业入侵生物区域治理技术方案。在21省市实施阻截扑灭与联防联控，抑制了重大入侵生物扩散与暴发，实现了整体防控，为农业经济增长、农产品安全及出口贸易做出了直接贡献。该成果累积出版专著20部、发表论文295篇（SCI36篇），制定国际/国家/行业标准34项，获授权专利10项，软件著作权10项；省部级一二等奖3项；国家采纳建议14项。2010—2012年在21省区累计应用面积4545.5万亩次；构筑的三道技术防线（预警、监控、阻截），为延缓疫区扩张、保护未发生区提供了科技支撑，将持续产生巨大经济、社会与生态效益。

5. 植物化感作用学科

以具有化感作用的水稻品种为基础，结合稻田生态工程以及基于化感物质开发的新型病虫草害防控剂，浙江大学、中国农业大学、华南农业大学、华中农业大学、中山大学、浙江省农业科学院等联合组建了基于生态功能分子的水稻病虫草害防控技术体系，并在广东、浙江等地进行了技术示范，取得了明显的防控效果，除草剂和杀虫剂用量比对照降低50%以上。此外，中国农业科学院茶叶所孙晓玲课题组组建了基于生态功能分子的茶树害虫防控技术体系，在浙江绍兴等地示范表明，该技术体系对各种主要茶树害虫的防控效果都在60%以上。

6. 农药学科

贵州大学宋宝安团队创制了具有自主知识产权的新型抗植物病毒剂：毒氟磷。该药物已经取得了我国新农药登记证，并在番茄和水稻上获得登记。他们针对近年来我国南方水稻黑条矮缩病危害情况，提出了基于植株免疫防病与切断媒介昆虫传毒相结合的"控虫治病"策略，以毒氟磷为核心，构建了药物种子处理、药物健身栽培和大田虫病药物协调使用的全程免疫防控的技术，并在全国进行了大面积推广应用。创新性地研发了以毒氟磷防治作物病毒病及吡蚜酮防治媒介昆虫为核心的应用技术，该技术具有内吸传导和施用灵活等特点，创新提出了抗病毒药物与媒介昆虫防治药物联用的全程免疫控害新策略，成功构建了以毒氟磷免疫激活防病、毒氟磷与吡蚜酮种子处理、秧田重点保护和分蘖期协同作用的成套控害新技术，通过试验示范和应用推广，解决了农作物病毒病防控重大难题，防治效果大于 70%，亩增产大于 100kg，减少农药用量 20% 以上，增收节支效果突出，提升了我国水稻病毒病及其媒介昆虫全程免疫防控技术水平，该研究成果获 2014 年国家科技进步二等奖。

中化国际科技创新中心沈阳中化农药化工研发有限公司创制开发了全新一代杀螨剂乙唑螨腈，并已获得中、美、日、欧等专利授权。2015 年 12 月，乙唑螨腈两个产品获批临时登记，分别是 98% 原药和 30% 悬浮剂（登记作物和防治对象为棉花叶螨、苹果叶螨）。乙唑螨腈具有速效性好、持效期长、安全性高（对蜜蜂无害）、无交互抗性、杀螨谱广（对卵、若螨、成螨均有效）、不受降雨温度影响等特点。2017 年乙唑螨腈正式上市，打破了西方发达国家长达半个多世纪对杀螨剂的垄断。2017 年 10 月，乙唑螨腈项目组获中化国际 2016 年度科技创新奖。

湖北省农业科学院喻大昭团队首次从植物代谢产物中创制了用于防治植物病害的天然蒽醌类农用杀菌剂—大黄素甲醚，获 2014 年国家科技进步二等奖和第十七届中国专利金奖。东北农业大学向文胜团队研究发现了病虫害侵染植物—根招募防御性特异微生物，建立了"有害生物 – 植物 – 微生物"互作新理论和高效发现农用抗生素菌株新技术体系，系统获得了防治作物真菌、细菌性病害等多个新菌株抗生素及产品产业化，获 2015 年得国家技术发明二等奖。

江苏省农药研究所股份有限公司创制了具有自主知识产权的新型杀菌剂氰烯菌酯，目前年销售额已超过亿元，居我国创制农药的首位。该杀菌剂具有高效、微毒、低残留、对环境友好特点，对由镰刀菌引起的各类植物病害具有保护和治疗作用，可应用于防治镰刀菌引起的小麦赤霉病、棉花枯萎病、香蕉巴拿马病、水稻恶苗病、西瓜枯萎病等。南京农业大学周明国团队通过多年研究，首次揭示了氰烯菌酯是破坏细胞骨架和马达蛋白的肌球蛋白 –5 抑制剂，国际杀菌剂抗性行动委员会（FRAC）给予氰烯菌酯单独的作用机理和抗性风险分类编码（B6）。他们同时还发现小麦赤霉病菌肌球蛋白 –5 可以发生不同点突变和遗传调控，产生低、中、高和极高水平的抗药性，据此提出了氰烯菌酯的抗性风险管理策略。氰烯菌酯是我国创制农药中第一个拥有全新作用机制的产品，有望引导新一代农药的快速发展。

噻唑锌是浙江新农化工股份有限公司自主研发的高效、低毒的噻唑类有机锌杀菌剂。该产品具有活性高、杀菌谱广、对作物安全等特点，兼有保护和内吸杀菌治疗作用，对水稻、柑橘、蔬菜等细菌性病害的防治效果突出，目前在国内水稻、黄瓜、柑橘等作物的推广上获得良好的效果，年销售额已超过亿元。

我国还创制了一批具有自主知识产权的绿色新农药。其中，沈阳化工研究院创制的双酰胺类杀虫剂四氯虫酰胺和华东理工大学创制的新烟碱类杀虫剂哌虫啶于 2017 年 8 月获得正式登记；杀菌剂丁吡吗啉和唑菌胺酯、除草剂氯酰草膦、植物激活剂甲噻诱胺、杀螨剂乙唑螨腈获得了临时登记。此外，还有一批绿色新农药正在开发中，包括杀虫剂戊吡虫胍、环氧啉、叔虫肟脲、硫氟肟醚、氯溴虫腈、丁烯氟虫腈和氯氟氰虫酰胺；杀菌剂苯噻菌酯、氯苯醚酰胺、氟苯醚酰胺、唑醚磺胺酯、甲磺酰菌唑、氟苄噁唑砜、二氯噁菌唑；除草剂喹草酮以及环吡氟草酮等。

7. 农药应用工艺学科

在农药使用评价技术方面，我国科学家研发了农药喷雾量分布分段采集分析关键技术、农药田间沉积分布仿真测试技术、农药雾滴检测卡、农药雾滴比对卡、农药雾滴图像分析软件等用于评价施药质量的评价技术，建立了基于风洞试验的农药雾滴飘移评价方法，提出了全国农药利用率监测与评估方法，为2015年全国农药利用率36.6%的发布提供了依据。中国农业科学院植物保护研究所袁会珠团队研发的农药雾滴检测卡、农药雾滴密度卡、农药药液润湿性测试卡为农药喷雾技术田间快速检测提供了手段。农业部南京农业机械化研究所薛新宇团队研发的农药喷雾量分布分段采集分析关键技术，实现了对大型植保机械喷雾量分布特性的精准快速测试分析；研发的农药雾滴图像分析软件，实现了农药雾滴田间在线分析与评估；研发的我国首台植保专用标准风洞（风速0.5~10m/s），实现了农药雾滴飘移的定性评估与定量测试。为我国精准施药技术装备科研、产品开发和作业效应评估试验研究提供了技术支撑。

我国科学家在植物保护机械关键部件设计理论、核心部件加工工艺等方面取得突破性进展，形成了农用系列喷头、稳压防滴阀、静电雾化器、双风送静电喷雾装置、喷杆平衡装置及通用喷嘴型谱库等产品。农业部南京农业机械化研究所优化提升喷头加工工艺，解决了塑料喷头易磨损的难题，研发了扇形雾系列喷头、圆锥雾系列喷头、防飘系列喷头等，并配套开发恒压防滴阀等部件，产品通过国家植保机械质量监督检验中心等权威机构认证，喷雾量误差率为1%（国际标准为 ±5%）、喷雾角误差率为1.8%（国际标准为±5%），喷雾质量、耐磨性能均优于国外同类产品，且价格是国外同类产品的1/3到1/2，打破国外高价垄断。

中国农业科学院植物保护研究所农药应用工艺研究组、华南农业大学国家精准农业航空兰玉彬团队在云南、湖南、新疆、河南等多地开展橙树、水稻、棉花、小麦等多种作物的无人机航空施药技术应用研究，研究测试了无人机低空低容量喷雾的雾滴沉积分布规律，在风洞内评价了不同农药剂型的农药雾滴飘移规律，并研究喷雾助剂对农药雾滴蒸发飘移的抑制效果。2016年，在农业部的领导下，河南全丰航空科技有限公司和华南农业大学组织四十多家农业无人机企业成立了国家航空植保科技创新联盟，这是正式开启中国农用无人机航空施药技术应用发展的里程碑。联盟于2016年5月、2016年7月和9月先后组织多家单位分别在河南和新疆等地开展小麦蚜虫防治和喷施棉花脱叶剂的测试作业，加快了无人机航空施药技术的应用和推广。2016年8月，陕西省三十万亩玉米黏虫病害大暴发，联盟组织多家联盟成员、调动百余架无人机开展紧急防治救灾工作。此次救灾是国内农用无人机航空施药作业的首次协同作战，标志着应用农用无人机进行大规模病虫害防治进入新的篇章。

8. 杂草科学

（1）稻田杂草防控技术

1）农业措施防控稻田杂草。南京农业大学强胜团队发现平衡施加化肥或配施有机肥处理能减少稻田杂草密度，从而抑制其发生危害程度。长期平衡施肥既有利于作物的优质高产，也有利于农田土壤种子库群落的稳定。中国科学院亚热带农业生态研究所谢小立团队发现平衡施加化肥和实行养分循环均能抑制杂草，两种施肥模式结合起来对杂草的抑制效果更佳。另外，秸秆还田可以推迟杂草的出草高峰期。田间湿润管理的杂草发生持续时间长、杂草发生量大，而保持田间 4~5cm 深水层，可推迟杂草发生高峰，减少杂草发生。

2）化学除草剂防控稻田杂草。我国不同水稻栽培方式的稻田已形成了完整的化学除草体系。磺酰脲类、酰胺类、二氯喹啉草酮等十余类化学除草剂在稻田大面积推广使用，解决了稻田杂草危害的主要问题。随着水稻栽培方式的改变以及除草剂长期单一的使用，稻田杂草群落也发生了变化，呈现如下特点：稻田多种稗同时危害，且种群密度高、冠层压过水稻；千金子在长江中下游地区直播稻田发生严重；杂草稻在局部地区危害严重；田埂上的多年生杂草蔓延到稻田中，如双穗雀稗、假稻（李氏禾）、匍茎翦股颖等；旱地杂草水田化，如马唐、牛筋草、狗尾草等。由于过份依赖于化学除草剂，一些杂草已对除草剂产生了抗药性，尤其是稗、千金子、鸭舌草、雨久花以及水苋菜的抗性日趋严重。此外，还产生了一些其他不良影响，如对环境的污染，对当茬或后茬作物的药害，以及在作物中的残留。

3）生物防治措施控制稻田杂草。目前活体微生物除草剂尤其是活体真菌除草剂的开发和研究取得较大进展，在已登记注册的七个微生物除草制剂中，六个为真菌制剂。已报道有较好除草活性的物质有除草素（Herbicidines）、除草霉素（Herbimycins）、茴香霉素（Anisomycin）、双丙氨膦（Bialaphos）、AAL- 毒素（AAL-toxin）和蛇孢菌素 A（Ophiobolin A）等。

（2）麦田杂草防控技术

1）农艺控草技术。山东省农业科学院植物保护研究所李美团队提出了小麦田杂草防除精准防控时期、精准环境条件、精准靶标和精准药剂选择的"四个精准"的杂草化学防控技术，结合轮作、深翻等农艺控草技术，极大地提高了除草效果和对作物的安全性，有效降低了除草剂使用量。秸秆还田可控制包括杂草在内有害生物的发生、发育，可减少使用化学除草剂。4500kg/hm^2 秸秆还田时，麦田看麦娘、茵草密度较对照显著下降，控草效果与炔草酯控草效果相当，结合炔草酯减量施用可进一步降低杂草密度。同时 4500kg/hm^2 秸秆还田时，小麦苗期、拔节期功能叶 SPAD 值以及抽穗期功能叶净光合速率、气孔导度和蒸腾速率均较对照明显提高。

2）化学除草剂与关键使用技术。2011—2017 年，对多种茎叶处理除草剂和土壤处理除草剂（如啶磺草胺、吡氟酰草胺、环吡氟草酮等）开展了除草活性、杀草谱及配套应用技术研究，结合环境条件，制定了针对不同优势杂草的控草方案，做到麦田杂草的精准防控。并研究明确了五种喷雾助剂对六种麦田重要除草剂的增效作用。

9. 鼠害防治学科

在原有毒饵站技术拟合害鼠取食行为，保护毒饵不受恶劣天气影响的基础上，新型毒饵站的研发考虑了不同环境对杀鼠剂应用的特殊要求，如村屯散养家畜家禽的安全问题、农田的人工成本和原材料问题等，通过新型引诱剂的研发提高毒饵引诱性及毒饵使用效率，有效降低了杀鼠剂对周边环境及非靶标动物的影响。与基于生态的鼠害治理理念下，针对我国不同农业环境的耕作要求及害鼠发生特征，因地制宜改进了 TBS 技术，如北方农田线性 TBS 技术的应用，在不影响捕鼠效率的前提下拟合了当地机耕的特征，降低了维护成本。目前，该技术结合新型毒饵站技术在全国范围得到了进一步推广应用。

物联网、互联网技术、超算技术相结合的鼠害监测预警平台的研发，将有效推动我国害鼠数据采集、分析及鼠害预测预报的发展。

三、植物保护学学科国内外研究进展比较

（一）植物病理学科

近几年，我国植物病理学科发展已取得了巨大进步，主要体现在发表高水平论文的数量增加较快。与国外同行相比，既有优势领域，也存在差距，重大原创性成果不多。

我国植病学家在主要真菌卵菌病害研究方面已取得显著进展。在病原菌逃避寄主抗性反应策略、病原物毒性变异机制、植物抗病性调控机理、重要抗病基因标记定位、克隆和功能研究等领域均与世界同步，取得重要成就。针对我国农业生产上重要病毒病，我国学者在病毒基因功能、病毒致病性、症状形成及运动机制、RNA 沉默介导的病毒抗性和持久增长型病毒的介体昆虫传播分子机制、病毒病害防控等方面的研究与世界同步，部分研究领域达到了世界领先水平。

在植物与病原细菌互作相关研究取得了重要成果，我国部分研究领域居领先地位，如假单胞杆菌的相关研究水平处于国际前沿。在瓜类细菌性果斑病和马铃薯青枯等在快速检测和综合防治技术方面做了有效的工作，但在致病分子机理等尚存相当差距。在生防真菌与线虫互作机制方面的研究居于国际领先地位。对生防微生物商品化技术缺乏研究，缺少高效的商品化制剂。

在植物基因组定点编辑技术研发与应用处于引领世界地位，用该技术进行作物遗传改良，构建了高覆盖率靶标基因单碱基定向替换的水稻突变体库，进一步奠定我国水稻生物学研究在全球的领先地位。目前我国克隆主要作物"持抗"或"一因多抗"关键抗病基因

极少，缺乏这类抗病基因广泛成功应用实例。类似于植物免疫诱抗剂"阿泰灵"的生物新农药研发与应用较少，利用基因沉默技术防治赤霉病等病害的研究与国外同行还存在较大差距，需要加强这些领域的研发投入。此外，国内外关于病害流行与监测预警研究和投入较为薄弱，缺乏将寄主植物 – 病原物 – 环境因子作为整体开展宏观病害研究的重要成果，也影响了系统开展病害监测预警工作。

（二）农业昆虫学科

近年来，基因测序和基因编辑等技术的突破性发展大大推动了我国农业昆虫学的基础研究，尤其是在昆虫基因组测序方面取得了不错的成绩。如在小菜蛾基因组的测序过程中克服了高度杂合、结构变异复杂等难题，东亚飞蝗基因组是目前完成测序的最大基因组。但是我国农业昆虫基础研究整体水平与国际先进还有一定差距。

在高新技术研发上，国外转基因抗虫作物研发与产业化应用仍占据显著优势，同时利用 RNA 干扰技术定向沉默昆虫关键基因的转基因技术已开始用于研究新一代的抗虫作物。昆虫转基因技术发展迅猛，多种双翅目、鳞翅目、鞘翅目等昆虫被成功进行基因转化，同时转基因埃及伊蚊、转基因棉红铃虫相继在英国和美国进行防治试验并取得成功，而我国的转基因昆虫研究尚处于起步阶段。

我国天敌昆虫、性诱剂、食诱剂、植物源农药、微生物农药等绿色防控产品的种类及其产业化规模，显著落后于国际先进水平。农作物害虫绿色防控模式主要适用于现阶段的小农户的经验种植模式，有别于欧美等大农场种植模式下的害虫防控技术体系，但监测预警与综合治理的能力和水平基本接近。

（三）生物防治学科

生物防治一直是欧美发达国家所倡导并大力推进的农业病虫害防控核心手段，随着现代生物技术和科学手段的发展，新型生物防治产品、生物防治主导型防治新技术得到了更为广泛的应用。无论是技术领域还是实践应用方面，利用有益生物自然控害作用，发掘和利用有益的生物防治因子控制农作物重要虫害，控制农作物有害生物的发生、危害和蔓延，减少农药使用，降低农药污染和农药残留的危害，保障农作物生产安全，实现农业可持续发展，已成为国外发达国家的共识。

目前在北欧及北美几乎所有的设施农业、温室蔬菜都采用生物防治，美国 EPA 专门设立了服务和管理部门，负责全国生物防治体系的应用；法国政府计划到 2018 年生物农药和天敌昆虫的使用量占农业种植面积的 50%。上述国家的天敌昆虫产品，如赤眼蜂、蚜茧蜂、蚜小蜂、姬蜂、茧蜂、瓢虫、草蛉、花蝽、猎蝽、捕食螨等，已广泛应用在蔬菜等作物害虫防治，市场化程度很高。在南非、东非、南美洲的集约化农业区、鲜食蔬菜和水果主产区，近年来病虫害生物防治也取得了显著成效。由此出现了一批大型的天敌昆虫扩繁与销售的商业机构，年销售额超过三千万美元的大型公司，如英国 BCP 公司、荷兰 Koppert 公司、美国 Greefire 公司、澳大利亚 Bugs for Bugs 公司等，以天敌昆虫产品结合微生物制剂，并辅以实用性强的生态调控措施，组建了实用程度高、技术水平发达的生物防治技术体系，较好地控制了蔬菜、水果的病虫害。

在拉美、非洲等国，生物防治为主导的病虫害防控技术也由政府倡导，进行大规模的应用。如在南非每年超过七百万亩的甘蔗地都应用生物防治方法防治非洲茎螟及蛴螬，在东非及南非应用"植物载体技术""天敌推拉技术"等控制玉米螟的危害；在古巴有超过一千万亩作物上应用寄生性、捕食性天敌及杀虫微生物进行害虫生物防治。其他的拉美国家包括阿根廷、智利、玻利维亚、乌拉圭、洪都拉斯和尼加拉瓜等国，在农业害虫防治也开展了一系列的生物防治研究和应用。

在澳大利亚，基于农产品安全生产的生物防治技术收到法律的保障，其农药销售网点严格采取申报及专业服务制度，政府通过补贴的形式提供病虫害生物防治制剂，该国蔬菜、水果、粮食作物的生产，首推生物防治措施。该国的瓢虫、赤眼蜂、蚜小蜂、蚜茧蜂、草蛉、昆虫病毒、昆虫病原线虫、绿僵菌制剂、Bt 制剂、木霉制剂等产业化程度较高，国家编印了主要蔬菜、粮食作物病虫害防治历，配套的生物防治体系完善，技术体系实用化程度高。

在杀虫抗菌生物制剂方面，国外发展更是突飞猛进，大量的环境友好型新型生物农药得到了登记和使用，相关配套技术也较系统，大规模应用面积逐年扩增。当前大型跨国公司更是倍加重视生物防治这一快速发展的朝阳产业，拜尔、孟山都、先正达、Koppert 等公司纷纷进入生物防治行业。近几年，巴斯夫公司以 10.2 亿美元收购了 Becker Underwood，拜耳以 4.25 亿美元收购了 AgraQuest，先正达、杜邦也纷纷涉足生物防治行业。专业机构统计美国的生物杀虫农药市场销售额为 3.5 亿美元，到 2020 年可达 4 亿美元；欧洲市场目前销售额约为 1.7 亿美元，到 2020 年可达到 3.1 亿美元。统计显示，2013—2016 年北美应用的生物杀虫农药占全球的 44%，欧洲和澳大利亚各占约 21%。专门针对蔬菜、水果以及大宗农作物，如玉米、大豆等绿色生产的新型生物防治产品和技术得到空前发展。

相比欧美发达国家，我国天敌生物防治产业化程度还有显著差距，主要体现在天敌昆虫和微生物农药产品数量少、生产规模小、农业补贴不足、配套的专业服务设备不完善、技术体系不系统等。天敌昆虫在个别产品和技术上处于领先地位，以赤眼蜂、蚜茧蜂、蚜小蜂、螳螂等为代表的天敌产品，防控各类害虫年应用面积已达 460 多万公顷。在微生物制剂应用方面，我国则走在了世界的前列，苏云金杆菌 Bt、枯草芽孢杆菌活菌制剂 Bs、绿僵菌、白僵菌、武夷菌素、免疫诱抗剂阿泰灵、壳寡糖（氨基寡糖素）类产品等应用面积逐年增大，防虫抑菌效果显著，极大地保护了农产品质量安全和产地环境安全。

（四）入侵生物学科

我国已组建了一支涵盖多学科、多层面、稳定发展的从事入侵生物学的研究团队，形成了符合我国国情的入侵生物学学科体系。入侵生物学的学科发展势头强劲，学科队伍逐渐壮大，获得了系列成果和奖励，出版了《入侵生物学》系列中、英文专著和教材，为国家培养了大批该领域的高水平人才，推动了学科稳步健康发展。

国际上，融合新兴科学技术的入侵生物防控技术创新和集成创新发展迅速。美欧等发达国家高度重视生物入侵防控，竞相抢占科技制高点。现代科技已广泛融入防控技术和产品的创新研发。环境友好型防除、生物防治和生态调控等技术飞速发展，替代控制与生态修复、区域治理技术应用广泛。已集成区域防控新模式并进行应用，逐渐形成智能联动防控技术体系，成为入侵生物控制的主要策略。与国际同领域研究比较，我国在该领域的差距逐渐缩小、体系逐渐完善。如：有害入侵生物的检测、监测等生物识别体系逐渐完善，实现了远程实时监测检测。此外，国际影响力逐年提高，我国已连续主办前三届国际入侵生物学大会，国际生物入侵大会国际专家委员会、秘书处已常驻我国。

但是，随着全球一体化进程和气候变化的发展，我们必须面对入侵生物诱发的新的严峻形势，比如相当数量的新发重大和潜在高度危险物种，甚至还没有基本的检测方法和标准。此外，我国针对国内外疫情调查和风险分析的数据库还不完善，导致突发疫情不能及时准确地监控，应急防控技术储备不足和智能化水平有待提高，相关研究急需快速推动。

（五）植物化感作用学科

植物化感作用及其对有害生物的化学调控在国内已得到广泛深入的研究，并取得长足的进步，在水稻化感新品种选育以及作物化感品种抑草机制等方面已经达到国际前沿水平，但一些方面依然与国外的研究存在较大差距。在作物–杂草的化学作用方面，主要表现在化感物质生物合成分子调控机理方面。目前，国内这方面的研究更多的是对各类化感物质的鉴定以及对各类化感物质生物效应的测定，而很少对化感物质的生物合成过程及其调控机理开展研究。在作物–害虫化学互作关系方面，主要体现在作物地上与地下部分互作对作物–害虫化学互作关系的影响以及作物防御化合物的生态学功能两个方面。对植物诱导抗虫性及其产生机理大量研究结果表明植物诱导抗虫反应是一个整体（地上与地下部分）的转录组、代谢组以及生理生化的重组过程，涉及到地上与地下部分众多信号转导途径、转录因子以及防御与生长相关基因的调控与协调。而国内，目前更多的只是研究植物地上部分与害虫的化学互作关系。就植物防御化合物功能方面的研究，目前国内也大多只是在实验室内进行，很少有在田间生态系统中开展研究的，这很难揭示相关防御化合物的真正生态学功能。在作物–病原微生物的化学作用方面与国际水平差距明显，主要表现为

研究的系统性不强，许多研究停留在对表象的观察，深入研究化学与分子机理的不多。

药用植物种植生产是中国的特色产业，国外在这一领域的研究比较少。因此，总体而言，我国目前在药用植物化感作用的研究方面与国外的差距不大。在化感物质结构修饰、合成与新农药研发方面，国外学者针对的化感物质种类更多，研究更具系统性和规模化，并且少数已进入实际应用阶段。如最近美国学者合成了二十余种假蒟亭碱类似物，通过活性评价阐明了类似物的植物毒活性，并筛选出了几种杂草生长抑制活性先导化合物。日本学者 Shindo 设计合成了七十余种咖啡酸类似物，为开发新型除草剂奠定了基础。

（六）农药学科

"十二五"期间我国农药创制水平提升显著，在基于靶标的药物分子合理设计领域富有特色，在药物分子合成技术，农药相关靶标的结构生物学、靶标与小分子作用机制研究等领域与国际先进水平处于"并跑"阶段。我们构建了较为完善的绿色农药分子合理设计的计算化学生物学技术平台，为解决农药分子的高效性、选择性及反抗性三个关键科学问题提供了有效途径。我国科学家在杀菌抗病毒靶标的研究方面取得了原创性的新突破，首次明确了抗病毒药物毒氟磷的作用靶标为 HrBP1，揭示了氰烯菌酯的全新作用机制，首次提出基于代谢物浓度的抗菌药物靶标和先导发现策略。

与欧美日发达国家相比，我国具有自主产权的原创先导及具有全新作用机制的骨架仍然匮乏，缺少具有引领甚至颠覆性的农药新品种，在新农药创制链条中各阶段力量不均衡，新农药创制研发投入薄弱，创新能力有待提高。"十二五"期间我国累计在农药创制方面的投入仅约三亿元，与发达国家动辄数亿美元的投入差距巨大。尽管我国在新农药创制基础理论研究中取得了一些突破性进展，但总体而言我国农药创新能力还比较弱，论文专利的质量和水平令人担忧，论文只有 0.05% 发表在顶级期刊上。尽管我国农药专利申请总量已经超过美国，但中国农药专利质量参差不齐，国内申请人对化学农药的创新能力低于国外申请人，如美、日两大农药创制国的农药化合物专利占总申请量的 29%，而中国仅有 18%~22%。

（七）农药应用工艺学科

国内种衣剂产品研发和种子包衣技术仍以生产仿制品种为主，产品同质化问题比较普遍；另外，种子包衣技术也集中在玉米、小麦、棉花、大豆、花生和水稻六大作物，缺少小作物种子包衣技术。目前我国的种子处理剂以悬浮种衣剂为主，缺少微囊缓释功能化的种子包衣技术和配套检验技术。

我国土壤消毒技术在基础研究、配套机具、检测技术、服务组织等方面与发达国家相比，均有不少差距，但在土壤熏蒸药剂方面则走在世界前列，例如国外商业化使用的熏蒸剂主要是氯化苦、1，3-D、棉隆和威百亩，我国登记的熏蒸剂有氯化苦、棉隆、威百亩、硫酰氟。DMDS 和 AITC 正在登记之中。硫酰氟是中国首次在世界上登记作为土壤熏蒸剂防治根结线虫。DMDS 也是中国具有自主知识产权的专利产品,正在登记防治根结线虫。同时根据我国国情发展了适合中国小块农田,具有自主知识产权的氯化苦胶囊、氯化苦+1,3-D 胶囊和碘甲烷胶囊技术。发明了硫酰氟配套的分布带施药技术,均获得国家发明专利。

国外发达国家特别重视喷雾技术基础研究和基础部件研发,喷头规格齐全,种类繁多,并且根据不同的喷施对象研制许多特殊用途的喷头,如离心式转子喷头、双流喷头、低飘移喷头、不同雾锥角的实心、低量喷头及空心系列喷头和应用非常广泛的扁扇型系列喷头等。国内在此方面的研究还比较落后,主要表现在基础研究薄弱,喷雾技术研究相对不足,喷头、机具与农药的研究缺乏有机结合,研究偏重于在药液物理特性、喷雾技术以及喷头布置方面。尽管国内开展了一定的研究,但与国外的研究相比,我国在喷头类型开发与不同场景下的应用研究还落后于欧美发达国家。发达国家在喷雾技术中已经融合信息化和智能化技术,实现了大田喷杆喷雾技术和航空低容量喷雾的变量精准喷雾,我国已经开始引进国外的变量精准喷雾装备。

(八)杂草科学

我国学者在杂草稻起源,演化机制,栽培稻基因渗入对杂草稻种群的遗传分化、适应性进化的影响,稗通过基因簇合成防御性次生代谢化合物与水稻竞争和抵御稻田病菌的遗传机制,菟丝子与寄主的互作传递机制、休眠相关基因的调控作用等方面的研究都处于国际先进水平。不足的是,尚未完成相关基因功能解析,节节麦、大穗看麦娘等杂草的基因组测序工作尚未启动。

澳大利亚杂草抗药性研究中心以及美国、日本等多家国外相关研究机构,在代谢抗药性分子机理解析方面处于领先地位。美国孟山都公司、德国拜耳同澳大利亚杂草抗药性研究中心合作,成功实现了室内利用基因沉默技术治理抗药性杂草。我国学者在核酸、蛋白水平初步阐明了杂草抗药性的分子机制,也解析菌草、看麦娘、稗草、牛筋草等杂草的多个潜在抗药性基因。然而,亟待在杂草抗药性遗传进化、抗药性杂草生态适合度、抗药性基因功能、基因表达调控网络及代谢途径调节、抗药性杂草治理等方面进行深入研究。

发达国家十分倚重化学除草剂,化学除草面积高达种植面积的 90% 以上。由于抗药性杂草发生态势严峻,以及长期大量使用除草剂,甚至滥用除草剂而引起的环境关注,国外杂草科学家已意识到农田杂草治理方式必须转变。国内研究单位倡导针对我国区域辽阔、作物种类繁杂、耕作栽培模式多样、草相差异大的特点,发挥杂草诱萌、深翻、轮作等农艺措施防控杂草,但是,我国农田杂草治理基本上是以农田杂草化学治理为主,其他措施为辅,而且整体用药水平较低,除草剂有效利用率低下,致使除草剂药害频发,抗药

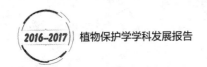

性杂草发展迅猛。

总之，我国杂草科学研究的整体水平与发达国家相比仍有较大差距。其原因一是缺乏有重大影响的领军人才和能够引领整个杂草学科的科学专家；二是国家对该领域的立项重视不够，研究队伍太小；三是研究工作的创新性不强；四是研究工作缺乏自我特色；五是主攻研究方向不够稳定持续。以上原因致使科研积累和沉淀不足，具有特色的创新性成果少，国际竞争力不强。

（九）鼠害防治学科

我国是目前唯一从政府层面指导鼠害治理的国家，鼠害控制领域的研究已经处于世界的前列。从近几届世界动物学大会，尤其是隶属于世界动物学大会的鼠类生物学及治理大会上可以了解到，我国在害鼠基础生物学包括生态学、生理学、行为学，尤其是围绕害鼠综合治理技术研发方面有着举足轻重的地位。如我国在害鼠控制的管理经验，目前已经开始为一些国家所借鉴；鼠害不育控制理念开始于澳大利亚，而我国则是目前在该领域研究最为活跃的国家；TBS起源于东南亚水田的害鼠防治，而我国科学家则因地制宜进行了大规模改进与应用；我国本土起源的毒饵站技术，在我国多方位发展的同时目前已经风靡世界。

相对于我国丰富鼠害治理经验及相对发展较快的鼠害控制策略及应用技术，我国鼠害基础理论研究方面尽管已经取得了长足的进步，但还存在较大的发展空间。如鉴于欧美等发达国家有关生物多样性保护更加普及的理念及更为严格的法律规定，这些国家更多地将害鼠作为模式生物进行研究，如西伯利亚仓鼠、长爪沙鼠、金仓鼠、普通田鼠等，在研究其生态功能的同时，更多地被应用于医学模型，在心血管、繁殖调控研究中发挥着举足轻重的作用。我国经过多年的积累，已经取得了大量的生态学、生理学基础数据，这将为进一步的深入研究提供重要的基础数据。然而，由于我国鼠害研究领域的经费支持及团队力量尚显薄弱，还需要通过多团队、多学科联合，包括与非植保领域团队的联合，充分发挥我国鼠类多样性及目前的基础数据资源丰富的优势，推动我国鼠害基础理论的研究。

四、植物保护学学科发展趋势及展望

（一）植物病理学科

因全球气候与生态环境变化、农业种植结构调整以及国家间贸易关系日益紧密，植物病原群体致病性变异更加频繁、作物品种抗性"丧失"周期缩短，检疫性病害入侵概率更大，对我国推行绿色植保理念和确保农业经济效益和生态效益双丰收提出了前所未有的挑战。目前，国际同行已在一些研究领域取得更深入、更新颖的研究进展。特别是"一因多效"抗病新基因资源发掘与利用、病原菌毒性演替进化与逆境适应性、初侵染阶段寄主抗病信号识别与信号传导、植物－病原物－传病介体多方互作机制、抗病新物质鉴定、抗病生物新技术开发与应用，是我国当前更为迫切的研究领域。

因此，首先需要针对大规模暴发流行性病害，亟须建立病原物致病性变异与品种抗性变化的基础性长期性监测网络，便于及时掌握病原物群体毒性结构变异动态和主栽品种、重要抗源材料抗性变化动态，需要加强病害流行监测网络建设和病害流行预警预报研究。我国保存丰富的作物遗传资源，从中发掘持久抗性基因或"一因多效"基因，将抗病性表观遗传学、植物先天免疫调控机制等基础理论与抗病育种实际相结合，构建抗病新基因在作物育种中推广利用的技术体系，提高抗病品种培育效率，特别注重"多抗"和"持抗"品种的培育。

由于病原菌致病性变异频率加快，出现毒性更强、毒性谱更宽的优势菌株，需要尽快明确主要病原菌致病机制、毒性变异规律，以此开发如寄主诱导基因沉默技术（HIGS）等病害防控新策略。研发和应用如基因编辑等新技术在作物抗病育种、抗病新种质创制的利用，建立重要农作物和经济作物的相关突变体资源库，挖掘具有重要经济价值的基因。因此，未来将我国植物病理学科建设与当前"绿色植保"产业政策紧密相结合，引导人才培养、经费投入向当前我国急需的植物病害防控基础理论研究、植保新技术研发和成果转化领域聚焦，极大促进和丰富植物病理学科发展。

（二）农业昆虫学科

基因组学技术的发展使农业昆虫学研究全面进入基因组时代，将进一步促进各个研究领域的交叉与融合。随着大量昆虫基因组测序的完成，比较基因组学也将快速发展。同时，基因编辑等技术的突破性发展，将快速推进基因功能研究以及功能基因的开发应用。

利用 RNA 干涉、CRISPR 等生物技术，加强转基因抗虫植物、转基因昆虫的研发与应用；结合 3S 技术、雷达技术等信息技术，加强迁飞昆虫异地监测预警与区域阻截技术等研发；基于景观生态学、农田生态系统服务功能等理论和方法，促进害虫区域性治理的理念创新与技术发展。

促进生物防治、物理防治、行为调控、生态调控等核心技术、产品的研发与规模应用，同时根据农业集约化、绿色化发展趋势，创新农作物害虫综合防治技术模式以及基于互联网＋的信息服务平台，促进农业害虫绿色防治技术创新水平与应用水平的提升。

（三）生物防治学科

随着国民生产水平的提高，在解决温饱问题的基础上，农产品安全和优质成为未来我国农业发展的重要目标。蔬菜、水果、水稻、玉米等果蔬及大宗粮食作物的安全生产，病虫害仍然会不同程度暴发，以生物防治为主导手段的绿色防控技术体系面临诸多挑战，在核心技术方面，如生防产品大规模生产技术、天敌昆虫与生防微生物联合互增技术需深入实用化研究；在产品保障方面，天敌昆虫产品、微生物制剂产品创制的技术需要整体提升，特别是微生物农药的效价提升、天敌昆虫的规模扩繁及长期贮存；在应用技术方面，单项技术的科学组装、技术体系的实用化，更是生产上的迫切需求。故此开展生物防治核心技术提升与实用化研究，解决我国农产品安全中的植保现实问题，具有重要意义。我国应该抓住机遇，加快生防科技创新，具体是要依靠科技进步，拓展产品类群，革新扩繁工艺，培育新兴产业，优化实用技术。

在机理等基础研究方面，应从生物防治系统科学的角度出发，高度集成现代生命科学、信息科学和数理科学的测试手段、分析技术和利用高新技术为先导的分析、实验及理论研究成果，认识天敌昆虫、生防微生物在农田生态系统中保育及控害的特征、过程与机理，探索天敌昆虫、生防真菌、细菌、线虫、病毒、免疫诱抗蛋白、代谢产物等与营养、生境、生物多样性间的反馈、协同与相互作用，关键基因，尝试遗传改造；研究天敌昆虫与生防微生物定殖性的时－空波动规律；揭示营养对等天敌习性的影响及机理；阐明滞育对天敌昆虫的延寿保育机制；研究生防真菌、细菌、病毒、线虫等与寄主识别信号及传递机制，探索其主要的生防功能基因及表达调控；探明对害虫的控制机理，提升对生防防治作用物保育及控害的认知水平，促进我国生物防治学科发展。

在产业化及产品研发方面，一是围绕单项技术、高效利用、生态保育、综合配套各环节，开展 RNA 干扰精准控害、植物免疫、信息素防控、理化诱杀、生物防治及生态调控的新技术研究，深入开展天敌定殖、生物农药精准使用、化学农药减量技术，开展单项技术组装配套，建立技术体系。二是围绕资源利用、生产技术、制剂技术各环节，优化参数，革新方法，筛选高效微生物菌株及工程菌株，提升生防制剂效价，丰富天敌种类，研究发育营养，建立分子设计和高通量筛选平台，替代改造高毒农药，优化生产工艺，革新助剂结构，延长生防产品货架期，创制新型植保产品。

在生防产品与技术推广应用方面，要进一步突破我国农业病虫害生物防治实用化技术瓶颈，实现优质天敌昆虫与微生物农药的大规模、高品质、工厂化生产，研发并应用天敌昆虫及生防微生物制剂的互补增效技术，深入生物防治产品的定殖增效保障技术，兼顾新型生物防治技术的研究与集成，开展生物防治产品及技术的大面积应用示范。大幅度提高生物防治产品及技术在农业病虫害防治中的比例，为保障国家农产品质量安全、粮食生产、产地环境安全战略目标的实现提供技术支撑。

（四）入侵生物学科

我国入侵生物防控虽然成就斐然，整体上同步于国际发达国家的水平，但以往我国入侵生物防控的研究侧重于"应急性""单项技术"和"传统技术"。与发达国家比，亟待融合现代科技进行创新，提升生物入侵防控快速反应的国家能力。另一方面，我国外来入侵生物本底数据信息与数据库仍处在"跟跑"阶段，需要融合互联网、生物数学、数据标准化与综合处理、信息挖掘和数据整合分析与可视化展示等高新技术，全面提升入侵生物数据库与信息系统的服务功能与可视化展示程度，推动我国该领域在国际上由"并跑"向"领跑"迈步。鉴于此，未来有望在以下方面取得突破：①研发新发入侵生物快速分子识别与扩散阻截扑灭技术；②完善已入侵生物的生防抑制与持久生态修复调控技术；③完善主要入侵生物动态分布与本底信息；创新智能化监测新技术；④编制入侵生物分布危害的最新研究报告及重大疫情报告；⑤制定多部门协作的入侵生物数据资源采集规范与数据质量控制规范，编制入侵生物野外数据调查规范；⑥绘制入侵物种的专题电子图集；建成的囊括入侵生物及其媒介与寄/宿主的实物资源库及其配套信息数据库；建立的一体化入侵生物数据库及信息共享平台。

（五）植物化感作用学科

植物化感作用作为一种自然的生态学现象，是植物生态系统中各种生物和非生物要素长期互作并协同进化的结果。本质上而言，植物的化感物质可以影响到其所处生态系统中的各种生物；同时，各种生物和非生物因素又可以通过影响植物化感物质的产生与多寡，从而强化或减弱植物与相关生物间的化感作用。因此，今后作物与有害生物化学作用的研究应更注重以下几个方面。

（1）以重要的具有代表性的作物为研究对象，在系统揭示这些作物整体（地上与地下）在调控其与杂草、害虫、微生物等互作关系以及影响其自身生长的重要化感物质的基础上，全面解析这些重要化感物质的生物合成途径及其分子调控机理，并整体揭示这些化感物质的作用机理及其在整个生态系统中所发挥的生态学功能。理解作物化感物质的多重功能及其作用的复杂性。

（2）以重要的具有代表性的作物 - 有害生物（包括杂草、微生物以及害虫等）为研究对象，系统剖析生物识别相关化学信号并作出相应化感反应的化学与分子机理；

（3）深入研究各种生物与非生物因子对作物化感物质生物合成及其化感作用强弱的影响，进一步加深对作物化感作用的理解。

（4）在深入揭示植物化感作用化学、遗传以及分子机理的基础上，应积极开发基于植物化感作用的有害生物治理技术，如培育具有化感作用的作物品种、开发基于化感物质结构改造的除草剂、杀菌剂和害虫防治剂以及构建具有自身抗病草害的农林生态系统。

（六）农药学科

随着生命科学技术，计算机技术等新兴技术的快速发展，农药科技创新也面临着新的机遇与挑战，新的农药发展趋势已经显现：①绿色农药是农药发展的必然趋势，先进使用技术是绿色用药的重要保障。现代农药创制更加关注生态安全，低生态风险的绿色农药创制是未来发展的方向，未来农药要符合活性高、选择性高、农作物无药害、无残留、制备工艺绿色的特点。农药的使用技术也由粗放使用到精准、智能化使用的方向发展。②基因技术、分子生物学、结构生物学等生物学技术的发展为未来杀虫剂的创制提供更大的机遇和平台。新兴技术与农药创制研究紧密结合，将促进农药筛选平台、新先导化合物发现和新型药物靶标验证等的快速发展。③以基因编辑为代表的基因工程技术与农药创制的结合将越来越紧密，基因工程产品也将进入实用化，基因工程在农药行业显现了强大的生命力。④农药相关的多尺度环境与生态安全研究得到普遍关注。这些新农药的发展趋势均与农药靶标的化学生物学研究紧密关联，因此，把握国际农药科技创新发展动向，聚焦重大病虫草，深入、系统的开展多领域，多学科交叉基础上的农药靶标的化学生物学研究是引领我国农药创新发展的必由之路。

（七）农药应用工艺学科

（1）完善农药应用工艺学的基础理论。深入开展农药应用工艺学理论研究，一是在种子处理技术方面，需要深入研究微囊缓释种衣剂的药剂释放动态与土壤有害生物时空动态、微囊化制剂对种子萌发生长调控机制、化学农药与生物农药协同使用等方面理论问题；二是在土壤消毒技术方面，需要研究土壤熏蒸药剂的释放动力学、熏蒸对土壤养分的影响规律、土壤熏蒸对环境和农产品质量影响等基础问题；三是在农药喷雾技术方面，需要深入研究农药雾滴沉积分布规律、农药雾滴"杀伤半径"、不同风场下的农药雾滴飘移、农药雾滴蒸发萎缩规律、航空低容量喷雾"专用"农药制剂理化特性、农药利用率、变量精准施药、喷雾实时监控和大数据等，推动智能化植保机械研究开发，推动专业化统防统治服务化建设。

（2）融合信息化和智能化技术，实现精准施药。对靶喷雾技术、气流辅助防飘喷雾技术、静电喷雾技术、可控雾滴技术、变量施药技术、循环喷雾技术，超低量施药技术等先进高效施药技术将是发展趋势，同时机器视觉技术、超声波探测技术、自动导航技术、物联网技术等高新技术也将逐步融合到施药控制技术中，进一步提高施药的精准、高效性。

变量喷施技术是实现精确航空施药的核心，现有的商业变量喷施技术（Variable-Rate Technology，VRT）系统因成本高、操作困难，导致应用范围有限。需要一个经济的、面向用户的、并且可以处理空间分布信息的系统，仅在有病虫害的区域根据病虫害的严重程度喷施适量的农药量，实现农药的高效喷施以及将对环境的损害最小化。

（八）杂草科学

在国家生态文明建设和农业供给侧结构性改革的实践中，为缩小我国杂草科学研究与国际研究水平的差距，提高国际影响力和竞争力，解决现代农业发展和全球气候变化中不断增加且日益复杂的杂草问题，服务可持续发展农业，未来五年，杂草科学发展的重点方向是：

（1）加强基础和应用基础研究。为适应国家可持续农业发展对杂草科学的要求，在国家重点研发计划、国家自然科学基金及相关科技领域设立杂草科学重点研究项目，重点开展基于基因组及表观遗传组学的农田恶性杂草演化与致灾机制、杂草抗药性和生态适应性分子机制研究，在重要杂草基因组测序、相关基因功能解析、基因修饰（沉默）等方面下大气力，研究草害监测预警系统、生物和生态防治新技术理论基础；加强杂草科学国际合作研究，尤其是同"一带一路"沿线国家的合作。

（2）强化杂草防控技术研究。在国家生态文明建设和农业供给侧结构性改革的实践中，农田杂草防控的任务将日益增加，我们必须明确农田杂草防控的方式必向追求绿色生态可持续转变，亟须发展减少除草剂使用的生态友好型技术。因此，在国家产业需求和生态文明建设的引领下，重点研发创新非化学防控方法，化学除草剂减量精准防控技术，构建以生态控草为中心，农业、机械、生物、化学等多措施相促进的多样性可持续控草技术体系。

（3）重视队伍建设与防控技术示范推广。在国家现代化农业对杂草科学的倚重不断增加，高新技术日新月异发展的新时代，亟须重视领军人才的培养引进和壮大杂草科学研究推广队伍。同时农村农田是各种控草技术发挥其应有作用之地。杂草科学工作者不仅要研究实用新型的杂草防控技术，更要深入农村农田，广交农民朋友，传授推广相关理念和应用技术。唯有如此，新理念才能尽快为广大农民所接受，各种新技术才能尽早在广阔农田所应用，才能真正实现农田杂草治理方式向多样性生态控草方式的转变，确保高效绿色防控农田杂草，护航农业产业发展和生态文明建设。

（九）鼠害防治学科

鼠类在生物链运转中为不可或缺的一环，鼠类在很多情况下作为有害生物类群的同时，又是生物多样性维持，生态系统平衡保护的关键类群，生态学理念正在逐步成为鼠害研究的基本指导理念。在基础研究方面鼠类种群与生态系统其他因素的互作关系正逐步成为鼠害理论研究的核心内容，总体上可以概括为两大发展方向：一是注重从生态系统的整体出发，研究害鼠种群发生与气候、植被、人类 行为等的相互关系，在围绕鼠害控制研究的同时，注重害鼠种群的生态功能的研究；二是借助分子生物学、表观遗传学等新兴科学技术，通过多团队、多学科相结合从微观角度深入解析害鼠种群发生及波动的调控机制。

应用技术研究方面，基于互联网和物联网的精准预测预报及长期性、标准化的数据积累，是鼠害监测预警的发展方向；在鼠害控制技术研发方面，高效毒饵的研发仍将是传统的研究核心之一，与此相对应，快捷杀鼠剂抗性监测技术，杀鼠剂环境效应监测将成为鼠害控制技术不可或缺的内容；在生态学理念指导下，环境友好型鼠害控制技术研发，控制

策略的研究，将逐步成为鼠害治理领域的重点发展方向。面对鼠类作为有害生物及生态系统运转关键类群的两面性特征，如何因地制宜制定更为合理的治理阈值，将是害鼠生物学研究与控制技术研发需要进一步解决的重点和难题。

参考文献

［1］ Ahmed M Z, Li S J, Xue X, et al. The intracellular bacterium Wolbachia uses parasitoid wasps as phoretic vectors for efficient horizontal transmission［J］. PLoS Pathogens, 2015, 11（2）: e1004672.

［2］ An Y, Ma Y Q, Shui J F. et al. Switchgrass（*Panicum virgatum* L.）has ability to induce germination of Orobanche cumana［J］. Journal of Plant Interactions, 2015, 10（1）: 142–151.

［3］ Bao H B, Shao X S, Zhang Y X.Specific Synergist for Neonicotinoid Insecticides: IPPA08, a cis–Neonicotinoid Compound with a Unique Oxabridged Substructure［J］. J. Agric. Food Chem, 2016, 64: 5148–5155.

［4］ Cao L, Wang Z, Yan C, et al. Differential foraging preferences on seed size by rodents result in higher dispersal success of medium–sized seeds［J］. ECOLOGY, 2016, 97: 3070–3078.

［5］ Chakroun M, Banyuls N, Bel Y, et al. Bacterial Vegetative Insecticidal Proteins（Vip）from Entomopathogenic Bacteria［J］. Microbiology and molecular biology reviews, 2016, 80（2）: 329–350.

［6］ Chang H, Liu Y, Ai D, et al. A Pheromone Antagonist Regulates Optimal Mating Time in the Moth Helicoverpa armigera.［J］. Current Biology Cb, 2017, 27（11）: 1610.

［7］ Chauhan B S, Matloob A, Mahajan G, et al. Emerging challenges and opportunities for education and research in weed science［J］. Front. Plant Sci., 2017, 8（1537）http://dx.doi.org/10.3389/fpls.2017.01537.

［8］ Chen J C, Huang H J, Wei S H, et al.Investigating the mechanisms of glyphosate resistance in goosegrass（*Eleusine indica*（L.）Gaertn.）by RNA sequencing technology［J］. Plant Journal, 2017, 89（2）: 407–415.

［9］ Chen J, Lin B, Huang Q, et al.A novel Meloidogyne graminicola effector, MgGPP, is secreted into host cells and undergoes glycosylation in concert with proteolysis to suppress plant defenses and promote parasitism. PLoS Pathogens, 2017, 13: e1006301.

［10］ Chen S G, Kim C H, Lee J M, et al. Blocking the QB–binding site of photosystem II by tenuazonic acid, a non–host–specific toxin of Alternaria alternata, activates singlet oxygen–mediated and EXECUTER–dependent signaling in Arabidopsis［J］. Plant, Cell and Environment, 2015, 38: 1069–1080

［11］ Chen W, Geng M, Zhang L, et al. Determination of coumarin rodenticides in soils by high performance liquid chromatography［J］. Chinese Journal of Chromatography, 2016, 34: 912–917.

［12］ Chen Y, Liu L, Li Z, et al. Molecular cloning and characterization of kiss1 in Brandt's voles（*Lasiopodomys brandtii*）［J］. Comp Biochem Physiol B Biochem Mol Biol., 2017, 208–209: 68–74.

［13］ Deng Y, Zhai K, Xie Z, et al. Epigenetic regulation of antagonistic receptors confers rice blast resistance with yield balance.［J］. Science, 2017, 355（6328）: 962–965.

［14］ Fernandezcornejo J, Nehring R F, Osteen C, et al. Pesticide Use in U.S. Agriculture: 21 Selected Crops, 1960–2008［EB］. Economic Information Bulletin, 2015.

［15］ Garcia M D, Nouwens A, Lonhienne T G, et al. Comprehensive understanding of acetohydroxyacid synthase inhibition by different herbicide families［J］. Proc. Nat. Acad. Sci. USA 2017, 114: E1091–E1100.

［16］ Guan A Y, Liu C L, Yang X P, et al. Application of the Intermediate Derivatization Approach in Agrochemical Discovery［J］. Chem. Rev., 2014, 114: 7079–7107.

［17］ Guo L B, Qiu J, Ye C Y, et al. Echinochloa crus-galli genome analysis provides insight into its adaptation and invasiveness as a weed.［J］. Nature Communications, 2017, DOI: 10.1038/s41467-017-01067-5.

［18］ Hao G F, Wen J, Ye Y N, et al. ACFIS: a web server for fragment-based drug discovery:［J］. Nucleic Acids Research, 2016, 44（W1）: W550-556.

［19］ Hao G F, Wang F, Li H, et al. Computational discovery of picomolar Q（o）site inhibitors of cytochrome bc1 complex.［J］. Journal of the American Chemical Society, 2012, 134（27）: 11168-11176.

［20］ Hao W Y, Ren L X, Shen Q R, et al. Allelopathic effects of root exudates from watermelon and rice plants on *Fusarium oxysporum* f.sp. *niveum*［J］. Plant and Soil, 2010, 336: 485-497.

［21］ Hu L F, Ye M, Zhang T F, et al. The rice transcription factor WRKY53 suppresses herbivore-induced defenses by acting as a negative feedback modulator of map kinase activity［J］. Plant Physiology, 2015, 169: 2907-2921.

［22］ Huo H Q, Wei S H, Bradford K J. Delay of germination 1（DOG1）regulates both seed dormancy and flowering time through microRNA pathways［J］. PNAS, 2016, 113（15）: E2199-E2206.

［23］ Ji Z, Ji C, Liu B, et al. Interfering TAL effectors of Xanthomonas oryzae neutralize R-gene-mediated plant disease resistance［J］. Nat Commun, 2016, 7: 13435.

［24］ Jia D, Mao Z, Chen Y, et al. Insect symbiotic bacteria harbour viral pathogens for transovarial transmission［J］. Nature Microbiology, 2017, 2: 17025.

［25］ Jia Q, Liu N, Xie K, et al. CLCuMuB β C1 Subverts ubiquitination by interacting with NbSKP1s to enhance geminivirus infection in Nicotiana benthamiana［J］. PLoS Pathog, 2016, 12（6）: e1005668.

［26］ Jiang G, Liu J, Xu L, et al. Intra-and interspecific interactions and environmental factors determine spatialâ€ "temporal species assemblages of rodents in arid grasslands［J］. Landscape Ecology, 2015, 30（9）: 1643-1655.

［27］ Jiang Z, Xia H, Basso B, et al. Introgression from cultivated rice influences genetic differentiation of weedy rice populations at a local spatial scale［J］. Theoretical and Applied Genetics, 2012, 124（2）: 309-322.

［28］ Jin L, Zhang H N, Lu Y H, et al. Large-scale test of the natural refuge strategy for delaying insect resistance to transgenic Bt crops［J］. Nature Biotechnology, 2015, 33: 169-174.

［29］ Ke L, Kohn M H, Zhang S, et al. The colonization and divergence patterns of Brandtâ€™s vole（*Lasiopodomys brandtii*）populations reveal evidence of genetic surfing［J］. Bmc Evolutionary Biology, 2017, 17（1）: 145.

［30］ Lan Y B, Chen S D, Fritz B K. Current status and future trends of precision agricultural aviation technologies［J］. International Journal of Agricultural & Biological Engineering, 2017, 10（3）: 1-17.

［31］ Lei K, Hua X W, Tao Y Y, et al. Discovery of（2-benzoylethen-1-ol）-containing 1, 2-benzothiazine derivatives as novel 4-hydroxyphenylpyruvate dioxygenase（HPPD）inhibiting-based herbicide lead compounds［J］. Bioorganic & Medicinal Chemistry, 2016, 24: 92-103.

［32］ Lei K, Sun D W, Hua X W, et al. Synthesis, fungicidal activity and structure-activity relationships of 3-benzoyl-4-hydroxylcoumarin derivatives［J］. Pest Management Science, 2016, 72: 1381-1389.

［33］ Li G, Hou X, Wan X, et al. Sheep grazing causes shift in sex ratio and cohort structure of Brandt's vole: Implication of their adaptation to food shortage［J］. Integrative Zoology, 2016, 11（1）: 76-84.

［34］ Li M, Wang H, Cao L. Evaluation of Population Structure, Genetic Diversity and Origin of Northeast Asia Weedy Rice Based on Simple Sequence Repeat Markers［J］. Rice Science, 2015, 22（4）: 180-188.

［35］ Li S J, Hopkins R J, Zhao Y P, et al. 2016. Imperfection works: survival, transmission and persistence in the system of Heliothis virescens ascovirus 3h（HvAV-3h）, Microplitis similis and Spodoptera exigua［J］. Scientific Reports, 2016, 6: 21296.

［36］ Li W, Zhu Z, Chern M, et al. A Natural Allele of a Transcription Factor in Rice Confers Broad-Spectrum Blast Resistance［J］. Cell, 2017, 170（1）: 114-126.e115.

[37] Li X Y, Liu J, Yang X, et al. Studies of binding interactions between Dufulin and southern rice black-streaked dwarf virus P9-1 [J]. Bioorg. Med. Chem., 2015, 23: 3629-3637.

[38] Li X, Jiang Y, Ji Z, et al. BRHIS1 suppresses rice innate immunity through binding to monoubiquitinated H2A and H2B variants [J]. EMBO Reports, 2015, 16: 1192-1202.

[39] Li Y H, Xia Z C, Kong C H. Allelobiosis in the interference of allelopathic wheat with weeds [J]. Pest Management Science, 2016, 72: 2146-2153.

[40] Li Y Y, Zhang L S, Chen H Y, et al. Denlinger. Shifts in metabolomic profiles of the parasitoid *Nasonia vitripennis* associated with elevated cold tolerance induced by the parasitoid's diapause, host diapause and host diet augmented with proline [J]. Insect Biochemistry and Molecular Biology, 2015, 63: 34-46.

[41] Li Y Y, Zhang L S, Zhang Q R, et al. Denlinger. Host diapause status and host diets augmented with cryoprotectants enhance cold hardiness in the parasitoid Nasonia vitripennis [J]. Journal of Insect Physiology, 2014, 70: 8-14.

[42] Li Z Y, Feng X, You M S, et al. Biology, ecology and management of the diamondback moth in China [J]. Annual Review of Entomology, 2016, 61: 277-296.

[43] Liu M, Luo R, Wang H, et al. Recovery of fertility in quinestrol-treated or diethylstilbestrol-treated mice: Implications for rodent management [J]. INTEGR ZOOL, 2017, 12: 250-259.

[44] Liu N Y, Zhang T, Ye Z F, et al. Identification and characterization of candidate chemosensory gene families from Spodoptera exigua developmental transcriptomes [J]. International Journal of Biological Sciences, 2015, 11: 1036-1048.

[45] Liu P F, Wang H Q, Zhou Y X, et al. Evaluation of Fungicides Enestroburin and SYP1620 on Their Inhibitory Activities to Fungi and Oomycetes and Systemic Translocation in Plants. Pesticide biochemistry and physiology, 2014, 112: 19-25.

[46] Liu S, Jin W, Liu Y, et al. Taxonomic position of Chinese voles of the tribe Arvicolini and the description of 2 new species from Xizang, China [J]. Journal of Mammalogy, 2017, 98 (1): 166-182.

[47] Lu J, Li J C, Ju H P, et al. Contrasting effects of ethylene biosynthesis on induced plant resistance against a chewing and a piercing-sucking herbivore in rice [J]. Molecular Plant, 2014, 7: 1670-1682.

[48] Luan J B, Yao D M, Zhang T, et al. Suppression of terpenoid synthesis in plants by a virus promotes its mutualism with vectors [J]. Ecology Letters, 2013, 16 (3): 390-398.

[49] Ma Y Q, Zhang M, Li Y L, et al. Allelopathy of rice (*Oryza sativa* L.) root exudates and its relations with Orobanche cumana Wallr. and Orobanche minor Sm. Germination [J]. J Plant Interact, 2014, 9: 722-730.

[50] Ma Z, Zhu L, Song T, et al. A paralogous decoy protects Phytophthora sojae apoplastic effector PsXEG1 from a host inhibitor [J]. Science, 2017, 355: 710-714.

[51] Meng X Q, Zhu C C, Feng Y, et al. Computational insights into the different resistance mechanism of imidacloprid versus dinotefuran in Bemisia tabaci [J]. Journal of agricultural and food chemistry, 2016, 64 (6): 1231-1238.

[52] Nishikawa K, Fukuda H, Abe M, et al. Substituent effects of cis-cinnamic acid analogues as plant growh inhibitors [J]. Phytochemistry, 2013, 96: 132-147.

[53] Oka Y. Nematicidal activity of fluensulfone against some migratory nematodes under laboratory conditions [J]. Pest Manag Sci, 2014, 70: 1850-1858.

[54] Pan L, Li X Z, Yan Z Q, et al. Phytotoxicity of umbelliferone and its analogs: Structure-activity relationships and action mechanisms [J]. Plant Physiology and Biochemistry, 2015, 97: 272-277.

[55] Pan L, Li X, Gong C, et al. Synthesis of N-substituted phthalimides and their antifungal activity against Alternaria solani and Botrytis cinerea [J]. Microbial Pathogenesis, 2016, 95: 186-192.

[56] Powles S. Future food in a world with herbicide resistant weeds [P]. Global Herbicide Resistance Challenge,

2017, Proceedings p. 15, Denver, Colorado, USA, May 14–18, 2017.

［57］ Qian K, Shi T, He S, et al. Release kinetics of tebuconazole from porous hollow silica nanospheres prepared by miniemulsion method ［J］. Microporous & Mesoporous Materials, 2013, 169: 1–6.

［58］ Qin W C, Qiu B J, Xue X Y, et al. Droplet deposition and control effect of insecticides sprayed with an unmanned aerial vehicle against plant hoppers ［J］. Crop Protection, 2016, 85: 79–88.

［59］ Qiu J, Zhou Y J, Mao L F, et al. Genomic variation associated with local adaptation of weedy rice during de-domestication［J］. Nature Communications, 2017, doi: 10.1038/ncomms15323.

［60］ Qu R Y, Yang J F, Liu Y C, et al. Computational design of novel inhibitors to overcome weed resistance associated with acetohydroxyacid synthase（AHAS）P197L mutant ［J］. Pest Management Science, 2017, 73（7）: 1373–1381.

［61］ Shao X, Swenson T L, Casida J E. Cycloxaprid insecticide: nicotinic acetylcholine receptor binding site and metabolism［J］. Journal of agricultural and food chemistry, 2013, 61（32）: 7883–7888.

［62］ Song Y, Endepols S, Klemann N, et al. Adaptive introgression of anticoagulant rodent poison resistance by hybridization between old world mice.［J］. Current Biology Cb, 2011, 21（15）: 1296–1301.

［63］ Song Z J, Wang Z, Feng Y, et al. Genetic divergence of weedy rice populations associated with their geographic location and coexisting conspecific crop: implications on adaptive evolution of agricultural weeds［J］. Journal of systematics and evolution, 2015, 53（4）: 330–338.

［64］ Song Z Y, Jiang W, Yin Y P, et al. Polarity proteins Mrcdc24 and Mrbem1 required for hypha growth and microsclerotia formation in *Metarhizium rileyi* ［J］. Biocontrol Sci Techn, 2016, 26: 733–745.

［65］ Sun B, Wang P, Kong C H. Plant–soil feedback in the interference of allelopathic rice with barnyardgrass ［J］. Plant and Soil, 2014, 377: 309–321.

［66］ Sun Y, Li L, Macho A P, et al. Structural basis for flg22–induced activation of the Arabidopsis FLS2–BAK1 immune complex ［J］. Science, 2013, 342: 624–628.

［67］ Wang D, Li Q, Li K, et al. Modified trap barrier system for the management of rodents in maize fields in Jilin Province, China ［J］. Crop Protection, 2017, 98: 172–178.

［68］ Wang X, Chi N, Bai F, et al. Characterization of a cold–adapted and salt–tolerant exo–chitinase（ChiC）from *Pseudoalteromonas* sp. DL–6 ［J］. Extremophiles, 2016, 20（2）: 167–176.

［69］ Wang X, Fang X, Yang P, et al. The locust genome provides insight into swarm formation and long–distance flight ［J］. Nature Communications, 2014, 5（5）: 2957.

［70］ Wang X, Kang L. Molecular mechanisms of phase change in locusts ［J］. Annual Review of Entomology, 2014, 59: 225–244.

［71］ Wang Y, Cheng X, Shan Q, et al. Simultaneous editing of three homoeoalleles in hexaploid bread wheat confers heritable resistance to powdery mildew ［J］. Nature Biotechnology, 2014, 32（9）: 947–951.

［72］ Wang Z Y, Zhu Q, Zhang H Y. Metabolite concentration as a criterion for antibacterial discovery［J］. Curr. Comput. Aided Drug Des., 2013, 9: 412–416.

［73］ Wei J, He Y Z, Guo Q, et al. Vector development and vitellogenin determine the transovarial transmission of begomoviruses ［J］. Proceedings of the National Academy of Sciences of the United States of America, 2017, 114（26）: 6746–6751.

［74］ Wei J, Zhao J J, Zhang T, et al. Specific cells in the primary salivary glands of the whitefly Bemisiatabaci control retention and transmission of begomoviruses［J］. Journal of Virology, 2014, 88（22）: 13460–13468.

［75］ Wen Z, Yi W, Ge D, et al. Heterogeneous distributional responses to climate warming: evidence from rodents along a subtropical elevational gradient ［J］. Bmc Ecology, 2017, 17（1）: 17.

［76］ Wu J, Yang R, Yang Z, et al.ROS accumulation and antiviral defence control in rice by MicroRNA528 ［J］. Nature Plants, 2017, 3: 16203.

［77］ Wu W X, Cheng Z W, Liu M J, et al. C$_3$HC$_4$-Type RING Finger Protein NbZFP1 Is Involved in Growth and Fruit Development in *Nicotiana benthamiana* ［J］. PLoS ONE, 2014, 9 (6): e99352. doi: 10.1371/journal. pone.0099352.

［78］ Xiang M M, Chen S G, Wang L S, et al. Effect of vulculic acid produced by Nimbya alternantherae on the photosynthetic apparatus of Alternanthera philoxeroides［J］. Plant Physiology and Biochemistry, 2013, 65 (4): 81-88.

［79］ Xiao Y, Liu K, Zhang D, et al. Resistance to Bacillus thuringiensis Mediated by an ABC Transporter Mutation Increases Susceptibility to Toxins from Other Bacteria in an Invasive Insect ［J］. Plos Pathogens, 2016, 12 (2): e1005450.

［80］ Xiao Y, Wang Q, Erb M, et al. Specific herbivore-induced volatiles defend plants and determine insect community composition in the field［J］. Ecology Letters, 2012, 15: 1130-1139.

［81］ Xu F, Dong F, Wang P, et al. Novel Molecular Insights into the Catalytic Mechanism of Marine Bacterial Alginate Lyase AlyGC from Polysaccharide Lyase Family 6 ［J］. Journal of Biological Chemistry, 2017, 292(11): 4457.

［82］ Xu G, Yuan M, Ai C, et al. uORF-mediated translation allows engineered plant disease resistance without fitness costs ［J］. Nature, 2017, 545: 491-494.

［83］ Xu H J, Xue J, Lu B, et al. Two insulin receptors determine alternative wing morphs in planthoppers ［J］. Nature, 2015, 519 (7544): 464.

［84］ Xu L, Liu Q, Stige L C, et al. Nonlinear effect of climate on plague during the third pandemic in China ［J］. Proceedings of the National Academy of Sciences of the United States of America, 2011, 108 (25): 10214-10219.

［85］ Xu L, Schmid B V, Liu J, et al. The trophic responses of two different rodent-vector-plague systems to climate change. ［J］. Proceedings Biological Sciences, 2015, 282 (1800): 20141846.

［86］ Xue J, Zhou X, Zhang C X, et al. Genomes of the rice pest brown planthopper and its endosymbionts reveal complex complementary contributions for host adaptation ［J］. Genome Biology, 2014, 15 (12): 521.

［87］ Xue X, Lan Y, Sun Z, et al. Develop an unmanned aerial vehicle based automatic aerial spraying system ［J］. Computers & Electronics in Agriculture, 2016, 128: 58-66.

［88］ Yang C, Hu L Y, Ali B, et al. Seed treatment with salicylic acid invokes defence mechanism of Helianthus annuus against Orobanche cumana ［J］. Annals of Applied Biology, 2016, 169 (3): 408-422.

［89］ Yang D B, Zhang L N, Yan X J, et al. Effects of Droplet Distribution on Insecticide Toxicity to Asian Corn Borers (*Ostrinia furnaealis*) and Spiders (*Xysticus ephippiatus*)［J］. Journal of Integrative Agriculture, 2014, 13 (1): 124-133.

［90］ Yang F B, Xue X Y, Zhang L, et al. Numerical simulation and experimental verification on downwash air flow of six-rotor agricultural unmanned aerial vehicle in hover ［J］. International Journal of Agricultural & Biological Engineering, 2017, 10 (4): 41-53.

［91］ Yang L, Qin L, Liu G, et al. Myosins XI modulate host cellular responses and penetration resistance to fungal pathogens ［J］. PNAS, 2014, 111 (38): 13996-14001.

［92］ Yang M, Zhang Y, Zhu S S, et al. Plant-plant-microbe mechanisms involved in soil-borne disease suppression on a maize and pepper intercropping system［J］. PLoS One, 2014, 9: e115052.

［93］ You M, Yue Z, He W, et al. A heterozygous moth genome provides insights into herbivory and detoxification ［J］. Nature Genetics, 2013, 45 (2): 220-225.

［94］ Yu D, Wang Z, Liu J, et al. Screening anti-southern rice black-streaked dwarf virus drugs based on S7-1 gene expression in rice suspension cells ［J］. Journal of Agricultural & Food Chemistry, 2013, 61 (34): 8049-8055.

［95］ Yuan H, Li G, Yang L, et al. Development of melamine-formaldehyde resin microcapsules with low formaldehyde emission suited for seed treatment. [J]. Colloids & Surfaces B Biointerfaces, 2015, 128: 149–154.

[96] Zhang G P, Hao G F, Pan J L, et al. Asymmetric Synthesis and Bioselective Activities of α–Amino–phosphonates Based on the Dufulin Motif [J]. Journal of Agricultural & Food Chemistry, 2016, 64: 4207–4213.

[97] Zhang S C, Xue X Y, Sun Z, et al. Downwash distribution of single–rotor unmanned agricultural helicopter on hovering state [J]. Int J Agric & Biol Eng, 2017, 10 (5): 14–24.

[98] Zhang S Z, Li Y H, Kong C H, et al.Xu XH. Interference of allelopathic wheat with different weeds [J].Pest Management Science, 2016, 72: 172–178.

[99] Zhang T, Luan J B, Qi J F, et al. Begomovirus–whitefly mutualism is achieved through repression of plant defences by a virus pathogenicity factor [J]. Molecular Ecology, 2012, 21 (5): 1294–304.

[100] Zhang Z, Dai W M, Song X L, et al. A model of the relationship between weedy rice seed–bank dynamics and rice–crop infestation and damage in Jiangsu Province, China [J]. Pest Management Science, 2014, 70 (3): 716–724.

[101] Zhao L, Zhang X, Wei Y, et al. Ascarosides coordinate the dispersal of a plant–parasitic nematode with the metamorphosis of its vector beetle: [J]. Nature Communications, 2016, 7: 12341.

[102] Zhao X S, Gao J, Song C C, et al.Fungal sensitivity to and enzymatic deglycosylation of the ginsenosides [J]. Phytochemistry, 2012, 78: 65–71.

[103] Zhao Z J, Chen K X, Liu Y A, et al. Decreased circulating leptin and increased neuropeptide Y gene expression are implicated in food deprivation–induced hyperactivity in striped hamsters, Cricetulus barabensis [J]. Hormones & Behavior, 2014, 65 (4): 355–362.

[104] Zheng W, Huang L, Huang J, et al. High genome heterozygosity and endemic genetic recombination in the wheat stripe rust fungus [J]. Nature Communications, 2013, 4: 2673.

[105] Zheng Z, Hou Y, Cai Y, et al. Whole–genome sequencing reveals that mutations in myosin–5 confer resistance to the fungicide phenamacril in Fusarium graminearum [J]. Scientific Reports, 2015, 5: 8248.

[106] Zuo W, Chao Q, Zhang N, et al. A maize wall–associated kinase confers quantitative resistance to head smut [J]. Nature Genetics, 2015, 47: 151–157.

[107] 陈学新, 刘银泉, 任顺祥, 等.害虫天敌的植物支持系统 [J]. 应用昆虫学报, 2014, 51 (1): 1–12.

[108] 邱德文.生物农药的发展现状与趋势分析 [J]. 中国生物防治学报, 2015, 31 (5): 670–684.

[109] 邱德文.植物免疫诱抗剂的研究进展与应用前景 [J]. 中国农业科技导报, 2014, 16 (1): 39–45.

[110] 宋宝安, 郭荣, 杨松, 等.防治农作物病毒病及媒介昆虫新农药研制与应用 [Z]. 国家科技成果, 2014.

[111] 王文霞, 赵小明, 杜昱光, 等.寡糖生物防治应用及机理研究进展 [J]. 中国生物防治学报,2015,31(5): 757–769.

[112] 吴孔明.中国农业害虫绿色防控发展战略 [M]. 北京: 科学出版社, 2016.

[113] 杨普云, 赵中华, 梁俊敏.农作物病虫害绿色防控技术模式 [M]. 北京: 中国农业出版社, 2014.

[114] 张礼生, 陈红印.生物防治作用物研发与应用的进展 [J]. 中国生物防治学报, 2014, 30 (5): 581–586.

[115] 张礼生, 陈红印.我国天敌昆虫与生防微生物资源引种三十年成就与展望 [J].植物保护, 2016, 42 (5): 24–32.

[116] 周莲, 蒋海霞, 金凯明, 等.高产申嗪霉素和吩嗪–1–酰胺的水稻根际铜绿假单胞菌 PA1201 分离、鉴定与应用潜力 [J]. 微生物学报, 2015, 55 (4): 401–411.

撰稿人: 郑传临　王振营　文丽萍　倪汉祥

专题报告

植物病理学学科发展研究

一、引言

植物病理学是研究植物病害的病原及其致病机理、寄主植物抗病性及其抗病机制、病害发生流行规律以及防治原理和技术的一门应用学科，它与植物学、植物生理学和微生物学相互渗透而发展，还与作物学、植物遗传学、植物育种学、生物化学、昆虫学、土壤学和气象学等有密切联系。植物病原学、植物病害生理学、植病流行学、植物免疫学、生态植物病理学、分子植物病理学和植物病害防治学等是其衍生的主要分支学科。其中分子植物病理学是植物病理学的一门年轻分支学科，是建立在植物病理学与现代分子生物学不断交叉、渗透的基础上，在分子水平上研究并解释植物病理学现象、讨论和解决植物病害防治理论及其方法的科学。分子植物病理学不仅代表着植物病理学的重要发展方向，同时也是近年发展最快的研究领域。

"十二五"以来，受全球气候气候变化和农业生产结构调整等因素的影响，我国农作物病虫害呈多发重发态势，其中植物病害因其间歇流行性和暴发性所造成的问题愈加突出。常发性病害频繁暴发，灾害持续不断、经济损失巨大；一些次要病害逐步上升为主要灾害，境外植物疫情不断传入并呈扩散蔓延态势，对我国农业持续丰收构成严重威胁。据全国农业技术推广服务中心统计，2015 年稻瘟病和小麦条锈病在我国发生面积分别为 510 多万公顷和 247 万公顷，虽经大力防治，仍造成水稻减产 565854.45 吨，小麦减产 163852 吨。小麦赤霉病也在江淮和黄淮麦区频繁流行，2015 年和 2016 年分别发生 580 万公顷和 689 万公顷，小麦减产达 472222.68 吨和 862672.16 吨，病原真菌毒素还严重影响小麦质量，给人畜带来严重的食品安全问题。东北、华北地区的玉米叶斑病、稻麦轮作区灰飞虱传播的病毒病，西南地区的蔬菜病毒病和马铃薯晚疫病，多种粮食与蔬菜线虫病等重大病害也

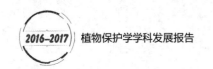

连年发生，严重影响这些地区的粮食生产、农民增收和社会稳定。

植物病害的流行性、间歇暴发性和多发重发态势需要植物病理学科的发展为病害控制提供理论依据和技术支撑。近年来，我国众多的研究单位和科技工作者以农作物重大病害为研究对象开展了系列的研究工作，并取得了许多重要进展。本报告概述了 2015—2017 年我国学者在稻瘟病等重要植物真菌病害、植物病毒病害、植物细菌病害、植物线虫病害、植物基因组定点编辑技术在植物保护中的应用和重大植物病害防控发展研究的现状，并介绍了植物病理学研究领域的发展前景和展望。

二、学科发展现状

（一）稻瘟病

1. 稻瘟菌致病分子机制

稻瘟菌孢子落到水稻叶片，其细胞周质中的粘胶从孢子顶端释放出来，这些胶质组成的孢子顶端黏液，使孢子牢固地附着在由蜡质组成的水稻疏水叶片表面，为附着胞的形成和发育创造了合适环境。*MoYAK1* 基因编码的蛋白激酶能调节疏水蛋白基因的表达，同时也对芽管的生长、附着胞的发育和稻瘟菌的侵染起重要作用。附着胞发育相关途径中，Pmk1 MAPK 激酶途径为附着胞形成所必需，其在病原真菌中广泛存在且保守。两个硫氧还原蛋白基因 *TRX1* 和 *TRX2*，通过调节 Pmk1 途径，参与细胞内 ROS 信号及稻瘟菌的致病性。TRX2 可通过调节上游的 MAPK 激酶 Mst7 来激活 PmK1 MAPK 激酶途径，进而调控附着胞的发育。西北农林科技大学许金荣团队发现，在 Mst7 上游，Mst11 单独存在时具有自抑制作用，只有通过与 Ras2 GTPase 相互作用才能发挥其激活 Pmk1 途径的功能（Qi et al.，2015）。浙江大学王政逸团队发现，Som1 和 Cdtf1 通过作用于下游的 CPKA 来调节附着胞的分化。此外，C2H2 锌指蛋白转录因子 *Znf1* 也属于附着胞分化和稻瘟菌致病所必需基因（Yue et al.，2016）。目前已经明确 Pmk1 MAP 蛋白激酶途径和 cAMP 依赖的蛋白激酶 A 途径共同参与了附着胞分化。

附着胞形成后，逐渐发育成一个膨胀的巨细胞，在隔膜蛋白 GTP 酶的介导下，稻瘟菌通过重新组织肌动蛋白细胞骨架形成了附着胞小孔。隔膜蛋白在附着胞小孔周围形成一个指环状的杂聚肽复合体，细胞内吞蛋白以及其他因子如 Las17 以及 Arp2/3 复合体等参与了此过程中肌动蛋白的聚合反应。附着胞孔是真菌和寄主接触早期负责蛋白分泌的结构，其使得一系列与侵染钉形成和生长所必需的分泌蛋白、酶以及结构蛋白得以运送到合适位置。南京农业大学张正光团队发现，与 Qc-SNARE 蛋白同源的突触融合蛋白 MoSyn8 在稻瘟菌致病过程中起重要作用。*MoSyn8* 突变体不能完成内吞作用，F- 肌动蛋白不能聚合在一起，不能产生正常的附着胞膨压，最终不能成功侵染到寄主细胞（Qi et al.，2016）。同时，*MoSyn8* 突变也影响一些分泌蛋白如 ArrPia 和 ArrPiz-t 的正常分泌作用。此外，附着胞的成熟过程也与细胞自噬相关，福建农林大学王宗华团队研究表明，MoVps35、MoVps26 和 MoVps29 蛋白复合体是附着胞侵入水稻所必需的，以依赖于细胞自噬的方式行使其功能（Zheng et al.，2015）。

一旦稻瘟菌侵入到水稻组织，其分支菌丝侵入细胞质膜并在第一个侵入的表皮细胞扩展。在荧光共聚焦显微镜下，可清晰观察到在菌丝侵染初期如何维持寄主细胞膜的完整性，侵入菌丝后期，寄主细胞膜的完整结构丧失，同时其生存能力也丧失。侵染期间，稻瘟菌通过活体营养界面复合体来分发一系列的效应因子，这些效应因子不仅分泌到被侵染的寄主细胞中，且能通过胞间连丝运送到邻近的细胞。这些效应子彼此之间序列同源性很低，但研究表明，其编码蛋白的三维结构存在保守性，表明结构保守的分泌蛋白在稻瘟菌抑制植物免疫过程中可能起重要作用。近来，中国农业科学院植物保护研究所王国梁团队系统的总结了已知的稻瘟菌效应子及无毒基因（Liu et al.，2013），浙江省农业科学院的周波团队、华南农业大学的潘庆华团队新克隆了无毒效应子 *AvrPi9* 和 *AvrPib*（Wu et al.，2015；Zhang et al.，2015）。这些效应子能被其对应的水稻抗病基因特异性识别，从而引起效应子介导的免疫反应（Effector-triggered immunity，ETI），水稻表现为垂直抗性。王国梁团队还系统性的研究了 *AvrPiz-t* 和 *Piz-t* 基因对之间的间接相互作用，研究结果表明在缺失 *Piz-t* 基因的水稻中，AvrPiz-t 通过靶标水稻的泛素蛋白酶体途径抑制水稻的基础免疫，而在有 *Piz-t* 基因的水稻中，引起了效应子介导的免疫反应。中国农业大学彭友良团队发现，稻瘟菌效应蛋白 Slp1 的 N- 糖基化对于其在稻瘟病菌中的活性至关重要（Chen et al.，2014）。*ALG3* 编码一个 α-1，3- 甘露糖转移酶用于蛋白质 N- 糖基化。敲除 *ALG3* 基因可抑制侵染菌丝生长，并显著降低毒性。研究人员观察到，$\Delta alg3$ 突变体可在宿主细胞内诱导大量的活性氧积累，其方式与 $\Delta slp1$ 突变体类似，这是抑制突变体侵染菌丝生长的一个关键因素。Slp1 会隔离几丁质寡糖，来避免被水稻几丁质诱导子结合蛋白 CEBiP 的识别和先天免疫反应的诱导，包括活性氧积累。这项研究指出，Slp1 有三个 N- 糖基化位点，同时 Alg3 介导的每个位点的 N- 糖基化作用，是保持蛋白质稳定性和 Slp1 几丁质结合活性所必不可少的，这对于其效应蛋白的功能非常关键。这些结果表明，Alg3 介导的Slp1 蛋白 N- 糖基化作用，对于稻瘟病菌逃避宿主的先天免疫至关重要。以上研究结果表明，稻瘟菌在侵入水稻细胞后，分泌的一系列效应子在侵染菌丝的生长，寄主细胞免疫调节等功能中发挥重要作用。

2. 水稻抗稻瘟病 R 基因鉴定和分子机制

目前，定位的水稻抗稻瘟病基因一百多个，其中克隆了 28 个。中国科学院遗传与发育研究所朱立煌团队在普通野生稻 A4 中通过等位基因发掘鉴定到 *Pid3* 基因的等位基因 *Pid3-A4*，Pid3-A4 与 Pid3 相比仅有九个氨基酸区别，相似性大于 99%。然而 *Pid3-A4* 对收集自四川稻区的稻瘟病菌小种的抗性明显优于 *Pid3* 基因本身（Lv et al.，2016）。中国农业科学院作物科学研究所万建民团队从粳稻地方品种羊毛谷中克隆了 CC-NBS-LRR

类型抗稻瘟病基因 *Pi64*，*Pi64* 对叶瘟和穗颈瘟都表现出广谱抗病性（Ma et al.，2015）。广东省农业科学院植物保护研究所朱小源团队在 *Pi2/9* 基因座发现了一个新的等位基因 *Pi50*，其氨基酸序列与该基因座的 Pi9、Piz-t 和 Pi2 高度同源（>96%）（Su et al.，2015）。此外，抗病基因 *Pi65(t)*、*Pi66(t)*、*Pi-hk1*，*Pihk2* 和 *Pi-jnw1* 得到了精细定位和鉴定（Liang et al.，2016；Zheng et al.，2016）。

除了抗病基因和抗性位点的克隆鉴定，近年来，水稻抗稻瘟病基因的分子机制也取得了重大突破。中国农业科学院植物保护研究所王国梁团队鉴定了 AvrPiz-t 在水稻中 bZIP 转录因子类型的靶标蛋白 APIP5（Wang et al.，2016b）。在水稻中抑制表达 *APIP5* 引起显著的细胞死亡表型，而 AvrPiz-t 则可以通过抑制 APIP5 蛋白积累进一步加剧这一过程，导致细胞坏死帮助稻瘟菌进入死体营养阶段。R 蛋白 Piz-t 通过与 APIP5 相互作用，稳定 APIP5 蛋白积累以阻止细胞坏死的发生，从而抑制稻瘟菌从活体营养阶段过渡到死体营养阶段。与此同时，APIP5 正调控 Piz-t 蛋白水平的积累诱导 ETI 反应。这一研究揭示了寄主 R 蛋白通过稳定病原菌效应蛋白在寄主中的靶标蛋白，从而抑制效应蛋白介导的细胞坏死的新机制（Wang et al.，2016b）。该团队还鉴定了 AvrPiz-t 在水稻中 E3 泛素连接酶类型靶标蛋白 APIP10。研究表明 APIP10 是水稻 PTI 抗病性的正调控因子，进一步的，APIP10 还能负调节 Piz-t 蛋白的积累，负调控水稻的 ETI 抗病性（Park et al.，2016）。这些工作为揭示 R-Avr 间接识别的作用机制提供了新的依据。中国科学院上海植物生理生态研究所何祖华团队成功克隆了持久广谱抗稻瘟病基因 *Pigm*，并揭示了水稻广谱抗病与产量平衡的表观调控新机制（Deng et al.，2017）。该研究表明 *Pigm* 是一个包含多个 NBS-LRR 类抗病基因的基因簇。其中 2 个发挥功能的蛋白是 PigmR 和 PigmS。*PigmR* 在水稻的叶、茎秆、穗等器官组成型的表达，可以自身互作形成同源二聚体，发挥广谱抗病功能，但 PigmR 导致水稻产量下降。与 *PigmR* 相反，*PigmS* 受到表观遗传的调控，仅在水稻的花粉中特异高表达，在叶片、茎秆等病原菌侵染的组织部位表达量很低，但可以提高水稻的结实率，抵消 *PigmR* 对产量的负面影响。PigmS 可以与 PigmR 竞争形成异源二聚体抑制 PigmR 介导的广谱抗病性。但由于 *PigmS* 表达水平低，为病原菌提供了一个 "避难所"，病原菌进化的选择压力变小，减缓了病原菌对 *PigmR* 的致病性进化，因此 *Pigm* 介导的抗病具有持久性。此项研究不仅在理论上扩展了植物免疫与抗病性机制的认识，也为作物抗病育种提供了新工具。

3. 水稻稻瘟病抗病性研究

泛素化修饰在植物抗病性过程中发挥着重要作用。中国农业科学院植物保护研究所王国梁团队鉴定了泛素连接酶 SPL11 在水稻中底物蛋白 SPIN6（Liu et al.，2015）。SPIN6 是一个 Rho 型 G 蛋白激活蛋白，在 SPL11 蛋白存在情况下，SPIN6 蛋白的积累明显被抑制，说明 SPL11 可以促进 SPIN6 的泛素化降解，SPIN6 是 SPL11 泛素化的底物蛋白；另一方面，SPIN6 蛋白具有 RhoGAP 活性并可将活性状态的 OsRac1 蛋白失活，催化 OsRac1 蛋白的水解，从而抑制 OsRac1 介导的水稻抗病防卫反应。中国科学院上海植物生理生态研究所何祖华团队在水稻资源库中筛选到一个对稻瘟菌和白叶枯菌高抗的材料 ebr1（enhanced blight and blast resistance 1）（You et al.，2016）。EBR1 编码一个 RING 结构域的 E3 泛素连接酶，与 OsBAG4 直接结合并引起后者通过 26S 蛋白酶体系统降解。ebr1 突变体植株中 OsBAG4 蛋白累积，OsBAG4 过表达也产生类似 ebr1 材料的自身免疫表型。进一步研究发现，EBR1 对 OsBAG4 水平的调节实现植物生长和防卫的平衡。近来，中国水稻研究所曹立勇团队和中国农业科学院植物保护研究所王国梁团队合作发现复合型 E3 泛素连接酶 CRL3（Cullin3–based RING E3 ubiquitin ligases）通过靶标 OsNPR1 并促进其降解负调节水稻的的细胞死亡和稻瘟病抗病性（Liu et al.，2017）。互作研究表明 OsCUL3a 与 OsRBX1 和 BTB 蛋白相互作用，说明在水稻中存在保守的 CUL3–BTB 多亚基泛素连接酶。生化研究结果表明 OsCUL3a 通过靶向降解水稻中免疫相关关键蛋白 OsNPR1 而负调控水稻程序化细胞死亡和免疫应激反应。该研究在水稻中首次发现 OsCUL3a 调控程序化细胞死亡和广谱抗病性，极大地丰富了植物中 CUL3 蛋白的调控机制。

四川农业大学王文明团队通过对水稻进行小 RNA 深度测序，鉴定到一系列稻瘟菌侵染后差异表达的 microRNA，过表达其中的 miR160a 或 miR398b 能够显著增强水稻对稻瘟病的抗病性，而过表达 miR169 则明显抑制了水稻对稻瘟病的抗病性（Li et al.，2014）。华南农业大学张群宇团队利用全长 cDNA 抑制缩减杂交技术在水稻中分离到一个对稻瘟病菌侵染以及抗稻瘟病药物（BIT）信号响应的染色质构型重塑因子基因家族（SNF2）成员 BRHIS1（Li et al.，2015）。在正常生长发育的水稻幼苗中，BRHIS1 与不依赖水杨酸（SA）信号调控的多个病害防御基因的启动子区染色质的组蛋白变体 H2A.Xa/Xb/3 和 H2B.7 特异地结合，从而抑制这一类防御基因在正常生长发育状态下的表达。当植株感应到病源侵染信号时，BRHIS1 基因表达下调，H2A.Xa/Xb/3 和 H2B.7 基因表达上调，从而改变防病基因启动子区的染色质构型，增强这些组蛋白变体的单泛素化水平，迅速诱导防御基因的强表达，最终提高对稻瘟病菌的抗性。该研究结果首次揭示了与植物生长发育相关的抗病表观遗传调控机制。

四川农业大学陈学伟团队及合作者克隆了一个抑制水稻免疫和细胞死亡的基因 Lrd6-6（Zhu et al.，2016b），其编码 AAA ATPase，LRD6–6 定位于胞内运输器官多泡体上，分析发现该 ATP 酶是胞内多泡体介导的物质运输关键因子。Lrd6-6 功能的丧失使得胞内物质运输出现障碍，特异地激发了植株抗菌代谢物—抗毒素、木质素和血清素的合成和积累及病程相关基因的高表达，进而引起水稻细胞死亡，增强了对稻瘟病和白叶枯病的抗病性。这一发现揭示了多泡体介导的物质运输对免疫反应和细胞死亡具有重要的调控作用。

中国农业大学郭泽建团队及合作者发现 WRKY 类型转录因子 OsWRKY62 和 OsWRKY76 协同负调控水稻对稻瘟病的抗耐性（Liu et al.，2016）。过表达 OsWRKY62.1 和 OsWRKY76.1 的转基因水稻株系增强了对稻瘟病菌和白叶枯病菌的敏感性，而 RNA 干涉和功能缺失敲除植株抗病性提高。可变剪接（alternative splicing）影响着这一对转录因子的功能，较小的 OsWRKY62.2 和 OsWRKY76.2 也能同 OsWRKY62.1 和 OsWRKY76.1 一样参与同源或异源二聚体形成，但会降低 DNA 结合亲和力，降低转录因子的活性。四川农业大学陈学伟团队在转录因子参与水稻抗病性方面取得了突破性进展，该团队利用广谱高抗水稻地谷与基因组已经测序的 66 份非广谱抗病水稻进行全基因组关联分析，并应用高抗水稻地谷与高感材料丽江新团黑谷为亲本构建的重组自交系进行共相关分析，发现了编码 C2H2 类转录因子的基因 *Bsr-d1* 的启动子自然变异后对稻瘟病具有广谱持久的抗病性。进一步分析发现在地谷中，基因 *Bsr-d1* 的启动子区域因一个关键碱基变异，导致上游 MYB 转录因子对 *Bsr-d1* 的启动子结合增强，从而抑制 Bsr-d1 响应稻瘟病菌诱导的表达，并导致 BSR-D1 直接调控的 H_2O_2 降解酶基因表达下调，使 H_2O_2 降解减弱，细胞内 H_2O_2 富集，提高了水稻的免疫反应和抗病性。该等位变异在提高抗病性的同时，对产量性状和稻米品质没有明显影响，因而具有十分重要的应用价值。分析发现全球收集的 3000 份水稻中有分布于 26 个国家的 313 份水稻资源含有该变异位点，表明该位点在育种应用中已获得一定程度的选择，同时也表明该位点还有更大的应用空间（Li et al.，2017）。这一新型广谱抗病机制的发现极大地丰富了水稻免疫反应和抗病分子理论基础，为水稻广谱抗稻瘟病育种提供了重大理论和应用基础，也为小麦、玉米等粮食作物相关新型抗病机理的研究和应用提供了重要借鉴。

4. 稻瘟病防治策略

选育和推广抗稻瘟病品种被认为是防控稻瘟病最经济有效和环保的策略。而水稻抗稻瘟病基因的鉴定和利用则是培育抗稻瘟病水稻新品种的关键。全基因组关联分析（GWAS）技术利用覆盖全基因组范围内的高密度的单核苷酸多态性（single nucleotide polymorphism，SNP）为标记，在群体中进行遗传标记与表型性状的相关性分析，进而发现与抗稻瘟病等性状相关联的新基因的一种策略。与传统的遗传定位相比，其具有的优势主要包括几点：覆盖的遗传背景广泛，自然群体、多亲本群体均可用于 GWAS。中国农业科学院植物保护研究所王国梁团队（Kang et al.，2016；Zhu et al.，2016a）和中国农业科学院水稻所的魏新华团队（Wang et al.，2014）分别用不同的水稻群体进行了稻瘟病抗性的全基因组关联分析，新发掘到上百个新的抗稻瘟病位点和新候选抗稻瘟病基，大大加速了水稻新抗性位点的定位和新抗病基因的克隆进程。同时，王国梁团队还利用 GWAS 定位到一批与数量抗性、非小种特异性抗性相关联的候选基因，为后续进一步功能分析、广谱抗稻瘟病育种利用等奠定了材料基础。此外，中国农业科学院作物所的黎志康团队完成了 3000 份多样性水稻资源的全基因组重测序、SNP 标记的分析等基础性工作，为进一步利用 GWAS 等方法发掘水稻抗稻瘟病位点和基因奠定了基础（Li et al.，2014；Rellosa et al.，2014）。一般而言，寄主植物的近缘种是发掘抗病新基因重要来来源。目前发现非近缘种也具有发掘抗病新基因的潜力。南京大学田大成团队将玉米、高粱和短柄草基因组中编码 NBS-LRR 类型蛋白的基因转入水稻，发现其中部分转基因株系能抗一个至多个稻瘟菌菌株，说明大量的抗稻瘟病基因不仅存在于水稻中，在其他禾本科植物中也较为丰富，为筛选新抗病基因提供启示（Yang et al.，2013）。

（二）植物其他真菌和卵菌病害

1. 病原真菌和卵菌致病性研究

植物病原真菌和卵菌不断进化产生新毒性效应蛋白，抑制寄主的免疫反应，逃避寄主植物的防卫识别。南京农业大学王源超团队研究发现，大豆疫霉菌（*Phytophthora sojae*）在侵入寄主早期，向细胞外分泌属于糖苷水解酶家族 -12 的 PsXEG1 攻击植物细胞壁，PsXEG1 具有木葡聚糖酶活性和 β- 葡聚糖酶活性，它不仅是病原菌的重要毒性因子，而且能被寄主大豆和茄属植物识别，激发细胞死亡等寄主免疫反应，而寄主植物则利用水解酶抑制因子 GmGIP1 抑制其活性；但 PsXEG1 激发引起的防卫反应能被大豆疫霉菌的许多 RXLR 类型的效应因子所抑制，它是能被寄主通过 PAMP 机制识别的质外体效应因子（Ma et al.，2015）；该团队进一步研究发现，*P. sojae* 在进化过程中又获得了 PsXEG1 的失活突变体 PsXLP1，以诱饵的方式干扰寄主抑制子 GmGIP1，从而逃避寄主抗性反应，与糖基水解酶 PsXEG1 协同攻击植物的抗病性（Ma et al.，2017）。由于糖基水解酶 XEG1 在卵菌、真菌和细菌中都广泛存在，因此这一发现为开发能诱导植物广谱抗病性的生物农药提供了重要的理论基础。王源超团队还发现 *P. sojae* 细胞质效应因子 PsAvh23 通过调节寄主组蛋白乙酰化作用，从而调整寄主防卫相关基因正常表达而促进病原菌侵染（Kong et al.，2017）。中国科学院微生物研究所郭惠珊团队发现 VdSCP7 是 *Verticillium dahliae* 分泌的新效应蛋白，敲除该基因能增强病原菌的致病性（Zhang et al.，2017）。

调控病原真菌生长发育的基因也参与其致病性调控。Kin1/Par-1/MARK 激酶调控真核生物细胞各个发育过程，病原真菌中的 Kin1 同源蛋白结果高度保守。西北农林科技大学许金荣团队发现禾谷镰刀菌（*Fusarium graminearum*）FgKin1 蛋白调控病原菌细胞中 Tub1 β- 微管蛋白分布、菌丝生长、子囊孢子萌发和释放，对调控病原菌的致病性起重要作用（Luo et al.，2014）。浙江大学马忠华团队发现跨膜蛋白 FgSho1 通过 MAPK 信号途径 FgSte50-Ste11-Ste7 调控真菌生长及其致病性（Gu et al.，2015）。逆运蛋白（retromer）位于内质网上，参与蛋白的逆向运输。福建农林大学王宗华团队从 *F. graminearum* 中发现逆运蛋白介导的内质网至反面膜囊网络的逆向运输，这不仅是病原菌发育所需，也影响其分生孢子产生、子囊孢子形成和致病性（Zheng et al.，2016）。

利用全基因组组测序分析是快速获得一些与病原菌生长发育和致病性相关重要信息的快速途径。西北农林科技大学康振生团队利用全基因组测序分析，发现小麦条锈菌基因组中存在大量分泌蛋白基因、高度杂合性、高频率遗传变异和局部遗传重组，有性时代对中国不同地区的生理小种产生具有重要作用（Zheng et al.，2013）。

另外，寄主植物中存在介导病原真菌毒性的因子，如西北农林科技大学康振生团队鉴定出小麦抗条锈病的负调控因子 TaMCA1 能抑制细胞死亡（Hao et al.，2016）；福建农林大学詹家绥团队与英国 James Hutton 研究所合作发现马铃薯 NPH3/RPT2-LIKE1 蛋白 StNRL1（属于 CULLIN3 相关的泛素 E3 连接酶）能与寄生疫霉菌 RXLR 效应因子互作，介导其毒性效应，StNRL1 能促进晚疫病菌在叶片侵染定殖而提高寄主的感病性（Yang et al.，2016）；华中农业大学朱龙付团队认为 GbWRKY1 转录因子是 JA 介导的防卫反应和抗病原菌 *Botrytis cinerea* 和 *V. dahliae* 侵染的负调控因子，通过激活基因 *JAZ1* 表达而引导寄主植物从防卫反应向生长发育过渡，它是这个转变过程的关键调节因子（Li et al.，2014）。另外，西北农林科技大学单卫星团队发现位于拟南芥内置网上 RTP1 蛋白负调控寄主对活体营养型病原菌的抗性反应（Pan et al.，2016）。

2. 植物对真菌病害的抗病性研究

植物抗病基因（*R*）编码 NBS-LRR（NLR）蛋白，能识别病原菌的无毒效应因子并调控对特定病原菌的抗性反应，其中最典型的特征是寄主植物识别病原菌后激发局部组织产生过敏反应，导致侵染位点及其周围细胞死亡。中国科学院遗传与发育生物学研究所沈前华团队发现大麦抗白粉病基因 *MLA*（*Mildew locus A*）编码 CC 类型 NB-LRR 抗病蛋白能与二个彼此拮抗的转录因子 MYB6 和 WRKY1 互作，有效调控其激活状态，从而有利于限制 PAMP/MAMP（pathogen/microbe associated molecular pattern）途径调控的防卫反应被过渡激活（Chang et al.，2013）。山东大学王官锋团队发现玉米抗病蛋白 Rp1（属于 NLR 类型）能与 2 个木质素合成的关键酶 HCT（hydroxy cinnamoyl transferase）和 CCoAOMT（caffeoyl CoA O-methyltransferase）形成复合体，调节对锈病的防卫反应（Wang et al.，2016）。

激酶在植物抗病反应信号传导途径发挥关键性作用。中国科学院遗传与发育生物学研究所唐定中团队鉴定出激酶 BSK1（BR-SIGNALING KINASE1）是油菜素内酯受体的底物，属于胞质类受体激酶家族，它是 PTI（PAMP triggered immunity）途径的正调控因子（Shi et al.，2013）。唐定中团队发现 EDR4 负调控拟南芥抗白粉病，EDR4 与 CHC2 协作，通过将 EDR1 重新定位到病原真菌侵入位点而调控寄主的免疫反应（Wu et al.，2015）；另外还发现依赖钙离子蛋白激酶（CPK）能作为钙离子感受分子，CPK5 与截短的 NLR 蛋白 TN2（TIR-NBS2）协作参与 *exo70B1* 介导的免疫反应过程（Liu et al.，2017）。中国科学院微生物研究所张杰团队发现拟南芥 BES1 转录因子被磷酸化后参与调控植物免疫性，是 PTI 信号途径中特有的 MPK6 直接底物；BES1 还通过类 GSK3 激酶磷酸化途径参与调节细胞信号传导（Kang et al.，2015）。

活性氧的产生和积累是寄主植物防卫反应的根本途径，抑制病原菌的侵入和菌丝生长，参与抗菌物质合成和引起寄主细胞死亡。湖南农业大学熊兴耀团队发现拟南芥 *XDH1* 突变导致对抗病基因 *RPW8* 调控的抗白粉病性降低，它在叶表皮和叶肉叶细胞中的功能存在差异，具有在不同空间双重但相反的功能：在叶表皮细胞中 XDH1 具有氧化酶的功能，产生过氧化合物，最后形成 H_2O_2，从而增强植物抗性性；但在叶肉细胞中，XDH1 在局部或系统性组织中具有黄嘌呤脱氢酶活性，清除受到胁迫的叶绿体中的 H_2O_2，从而保护植物组织免受逆境诱导产生的活性氧的伤害（Ma et al.，2016）。*F. moniliforme* 和 *Alternaria alternata* 产生的毒素是鞘脂类物质的类似物，能诱发寄主细胞程序性死亡。神经酰胺激酶能将神经酰胺（Cer）转化为 1- 磷酸神经酰胺（Cer-1p）而丧失活性。中山大学姚楠团队发现拟南芥 ACD5 具有神经酰胺激酶活性，突变株系降低对 *B. cinerea* 的防卫反应水平，促进了神经酰胺和线粒体内活性氧的积累（Bi et al.，2014）。

E3 泛素连接酶在植物抗病信号传导体系发挥核心作用。中国科学院沈前华团队发现与 MLA 蛋白互作的 RING-type 家族泛素 E3 连接酶（MIR1）利用泛素蛋白质组系统，通过对 MLA 泛素化，促进其降解并影响其稳定性，进而削弱了 MLA 激发的防卫信号传递（Wang et al.，2016）。浙江大学梁岩团队发现 PUB13 与几丁质识别受体 LYK5 形成复合体，PUB13 能调节 LYK5 的浓度从而改变其抗性调控功能（Liao et al.，2017）。南京农业大学王秀娥团队揭示了在 *Pm21* 存在的情况下，簇毛麦编码 U-box E3 泛素连接酶抗病基因 *CMPG1-V* 能被病原菌侵染快速诱导表达，参与小麦抗白粉病过程（Zhu et al.，2015）。

病原菌侵染后诱导抗菌物质的合成与积累，如浙江大学张舒群团队发现 *B. cinerea* 侵染激活拟南芥 MPK3/MPK6，二者作用的底物 ERF6 促进 IGS（indoleglucosinolate）合成，并将 I3G（indole-3-yl-methylglucosinolate）转化为 4MI3G，在 PEN2/PEN3 作用下 4MI3G 转化为胞外不稳定的抗菌化合物（Xu et al.，2016）；河北农业大学马峙英团队发现了多胺氧化酶参与棉花抗 *V. dahlia* 的防卫反应中精胺和植保素 camalexin 信号传导（Mo et al.，2015）。西南大学罗克明团队明确了毛白杨 MYB115 转录因子能促进原花青素的生物合成，并能提高杨树对真菌病害的抗性（Wang et al.，2017）。

另外，内源激素也在植物抗病反应中发挥重要作用。中国农业科学院作物科学研究所张增艳团队研究发现，小麦受病原菌诱导的转录因子 TaPIE1 通过乙烯信号途径激活小麦防卫及逆境胁迫相关的下游基因表达，调整相关生理性状，正调控小麦抗禾谷丝核菌（*Rhizoctonia cerealis*）侵染和冻害胁迫（Zhu et al.，2014）。

3. 植物抗真菌病害新基因发掘及其应用

中国农业大学徐明良团队利用图位克隆化法获得在玉米幼苗的中胚轴表达量较高的第一个丝黑穗病数量抗性基因 *ZmWAK*，能有效抑制活体营养内寄生玉米丝黑穗病菌（*Sporisorium reilianum*），为该抗病基因的广泛利用奠定基础（Zuo et al.，2015）。*Lr67* 是近年来发现的小麦重要抗病基因，抗三种锈病（叶锈病、条锈病和秆锈病）及白粉病，该多效基因位点也被称作 *Yr46*、*Sr55*、*Pm46* 和控制叶尖枯死基因 *Ltn3*，这类多效多抗基因应用能极大提高病育种效率。*Lr67* 抗病基因编码己糖转运蛋白（hexose transporter），因降低对己糖亲和性，从而降低了葡萄糖吸收效率，导致被侵染的叶片组织中专性寄生真菌的生长

受到抑制，中国农业科学院作物科学研究所兰彩霞在 *Lr67* 基因克隆和功能研究做出了重要贡献（Moore et al., 2015）。

4. 真菌和卵菌病害防控新策略

在植物真菌和卵菌病害防治策略中，主要依靠抗病品种选育和推广应用、新化学药剂开发以及综合防治措施等。新开发的生物技术具有巨大的防治真菌、卵菌病害的潜力。

利用病原菌的效应因子激发寄主植物免疫反应，是有效提高植物抗病性的策略之一。中国农业科学院植物保护研究所邱德文团队发现灰霉菌（*B. cinerea*）蛋白激发子 PebC1 能促进番茄植株生长、提高耐旱性和抗病性，能通过乙烯信号途径提高拟南芥对灰霉病抗性（Zhang et al., 2014）。VdH1 是 *V. dahlia* 关键致病因子，中国科学院微生物研究所郭惠珊团队利用 HIGS 技术干涉棉花中 *VdH1* 基因，能有效提高转基因株系抗黄萎病水平（Zhang et al., 2016）；南京农业大学窦道龙团队利用 *P. sojae* 的 CRN（crinkling and necrosis）效应因子 *PsCRN115* 能显著提高转基因烟草抗病性（Zhang et al., 2015）。这些基因在作物抗病性改良或新药剂研发具有潜在应用价值。

（三）植物病毒病害

1. 植物新病毒鉴定

快速、高效的病毒鉴定是植物病毒病害的早期预警和防控的重要前提，具有准确、快速和高通量等特点的下一代测序技术（Next generation sequencing, NGS）迅速发展起来，已被广泛应用于已知和未知病毒的鉴定中。因为 DNA 病毒 mRNA 转录产物或 RNA 病毒基因组复制中间物会形成 dsRNA，这些病毒来源的 dsRNA 会被寄主细胞内的核酸内切酶识别并切割成 siRNA，病毒特异的 siRNA（vsiRNA）在序列上是重叠的，因此可以通过 NGS 获得的大量 siRNA 序列能用来组装病毒的基因组从而用于鉴定和发现新病毒。中国科学技术大学吴清发团队 2015 年在 *Annual Review of Phytopathology* 上发表综述文章，对利用深度测序技术和生物信息学分析来鉴定和发现新的植物病毒进行了系统总结，他们首先比较了不同的高通量平台的原理、不同样品制备方法的优缺点、生物信息学数据处理的进展和局限性；然后对已鉴定的新病毒样本来源、鉴定策略和侵染性结果做了系统归纳；并提出今后需要在高通量测序数据处理方法、发展非同源依赖鉴定植物病毒软件等方面需要有所突破。该团队还开发了利用生物信息学鉴定新的类病毒的算法（PFOR），并进行优化和改进，获得了具有并行处理能力的快速运算程序 PFOR2，通过与中国农业科学院植物保护研究所李世访团队合作，利用该软件对来源于葡萄样本 siRNA 数据分析鉴定发现了 1 个具有类病毒结构特征的环状 RNA（GLVd），结合分子生物学验证和生物接种活性分析，证明了 GLVd 是一种属于马铃薯纺锤块茎类病毒科的新类病毒（Zhang et al., 2014）。

随着测序技术的进一步发展、测序成本的降低以及越来越多的生物信息学算法被开发出来，NGS 在病毒资源的挖掘中也有着很广泛的应用，其中应用较广的是小 RNA 测序、转录组测序和宏基因组测序。国内很多团队也进行了相关的工作，在水稻、玉米、槟榔、桑树、苹果和西瓜等植物上鉴定发现了一批新病毒（Xin et al.，2017；Zhang et al.，2017）。浙江省农业科学院陈剑平团队开展了重要植物病原分子检测技术、种类鉴定和口岸检疫处理技术研究，创建了重要植物病原分子检测和鉴定方法，提升了我国植物病原检测和鉴定能力，鉴定、命名了一批重要植物病原新种，解决了植物病原鉴定中的疑难问题，截获了一大批重要检疫性植物病原，保障了国家生物安全，该项研究获得了2014年国家科技进步二等奖。

2. 植物病毒基因功能研究

植物病毒基因组很小，只含一种类型的核酸，DNA 或者 RNA，其编码的蛋白质只有有限的几种或十几种，但这些蛋白质参与了植物病毒生命过程中所有的关键环节。因此，解析这些基因的功能对了解植物病毒如何侵染寄主细胞、成功侵入后的复制、扩散传播，到最终表现症状会起到很大的作用。近年来，国内科研工作者针对重要植物病毒的基因功能开展研究，并取得了显著的进展。

北京大学李毅团队长期从事水稻矮缩病毒（RDV）的研究，他们用生长素处理健康和RDV 感染的水稻，发现 RDV 感染造成水稻的生长素响应受阻，对生长素的敏感度降低。RDV 的外壳蛋白 P2 可与水稻中生长素通路抑制子兼共受体 Aux/IAA 家族蛋白 OsIAA10 发生互作，即 P2 通过与 OsIAA10 的 Domain II 的互作进而影响了 OsIAA10 和 OsTIR1 的结合，从而抑制 OsIAA10 通过 26S 酶体途径的降解，使得感病水稻中 OsIAA10 的蛋白积累量显著增高而导致生长素通路响应的受阻，是 RDV 症状形成的诱因之一，而且有利于 RDV 的复制侵染（Jin et al.，2016）。

双生病毒是植物病毒中唯一具有单链 DNA 的单分体或二分体基因组病毒。浙江大学 /中国农业科学院植物保护研究所周雪平团队对双生病毒开展的系列研究。该团队在对一种来源于印度的双生病毒（印度绿豆黄花叶病毒）的研究发现，该病毒在互补链上编码一个之前未有报道的新基因 AC5，该基因对病毒的致病性具有重要作用。AC5 可抑制单链 RNA 诱导的转录后水平基因沉默（RNA 沉默）的抗病毒防卫反应，并可通过抑制 CHH 特异性的胞嘧啶甲基化转移酶来抑制转录水平基因沉默（Li et al.，2015）。他们还研究了菜豆金色花叶属的番茄黄曲叶中国病毒（TYLCCNV）和烟草曲茎病毒（TbCSV）间复制相关蛋白及其 β 卫星 DNA 互作。发现复制相关蛋白可以特异地结合 β 卫星的一个 Rep-binding motif（RBM）模块，而且这个模块是 β 卫星 DNA 复制所必需的（Zhang et al.，2016）。此外，清华大学戚益军团队与周雪平团队合作发现芜菁黄花叶病毒（TYMV）P69与 GLK 转录因子互作，抑制其转录活性，可能是通过减少 GLKs 与其靶标启动子的结合，从而抑制参与集光和叶绿素生物合成 GLK 靶标基因的表达来行使其功能，导致在拟南芥上产生浅绿症状（Ni et al.，2017）。

过去对植物多分体负链 RNA 病毒基因功能研究有很大的局限，南京农业大学陶小荣团队以属于多分体负链 RNA 病毒的番茄斑萎病毒（TSWV）为研究材料发展并建立了一种基于同源建模并结合功能验证的研究方法，解析了 TSWV 核衣壳与 RNA 互作的结构与功能，发现核衣壳通过 N 端和 C 端形成的结构域与基因组 RNA 互作进行组装，并通过深度包埋基因组 RNA 来保护病毒 RNA 不被降解，还可形成不同形式的多聚体逐渐组装形成 RNPs 复合体（Li et al., 2015）。

病毒诱导的基因沉默已成为研究植物功能基因组的重要工具。VIGS 体系因其方法简便、周期性短以及避免植物转化等诸多优点，已在利用正向遗传学和反向遗传学寻找和鉴定基因功能方面发挥了日益重要的作用，但适用于单子叶植物 VIGS 载体还不多见。清华大学刘玉乐团队发现狐尾草花叶病毒（FoMV）可被改造为有效的 VIGS 系统，诱导包括大麦、小麦和谷子等单子叶植物内源基因有效的沉默，为经济重要单子叶植物大规模功能基因组研究提供有力的工具（Liu et al., 2016）。中国农业大学周涛团队基于自然侵染玉米的黄瓜花叶病毒（CMV）ZMBJ 株系建立了一个用于玉米的病毒诱导基因沉默的载体。首先构建了（CMV）ZMBJ 侵染性克隆，并优化了农杆菌维管束穿刺接种的方法。这个载体可以用在包括自交系 B73 在内的很多玉米品种，沉默效率可达 75% 以上，插入片段 100~300bp 就可成熟近完全的转录和可见的沉默表型（Wang et al., 2016）。

3. 植物病毒致病性、症状形成及运动机制研究

植物病毒侵入寄主细胞后，因其复制、运动等生命过程损伤或者改变细胞的功能而致病，还以诱导 MicroRNA 来抑制防卫反应从而促进病毒的侵染。福建农林大学吴建国团队发现水稻齿矮病毒（RRSV）侵染会增加 $miR319$ 的积累，但减少 $miR319$ 调控的 TCP 基因，特别是 $TCP21$ 的表达。超表达 $miR319$ 或下调 $TCP21$ 表达的转基因水稻植株表现病害类似的表型，并明显增强了对 RRSV 的感病性。RRSV 侵染和超表达 $miR319$ 的植株内源茉莉酸水平下降，并伴随茉莉酸合成与其信号传导相关基因的下调表达，说明由 RRSV 侵染诱导产生的 miR319 通过抑制茉莉酸介导的防卫反应来促进病毒侵染和症状表现（Zhang et al., 2016）。中国科学院动物所崔峰团队发现介体昆虫灰飞虱消化道和唾液腺的水稻条纹病毒（RSV）可以通过中脉显微注射接种的方法成功侵染水稻，不仅可提供一个方便的机械接种 RSV 的方法，也提供了源于介体昆虫和病株上的 RSV 具有不同的致病机理（Zhao et al., 2016）。浙江省农业科学院陈剑平团队确定了水稻条纹病毒（RSV）侵染本生烟后差异表达基因，并基因沉默的方法测定了 75 个下调差异表达基因对 RSV 症状的贡献。沉默一个编码真核转录起始因子 4A（eIF4A）会引起叶子扭曲和矮化。RSV RNA4 的一个区域可以与 eIF4A Mrna 序列互补，介导该区域病毒源小 RNA 出现，可见 eIF4A 参与了症状表现，而且来源于植物病毒的 siRNA 可以直接以一个寄主的基因为靶标对其调节（Shi et al., 2016）。周雪平团队的研究表明棉花卷叶木尔坦病毒（CLCuMuV）可以利用其卫星编码的 β C1 蛋白调节植物的泛素化途径，β C1 通过与 SKP1 互作干扰后者与 NbCUL1 的互作，损害植物激素信号传递过程以促进病毒的积累和症状表现（Jia et al., 2016）。

浙江大学李正和团队以植物负链弹状病毒（Rhabdovirus）苣荬菜黄网病毒（SYNV）为材料，实现了病毒全长 cDNA 侵染性克隆技术的突破，获得了与野生型病毒具有同等侵染活性的重组病毒，而且可插入外源基因片段，且在插入片段的稳定性和包容性方面较其他类型的植物病毒具有明显的优势，适合于作为病毒载体表达外源基因。还利用反向遗传学方法解析包膜病毒胞间运动、系统运动和粒子形态建成等过程，并为其他相关病毒的反向遗传学研究提供了可供借鉴的模版（Wang et al., 2015）。陶小荣团队发现 TSWV 移动蛋白定位于内质网膜，与同家族的烟草花叶病毒（TMV）的移动蛋白具有完全不同的膜结合特性。定位于内质网的 TSWV 移动蛋白可独立移动到另一个细胞。通过突变削弱其与内质网结合的能力则抑制其胞间运动，利用化学药剂破坏内质网网络同样可以抑制移动蛋白的胞间运动。TSWV 在内质网被破坏的拟南芥遗传学突变体 rhd3 中的胞间运动和系统侵染都显著下降。这一研究揭示了负链 RNA 病毒可利用植物所特有的内质网网络系统进行胞间转运和系统侵染的运输新机制（Feng et al., 2016）。

中国农业大学王献兵团队研究发现黄瓜花叶病毒（CMV）在侵染本生烟和拟南芥过程中出现先侵入顶端分生组织，而后被清除的现象，但一个外壳蛋白（CP）突变体能够长期侵入顶端分生组织，并抑制顶端优势。进一步研究发现野生型 CP 能够明显抑制 CMV 编码 2b 蛋白的抑制子功能，而且在病毒侵染顶端的叶片中显著增加寄主 RNA 依赖的 RNA 聚合酶（RDR6）介导 RNA 沉默的能力。CP 在病毒侵染的后期能够抑制 2b 的积累水平并通过抑制翻译诱导 RDR6 介导小分子 RNA 的扩增效率，增强 RNA 沉默能力，清除病毒对顶端分生组织的侵染 (Zhang et al., 2017)。中国农业大学张永亮副教授通过对甜菜黑色焦枯病毒（BBSV）侵染本生烟后的细胞病理学观察，发现 BBSV 可以诱导内质网发生凹陷，形成典型的泡包结构，是 BBSV 复制发生的位点，其中 p23 是诱导 BBSV 复制场所形成的关键因子，并解析了 BBSV 复制场所的三维结构（Cao et al., 2015）。他们与香港中文大学合作，首次解析了 BSMV 在叶绿体复制场所和胞质内陷（CI）是由叶绿体双层膜逐步向内凹陷形成的具有大小不一开口的三维精细结构，明确了 BSMV 是在位于叶绿体外膜和内膜之间的囊泡中复制（Jin et al., 2017）。

4. 植物抗病毒机制研究

在与植物病毒的长期斗争中，寄主植物进化出多种抗病毒机制，其中抗病基因（R 基因）和 RNA 沉默介导的病毒抗性是最受人们关注的两种机制。浙江大学张明方团队在芥菜全基因组解析基础上，鉴定到芥菜抗芜菁花叶病毒（TuMV）珍贵种质，抗性为隐性遗传，并成功定位并克隆了编码植物真核翻译起始因子 eIF2Bβ 的芥菜抗 TuMV 基因。基于 eIF2Bβ 基因在抗/感种质中的 SNP 和 Indel 变异及与抗病性的连锁关系，率先开发了芥菜类蔬菜抗芜菁花叶病毒病高通量分子标记，建立了芥菜类蔬菜作物抗 TuMV 分子育种技术（Shopan et al., 2017）。陶小荣团队发现携带 Sw-5b 抗性基因的番茄品种对所有新世界的多种 Tospovirus 都具有广谱抗性。Sw-5b 通过识别病毒编码的移动蛋白高度保守的 21 个氨基酸而诱导过敏性抗性反应从而发挥作用，而且 Sw-5b 有两种状态，一种是深度抑制状态（即关闭态），另一种是激活状态（即开放态），一旦 Sw-5b 监测识别到病毒移动蛋白就从抑制状态转变为激活状态，因此 Sw-5b 在植物对病毒的防卫反应中扮演着核心分子开关的角色（Chen at al., 2016）。

水稻作为重要的粮食作物长期以来受到多种病毒病的侵害，但对于抗病毒免疫方面的研究很少。李毅团队研究发现水稻 AGO18 蛋白能够通过竞争性结合 miR168 来保护 AGO1，然后 AGO1 结合 vsiRNA 对病毒基因组 RNA 进行沉默，从而增强水稻的抗病毒防御反应（Wu et al, 2015）。基于对 AGO18 的研究，他们与中国科学院遗传与发育研究所曹晓凤团队合作，发现单子叶植物特有的 miR528 能够通过被 AGO18 竞争性结合，从而释放靶基因抗坏血酸氧化酶（AO）调节植物体内的氧化还原稳态，促进植物体内活性氧族（ROS）的积累启动下游的抗病毒通路（Wu et al, 2017）。中国科学院微生物所方荣祥团队的研究表明一种单子叶植物特异的 *miR444* 是从病毒侵染到 OsRDR1 表达的抗病毒信号多级传导过程中的关键因子。RSV 侵染会促进 miR444 的表达，从而减少其靶标 OsMADS23、OsMADS27a 和 OsMADS57 在 OsRDR1 转录中的抑制作用，激活依赖 OsRDR1 的抗病毒 RNA 沉默途径。此外，超表达 *miR444-* 抗性 OsMADS57 减少 OsRDR1 和对 RSV 抗性，敲出 OsRDR1 也减轻对 RSV 抗性。该研究揭示了水稻抗病毒途径中的 miR444 及其 MADS box 靶标直接调控 OsRDR1 表达的一种分子级联放大作用（Wang et al., 2016）。

刘玉乐团队究发现细胞自噬可通过自噬蛋白 ATG8 与木尔坦棉花曲叶病毒（CLCuMuV）卫星分子编码的 βC1 蛋白互作，进而降解 βC1，从而起到抑制病毒复制的作用。βC1 上第 32 位缬氨酸的突变消除与 ATG8f 互作并使 βC1 不被自噬途径降解，携带 βC1 V32A 突变的病毒可导致更严重的病状并病毒更多 DNA 的积累。此外，在植物中下调自噬相关基因 ATG5 和 ATG7 的表达降低植物对 CLCuMuV 等三种不同双生病毒的抗性，而通过沉默 GAPC 基因增强植物细胞自噬可增强对这些病毒的抗性（Haxim et al., 2017）。

5. 植物与病毒互作机制研究

植物与病毒的相互作用主要研究病毒基因与寄主细胞因子的相互作用、病毒基因表达对寄主基因表达、发育、代谢的影响、病毒侵染植物产生病害的分子机理、植物寄主对病毒基因的沉默和抵抗以及病毒侵染寄主细胞的机制。周雪平团队研究发现烟草环状 E3 连接酶 NtRFP1 介导一种双生病毒编码的 bC1 蛋白泛素化和蛋白酶体降解，病毒侵染后超表达 *NtRFP1* 植株症状减轻，而沉默的植株表现更严重的症状（Shen et al., 2016）。该团队还发现 bC1 通过上调植物一个钙调素类似蛋白 Nbrgs-CaM 表达而抑制植物 RNA 沉默通路中一个重要组分 RNA 依赖的 RNA 聚合酶 6（RDR6)的功能，促进了双生病毒侵染，这就解释了双生病毒逃避植物 RNA 沉默防御的分子机制（Li et al., 2017）。

中国科学院微生物研究所叶健团队发现叶型发育干细胞决定因子 AS2 是双生病毒易感基因，并且在负调控植物细胞质 PTGS 发挥作用。AS2 参与了植物细胞质 mRNA 的"脱帽"（decapping）途径，抑制 PTGS 和植物对双生病毒的抗性。植物内源基因转录具有发生 PTGS 的潜在的风险，细胞质 mRNA"脱帽"途径在真核生物中非常保守，是重要的 RNA 降解途径，具有抑制 PTGS 的功能。而双生病毒通过促进 AS2 转录激活、AS2 核质穿梭和增强"脱帽"等策略，抑制植物 PTGS 的发生，增强其致病性（Ye et al.，2015）。中国农业大学周涛团队在观察和分析甘蔗花叶病毒（SCMV）系统侵染玉米表型的基础上，构建了蛋白组学分析和 VIGS 技术相结合的技术系统用于高通量筛选鉴定参与 SCMV—玉米互作中的重要功能基因，成功揭示了玉米蛋白 ZmPDI、ZmPGK 和 ZmPAO 在 SCMV 增殖中的功能（Chen et al.，2017）。

中国农业大学李大伟团队在大麦条纹花叶病毒（BSMV）的研究中，证实 TGB1 蛋白能够被 CK2 激酶磷酸化，来影响 TGB1 和 TGB3 蛋白的互作来调节其运动蛋白的功能，突变体系统侵染能力的丧失主要是由于病毒的胞间运动受到明显抑制所致，从而首次揭示了磷酸化在 BSMV 的侵染和移动中的作用机制 (Hu et al.，2015)。他们还首次明确了 BSMV 的复制位点在叶绿体上，BSMV 的 γb 蛋白能与复制酶 αa 蛋白发生直接互作，招募至 BSMV 主要复制场所叶绿体、以及作为解旋酶增强子促进病毒的复制 (Znang et al.，2017)。

6. 介体昆虫传播病毒的机制研究

在目前已知的植物病毒中，约三分之二的病毒主要依赖媒介昆虫进行传播，因此研究植物病毒通过介体昆虫传播的机制具有重要意义。中国农业科学院植物保护研究所王锡锋团队基于酵母双杂交膜系统筛选到与水稻条纹病毒（RSV）核衣壳蛋白互作的大量灰飞虱蛋白为基础，从中选取了一种新的灰飞虱表皮蛋白 CPR1 进行了传毒功能的深入研究。发现 CPR1 在灰飞虱的血淋巴内积累量最高，同时利用激光共聚焦显微镜观察到 CPR1 与 RSV 在灰飞虱的血细胞内完全共定位。RNAi 技术抑制了 CPR1 表达后，灰飞虱血淋巴和唾液腺内 RSV 的含量显著下降，同时传毒率也下降到 21%。这表明 CPR1 与 RSV 的结合可能是帮助病毒逃避了寄主血淋巴的免疫作用从而保护病毒不被降解（Liu et al.，2015）。该团队与方荣祥团队、福建农林大学魏太云团队合作揭示了 RSV 巧妙地利用灰飞虱的卵黄蛋白原受体进入雌虫卵巢生殖区的滋养细胞中，再通过连接滋养细胞和卵母细胞的滋养丝进入到卵母细胞中，最终侵染后代昆虫，其他可卵传植物病毒可能具有类似的卵传途径（Huo et al.，2014）。周雪平团队发现灰飞虱存在 26S 蛋白酶体，RSV 可编码一种蛋白通过与其亚基 RPN3 的直接互作来破坏灰飞虱的 26S 蛋白酶体，从而有助于病毒的传播（Xu et al.，2015）。崔峰团队发现 RSV 的衣壳蛋白 CP 竞争性结合灰飞虱的 G 蛋白通路抑制因子 II（GPS2），减弱了 GPS2 对 JNK 激活复合物的抑制作用，从而提高了 JNK 的磷酸化水平，增加了 RSV 在昆虫体内的增殖，而通过干扰 JNK 基因的表达或使用 JNK 激活的抑制剂，RSV 在昆虫体内的增殖会受到抑制，并延缓植物的发病（Wang et al.，2017）。魏太云团队通过发现南方水稻黑条矮缩病毒（SRBSDV）侵染激活了灰飞虱中肠 RNAi 途径，主要产生 22 nt 大小的病毒来源的 vsiRNA；利用 dsRNA 诱导的 RNAi 技术干扰灰飞虱 siRNAi

途径主要组分 Dicer2 基因的表达，可显著抑制病毒来源 siRNA 在中肠中的积累（Lan et al.，2016）。该团队还发现水稻矮缩病毒（RDV）可以直接附着在媒介叶蝉体内的初生细菌共生菌 Sulcia 外膜上，借用古老的共生菌入卵通道，从而较为轻易地突破昆虫经卵传播屏障（Jia et al.，2017）。鉴于在介体昆虫传播水稻病毒上的突出进展，魏太云教授 2016 年受邀在 *Annual Review of Phytopathology* 发表了相关综述。

双生病毒只能由其介体昆虫烟粉虱在带毒的植物上取食时获取，然后迁移或扩散到健康植物上取食时将病毒传给后者。浙江大学王晓伟团队以烟粉虱和双生病毒为材料进行了系列的研究，他们发现番茄黄曲叶病毒（TYLCV）在媒介昆虫烟粉虱中经产卵传播的效率是与烟粉虱成虫的发育阶段密切相关的，TYLCV 病毒粒子与怀有大量成熟卵子的成虫的卵黄原蛋白互作，在后者的配合下侵染烟粉虱的卵母细胞，从而进入卵中（Wei et al.，2017）。该团队还发现 TYLCV 可以激活烟粉虱 MEAM1 生物型的自噬，导致 TYLCV 外壳蛋白和基因组 DNA 降解和传毒效率降低（Wang et al.，2016）。

7. 农作物病毒病害防控技术研究

江苏省农业科学院周益军团队针对水稻条纹叶枯病和黑条矮缩病在我国稻麦轮作区相继暴发流行，病害发生初期生产上出现了天天打药的被动局面这一重要生产问题，开展了系列研究，阐明了两种病毒主要在稻麦轮作区危害的原因与暴发成灾机制，解释了条纹叶枯病"条纹"症状形成的机制。研制出了灰飞虱带毒检测试剂盒，建立病害早期预警体系，预测准确到田块。创新性提出了"麦田控源、秧田网隔"为主的综合治理策略，增强了病害防控主动性、全面性。项目提出的新的防控技术，在病区全面推广，防治效果达 95% 以上，取得了显著的经济、社会、生态效益，该成果获得了 2016 年国家科技进步二等奖。

贵州大学宋宝安团队以绵羊体内的天然活性成份氨基磷酸为先导，创制出我国具有自主知识产权的全新结构抗植物病毒仿生新农药毒氟磷，研发出了毒氟磷和吡蚜酮的清洁生产新工艺，建成国内规模最大的工业生产装置，实现产业化生产。提出了水稻病毒病全程免疫防控新策略，构建了"控虫防病"的新技术体系，解决了农作物病毒病及媒介昆虫防控的重大难题。该成果获得了 2014 年国家科技进步二等奖。

（四）植物细菌病害

1. 病原细菌遗传多样性研究及组学研究

植物病原细菌不同菌株在与寄主长期协同进化过程中演化出明显的表型与遗传多样性，为病害的防治增加了难度。中国农业科学院植物保护研究所赵廷昌团队用 PFGE 和 MLST 对西瓜噬酸菌 118 个菌株进行了遗传差异性分析，发现 MLST 可以更好地区分不同亚组（Yan et al.，2013）。

转录组学和蛋白组学研究成为黄龙病研究的热点。广东省农业科学院钟广炎团队运用第二代测序技术测定了带菌木虱取食的椪柑叶片在接种后 13 周和 26 周的基因表达谱，发现黄龙病菌（*Candidatus* Liberibacter asiaticus，CaLas）的侵染显著影响了椪柑的基因表达，并且柑橘对黄龙病菌感病可能由于自身防卫反应的延迟要显著慢于细菌快速的增长（Zhong et al.，2016）。他们还应用比较转录组学和蛋白组学分析的方法，比较了带菌和健康柑橘植株根部的转录组和蛋白组，以期鉴定出柑橘根部在病菌侵染早期的应答基因，为抗病育种提供理论依据（Zhong et al.，2015）。华南农业大学邓晓玲团队对接种黄龙病菌两年后的柑橘植株进行了转录组分析，揭示了黄龙病菌侵染后会引起柑橘激素变化，诱发茉莉酸途径并且抑制乙烯和水杨酸途径（Xu et al.，2015）。中国农业科学院柑桔研究所周常勇团队分析了感染柑橘衰退病毒（CTV）弱毒株、CTV 强毒株和 CaLas 柑橘植株的转录组，结果表明柑橘植株在遭受 CaLas 和 CTV B6 和 B2 菌株侵染后，分别有 611、404 个和 285 个基因差异表达（Fu et al.，2016）。中国农业科学院柑橘研究所的郑志亮教授以柑橘黄龙病抗性为模式系统，在世界上首次构建了柑橘抗性的基因调控网络（Zheng et al.，2013）。

2. 病原细菌检测技术研究

瓜类细菌性果斑病为种传细菌性病害，且为世界性检疫对象，因此病原菌及带菌种子的快速检测技术具有重要的意义。屏东科技大学林宜贤团队基于隔热等温 PCR（insulated isothermal PCR，TiiPCR）构建了 TaqMan 探针实现了对 *Acidovorax citrulli* 较为精准的检测，在荧光信号强度超过 1.8 的条件下，每个细菌反应管可达 100% 的检测率（Wu et al.，2016）。南京农业大学胡白石团队建立了基于 Padlock 探针检测西瓜噬酸菌的方法，同时研制了果斑病菌的 ELISA 检测试剂盒、交叉引物扩增试剂盒的和实时荧光检测试剂盒（Tian et al.，2013）。

青枯菌在继代培养过程中，能够产生自发无毒突变菌株。自发或诱变产生的青枯菌无毒菌株常被用作潜在生防因子。福建省农业科学院刘波课题组采用高效液相色谱分离技术，基于青枯菌毒力菌株和无毒菌株的色谱行为差异，通过色谱效价指数（CTI）的计算，建立了快速鉴定青枯菌毒力菌株和无毒菌株方法（Zheng et al.，2016）。中国农业科学院冯洁课题组基于桑青枯病菌的特异性差减片段 MG67，建立了精准高效、适于田间现场应用的 5 号小种特异性的 LAMP 分子检测方法（Huang et al.，2017）。

由于黄龙病菌迄今不能人工离体培养，所以分子和光谱检测成为黄龙病防治和检疫中的常用手段。浙江省柑橘研究所陈国庆团队报道了一个应用基于黄龙病菌 Omp 蛋白的多克隆抗体对黄龙病进行诊断的方法，对田间样品进行检测，显症样品的病原检出率可达 45.7%，与 PCR 技术 56.2% 的检出率相当（Lu et al.，2013）。华南农业大学邓晓玲团队设计了一对引物 RNRf/RNRr，建立了一套新的黄龙病菌检测体系，并实际检测了 262 个采自中国和美国的黄龙病样品（Zheng et al.，2016）。浙江大学何勇团队应用叶绿素荧光成像系统结合特征选择技术，建立了一套黄龙病检测和鉴定技术。该检测系统首先建立了黄龙病侵染的叶片的光和指纹图谱，并将图谱分为三个等级，以此来鉴定具有不同荧光特征的黄龙病样品。这种荧光参数和图像特征结合的方法检测的准确率可达97%（Chen et al，2017）。

3. 病原细菌致病性研究

分泌系统在植物病原细菌致病性与寄主抗病性的"制"与"反制"协同进化过程中扮演着重要的角色。革兰氏阴性细菌中存在6种不同的分泌系统，藉此成功完成侵染寄主植物的过程。西南大学丁伟团队从50种植物源化合物种筛选出了22种对青枯菌III型分泌系统的表达具有不同程度抑制或诱导作用的化合物，进一步证实了齐墩果酸可以通过HrpG-HrpB调控通路诱导青枯菌III型分泌系统及部分III型效应子的表达，并增强了青枯菌对烟草的致病力（Wu et al.，2015）；张勇团队通过研究证实了青枯菌中的假定MarR家族调控因子PrhN，以平行于PhcA-HrpB-HrpB调控途径的方式经由PrhG-HrpB途径正调控III型分泌系统的表达，该调控因子对保持青枯菌的完整致病能力具有重要的作用（Zhang et al.，2015）。中国农业科学院冯洁团队通过研究首次证实了VI型分泌系统的核心基因TssB与青枯菌GMI1000菌株的生物膜形成、运动性、定殖能力等基础生物学功能相关，并阐明了VI型分泌系统在青枯菌致病过程中发挥着至关重要的作用（Zhang et al.，2014）。胡白石团队构建了VI型分泌系统核心基因△ vasD、△ impk、△ impJ、△ impF的突变株，发现突变株在病情指数，定殖能力等方面均下降，生物膜形成亦受到影响，这表明T6SS对于西瓜噬酸菌的在种子上的定殖传播具有重要意义（Tian et al.，2015）。

群体感应参与植物病原细菌致病力在内的多种生物学功能的调节。赵廷昌团队通过构建西瓜噬酸菌luxR/luxI群体感应系统功能基因突变体，并对群体感应信号进行了检测，明确了luxI基因是自诱导物合成酶的基因，luxR是合成信号接受载体的基因，这两个基因可影响西瓜噬酸菌的致病力（Wang et al.，2016）。中国农业大学张力群教授团队对果斑病菌果胶酸裂解酶的蛋白结构进行了分析（Tang et al.，2013）。

细菌利用三型分泌系统分泌效应蛋白以促进细菌病原物的侵染，中国科学院遗传与发育所周俭民团队发现丁香假单胞菌效应蛋白AvrB通过与抗性蛋白RPM1的互作蛋白RIN4相互作用，正调控H^+-ATPase AHA1的活性，从而导致气孔张开，以利于细菌的入侵。AHA1对气孔保卫细胞运动的调控并非仅仅通过改变离子通道就可实现，而是通过产生一未知信号，促进茉莉素受体COI1与转录抑制子JAZ的相互作用并增强茉莉素信号通路来实现的（Zhou et al.，2015）。脯氨酰异构酶ROC1与RIN4互作，催化RIN4的Pro149酺氨酰顺反异构，负向调控RPM1的活性；而Thr166磷酸化导致RIN4与ROC1发生解离，而Thr166位磷酸化的作用是通过调控Pro149构象来实现的。因此AvrB-RPM1的互作中，RIN4 Pro149的顺反异构是RPM1激活的分子开关，明确了RPM1-AvrB-RIN4间的调控机制（Li et al.，2014）。效应蛋白HopB1是一个新的丝氨酸蛋白酶，可以在特异的位点剪切植物免疫共受体蛋白BAK1，阻断植物对细菌的识别。有趣的是，HopB1只剪切免疫激活状态下的 BAK1，降低对宿主的扰动，从而逃避植物基于 BAK1 蛋白对细菌侵染的监控，使得植物更加感病而非抗病（Li et al.，2016）。

稻黄单胞菌通过 III 型分泌系统分泌的转录活化类似因子（transcriptional activator-like effector，TALE），可诱导水稻产生抗病性或感病性。上海交通大学陈功友团队发现具有典型结构的 TALE 可激活 Xa1 类 NBS-LRR 结构的 R 基因，从而使水稻对病原菌产生抗性。缺失转录激活域的非典型结构 TALE（即 iTALEs），通过核定位信号（NLS）进入水稻细胞核，借助 N- 端和 C- 端的特有结构抑制 Xa1 介导的抗性，凡存在 iTALE 的稻黄单胞菌均能克服 Xa1 介导的抗病性（Ji et al.，2016）。野油菜黄单胞菌野油菜致病变种（*Xcc*）*hrp* 基因的表达由调节因子 HrpG 组成的双组分系统（TCS）来控制，广西大学唐纪良团队证明 *Xcc hrp* 基因的调控是由 HpaS-HrpG 组成的 TCS 所控制，决定了植物病害和 HR 的形成，其中具有激酶活性的 HpaS 是 TCS 感受因子（Li et al.，2013）。陈功友团队发现 HrpE3 是 *Xanthomonas oryzae* pv. *oryzicola* (*Xoc*) 中依赖于 T3SS 的效应子，在寄主植物中定位于细胞质和细胞核里。*hrpE3* 的转录受 HrpG 和 HrpX 的正调控，突变 *hrpE3* 导致菌株毒性的大大降低（Cui et al.，2013）。

细菌侵染寄主是细菌的群体效应，一类被称为"扩散调控因子（DSF）"的化合物是黄单胞菌、假单胞菌等植病原细菌进行细胞间通讯的信号物质。上海交通大学何亚文团队研究发现黄单胞菌至少有四种结构类似的 DSF 家族，阐明了 DSF 的生物合成前体、合成途径，并进一步解析了 DSF 由全局性转录因子 Clp 和连接酶 rpfB 的调控机制（Zhou et al.，2013；Zhou et al.，2013；Zhou et al.，2015；Wang et al.，2016）。中国科学院微生物所钱韦团队发现 DSF 分子可以直接结合在 RpfC 信号感应区上，激活 RpfC 蛋白的激酶活性。在细菌种群密度低时，RpfC 的近膜区抑制自身的激酶活性，高细菌种群密度时，DSF 刺激解除该抑制，激活群体感应信号通路，调控细菌致病因子的表达和生物被膜（biofilm）的形成。从酶学和生物化学角度证明了 RpfC 是 DSF 信号分子的膜受体（Cai et al.，2017）。南京农业大学刘凤权团队发现 DSF 和全局调控因子 Clp 调控了 *Xoc* 的毒力，天冬氨酸合成酶 AsnB 也受 DSF 和 Clp 的调控，且 AsnB 在黄单胞菌中高度保守，删除 *asnB* 的突变体不能在缺失碳源的培养基上生长，*asnB* 突变体的致病性降低，H_2O_2 感知和解毒基因表达降低，表明了 *asnB* 在 *Xoc* 致病性和抗氧化应激中的作用（Qian et al.，2013）。

在感知外界环境方面，DSF 也发挥了重要的作用，华南农业大学张练辉团队发现黄单孢杆菌的 DSF 信号通过调控细菌中重要的细胞分裂蛋白 ftsZ 干扰了苏云金芽孢杆菌的形态变化和孢子产生，阐明了两者拮抗作用的分子机理（Deng et al.，2016）。钱韦团队发现由 SreS、SreK 和 SreR 构成的"三组分信号转导系统"，在高盐胁迫下，SreS 作为反应调节蛋白 SreR 的竞争者从 SreR 的激酶 SreK 处竞争磷酸基因，造成 SreR 的脱磷酸化。SreR 脱磷酸化后会激发参与叶酸代谢的 HPPK 的强烈表达，否则细菌抵抗外界胁迫的能力严重下降，揭示了细菌细胞应对外界环境刺激的重要分子机制之一（Wang et al.，2014）。

C-di-GMP 作为细菌的第二信使，参与了多种生物功能的调控。中国农业科学院植物保护研究所何晨阳团队针对 *Xoo* 的第二信使 c-di-GMP 的代谢、识别和信号传导途径及其对毒性的调控等方面进行的一系列研究发现了 PdeK-PdeR 组成的 TCS 调控 c-di-GMP 降解和病菌毒性的内在机制，Clp、Filp、PilZ 结构域蛋白 (PXO_00049 和 PXO_02374) 作为信号受体、参与信号识别 / 接受和传递，明确了 c-di-GMP 受体蛋白 Filp 与下游 PilZ 结构域蛋白 PXO_02715 互作，调控病菌在寄主上的毒性和在非寄主上的致敏性（Yang et al.，2015；Yang et al.，2014；Yuan et al.，2015）。该团队最近证明了水稻白叶枯病菌 *Xoo* 中一个由 10 个基因组成的糖基化岛，删除任一个基因会影响到鞭毛素的糖基化修饰，9 个基因的单突变会显著提高菌株的致病性，表明 *Xoo* 的鞭毛素蛋白的转录后修饰可能参与了细菌毒性的调控作用（Yu et al.，2017）。在抗细菌药物的筛选和机制方面，靶向细菌 T3SS 设计抗微生物药物是防治细菌病害的新策略之一。通过酚类小分子化合物筛选，得到 10 个抑制 *Xoo* 在非寄主烟草上诱导 HR 的能力，其中 4 个抑制了 T3SS 效应蛋白的分泌，降低了 *Xoo* 和 *Xoc* 在水稻 IR24 上的病害程度（Fan et al.，2017）。从拮抗 *Xoo* 的芽孢杆菌 D13 中分离出的癸醇和三甲基乙醇可以在较低的剂量时抑制 *Xoo* 的生长，抑制毒性相关基因的表达（Xie et al.，2016）。噻重氮诱导了 *Xoo* 侵染水稻叶片上 H_2O_2 的积累、防卫反应基因的上调、胼胝体沉积和 HR 类的细胞死亡，外用过氧化氢酶抑制了这些表型的产生。细菌胞外多糖 EPS 可以减弱水稻抗性，EPS 缺失突变体则可以诱导水稻产生更强的抗性，表明噻重氮通过降低细菌的 EPS 产生能力，从而促进了水稻的抗病性（Liang et al.，2015）。

4. 植物对细菌病害抗性研究

王石平团队与美国杜克大学董欣年团队合作发现拟南芥 NPR1 可以显著提高多种农作物对不同病害的抗性，但是会影响农作物的产量等农艺性状，限制了其在抗病领域的广泛应用。利用 uORF（上游开放阅读框）在翻译水平上精准调控抗病蛋白 NPR1 的表达。没有病原菌入侵时，NPR1 蛋白处于极低表达水平；一旦作物受到病原菌侵害，NPR1 蛋白快速表达阻止病菌的入侵。NPR1 表达的这种精准调控，不仅不影响水稻的农艺性状，且赋予了水稻对白叶枯病和细菌性条斑病等的广谱抗性（Xu et al.，2017）。

Xa4 是已经被利用的主效抗白叶枯病基因中应用范围最广、抗性最持久的一个，该基因 2003 年被精细定位，王石平团队发现 *Xa4* 基因编码细胞壁相关激酶（cell wall-associated kinase），可以促进纤维素的合成，抑制细胞壁松弛，增加细胞壁强度，从而有效抵抗白叶枯病菌的入侵，同时有助于增强茎秆的机械强度，降低植株高度，有利于抗倒伏，但不降低产量（Hu et al.，2017）。该团队还发现携带 xa5 基因的水稻对白叶枯病和细菌性条斑病具有广谱抗性，而水稻生长发育正常，产量不受影响。部分抑制水稻 *TFIIAγ* 基因表达也可以增强水稻对白叶枯病和细菌性条斑病的广谱抗性（Yuan et al.，2016）。WRKY45 是调控水稻抗白叶枯病的关键转录因子之一，存在着两个不同的等位基因，一

个抑制水稻抗白叶枯病，一个促进水稻抗白叶枯病。其机制是由于前者基因的内含子中插入了转座子，导致了多条部分重叠的小 RNA 的产生，促使 WRKY45 调控抗性的关键基因 *ST1* 基因内含子中插入的转座子甲基化，从而抑制 *ST1* 基因的表达，降低了水稻对白叶枯病的抗性。WRKY45 位点的自然变异和功能差别是因为小 RNA 的产生，也首次揭示了小 RNA 调控水稻抗白叶枯病的分子机理（Zhang et al., 2016）。

植物识别细菌鞭毛素蛋白介导的免疫反应依赖于鞭毛素蛋白受体 FLS2，细胞质激酶 BIK1 和 BAK1。近几年在 FLS2 介导的 PTI 途径的信号识别和调控方面取得了一系列的进展。清华大学柴继杰团队解析了 FLS2–BAK1–flg22 复合体的晶体结构，表明 BAK1 一方面与 FLS2 直接互作，还作为共受体识别结合了 FLS2 的 flg22 C 端，揭示了 FLS2–BAK1 识别 flg22 的分子机制（Sun et al., 2013,）。周俭民团队发现 BIK1 直接磷酸化了 NADPH 氧化酶 RbohD，导致 ROS 的增强，BIK1 还和 RbohD 一起控制了 flg22 介导的气孔关闭，限制了细菌在植物叶部的侵染（Li et al., 2014）。南京大学田兴军团队发现了在乙烯和 PEPR 信号途径参与免疫反应的一种新机制，拟南芥损伤相关的分子模式 Pep1 能通过 Pep1 受体激酶 PEPR1 和 PEPR2 直接磷酸化 BIK1，激发免疫反应。虽然乙烯处理也可以诱导 Pep1 介导的 BIK1 磷酸化，但却与标准的乙烯信号元件无关（Liu et al., 2013）。黄单胞杆菌的效应蛋白 AvrAC 能够对 BIK1 进行 UMP 修饰从而抑制 PTI。周俭民团队发现 BIK1 的同源蛋白 PBL2 也受到 AvrAC 的修饰，却导致了植物的抗病性。PBL2 修饰介导的抗病性还需要胞内免疫受体 ZAR1 和不具酶活的蛋白激酶 RKS1 形成的 AvrAC 受体复合物，当 PBL2 被 AvrAC 进行 UMP 修饰后，被招募到受体复合体上，进而激活 PBL2 介导的免疫信号。植物把对 PBL2 的修饰作为细菌入侵的信号，PBL2 执行了一个"诱饵"的功能，使得植物能够特异识别细菌，获得抗病性（Wang et al., 2015）。

寄主植物的 WRKY 基因家族成员通常会对多种胁迫因子做出应答，其编码产物参与了看似不相关联的多种生理过程。福建农林大学何水林课题组通过研究探明了辣椒中的 WRKY 转录调控因子家族成员 CaWRKY6 通过激活另一转录因子 CaWRKY40 的表达，继而调控辣椒耐热和抗病相关基因的协同表达（Cai et al., 2015）；庄伟建课题组通过基因芯片技术从花生中发掘获得了一个编码产物具 LRR–RLK 结构域的类抗病基因 AhRLK1，并进一步证实了该基因产物具核定位特征，阐明了 AhRLK1 通过多种信号转导途径的复杂调控网络参与了花生对青枯菌的防御反应（Zhang et al., 2017）。

华中农业大学王石平团队以水稻的两种重要病害—白叶枯病和稻瘟病为对象，研究抗病的分子机理，回答如何高效利用优良基因改良农作物抗性的科学问题。揭示了新的质量抗性调控分子机理、质量抗性转换的分子机理，鉴定和精细定位了多个数量抗性基因和有应用前景的抗病主效基因。这些发现丰富了分子植物病理学理论，为水稻改良提供了基因资源、理论基础和技术途径。研究成果获 2013 年度国家自然科学二等奖。浙江省农业科学院通过体细胞杂交技术将对水稻白叶枯病免疫的疣粒野生稻和著名的栽培稻品种"大粒香"杂交，筛选到四份对国际三十余份水稻白叶枯病菌表现高效的广谱抗病性。经过抗病基因的精细定位和抗病机理的深度解析，育成了甬粳 50A、浙粳 70 等五个对白叶枯病具有广谱抗性的水稻新品种或新品系，这些新品种同时还保持了稳产和优质，研究成果获 2016 年度浙江省科技进步奖一等奖。

5. 农作物细菌病害综合防控技术

目前，黄龙病防治主要采取使用无毒苗木、铲除病树和防治木虱的防治措施。生产上亟需在此传统防治措施之外的方法来对黄龙病进行防治。广西大学张木清团队开发了渗透柑橘叶片外皮层的纳米乳油配方，通过叶面喷施即可使抗生素从外皮层进入木质部，与对照相比纳米乳油能更高效的清除黄龙病菌（Yang et al.，2015）。在此基础上该团队开发了该纳米乳油的水包油剂型。喷施此药剂 6 天后，染病柑橘植株中的有效氨苄霉素可达 100%，显示出该剂型在黄龙病防治中的应用潜力（Yang et al.，2016）。赵廷昌团队明确了我国细菌性果斑病菌的遗传多样性；分析了 II 型分泌系统和 III 型分泌系统致病相关基因的功能；明确了不同亚群果斑病菌的抗铜性差异，并分析了其抗铜机理；明确了细菌性果斑病菌在西甜瓜良种生产与采种过程中侵染定殖的关键因子及良种生产中的防治研究；建立了西瓜嗜酸菌及种子带菌的检测技术；研制了新型防治药剂西亚一号和壳聚糖，并得到了应用；建立新疆与甘肃制种区西甜瓜健康种子生产技术规程并大面积推广应用。2012—2014 年期间在新疆和甘肃的制种基地累计推广 15.62 万亩，占全国西甜瓜制种面积的 69.4%，该成果获 2016 年度新疆科技进步奖一等奖。

（五）植物线虫病害

1. 植物寄生线虫新种鉴定与快速检测技术

华南农业大学廖金铃团队鉴定出一个根结线虫新种、一个短体线虫新种、一个接合垫刃线虫新种、一个隐皮孢囊线虫新种和三个孢囊线虫新种；广西大学吴海燕团队发现玉米孢囊线虫新记录种；中国农业科学院植物保护研究所彭德良团队发现菲利普孢囊线虫、旱稻孢囊线虫和甜菜孢囊线虫三个新记录种及其新分布区域，研发了多重 PCR、SCAR、LAMP、TapMan real-time、FTA 等特异性检测禾谷孢囊线虫、菲利普孢囊线虫、旱稻孢囊线虫、马铃薯金线虫、马铃薯腐烂茎线虫、象耳豆根结线虫、北方根结线虫的分子检测及病情早期监测技术（Peng et al.，2017），并研制了检测试剂盒，适用于基层和田间线虫病害的早期快速诊断。华南农大廖金铃团队应用多重 PCR、RFLP、LAMP 和 qPCR 等技术建立了南方根结线虫、爪哇根结线虫、象耳豆根结线虫、玉米短体线虫、旱稻孢囊线虫和柑橘半穿刺线虫等一些重要植物病原线虫的快速分子检测技术（Wang et al.，2014）。

2. 禾谷孢囊线虫和爪哇根结线虫的致病分子机制

廖金玲团队发现拟禾本科根结线虫的一个新效应子 MgGPP 被分泌到水稻细胞质外体中，在效应子 C 端的帮助下进入到水稻细胞内质网中，在内质网中 N 端发生糖基化且 C

端被水解，接着被输送到细胞核，且只有糖基化的 MgGPP 才具有抑制植物防卫反应的能力，从而促进拟禾本科根结线虫寄生水稻，RNA 干扰诱导 *MgGPP* 沉默后，线虫对水稻的寄生率下降 50% 以上。揭示了根结线虫可利用植物翻译后修饰途径对自身效应子同时进行糖基化和水解，从而激活效应子活性（Chen et al.，2017）。该团队还发现爪哇根结线虫效应蛋白 MJ-TTL5 通过激活寄主植物活性氧清除系统来抑制植物基础免疫反应及提高线虫寄生能力。MJ-TTL5 效应蛋白被爪哇根结线虫分泌到寄主组织后，与寄主中的铁氧还蛋白/硫氧还蛋白还原酶在质体上相互作用，导致植物降解 H_2O_2 的能力增强，从而抑制了植物在线虫侵染早期活性氧的积累，进而抑制了植物的基础免疫反应（PTI），使得线虫更易侵染植物（Lin et al.，2016）。此外，该团队鉴定了象耳豆根结线虫的一个新的效应蛋白 MeTCTP 可抑制植物的细胞凋亡，从而使线虫更易侵染植物；爪哇根结线虫效应蛋白 MJ-NULG1a 在线虫寄生早期阶段高表达并被分泌到寄主巨型细胞定位于细胞核中，在线虫寄生过程中发挥重要作用。

中国农业大学简恒团队在根结线虫效应蛋白调控寄主免疫反应反面也取得进展，利用原位杂交技术从南方根结线虫筛选一个特异的效应蛋白 MiMsp40，该蛋白在寄生后的二龄幼虫中表达量高；植物体内 RNA 干扰该基因后线虫的致病能力明显下降，该蛋白具有广泛抑制植物免疫反应的作用，在拟南芥中该蛋白能够抑制免疫反应相关基因 *FRK1*、*WRKY29*、*WRYK33* 和 *CYP81F2* 等的表达，能够抑制 ETI 激发子 R3a/Avr3a 引起的 HR 反应，基因过表达后，能够抑制线虫的侵染（Niu et al.，2016）。

中国农业科学院植物保护研究所线虫团队开展了禾谷孢囊线虫效应子的研究，克隆鉴定了 12 个禾谷孢囊线虫致病相关效应子基因，鉴定出禾谷孢囊线虫新效应蛋白 HaEXPB2 引起细胞凋亡，原位杂交显示该效应蛋白在二龄幼虫的食道腺表达量最高，定位于细胞壁，具有明显纤维素结合活性，体外 RNA 沉默后，二龄幼虫的侵染率下降 53%,，表明 HaEXPB2 是禾谷孢囊线虫分泌到寄主内，通过作用于细胞壁促进寄生的效应蛋白（Liu et al.，2016）。此外还克隆了 *Ha-eng1*、*Ha-eng2*、*Ha-eng3*、*Ha-acp1*，*Ha-far-1*、*Ha-far-2*、*Hf-far-1* 基因，并进行了功能验证（Long et al.，2013）。简恒团队对禾谷孢囊线虫膜联蛋白新基因 *Ha-annexin* 的功能进行了分析，发现该基因在二龄幼虫表达量高，BSMV-HIGS 体系分析，沉默后，禾谷孢囊线虫侵染数目显著降低，该基因可抑制 PAMP 触发的 PTI 免疫反应，其作用靶标位于丝裂原活化蛋白激酶（MAPK）级联途径信号通路的两个激酶 MKK1 和 NPK1 的下游反应（Chen et al.，2015）。

3. 植物诱导抗线虫性研究

中国农业科学院植物保护研究所线虫团队发现 VB1 能够作为激发子，通过激发苯丙氨酸代谢相关基因的表达，诱导水稻的过氧化氢积累和木质素沉积，增强水稻的防御能力，从而减少水稻根结线虫的入侵，延迟侵入后根结线虫的发育进程（Huang et al.，2016）。生物碳也可以作为一种激发子，激发水稻的乙烯信号途径相关防御基因的表达，增强过氧化氢的积累，诱导水稻对根结线虫的抗性（Huang et al., 2015）。

4. 作物种质资源抗孢囊线虫鉴定评价

中国农业科学院植物保护研究所线虫创新团队建立了抗孢囊线虫的评价体系，针对从国内外收集到的 1113 份小麦、大豆材料，从中筛选鉴定出抗小麦孢囊线虫（CCN）的小麦核心抗性材料五十余份，抗大豆孢囊线虫（SCN）的大豆核心抗性材料四十余份。通过比较转录组学研究，建立了基于表达谱鉴定抗性候选基因的模型，鉴定出抗小麦孢囊线虫的候选基因 606 个，其中来自抗病小麦品种所特有的基因有 122 个。其中磷脂酶 D1/2（PLD1/2）参与多个抗病相关信号途径或者代谢过程，与 PLD1/2 密切相关的活性氧 ROS 迸发也参与早期的抗小麦孢囊线虫反应（Kong et al., 2015）。

中国农业科学院蔬菜花卉所谢丙炎团队挖掘了黄瓜、番茄及辣椒中的抗病基因，明确了野生刺角瓜对根结线虫的抗性特征，并通过基因组及转录组分析解释了角刺瓜细胞延展蛋白的新型抗线虫机制，证实其抗线虫基因为显性基因，在 F_2 代群体深度重测序的 BSA 精细定位基础上克隆了抗根结线虫候选抗性基因 *CmEXPA15* 和 *CmMYB44*，为黄瓜抗根结线虫育种提供了优异材料（Lin et al., 2015）。该团队针对辣椒中的 *Me3* 抗线虫候选基因进行了精细定位及功能分析，将该基因定位在第 9 染色体末端 6M 区域内，筛选到分子标记 EPMS658 和 SSCP_PM5，并克隆了 *Capana09g000163* 和 *Capana09g000164* 两个 NBS-LRR 抗线虫候选基因。在番茄中针对 *Mi-1~Mi-9* 基因材料进行了抗性鉴定，确定了热稳定性的 *Mi* 基因家族的抗性材料，促进了番茄抗根结线虫育种。

5. 植物线虫的生物防治

生物防治是治理植物寄生线虫病害的最有潜力的方法之一，最有可能实现持续安全有效的防治植物寄生线虫的目标。云南大学张克勤团队 2015 年在 *Annual Review of Phytopathology* 上发表综述文章，对生防微生物与线虫的互作机制进行了详细总结。目前已有子囊菌门、担子菌门、接合菌门、壶菌门的七十多种生防真菌用于线虫防治。真菌侵染线虫的过程主要包括诱集、识别、固着、穿透和消解几个过程，真菌产生的次生代谢产物对线虫具有强烈的毒杀作用。线虫生防细菌可以分为专性寄生细菌、机会寄生细菌、根际细菌、形成伴孢晶体蛋白细菌、内生细菌、共生细菌等，其中研究最多的是苏云金杆菌（Bt），已发现 Cry5，Cry6，Cry55 三个家族的 Bt 对线虫具有很好的毒杀作用。为了应对微生物的攻击，线虫产生一系列的防御反应。它们可以通过自身的移动躲避病原物的侵染，或者分泌水解蛋白酶消化微生物。此外，线虫还可以产生一系列免疫反应，如激活 p38 MAPK 途径、DAF 途径、ERK/MPK 途径等，从而提高防御相关基因的表达，抵御病原物的侵染和危害（Li et al., 2015）。

张克勤团队发现了一条作用于线虫表皮天然免疫的新信号通路，发现秀丽隐杆线虫（*Caenorhabditis elegans*）Daf-16 在对抗真菌天然免疫及表皮损伤中发挥正调控作用，线虫受到真菌侵染和物理损伤时，激活 G 蛋白 egl30，使磷脂酶 C 水解产生 IP3，IP3 与其受体 Itr1 结合，从而使钙离子释放到胞质当中，钙离子激活 NADPH 氧化酶 Bli-3 产生 ROS，ROS 激活 Cst-1，进一步激活 Daf-16，使 Daf-16 转移到细胞核当中，激活其靶基因的转录，实现对真菌侵染和物理损伤的免疫响应（Zou et al.，2013）。该团队进一步对参与寡孢节丛孢捕器形成的部分关键基因的功能进行了鉴定，发现敲除寡孢节丛孢基因组中的苹果酸合成酶基因导致菌株捕器形成延迟，只能形成一个环和两个环的捕器。基因敲除突变株捕食线虫的能力也出现了明显下降（Zhao et al.，2014）。敲除 AoMad1 基因后，菌株三维菌网上的粘性物质减少，同时，（NH4）$_2$SO$_4$ 和 NH$_4$Cl 等真菌优先利用的氮源不能诱导 ΔAoMad1 菌株产生捕器，而 NaNO$_3$、尿素及酵母提取物等非优先氮源则能诱导 ΔAoMad1 菌株产生更多的捕器（Liang et al.，2015）。此外，还发现土壤细菌如 Stenotrophomonas maltophilia 能产生尿素，诱导寡孢节丛孢等捕食线虫真菌产生捕器。进一步的研究发现，尿素通过寡孢节丛孢的运转蛋白 utp79 和 utp215 进入真菌细胞，并被真菌中的脲酶进一步分解为二氧化碳和氨气，其中氨气发挥了信号分子的作用（Wang et al.，2014）。对寡孢节丛孢等捕食线虫真菌捕器形成的信号调控机制做了总结，发现包括线虫等多种诱导剂都能诱导真菌产生捕器，这些诱导剂可能通过不同的方式调控真菌捕器的形成。其中 G 蛋白信号通路可能在捕器形成的过程中发挥了重要的作用（Su et al.，2017）。

中国科学院微生物研究所刘杏忠团队在对食线虫真菌的研究中发现，捕食线虫真菌 Drechslerella stenobrocha 基因组、基因数、重复序列和转座子等方面均较小，拥有大量的碳水化合物降解酶，推测捕食真菌极有可能是由腐生真菌进化而来（Liu et al.，2014），而内寄生真菌洛斯里被毛孢（Hirsutella rhossiliensis）和明尼苏达被毛孢（Hirsutella minnesotensis）从昆虫病原菌起源，其基因组富含转座子重复序列，转座子富含区域富集的基因功能与转座酶、次级代谢和锌指转录因子等有关，具有更快的进化速率，从而帮助线虫内寄生真菌更好的适应环境及其寄主，编码次生代谢产物合成的酶（PKS 和 NRPS）的基因在 H. minnesotensis 基因组中显著扩增，并在 H. minnesotensis 的次生代谢物中也发现一些具有杀线虫活性的化合物（Lai et al.，2014）。华中农业大学肖炎农团队测定了淡紫紫胞菌（Purpureocillium lilacinum）36-1 菌株的基因组序列，大小为 37.61Mb，编码蛋白基因数目为 13、150，比较基因组和转录组分析发现该真菌富含与致病性相关的基因，特别是参与识别、黏附线虫卵、下游信号转导通路及水解酶基因（Xie et al.，2016）。

刘杏忠团队研究发现洛斯里被毛孢和明尼苏达被毛孢是大豆孢囊线虫最重要的寄生真菌并与抑制性土壤形成有一定关系，不同地理来源的明尼苏达被毛种群具有不同的寄生能力，并且在入侵不同区域的大豆孢囊线虫过程中经历了奠基者效应，降低其遗传多样性（Shu et al.，2015）。大豆孢囊线虫抑制性土壤中的细菌如 Actinobacteria、Bacteroidetes、Proteobacteria 和真菌子囊菌远高于导病土，并可传导到导病土，一些具有生物防治功能的真菌如 Pochonia、Purpureocillium、Fusarium、Stachybotrys 等在大豆孢囊线虫抑制性土壤中的含量也显著高于导病土，这些微生物可能在抑制性土壤发挥作用的过程中起着重要作用（Hamid et al., 2017）。通过群体遗传学分析发现重组、地理隔离和寄主线虫的适应性在被毛孢的进化史中发挥重要作用，该研究初步明确了与抑制性相关的微生物种类。此外孢囊微生物群落也参与大豆孢囊线虫抑制性土壤，并且对抑制性土壤的贡献更大，目前微生物如何导致孢囊线虫抑制性土壤的形成机制仍不明确。

湖南师范大学发现穴施苏云金芽孢杆菌的伴孢晶体蛋白 Cry6Aa2 可以显著降低北方根结线虫根结级数和卵囊数，并且可以促进植物生长。黑龙江省农业科学院从马铃薯疮痂病自然衰退土壤中筛选到的玫瑰黄链霉菌 Men-myco-93-63 发酵液在盆栽试验中对为害黄瓜的根结线虫病具有较好防效。

6. 小麦孢囊线虫病分区治理综合控制技术

中国农业科学院植物保护研究所线虫创新团队创新了播后土壤镇压、非寄主作物轮作等防控小麦孢囊线虫的轻简化技术，应用 11% 二硫氰基甲烷·噻虫嗪悬浮种衣剂和 18% 氟虫腈·毒死蜱微囊悬浮剂进行种子处理可以有效防控小麦孢囊线虫病，同时兼治根腐线虫，提高小麦产量（Cui et al., 2017）。围绕以农业防治为基础、抗病品种为核心、生物和化学防治相结合的综合控制技术，构建了适合黄淮冬麦区、华北冬麦区、西北春麦区等不同生态区的小麦孢囊线虫病分区治理的综合控制技术体系，有效遏制了其蔓延与猖獗危害。该项成果 2016 年获中国植物保护学会科学技术奖研究类一等奖。

（六）植物基因组定点编辑技术在植物保护领域中的应用

1. 基因组定点编辑技术在病原菌中的应用研究

黑穗病菌在甘蔗上是一种世界范围内毁灭性的病原菌，能够引起甘蔗黑穗病的大暴发。广西大学陈保善团队采用农杆菌介导的转化方法将 CRISPR/Cas9 系统导入黑穗病菌孢子中，成功地实现了对内源 *Mfa2*，*g3943*，*g5775* 等多个基因的定点敲除，效率在 12.8%~38.3%。进一步利用 CRISPR/Cas9 系统对突变体进行 *Mfa2* 回补，效率高达 74.5%。该系统的建立，将大大促进了对黑穗病菌和其他担子菌类真菌的基因功能研究（Lu et al., 2017）。

大豆疫霉菌可引起大豆疫霉茎腐病和根腐病，是影响大豆生产的毁灭性病害。其中，疫霉菌分泌于大豆质外体的毒性蛋白 PsXEG1 发挥了关键作用。南京农业大学王源超团队利用 CRISPR/Cas9 系统，对 *PsXEG1* 基因进行了定点编辑，获得多个不同疫霉菌突变体，由此对 PsXEG1 在大豆植株的致病机理进行了详细地阐述（Ma et al., 2017）。

2. 植物基因组定点编辑技术在植物保护应用中的研究

双生病毒是一类危害多种农作物生产的单链 DNA 病毒。中国科学院遗传与发育生物学研究所高彩霞团队以双生病毒 BSCTV 为研究对象，通过 CRISPR/Cas9 技术在植物中建立了抗双生病毒 BSCTV 的免疫系统。通过对 BSCTV 的全基因组 2.9kb 的序列进行分析，分别在 replication initiation site、coat protein（CP）和 replication initiator protein（Rep）共设计了 43 个 sgRNA-Cas9 载体，对烟草叶片注射接种观察表型和 qPCR 发现，38 个的载体能够减少 60% 的病毒量，其中 A7、B7、C3 的病毒量减少最为明显，分别为 65%、66%、70%。并构建了 A7 载体的转基因烟草的两个独立株系 A7-1 和 A7-2。在接种 BSCTV 病毒后，Cas9 表达量低的 A7-1 表现出叶鞘蜷缩；而 Cas9 表达量高的 A7-2 则观察不到明显的表型。Southern Blots 也进一步证明了 BSCTV 的复制与 Cas9 的表达水平一致。在拟南芥的两个独立株系 C3-1 和 C3-2 中研究中也发现，过表达 sgRNA-Cas9 是一种有效的抗植物病毒的方式。因此，基于 CRISPR/Cas9 而免疫系统为培育抗病毒作物提供了一条全新的途径（Ji et al., 2015）。

白粉病是小麦生产中的主要病害之一，严重影响小麦产量和品质。利用大麦相关研究成果，中国科学院遗传与发育生物学研究所高彩霞团队和微生物研究所邱金龙团队利用 TALEN 定点敲除小麦隐性抗病基因 MLO，获得了具有广谱抗白粉病的小麦新种质。他们根据 MLO 基因序列的保守性设计了一对 TALENs，获得了 35 个 MLO 基因的单基因和多基因敲除突变体。利用突变体材料进行自交，得到了多种组合形式的纯合突变体，接种小麦白粉病后观察表现，3 组复等位 MLO 基因全部敲除后，植株表现出显著的抗性。该研究为小麦新种质的创制提供了一个全新的思路和技术路线（Shan et al., 2013）。借助模式植物拟南芥的相关信息，中国科学院遗传与发育生物学研究所唐定中团队利用 CRISPR/Cas9 技术，在小麦中也成功获得了抗病途径负调控因子 EDR1 的复等位基因敲除突变体，对基因突变株系进行白粉病接种试验的结果表明，这些突变体对小麦白粉病显示出一定的抗性，并且能够稳定的遗传给后代（Zhang et al., 2017）。

中国农业科学院作物科学研究所赵开军团队和广西大学刘丕庆团队合作，利用 CRISPR/Cas9 技术，针对水稻 OsERF922 基因设计了单靶标、双靶标和三靶标载体，转化水稻品种空育 131，发现其造成的 OsERF922 基因突变频率分别为 42%、70% 和 90%，表明突变效率与靶标数相关。同时将三靶标载体转化吉粳 88，结果表明突变效率与空育 131 类似，为 92.5%。突变基因都能够稳定的遗传给后代。对纯合突变体株系接种稻瘟病菌，6 个突变材料的病斑面积相比野生型对照明显减少，而且突变体材料的株高、剑叶长、剑叶宽、有效穗数、穗长、每穗实粒数、结实率和千粒重与空育 131 基本一致，这些结果表明 OsERF922 基因功能的缺失会显著增加水稻对稻瘟病菌的抗性，并不影响水稻的株高、叶长、结实等农艺性状（Wang et al., 2016）。

我国在利用基因组编辑培育抗稻瘟病种质资源方面已取得重要进展。Pi-ta 是水稻中已克隆的单拷贝稻瘟病抗性基因，Pi-ta 与其隐性等位基因 pi-ta 的序列和功能研究表明，其编码蛋白氨基酸序列中唯一的区别在于第 918 位氨基酸，所在位置丙氨酸被丝氨酸的替代便会造成蛋白功能的丧失。为此，中国农业科学院植物保护研究所周焕斌团队开发了全新的水稻单碱基定点替换技术，并利用其 rBE4 系统成功使 C 被置换为 T，使第 918 位的丝氨酸变为苯丙氨酸，获得了该位点的重要新种质（Ren et al., 2017）。进一步，该团队利用 rBE5 系统对水稻中的缺陷型 *pi-d2* 进行了基因矫正，成功获得 *Pi-d2* 的基因编辑植株（未发表数据）。该技术的成功开发，为水稻的分子育种提供了强大工具，也为水稻品种的抗病分子改良开辟了新的方向。*OsSERK1* 和 *OsSERK2* 是拟南芥油菜素内酯信号途径和基本性抗性途径关键基因 BAK1 在水稻中的两个同源基因，对其功能的解析有助于将来在分子育种中的应用。为此，周焕斌团队利用单碱基定点替换技术—rBE3 系统成功实现了内源基因靶碱基鸟嘌呤替换为腺嘌呤，其激酶活性丧失，创制了 *OsSERK1(D428N)* 和 *OsSERK1(D433N)* 突变体，为进一步研究该基因参与水稻抗病反应的机理提供宝贵的水稻材料（Ren et al., 2017）。

柑橘溃疡病菌是国内外重要的植物检疫对象，其引发溃疡病的严重影响我国柑橘产业的健康发展。由于柑橘基因组结构复杂，使得柑橘的常规抗病育种工作具有很大难度。最近，中国农业科学院柑桔研究所邹修平团队利用 CRISPR/Cas9 技术成功定点修饰柑橘感病基因 *CsLOB1* 启动子，导致其不再被溃疡病菌 *Xanthomonas citri* subsp. *Citri* 所分泌的效应蛋白 PthA4 识别，成功得到了抗溃疡病柑橘株系，为培育柑橘抗病品种提供了全新的材料（Jia et al., 2017）。

近年来建立起来的基因编辑技术是基于 DNA 水平精确删除或插入碱基以及替换碱基的新技术。中国科学院遗传与发育生物学研究所的李家洋、中国农业科学院蔬菜花卉研究所的黄三文、以及德国马普所的 Detlef Weigel 和美国加州大学戴维斯分校的 Roger Beachy 等共同提出了植物基因组编辑的监管框架，即从原理上基因组编辑技术基本与自然界中因为随机突变而不断发生的基因组变化一致，从物理、化学或生物的角度来分析，这些变异与自然变异无法区分开来（Huang et al., 2016）。

三、本学科国内外研究进展比较

近年来我国植物病理学学科发展已取得了长足发展，集中体现在发现高水平论文的数量逐步提高，多家单位都能有不错的研究成果在专业期刊上发表出来。与国外同行相比，既有优势领域，也存在差距。主要体现在 *Nature*、*Science*、*Cell* 顶尖综合期刊的论文还不常见，原创性成果还不多。

我国学者对稻瘟病、小麦条锈病、大豆疫病和棉花黄萎病的研究取得显著进展，如大豆疫霉、大丽花轮枝菌和小麦条锈菌等病原菌的效应因子鉴定与功能研究，病原真菌致病因子和植物抗病机理研究，作物重要抗病基因标记定位、克隆和功能研究均与世界同步。相继在水稻、小麦、玉米、棉花、苜蓿、烟草、柑橙等重要经济作物和拟南芥模式物种上成功开发基因组定点编辑技术，并已尝试通过基因编辑进行农作物分子改良，摸索抗细菌、抗真菌、抗病毒等种质资源培育新途径。尤其是 2017 年，水稻基因组靶标基因单碱基定向替换技术，先后被我国多个科研团队在世界上率先报道，其对水稻品种的分子改良和新种质培育具有巨大推动作用。同一年，水稻的高覆盖率、CRISPR 突变体库也在我国建成，为今后我国进行水稻重要功能基因发掘，优良性状改良提供了强有力的支撑，进一步奠定我国水稻生物学研究在全球的领先地位。

针对我国农业生产上发生流行的水稻和蔬菜作物重要病毒病害，我国学者在病毒基因功能、病毒致病性、症状形成及运动机制、RNA 沉默介导的病毒抗性和持久增长型病毒的介体昆虫传播分子机制病毒病害防控等方面的研究做到了研究均与世界同步，部分领域的研究达到了世界领先水平。在病毒粒体结构与装配机制、病毒群体遗传多样性与进化和植物抗病毒 R 基因克隆与抗病机制等方面的研究尚与世界领先水平有一定的差距。有关农作物重要病毒病害的防控研究主要集中在水稻、小麦和重要蔬菜作物上，基本控制了这些作物主要病毒病害暴发流行，体现了科学技术为生产服务的理念。

我国在植物病原细菌学科的研究取得了长足的进步，如国内黄单胞菌相关研究的优势单位在该领域取得了的不错的成绩，研究水平与国际同行基本保持一致，在黄单胞菌群体感应机制和三型分泌系统研究方面和生物防治方面居于领先地位。假单胞杆菌的相关研究主要集中在中国科学院遗传与发育生物学研究所，研究的重点与国际研究热点高度吻合，研究水平甚至可以说引导国际植病领域的前沿。其他作物细菌病害如瓜类细菌性果斑病和马铃薯青枯等在快速检测和综合防治技术方面做了有效的工作，基本控制了这些病害在我国的流行，但在致病分子机理、毒力和代谢全局调控网络等研究领域，尚存相当差距。

我国植物线虫研究队伍在植物线虫综合防治、致病机制、基础防御反应等方面开展了大量工作，与国际前沿的差距正在进一步缩小。禾谷孢囊线虫的效应蛋白、品种抗性、寄主应答等方面开展的研究取得显著进展。生防真菌与线虫互作机制方面的研究居于国际领先地位。但是，在生防菌的应用方面，国内目前对所筛选的很多线虫生防菌研究只停留在防治效果等方面，对其作用机理和生物合成途径缺乏深入和系统研究。对生防微生物的大量生产工艺、包装贮存和运输等商品化技术缺乏研究，缺少高效的商品化制剂。在筛选植物寄生线虫生防制剂时，要注重考查其与化学药剂的兼容性，开发作用机制与化学药剂有协同作用的生防菌，以增强生防菌的适应性和实用性。

四、本学科发展趋势与对策

近年来我国植物病理学家已为我国重要作物病害防控上领域取得了显著进展，为我国植物病理学科发展和植物保护工作奠定坚实基础。随着种植业结构调整、气候与生态环境变化以及国际贸易日趋便捷和频繁，外来新病害侵入概率会更大、作物病原群体变异更加频繁、作物丧失抗性的周期缩短，对病害防治和作物丰产稳产提出更大的挑战。

目前，国际同行已在一些研究领域取得更深入、更新颖的研究进展。特别是在"一因多效"抗病新基因资源发掘与利用、在初侵染阶段寄主植物抗病信号识别与信号传导、植物－病原物－传病生物多方互作机制、抗病新物质的鉴定、新抗病生物技术开发与应用，是当前更为迫切的研究领域。因此，需要加强对我国丰富的作物遗传资源中包含的抗性基因标记定位与克隆，信号传递因子如何识别 PRR 与 *R* 基因互作信号及调控下游 *PR* 基因表达，受体复合体的结构分析，表观遗传修饰参与调控植物先天免疫机制，如何将目前植物先天免疫基础理论与抗病育种实际相结合，以提高抗病品种培育效率。开发和应用生物新技术（如基因编辑技术）在作物抗病育种、抗病新种质创制的利用，建立重要农作物和经济作物的相关 CRISPR 突变体资源库，挖掘重要经济价值基因，针对优良农艺性状，阐明多条可基于基因组定点编辑技术而进行的精确分子改良途径。在基因组、转录组或蛋白质组数据分析的基础上，凝练作物抗病或病原物致病性调控的关键因子，将 RNAi 技术、广谱植物受体蛋白用于抗病转基因工程，为开发新药剂、新防治技术提供技术支撑。对于大规模暴发流行性病害，病原物群体毒性结构变异和主栽品种、重要抗源材料抗性变化及时监测是有效防控这类病害的前提，需要加强流行病害监测网络建设和分子病害流行学的研究。

参考文献

［1］ Bi F-C, Liu Z, Wu J-X, et al. Loss of ceramide kinase in Arabidopsis impairs defenses and promotes ceramide accumulation and mitochondrial H_2O_2 bursts［J］. Plant Cell, 2014. 26: 3449-3467.

［2］ Cai H, Yang S, Yan Y, et al. CaWRKY6 transcriptionally activates CaWRKY40, regulates *Ralstonia sola-nacearum* resistance, and confers high-temperature and high-humidity tolerance in pepper［J］. Journal of Experimental Botany, 2015. 66: 3163.

［3］ Cai Z, Yuan Z, Zhang H, et al. Fatty acid DSF binds and allosterically activates histidine kinase RpfC of phytopathogenic bacterium *Xanthomonas campestri*s pv. campestris to regulate quorum-sensing and virulence［J］. PLoS Pathog, 2017, 13: e1006304.

［4］ Cao X, Jin X, Zhang X, et al. Morphogenesis of endoplasmic reticulum membrane-invaginated vesicles during Beet black scorch virus infection: role of auxiliary replication protein and new implications of three-dimensional architecture［J］. J Virol 2015. 89: 6184-6195.

［5］ Cen H, Weng H, Yao J, M et al., Chlorophyll fluorescence imaging uncovers photosynthetic fingerprint of citrus Huanglongbing. Front. Plant Sci. 2017. 8: doi: 10.3389/fpls.2017.01509.

［6］ Chang C, Yu D, Jiao J, et al. Barley MLA immune receptors directly interfere with antagonistically acting transcription factors to initiate disease resistance signaling［J］. Plant Cell, 2013. 25: 1158-1173.

［7］ Chen C, Liu S, Liu Q, et al. An ANNEXIN-Like protein from the cereal cyst nematode *Heterodera avenae* suppresses plant defense. PLoS One, 2015. 10: e0122256.

［8］ Chen H, Cao Y, Li Y, et al. Identification of differentially regulated maize proteins conditioning *Sugarcane mosaic virus systemic* infection［J］. New Phytologist, 2017, 215: 1156-1172.

［9］ Chen J, Lin B, Huang Q, et al. A novel *Meloidogyne graminicola* effector, MgGPP, is secreted into host cells and undergoes glycosylation in concert with proteolysis to suppress plant defenses and promote parasitism［J］. PLoS

Pathogens, 2017, 13: e1006301.

[10] Chen X, Zhu M, Jiang L, et al. A multilayered regulatory mechanism for the autoinhibition and activation of a plant CC-NB-LRR resistance protein with an extra N-terminal domain [J].New Phytologist, 2016, 212: 161-175.

[11] Chen XL, Shi T, Yang J, et al. N-glycosylation of effector proteins by an alpha-1, 3-mannosyltransferase is required for the rice blast fungus to evade host innate immunity [J]. Plant Cell, 2014, 26: 1360-1376.

[12] Cui Y, Zou L, Zou H, et al. HrpE3 is a type III effector protein required for full virulence of *Xanthomonas oryzae* pv. *oryzicola* in rice [J]. Mol Plant Pathol., 2013, 14: 678-692.

[13] Cui, J, Huang, W, Peng H, et al. Efficacy evaluation of seed-coating compounds against cereal cyst nematodes and root lesion nematodes on wheat [J]. Plant Disease, 2017, 101: 428-433.

[14] Deng Y, Zhai K, Xie z, et al. Epigenetic regulation of antagonistic receptors confers rice blast resistance with yield balance [J]. Science, 2017, 355: 962-965.

[15] Deng Y, Wu J, Yin W, et al. Diffusible signal factor family signals provide a fitness advantage to *Xanthomonas campestris* pv. *campestris* in interspecies competition [J]. Environ Microbiol., 2016, 18: 1534-1545.

[16] Fan S, Tian F, Li J, et al. Identification of phenolic compounds that suppress the virulence of *Xanthomonas oryzae* on rice via the type III secretion system [J]. Molecular Plant Pathology, 2017, 18: 555-568.

[17] Feng Z, Xue F, Xu M, Chen X, et al. The ER-membrane transport system is critical for intercellular trafficking of the nsm movement protein and tomato spotted wilt tospovirus [J]. PLoS Pathog., 2016, 12 (2): e1005443.

[18] Fu S. Shao J, Zhou C, Hartung J.S. Transcriptome analysis of sweet orange trees infected with "*Candidatus* Liberibacter asiaticus" and two strains of citrus tristeza virus [J].BMC Genomics, 2016, 17: doi: 10.1186/s12864-016-2663-9.

[19] Gu Q, Chen Y, Liu Y, et al. The transmembrane protein FgSho1 regulates fungal development and pathogenicity via the MAPK module Ste50-Ste11-Ste7 in *Fusarium graminearum*[J]. New Phytologist, 2015. 206: 315-328.

[20] Hamid MI, Hussain M, Wu YP, et al. Successive soybean-monoculture cropping assembles rhizosphere microbial communities for the soil suppression of soybean cyst nematode [J]. FEMS Microbiology Ecology, 2016, 93 (1): 222.

[21] Hao Y, Wang X, Wang K, et al. TaMCA1, a regulator of cell death, is important for the interaction between wheat and *Puccinia striiformis*[J]. Scientific Reports, 2016, 6: 26946.

[22] Haxim Y, Ismayil A, Jia Q, et al., Autophagy functions as an antiviral mechanism against geminiviruses in plants. eLife, 2017. 6: e23897.

[23] Hu K, Cao J, Zhang J. Improvement of multiple agronomic traits by a disease resistance gene via cell wall reinforcement [J]. Nat Plants, 2017, 3: 17009.

[24] Hu Y, Li Z, Yuan C, et al. Phosphorylation of TGB1 by protein kinase CK2 promotes barley stripe mosaic virus movement in monocots and dicots [J]. J. Exp. Botany, 2015, 66: 4733-4747.

[25] Huang SW, Weigel D, Beachy RN, Li JY. A proposed regulatory framework for genome-edited crops [J]. Nature Genetics, 2016, 48: 109-111.

[26] Huang W K, Ji H L, Gheysen G, et al. Thiamine-induced priming against root-knot nematode infection in rice involves lignification and hydrogen peroxide generation [J]. Molecular Plant Pathology, 2016. 17: 614-624.

[27] Huang W, Ji H, Gheysen G, et al. Biochar-amended potting medium reduces the susceptibility of rice to root-knot nematode infections [J]. BMC plant biology, 2015, 15: 267.

[28] Huang W, Zhang H, Xu J, et al. Loop-mediated isothermal amplification method for the rapid detection of *Ralstonia solanacearum* phylotype I mulberry strains in China [J]. Frontiers in Plant Science, 2017: 76. doi: 10.3389/fpls. 2017.00076.

[29] Huo Y, Liu W, Zhang F, et al. Transovarial transmission of a plant virus is mediated by vitellogenin of its insect vector [J]. PLoS Pathog, 2014, 10 (3): e1003949.

［30］ Ji X，Zhang H，Zhang Y，et al. Establishing a CRISPR–Cas–like immune system conferring DNA virus resistance in plants［J］. Nature Plants，2015，1：15144.

［31］ Ji Z，Ji C，Liu B，et al. 2016. Interfering TAL effectors of *Xanthomonas oryzae* neutralize R–gene–mediated plant disease resistance. Nat Commun 7：13435.

［32］ Jia D，Mao Z，Chen Y，et al. Insect symbiotic bacteria harbour viral pathogens for transovarial transmission［J］. Nature Microbiology，2017，2：17025.

［33］ Jia H，Zhang Y，Orbovic V，et al. Genome editing of the disease susceptibility gene *CsLOB1* in citrus confers resistance to citrus canker［J］. Plant Biotechnol. J.，2017，15：817–823.

［34］ Jia Q，Liu N，Xie K，et al. CLCuMuB β C1 Subverts ubiquitination by interacting with NbSKP1s to enhance geminivirus infection in *Nicotiana benthamiana*［J］. PLoS Pathog，2016，12（6）：e1005668.

［35］ Jin L，Qin Q，Wang Y，et al. Rice dwarf virus P2 protein hijacks auxin signaling by directly targeting the rice OsIAA10 protein，enhancing viral infection and disease development［J］. PLoS Pathog，2016，12（9）：e1005847.

［36］ Jin X，Jiang Z，Zhang K，et al. Three–dimensional analysis of chloroplast structures associated with virus infection ［J］. Plant Physiology，2017，doi：10.1104/pp.17.00871.

［37］ Kang H，Wang Y，Peng S，et al. Dissection of the genetic architecture of rice resistance to the blast fungus *Magnaporthe oryzae*［J］. Molecular Plant Pathology，2016. 17：959–972.

［38］ Kang S，Yang F，Li L，et al. The Arabidopsis transcription factor brassinosteroid insensitive1–ethyl methanesulfonate– suppressor1 is a direct substrate of mitogen–activated protein kinase6 and regulates immunity［J］. Plant Physiology，2015，167：1076–1086.

［39］ Kong L，Qiu X，Kang J，et al. A *Phytophthora* effector manipulates host histone acetylation and reprograms defense gene expression to promote infection. Current Biology，http：//dx. doi.org/10.1016/j.cub.2017.02.044.

［40］ Kong L，Wu D，Huang W，et al. Large–scale identification of wheat genes resistant to cereal cyst nematode *Heterodera avenae* using comparative transcriptomic analysis［J］. BMC Genomics，2015，16：801.

［41］ Lai Y，Liu K，Zhang X，et al. Comparative genomics and transcriptomics analyses reveal divergent lifestyle features of nematode–endoparasitic fungus *Hirsutella minnesotensis*［J］. Genome Biology & Evolution，2014，6：3077–3093.

［42］ Lan H，Chen H，Liu Y，et al. Small interfering RNA pathway modulates initial viral infection in midgut epithelium of insect after ingestion of virus［J］. J Virol.，2016，90：917–929.

［43］ Li C，He X，Luo X，et al. Cotton WRKY1 mediates the plant defense–to–development transition during infection of cotton by *Verticillium dahliae* by activating *JASMONATE ZIM-DOMAIN1* expression［J］. Plant Physiology，2014. 166：2179–2194.

［44］ Li F，Xu X，Huang C.，et al. The AC5 protein encoded by Mungbean yellow mosaic India virus is a pathogenicity determinant that suppresses RNA silencing–based antiviral defenses［J］.New Phytologist 2015，208：555–569.

［45］ Li F，Zhao N，Li Z，et al. 2017. A calmodulin–like protein suppresses RNA silencing and promotes geminivirus infection by degrading SGS3 via the autophagy pathway in *Nicotiana benthamiana*. PLoS Pathog.，2017，13（2）：e1006213.

［46］ Li J，Feng Z，Wu J et al. Structure and function analysis of nucleocapsid protein of tomato spotted wilt virus interacting with RNA using homology modeling［J］.J Biol. Chem.，2015，290：3950–3961

［47］ Li J，Zou C，Xu J，et al. 2015. Molecular mechanisms of nematode–nematophagous microbe interactions：basis for biological control of plant–parasitic nematodes［J］. Annual Reviews of Phytopathology，53：67–95.

［48］ Li L，Kim P，Yu L，et al. Activation–dependent destruction of a co–receptor by a *Pseudomonas syringae* effector dampens plant immunity［J］. Cell Host & Microbe，2016，20：504–514.

［49］ Li L, Li M, Yu L, et al. The FLS2-associated kinase BIK1 directly phosphorylates the NADPH oxidase RbohD to control plant immunity ［J］. Cell Host & Microbe, 2014, 15: 329-338.

［50］ Li M, Ma X, Chiang Y, et al. Proline isomerization of the immune receptor-interacting protein RIN4 by a cyclophilin inhibits effector-triggered immunity in Arabidopsis ［J］. Cell Host & Microbe, 2014, 16: 473-483.

［51］ Li R, Lu G, Li L. Identification of a putative cognate sensor kinase for the two-component response regulator HrpG, a key regulator controlling the expression of the hrp genes in *Xanthomonas campestris* pv. *campestris* ［J］. Environ Microbiol., 2014, 16: 2053-2071.

［52］ Li W, Zhu Z, Chern M, et al. 2017. A Natural Allele of a transcription factor in rice confers broad-spectrum blast resistance. Cell, 170: 114-126.e115.

［53］ Li X, Jiang Y, Ji Z, Liu Y, Zhang Q. BRHIS1 suppresses rice innate immunity through binding to monoubiquitinated H2A and H2B variants ［J］. EMBO Reports, 2015.16: 1192-1202.

［54］ Li Y, LuY, Lu YG, Shi Y, et al. Multiple rice microRNAs are involved in immunity against the blast fungus *Magnaporthe oryzae* ［J］. Plant Physiol. 2014. 164: 1077-1092.

［55］ Liang L, Liu Z, Liu L, et al. The nitrate assimilation pathway is involved in the trap formation of *Arthrobotrys oligospora*, a nematode-trapping fungus［J］. Fungal Genetics and Biology, 2016. 92: 33-39.

［56］ Liang X, Yu X, Dong W, et al. Two thiadiazole compounds promote rice defence against *Xanthomonas oryzae* pv. *oryzae* by suppressing the bacterium's production of extracellular polysaccharides ［J］. Mol Plant Pathol 2015. 16: 882-892.

［57］ Liang Z, Wang L, Pan Q. A new recessive gene conferring resistance against rice blast. Rice (New York, N.Y.), 2016. 9: 47.

［58］ Liao D, Cao Y, Sun X, et al. Arabidopsis E3 ubiquitin ligase PLANT U-BOX13 (PUB13) regulates chitin receptor LYSIN MOTIF RECEPTOR KINASE5 (LYK5) protein abundance ［J］. New Phytologist, 2017. 214: 1646-1656.

［59］ Lin B, Zhuo K, Chen S, et al. A novel nematode effector suppresses plant immunity by activating host reactive oxygen species-scavenging system ［J］. New Phytologist, 2016. 209: 1159-1173.

［60］ Lin B, Zhuo K, Wu P, et al. A novel effector protein MJ-NULG1a targeted to giant cell nuclei plays a role in *Meloidogyne javanica* parasitism ［J］. Molecular Plant-Microbe Interactions, 2013. 26: 55-66.

［61］ Ling J, Mao Z, Zhai M, et al. Transcriptome profiling of *Cucumis metuliferus* infected by *Meloidogyne incognita* provides new insights into putative defense regulatory network in cucurbitaceae ［J］. Scientific Reports, 2017. 7: 3544.

［62］ Liu J, Park CH, He F, et al. The RhoGAP SPIN6 associates with SPL11 and OsRac1 and negatively regulates programmed cell death and innate immunity in rice ［J］. PLoS Pathog. 2015. 11: e1004629.

［63］ Liu J, et al. Alternative splicing of rice WRKY62 and WRKY76 transcription factor genes in pathogen defense ［J］. Plant Physiol. 2016. 171: 1427-1442.

［64］ Liu J, Peng H, Cui J, et al. Molecular Characterization of A Novel Effector Expansin-like Protein from *Heterodera avenae* that Induces Cell Death in *Nicotiana benthamiana*. Scientific Reports, 2016. 6: 35677.

［65］ Liu K, Zhang W, Lai Y, et al. *Drechslerella stenobrocha* genome illustrates the mechanism of constricting rings and the origin of nematode predation in fungi ［J］. BMC Genomics 2014. 15: 114.

［66］ Liu N, Hake K, Wang W, et al. Calcium-dependent protein kinase5 associates with the truncated NLR protein TIR-NBS2 to contribute to *exo70B1*-mediated immunity［J］. Plant Cell, 2017. 29: 746-759.

［67］ Liu N, Xie K, Ji Q, et al., Foxtail mosaic virus-induced gene silencing in monocot ［1］ plants ［J］.Plant Physiology 2016. 171: 1801-1807.

［68］ Liu Q, Ning Y, Zhang Y, et al. OsCUL3a negatively regulates cell death and immunity by degrading OsNPR1 in rice ［J］.

Plant Cell, 2017. 29: 345–359.

[69] Liu W, Gray S, Huo Y, Proteomic analysis of interaction between a plant virus and its vector insect reveals new functions of hemipteran cuticular protein [J]. Mol. Cell. Proteomics. 2015. 14, 2229–2242.

[70] Liu W, Liu J, Ning Y, et al. Recent progress in understanding PAMP– and effector–triggered immunity against the rice blast fungus *Magnaporthe oryzae* [J]. Molecular Plant, 2013. 6: 605–620.

[71] Liu Z, Wu Y, Yang F, et al. BIK1 interacts with PEPRs to mediate ethylene–induced immunity [J]. Proc. Nat. Acad. Sci.USA, 2013. 110: 6205–6210.

[72] Lu L. Cheng B. Yao J, et al. A New Diagnostic System for Detection of "*Candidatus* Liberibacter asiaticus" infection in Citrus [J]. Plant Dis. 2013. 97: 1295–1300.

[73] Lu S, Shen X, Chen, B. Development of an efficient vector system for gene knock–out and near in–cis gene complementation in the sugarcane smut fungus [J]. Sci Rep 2017. 7: 3113.

[74] Luo Y, Zhang H, Qi L, et al. FgKin1 kinase localizes to the septal pore and plays a role in hyphal growth, ascospore germination, pathogenesis, and localization of Tub1 beta–tubulins in *Fusarium graminearum* [J]. New Phytologist, 2014. 204: 943–954.

[75] Lv Q, Xu X, Shang J, et al. Functional Analysis of *Pid3-A4*, an ortholog of rice blast resistance gene *Pid3* revealed by allele mining in common wild rice [J]. Phytopathology, 2013. 103: 594–599.

[76] Ma J, Lei C, Xu X, et al. Pi64, Encoding a novel CC–NBS–LRR protein, confers resistance to leaf and neck blast in rice [J]. Mol Plant Microbe Interact. 2015. 28: 558–568.

[77] Ma X, Wang W, Bittner F, et al. Dual and opposing roles of xanthine dehydrogenase in defense–associated reactive oxygen species metabolism in Arabidopsis [J]. Plant Cell, 2016. 28: 1108–1126.

[78] Ma Z, Song T, Zhu L, et al. A *Phytophthora sojae* glycoside hydrolase 12 protein is a major virulence factor during soybean infection and is recognized as a PAMP [J]. Plant Cell, 2015. 27: 2057–2072.

[79] Ma Z, Zhu L, Song T, et al. A paralogous decoy protects *Phytophthora sojae* apoplastic effector PsXEG1 from a host inhibitor [J]. Science, 2017. 355 (6326): 710–714.

[80] Mao Z, Zhu P, Liu F, et al. Cloning and functional analyses of pepper CaRKNR involved in *Meloidogyne incognita* resistance [J]. Euphytica, 2015. 903–913.

[81] Mo H, Wang X, Zhang Y, et al. Cotton polyamine oxidase is required for spermine and camalexin signalling in the defence response to *Verticillium dahlia* [J]. Plant Journal, 2015. 83: 962–975

[82] Moore JW, Herrera–Foesse S, Lan C, et al. A recently evolved hexose transporter variant confers resistance to multiple pathogens in wheat [J]. Nature Genetics, 2015. 47 (12): 1494–1498.

[83] Ni F, Wu L, Wang Q, et al., Turnip yellow mosaic virus P69 interacts with and suppresses GLK transcription factors to cause pale–green symptoms in Arabidopsis [J].Molecular Plant 2017. 10, 764–766

[84] Niu J, Liu P, Qian L, et al. Msp40 effector of root–knot nematode manipulates plant immunity to facilitate parasitism [J]. Scientific Reports, 2016. 6: 19443.

[85] Pan Q, Cui B, Deng F, et al. *RTP1* encodes a novel endoplasmic reticulum (ER) –localized protein in Arabidopsis and negatively regulates resistance against biotrophic pathogens [J]. New Phytologist, 2016. 209: 1641–1654.

[86] Park CH, Shirsekar G, Bellizzi M, et al. The E3 ligase APIP10 connects the effector Arrpiz–t to the NLR receptor Piz–t in rice [J]. PLoS Pathog. 2016. 12: e1005529.

[87] Qi LL, Kim Y, Jiang C, Li Y, Peng YL, Xu JR. Activation of Mst11 and feedback inhibition of germ tube growth in *Magnaporthe oryzae* [J]. Molecular Plant–Microbe Interactions, 2015. 28: 881–891.

[88] Qi ZQ, et al. The syntaxin protein (MoSyn8) mediates intracellular trafficking to regulate conidiogenesis and pathogenicity of rice blast fungus [J]. New Phytologist, 2016. 209: 1655–1667.

［89］ Qian G, Liu C, Wu G, et al. AsnB, regulated by diffusible signal factor and global regulator Clp, is involved in aspartate metabolism, resistance to oxidative stress and virulence in *Xanthomonas oryzae* pv. *oryzicola* ［J］. Mol Plant Pathol 2013. 14: 145–157.

［90］ Ren B, Yan F, Kuang Y, et al. A CRISPR/Cas9 toolkit for efficient targeted base editing to induce genetic variations in rice ［J］. Science China–Life Sciences 2017. 60: 516–519.

［91］ Shan Q, Wang Y, Li J, et al. Targeted genome modification of crop plants using a CRISPR–Cas system ［J］. Nat Biotechnol 2013. 31: 686–688.

［92］ Shen Q, Hu T, Bao M, et al., Tobacco ring E3 ligase NtRFP1 mediates ubiquitination and proteasomal degradation of a geminivirus–encoded β C1 ［J］. Mol. Plant. 2016. 9: 911–925.

［93］ Shi B, Lin L, Wang S, et al., Identification and regulation of host genes related to Rice stripe virus symptom production ［J］. New Phytologist 2016. 209: 1106–1119.

［94］ Shi H, Shen Q, Qi Y, Yet al. BR–SIGNALING KINASE1 physically associates with FLAGELLIN SENSING2 and regulates plant innate immunity in Arabidopsis［J］. Plant Cell, 2013. 25: 1143–1157.

［95］ Shopan J, Mou H, Zhang L, et al., Eukaryotic translation initiation factor 2B–beta（eIF2BB）, a new class of plant virus resistance gene ［J］. Plant J. 2017. 90: 929–940

［96］ Shu C, Jiang X, Cheng X, et al. Genetic structure and parasitization–related ability divergence of a nematode fungal pathogen *Hirsutella minnesotensis* following founder effect in China ［J］. Fungal Genetics and Biology 2015. 81: 212–220.

［97］ Su H, Zhao Y, Zhou J et al. Trapping devices of nematode–trapping fungi: formation, evolution, and genomic perspectives［J］. Biological Reviews, 2017. 92: 357–368.

［98］ Su J, Wang W, Han J, et al. Functional divergence of duplicated genes results in a novel blast resistance gene *Pi50* at the Pi2/9 locus ［J］. Theoretical and applied genetics. 2015. 128: 2213–2225.

［99］ Sun Y, Li L, Macho AP, et al. Structural basis for flg22–induced activation of the Arabidopsis FLS2–BAK1 immune complex ［J］. Science 2013. 342: 624–628.

［100］ Tian Y, Zhao Y, Bai A, et al. Reliable and sensitive detection of *Acidovorax citrulli* in cucurbit seeds using a padlock probe–based assay ［J］. Plant Disease, 2013. 97: 961–966.

［101］ Tian Y, Zhao Y, Wu X, et al. The type VI protein secretion system contributes to biofilm formation and seed–to–seedling transmission of *Acidovorax citrulli* on melon ［J］. Molecular Plant Pathology, 2015. 16: 38–47.

［102］ Wang F, Deng C, Cai Z, et al. A three–component signalling system fine–tunes expression ［103］ kinetics of HPPK responsible for folate synthesis by positive feedback loop during stress response of *Xanthomonas campestris* ［J］. Environ Microbiol 2014. 16: 2126–2144.

［103］ Wang F, Wang C, Liu P, et al. Enhanced rice blast resistance by CRISPR/Cas9–targeted mutagenesis of the ERF transcription factor gene *OsERF922*. PloS one 2016. 11: e0154027.

［104］ Wang G, Roux B, Feng F, et al. The decoy substrate of a pathogen effector and a pseudokinase specify pathogen–induced modified–self recognition and immunity in plants ［J］. Cell Host & Microbe 2015. 18: 285–295.

［105］ Wang G–F, Balint–Kurti P J. Maize homologs of CCoAOMT and HCT, two key enzymes in lignin biosynthesis, form complexes with the NLR Rp1 protein to modulate the defense response［J］. Plant Physiology, 2016. 171: 2166–2177.

［106］ Wang H, Jiao X, Kong X, et al., A Signaling Cascade from miR444 to RDR1 in rice antiviral rna silencing pathway ［J］. Plant Physiology, 2016. 170: 2365–2377.

［107］ Wang L, Ran L, Hou Y, et al. The transcription factor MYB115 contributes to the regulation of proanthocyanidin biosynthesis and enhances fungal resistance in poplar［J］. New Phytologist, 2017. 215: 351–367.

［108］ Wang L, Wang X, Wei X, et al., The autophagy pathway participates in resistance to tomato yellow leaf curl

virus infection in whiteflies ［J］. Autophagy，2016. 12：1560–1574.

［109］ Wang Q，Ma X，Qian S，et al. Rescue of a plant negativestrand rna virus from cloned cDNA：Insights into enveloped plant virus movement and morphogenesis ［J］. PLoS Pathog 2015.11（10）：e1005223.

［110］ Wang R，Ning Y，Shi X，et al. Immunity to rice blast disease by suppression of effector–triggered necrosis ［J］. Current biology，2016. 26：2399–2411.

［111］ Wang R，Yang X，Wang N，et al.，An efficient virus–induced gene silencing vector for maize functional genomics research ［J］.Plant J. 2016. 86：102–115.

［112］ Wang T，Chang C，Gu C，et al. An E3 ligase affects the NLR receptor stability and immunity to powdery mildew［J］. Plant Physiology，2016. 172：2504–2515.

［113］ Wang T，et al. Quorum–sensing contributes to virulence，twitching motility，seed attachment and biofilm formation in the wild type strain Aac–5 of *Acidovorax citrulli* ［J］. Microb Pathog，2016. 100：133–140.

［114］ Wang W，Zhao W，Li J，et al.，The c–Jun N–terminal kinase pathway of a vector insect is activated by virus capsid protein and promotes viral replication，eLife，2017. 6：e26591.

［115］ Wang X，Li G，Zou C et al. Bacteria can mobilize nematode–trapping fungi to kill nematodes［J］. Nature Communications，2014. 5：5776.

［116］ Wang X，Zhang X，Liu L，et al. Genomic and transcriptomic analysis of the endophytic fungus *Pestalotiopsis fici* reveals its lifestyle and high potential for synthesis of natural products. BMC Genomics，2015. 16：28.

［117］ Wang X，Zhou L，Yang J. The RpfB–dependent quorum sensing signal turnover system is required for adaptation and virulence in rice bacterial blight pathogen *Xanthomonas oryzae* pv. *oryzae* ［J］. Mol Plant Microbe Interact 2016. 29：220–230.

［118］ Wei J，He Y，Gao Q，et al.，Vector development and vitellogenin determine the transovarial transmission of begomoviruses. Proc. Nat. Acad. Sci.USA. 2017. 114：6746–6751.

［119］ Wei T，Li Y. Rice reoviruses in insect vectors ［J］.Annu. Rev. Phytopathol. 2016. 54：99–120.

［120］ Wu D，Ding W，Zhang Y，et al. Oleanolic acid induces the type III secretion system of *Ralstonia solanacearum* ［J］. Frontiers in Microbiology，2015. 6：1466.

［121］ Wu G，Liu S，Zhao Y，et al. ENHANCED DISEASE RESISTANCE4 associates with CLATHRIN HEAVY CHAIN2 and modulates plant immunity by regulating relocation of EDR1 in Arabidopsis［J］. Plant Cell，2015. 27：857–873.

［122］ Wu J，Kou Y，Bao J，et al. Comparative genomics identifies the *Magnaporthe oryzae* avirulence effector AvrPi9 that triggers Pi9–mediated blast resistance in rice ［J］. New Phytologist，2015. 206：1463–1475.

［123］ Wu J，Yang R，Yang Z，et al.，ROS accumulation and antiviral defence control in rice by MicroRNA528 ［J］. Nature Plants 2017. 3：16203.

［124］ Wu J，Yang Z，Wang Y，et al.，Viral–inducible Argonaute18 confers broad–spectrum virus resistance in rice by sequestering a host microRNA. eLife 2015. 4：e05733.

［125］ Wu P，Ho L，Chang J，et al. Development of a TaqMan probe–based insulated isothermal PCR（TiiPCR）for the detection of *Acidovorax citrulli*，the bacterial pathogen of watermelon fruit blotch ［J］. European Journal of Plant Pathology，2016. 147：869–875.

［126］ Wu，Q.，Ding，S.W.，et al. Identification of viruses and viroids by next–generation sequencing and homology–dependent and homology–independent algorithms ［J］. Annu. Rev. Phytopathol. 2015. 53，425–44.

［127］ Xie J，Li S，Mo C，et al. Genome and transcriptome sequences reveal the specific parasitism of the nematophagous *Purpureocillium lilacinum* 36–1 ［J］. Frontiers in Microbiology，2016. 7：1084.

［128］ Xie S，Zang H，Wu H，et al. Antibacterial effects of volatiles produced by Bacillus strain D13 against *Xanthomonas oryzae* pv. *oryzae*. Mol Plant Pathol，2016. doi：10.1111/mpp.12494.

［129］ Xin, M., Cao, M. J., Liu, W. The genomic and biological characterization of Citrullus lanatus cryptic virus infecting watermelon in China ［J］. *Virus Res*. 2017a. 232, 106–112.

［130］ Xu G, Yuan M, Ai C, et al. uORF–mediated translation allows engineered plant disease resistance without fitness costs ［J］. Nature 2017. 545: 491–494.

［131］ Xu J, Meng J, Meng X, et al. Pathogen–responsive MPK3 and MPK6 reprogram the biosynthesis of indole glucosinolates and their derivatives in Arabidopsis immunity［J］. Plant Cell, 2016. 28: 1144–1162.

［132］ Xu M, Li Y, Zheng Z, et al. Transcriptional analyses of mandarins seriously infected by "*Candidatus* Liberibacter asiaticus". PLOS ONE. 2015. 10: e0133652.

［133］ Xu Y, Wu J, Fu S, et al., Rice stripe tenuivirus nonstructural protein 3 hijacks the 26S proteasome of the small brown planthopper *via* direct interaction with regulatory particle non–ATPase subunit 3 ［J］. J Virol 2015. 89: 4296–4310.

［134］ Xu Z, Wang B, Sun H. et al. High trap formation and low metabolite production by disruption of the polyketide synthase gene involved in the biosynthesis of arthrosporols from nematode–trapping fungus *Arthrobotrys oligospora* ［J］. Journal of Agricultural and Food Chemistry, 2015. 63: 9076–9082.

［135］ Yang C, Powell CA, Duan Y, et al. Antimicrobial nanoemulsion formulation with improved penetration of foliar spray through citrus leaf cuticles to control citrus Huanglongbing ［J］ PLOS ONE. 2015. 10: e0133826.

［136］ Yang CY, Powell CA, Duan YP, et al. Characterization and antibacterial activity of oil–in–water nano–emulsion formulation against *Candidatus* Liberibacter asiaticus ［J］.Plant Dis. 2016. 100: 2448–2454.

［137］ Yang F, Tian F, Chen H, et al. The *Xanthomonas oryzae* pv. *oryzae* PilZ domain proteins function differentially in cyclic di–GMP binding and regulation of virulence and motility ［J］. Applied and Environmental Microbiology 2015. 81: 4358–4367.

［138］ Yang F, Tian F, Li X, et al. The degenerate EAL–GGDEF domain protein Filp functions as a cyclic di–GMP receptor and specifically interacts with the PilZ–domain protein PXO_02715 to regulate virulence in *Xanthomonas oryzae* pv. *oryzae* ［J］. Molecular plant–microbe interaction 2014. 27: 578–589.

［139］ Yang L, McLellan H, Naqvi S, et al. Potato NPH3/RPT2–Like Protein StNRL1, targeted by a *Phytophthora infestans* RXLR effector, is a susceptibility factor［J］. Plant Physiology, 2016. 171: 645–657.

［140］ Yang S, Li J, Zhang X, et al. Rapidly evolving *R* genes in diverse grass species confer resistance to rice blast disease［J］. Proc. Nat. Acad. Sci.USA, 2013. 110: 18572–18577.

［141］ Ye J, Yang J, Sun Y, et al. Geminivirus activates asymmetric leaves 2 to accelerate cytoplasmic DCP2–Mediated mRNA turnover and weakens rna silencing in Arabidopsis ［J］. PLoS Pathog 2015. 11（10）: e1005196.

［142］ You Q, Zhai K Yang D, et al. An E3 ubiquitin ligase–BAG protein module controls plant innate immunity and broad–spectrum disease resistance ［J］. Cell Host & Microbe, 2016. 20: 758–769.

［143］ Yu C, Chen H, Tian F, et al. A ten gene–containing genomic island determines flagellin glycosylation: implication for its regulatory role in motility and virulence of *Xanthomonas oryzae* pv. *oryzae*. Mol Plant Pathol. doi: 2017. 10.1111/mpp.12543.

［144］ Yu Z, Xiong J, Zhou Q, et al. The diverse nematicidal properties and biocontrol efficacy of *Bacillus thuringiensis* Cry6A against the root–knot nematode *Meloidogyne hapla* ［J］. Journal of Invertebrate Pathology, 2015. 125: 73–80.

［145］ Yuan M, Ke Y, Huang R, et al. A host basal transcription factor is a key component for infection of rice by TALE–carrying bacteria. Elife 2016. 5: e19605.

［146］ Yuan X, Khokhani D, Wu X, et al. Cross–talk between a regulatory small RNA, cyclic–di–GMP signalling and flagellar regulator FlhDC for virulence and bacterial behaviours. Environ Microbiol 2015. 17: 4745–4763.

［147］ Yue XF, et al. ZNF1 encodes a putative C2H2 zinc–finger protein essential for appressorium differentiation by the rice blast fungus *Magnaporthe oryzae*. Molecular Plant–Microbe Interactions, 2016. 29: 22–35.

［148］ Zhang C, Chen H, Cai T, et al. Overexpression of a novel peanut NBS - LRR gene *AhRRS5* enhances disease resistance to *Ralstonia solanacearum* in tobacco ［J］. Plant Biotechnology Journal，2017. 15：39–55.

［149］ Zhang C，Ding Z，Wu K，et al.，Suppression of jasmonic acid-mediated defense by viral inducible MicroRNA319 facilitates virus infection in rice ［J］. Mol. Plant，2016. 9：1302–1314.

［150］ Zhang H，Tao Z，Hong H，et al. Transposon-derived small RNA is responsible for modified function of WRKY45 locus ［J］. Nat Plants 2016. 2：16016.

［151］ Zhang K，Zhang Y，Yang M，et al. The *Barley stripe mosaic virus* γb protein promotes chloroplast-targeted replication by enhancing unwinding of RNA duplexes ［J］. PLoS Pathog 2017. 13（4）：e1006319.

［152］ Zhang L，Ni H，Du X，et al. The *Verticillium*- specific protein VdSCP7 localizes to the plant nucleus and modulates immunity to fungal infections［J］. New Phytologist，2017. 215：368–381.

［153］ Zhang L，Xu J，Xu J，et al. TssB is essential for virulence and required for type VI secretion system in *Ralstonia solanacearum* ［J］. Microbial Pathogenesis，2014. 74：1–7.

［154］ Zhang M，Rajput N A，Shen D，et al. A *Phytophthora sojae* cytoplasmic effector mediates disease resistance and abiotic stress tolerance in *Nicotiana benthamiana*［J］. Scientific Reports，2015. 5：10837.

［155］ Zhang P，Liu Y，Liu W，et al. Identification，characterization and full-length sequence analysis of a novel Polerovirus associated with wheat leaf yellowing disease. Front ［J］. Microbiol. 2017. 8：1689.

［156］ Zhang T，Jin Y，Zhao J-H，et al. Host-induced gene silencing of the target gene in fungal cells confers effective resistance to the cotton wilt disease pathogen *Verticillium dahlia*［J］. Molecular Plant，2016. 9：939–942.

［157］ Zhang T，Xu X，Huang C，et al. A novel DNA motif contributes to selective replication of a geminivirus-associated betasatellite by a helper virus-encoded replication-related protein ［J］. J Virol 2016. 90：2077–2089.

［158］ Zhang X-P，Liu D-S，Yan T，et al. Cucumber mosaic virus coat protein modulates the accumulation of 2b protein and antiviral silencing that causes symptom recovery *in planta*. PLoS Pathog 2017. 13（7）：e1006522.

［159］ Zhang Y，Bai Y，Wu G，et al. Simultaneous modification of three homoeologs of *TaEDR1* by genome editing enhances powdery mildew resistance in wheat ［J］. Plant Journal 2017. 91：714–724.

［160］ Zhang Y，Luo F，Wu D，et al. PrhN，a putative marR family transcriptional regulator，is involved in positive regulation of type III secretion system and full virulence of *Ralstonia solanacearum* ［J］. Frontiers in Microbiology，2015. 6：357.

［161］ Zhang Y，Yang X，Zeng H，et al. Fungal elicitor protein PebC1 from *Botrytis cinerea* improves disease resistance in *Arabidopsis thaliana*［J］. Biotechnology Letters，2014. 36：1069–1078.

［162］ Zhang ZX，Qi SS，Tang N，et al. Discovery of replicating circular RNAs by RNA-Seq and computational algorithms. PLOS Pathog. 2014. 10：e1004553.

［163］ Zhao W，Yang P，Kang L，et al. Different pathogenicities of rice stripe virus from the insect vector and from viruliferous plants ［J］.New Phytologist 2016. 210：196–207.

［164］ Zhao X，Wang Y，Zhao Y et al. Malate synthase gene *AoMls* in the nematode-trapping fungus *Arthrobotrys oligospora* contributes to conidiation，trap formation，and pathogenicity［J］. Applied Microbiology and Biotechnology，2014. 98：2555–2563.

［165］ Zheng W，Zhou J，He Y，et al. Genetic mapping and molecular marker development for *Pi65*（*t*），a novel broad-spectrum resistance gene to rice blast using next-generation sequencing ［J］. Theoretical and applied genetics，2016. 129：1035–1044.

［166］ Zheng W，Huang L，Huang J，et al. High genome heterozygosity and endemic genetic recombination in the wheat stripe rust fungus ［J］. Nature Communications，2013，4，2673.

［167］ Zheng W，Zheng H，Zhao X，et al. Retrograde trafficking from the endosome to the trans-Golgi network mediated by the retromer is required for fungal development and pathogenicity in *Fusarium graminearum*［J］. New Phytologist，2016. 210：1327–1343.

［168］ Zheng W, Zhou J, He Y, et al. Retromer is essential for autophagy-dependent plant infection by the rice blast fungus. Plos Genetics, 2015. 11（12）: e1005704. doi: 10.1371/journal. pgen.1005704.

［169］ Zheng X, Zhu Y, Liu B, et al. Rapid differentiation of *Ralstonia solanacearum* avirulent and virulent strains by cell fractioning of an isolate using high performance liquid chromatography［J］. Microbial Pathogenesis, 2016. 90: 84-92.

［170］ Zheng Z, Xu M, Bao M, et al. Unusual five copies and dual forms of nrdB in "*Candidatus* Liberibacter asiaticus": biological implications and PCR detection application［J］.Sci. 2016. Rep. 6: doi: 10.1038/srep39020.

［171］ Zhong Y, Cheng C, Jiang B, et al. Digital gene expression analysis of Ponkan Mandarin (*Citrus reticulata* Blanco) in response to asia citrus psyllid-vectored Huanglongbing infection, Int. J. Mol. Sci. 2016. 17: 1063.

［172］ Zhong Y, Cheng C, Jiang N, et al. Comparative transcriptome and iTRAQ proteome analyses of citrus root responses to *Candidatus* Liberibacter asiaticus Infection［J］. PLOS ONE. 2015. 10: e0126973.

［173］ Zhou L, Huang T, Wang J, et al. The rice bacterial pathogen *Xanthomonas oryzae* pv. *oryzae* produces 3-hydroxybenzoic acid and 4-hydroxybenzoic acid via XanB2 for use in xanthomonadin, ubiquinone, and exopolysaccharide biosynthesis［J］. Mol Plant Microbe Interact 2013. 26: 1239-1248.

［174］ Zhou L, Wang J, Wu J, et al. The diffusible factor synthase XanB2 is a bifunctional chorismatase that links the shikimate pathway to ubiquinone and xanthomonadins biosynthetic pathways［J］. Mol Microbiol 2013. 87: 80-93.

［175］ Zhou L, Wang X, Sun S et al. Identification and characterization of naturally occurring DSF-family quorum sensing signal turnover system in the phytopathogen Xanthomonas［J］. Environ Microbiol 2015. 17: 4646-4658.

［176］ Zhou Z, Wu Y, Yang Y, et al. An Arabidopsis plasma membrane proton ATPase modulates JA signaling and is exploited by the *Pseudomonas syringae* effector protein AvrB for stomatal invasion［J］. Plant Cell 2015. 27: 2032-2041.

［177］ Zhu D, Kang H, Li Z, et al. A genome-wide association study of field resistance to *Magnaporthe oryzae* in rice. Rice(N Y), 2016. 9（1）: 44. doi: 10.1186/s12284-016-0116-3.

［178］ Zhu X, Yin J, Liang S, et al. The multivesicular bodies (MVBs)-localized AAA ATPase LRD6-6 inhibits immunity and cell death likely through regulating MVBs-mediated vesicular trafficking in rice［J］. PLoS genetics, 2016. 12: e1006311.

［179］ Zhu X, Qi L, Liu X, et al. The Wheat ethylene response factor transcription factor pathogen-induced ERF1 mediates host responses to both the necrotrophic pathogen *Rhizoctonia cerealis* and freezing stresses［J］. Plant Physiology, 2014. 164: 1499-1514.

［180］ Zhu Y, Li Y, Fei F, et al. E3 ubiquitin ligase gene CMPG1-V from *Haynaldia villosa* L. contributes to powdery mildew resistance in common wheat (*Triticum aestivum* L.)［J］. Plant Journal, 2015. 84: 154-168.

［181］ Zhuo K, Chen J, Lin B, et al. A novel *Meloidogyne enterolobii* effector MeTCTP promotes parasitism by suppressing programmed cell death in host plants［J］. Molecular Plant Pathology, 2017. 18: 45-54.

［182］ Zou CG, Tu Q, Niu J, Ji XL, Zhang KQ. The DAF-16/FOXO transcription factor functions as a regulator of epidermal innate immunity［J］. PLoS Pathogens, 2013. 9: e1003660.

［183］ Zuo W, Chao Q, Zhang N, et al. A maize wall-associated kinase confers quantitative resistance to head smut［J］. Nature Genetics, 2015. 47: 151-157.

撰稿人：王锡锋　蔺瑞明　王国梁　康厚祥　赵廷昌　彭德良　廖金铃　周焕斌

农业昆虫学学科发展研究

一、引言

农作物害虫是限制农业可持续发展的一个重要因素。据国际粮农组织（FAO）估计，全世界粮食产量因害虫危害造成的损失达 14%，棉花产量损失达 16%。中国是农业大国，耕地面积约为 20.25 亿亩，农村人口约六亿，年需粮食超过五亿吨，而每年因病虫害造成的粮食损失达四千万吨。我国常见的农业害虫有直翅目蝗虫，缨翅目蓟马，半翅目粉虱、飞虱、介壳虫、椿象等，鳞翅目夜蛾、螟蛾、天蛾、菜蛾等，鞘翅目豆象、甲虫等，以及双翅目实蝇、潜叶蝇等。农业害虫的研究涉及迁飞规律、种群暴发、与寄主互作、基因蛋白组学分析等生物学热点以及化学农药合理使用、生物防治等应用技术。本章围绕水稻、棉花和地下害虫，以稻飞虱、稻螟虫、棉铃虫、金龟子等为主要对象，分析近年来我国农业昆虫学研究主要进展及面临的挑战，并提出应对策略。

二、学科发展现状

水稻是我国最主要的口粮作物，播种面积占全国粮食作物的四分之一，产量则占一半以上。水稻主要害虫为稻飞虱和稻螟虫。我国常见的稻飞虱有褐飞虱、白背飞虱和灰飞虱。通过近二十年的协作攻关，由江苏省农业科学院方继朝团队，联合南京农业大学、扬州大学、全国农业技术推广服务中心等单位，完成"长江中下游稻飞虱暴发机制及可持续防控技术"，探明该区域单季粳稻面积扩大、籼粳稻区并存，导致灰飞虱前期暴发、褐飞虱后期突发的关键机制；揭示稻飞虱抗药性呈"大小 S 曲线"阶段性上升规律及靶标双突变高抗性机理；创建区域稻飞虱虫情准确预警及高抗性早期监测技术；建立了籼、粳稻区一体化治理新对策和技术体系，为我国水稻高产主产区稻飞虱有效防控及粮食安全做出重要贡献，获 2015 年度国家科技进步奖二等奖。我国水稻螟虫有二化螟、大螟、三化螟、台湾稻螟和稻纵卷叶螟，二化螟和稻纵卷叶螟在我国各稻区普遍发生，三化螟目前主要发生于华南和云贵川少数水稻种植区。

为了有效防控水稻主要害虫，近年来国内外学者对害虫的迁飞规律、环境适应性进化、基因组结构及功能基因等进行深入研究。以 CNKI 数据库收录相关论文为例，1980 年以来，关于稻飞虱研究超过 5000 篇，尤其近十年相关论文每年 350 篇左右。关于稻螟虫研究，1980 年以来超过 3900 篇，其中二化螟 1472 篇、稻纵卷叶螟 1909 篇；近十年来研究热点由二化螟、三化螟逐渐移至稻纵卷叶螟，相关文献分别为 761 篇、125 篇和1293 篇。

（一）稻飞虱和稻螟虫暴发机制及防控技术

稻飞虱是水稻非常重要的一类农业害虫，其不仅刺吸危害，还传播多种病毒病，稻螟虫是一类钻蛀性农业害虫，其危害后往往造成水稻植株颗粒无收。近年来，这两类害虫尤其褐飞虱和二化螟在我国连续暴发危害，给农业生产带来严重的威胁。为有效防控水稻重要农业害虫，中国植保科学家一直致力于相关暴发机制及防控技术研究，现将近年来稻飞虱和稻螟虫重要研究进展概述如下。

1. 稻飞虱迁飞预警及翅型分化机制

褐飞虱和白背飞虱是长距离迁飞性害虫，其发生量与迁出地虫量、气候条件（如降雨、季风等）有关。灰飞虱属于兼性迁飞害虫，其发生量受本地和迁出地虫源的影响。包云轩等认为，中国褐飞虱北迁和南迁的峰次和迁入量分别受偏南季风和偏北季风的影响，在异常发生年份，其迁入始见期的早晚取决于西南季风北上的早迟，迁入终见期的早晚取决于偏北季风南下的早迟（包云轩等，2014）。利用稻飞虱迁飞习性和信息技术，国内外学者建立了稻飞虱种群发生预测的多种模型及技术体系。南京农业大学邹修国利用数字信号、小波变换识别技术、荧光染料标记、雷达监测等技术手段建立了褐飞虱监测体系（Zhou et al.，2014）。

为了证实稻飞虱迁飞的内在机制，我国学者对稻飞虱翅型分化机理进行研究。华中农业大学华红霞等比较了褐飞虱长、短翅转录组，筛选出 8 个翅型分化相关基因（Li et al.，2015）；发现 *NlapA* 可能是翅型大小、翅毛及形状调控的上游基因，干扰该基因导致褐飞虱翅发育缺陷（Liu et al.，2015）。南京农业大学刘向东等发现稻飞虱 *Wg* 基因与翅的形态及发育有关（Yu et al.，2014）。浙江大学张传溪教授等发现褐飞虱头部分泌胰岛素 / 胰岛素样生长因子肽调控胰岛素受体的表达，再通过叉头转录因子调控长、短翅分化。当胰岛素受体 1 单独表达时，抑制叉头转录因子，分化出长翅；当胰岛素受体 1 和 2 联合表达时激活叉头转录因子，分化出短翅（Xu et al.，2015）。褐飞虱 *flightin* 基因在雌、雄虫或长、短翅间表达量及位置存在显著差异，雌虫短翅型不表达该基因，而雄虫长、短翅该基因都表达，且表达位置不同（Xue et al., 2013）。除以上翅型分化机制外，扬州大学吴进才等发现三唑磷处理改变褐飞虱飞行肌的超微机构，从而提高褐飞虱的飞行能力（Wan et al., 2013）。南京农业大学陈法军等发现褐飞虱长翅雌成虫中含有生物源磁性颗粒，可能跟褐飞虱的远距离迁飞有关（Pan et al., 2016）。

2. 农田生态因子调控的稻飞虱种群发生机制

稻田生态系统非生物因子如杀虫剂、温度、湿度和二氧化碳浓度等影响稻飞虱的种群发展，同时稻飞虱也会对这些胁迫因子产生适应机制。一般认为，稻飞虱接触杀虫剂后常出现种群适合度代价，但某些杀虫剂能显著刺激稻飞虱种群发展。扬州大学吴进才等发现三唑磷刺激三种稻飞虱的生殖，且能提高褐飞虱热激蛋白70和精氨酸激酶的表达而增强高温耐受性（Ge et al., 2013；Zhang et al., 2014）。进一步发现精子发生相关基因蛋白5和酰基辅酶A氧化酶也参与三唑磷对褐飞虱的生殖刺激作用（Ge et al., 2016；Liu et al., 2016）；杀菌剂井冈霉素刺激褐飞虱的生殖但抑制白背飞虱的发生（Zhang et al., 2014），井冈霉素促使脂肪甘油三酯脂酶、乙酰–CoA羧化酶、脂肪酸合成酶等脂类代谢相关因子的过量表达可能是褐飞虱生殖力提高的重要因素（Zhang et al., 2015；Jiang et al., 2016；Li et al., 2016）。

温度对稻飞虱的影响与稻飞虱种类有关。中国农业科学院候茂林等证实28℃时褐飞虱产卵量最高，发育历期最短，34℃时卵不能孵化（石保坤等，2013）。白背飞虱最适发育温度也在28℃左右。与褐飞虱和白背飞虱不同，江苏农科院方继朝等发现灰飞虱的最适发育温度在25℃左右，15℃以下低温或30℃以上高温对其繁殖和种群发育具有显著抑制作用（Wang et al., 2016）。田间湿度对稻飞虱的发生也有影响。浙江大学程家安等发现热带白背飞虱密度显著低于亚热带地区（Hu et al., 2014）。南京农业大学刘向东等认为夏季高温是抑制灰飞虱种群发展的重要因子（Liu and Zhang, 2013）。中国农业科学院候茂林等预测全球气候变暖情况下，褐飞虱的越冬区域扩大，年代次增加，将可能加重对水稻的危害（Hu et al., 2015）。中国科学院动物所戈峰等预测日最高和最低温增加4℃将会使华中地区的三化螟由年发生三代增加至四代（Zhao et al., 2016）。

二氧化碳浓度是影响稻飞虱种群数量的另一个重要因子。南京农业大学陈法军等发现二氧化碳浓度提高促进白背飞虱的暴发，但在高温下提高二氧化碳浓度则抑制白背飞虱的种群发展（Wan et al., 2014）。肥水及景观变化对稻飞虱种群也有影响。吴进才等报道稻田可溶性钾浓度低于20 mg/L或高于160mg/L能导致水稻植株钾含量降低，刺激褐飞虱产卵（Liu et al., 2013）。戈锋等调查我国近六十年景观及气候变化对六种主要害虫发生危害的影响，发现气候变化对褐飞虱危害影响不大，但景观变化显著影响褐飞虱的危害（Zhao et al., 2016）。

稻飞虱种群的发展还受水稻病原菌的影响，主要表现在两个方面。一是水稻受病原菌侵染后对天敌的吸引力增加，华中农业大学王满囷等发现水稻感染白叶枯病菌后，加剧虫害诱导挥发物的释放，同时吸引褐飞虱和捕食性天敌黑肩绿盲蝽，从而抑制其种群发展（Sun et al., 2016）。二是稻飞虱在感染虫传水稻病原菌后自身适合度下降。江苏省农业科学院周益军、中国农业科学院王锡锋等先后发现水稻条纹叶枯病毒RSV侵染后灰飞虱发育历期缩短，产卵量和卵孵化率低，卵巢中与营养代谢、减数分裂、有丝分裂等有关的蛋白质表达改变（Li et al., 2015；Wan et al., 2015；Liu et al., 2016）。浙江大学周雪平和浙江省农业科学院吕仲贤等则分别发现白背飞虱在感染南方黑条矮缩病后初级代谢和泛素蛋白酶体途径被扰乱，产卵量和卵孵化率下降（Xu et al., 2012；Xu et al., 2014）。

3. 稻飞虱和螟虫与寄主水稻互作机制

水稻害虫与水稻的互作体现在，一方面水稻可以识别水稻害虫取食产生的机械损伤以及分泌的唾液，进而激活体内的茉莉酸（JA）、水杨酸（SA）、过氧化氢（H_2O_2）等防御相关信号分子，合成直接抗虫物质胰蛋白酶抑制剂等，或释放间接抗性相关的挥发性物质来吸引天敌，另一方面水稻害虫需要克服水稻的这些防御，取食水稻获取营养物质；娄永根等发现二化螟取食能够显著诱导水稻转录因子OsWRKY70以及脂氧合酶（LOX）基因的表达，导致JA以及其介导的胰蛋白酶抑制剂含量升高，从而引起二化螟体重下降（Li et al., 2015）。虫害诱导挥发物S-linalool在趋避褐飞虱的同时能够吸引寄生性天敌稻虱缨小蜂；而（E）-β-caryophyllene则对褐飞虱、白背飞虱和寄生性天敌都具有吸引作用（Wang et al., 2015）。武汉大学何广存等发现，褐飞虱取食含bph15抗性基因的水稻后，莽草酸代谢路径被激活，产生次生代谢产物，抑制褐飞虱取食（Peng et al., 2016）。华中农业大学华红霞等揭示抗性水稻抑制褐飞虱卵巢发育、卵黄原蛋白表达，从而抑制其繁殖（Li et al., 2014）。但是，持续过强的防御反应也会给植物增加负担，造成不利的影响。然而，有关植物如何调节和避免过度防御反应的相关研究还很少，其调控机制也不清楚。娄永根等在水稻中鉴定出了一个转录因子OsWRKY53，发现其在调控植物过度防御反应中起着重要作用。当水稻被二化螟持续危害后，该转录因子会被促细胞分裂原活化蛋白激酶3和6（OsMPK3/6）磷酸化并激活；活化的OsWRKY53抑制OsMPK3/6活性，从而负反馈水稻体内茉莉酸、乙烯的合成，达到避免植物过度防御的目的（Hu et al., 2015）。

唾液作为昆虫与植物两者交界面中最关键和最密切的昆虫物质，包含了多种与取食相关的消化、水解酶类，如果胶酶、纤维素酶、α-淀粉酶、蔗糖酶等，还包含了其他的一些因子，例如，能够诱导植物特异性防御反应的激发子；能够抑制植物防御的效应子（Ji et al., 2013；Ji et al., 2017）。因此唾液在两者互作中起重要作用。稻飞虱唾液取得的突出进展集中在近三年，而对稻螟虫唾液的相关报道则相对较少。娄永根等在褐飞虱唾液中发现了内切-β-1,4-葡聚糖酶（NlEG1），沉默该基因会减弱褐飞虱克服水稻细胞壁防御的能力，使得褐飞虱口针无法进入韧皮部取食或取食时间很短，进而影响存活和繁殖，同时该酶在随褐飞虱取食进入水稻时并不引起水稻防御反应的改变（Ji et al., 2017）。该团队在褐飞虱唾液中还发现了一个钙离子结合蛋白（NlSEF1），该蛋白通过抑制水稻

H_2O_2 的产生来抑制水稻防御物质的产生，进而有利于自己的取食、存活和繁殖（Ye et al., 2017）。张传溪等在褐飞虱唾液中发现了一个唾液鞘组成蛋白（NlSHP），沉默合成基因会导致其在水稻韧皮部的取食不成功而死亡（Huang et al., 2015）。此外，褐飞虱还通过增加其氨基酸的吸收能力来应对 bph15 介导的抗性（Peng et al., 2016）。

4. 稻飞虱和螟虫重要功能基因研究

随着分子生物学技术的发展，转录组、基因组和蛋白质组学等分析技术也在农业昆虫中得到应用。娄永根、张传溪、何广存、中国科技大学吴清发、华中农业大学王满囷等分别构建了稻飞虱不同组织转录组数据库（Ji et al., 2013；Bao et al., 2012；Zhou et al., 2015；Chang et al., 2016；Zhou et al., 2014）。浙江大学张传溪和南京农业大学洪晓月等分别测定了褐飞虱全基因组序列和三种稻飞虱线粒体基因组序列（Xue et al., 2014；Zhang et al., 2014；Zhang et al., 2013）。张传溪等构建褐飞虱精液蛋白质组数据库（Yu et al., 2016）。依托转录组、基因组数据库，研究人员对稻飞虱的翅型分化及调控、发育及几丁质代谢、繁殖调控、气味感受及其他代谢路径相关基因功能进行了深入研究。中国计量大学林欣大等发现 NlDll、Kr-h1 在褐飞虱发育中起重要作用，抑制这些基因的表达导致发育异常（Lin et al., 2014；Jin et al., 2014）。张传溪等发现离子转运肽调控褐飞虱翅的发育和表皮黑化（Yu et al., 2016），而丝氨酸蛋白酶则可能与其发育、消化和繁殖等有关（Bao et al., 2014）。该团队还研究褐飞虱几丁质酶、几丁质合成酶等基因家族的组成及功能，证实这些基因是稻飞虱几丁质代谢途径的重要成员（Xi et al., 2015）。南京农业大学李国清等还发现，抑制 *Halloween* 基因的表达也会引起稻飞虱若虫发育迟缓或者死亡（Wan et al., 2014, 2015；Jia et al., 2013, 2015ab）。

稻飞虱的繁殖调控与卵黄原蛋白积累、卵子发生等有关。中山大学张文庆等在该方面研究取得大量成果，发现褐飞虱卵黄原蛋白受体在其生殖过程中发挥重要作用。该基因在雌成虫中高表达，保幼激素滴定显著增加其表达量（Lu et al., 2015）。TOR 信号途径调控卵黄蛋白原表达。谷氨酰胺通过激活丝氨酸/苏氨酸蛋白激酶和抑制 5′ AMP 激活的蛋白激酶 AMPK 磷酸化活性来调控 TOR 信号途径，从而影响褐飞虱种群发生（Zhai et al., 2015）。他们还发现，microRNA-4868b 参与谷氨酰胺合成酶转录调控；不仅如此，过量表达的 microRNA-4868b 减少褐飞虱产卵量及扰乱卵巢发育和卵黄蛋白原表达（Fu et al., 2015）。该团队成功开发出能标记褐飞虱生殖力的核苷酸多态性变异位点（ACE-862 和 VgR-816）（Sun et al., 2015），为田间褐飞虱种群动态预测及防控提供可靠的监控手段。吴进才等发现，抑制 *Atgl* 基因和糖转运基因 *Nlst6* 的表达，褐飞虱繁殖力下降（Jiang et al., 2016；Ge et al., 2015）。

触角感受器在稻飞虱和螟虫寄主定位中发挥重要作用。王满囷和广州大学何鹏等分别研究了白背飞虱和褐飞虱气味结合蛋白的分子特性、表达谱及结合特点（He et al., 2014；Zhou et al., 2014）。南京农业大学董双林等克隆和分析大螟、二化螟的化学结合蛋白，从大螟中克隆 2 个气味结合蛋白（OBP）基因和 3 个性信息素结合蛋白（PBP）基因，体外配体结合试验显示大螟的 PBP1 在性信息素结合中起主要作用，PBP2 具有识别醇类和醛类组分的功能；从二化螟中克隆了 18 个 OBP 基因，发现 OBP8 基因很可能在其幼虫和成虫对寄主植物的嗅觉中发挥作用（Zhang et al., 2014a b）。安徽农业大学刘苏等从稻纵卷叶螟中发现了 12 个 OBP 基因、15 个化学感受蛋白基因和 2 个感觉神经元膜蛋白基因（Liu et al., 2017）。这些研究为引诱剂、趋避剂的筛选和开发提供了理论基础。

短暂的高温、紫外线、农药等胁迫促使稻飞虱保护酶或热激蛋白表达量上升，帮助蛋白质正确折叠，从而维持其正常生理功能。中山大学周强等研究长、短翅褐飞虱在热胁迫下热激蛋白 90 的表达特性，发现长翅型试虫具有更高的热诱导表达量和更低的诱导温度（Lu et al., 2016）。浙江省农业科学院陈剑平等克隆到灰飞虱与 RNA 干扰相关的基因 ls-AGO1 和 ls-AGO2，发现这些基因可能参与胁迫相关基因的表达调控（Zhou et al., 2016）。江苏省农业科学院方继朝等发现灰飞虱热激蛋白 70 和小分子热激蛋白可能在温度和农药胁迫保护中起重要作用，某些热激蛋白的过量表达可能促进灰飞虱对多种胁迫因子产生抗性（王利华等，2015ab；Wang et al., 2016）。

5. 稻飞虱和螟虫抗性监测及发生机制

华中农业大学李建宏等对 2012—2014 年中国主要稻区褐飞虱的抗性检测显示，田间褐飞虱对吡虫啉和噻嗪酮已产生高水平抗性，对噻虫嗪产生中到高水平抗性，对呋虫胺、噻虫胺、乙虫腈、灭扑威和毒死蜱产生低至中等水平的抗性，对醚菊酯、噻虫啉和啶虫脒保持敏感或产生低水平抗性（Zhang et al., 2016）。近年用于水稻螟虫防治的化学药剂主要有氯虫苯甲酰胺、氟虫双酰胺、茚虫威、甲氧虫酰肼、甲氨基阿维菌素苯甲酸盐、阿维菌素、杀虫单、三唑磷、毒死蜱等。由于化学药剂持续广泛地使用，导致水稻螟虫已对相关药剂产生不同程度的抗性。南京农业大学韩召军研究团队在水稻螟虫的毒理学研究方面做了大量的工作。他们最近基于转录组和基因组数据从二化螟中克隆到 77 条细胞色素 P450 基因序列和 51 条酯酶类似基因序列，这位二化螟后续的毒力学研究提供了重要帮助。最新的田间抗性监测结果显示，江西省的少数地区和浙江省的个别地区，二化螟已经对酰胺类药剂产生了中等水平的抗性。虽然鱼尼丁受体是酰胺类药剂的作用靶标，但现阶段二化螟对酰胺类药剂的抗性机制，尚处于代谢抗性阶段。方继朝等发现，四川盆地二化螟种群无三唑磷抗性突变，但浙江永嘉所有检测个体均为三唑磷抗性突变纯合个体。对于台湾稻螟，虽然分布范围比较小，但在华南某些地区仍旧是水稻上的主要害虫。方继朝等最新研究发现台湾稻螟的乙酰胆碱酯酶基因 1 上产生了与二化螟乙酰胆碱酯酶基因 1 相同的三唑磷抗性突变，为此在选择台湾稻螟的防控药剂时必须考虑已存在的靶标突变抗性。抗性机制研究为抗性治理及新药设计提供了新视角。昆虫抗性所涉及的解毒酶系主要包括酯酶、细胞色素 P450 单加氧酶和谷胱甘肽 S- 转移酶。细胞色素 P450 单加氧酶（P450）在昆虫中参与广谱的解毒代谢过程。方继朝等证实细胞色素 P450 参与灰飞虱对噻嗪酮的抗性（Zhang et al., 2015），南京农业大学刘泽文等发现 *CYP6AY1* 和 *CYP6ER1* 在褐飞虱对吡虫啉的解毒代谢抗性中发挥重要作用（Bao et al., 2016）；*CYP353D1v2* 与灰飞虱对吡虫啉的抗性有关（Elzaki et al., 2016）；*CYP4DE1* 和 *CYP6CW3v2* 参与灰飞虱对乙虫腈抗性的形成（Elzaki et al., 2015）。新药环氧虫啶诱导细胞色素 P450、谷胱甘肽 S 转移酶、乙酰胆碱酯酶和热激蛋白 Hsp70 过量表达，因此这些因素可能与环氧虫啶敏感性下降有关（Yang et al., 2016）。

靶标突变导致其杀虫剂结合能力下降或靶标功能丧失，是害虫对杀虫剂产生高水平抗性的重要原因，同时也为抗性监测预警提供可靠的分子位点。方继朝等揭示灰飞虱靶标关键部位的氨基酸突变是造成灰飞虱对毒死蜱高水平抗性的重要因子（Zhang et al., 2013）。南京农业大学刘泽文等通过引入点突变与小鼠 b2 爪蟾卵母细胞共表达功能分析发现乙酰胆碱受体 *a8* 的 N191F 变异直接介导褐飞虱对吡虫啉的抗性；E240T 变异不直接参与吡虫啉抗药性的形成，但对前者受体突变起到协同增效抗性作用（Guo et al., 2015）。爪蟾卵母细胞表达显示减少 *Nla8* 量后能显著降低吡虫啉的效能，证实低量表达的 *Nla8* 也参与了吡虫啉抗性的形成（Zhang et al., 2015）。此外，部分学者在新杀虫剂靶标如鱼尼丁受体变异与抗性的关系上进行了探索，扬州大学王建军等发现此靶标基因存在三种可变剪切位点（Wang et al., 2014）。

6. 稻飞虱和螟虫综合防控技术

目前化学防治依然是有效遏制水稻害虫暴发的重要举措。防治稻飞虱的主要杀虫剂有吡蚜酮、烯啶虫胺、噻虫嗪等单剂及复配剂；防治螟虫的主要杀虫剂则包括氯虫苯甲酰胺、氟虫双酰胺、茚虫威、甲氧虫酰肼、甲维盐等。

生物防治、农业防治等措施是化学防治的有效补充。充分利用天敌防治害虫是生物防治研究的重点。娄永根等总结发现目前已报道的稻飞虱天敌超过五十种（Lou et al., 2013）。浙江农林大学周湘等分离出飞虱虫厉霉，对飞虱八天致死率可达 80% 以上，表现出较好的应用潜力（Zhou et al., 2016）。犬吻蝠和龟壳攀鲈等通过捕食，对稻飞虱也有一定的防效（Wanger et al., 2014）。

天敌的发现与鉴定技术随着分子生物学的发展日新月异。程家安和叶恭银等通过多重实时定量 PCR 和肠道特异性 DNA 检测技术，评估稻田生态系统中捕食性天敌对稻飞虱的控制作用（Wang et al., 2013）。农业或物理措施对稻飞虱种群也有一定的控制作用。福建农林大学尤民生等发现增加农田生态系统生物多样性或多样化种植显著减少水稻虫害的发生（Gurr et al., 2016）。间作和轮作等农业措施对稻飞虱种群也有较好的抑制作用，如大豆和玉米间作、芝麻与水稻间作、烟草 – 水稻轮作显著抑制稻飞虱种群的数量（Zhu et al., 2013；Zhang et al., 2015）。此外近零磁场也延缓稻飞虱的发育，降低其繁殖力（Wan et al., 2014）。

生物防治措施是水稻螟虫的综合防控的一项重要措施，具体措施主要包括生物农药的使用、性信息素的诱捕、寄生蜂的释放、杀虫灯的诱杀等。生产实践中，单一的生物防治措施常常达不到理想的防控效果，通常是多种措施联动以获得较好的防控效果。浙江省农业科学院吕仲贤研究团队的研究表明，通过增加农业系统生物多样性可以较有效地控制病虫害发生。这是今后农业病虫害防控措施的一个重要发展方向，但这其中还有很多问题需要明确并逐步得以解决。广东省农业科学院张扬等研究隔离育秧、稻菜轮作、浸桩旋耕和烧桩4种农业措施对三化螟种群的控制作用，发现隔离育秧、稻菜轮作和浸桩旋耕对于三化螟发生具有明显控制作用，而烧桩对三化螟控制效果不明显（张振飞等，2013）。

（二）棉铃虫 Bt 抗性的产生机制和预防机理

棉铃虫是棉花的主要害虫，其进化迅速，基因组异常复杂，具有多食性和迁飞习性等，这些特点决定了其对化学生物毒素能够较快适应，产生相关抗性。随着转 Bt 基因抗虫棉花（简称"Bt 棉花"）的长期广泛种植，棉铃虫对 Bt 毒素逐渐产生了一定程度的抗性，严重威胁着 Bt 棉花的持续种植利用。近年来，围绕着棉铃虫 Bt 抗性的机理和预防治理，中国农业科学院吴孔明、南京农业大学吴益东等开展了大量研究，在棉铃虫中揭示了一系列 Bt 毒素的杀虫机理和 Bt 抗性的产生机制，完善了棉铃虫和 Bt 毒素互作的分子基础理论，分析和总结田间棉铃虫 Bt 抗性发展的数据，总结出了棉铃虫 Bt 抗性发展的规律，为 Bt 抗性的预防治理提供了思路和理论指导。

1. 棉铃虫 Bt 抗性产生机制

棉铃虫通过取食摄入的 Bt 毒素晶体在其中肠特殊的碱性条件下水解，释放出前毒素，前毒素在中肠蛋白酶的作用下，活化成毒素单体分子，然后经过中肠上皮细胞糖基磷脂酰基醇（GPI）锚定的 Bt 毒素受体分子的定位，结合中肠上皮的钙黏蛋白（Cadherin）受体，通过一系列作用，毒素单体分子变为寡聚体，最终诱导细胞穿孔。因此，Bt 毒素需经过连续的水解、结合等反应，才能对昆虫具有毒性。其中任何一个环节的改变都会导致昆虫对 Bt 毒素产生抗性。同时 Bt 毒素作为一种外源的微生物代谢产物，其对昆虫寄主的作用易受到外界生物因素的影响。目前所发现的昆虫对 Bt 毒素抗性机制不尽相同，主要分为三个方面：即生化机制、分子机制以及微生物调控机制。

（1）生化机制。近年来，利用生化手段来分析棉铃虫的 Bt 抗性机制方面已经取得了一定程度的进展。研究表明，Bt 毒素 Cry1Ab 和 Cry1Ac 能够与昆虫中肠细胞膜上的受体结合，这种结合促进 Bt 毒素以寡聚物的形式插入细胞膜，进而进入到细胞内。昆虫中肠细胞膜表面的 Cadherin、ALP 以及 APN 与 Bt 毒素都具有类似的结合机制，通过与敏感品系的对比，降低了中肠细胞膜结合碱性磷酸酶（mALP）的棉铃虫对 Bt 毒素产生了抗性，棉铃虫 Bt 抗性的产生主要就是由于降低了 Bt 毒素结合在中场细胞表面的能力。

结合位点的改变可导致高水平抗性产生。通过 Cry1A 毒素与棉铃虫中肠刷状缘膜囊泡（BBMV）竞争结合实验发现了 3 个结合位点，其中 Cry1Aa 毒素能够识别其中 1 个位点，

Cry1Ab 毒素可以识别包括前者在内的两个结合位点，Cry1Ac 能够识别全部 3 个位点，利用 Cry1A 与棉铃虫敏感和抗性品系 BBMV 的结合研究同样表明，Bt 毒素与受体结合的降低是棉铃虫对 Cry1A 毒素产生抗性的主要原因之一。这种结合能力的改变并不是仅仅局限于 Cry1A 毒素，Cry2A 与 BBMV 结合能力的降低同样使棉铃虫对 Cry2A 产生了抗性（Wei et al.，2016）。

研究发现一个特殊的棉铃虫抗性品系，该品系 Cry1Ac 抗性是由 Cadherin 变异产生，且该品系具有显性遗传的特性。进一步研究发现在这个抗性品系里，Cadherin 缺失了一段胞内的结构域。胞内结构域的缺失可能并未阻止 Cadherin 继续结合毒素，但是却造成毒素单体不能进行寡聚化，从而束缚了 Cry1Ac 毒素蛋白的功能发挥。由于杂合子的个体同样具有束缚毒素的能力，所以认为该品系表现出一定的显性遗传特性（Zhang et al.，2012）。

（2）分子机制。Bt 毒素与昆虫中肠受体蛋白的特异性结合是发挥毒性的关键，缺失和减少受体蛋白基因的表达可使昆虫产生 Bt 抗性。ABC transporter、Cadherin、APN 和 ALP 等基因的突变以及表达下调均与昆虫 Bt 抗性有关，对棉铃虫 Bt 抗性分子机制的研究可为田间抗性监测以及 Bt 抗性治理提供依据。

通过实验室 Bt 蛋白筛选，获得一个具有 1000 倍以上 Cry1Ac 毒素抗性的棉铃虫品系，克隆并比较了抗、感个体的 Cadherin、APN、ALP、ABCC 等相关 Bt 受体基因的序列后发现，抗性品系的 *ABCC2* 基因的 cDNA 上有一段 73bp 的碱基插入，期间引入了一个终止密码子，导致 ABCC2 蛋白的翻译提前终止。基因组序列分析发现，该插入是由于第 21 个外显子和第 21 个内含子交接的地方丢失了 6bp 碱基。由于该碱基片段包含内含子剪切识别位点 "GT"，丢失后导致不能正确剪切。ABCC2 变异导致了 Cry1Ac 毒素丧失在棉铃虫中肠内的结合位点而产生对转 Bt 抗虫棉的高水平抗性。遗传连锁实验也证实该变异与 Cry1Ac 抗性紧密连锁（Xiao et al.，2014）。ABC transporter 基因变异与 Bt 抗性紧密关联。

Cadherin 的变异是另一个对 Cry1Ac 具有高水平抗性的棉铃虫品系产生抗性的主要因素。通过群体遗传分析的方法证实一个抗性品系的抗性表型和 *Cadherin* 的基因位点紧密连锁，表明 Cadherin 的变异可能导致了该品系 Bt 抗性的产生。通过比对抗感品系 *Cadherin* 的基因序列发现有 35 个氨基酸位点发生变异。在昆虫细胞中对抗、感品系的 Cadherin 序列进行表达，证实敏感品系的 Cadherin 可以介导毒素的穿孔作用，而抗性品系的 Cadherin 丧失介导毒素穿孔的能力。通过分段组合的方法，将丧失蛋白功能的区段定位到了蛋白序列前端，结合点突变和细胞生物学的方法最终确定其中一个氨基酸位点的变化导致了抗性的产生。该研究结果证实一个受体基因氨基酸的点突变可以导致高水平 Bt 抗性的产生。

在对另一个棉铃虫抗性品系的研究中发现，其 β-1，3-半乳糖基转移酶基因的表达量是对应敏感品系的 9.2 倍。用 siRNA 沉默该基因后，发现棉铃虫对 Cry1Ac 毒素的敏感性增加，表明该基因与棉铃虫对 Cry1Ac 的抗性相关（Zhang et al.，2015）。β-1，3-半乳糖基转移酶基因是相关受体 APN，ALP 进行羰基化修饰的重要工具。其基因表达的变化可能导致相关受体蛋白不能被正确修饰，并最终导致与 Cry1Ac 毒素结合能力的变化而产生抗性。目前该方面的研究还有待进一步验证。

在对一个具有低水平 Bt 抗性的棉铃虫品系研究发现，棉铃虫中肠内一个胰蛋白酶表达水平显著下调。进一步的研究发现该胰蛋白酶基因的启动子序列在抗性品系里发生了变异。通过克隆抗感品系的胰蛋白酶基因启动子序列，将启动子序列在昆虫细胞中表达并进行启动荧光蛋白亮度的活性分析，证明抗性品系的胰蛋白酶基因启动子不能正常启动胰蛋白酶基因的表达，从而导致胰蛋白酶基因在抗性品系里的表达水平显著低于敏感品系。通过抗感品系的杂交回交试验表明，该变异的启动子与 Cry1Ac 抗性连锁，证明胰蛋白酶基因启动子变异也是 Bt 抗性产生的因素之一（Liu et al., 2014）。

（3）微生物调控机制。棉铃虫的 Bt 抗性会受到其他微生物产生的毒素影响，棉铃虫对 Bt 的抗性与对其他微生物毒素存在负交互抗性等许多现象都值得深入研究并加以利用。

棉铃虫浓核病毒（HaDNV）可以显著提高棉铃虫的体重，缩短幼虫发育历期，同时提高棉铃虫的成虫产卵量。进一步研究发现该病毒可以让棉铃虫增强对 Cry1Ac 毒素的抗性水平。分析认为病毒可能通过加快修复中肠的穿孔和提高棉铃虫的免疫水平两个方面来增强其对 Bt 毒素的抗性水平（Xu et al., 2014）。

2. 棉铃虫 Bt 抗性的预防治理。

延缓棉铃虫对 Bt 毒素的抗性以及探索 Bt 抗性治理新思路一直是植保工作者不懈努力的方向之一。研究发现一个由 ABCC2 变异介导的对 Cry1Ac 有着很高的抗性的棉铃虫品系对另外一种生物杀虫剂阿维菌素的敏感性增加。利用 RNAi 沉默棉铃虫 *ABCC2* 基因，发现 *ABCC2* 基因的沉默在降低了棉铃虫对 Cry1Ac 毒素的敏感性的同时增加了对阿维菌素的敏感性。而正常 *ABCC2* 基因赋予了棉铃虫对 Cry1Ac 的敏感性和对阿维菌素的抗性。由此可推断出如下结论：ABCC2 的变异导致 Cry1Ac 毒素丧失了棉铃虫中肠内的结合位点，从而产生了对 Bt 作物的高水平抗性，由于棉铃虫 *ABCC2* 基因具有从昆虫体内代谢排出阿维菌素的生物学功能，ABCC2 的变异导致了阿维菌素在虫体内的积累而显著增加了其杀虫毒性（Xiao et al., 2016）。

棉铃虫对不同 Bt 毒素的交互抗性的研究将对棉铃虫 Bt 抗性的治理提供重要的指导。研究表明 Cry1A 毒素和 Cry2A 毒素产生抗性既有相似之处，也存在一定的差异。室内筛选的 Cry1Ac 抗性品系对 Cry2Ab 没有抗性，表明 Cry2Ab 在棉铃虫体内的作用发挥方式与 Cry1Ac 不同。但是一个 Cry2Ab 抗性品系对 Cry1Ac 却具有交互抗性（Wei et al., 2014）。

转 Bt 抗虫棉的长期广泛种植，减少田间杀虫剂用量，增加天敌的控害作用（Lu et al., 2012）；但同时也增加的棉铃虫的抗性演化风险，田间监测尚未发现对 Bt 存在高水品抗性群体。玉米、大豆等作物作为天然庇护所以及棉铃虫种群的迁飞习性是其 Bt 抗性未明显提高的原因。利用非转 Bt 作物作为庇护所，从而增加 Bt 敏感棉铃虫的群体数量是延缓棉铃虫对转 Bt 作物适应性的主要途径，为延缓棉铃虫对 Cry1Ac 的抗性演化，一些国家强制

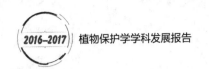
要求设计结构性庇护所，中国目前依赖于非转 Bt 作物作为天然庇护所（Jin et al., 2015）。

Bt 抗性监测作为抗性治理的主要工具，可为抗性治理提供了参考和依据。从 2002 年起，每年对山东夏津和河北安次的上千个棉铃虫家系进行抗性监测，发现夏津种群的相对平均发育级别（RADR）均值在 0.58~0.62 间波动，安次种群的 RADR 在 0.53~0.62 之间。田间种群的 RADR 值低于抗性品系（LF5.0）的 0.97，但高于敏感品系（LF）的 0.43。与 2002 年监测结果相比，棉铃虫自然种群对 Cry1Ac 的敏感性显著降低，但尚未出现高水平抗性（An et al., 2015）。吴益东等的相关研究也证实了相关结果，通过对棉铃虫 Bt 抗性的大规模监测和种群遗传模型模拟，在国际上首次证实了天然庇护所能够有效延缓靶标害虫对 Bt 作物抗性的发展，为合理使用天然庇护所进行 Bt 抗性治理提供了重要理论依据（Jin et al., 2015）。目前田间监测的结果得出的结论是，棉铃虫可以对转 *Cry1Ac* 基因的棉花产生抗性。但是由于天然庇护所的存在，抗性水平提高的较为缓慢，尚未达到将 Cry1Ac 转基因棉花更新为双价棉花或者多价棉花的地步，今后还需要继续做好监测方面的工作，以便及时准确预测田间棉铃虫 Bt 抗性种群的动态。

此外，棉铃虫雌虫性腺释放多种性信息素组分，但是性信息素次要组分功能不清楚，对信息素有效干扰也是防控 Bt 抗性棉铃虫的新途径，王桂荣等首先发现棉铃虫雌蛾挥发性信息素主成分的时间与交配高峰期不一致，进一步的研究发现不同日龄雌虫腺体中 Z11-16:OH 的含量与棉铃虫交配率成负相关，由此推测"性信息素次要组分 Z11-16:OH 可能参与调控棉铃虫的交配"。利用 CRISPR/Cas9 敲除棉铃虫感受 Z11-16:OH 的受体 OR16，突变体雄虫丧失了对 Z11-16:OH 的电生理反应以及驱避行为反应。更重要的是，突变体雄虫不能区分性成熟和未成熟的雌虫，在性信息素主成分的作用下与未成熟的雌虫进行交配，使子代的孵化率和存活率显著降低。该研究为基于性信息素拮抗剂发展棉铃虫驱避剂和交配干扰剂提供了新的思路（Chang et al., 2017）。

（三）地下害虫发生规律及防控技术

鉴于地下害虫日趋严重、生产问题日益突出，国家 2010 年设立了"农田地下害虫综合防控技术研究与示范"公益性行业专项，由中国农业科学院植物保护研究所牵头，组织广东昆虫研究所、河南省农业科学院植保所、安徽省农业科学院植保所、全国农技推广服务中心、中国农业大学等八个科研、教学和推广单位开展防控技术系统研究和示范应用。通过五年的联合攻关，取得一些显著进展，使我国地下害虫的防控技术水平上了一个新台阶。

1. 创新田间调查方法，取样准确率显著提高

通过对不同地区花生、小麦和玉米地代表性田块的蛴螬等靶标地下害虫数量进行一定面积的全田挖土调查，明确了所有调查的地下害虫类群和种类在田间的水平分布都属于不均匀分布型；阐明了蛴螬等地下害虫在田间呈聚集分布的特征。并针对地下害虫对食物和

环境温度的适应生物学特点，明确了在不同地区、不同季节和不同作物的靶标地下害虫垂直分布和动态规律。在此基础上，在田间分布图上分别按照"Z字形"、"双对角线"、"棋盘式"、"平行线"和"随机样点"等不同抽样方法进行室内模拟抽样，并进行不同样方形状、样点数量等方面的与实测数据的拟合及统计分析，确定了蛴螬等地下害虫田间取样的"样方形状"和"动态深度"等拟合度高的技术参数，创新的田间调查取样技术准确率较以往的调查取样方法显著提高（30%左右）。同时，研究开发出了自主产权的"农田主要地下害虫调查记载传输系统"计算机软件（软件著作权登记号2015SR055558），实现了调查取样数据的快速、远程传输；这些成果解决长期调查取样不准确和数据传输迟缓的难题，显著提高了地下害虫调查、测报的准确率和评价防治效果的科学性。另外，以 COI 基因序列为核心，建立金龟子种类的分子鉴定体系和田间快速鉴定平台，为田间金龟子的识别提供了实用方法；在研究和完善小地老虎发生规律的基础上，制定了新的《小地老虎测报技术规范》农业行业标准。从而提高了新型耕作栽培制度下靶标地下害虫的监测预警水平。

2. 明确主要生态区的种群结构、优势种类和发生趋势

通过在主要生态区系的系统调查，明确了蛴螬、金针虫和地老虎在黄淮海、东北、西北、西南、华南等大多农田为绝对优势类群，而蛴螬在绝对优势类群中最为突出，其发生种类多、密度高、为害重。金针虫发生危害呈明显上升趋势，在黄淮海、西北地区和小麦、玉米等作物上发生为害加重；而二十世纪五六十年代占优势地位的蝼蛄在大多农区的发生为害呈明显下降趋势，地老虎、根蛆、根蚜、根甲、蟋蟀等在局部地区发生严重。其中黄淮海粮食主产区是地下害虫的重度灾情区，东北、西北、西南旱作地区为中度灾情区，长江中上游以南的稻区和水旱轮作地区为轻度灾情区。研究发现华北大黑金龟越冬成虫不能存活，即在河北沧州可一年完成一代；明确了暗黑鳃金龟当年出土成虫的越冬比例高达62%，并能成活和正常产卵、孵化。研究明确食物、土质、温湿度及种群密度与性比对成虫生殖及幼虫发育的影响，提出相应的蛴螬种群控制方案；明确了优势种东北大黑鳃金龟在东北一些地区的发生周期缩短，原有的"大小年"常规种群动态规律发生了变化（已无明显的"大小年"）（董晋明等，2014；刘福顺等，2014）。

解析了新型耕作栽培制度对地下害虫种群动态及灾变态势的影响，阐明免耕（浅耕）、秸秆还田等耕作体制的大面积推广是保护地下害虫的生活环境导致种群数量积累、危害加重的首要原因。这为针对性遏制当前新型耕作体制下优势地下害虫种类不断猖獗势头、开发实用性强的防控措施奠定科学基础。

3. 生物防治技术研究进展显著

绿僵菌控制蛴螬的研究取得突破。建立了分龄期评价绿僵菌菌株毒力的技术规范，筛选得到高毒力菌株；建立菌株基因改良技术体系。成功将 Bt 杀虫基因 Cry1Ba 转入绿僵菌，获得双效菌株。经创新性试验优化了绿僵菌发酵生产的培养基和控制参数，发酵生物

量提高 63%；确定优化的复合固相基质和产孢循序控制温湿度的有效范围，使产孢量提高 70.7%。揭示低龄蛴螬比高龄更敏感，据此提出低龄防治策略；同时确定菌株剂量与致死率、致死速度的关系。根据花生 – 蛴螬 – 绿僵菌均在土壤中以及三者互作关系，研制出针对性强的绿僵菌可湿性粉剂和颗粒剂。盆栽和小区试验明确了菌剂剂量、与有机肥和农药联合使用的防效和作用；揭示绿僵菌施用后种群数量呈现先下降到相对平衡或恢复的规律，明确苗期和开花期施菌的种群数量持续最好（农向群等，2014）。提出了田间实用技术，对蛴螬防治效果达 80% 以上。

昆虫病原线虫的产业化研究成果卓著。重点研究了对地下害虫具有良好防治效果的 S. pakistanense 94–1 和 H. indica 212–2 新品系的最佳生长温度、培养周期、接种量、接种时机、培养基成分等参数，建立这两种病原线虫的固体单菌培养系统，完善了产业化培养的工艺技术（Yan X. et al., 2012, 2013, 2014; Guo W. et al. 2013, 2015; Qiu X. et al., 2014；颜珣等，2014）。并组配了利用渗透压溶液诱导 S. carpocapsae All 线虫进入部分脱水休眠状态从而储存病原线虫的新剂型。在山东建立国内最大的昆虫病原线虫规模化固体培养基地，获得具有国际市场竞争力的昆虫病原线虫产品 8 个，获美国农业部进口许可证。在室内外防治效果试验的基础上，建立对目标地下害虫毒力最强品系与农药混用防治华北大黑鳃金龟等蛴螬、小地老虎和韭菜迟眼蕈蚊幼虫（韭蛆）的田间应用技术。进行大面积示范和推广应用，取得良好的防治效果和显著的社会、生态和经济效益。"防治地下害虫和蛀干害虫"相关研究结果获 2014 年广东省科技进步奖一等奖。

Bt 高效菌株的筛选和工程菌构建取得成功。筛选出对蛴螬具有高效的 Bt 菌株 12 个，发现并克隆了新的杀虫基因；例如，HB F21 菌株对铜绿丽金龟的拒食率和生长抑制率 14 天时分别为 86.10% 和 97.75%。构建了 2 个工程菌株 Biot1853A 和 Biot1858G；经测定，工程菌对暗黑鳃金龟、铜绿丽金龟和（或）大黑鳃金龟有较好的杀虫活性。另外，在防治小地老虎方面，筛选出的菌株 JF442–1 小地老虎初孵幼虫的校正死亡率达到 90.69 %，菌株 JF291–1 的校正死亡率达到 100 %；Cry2Ab 杀虫蛋白对其致死效果（LC_{50} 为 5.79 Lg / g）显著高于 Cry1Ac 杀虫蛋白（谭树乾等，2013）。在应用方面，对蛴螬高效的工程菌株 G033A 已经获得全国有效的农业转基因生物安全证书（生产应用）。研发出 Bt 与农药混配的使用技术，可以显著提高 Bt 对蛴螬的防治效果。

4. 发展新型防控措施，强化防治技术规范

针对不同农作物区系生产模式和地下害虫生物学特性，完善并提出了两套生态调控技术，即在冬闲时进行深耕灌水、生长季换茬时细耙灭虫技术，或控制秸秆还田措施。针对东北地区（辽宁、吉林）的特殊环境条件和蛴螬成虫的生物学特性，提出了采用覆膜（产生高温的"抑制效应"）防控花生或玉米田蛴螬（下潜逃避）的生态调控的实用技术，保苗率可达 90% 以上。研究筛选出蛴螬敏感的单光谱应用于智能杀虫灯，显著提高了对（花生、玉米田）蛴螬成虫的灯光大面积诱杀效果；明确并提出了单一作物连续三四年实施灯

光诱杀的实用技术。研发提出了小地老虎性诱剂和植物源诱杀金龟子的实用技术。通过对这些单项技术进行集成和田间试验示范，减少化学药剂用量 30% 以上（高燕等，2013；褚艳娜等，2014；刘超华等，2014；）。

研究制定了适合小麦、玉米和花生等不同作物和新的栽培体制下《农田主要地下害虫（蛴螬、蝼蛄、金针虫）防治技术规程》农业行业标准（2015 年已发布实施）；研究了区域性小麦、花生和玉米等作物田靶标地下害虫调查及防治技术规范；在此基础上，制定了相应的地方性地下害虫调查测报或防治技术规范，其中山西省《小麦田金针虫调查方法与防治技术》、《安徽省花生病虫草害防治技术规程》已经发布实施。这些规范或标准的制定为靶标地下害虫等的有效防治提供了技术保障。

5. 防治地下害虫的长效农药新制剂取得突破

针对我国目前花生等作物蛴螬等地下害虫猖獗发生，几乎作物整个生育期受害、长效防治药剂缺乏的现状，研发出了辛硫磷、毒死蜱微囊悬浮剂。特别是对 16% 阿维·毒死蜱微囊悬浮种衣剂、18% 氟虫腈·毒死蜱微囊悬浮种衣剂的研究，采用原位聚会方式，突破了固体活性成分难以微囊化的难题，创新制备出了以密胺树脂为壁材，以 18% 氟虫腈·毒死蜱、16% 阿维·毒死蜱为芯材的微囊悬浮种衣剂。微囊粒径在 10 微米以下，对有效成分的包覆率 ≥ 96%（所得微囊的电镜如下）。两个种子处理微囊悬浮剂药种比 1∶50 时，对花生种子萌发和幼苗安全；对花生苗期地下害虫（蛴螬为主）防治效果可达 95% 以上，对花生荚果的保护效果达 90% 以上，显著高于国内外同类制剂；属省力化环保制剂。经残留检测，制剂中的毒死蜱、氟虫腈在花生荚果的残留量分别小于 0.019mg/kg 和 0.0049mg/kg，显著低于国内外花生上农药的最大残留限量标准（陈浩梁等，2014；陈鹏等，2014；孔德龙等，2014；Yang D. et al.，2014）。

上述新型微囊悬浮剂是针对我国目前花生种植过程中地下害虫蛴螬危害严重且难以防治的问题而研发的种子处理剂，种子处理剂具有优异的缓释性能，可以有效延长药剂在环境中的持效期，只需在播种时对花生种子进行一次药剂处理即可在整个花生生育期内有效控制蛴螬危害，可以有效减少蛴螬防治过程农药使用量和使用次数，在使用时具有省时、省力、高效的特点。该制剂现在已经完成产品登记（登记证号 20130097），正在进行大规模推广，在花生等作物上累计推广面积已经达到四十万亩以上，深受农民欢迎。其中，"氟虫腈·毒死蜱处理种子微囊悬浮剂"在 2013 年通过农业部科技司组织的成果鉴定，专家评价该技术产品达到"国际领先水平"。

6. 纳米材料在害虫遗传学控制中的创新应用

害虫基因疗法和遗传学控制是化学与生物学交叉学科的前沿热点领域。为了避免病毒体系的潜在危险，非病毒体系的基因传送系统是当前的研究焦点。在研究害虫遗传学控制新策略及储备技术的过程中，设计并合成了一种非病毒体系的核酸载体，并在害虫遗传学控制中创新应用。研究结果已在国际权威刊物 *Advanced Materials* 和 *Chemical Communica-*

tions 发表，阐述了一类阳离子的核 – 壳荧光纳米粒子，它具有纳米尺寸、荧光追踪、携带核酸效率高（DNA 和 RNA）、细胞毒性低、基因转染效率高等优点。同时，研究还结合了 RNA 干扰（RNAi）这一遗传学技术，应用这种新型载体，携带了一种外源的几丁质酶基因的 dsRNA，快速进入害虫细胞，抑制几丁质酶的表达。以小地老虎为试验靶标对象，通过采用饲喂法，将新型载体和体外合成的几丁质酶 dsRNA 混合后拌入害虫的饲料内，幼虫取食后，其关键发育基因（包括翅膀关键发育基因）的表达受到有效抑制，导致发育停滞、不能蜕皮、直至死亡；或翅膀不能发育，可导致远距离迁飞的小地老虎成虫将不能飞行（He B. et al., 2013；Jiang L. et al., 2014；Shen D. et al., 2014；Liu X. et al., 2015）。

这种方法可以通过新型载体的荧光特性，追踪细胞和组织水平的核酸传送过程。另外，纳米材料载体可以高效运载农药分子进入昆虫组织细胞，直接杀死害虫。建立的"纳米材料载体介导的基因瞬时干扰技术平台"具有新型、不改变物种遗传结构、短时间操控物种基因表达、无生态风险、无食品安全风险的优点，应用此种方法杀灭害虫是世界首例，这项创新性研究工作为重要农作物害虫特别是地下害虫的遗传学控制开辟了新的思路，将有助于大幅度减少化学农药使用，并为实现绿色防控地下害虫的最终目标提供了新的理论基础和广阔的应用前景。

（四）其他农业害虫研究重要进展

近年来，中国科学家除在稻飞虱、稻螟虫、棉铃虫和地下害虫防控技术研究取得一系列重要进展外，在昆虫迁飞生态效应、昆虫为媒介的病毒传播及水稻授粉、新靶标位点开发、蝗虫行为调控、蚜虫响应气候变化和植物昆虫防御机制等方面同样取得一系列重要进展。这些研究结果极大丰富了害虫综合治理的理论基础，为高效农业害虫防控提供重要的借鉴。

1. 蝗虫生殖调控和型变机理

长期以来，飞蝗为代表的具有无滋式卵小管及由保幼激素调节的生殖过程的分子机理缺乏了解，相关的研究报道较少。中国科学院动物所周树堂等利用飞蝗为模式，首次发现保幼激素受体复合体 Met/SRC 通过与 DNA 复制基因 *Mcm4* 和 *Mcm7* 启动子区域的 E-box 或 E-box–like 的 DNA 元件结合调控其表达水平，影响飞蝗脂肪体细胞的多倍性，进而调节卵黄原蛋白的大量生成和约 40 个卵小管中的首卵成熟（Guo et al., 2014）。鉴于在蝗虫型变中行为调控的分子机理取得的一系列重要成果，昆虫学年评杂志邀请康乐研究员撰写了有关蝗虫型变分子调控机制的综述。文中从蝗虫型多态现象的进化、型变的分子基础、型变的分子调控机制、型变的表观调控、以及展望等，分别阐述了近十年来在蝗虫型变分子调控机制的研究进展。内容主要覆盖嗅觉调控分子 CSP 和 takeout、神经递质分子多巴胺的代谢通路、肉碱类小分子代谢物、免疫应答分子、small RNA 等重要的功能分子或基因，为理解蝗虫型变过程中行为、体色和免疫能力的变化机理以及适应意义提供了重要基础（Wang et al.，2014）。我国科学家曾发现嗅觉、多巴胺途径以及非编码 RNA 都可以调控飞蝗群居型和散居型间的相互转变，但神经递质如何精细的调控群聚昆虫的行为可塑性仍然是未解决的前沿科学问题。康乐等首次发现一类重要的神经调质分子 – 神经肽，揭示两个同源的神经肽 NPF1a 及 NPF2，通过抑制另一类气体神经调质分子 – 一氧化氮信号通路（NO signaling），进而调控飞蝗型变过程中的运动可塑性。NPF1a 及 NPF2 以时间及剂量依赖的方式负向调节飞蝗的运动活性。其下游的信号分子一氧化氮合成酶（NOS）在飞蝗脑部集中表达负责整合感觉与运动的前脑桥区。NOS 的表达水平及 NO 的含量均与飞蝗的行为型变过程紧密相关。进一步研究发现 NPF1a 及 NPF2 分别通过各自的受体抑制 NOS 的磷酸化水平及转录水平，从而抑制飞蝗脑部的 NO 含量，最终实现对飞蝗型变中运动可塑性的双重调控（Hou et al.，2017）。这项研究成果不仅深化对飞蝗聚群的理解，而且为研究不同神经调质的互作机理提供了新的思路。

2. 昆虫为媒介的病毒传播及水稻长距离授粉

许多媒介昆虫，包括蚊子、蚜虫、飞虱和叶蝉等是病毒传播媒介，这些昆虫体内都有细菌共生菌，但这些细菌是否携带病毒传播并不清楚。福建农林大学魏太云和北京大学李毅等报道了水稻矮缩病毒（RDV）可以直接附着在媒介叶蝉体内的初生细菌共生菌 Sulcia 外膜上，借用古老的共生菌入卵通道，从而较为轻易地突破昆虫经卵传播屏障。病毒外壳蛋白和细菌外膜蛋白的互作介导了这类病毒和细菌的直接结合，这是首例发现的病毒病原可以直接利用共生细菌协助其传播的现象，也是跨界物种病毒和细菌在昆虫卵巢中的奇妙汇合，此结果将推动人们对虫媒病毒传播机制的新认识（Jia et al.，2017）。鉴于虫媒传毒机制领域突出贡献，福建农林大学魏太云受邀以第一作者和通讯作者为国际著名综述期刊 Annual Review Phytopathology 撰写题为介体昆虫内的植物水稻呼肠孤病毒的综述，系统阐述了对水稻生产造成重大威胁的呼肠孤病毒在介体昆虫中循回并由介体昆虫进行传播的研究现状（Wei et al.，2016）。水稻是一种自花授粉作物，自然杂交率极低，其花粉依靠自然风传播。千百年来访花昆虫在水稻授粉中的作用一直没人关注。陈学新教授等联合国内外有关专家首次揭示了访花昆虫不但能传播水稻花粉，而且能比自然风传得更远，并能引起水稻的异花授粉，展示了自然界水稻存在虫媒介导的异花授粉途径，这一研究结果对于其他自花授粉植物或风媒植物具有普遍意义。鉴于蜜蜂等访花昆虫的飞翔能力，存在水稻花粉介导的长距离基因流风险，对转基因水稻而言存在访花昆虫引起的转基因逃逸风险，因此，这一事实必须在水稻转基因生态安全评价中予以充分考虑（Pu et al.，2014）。

3. 昆虫迁飞生态效应及 CO_2 调控的蚜虫暴发机制

动物迁徙影响着整个生态系统，包括捕食者、猎物或者竞争者跨区域流动，物质和能量的传送、病原体的传播。但昆虫迁飞行为以及它对生态系统的影响仍知之甚少。南京农业大学胡高博士等通过综合分析英国洛桑试验站长达十年雷达观测数据，系留气球空中网捕数据，吸虫塔数据以及相关气象资料，明确了英国南部所有迁飞昆虫生物量的季节性变化以及昆虫迁飞对生态系统的影响。研究结果表明：①每年约 3.5 万亿迁飞性昆虫飞过英国南部，其生物量约 3200t；②除了小型昆虫（体重 10mg 以下）以外，它们能够通过主动寻找和利用有利的季节性气流来实现远距离迁飞。春季北迁，秋季南迁，夏季没有固定方向，春秋季的迁飞轨迹方向与盛行风向存在显著差异；③春季北迁和秋季南迁生物量基本持平，大规模昆虫迁飞影响着全球生态系统 3200 t 生物量，约 100t 氮 和 10t 磷（相当于大气中的 0.2% 氮沉降和 0.6%~4.7% 磷沉降），约 5.78×10^{12} 焦耳能量。该研究揭示了昆虫迁飞的宏伟场景，及对整个生态系统都至关重要（Hu et al., 2016）。全球气候变化给生物带来了新的选择压力，然而物种间对这种选择压力的响应可能不同，进而造成物种间相对优势度和群落结构的改变。为阐明全球气候变化导致的极端高温事件幅度和频率增加与农业害虫群落物种间相对优势度和群落结构之间的关系，中国农业科学院植物保护研究所马春森等以共同发生的三种麦蚜（麦长管蚜、禾谷缢管蚜、麦二叉蚜）为模式系统，通过六年的潜心研究发现，全球气候变化打破了农业害虫群落原有的平衡，改变了害虫群落物种间的相对优势度，使优势种（群落中具有最大密度、盖度和生物量，对生境影响最大的物种）发生了演替，气候变化正在改变农业害虫群落的优势种（Ma et al., 2015）。大气 CO_2 浓度升高不仅加剧了全球气候变化，还改变了动植物的生长发育过程。CO_2 浓度升高可调节植物水势，进而影响蚜虫的取食行为、体内代谢与渗透调节，但对其调控机制还不清楚。中国科学院动物所戈峰等研究表明蚜虫在取食汁液过程中可以诱导寄主植物 ABA 信号途径的激活，导致部分气孔的闭合，降低了气孔导度，有利于寄主植物保持较高的水分状态，而气孔对 ABA 不敏感型突变体（$Sta-1$）在蚜虫为害后，无法调节气孔闭合，使得植物蒸腾作用增加，水势降低，不利于蚜虫的取食。进一步还发现大气 CO_2 浓度升高调控植物碳酸酐酶信号途径进而闭合气孔并且降低气孔导度。该研究首次证实了温室气体二氧化碳的增加通过改变植物的水分代谢有利于蚜虫取食，为未来气候变化背景下蚜虫的种群暴发提出预警（Sun et al., 2015）。蚜虫是目前唯一一类随大气 CO_2 浓度升高而种群密度增加的昆虫类群，但其发生的机制不清楚。戈峰等发现蚜虫取食高 CO_2 处理的植株后的，体内的非必需氨基酸和必需氨基酸均发生变化，这可能由于蚜虫和体内共生菌 *Buchnera* 形成的特殊的氨基酸代谢途径互作的结果。进一步测定了不同 CO_2 浓度条件下，取食两种基因型苜蓿的蚜虫共生体 bacteriocyte 中氨基酸代谢的关键基因（*henna*，*GCVT*，*GCDH*，*GS*，*PSAT*）的表达量。发现 CO_2 浓度升高增加了取食野生型的蚜虫 bacteriocyte 中这些基因的表达，却降低了取食 *dnf1* 后的蚜虫 bacteriocyte 中 *henna*，*GCVT*，*GS* 的表达量。这些结果充分表明豌豆蚜通过调节寄主苜蓿和内共生菌 *Buchnera* 的氨基酸代谢途径适应 CO_2 浓度升高环境，以增加自身的取食效率和种群适合度（Guo et al., 2013）。

4. 农药穿透抗性新机制及抗性防控新技术

对于昆虫抗药性问题的研究多集中于靶标抗性和代谢抗性方面，然而，作为触杀型杀虫剂，阿维菌素的穿透抗性亦是非常重要的抗性机制，中国科学院动物所伍一军等通过利用长期压力筛选获得的抗阿维菌素果蝇（抗性品系果蝇），将其与阿维菌素敏感品系果蝇进行对比，发现抗性品系果蝇幼虫存在穿透抗性，并且穿透抗性的产生是由于抗性品系幼虫中表皮几丁质层增厚和阿维菌素外排转运蛋白¾P-糖蛋白（P-gp）表达量增加所引起。同时，抗性品系幼虫中表皮生长因子受体（EGFR）信号通路的激活导致了其几丁质合成酶（*DmeCHS1* 和 *DmeCHS2*）和 P-gp 的表达上调，从而引起几丁质层的增厚和 P-gp 外排阿维菌素能力的增加。进一步发现阿维菌素直接与 EGFR 分子相互作用后激活 EGFR 及其下游信号通路（Chen et al., 2016）。这些结果不仅丰富了昆虫抗药性理论，也将为生产实践中采取有效措施减缓害虫对杀虫剂抗药性的形成与发展提供重要的科学依据。神经递质和神经调质是动物体内神经系统中执行信号传递和调控的物质，通过对应的受体（离子通道受体或者 G 蛋白偶联受体）发挥作用，目前绝大部分杀虫剂就是通过干扰这些受体信号通路来达到杀死害虫的目的，浙江大学黄佳博士通过与加州大学圣巴巴拉分校 Craig Montell 教授实验室合作，首次发现酪胺受体突变体果蝇呈现异常的雄雄求偶行为。同时在大脑中鉴定出一组控制该求偶行为，能够被酪胺特异性激活的神经元，发现抑制这群神经元则会降低果蝇的正常求偶行为。该研究结果通过遗传学手段首次证实酪胺确实可以在昆虫体内行使独立的生理功能，其作为神经调质通过专一性酪胺受体来调控昆虫的求偶行为，这为通过化学或生物方法来控制害虫提供了一个潜在的靶标（Huang et al., 2016）。生物胺如 5-羟色胺、多巴胺和章鱼胺等是昆虫体内一类非常重要的神经小分子，它们在昆虫体内通过对应的 G 蛋白偶联受体发挥作用。浙江大学叶恭银等发现鳞翅目害虫菜青虫的血细胞能够自身合成和分泌 5-羟色胺，用药理学或 RNAi 干扰其合成酶的功能会显著降低血细胞吞噬细菌的能力。菜青虫血细胞主要表达 5-HT$_{1B}$ 和 5-HT$_{2B}$ 受体，用拮抗剂阻断或者 RNAi 干扰这两个受体的功能也会显著影响血细胞的吞噬能力。通过对模式生物黑腹果蝇 5-羟色胺受体的敲除突变体和血细胞特异性 RNAi 的实验，进一步在遗传学上证实了在 5-羟色胺受体缺失或表达下调的情况下，果蝇由于血细胞吞噬能力的降低从而在被病原菌感染后更加容易死亡（Qi et al., 2016）。该研究提示通过药物特异性地干扰昆虫免疫系统从而增强生物杀虫剂效力的可能性。

5. 昆虫防御预警及信号识别机制

四十多年前，科学家们就发现大多数蚜虫在遇天敌攻击或者其他危险时，会从腹管中释放出含有报警信息素（E）-β-farnesene（EBF）的小液滴，"警告"邻近的蚜虫快速逃离或掉落，这是蚜虫长期进化过程中形成的逃避敌害和危险的手段。然而到目前为止，蚜虫如何感受报警信息素仍不清楚，极大地限制了利用这一行为特性发展蚜虫控制策略。中国农业科学院植物保护研究所王桂荣等通过比较基因组学结合基因体外功能研究揭示了嗅觉受体 Odorant receptor 5（OR5）用于感受 EBF，进一步将蚜虫 *OR5* 基因转入到果蝇触角特定神经中，该神经获得了对 EBF 的灵敏反应，证实了 OR5 是 EBF 的受体。利用 RNA

干扰技术敲除蚜虫体内 *OR5* 基因，蚜虫报警行为丧失。以上结果揭示了蚜虫用于灵敏、特异感受 EBF 的嗅觉受体和神经。通过以上的研究推测激活 OR5 的化合物就能够像 EBF 一样对蚜虫有趋避作用，高通量筛选和行为测定结果证实了以上测：筛选获的激活受体 OR5 的气味分子，对蚜虫有明显趋避作用（Zhang et al.，2017），本研究首次阐明蚜虫感受报警信息素的信号传导通路，证实以气味受体为靶标筛选昆虫行为调控剂是可行性的，为发展绿色环保的害虫防治策略提供了新思路和新方法。此外，王桂荣等与意大利佛罗伦萨大学合作撰写的综述从结构、生理功能、进化等多个方面对已经报道的气味结合蛋白和化学感应蛋白进行了比较分析，系统地总结了两者在不同生物体内不同器官中的重要功能。结果发现，除在传统的化学感受器官表达外，气味结合蛋白和化学感受蛋白还表达于生殖腺等器官，用于信息素组分向环境中释放或进行雌雄间传递。此外，两者在促进发育和再生、营养物质和色素运输、以及昆虫抗性中也有重要的功能（Pelosi et al.，2017）。

6. 关键因子介导的寄主昆虫互作

中国农业科学院植物保护研究所王桂荣等与华中农业大学和英国洛桑研究所等单位合作，利用化学生态学研究技术结合高通量测序和基因功能研究，揭示了利马豆中 DMNT 和 TMTT 合成途径上的关键两个萜烯类合成酶基因（*Pltps3* 和 *Pltps4*）。将这两个基因转入水稻中，表达 *Pltps3* 和 *Pltps4* 基因的水稻挥发出 DMNT 和 TMTT 等萜烯类化合物，行为测定结果表明该转基因水稻植株能显著吸引水稻害虫天敌二化螟盘绒茧蜂 *Cotesia chilonis*，起到了对害虫的间接防御作用（Li et al.，2017）。该研究为培育新型抗虫水稻提供新的思路和理论依据。维生素 B1（Thiamine）可以作为诱导因子，激发植物对真菌、细菌等病原物的抗性，但在诱导植物对根结线虫抗性方面研究较少。中国科学院黄文坤博士与比利时科学家合作发现根结线虫接种前使用微量的维生素 B1，可以激发水稻的防御反应，诱导过氧化氢累积和木质素沉积，增加苯丙氨酸代谢途径中 *OsPAL1* 和 *OsC4H* 的转录水平，降低水稻根结线虫的侵入数量与为害程度，延缓根结线虫的发育进程，但对巨细胞发育没有显著影响。通过使用苯丙氨酸途径的抑制剂，显著阻碍了维生素 B1 的激发作用，进一步证实了维生素 B1 诱导的水稻对根结线虫的抗性机制是通过激发水稻的苯丙氨酸代谢途，诱导木质素沉积和过氧化氢累积等方式来实现（Huang et al.，2016）。

三、本学科国内外研究进展比较

近年来，基因测序和基因编辑等技术的突破性发展大大推动了我国农业昆虫学的基础研究，尤其是在昆虫基因组测序等方面取得了不错的成绩。如在小菜蛾基因组的测序过程中克服了高度杂合、结构变异复杂等难题，成功构建了世界上首个鳞翅目昆虫原始类型基因组，同时也是第一个世界性鳞翅目害虫的基因组。完成了约 6.3Gb 大小的东亚飞蝗基因组图谱，这是迄今已测序最大的动物基因组。完成了水稻重大害虫褐飞虱基因组的测序与分析。同时在农业害虫蜕皮与变态、翅型转换、先天免疫、抗药性机理、性信息合成通路等功能基因研究上也取得了重要的研究进展。但是我国农业昆虫基础研究整体水平与国际先进还有一定差距。

在农业害虫防控技术研究上，成功研发了长江中下游稻飞虱可持续防控、水稻害虫生态工程控制、地下害虫绿色防控、棉铃虫 Bt 抗性监测与治理、小菜蛾区域性治理、青藏高原青稞与牧草害虫绿色防控、日晒高温覆膜法防治韭蛆等核心技术与技术模式，在保障我国农作物安全生产以及实现化学杀虫剂减量使用中发挥了重要作用。然而，我国天敌昆虫、性诱剂、植物源农药、微生物农药等绿色防控产品的产业化与应用规模，显著落后于国际先进水平。同时，国外在转基因抗虫作物研发与产业化上仍占据显著优势，RNA 干涉等新技术在新一代转基因抗虫作物研发中被广泛应用，转基因红铃虫等转基因昆虫已害虫防治实践中进行试验示范。我国在新一代转基因抗虫作物、转基因昆虫等高新技术的研发与应用上，多处于起步阶段，有待加强。

四、本学科发展趋势与对策

基因组学技术的发展使农业昆虫学研究全面进入基因组时代，将进一步促进各分支研究领域的交叉与融合。随着大量昆虫基因组测序的完成，比较基因组学也将快速发展。同时，基因编辑等技术的突破性发展，将快速推进基因功能研究以及功能基因的开发应用。今后需进一步加强我国重大农业害虫的全基因组序列的解析以及基因功能的研究与挖掘，在阐明害虫发育、进化、成灾等科学机制的同时，结合利用 RNA 干涉、CRISPR 等现代生物技术，加强转基因抗虫植物、转基因昆虫的研发与应用，为农作物害虫防治开辟新途径。

结合 3S 技术、昆虫雷达技术等信息技术，进一步澄清重大农业害虫跨区迁飞的路径与规律，加强迁飞害虫异地监测预警与区域阻截技术等研发，显著提升迁飞性害虫防控能力。基于景观生态学、农田生态系统服务功能等理论和方法，阐明农作物害虫及其天敌的区域发生规律，促进害虫区域性治理、天敌保育与控害的理念创新与技术发展。随着节肢动物食物网结构定量分析技术的不断发展，系统评价食物网的结构与功能以及不同因素对食物关系的调控作用，提高对农田生物多样性与稳定性关系的科学认识，促进农作物害虫自然控制对策与技术的发展。

进一步加快生物防治、物理防治、行为调控、生态调控等核心技术、产品的研发与规模应用，同时根据农业集约化、绿色化发展趋势，创新分别以害虫、作物、生态区为对象的农作物害虫综合防治技术模式以及基于互联网＋的信息服务平台，促进我国农业害虫绿色防治技术创新水平与应用水平的提升，为同时实现现代农业持续发展以及化学农药减量使用提供有力技术支撑。

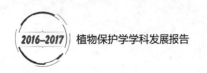
参考文献

［1］ An J, Gao Y, Lei C, Gould F, Wu Km. Monitoring cotton bollworm resistance to cry1ac in two counties of northern china during 2009-2013［J］. Pest Management Science, 2015, 71（3）: 377-382.

［2］ Bao HB, Gao HL, Zhang YX, Fan DZ, Fang JC, Liu ZE. The roles of *CYP6AY1* and *CYP6ER1* in imidacloprid resistance in the brown planthopper: Expression levels and detoxification efficiency［J］.Pesticide Biochemistry and Physiology, 2016, 129: 70-74.

［3］ Bao YY, Qin X, Yu B, Chen LB, Wang ZC, Zhang CX. Genomic insights into the serine protease gene family and expression profile analysis in the planthopper, *Nilaparvata lugens*［J］.BMC Genomics, 2014, 15（1）: 507-524.

［4］ Bao YY, Wang Y, Wu WJ, Zhao D, Xue J, Zhang BQ, Shen ZC, Zhang CX. De novo intestine-specific transcriptome of the brown planthopper *Nilaparvata lugens* revealed potential functions in digestion, detoxification and immune response［J］.Genomics, 2012, 99（4）: 256-264.

［5］ Chang ZX, Tang N, Wang L, Zhang LQ, Akinyemi IA, Wu QF.Identification and characterization of microRNAs in the white-backed planthopper, *Sogatella furcifera*［J］. Insect Science, 2016, 23（3）: 452-468.

［6］ Chen L P, Wang P, Sun Y J, et al. Direct interaction of avermectin with epidermal growth factor receptor mediates the penetration resistance in Drosophila larvae［J］. Open biology, 2016, 6（4）: doi: 10.1098/rsob.150231..

［7］ Elzaki ME, Zhang WF, Feng A, Qiou XY, Zhao WX and Han ZJ. Constitutive overexpression of cytochrome P450 associated with imidacloprid resistance in *Laodelphax striatellus*（Fall é n）［J］.Pest Management Science, 2016, 72（5）: 1051-1058.

［8］ Elzaki MEA, Zhang W and Han ZJ. Cytochrome P450 *CYP4DE1* and *CYP6CW3v2* contribute to ethiprole resistance in *Laodelphax striatellus*（Fall é n）［J］. Insect Molecular Biology, 2015, 24（3）: 368-376.

［9］ Fu X, Li TC, Chen J, Dong Y, Qiu JQ, Kang K, Zhang WQ. Functional screen for microRNAs of *Nilaparvata lugens* reveals that targeting of glutamine synthase by miR-4868b regulates fecundity［J］.Journal of Insect Physiology, 2015, 83: 22-29.

［10］ Ge LQ, Huang LJ, Yang GQ, Song QS, Stanley D, Gurr GM, Wu JC. Molecular basis for insecticide-enhanced thermotolerance in the brown planthopper *Nilaparvata lugens*Stal（Hemiptera: Delphacidae）［J］.Molecular Ecology, 2013, 22（22）: 5624-5634.

［11］ Ge L Q, Wu J C, Sun Y C, Ouyang F, Ge F. Effects of triazophos on biochemical substances of transgenic Bt rice and its nontarget pest *Nilaparvata lugens Stål* under elevated CO_2［J］.Pesticide Biochemistry and Physiology, 2013, 107（2）: 188-199.

［12］ Ge L Q, Xia T, Huang B, Song QS, Zhang HW, David Stanley, Yang GQ and Wu JC. Suppressing male spermatogenesis-associated protein 5-like gene expression reduces vitellogenin gene expression and fecundity in *Nilaparvata lugens*. Scientific Reports, 2016, 6: DOI: 10.1038/srep28111.

［13］ Guo B N, Zhang YX, Meng XK, Bao HB, Fang JC, Liu ZW. Identification of key amino acid differences between *Cyrtorhinus lividipennis* and *Nilaparvata lugens* nAChR a8 subunits contributing to neonicotinoid sensitivity［J］ Neuroscience Letters, 2015, 589: 163-168.

［14］ Guo H, Sun Y, Li Y, et al. Pea aphid promotes amino acid metabolism both in Medicago truncatula and bacteriocytes to favor aphid population growth under elevated CO2［J］.Global change biology, 2013, 19（10）: 3210-3223.

［15］ Guo W, Yan X, Zhao G, et al. Efficacy of entomopathogenic Steinernema and Heterorhabditis nematodes against *Holotrichia oblita*［J］. Journal of Pest Science, 2015, 88（2）: 359-368.

［16］ Guo W, Yan X, Zhao G, et al. Efficacy of entomopathogenic Steinernema and Heterorhabditis nematodes against white grubs（Coleoptera: Scarabaeidae）in peanut fields ［J］. Journal of economic entomology, 2013, 106（3）: 1112-1117.

［17］ Guo W, Wu Z, Song J, et al. Juvenile hormone-receptor complex acts on Mcm4 and Mcm7 to promote polyploidy and vitellogenesis in the migratory locust ［J］. PLoS genetics, 2014, 10（10）: doi: 10.1371/journal. pgen.1004702.

［18］ Gurr GM, Lv ZX, Zheng X, Xu H, Zhu P, Chen G, Yao X, Cheng J, Zhu Z, Catindig JL, Villareal S, Van Chien H, Cuong LQ, Channoo C, Chengwattana N, Lan LP, Hai LH, Chaiwong J, Nicol HI, Perovic DJ, Wratten SD, Heong KL. Multi-country evidence that crop diversification promotes ecological intensification of agriculture, Nature Plants, 2016, : doi: 10.1038/nplants.2016.14.

［19］ H,Liu Y,Ai D,et al. A Pheromone Antagonist Regulates Optimal Mating Time in the Moth Helicoverpa armigera ［J］. Current Biology, 2017, 27（11）: 1610-1615.

［20］ He B, Chu Y, Yin M, et al. Fluorescent nanoparticle delivered dsRNA toward genetic control of insect pests ［J］. Advanced Materials, 2013, 25（33）: 4580-4584.

［21］ He M, He P. Molecular characterization, expression profiling, and binding properties of odorant binding protein genes in the whitebacked planthopper, *Sogatella furcifera* ［J］.Comparative Biochemistry and Physiology, Part B 2014, 174: 1-8.

［22］ Hou L, Yang P, Jiang F, et al. The neuropeptide F/nitric oxide pathway is essential for shaping locomotor plasticity underlying locust phase transition. eLife, 2017, 6: doi: 10.7554/eLife.22526.

［23］ Hu C, Hou ML, Wei G, Shi B, Huang J. Potential overwintering boundary and voltinism changes in the brown planthopper, *Nilaparvata lugens*, in China in response to global warming ［J］.Climatic Change, 2015, 132（2）: 337-352.

［24］ Hu G, Lim KS, Horvitz N, Clark SJ, Reynolds DR, Sapir N, Chapman JW. 2016. Mass seasonal bioflows of high-flying insect migrants ［J］. *Science*, 2016, 354（6319）: 1584-1587.

［25］ Hu L, Ye M, Li R, et al. The rice transcription factor WRKY53 suppresses herbivore-induced defenses by acting as a negative feedback modulator of map kinase activity ［J］. Plant physiology, 2015: DOI: https: //doi. org/10.1104/pp.15.01090.

［26］ Hu Y, Cheng JA, Zhu Z, Heong KL, Fu Q, He J. A comparative study on population development patterns of *Sogatella furcifera* between tropical and subtropical areas ［J］.Journal of Asia-Pacific Entomology, 2014, 17（4）: 845-851.

［27］ Huang HJ, Liu CW, Cai YF, Zhang MZ, Bao YY, Zhang CX. A salivary sheath protein essential for the interaction of the brown planthopper with rice plants ［J］.Insect Biochemistry and Molecular Biology, 2015, 66: 77-87.

［28］ Huang J, Liu W, Qi Y, et al. Neuro modulation of courtship drive through tyramine-responsive neurons in the Drosophila brain ［J］. Current Biology, 2016, 26（17）: 2246-2256.

［29］ Huang W K, Ji H L, Gheysen G, et al. Thiamine-induced priming against root-knot nematode infection in rice involves lignification and hydrogen peroxide generation ［J］. Molecular plant pathology, 2016, 17（4）: 614-624.

［30］ Ji R, Ye W, Chen H, et al. A salivary endo-β-1, 4-glucanase acts as an effector that enables the brown planthopper to feed on rice. Plant Physiology, 2017, 173: 1920-1932.

［31］ Ji R, Yu H, Fu Q, et al. Comparative transcriptome analysis of salivary glands of two populations of rice brown planthopper, *Nilaparvata lugens*, that differ in virulence. 2013, 8（11）: doi: 10.1371/journal.pone.0079612.

［32］ Jia D, Mao Q, Chen Y, et al. Insect symbiotic bacteria harbour viral pathogens for transovarial transmission. Nature Microbiology, 2017, 2: doi: 10.1038/nmicrobiol.2017.25.

［33］ Jia S, Wan PJ, Li GQ. Molecular cloning and characterization of the putative Halloween gene Phantom from the small brown planthopper *Laodelphax striatellus*［J］. Insect science, 2015, 22（6）: 707–718.

［34］ Jia S, Wan PJ, Zhou LT, Mu LL, Li GQ. Knockdown of a putative Halloween gene Shade reveals its role in ecdysteroidogenesis in the small brown planthopper *Laodelphax striatellus*［J］.Gene, 2013, 531（2）: 168–174.

［35］ Jia S, Wan PJ, Zhou LT, Mu LL, Li GQ. RNA interference–mediated silencing of a Halloween gene spookier affects nymph performance in the small brown planthopper *Laodelphax striatellus*［J］Insect Science, 2015, 22（2）: 191–202.

［36］ Jiang L, Ding L, He B, et al. Systemic gene silencing in plants triggered by fluorescent nanoparticle–delivered double–stranded RNA［J］. Nanoscale, 2014, 6（17）: 9965–9969.

［37］ Jiang YP, Li L, Liu ZY, You LL, Wu Y, Xu B, Ge LQ, Song QS and Wu JC. Adipose triglyceride lipase（Atgl）mediates the antibiotic jinggangmycin–stimulated reproduction in the brown planthopper, *Nilaparvata lugens*. Scientific Reports, 2016: DOI: 10.1038/srep18984.

［38］ Jin L, Zhang H, Lu Y, Yang Y, Wu K, Tabashnik BE, Wu Y. Large–scale test of the natural refuge strategy for delaying insect resistance to transgenic bt crops［J］. Nature Biotechnology, 2015, 33: 169–174.

［39］ Jin M, Xue J, Yao Y, Lin XD. Molecular characterization and functional analysis of kr ü ppel–homolog 1（Kr–h1）in the brown planthopper, *Nilaparvata lugens*［J］.Journal of Integrative Agriculture, 2014, 13（9）: 1972–1981.

［40］ Kettles G J, Drurey C, Schoonbeek H, et al. Resistance of Arabidopsis thaliana to the green peach aphid, *Myzus persicae*, involves camalexin and is regulated by microRNAs［J］. New Phytologist, 2013, 198（4）: 1178–1190.

［41］ Li F, Li W, Lin Y J, et al. Expression of Lima Bean Terpene Synthases in Rice Enhances Recruitment of a Beneficial Enemy of a Major Rice Pest. Plant, Cell & Environment, 2017: doi: 10.1111/pce.12959.

［42］ Li J, Shang K, Liu J, Jiang T, Hu D, Hua HX. Multi–generational effects of rice harboring Bph15 on brown planthopper, *Nilaparvata lugens*［J］.Pest Management Science, 2014, 70（2）: 310–317.

［43］ Li KY, Hu DB, Liu FZ, Long M, Liu SY, Zhao J, He YP, Hua HX. Wing patterning genes of *Nilaparvata lugens* identification by transcriptome analysis, and their differential expression profile in wing pads between brachypterous and macropterous morphs［J］.Journal of Integrative Agriculture, 2015, 14（9）: 1796–1807.

［44］ Li L, Jiang YP, Liu ZY, You LL, Wu Y, Xu B, Ge LQ, David Stanley, Song QS, Wu JC. Jinggangmycin increases fecundity of the brown planthopper, *Nilaparvata lugens* via fatty acid synthase gene expression［J］. Journal of Proteomics, 2016, 130: 140–149.

［45］ Li R, Zhang J, Li J, et al. Prioritizing plant defence over growth through WRKY regulation facilitates infestation by non–target herbivores. Elife, 2015, 4: doi: 10.7554/eLife.04805.

［46］ Li S, Wang S, Wang X, Li X, Zi J, Ge S, Cheng Z, Zhou T, Ji Y, Deng J, Wong SM, Zhou YJ. Rice stripe virus affects the viability of its vector offspring by changing developmental gene expression in embryos, Scientific Reports, 2015, 5: doi: 10.1038/srep07883.

［47］ Lihua Wang, Dan Shan, Yueliang Zhang, Xiangdong Liu, Yang Sun, Zhichun Zhang, Jichao Fang, Effects of high temperature on life history traits and heat shock protein expression in chlorpyrifos–resistant Laodelphax striatella, 2016: doi: 10.1016/j.pestbp.2016.08.002.

［48］ Lin X, Yao Y, Jin M, Li Q. Characterization of the Distal–less gene homologue, NlDll, in the brown planthopper, *Nilaparvata lugens*（Stal）［J］.Gene, 2014, 535（2）: 112-118.

［49］ Liu B, Qin F, Liu W, Wang XF. Differential proteomics profiling of the ova between healthy and Rice stripe virus-infected female insects of *Laodelphax striatellus* ［J］.Scientific Reports, 2016, 6: DOI: 10.1038/srep27216.

［50］ Liu C, Xiao Y, Li X, Oppert B, Tabashnik BE, Wu KM. Cis-mediated down-regulation of a trypsin gene associated with bt resistance in cotton bollworm ［J］. Scientific Reports, 2014, 4: 7219-7219.

［51］ Liu F, Li K, Li J, Hu D, Zhao J, He Y, Zou Y, Feng Y, Hua HX. Apterous A modulates wing size, bristle formation and patterning in *Nilaparvata lugens*, Scientific Reports, 2015, 5: doi: 10.1038/srep10526.

［52］ Liu JL, Zhang HM, Chen X, Yang X, Wu JC. Effects of rice potassium level on the fecundity and expression of the vitellogenin gene of *Nilaparvata lugens*（Stål）（Hemiptera: Delphacidae）［J］. Journal of Asia-Pacific Entomology, 2013, 16（4）: 411-414.

［53］ Liu S, Wang WL, Zhang YX, Zhang BX, Rao XJ, Liu XM, Wang DM, Li SG. Transcriptome sequencing reveals abundant olfactory genes in the antennae of the rice leaffolder, *Cnaphalocrocis medinalis*（Lepidoptera: Pyralidae）［J］.Entomological Science, 2017, 20（1）: 177-188.

［54］ Liu X, He B, Xu Z, et al. A functionalized fluorescent dendrimer as a pesticide nanocarrier: application in pest control ［J］. Nanoscale, 2015, 7（2）: 445-449.

［55］ Liu XD, Zhang AM. High temperature determines the ups and downs of small brown planthopper *Laodelphax striatellus* population ［J］.Insect Science, 2013, 20（3）: 385-392.

［56］ Liu ZY, Jiang YP, Li L, You LL, Wu Y, Xu B, Ge LQ, Wu JC. Silencing of ACO decreases reproduction and energy metabolism in triazophos-treated female brown plant hoppers, *Nilaparvata lugens*（Hemiptera: Delphacidae）［J］.Pesticide Biochemistry and Physiology, 2016, 128: 76-81.

［57］ Lou YG, Zhang GR, Zhang WQ, Hu Y, Zhang J. Biological control of rice insect pests in China, Biological Control, 2013, 67（1）: 8-20.

［58］ Lu K, Chen X, Liu W, Zhou Q. Identification of a heat shock protein 90 gene involved in resistance to temperature stress in two wing-morphs of *Nilaparvata lugens*（Stal）, Comparative biochemistry and physiology ［J］. Part A, Molecular and Integrative Physiology, 2016, 197: 1-8.

［59］ Lu K, Shu YH, Zhou JL, Zhang XY, Zhang XY, Chen MX, Yao Q, Zhou Q, Zhang WQ. Molecular characterization and RNA interference analysis of vitellogenin receptor from *Nilaparvata lugens* ［J］.Journal of Insect Physiology, 2015, 73: 20-29.

［60］ Lu Y, Wu K, Jiang Y, Guo Y, Desneux N, Widespread adoption of bt cotton and insecticide decrease promotes biocontrol services ［J］. Nature, 2012, 487: 362-365.

［61］ Luo GH, Li XH, Han ZJ, Guo HF, Yang Q, Wu M, Zhang ZC, Liu BS, Qian L, Fang JC. Molecular characterization of the piggyBac-like element, a candidate marker for phylogenetic research of *Chilo suppressalis*（Walker）in China. BMC Molecular Biology. 2014, 15（28）: doi: 10.1186/s12867-014-0028-y.

［62］ Ma G, Rudolf V H W, Ma C. Extreme temperature events alter demographic rates, relative fitness, and community structure ［J］. Global change biology, 2015, 21（5）: 1794-1808.

［63］ Mita T, Sanada-Morimura S, Matsumura M, Matsumoto Y. Genetic variation of two apterous wasps *Haplogonatopus apicalis* and *H. oratorius*（Hymenoptera: Dryinidae）in East Asia ［J］.Applied Entomology and Zoology, 2013, 48（2）: 119-124.

［64］ Pan W, Wan G, Xu J, Li X, Liu Y, Qi L, Chen FJ. Evidence for the presence of biogenic magnetic particles in the nocturnal migratory brown planthopper, *Nilaparvata lugens*, Scientific Reports, 2016, 6: doi: 10.1038/srep18771.

［65］ Pelosi P, Iovinella I, Zhu J, et al. Beyond chemoreception: diverse tasks of soluble olfactory proteins in insects. Biological Reviews, 2017: DOI: 10.1111/brv.12339.

［66］ Peng L, Zhao Y, Wang H, Zhang J, Song C, Shangguan X, Zhu L, He GC. Comparative metabolomics of the interaction between rice and the brown planthopper.Metabolomics, 2016, 132 (12): doi: 10.1007/s11306-016-1077-7.

［67］ Pu D, Shi M, Wu Q, et al. Flower-visiting insects and their potential impact on transgene flow in rice ［J］. Journal of applied ecology, 2014, 51 (5): 1357-1365.

［68］ Qi Y, Huang J, Li M, et al. Serotonin modulates insect hemocyte phagocytosis via two different serotonin receptors. Elife, 2016, 5: doi: 10.7554/eLife.12241.

［69］ Qiu X, Zhan Z B, Yan X, et al. Draft genome sequence and annotation of the entomopathogenic bacterium Photorhabdus luminescens LN2, which shows nematicidal activity against Heterorhabditis bacteriophor.a H06 nematodes. Genome announcements, 2014, 2 (6): doi: 10.1128/genomeA.01268-14.

［70］ Shan Y, Shu C, Crickmore N, et al. Cultivable gut bacteria of scarabs (Coleoptera: Scarabaeidae) inhibit *Bacillus thuringiensis* multiplication ［J］. Environmental entomology, 2014, 43 (3): 612-616.

［71］ Sun JT, Wang MM, Zhang YK, Chapuis MP, Jiang XY, Hu G, Yang XM, Ge C, Xue XF, Hong XY. Evidence for high dispersal ability and mito-nuclear discordance in the small brown planthopper, *Laodelphax striatellus*, Scientific Reports, 2015, 5: doi: 10.1038/srep08045.

［72］ Sun Y, Guo H, Yuan L, et al. Plant stomatal closure improves aphid feeding under elevated CO2 ［J］. Global change biology, 2015, 21 (7): 2739-2748.

［73］ Sun Z, Liu Z, Zhou W, Jin H, Liu H, Zhou A, Zhang A, Wang MQ. Temporal interactions of plant-insect-predator after infection of bacterial pathogen on rice plants, Scientific Reports, 2016, 6: doi: 10.1038/srep26043.

［74］ Wan DJ, Chen J, Jiang LB, Ge LQ, Wu JC. Effects of the insecticide triazophos on the ultrastructure of the flight muscle of the brown planthopper *Nilaparvata lugens*Stål (Hemiptera: Delphacidae)［J］.Crop Protection, 2013, 43: 54-59.

［75］ Wan G, Dang Z, Wu G, Parajulee MN, Ge F, Chen F. Single and fused transgenic Bacillus thuringiensis rice alter the species-specific responses of non-target planthoppers to elevated carbon dioxide and temperature ［J］. Pest Management Science, 2014, 70(5): 734-742.

［76］ Wan G, Jiang S, Wang W, Li G, Tao X, Pan W, Sword GA, Chen FJ. Rice stripe virus counters reduced fecundity in its insect vector by modifying insect physiology, primary endosymbionts and feeding behavior, Scientific Reports, 2015, 5: doi: 10.1038/srep12527.

［77］ Wan GJ, Jiang SL, Zhao ZC, Xu JJ, Tao XR, Sword GA, Gao YB, Pan WD, Chen FJ. Bio-effects of near-zero magnetic fields on the growth, development and reproduction of small brown planthopper, *Laodelphax striatellus* and brown planthopper, *Nilaparvata lugens* ［J］.Journal of Insect Physiology, 2014, 68: 7-15.

［78］ Wan PJ, Jia S, Li N, Fan JM, Li GQ. A Halloween gene shadow is a potential target for RNA-interference-based pest management in the small brown planthopper *Laodelphax striatellus*［ J ］.Pest Management Science,2015,71 (2): 199-206.

［79］ Wan PJ, Jia S, Li N, Fan JM, Li GQ. The putative Halloween gene phantom involved in ecdysteroidogenesis in the white-backed planthopper *Sogatella furcifera* ［J］. Gene, 2014, 548(1): 112-118.

［80］ Wan PJ, Yang L, Wang WX, Fan JM, Fu Q, Li GQ. Constructing the major biosynthesis pathways for amino acids in the brown planthopper, *Nilaparvata lugens* Stål (Hemiptera: Delphacidae), based on thetranscriptome data ［J.］ Insect molecular biology, 2014, 23(2): 152-164.

［81］ Wang BJ, Shahzad MF, Zhang Z, Sun H, Han P, Li F, Han ZJ. Genome-wide analysis reveals the expansion of Cytochrome P450 genes associated with xenobiotic metabolism in rice striped stem borer, *Chilo suppressalis* ［J］. Biochemical and Biophysical Research Communications, 2014, 443 (2): 756-60.

［82］ Wang J, Xie ZJ, Gao JK, Liu YP, Wang WL, Huang L and Wang JJ. Molecular cloning and characterization of a ryanodine receptor gene in brown planthopper（BPH）, *Nilaparvata lugens*（Stal）［J］.Pest Management Science, 2014, 70（5）: 790–797.

［83］ Wang LF, Lin KJ, Chen C, Fu S, Xue F. Diapause induction and termination in the small brown planthopper, *Laodelphax striatellus*（Hemiptera: Delphacidae）, PloS one, 2014; 9（9）: doi: 10.1371/journal. pone.0107030.

［84］ Wang LH, Shan D, Zhang YL, Liu XD, Sun Y, Zhang ZC, Fang JC. Effects of high temperature on life history traits and heat shock protein expression in chlorpyrifos–resistant *Laodelphax striatella*, Pesticide Biochemistry and Physiology, 2016: DOI: 10.1016/j.pestbp. 2016.1008.1002.

［85］ Wang Q, Xin Z, Li J, Hu L, Lou YG, Lu J.（E）–β–caryophyllene functions as a host location signal for the rice white–backed planthopper *Sogatella furcifera*［J］.Physiological and Molecular Plant Pathology, 2015, 91: 106–112.

［86］ Wang X, Kang L. Molecular mechanisms of phase change in locusts［J］. Annual Review of Entomology, 2014, 59: 225–244.

［87］ Wang X, Zhang M, Feng F, He R. Differentially regulated genes in the salivary glands of brown planthopper after feeding in resistant versus susceptible rice varieties［J］Archives of Insect Biochemistry and Physiology, 2015, 89（2）: 69–86.

［88］ Wanger TC, Darras K, Bumrungsri S, Tscharntke T, Klein AM. Bat pest control contributes to food security in Thailand［J］. Biological Conservation, 2014, 171: 220–223.

［89］ Wei J, Guo Y, Liang G, Wu K, Zhang J, Tabashnik BE, Li X. Cross–resistance and interactions between bt toxins cry1ac and cry2ab against the cotton bollworm［J］Scientific Reports, 2015, 5: doi: 10.1038/srep07714.

［90］ Wei J, Liang G, Wang B, Feng Z, Chen L, Myint KM, Guo YY, Wu KM, Tabashnik Bruce E. Activation of bt protoxin cry1ac in resistant and susceptible cotton bollworm［J］. Plos One, 2016, 11（6）: .doi: 10.1371/journal.pone.0156560.

［91］ Wei T, Li Y. Rice reoviruses in insect vectors［J］. Annual review of phytopathology, 2016, 54: 99–120.

［92］ Xi Y, Pan PL, Ye YX, Yu B, Xu HJ, Zhang CX. Chitinase–like gene family in the brown planthopper, *Nilaparvata lugens*［J］.Insect Molecular Biology, 2015, 24（1）: 29–40.

［93］ Xiao Y, Liu K, Zhang D, Gong L, He F, Soberon M, Bravo A, Tabashnik BE, Wu KM. "Resistance to Bacillus thuringiensis Mediated by an ABC Transporter Mutation Increases Susceptibility to Toxins from Other Bacteria in an Invasive Insect.", Plos Pathogens, 2016, 12（2016）: doi: 10.1371/journal.ppat.1005450.

［94］ Xiao YT, Zhang T, Liu CX, Heckel David G, Li XC, Tabashnik BE, Tabashnik bruce E, Wu KM. Mis-splicing of the ABCC2 gene linked with bt toxin resistance in *helicoverpa armigera*［J］.Scientific Reports,2014,4: 6184–6184.

［95］ Xu HJ, Xue J, Lu B, Zhang XC, Zhuo JC, He SF, Ma XF, Jiang YQ, Fan HW, Xu JY, Ye YX, Pan PL, Li Q,Bao YY,Nijhout HF,Zhang CX. Two insulin receptors determine alternative wing morphs in planthoppers［J］. Nature, 2015, 519（7544）: 464–467.

［96］ Xu HX, He XC, Zheng XS, Yang YJ, Tian J, LV ZX. Southern rice black–streaked dwarf virus（SRBSDV） directly affects the feeding and reproduction behavior of its vector, *Sogatella furcifera*（Horváth）（Hemiptera: Delphacidae）, Virology Journal, 2014: doi: 10.1186/1743–422X–11–55.

［97］ Xu P, Liu Y, Graham RI, Wilson K and Wu KM. Densovirus is a mutualistic symbiont of a global crop pest （helicoverpa armigera）and protects against a baculovirus and bt biopesticide［J］Plos Pathogens,2014,10（10）: 188–96.

［98］ Xu Y, Zhou W, Zhou Y, Wu J, Zhou XP. Transcriptome and comparative gene expression analysis of *Sogatel-*

la furcifera（Horvath）in response to southern rice black–streaked dwarf virus, PloS one, 2012, 7（4）: doi: 10.1371/journal.pone.0036238.

［99］ Xue J, Zhang XQ, Xu HJ, Fan HW, Huang HJ, Ma XF, Wang CY, Chen JG, Cheng JA, Zhang CX. Molecular characterization of the flightin gene in the wing–dimorphic planthopper, *Nilaparvata lugens*, and its evolution in Pancrustacea［J］.Insect biochemistry and molecular biology, 2013, 43（5）: 433–443.

［100］ Xue J, Zhou X, Zhang CX, Yu LL, Fan AW, Zhuo Wang, Xu HJ, Xi Y, Zhu ZR, Zhou WW, Pan PL, Li BL, John K Colbourne, Hiroaki Noda, Yoshitaka Suetsugu, Tetsuya Kobayashi, Zheng Y, Liu SL, Zhang R, Liu Y, Luo YD, Fang DM, Chen Y, Zhan DL, Lv XD, Cai Y, Wang ZB, Huang HJ, Cheng RL, Zhang XC, Lou YH, Yu B, Zhuo JC, Ye YX, Zhang WQ, Shen ZC, Huan–Ming Yang, Jian Wang, Jun Wang, Bao YY, Cheng JA. Genomes of the rice pest brown planthopper and its endosymbionts reveal complex complementary contributions for host adaptation［J］.Genome Biology, 2014, 15（12）: 521–540.

［101］ Yan X, Han R, Moens M, et al. Field evaluation of entomopathogenic nematodes for biological control of striped flea beetle, *Phyllotreta striolata*（Coleoptera: Chrysomelidae）［J］. Biocontrol, 2013, 58（2）: 247–256.

［102］ Yan X, Moens M, Han R, et al. Effects of selected insecticides on osmotically treated entomopathogenic nematodes［J］. Journal of Plant Diseases and Protection, 2012, 119（4）: 152–158.

［103］ Yan X, Wang X, Han R, et al. Utilisation of entomopathogenic nematodes, Heterorhabditis spp. and Steinernema spp., for the control of *Agrotis ipsilon*（Lepidoptera, Noctuidae）in China［J］. Nematology, 2014, 16（1）: 31–40.

［104］ Yang D, Li G, Yan X, et al. Controlled release study on microencapsulated mixture of fipronil and chlorpyrifos for the management of white grubs（Holotrichia parallela）in peanuts（Arachis hypogaea L.）［J］. Journal of agricultural and food chemistry, 2014, 62（44）: 10632–10637.

［105］ Yang F, Hu G, Shi JJ, Zhai BP. Effects of larval density and food stress on life–history traits of *Cnaphalocrocis medinalis*（Lepidoptera: Pyralidae）［J］. Journal of Applied Entomology, 2014, 139（5）: 370–380.

［106］ Yang YX, Zhang YX, Yang BJ, JichaoFangandLiu ZW, Transcritomicresponsestodifferentdosesof cycloxaprid involved in detoxification and stress response in the whitebacked planthopper, *Sogatella furcifera*, Entomologia Experimentalis et Applicata, 2016, 158（3）: 248–257.

［107］ Ye W, Yu H, Jian Y, et al. A salivary EF–hand calcium–binding protein of the brown planthopper *Nilaparvata lugens* functions as an effector for defense responses in rice. Scientific Reports, 2017, 7: doi: 10.1038/srep40498.

［108］ Yu B, Li DT, Lu JB, Zhang WX, Zhang CX. Seminal fluid protein genes of the brown planthopper, *Nilaparvata lugens*, BMC genomics, 2016, 17（654）: doi: 10.1186/s12864–016–3013–7.

［109］ Yu B, Li DT, Wang SL, Xu HJ, Bao YY, Zhang CX. Ion transport peptide（ITP）regulates wing expansion and cuticle melanism in the brown planthopper, *Nilaparvata lugens*［J］.Insect Molecular Biology, 2016, 25（6）: 778–787.

［110］ Yu JL, An ZF, Liu XD. Wingless gene cloning and its role in manipulating the wing dimorphism in the white–backed planthopper, *Sogatella furcifera*［J］.BMC Molecular Biology, 2014, 15（2）: 20–29.

［111］ Zhai YF, Sun ZX, Zhang JQ, Kang K, Chen J and Zhang WQ. Activation of the TOR Signalling Pathway by Glutamine Regulates Insect Fecundity, Scientific Reports, 2015, 5: DOi: 10.1038/srep10694.

［112］ Zhang BX, Huang HJ, Yu B, Lou YH, Fan HW, Zhang CX.Bicaudal–C plays a vital role in oogenesis in *Nilaparvata lugens*（Hemiptera: Delphacidae）［J］.Journal of Insect Physiology, 2015, 79: 19–26.

［113］ Zhang H, Wu S, Yang Y, Tabashnik BE and Wu Y. Non–recessive bt toxin resistance conferred by an intracellular cadherin mutation in field–selected populations of cotton bollworm［J］.Plos One, 2012, 7（12）: 483–496.

［114］ Zhang KJ, Zhu WC, Rong X, Zhang YK, Ding XL, Liu J, Chen DS, Du Y, Hong XY. The complete mitochondrial genomes of two rice planthoppers, *Nilaparvata lugens* and *Laodelphax striatellus* conserved genome rearrangement in Delphacidae and discovery of new characteristics of atp8 and tRNA genes ［J］.BMC Genomics, 2013, 14: 417–429.

［115］ Zhang L, Pan P, Sappington TW, Lu WX, Luo LZ, Jiang XF. Accelerated and Synchronized Oviposition Induced by Flight of Young Females May Intensify Larval Outbreaks of the Rice Leaf Roller. Plos One. 2015,10（3）: doi.org/10.1371/journal.pone.0121821.

［116］ Zhang L, Xu P, Xiao H, Lu Y, Liang G, Zhang Y and Wu KM, Molecular Characterization and Expression Profiles of Polygalacturonase Genes in *Apolygus lucorum*（Hemiptera: Miridae）, Plos One, 2015, 10（5）: doi.org/10.1371/journal.pone.0126391.

［117］ Zhang R, Wang B, Grossi G, et al. Molecular Basis of Alarm Pheromone Detection in Aphids ［J］. Current Biology, 2017, 27（1）: 55–61.

［118］ Zhang XL, Liao X, Mao KK, Zhang KX, Wan H, Li JH. Insecticide resistance monitoring and correlation analysis of insecticides in field populations of the brown planthopper *Nilaparvata lugens*（stål）in China 2012–2014 ［J］. Pesticide Biochemistry and Physiology, 2016, 132: 13–20.

［119］ Zhang YN, Xia YH, Zhu JY, Li SY, Dong SL. Putative pathway of sex pheromone biosynthesis and degradation by expression patterns of genes identified from female pheromone gland and adult antenna of Sesamia inferens（Walker）［J］. Journal of Chemical Ecology, 2014 , 40（5）: 439–51.

［120］ Zhang YN, Zhang J, Yan SW, Chang HT, Liu Y, Wang GR, Dong SL. Functional characterization of sex pheromone receptors in the purple stem borer, *Sesamia inferens*（Walker）［J］. Insect Molecular Biology, 201, 23（5）: 611–20.

［121］ Zhang YX, Wang X, Yang BJ, Hu YY, Huang LX, Bass C, Liu ZW. Reduction in mRNA and protein expression of a nicotinic acetylcholine receptor α 8 subunit is associated with resistance to imidacloprid in the brown planthopper, *Nilaparvata lugens* ［J］.Journal of Neurochemistry, 2015, 135（4）: 686–694.

［122］ Zhang YX, Zhu ZF, Lu XL, Li X, Ge LQ, Fang JC, Wu JC.Effects of two pesticides, TZP and JGM, on reproduction of three planthopper species, *Nilaparvata lugens*, *Sogatella furcifera* Horvath, and *Laodelphax striatella* Fall é n ［J］.Pesticide Biochemistry and Physiology, 2014, 115 : 53–57.

［123］ Zhang YX, Ge LQ, Jiang YP, Lu XL, Li X, David Stanley, Song QS and Wu JC. RNAi knockdown of acetyl-CoA carboxylase gene eliminates jinggangmycin–enhanced reproduction and population growth in the brown planthopper, *Nilaparvata lugens*. Scientific Reports, 2015, 5: DOi: 10.1038/srep15360.

［124］ Zhang Z, Cui B, Li Y, Liu G, Xiao H, Liao Y, Li Y, Zhang Y. Effects of tobacco–rice rotation on rice planthoppers *Sogatella furcifera*（Horv á th）and *Nilaparvata lugens*（Stål）（Homoptera: Delphacidae）in China ［J］.Plant and Soil, 2015, 392（1–2）: 333–344.

［125］ Zhao L, Yang M, Shen Q, Liu X, Shi Z, Wang S, Tang B. Functional characterization of three trehalase genes regulating the chitin metabolism pathway in rice brown planthopper using RNA interference, Scientific Reports, 2016, 6: doi: 10.1038/srep27841.

［126］ Zhao Z, Sandhu HS, Ouyang F, Ge F. Landscape changes have greater effects than climate changes on six insect pests in China, Science China ［J］. Life Sciences, 2016, 59（6）: 627–633.

［127］ Zhou SS, Sun Z, Ma W, Chen W, Wang MQ. De novo analysis of the *Nilaparvata lugens*（Stal）antenna transcriptome and expression patterns of olfactory genes, Comparative biochemistry and physiology ［J］. Part D, Genomics and Proteomics, 2014, 9: 31–39.

［128］ Zhou W, Yuan X, Qian P, Cheng J, Zhang C, Gurr G, Zhu ZR. Identification and expression profiling of putative chemosensory protein genes in two rice planthoppers, *Laodelphax striatellus*（Fall é n）and *Sogatella*

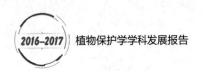
furcifera（Horváth）［J］. Journal of Asia-Pacific Entomology，2015，18（4）：771-778.

［129］Zhou X，Su X，Liu H. A floatable formulation and laboratory bioassay of *Pandora delphacis*（Entomophthoromycota：Entomophthorales）for the control of rice pest *Nilaparvata lugens* Stal（Hemiptera：Delphacidae）［J］. Pest Management Science，2016，72（1）：150-154.

［130］Zhou YR，Li LY，Li JM，Sun ZT，Xie L，Chen JP，Argonaute subfamily genes in the small brown planthopper，*Laodelphax striatellus*（Hemiptera：delphacidae）［J］.Archives of Insect Biochemistry and Physiology，2016，91（1）：37-51.

［131］Zhou Z，Zang Y，Yan M，Luo X. Quantity estimation modeling of the Rice Plant-hopper infestation area on rice stems based on a 2-Dimensional Wavelet Packet Transform and corner detection algorithm［J］.Computers and Electronics in Agriculture，2014，101：102-109.

［132］Zhu P，Gurr GM，Lu Z，Heong K，Chen G，Zheng X，Xu H，Yang Y. Laboratory screening supports the selection of sesame（*Sesamum indicum*）to enhance *Anagrus spp. parasitoids*（Hymenoptera：Mymaridae）of rice planthoppers［J］.Biological Control，2013，64（1）：83-89.

［133］Zhuang X，Wang Q，Wang B，et al. Prediction of the key binding site of odorant-binding protein of *Holotrichia oblita* Faldermann（Coleoptera：Scarabaeida）［J］. Insect molecular biology，2014，23（3）：381-390.

［134］褚艳娜，王琼，李静雯，等. 光周期对小地老虎生长发育及繁殖的影响［J］. 应用昆虫学报，2014，51（5）：1268-1273.

［135］高燕，雷朝亮，李克斌，等. 不同频振灯光源对花生田天敌昆虫的诱集作用比较［J］. 环境昆虫学报，2013（2）：133-139.

［136］孔德龙，袁会珠，闫晓静，等. 氟虫腈·毒死蜱 18% 种子处理微囊悬浮剂对花生蛴螬防治研究［J］. 农药科学与管理，2014，35（2）：60-63.

［137］刘超华，熊强，王小平，等. 苎麻田灯下金龟子种类组成及优势种群发生动态研究［J］. 环境昆虫学报，2014，36（5）：838-842.

［138］刘福顺，王庆雷，刘春琴，等. 大黑蛴螬活动规律及对农作物幼苗的取食趋性研究［J］. 环境昆虫学报，2014，36（4）：635-639.

［139］农向群，刘迅，刘春琴，等. 蛴螬对绿僵菌及花生植株的行为趋性研究［J］. 中国生物防治学报，2014，30（3）：334-341.

［140］石保坤，胡朝兴，黄建利，侯茂林. 温度对褐飞虱发育、存活和产卵影响的关系模型，生态学报，2014，34（20）：5868-5874.

［141］谭树乾，尹姣，李克斌，等. Qy8Gal 蛋白对华北大黑鳃金龟幼虫主要酶活性的影响［J］. 植物保护，2013，39（3）：1-6.

［142］王利华，单丹，方继朝. 灰飞虱 LHSC70 基因表达特性及功能研究［J］.中国水稻科学，2015，29（4）：424-430.

［143］王利华，单丹，姚静，方继朝. 温度和毒死蜱对灰飞虱雌成虫热激蛋白 70 和 90 基因的诱导表达特性研究［J］.应用昆虫学报，2015，52（4）：828-836.

［144］颜珣，郭文秀，赵国玉，等. 昆虫病原线虫防治地下害虫的研究进展［J］. 环境昆虫学报，2014，36（6）：1018-1024.

［145］张振飞，黄炳超，肖汉祥，等. 四种农业措施对三化螟种群动态的控制作用［J］. 生态学报，2013，33（22）：7173-7180.

撰写人：方继朝　陆宴辉　李克斌

生物防治学学科发展研究

一、引言

生物防治是农业可持续发展模式的重要内容，生物防治学科为农业可持续发展提供重要的科学支撑。近年来，我国已进入加快推进农业可持续发展的历史阶段，这为生物防治学科的发展提供了新的机遇，同时也对生物防治学科的发展提出了更高的要求。

2013 年初我国启动了两项生物防治领域的"973"计划项目，分别是云南大学张克勤主持的"农作物重要病原线虫生物防控的基础研究"和浙江大学陈学新主持的"天敌昆虫控制害虫机制及可持续利用研究"，凝聚了中国科学院、中国农科院、中国农业大学、北京市农林科学院、华南农业大学、中山大学、西北农林科技大学、华中农业大学、海南热作研究院等单位的一大批优秀科研骨干、科研人员和研究生，经过五年的努力，两个项目团队已经取得了一系列原创性科研成果，揭示微生物与线虫互作分子机制及天敌昆虫控制害虫机制，研发了一系列拥有自主知识产权的线虫生物农药、天敌昆虫产品并实现规模化生产和应用，为我国作物病虫害的生物防控做出了重要贡献，同时还凝练了一支有国际影响的生物防控研究队伍，提升了我国作物病虫害生物防控的国际地位和竞争力，为我国农业生产可持续发展提供了强有力的支撑。

2014 年浙江大学刘树生"农业害虫生物防治的基础研究"团队获国家基金创新群体延续资助，在寄生蜂和生防真菌基因资源的发掘和利用、作物系统中多营养层及种间互作机制等方面取得了重要突破，研究工作整体上居国际先进水平，部分居国际领先水平。

进入"十三五"以来，我国启动了"国家重点研发计划"重点专项，"化学肥料和农药减施增效综合技术研发"重点专项 2016 年启动，2017 年有六个与生物防治相关的项目启动，分别是中国科学院动物研究所戈峰主持的"活体生物农药增效及有害生物生态调控机制"、中国农业科学院植物保护研究所邱德文主持的"作物免疫调控与物理防控技术及产品研发"、张礼生主持的"天敌昆虫防控技术及产品研发"、张杰主持的"新型高效生物杀虫剂研发"、中国农业大学王琦主持的"新型高效生物杀菌剂研发"和段留生主持的"新型高效植物生长调节剂和生物除草剂研发",这些项目的开展和实施,将为我国化学农药的减施提供有力的技术支撑和保障。

2016 年 8 月,在农业部的倡导和推动下,"国家天敌昆虫科技创新联盟"正式挂牌成立,山东鲁保科技开发有限公司为联盟的牵头单位,共七家企业、九家大学或研究所为发起单位,联盟是一个以企业为主体、科研机构为技术支持而组成的行业性社会团体组织,将针对天敌昆虫产业核心技术和关键科技瓶颈,开展科企合作联合,促进我国天敌昆虫产业化发展,为农作物病虫害可持续防控提供科技支撑。

二、学科发展现状

(一)作物害虫生物防治研究与应用

1. 天敌昆虫(含捕食螨)的研究与应用

(1)寄生蜂的研究与应用

1)种类及多样性。我国寄生蜂种类丰富,是农林害虫生物防治的重要天敌资源。我国目前已探明的寄生蜂共有 48 个科,其中大部分类群都有一定程度的研究和了解,但也有一些还知之甚少(Chen et al., 2014)。过去五年我国寄生性天敌资源得到了进一步发掘,优势天敌种类也进一步明确。郭文超等(2016)综述了新疆农林害虫主要寄生蜂资源研究与应用进展,报道了三个中国新纪录属 41 个新种。王锦林等(2014)采集鉴定了宁夏和内蒙古荒漠灌木林寄生蜂 5 科 30 种,包括 2 新种。浙江省不同寄主植物上调查烟粉虱寄生蜂发现十余种寄生蜂,其中蒙氏桨角蚜小蜂 *Eretmocerus mundus*、狄氏桨角蚜小蜂 *Er. debachi* 和浅黄恩蚜小蜂 *Encarsia sophia* 的数量最多(杨帆等,2016)。新发现异域阔柄跳小蜂 *Metaphycus alienus* 是入侵害虫无花果蜡蚧 *Ceroplastes rusci* 的重要天敌(王颖等,2014)。发现尼氏原蚜小蜂 *Protaphelinus nikolskajae* 在黑龙江五大连池寄生火山杨上的远东枝瘿棉蚜 *Pemphigus borealis*,目前是该属唯一记载种,是造瘿蚜虫瘿棉蚜科 Pemphyidae 瘿棉蚜属 *Pemphigus* 的专性寄生蜂(王竹红等,2014)。新记录了黄体黑盾蚜小蜂 *Aphytis japonicus* 和黄头黑胸蚜小蜂 *A. humilis* 两种蚜小蜂属寄生蜂(陈业等,2016)。新发现霍氏啮小蜂 *Tetrastich howardi* 在广州地区寄生台湾稻螟蛹(廖永林等,2014)。发现达摩新小蜂 *Neochalcis daemonius* 寄生于贯叶马兜铃上的达摩麝凤蝶蛹(周诗语等,2017)。首次报道孟氏胯姬小蜂 *Quadrastichus mendeli* 在海南寄生桉树害虫枝瘿姬小蜂 *Leptocybe invasa*(冯梦霞等,2016)。新发现日本棱角肿腿蜂 *Goniozus japonicus*、兰氏原绒茧蜂 *Protapanteles lamborni* 和螟黄赤眼蜂为竹林害虫竹弯茎野螟 *Crypsiptya coclesalis* 的寄生蜂(郭瑞等,2016)。发现中国枝瘿金小蜂 *Homoporus sinensis* 和黄腹长角金小蜂 *Norbanus longifasciatus* 寄生竹林害虫竹瘿广肩小蜂 *Aiolomorphus rhopaloides*（何孙强等，2016）。在北京地区发现危害黄栌的害虫黄点直缘跳甲 *Ophrida xanthospilota* 有两种卵寄生蜂：跳甲异赤眼蜂 *Asynacta ophriolae* 和卵跳小蜂属一种 *Ooencyrtus* sp.（宋立洲等，2016）。发现松褐天牛卵金小蜂 *Callimomoides monochaphagae* 寄生松褐天牛 *Monochamus alternatus*（Yang et al.，2014b）。

2）水稻害虫寄生蜂控害作用。近年来集成利用生态调控技术以充分发挥天敌昆虫的控害作用，对水稻飞虱和螟虫的防治起到积极的推动作用。水稻邻作大豆对水稻害虫生物防治有提升作用。田埂配置大豆的有机稻田内二化螟、三化螟、稻纵卷叶螟和褐飞虱的卵寄生率和幼虫寄生率均比对照增加。寄生蜂从大豆生境扩散到稻田生境的数量显著高于其从玉米生境扩散到稻田生境（戈林泉等，2016）。调查发现杂草马唐和牛筋草是寡索赤眼蜂 *Ollgosita* spp. 的最适越冬寄主，在冬末春初水稻生态工程控害区的寡索赤眼蜂数量远高于农民自防区；看麦娘和李氏禾是缨小蜂 *Anagrus* spp. 的适宜寄主，对缨小蜂的种群维持起着至关重要的作用。通过调节与保护生物多样性、种植显花植物（芝麻）、诱虫植物（香根草）等内容的生态工程控害措施，能显著提高稻田附近稻飞虱卵寄生蜂的数量，降低稻田稻飞虱的种群数量（朱平阳等，2016）。通过实施水稻生态工程控害技术可有效提高稻纵卷叶螟天敌功能团的种群数量，如蜻蜓目天敌功能团、肖蛸科天敌功能团和幼虫寄生蜂天敌功能团的种群数量均显著高于农民自防田，这对减少化学农药使用和提高水稻生长中后期的天敌控害作用有重要的意义（朱平阳等，2017；Zhu et al.，2015）。

3）烟粉虱寄生蜂控害作用。烟粉虱寄生性天敌主要包括恩蚜小蜂属和桨角蚜小蜂属。Liu 等（2015b）综述了烟粉虱寄生蜂的多样性、生物学特性、三营养级互作及应用等方面的研究进展。近年来国内烟粉虱寄生蜂研究较多的种类主要有丽蚜小蜂 *En. formosa*、浅黄恩蚜小蜂 *En. sophia*、双斑恩蚜小蜂 *En. bimaculata*、海氏桨角蚜小蜂 *Er. hayati* 等。

寄主种类影响寄生蜂的行为与寄生率，如温室白粉虱和烟粉虱饲养出来的丽蚜小蜂对两种粉虱的寄生和取食有明显的不同（Dai et al.，2014）。烟粉虱两个不同隐种对丽蚜小蜂的羽化率、寄生率和行为有显著影响（He et al.，2017）。浅黄恩蚜小蜂与丽蚜小蜂混合释放比单独释放浅黄恩蚜小蜂对烟粉虱的搜索效应增加，寄生效率显著增强，具有更高的生物防治潜能（王甦等，2014），但田间混合释放不同天敌的防治效果要依据天敌组合的类别而异（Tan et al.，2016）。寄主植物也可影响寄生蜂的发育及存活，寄主植物叶片腺毛较少、叶面积较大、叶间距较小，更有利于丽蚜小蜂的寄生（王东升等，2015）。大气中臭氧的增加可以刺激茉莉酸通路增加挥发性物质，从而有利于丽蚜小蜂种群发挥效能（Cui et al.，2016）。烟粉虱是双生病毒的媒介昆虫，寄主植物感染病毒后对烟粉虱寄生蜂的寄主选择及觅食行为也产生影响（潘登等，2014）。番茄植株感染番茄黄化曲叶病毒后，海氏桨角蚜小蜂在带毒植株叶片上的寄主处置时间和寄主块停留时间显著长于其在健康植株叶片上的时间（潘登等，2013）。段敏等（2016）发现随温度的升高，海氏桨角蚜小蜂和浅黄恩蚜小蜂初羽化雌成蜂的个体大小呈现变小的趋势，两种寄生蜂在38℃温度下发育获得的初羽化雌峰个体大小显著小于26℃和30℃下发育获得的雌蜂，浅黄恩蚜小蜂在38℃条件下雌蜂体内没有成熟的卵。而两种寄生蜂对烟粉虱的龄期有明显的偏好性，海氏浆角蚜小蜂在低龄烟粉虱上比浅黄恩蚜小蜂更有竞争优势（Xu et al., 2016a）。二者混合释放对烟粉虱的控害效果更强（Xu et al., 2015b）。海氏浆角蚜小蜂近年来在中国新疆也发现有分布（Zhang et al., 2015c）。

4）蚜虫寄生蜂控害作用。在复杂景观中麦蚜寄生蜂的物种多样性较高，寄生蜂的迁入量高于简单景观下寄生蜂的迁入量，但迁入时间相对较晚（刘军和和禹明甫，2013）。而景观结构的复杂性对麦蚜寄生蜂寄生率的影响不明显，而与寄主的密度呈正相关（关晓庆等，2013）。景观结构中边界密度和斑块密度越大，越利于麦蚜寄生蜂数量的增加（欧阳芳等，2016）。蚜茧蜂的存在除了直接的寄生作用外，还有"间接"的生态效应，用直接放蚜茧蜂 Lysiphlebia japonica 和通过笼罩间接放蚜茧蜂所产生的胁迫作用对连续三代棉蚜 Aphis gossypii 生长发育与繁殖的影响研究结果表明，直接放蚜茧蜂的胁迫作用使第一代棉蚜繁殖率明显下降，第二代棉蚜生长发育与繁殖得到恢复，但受到持续间接胁迫作用却使棉蚜繁殖率明显下降，第三代受到胁迫的棉蚜繁殖率均明显下降（李姣等，2013）。

5）潜叶蝇及其他蔬菜害虫寄生蜂控害作用。潜蝇姬小蜂属 Diglyphus 寄生蜂是潜叶蝇的重要天敌，目前已鉴定36种，均为抑性外寄生蜂，其中对豌豆潜蝇姬小蜂 D. isaea、贝氏潜蝇姬小蜂 D. begini 和中带潜蝇姬小蜂 D. intermedius 的研究较多，豌豆潜蝇姬小蜂的温度适应范围和控害潜力最强（刘万学等，2013a）。芙新姬小蜂 Neochrysocharis formosa 和潜蝇姬小蜂对美洲斑潜蝇幼虫的控害作用研究表明，在初羽化前期取食寄主食物的雌蜂比添加非寄主食物的雌蜂具有更强的致死能力（肖悦等，2016；Liu et al., 2015c）。底比斯姬小蜂 Chrysocharis pentheus 在我国分布广泛，能通过产卵寄生和寄主取食两种方式致死寄主，是多种潜叶蝇类害虫，尤其是美洲斑潜蝇和三叶草斑潜蝇的优势天敌，对我国潜叶蝇具有极强的控害应用潜力（刘万学等，2013b）。异角亨姬小蜂 Hemiptarsenus varicornis 除了产卵寄生和寄主取食两种方式致死寄主外，还可通过刺伤幼虫致死寄主（Cheng et al., 2017b）。

马尼拉侧沟茧蜂 Microplitis manilae 和斜纹夜蛾侧沟茧蜂 Microplitis prodenia 是斜纹夜蛾 Spodoptera litura 的重要幼虫寄生蜂（方祝红等，2014；赵怡需等，2015）。随着马尼拉侧沟茧蜂雌蜂日龄的增加，其寄生率和子代性比显著降低，但子代发育历期随雌蜂日龄的增加而延长；当寄生蜂密度一定时子代性比随寄主密度的增加而显著增加，当寄主密度一定时子代性比随寄生蜂密度的增加而显著下降。不同抗性的大豆品种对斑痣悬茧蜂 Meteorus pulchricornis 不同发育阶段也显示不同程度的影响（Li et al., 2017b）。在茄子上瓢虫柄腹姬小蜂 Pediobius foveolatus 在不同放蜂比条件下对害虫的寄生率均大于在西红柿上的寄生率，表明茄子作为寄主植物更适于寄生蜂的产卵寄生；而且香毛簇多的品系比香毛簇少的品系寄生率低（王国红等，2013）。

6）林果类害虫寄生蜂控害作用。绵粉蚧长索跳小蜂 *Anagyrus schoenherri* 是白蜡树主要害虫蜡绵粉蚧 *Phenacoccus fraxinus* 的优势种，在西宁地区该蜂蛹和成虫出现的高峰期与寄主若虫盛发期完全吻合，寄生率高达 86.6%（李宁等，2014）。云南德宏盈江农场定量释放优雅岐脉跳小蜂，对橡胶盔蚧五周后的防效可达 82.3%（李凤菊等，2017）。从日本引进的正花角蚜小蜂 *Coccobius azumai* 对外来入侵松树害虫松突圆蚧 *Hemiberlesia pitysophila* 防治效果不理想，而广东信宜的本土寄生蜂友恩蚜小蜂 *En. amicula*、范氏黄金蚜小蜂 *A. vandenboschi*、长缨恩蚜小蜂 *En. citrina* 等防治松突圆蚧效果较稳定，防效均在 50% 以上，最高达 85.9%（冯莹等，2014；朱健雄，2013，2014）。1996—2013 年调查了三种美国引进寄生蜂火炬松短索跳小蜂 *Acerophagus coccois*、广腹细蜂 *Allotropa* sp. 和迪氏跳小蜂 *Zarhopalus debarri* 在广东林间释放后定居情况，发现火炬松短索跳小蜂能成功定殖且保持种群繁衍与扩散，可有效控制湿地松粉蚧的危害（方天松等，2014）。

联合应用阿里山潜蝇茧蜂 *Fopius arisanus* 和橘小实蝇不育雄虫可明显控制橘小实蝇 *Bactrocera dorsalis* 的种群数量，田间总体防治效果可达 90% 左右（郑思宁等，2013）。蝇蛹金小蜂 *Pachycrepoideus vindemmiae* 也是实蝇类害虫的重要天敌，可以用 −20℃ 冷冻的家蝇蛹作为替代寄主繁殖蝇蛹金小蜂来控制果蝇和橘小实蝇蛹；在三四日龄的南瓜实蝇蛹上的蝇蛹金小蜂发育历期显著较短，子代雌蜂寿命较长（刘欢等，2016），但与瓜实蝇蛹相比，该蜂偏好在橘小实蝇蛹上停留，且寄生率较高，最高寄生率达 61.1%（赵海燕等，2016）。

松脊吉丁肿腿蜂 *Sclerodermus* sp. 对松褐天牛幼虫具有较强的控制潜力（展茂魁等，2014）。川硬皮肿腿蜂 *S. sichuanensis* 对锈斑楔天牛有一定的控制效果（达启林，2015）。白蜡吉丁肿腿蜂 *S. pupariae* 需补充营养后才促使卵的成熟，因此在害虫的繁育与应用中，在天敌释放区周边配植一定的蜜源植物可以更有效地利用和保护天敌昆虫资源（魏可等，2016；Gao et al.，2016b；Wei et al.，2017）。哈氏肿腿蜂 *S. harmandi* 防治林木蛀干害虫、白蛾周氏啮小蜂防治美国白蛾已得到大量应用（张勃龙等，2014；武琳琳等，2016）。会泽新松叶蜂 *Neodiprion huizeensis* 的越冬蛹在贵州平均被寄生率约 35%（Li et al.，2016d）。

班氏跳小蜂 *Aenasius bambawalei* 是扶桑绵粉蚧 *Phenacoccus solenopsis* 的重要寄生蜂，当蜂蚧比为 2∶50 时，班氏跳小蜂寄生率最高，达 92%；而班氏跳小蜂密度过高或过低均会导致寄生率下降（高原等，2014）。杨驭麟等（2015）调查茶翅蝽卵粒的寄生率为 56.3%，其中茶翅蝽沟卵蜂比例最高，占 77.7%；其次是黄足沟卵蜂占 20.4%；茶翅蝽沟卵蜂和黄足沟卵蜂对茶翅蝽卵均具有明显的选择趋性。

7）农药及其他因子对寄生蜂的影响作用。已有报道多种农药对螟黄赤眼蜂 *Trichogramma chilonis*（王坤等，2014；Wang et al.，2013）、广赤眼蜂 *T. evanescens*（Wang et al.，2014b）、玉米螟赤眼蜂 *T. ostriniae* 和丽蚜小蜂（徐华强等，2014；Li et al.，2015e）、

烟蚜茧蜂（陈德锟等，2014）、半闭弯尾姬蜂（贾变桃等，2015；洪珊珊等，2015）、斑痣悬茧蜂 *Meteorus pulchricornis*（张宁等，2016）、椰甲截脉姬小蜂 *Asecodes hispinarum*（Jin et al.，2014）、红颈常室茧蜂 *Peristenus spretus*（Liu et al.，2015d）等的影响作用，这有利于筛选高效低毒农药，对二者的协同控害有参考作用。

生物农药总体对天敌安全，用亚致死浓度的苏云金杆菌处理美国白蛾 *Hyphantria cunea* 的 2 龄幼虫后对白蛾周氏啮小蜂的寄生有利，两种生防措施协同作用存在增效潜力。嗜线虫致病杆菌是昆虫病原线虫共生细菌，田间施用该共生菌对中红侧沟茧蜂 *Microplitis mediator* 各虫态均是安全的（南宫自艳等，2013）。转 cry2Aa 的 Bt 水稻对稻虱缨小蜂 *Anagrus nilaparvatae* 无不良影响（Han et al.，2015）。Bt 水稻对二化螟盘绒茧蜂 *Cotesia chilonis* 的寄主搜索行为也无明显影响作用（Liu et al.，2015a）。转 Bt 基因的玉米对缘腹盘绒茧蜂 *Cotesia marginiventris* 和腰带长体茧蜂 *Macrocentrus cingulum* 也无负面作用（Tian et al.，2014a；Wang et al.，2017）。

8）寄生蜂对寄主的调控作用。寄生蜂对寄主的调控作用是目前寄生蜂和寄主互作关系研究的热点。寄生蜂通过寄生因子，如毒液、PDV 和畸形细胞等改变寄主行为、抑制寄主免疫反应、影响寄主发育进程等。时敏和陈学新（2015）对我国近年来寄生蜂调控寄主生理的相关研究工作做了很好的总结和整理。近两年，随着测序技术的发展，越来越多的报道揭示了产生这些调控现象特别是对寄主免疫作用的分子机理。Gao 等（2016a）鉴定了一系列畸形细胞表达的参与调控寄主发育和免疫相关的基因，如调控发育的蜕皮激素、保幼激素及几丁质合成相关的蛋白、参与免疫反应的肽聚糖识别蛋白、c 型凝集素及抗菌肽等，并进一步验证了畸形细胞产生的抗菌肽对寄主的免疫补偿作用，这一发现揭示了寄生蜂寄生因子作用的双重性，深化了对寄生蜂调控寄主免疫的认识。Fang 等（2016）报道了蝶蛹金小蜂毒液通过降低寄主抗菌肽 Ceropin 和溶菌酶 Lysozyme 基因的表达从而影响抑制寄主体液免疫。Zhao 等（2017）对小菜蛾幼虫寄生蜂菜蛾盘绒茧蜂 *C. vestalis*（携带三种寄生因子毒液、PDV 和畸形细胞）和蛹寄生蜂颈双缘姬蜂 *Diadromus collaris*（仅携带毒液）毒腺转录组进行了测序并预测了其毒液蛋白，比较发现两种寄生蜂毒液蛋白基因数量及种类差异较大，且携带单寄生因子的颈双缘姬蜂毒液蛋白明显多于携带多寄生因子菜蛾盘绒茧蜂。Teng 等（2017）鉴定了 37 个二化螟盘绒茧蜂 *C. chilonis* 中毒液蛋白，Yan 等鉴定了 70 个蝶蛹金小蜂毒液蛋白，并发现了一个 serpin 基因的剪切体能够结合寄主血淋巴中菜青虫血淋巴蛋白酶 PrHP8 和 PrPAP，从而具有抑制寄主酚氧化酶原（Prophenoloxidase）通路激活的功能（Teng et al.，2017b；Yan et al.，2017b；Yan et al.，2016）。

（2）捕食性瓢虫的研究与应用

捕食性瓢虫是蚜虫、蚧壳虫、粉蚧、螨类和粉虱等常见害虫的天敌。瓢虫一般食量大、生命周期长、且易于饲养，因而是害虫生物防治里重要的利用对象。近年来，瓢虫的利用中有两个问题受到特别关注：一是大量繁殖的成本问题，二是引进外来天敌瓢虫的环境风险。

1）天敌瓢虫替代饲料的开发。长期维持天敌－猎物－寄主植物三级营养关系的成本非常高，因此使用天敌的替代饲料来减少成本的技术显得尤为重要。替代饲料能降低天敌饲养的成本和提高饲养效率，但同时也往往影响天敌的适合度。孟氏隐唇瓢虫 *Cryptolaemus montrouzieri* 是多种粉蚧类害虫的捕食性天敌，因其食量大、发育快、成虫生命周期长和繁殖力高等诸多优良性状，被广泛地引入到世界各地应用于多种粉蚧类害虫的生物防治，成为现今世界上最广泛使用的天敌昆虫之一。然而该瓢虫食性较专一，以天然猎物饲养的成本相当高。早期的孟氏隐唇瓢虫替代饲料仅能用于其成虫的保种，之后有报道使用麦蛾 *Sitotroga cerealella* 和地中海粉螟 *Ephestia kuehniella* 卵作为其替代猎物，但成本依然相当高。中山大学庞虹研究团队开发了一种新的替代饲料，以花粉为基础，包含蜂蜜、地中海粉螟卵、酵母提取物、蔗糖和丰年虾卵囊，饲养两个世代，并将饲喂天然猎物柑橘粉蚧的瓢虫作为对照，结果显示这种新替代饲料可以有效地维持孟氏隐唇瓢虫至少两个世代的生长和繁殖，也可以作为天然食物的补充食物以降低饲养成本。

2）引进天敌瓢虫的种群遗传、进化规律及适应性。目前全球范围内在使用的非本地瓢虫超过 20 种，当中包括有异色瓢虫 *Harmonia axyridis*、七星瓢虫 *Coccinella septempunctata*、集栖长足瓢虫 *Hippodamia convergens*、澳洲瓢虫 *Rodalia cardinalis*、小黑瓢虫 *Delphastus catalinae* 和孟氏隐唇瓢虫 *Cryptolaemus montrouzieri* 等，而国内主要使用的是后三种，分别为我国的吹绵蚧、烟粉虱和粉蚧的控制作出了贡献。但是，引进外来物种天敌的属性决定了它们具有一定的环境风险。目前异色瓢虫已在全球广布且成为原产地以外难以处理的入侵物种，引至北美的七星瓢虫也开始变得不可控制。孟氏隐唇瓢虫的应用已经超过百年，我国也有六十多年的引进历史，目前为止几乎没有关于孟氏隐唇瓢虫对引进地生态的负面报道。线粒体和微卫星遗传标记分析表明，多个来自原产地、实验室饲养和引进地定殖的孟氏隐唇瓢虫的种群存在遗传分化，发现线粒体基因组中大部分蛋白编码区域均处于负选择，但有部分区域零星分布着正选择信号，显示孟氏隐唇瓢虫因为生物防治引进而在短期内发生快速的遗传分化和基因进化。孟氏隐唇瓢虫偏食粉蚧，但也可以取食蚜虫，而取食蚜虫会使孟氏隐唇瓢虫幼虫生长发育历期变长、存活率以及成虫体重和繁殖率下降。

（3）捕食螨的研究与应用

2014 年以来，国内捕食螨研究的种类有：加州新小绥螨、巴氏新小绥螨、智利小植绥螨、胡瓜新小绥螨、双尾新小绥螨、拟长毛钝绥螨、东方钝绥螨、斯氏钝绥螨、真桑钝绥螨、鳞纹钝绥螨、尼氏真绥螨、有益真绥螨、苏氏副伦绥螨、普通肉食螨、马六甲肉食螨等十余种，前三者是研究最多的种。害螨依然是主要的猎食与防控对象，包括二斑叶螨、朱砂叶螨、截形叶螨、土耳其斯坦叶螨、柑橘全爪螨和柑橘始叶螨；此外，其他的害虫包括蓟马类的西花蓟马、八节黄蓟马和烟蓟马，以及烟粉虱等。

1）种类发现与鉴定。发现了中国两个新纪录种：加州新小绥螨（Lv et al., 2016a）和双尾新小绥螨（Wang et al., 2015）。发现甘肃省植绥螨科 3 亚科 6 属 30 种，包括甘肃本地新纪录种 12 个，鳞纹钝绥螨为甘肃优势种（杨洁，2014）。Yang 等（2016b）分析了国内 34 个地点采集到 256 个马六甲肉食螨个体的 *COI* 和 *12S rRNA* 基因序列，发现种群间差异小，主要的遗传差异出现在种群内，可能是长期气候波动及人类活动干扰所致。柑橘园植绥螨的类群结构受不同防控措施影响显著，如广东肇庆柑橘园的调查表明，无农药使用、以矿物油乳剂防治为主、以苦参碱防治为主和以阿维菌素防治为主的柑橘园内植绥螨的种类和优势种各不相同（方小端等，2014）。

2）捕食螨生物学特性。王振辉等（2015）研究了双尾新小绥螨的生物学特性包括发育与生殖方式等。张保贺等（2016）发现智利小植绥螨最长交配时间为 200 分钟，最短为 66 分钟，平均时长为 112.8 分钟；产卵量随单次交配时长的增加而增加；交配时长短于 15 分钟的，近三分之二的雌螨不产卵；发育为雌性的卵通常较圆较大一些，而发育为雄螨的卵则更为细长。伽马辐照对子代可育性及性比有显著的变化，推测父系染色体组参与形成配子且对性别起决定作用。Liu 等（2017b）研究了 10 种捕食螨的 23 个颚体结构特征，发现与食性有很强的相关性，可将 10 种捕食螨的食性基本上与经典的食性划分相对应。郭颖伟等（2014）评价了斯氏钝绥螨在北京地区的越冬情况，发现室外难以越冬，定殖的可能性极低。裴强等（2014a）发现巴氏新小绥螨在重庆万州的甜橙园中可安全越冬，春季在园中每株释放 1500 头，冬季种群高峰时可达每百叶 5 头。

3）捕食螨生态学特性。种群生态学依然是捕食螨研究的一个热点。温度对生长发育繁殖的影响一直受到较多关注，如温度对双尾新小绥螨（Li et al., 2015）、*Proprioseiopsis asetus*（Huang et al., 2014a）、尼氏真绥螨（Wang et al., 2014c）以及热激对巴氏新小绥螨及胡瓜新小绥螨（Zhang et al, 2014c, 2016）等生长发育的影响；储粮温湿度对普通肉食螨（贺培欢等，2017）、短时高温对双尾新小绥螨生长发育的影响（李永涛等，2016）等。Chen 等（2015c）克隆并描述了胡瓜新小绥螨五个全长的热激蛋白基因并发现雌螨比雄螨的表达水平更高。

猎物质量影响巴氏新小绥螨的大小、捕食、产卵和营养转化。在替代猎物—腐食酪螨的基础饲料（麸皮）中添加酵母，可使饲喂出来的巴氏新小绥螨对猎物的捕食能力增加、产卵量增加（杨康等，2015；Lv et al., 2016b）。Zhao 等（2014b）克隆了胡瓜新小绥螨卵黄原蛋白的两个 cDNA（*NcVg1* 和 *NcVg2*）基因，发现 *NcVg1* 和 *NcVg2* 在产卵前期达到最高，并受食物的显著影响。寄主植物可通过其寄主间接影响到捕食螨的发育。双尾新小绥螨在取食五种不同作物（黄瓜、棉花、茄子、西红柿、豆子）上的土耳其斯坦叶螨时其生长发育表现不一致（Zhang et al., 2016d）。

新发现的两种捕分螨的生命表得到广泛的研究。双尾新小绥螨在不同温度下（Li et al., 2015f）、不同光照条件下（张燕南等，2016）以及不同寄主作物（Zhang et al.,

2016d）上的土耳其斯坦叶螨为食条件下的生命表得到了研究。汪小东等（2014c）测定了加州新小绥螨以土耳其斯坦叶螨及截形叶螨为猎物时，以及李庆等（2014）、崔琦和李庆（2015）测定了在五种不同温度（19~31℃）下以刀豆叶片上朱砂叶螨为食时的实验种群生命表。

捕食螨多喜食叶螨的卵和幼螨，然而，相对于对朱砂叶螨的卵与幼螨而言，加州新小绥螨更喜食其若螨（蒋洪丽等，2015），对猕猴桃卢氏叶螨捕食有相似的趋势（陈莉等，2016）。叶螨的染病状况也可能影响到捕食螨的捕食喜好性。胡瓜新小绥螨虽然对Wolbachia 感染与未感染的二斑叶螨卵、若螨和成螨的捕食量相近，但对感染的幼螨捕食量显著少于未感染的（Sun et al., 2015a）。

不同种猎物、同种猎物的不同虫态、不同温度等均对功能反应有影响。加州新小绥螨对朱砂叶螨（李庆等，2014；蒋洪丽等，2015）、截形叶螨（汪小东等，2014a）、土耳其斯坦叶螨（汪小东等，2014b）和卢氏叶螨（汪小东等，2014a，b；陈莉等，2016）、巴氏新小绥螨对二斑叶螨（尚素琴等，2015）、有益真绥螨对截形叶螨（郭建晗等，2015）、对西花蓟马初孵若虫（尚素琴等，2016）及八节黄蓟马（Yao et al., 2014）以及胡瓜新小绥螨、尼氏真绥螨对八节黄蓟马（Yao et al., 2014）、等钳螯螨对腐食酪螨卵的捕食功能反应（郭蕾等，2014）等均能很好地拟合 Holling Ⅱ 方程。发现加州新小绥螨对朱砂叶螨总体控制能力显著强于拟长毛钝绥螨（蒋洪丽等，2015）；而加州新小绥螨与长毛新小绥螨捕食神泽氏叶螨及二斑叶螨时，加州新小绥螨对两叶螨的幼螨和若螨的捕食能力要显著高于长毛新小绥螨，而后者对两叶螨卵的捕食要显著高于前者（Song et al., 2016）。

斯氏钝绥螨的竞争能力都要超过加州新小绥螨和东方钝绥螨（郭颖伟，2014；Gu et al., 2016）；斯氏钝绥螨与巴氏新小绥螨的竞争中也发现斯氏钝绥螨更强（尹云飞，2016）。斯氏钝绥螨、胡瓜新小绥螨、江原钝绥螨三者可互相取食，并完成生活史（Ji et al., 2014，2016a）。这三种螨相对于其他种捕食螨而言都显著喜好柑橘全爪螨（Zhang et al., 2014a）。有益真绥螨与巴氏新小绥螨两者都不取食各自或对方的卵，但对幼螨的取食量都大；在无猎物的情况下，有益真绥螨更倾向于取食其自身的幼螨，而巴氏新小绥螨相反，更喜取食有益真绥螨的幼螨（郭建晗等，2016）。

4）农药对捕食螨的影响。刘平等（2014）对九种杀螨剂对巴氏新小绥螨及二斑叶螨的毒力及毒力选择性的测定发现，毒性选择指数大小依次为：毒死蜱＞螺螨酯＞哒螨灵＞炔螨特＞唑螨酯＞阿维菌素＞三唑锡＞甲氰菊酯＞噻螨酮。宫亚军等（2015a）发现143mg/L 联苯肼酯对智利小植绥螨成螨和若螨的存活和生殖能力均无显著影响。蒲倩云等（2016）、焦蕊等（2016）分别评价了两种农药及六种果园常用杀虫剂对巴氏新小绥螨的安全性。You 等（2016）发现氯虫苯甲酰胺、氟虫双酰胺，螺虫乙酯和氰氟虫腙四种选择性农药都显著地减少了胡瓜新小绥螨的捕食量以及产卵量。Wu 等（2016b）发现对二斑叶螨有高毒力的白僵菌对智利小植绥螨、加州新小绥螨等五种捕食螨没有毒性。对西花蓟马高毒力的白僵菌菌株对巴氏新小绥螨没有直接的致病作用（Wu et al., 2014a, 2016a, d），捕食螨体表还可携带一定数量的孢子，作为载体发挥作用（Wu et al, 2015a），但捕食螨捕食了被白僵菌侵染的蓟马后，其生命参数却受到一定程度的影响（Wu et al., 2015b）。通过对巴氏新小绥螨抗性品系的筛选，得到了抗性倍数为 619.96 倍的巴氏新小绥螨甲氰菊酯抗性品系（陈飞，2014）。

5）捕食螨的饲养、释放与应用。在麦麸—腐食酪螨—巴氏新小绥螨生产流程的基础饲料中添加酵母、氨基酸等极大地提高了生产效率（Huang et al., 2013；程成，2014a）。Li 等（2015）研究了湿度及起始密度对多种多食性捕食螨的猎物腐食酪螨种群增殖的作用。首次成功地利用甜果螨饲养了东方钝绥螨（盛福敬等，2014）和江原钝绥螨（Ji et al., 2015）。用椭圆食粉螨饲养江原钝绥螨雄螨，其仅能存活 3~5 天，而且极少与雌螨交配（Ji et al., 2014）。

捕食螨有单独释放、同时释放，有与白僵菌、农药的联合应用等。释放与应用的捕食螨种类包括智利小植绥螨、巴氏新小绥螨、加州新小绥螨、胡瓜新小绥螨等。防治对象包括叶螨、蓟马与粉虱。防治的作物包括温室蔬菜、果树、大田作物如棉花、烟草等。在二斑叶螨发生量低于每叶 60 头时，按益害比 1∶10~1∶50 释放智利小植绥螨，均能在二十余天中完全控制茄子上二斑叶螨的发生；当与联苯肼酯联合使用防控茄子上的二斑叶螨，表现了很好的速效性与持效性，处理后第二天防效达 97.35%，第十八天时达 100%（宫亚军等，2015b）。智利小植绥螨不仅在大棚蔬菜叶螨防控得以应用，对温室草莓上二斑叶螨种群也有很好的防治效果，叶螨的最高虫口减退率及防效均在 80% 以上（郝建强等，2015）；在上海以 300 头 /m² 释放智利小植绥螨 14 天后，可完全控制大棚草莓二斑叶螨为害，比 5% 噻螨酮 EC2000 倍液处理的高 33.45 百分点（武雯等，2015）。联合释放植株上的巴氏新小绥螨与土壤中自由活动的剑毛帕厉螨可有效控制蓟马危害（Wu et al., 2014b, 2016c）。巴氏新小绥螨与胡瓜新小绥螨对番茄上的烟粉虱虫口密度均具有一定的抑制作用，其控害持效期 50 天左右，巴氏新小绥螨控害作用略强于胡瓜新小绥螨（程成等，2014b）。释放胡瓜新小绥螨与海氏桨角蚜小蜂防治番茄烟粉虱，对烟粉虱若虫种群均可有一定程度的控制效果（李茂海等，2015）。释放胡瓜新小绥螨可有效控制柑橘红蜘蛛，120 天后仍保持防效为 77.42%（彭建波，李泽森，2015）；释放巴氏新小绥螨可有效控制柑橘全爪螨的时间也可长达 150 天，害螨量长期在低水平内波动，有显著的持效性（裴强等，2014b）。在苹果园里释放巴氏新小绥螨也可显著压低苹果全爪螨的数量（尹英超，2015）。此外，胡瓜新小绥螨与杀虫剂联用对盆栽棉苗上的二斑叶螨（Zhang et al., 2017b）、胡瓜新小绥螨防治水杉上的刘氏短须螨 *Brevipalpus lewisi*（樊斌琦，2016）以及巴氏新小绥螨防治茶园里的茶跗线螨（汪淮等，2014）等均取得较好的效果。

（4）其他捕食性天敌昆虫的研究与应用

除了瓢虫及捕食螨之外，脉翅目、半翅目、鞘翅目、双翅目等昆虫中也分布一些重要的捕食性天敌种类。脉翅目主要是草蛉科 Chrysopidae，半翅目主要有花蝽科 Anthocoridae、蝽科 Pentatomidae、盲蝽科 Miridae、姬猎蝽科 Nabidae 等种类，鞘翅目主要有步甲科 Carabidae、虎甲科、隐翅虫科 Staphylinidae 等，双翅目主要有食蚜蝇科 Syrphidae、瘿蚊科 Cecidomyiidae 等，其他目的捕食性天敌，如螳螂目的螳螂、膜翅目的胡蜂、直翅目的蠹斯、缨翅目的捕食性蓟马等，可捕食蚜虫、粉虱、螨类、蚧壳虫、棉铃虫、烟青虫、斜纹夜蛾多种农业害虫。

近年来，上述捕食性天敌的研究集中于人工饲料和猎物两方面。用人工饲料饲养斑腹刺益蝽 Podisus maculiventris 和二斑佩蝽 Perillus bioculatus，用蚜虫、螨类、蓟马、植物花粉、人工饲料饲养东亚小花蝽 Orius sauteri，液体人工饲料和替代寄主腐食酪螨 Tyrophagus putrescentiae 饲喂南方小花蝽 Orius strigicollis，烟蚜 Myzus persicae 和人工饲料饲喂大眼长蝽 Geocoris pallidipennis 等，尤以柞蚕 Antheraea pernyi 蛹和人工半合成饲料、替代猎物饲养蠋蝽 Arma chinensis 最为成功。吉林省林业科学院自二十世纪七十年代开始就对蠋蝽的人工大量繁殖技术进行了研究并取得了较好的效果，目前人工室内大量繁殖蠋蝽主要以鲜活柞蚕蛹为猎物（Zou et al.，2012）。

蠋蝽 Arma chinensis，又名蠋敌，属半翅目蝽科蠋蝽属，嗜食黏虫、棉铃虫、烟青虫、榆紫叶甲 Ambrostoma quadriimopressum 及松毛虫 Dendrolimus spp. 等鞘翅目和鳞翅目害虫，也捕食三点盲蝽 Adelphocoris fasciaticollis 和绿盲蝽 Apolygus lucorum，还可以取食马铃薯甲虫 Leptinotarsa decemlineata 和美国白蛾 Hyphantria cunea。柞蚕蛹是在市场上很容易买到，是室内大量繁殖蠋蝽的一种好猎物（Zou et al.，2012；张海平，2016）。蠋蝽是一种杂食性昆虫，除了以害虫为食也会刺吸植物的汁液。宋丽文等（2010）发现当饲喂柞蚕蛹但使用不同宿主植物时，用榆树叶饲养的蠋蝽若虫存活率最高，达 82.09%，大豆叶饲养的为 61.34%，而无宿主植物的对照存活率最低，仅为 16.38%；不同饲养密度对蠋蝽若虫存活率影响较大，密度过大时，其存活率降至 53.33%，发生自相残杀的概率高。近年来中国农科院植保所陈红印、张礼生团队研发了一种蠋蝽无昆虫成分的人工饲料（Zou et al，2013b），之后又筛选了黏虫为蠋蝽工厂化生产的最优饲养猎物，研发了人工饲料配方两种，开发了大规模生产器具设备多套，优化了大规模扩繁工艺参数，制定规模化生产的技术规程，建立了高效低成本蠋蝽生产线，年生产能力超过一百万头，累计应用面积超过一万亩，对烟草重大害虫烟青虫、斜纹夜蛾、小地老虎等防治效果达 60% 以上。

（5）天敌的规模化生产技术

1）人工饲料直接扩繁天敌昆虫。人工饲料包括合成饲料、半合成饲料和用动物或昆虫器官或组织加工而成的天然饲料。到目前为止，利用人工饲料饲养的昆虫已经超过 1400 种，涉及到直翅目、等翅目、半翅目、鞘翅目、鳞翅目、膜翅目、双翅目、脉翅目等。国内在天敌昆虫人工饲料的研发方面，多家单位研发了天敌昆虫人工饲料十余种，配置简单，成本低廉，使用方便，可满足天敌昆虫全世代、部分世代（幼虫或成虫）的发育需求，蠋蝽、大眼蝉长蝽、烟盲蝽、多异瓢虫、异色瓢虫、小黑瓢虫、大草蛉、中华通草蛉等可实现人工饲料扩繁，成本显著降低，扩繁周期显著缩短。

2）饲养转换寄主（或替代寄主）扩繁天敌昆虫。转换寄主又称为室内寄主、中间寄主，用作大规模扩繁天敌昆虫。其饲养方法两类，一是利用人工饲料饲养寄主再繁殖天敌，二是利用替代寄主扩繁天敌。利用人工饲料饲养寄主再扩繁天敌方面，如用人工饲料饲养蓖麻蚕 Philosamia cynthiaricina，再利用蓖麻蚕的卵繁殖松毛虫赤眼蜂 T. dendrolimi、荔蝽平腹小蜂 Anastatus japonicus。在利用替代寄主扩繁天敌昆虫的方面，已有利用柞蚕 Antheraea pernyi、米蛾 Corcyra cephalonica、麦蛾 Sitotroga cerealella 等的卵繁殖多种赤眼蜂的先例。利用豌豆彩潜蝇 Chromatomyia horticola 替代美洲斑潜蝇 Liriomyza sativae 大量繁殖豌豆潜蝇姬小蜂 Diglyphus isaea 也得到了成功。烟蚜茧蜂 Aphidius gifuensis 可利用麦二叉蚜作为替代寄主进行扩繁，促进烟蚜茧蜂天敌产品的开发与应用。近年来国内多家单位开展协作攻关，优化了扩繁天敌昆虫的技术参数，解决了替代寄主问题，扩繁效率显著提升，总结出"利用柞蚕卵、米蛾卵、麦蛾卵、蓖麻蚕卵扩繁赤眼蜂"、"利用豌豆彩潜蝇替代美洲斑潜蝇扩繁豌豆潜蝇姬小蜂"、"利用麦二叉蚜替代烟蚜扩繁烟蚜茧蜂"、"利用米蛾卵替代蚜虫粉虱扩繁捕食性蝽"、"利用人工—半人工饲料扩繁草蛉、瓢虫"、"利用黏虫替代草地螟扩繁阿格姬蜂"等十余项核心技术，攻克了出蜂率低、青卵率高、残次品多、自动收集等技术瓶颈十余个，生产成本降低 15%，出蜂率提高 5%，青卵率降低 5%，残次品率降低 8%。同时，建立了天敌昆虫产品规模化生产线，完善了生产规程和产品标准；试制了生产扩繁设备，设计完善产品包装与储运保护装置；试制了米蛾卵自动收集器、人工卵卡机、人工饲料制备器、寄生蜂收集器、赤眼蜂繁蜂箱、食蚜瘿蚊育苗盆、发酵用固态载体灭菌塔等工厂化生产关键设备，提高了工厂化生产效率，攻克了产品污染、死亡率高等技术难题；建立了多条具有我国自主知识产权的天敌产品生产线，可工厂化生产松毛虫赤眼蜂、玉米螟赤眼蜂、稻螟赤眼蜂、螟黄赤眼蜂、丽蚜小蜂、平腹小蜂、豌豆潜蝇姬小蜂、烟蚜茧蜂、半闭弯尾姬蜂、食蚜瘿蚊、烟盲蝽、七星瓢虫、多异瓢虫、红肩瓢虫、小黑瓢虫、大草蛉、中华草蛉、日本通草蛉、蠋蝽、烟盲蝽等二十余种天敌昆虫，防控对象涵盖了我国重要农业害虫类群，部分产品填补国内空白，产能达年各种天敌昆虫累计八百亿头。

（6）天敌的贮存和运输技术

天敌昆虫在初步实现商品化之后，在实际应用中所面临的挑战主要来自于天敌昆虫产品的货架期贮存、长短距离包装运输以及在田间的实际应用增效等问题。

1）天敌昆虫的低温贮存。在生产实践中，由于天敌贮存过程既需要维持其生活力和寄生力，又需尽可能延长其寿命，所以常采用低温贮存的方法。同时，低温条件能够诱导部分寄生性天敌滞育，使其生长发育进程停滞（沈祖乐等，2017）。滞育状态的天敌昆虫在低温贮存时存活时间较长，所以低温贮存在天敌储运等生产加工过程中发挥了举足轻重的作用。

一般选择天敌昆虫发育起点温度以上的低温进行贮存，但是需要根据不同天敌昆虫的生长发育特性确定贮存温度。伞裙追寄蝇 *Exorista civilis* 进入预蛹期后冷藏效果较好，且低温冷藏对其雌雄性比影响不明显；伞裙追寄蝇寄生的草地螟虫茧在低温 4°C 时最适宜贮藏时间为 90~110 天（王建梅，2014）。七星瓢虫卵在 9°C 冷藏 15 天后，孵化率能达到100%；成虫在 9°C 储藏 15~20 天，存活率能达到 100%（李笑甜等，2014）。另外，对前裂长管茧蜂 *Diachasmimorphalongicaudata*、班氏跳小蜂 *Aenasius bambawalei*、麦蛾柔茧蜂 *Habrobracon hebetor*、浅黄恩蚜小蜂、丽蝇蛹集金小蜂 *Nasonia vitripennis*、椰心叶甲啮小蜂 *Tetrastichus brontispae* 等低温储存条件及技术也进行了研究（龙秀珍等，2014；冯东东等 2013；Chen et al.，2013；Kidane et al.，2015；Li et al.，2014b；Liu et al.，2014a），也分析了低温贮存寄主或替代寄主对寄生蜂繁育的影响（胡镇杰等，2017；胡晓暄等，2017）。

目前天敌低温贮存技术存在一些需要解决的问题。首先，在实际生产应用中发现，即使是在最佳条件下低温贮存，天敌的羽化率和寄生率也会有不同程度的下降，且贮存时间越长，羽化率越低。因此，低温贮存不仅需选择最适温度，也要合理安排贮存时间。低温贮藏江原钝绥螨 *Ambfyseius eharai* 时，若冷藏时间在 15 天内用 7°C 冷藏，其存活率和产卵量均最佳；若需冷藏 20~35 天，选择 5°C 冷藏可得到较高的存活率和较高的产卵量（张贝等，2013）。第二，贮存时间越长，温度越低，对天敌昆虫的生殖力影响越大。具体机理还有待进一步研究。第三，低温贮存会降低天敌昆虫的活动能力。天敌昆虫的飞行活动能力是天敌释放效果的一个重要方面，所以在以后的研究中需考虑低温贮存对天敌昆虫活动力的影响。第四，长时间的低温暴露会影响天敌昆虫的嗅觉，同时低温胁迫也会造成寄生性天敌翅发育畸形和足胫节长度改变（Mahi et al.，2014）。

影响天敌低温贮存的因素主要包括虫态、营养和冷藏基质等。赵静等（2014）综述了国内外近八十年来关于寄生蜂低温贮藏的研究成果，阐述了影响寄生蜂低温贮藏耐受性的一系列生物因素（营养、能量贮存、年龄 / 龄期等）和非生物因素（温度、湿度、光周期等），指出低温在诱导寄生蜂贮藏时间延长的同时，也会对其适合度产生一定程度的不利影响，甚至可能会传递到下一个发育阶段或者后代。

生产中增强低温贮存效率的措施主要有冷驯化、诱导天敌滞育、诱导寄主滞育、在寄主饲料中加入抗冻保护剂及黑暗贮存等。在实际生产操作中，常常需要先将要贮藏的天敌昆虫进行冷驯化。一般来说，经过冷驯化后天敌昆虫在低温贮藏期的适应性更强。玉米螟赤眼蜂 *T. ostriniae* 经 15°C 驯化 10 天后，其耐寒能力显著提高（张烨等，2016）。目前，冷驯化的技术手段仍需加强。梯度降温（依次在 15、10、4°C 各驯化 4 h）比快速冷驯化更能提高蝴蝶成虫暴露在 -10°C 下的存活率（李兴鹏等 2012）。但是也有例外，同时羽化的异色瓢虫 *H. axyridis* 经过温度梯度为 5°C 的循环冷驯化诱导超过 3 天后，后代雌虫产卵前期明显延长，且生殖力下降、寿命缩短（赵静等，2012）。也有研究表明波动温度处理（低温与最适温度交替处理）能够降低低温对寄生性天敌的损伤（Kidane et al.，2015）。

若需贮存天敌昆虫的幼虫或成虫，可先人工诱导其滞育。人工诱导白蛾周氏啮小蜂 *Chouioia cunea* 的老熟幼虫态滞育后，即使在 3° C 的低温下贮存 70 天后出蜂率仍高达 95% 以上。张礼生等（2014）总结了寄生蜂的滞育研究进展，分析了 127 种寄生蜂的滞育特点，表明通过滞育延长寄生蜂产品的货架期是可行的，滞育贮存期最长可达 16 个月，且部分种类存在母代效应，其子代抗逆性与适应力更强。近年来我国学者研究和报道了草地螟阿格姬蜂、管侧沟茧蜂、烟蚜茧蜂等天敌的滞育诱导（徐忠宝等，2013；路子云等，2014；李玉艳等，2013）。寄主滞育对提高丽蝇蛹集金小蜂 *Nasonia vitripennis* 的抗寒性具有积极影响，饲养在滞育寄主上的滞育金小蜂的抗寒性显著高于饲养在非滞育寄主上的滞育金小蜂。同时，外源抗冻保护剂可通过寄主传递提高丽蝇蛹集金小蜂的抗寒性，如在金小蜂偏好寄主红尾肉蝇 *Sarcophaga crassipalpis* 的饲料中加入 7% 丙氨酸、4% 脯氨酸或者 2% 甘油，可在对麻蝇体重增加和成虫羽化的影响最小的情况下显著提高金小蜂的抗寒性（李玉艳等，2014）。

2）天敌昆虫的包装运输。天敌的包装和运输过程需以保障其生活力为原则，常需根据天敌不同的特性，选择适宜的虫态和包装运输方法。若需储运天敌卵，则将卵粒粘于基质并将固定在包装盒上，或可将卵粒装入试管中。若需邮寄蛹，可用柔软的纸巾或刨花作为填充物装入密闭包装盒。成虫的运输需要兼顾透气性和食源充足等原则。包装盒一端需用 100 目以上的尼龙网封口，盒中需同时放入充足的食源和水。尤其是捕食性天敌有自相残杀的习性，须单个分装。最后，将装有天敌的包装盒放入含有防挤撞填充物和冷藏袋的箱子中，并用胶带封口。天敌昆虫在包装时还可做成缓释胶囊，如赤眼蜂产品，可将要在不同时间羽化的赤眼蜂蛹包装在胶囊中，赤眼蜂成虫能在不同的时间内逐渐地羽化出来，一次释放能达到延长对害虫卵的寄生时间的目的。天敌产品需以最快的速度运输到释放地，并且在收到天敌昆虫后合理保存。

2. 微生物杀虫剂的研究与应用

（1）多种功能的 Bt 微生物杀虫剂

苏云金芽胞杆菌 *Bacillus thuringiensis*（Bt）在害虫防治方面的研究与应用一直是人们关注的热点。其产生的杀虫蛋白对多种昆虫都具有杀虫活性，例如鳞翅目、鞘翅目、双翅目昆虫等。目前，Bt 不仅作为微生物杀虫剂被广泛开发应用，其编码的杀虫蛋白基因还被成功地用作转基因抗虫植物开发，在虫害控制中发挥了巨大作用。

1）Bt 杀虫基因。作为昆虫病原微生物，Bt 的主要杀虫物质是在芽胞形成阶段产生的伴胞晶体，也称为 δ - 内毒素或杀虫晶体蛋白（Insecticidal crystal proteins，ICPs），分为两个家族：Cry 和 Cyt 蛋白。另一类杀虫蛋白是在营养生长期分泌的（Vegetative insecticidal proteins，Vip）。Crickmore 等提出以杀虫蛋白编码的氨基酸序列相似性为规则对发现的各类杀虫蛋白进行命名（http://www.lifesci.sussex.ac.uk/home/Neil_Crickmore/Bt/）。目前的命名规则将 Cry 蛋白分为四个等级，分别以 45%、78% 和 95% 的氨基酸序列一致性为分界。根据这个数据库最新更新的数据（2017 年 5 月），目前在全球不同地区分离得到的 Bt 菌株中识别并命名的杀虫蛋白基因有 975 个，包括 789 个 cry 基因（cry1-cry74），38 个 cyt 基因（cyt1-cyt3），以及 142 个 vip 基因（vip1-vip4）。

目前发现 Bt 菌株不仅对鳞翅目、双翅目、鞘翅目、膜翅目等害虫，甚至螨虫和线虫都具有毒杀活性。这些杀虫活性主要是由杀虫蛋白决定的。不同杀虫蛋白的杀虫谱不同，例如 cry1 基因家族分为 14 个亚族（cry1A-N），包括 280 个基因，其中大部分对鳞翅目昆虫有活性，来自该家族的 cry1B 和 cry1I 基因也对鞘翅目昆虫有活性；cry2 基因家族分为 2 个亚族，包括 85 个基因，其中大部分对鳞翅目或双翅目有活性；cry3 基因家族分为 3 个亚族，包含 19 个基因，其中大部分对鞘翅目昆虫有活性。目前已经发现的 38 个不同的 cyt 基因的活性主要针对双翅目昆虫，尤其是蚊子和蚋。Vip1 和 Vip2 活性主要针对某些鞘翅目昆虫（Bi et al.，2015），以及半翅目刺吸害虫棉蚜（*Aphis gossypii*）。而 Vip3 主要对鳞翅目有活性（Chakroun et al.，2014）。此外，还有一类分泌期杀虫蛋白（Secreted insecticidal protein，Sip）对某些鞘翅目昆虫有活性。并且有部分 Cry 蛋白，也称抗癌晶体蛋白（Parasporin，PS），具有特异的杀灭癌细胞的活性，在抗肿瘤方面表现出一定的潜力。

目前，针对半翅目刺吸式昆虫杀虫基因的筛选与克隆是杀虫基因研究的热点，研究人员已经证实了 Cry15A 与 Cry51A 类蛋白对盲蝽蟓的杀虫活性，中国农业科学院植物保护研究所张杰研究团队筛选到对稻飞虱具有高活性的杀虫蛋白 Cry64B、Cry64C，相关研究对进一步筛选出对刺吸式害虫有效的 Bt 杀虫蛋白具有重要的指导意义。

2）Bt 的杀线虫功能。迄今已有多项研究测试了 Bt 菌株对多种不同线虫的活性，包括自由生活线虫（*Caenorhabdita elegans*）（Iatsenko et al.，2014）；动物寄生线虫（*Ascaris suum*、*Haemonchus contortus*、*Trichostrongylus colubriformis* 和 *Ostertagia circumcincta*）（Luo et al.，2013）；植物寄生线虫（*Meloidogyne halpa*）等（Yu et al.，2015d）。研究发现，有些 Bt 菌株可以感染线虫的消化系统，并且进行萌发和增殖。此外，Bt 产生的一些其他物质，如苏云金素、几丁质酶、金属蛋白酶、羊毛硫抗生素、肠毒素、溶血素，以及一些由转录调节因子 PlcR 控制的蛋白酶等也具有杀线虫活性。在大多数对线虫高效 Bt 菌株报道中，对线虫表现出杀虫效果的 Cry 蛋白 / 芽胞的浓度均较低，这为将来 Bt 菌株应用为生物杀线虫剂带来了希望。虽然目前世界上还没有商业化的 Bt 杀线虫剂，而华中农业大学孙明实验室正在与企业合作申请登记杀植物线虫 Bt 产品。Bt 杀线虫产品剂型和使用技术的探索将是研究热点之一，这将为实现杀线虫 Bt 产品的登记和商业化奠定基础。

3）Bt 具有开放型的泛基因组结构。到目前为止，GenBank 中已登录了 87 个 Bt 菌株（包括 35 个完成基因组和 52 个草图基因组）的全部和部分基因组序列。为了探索 Bt 的泛基因组特征，中国农业科学院植物保护研究所利用泛基因组自动化分析软件（Pan-genome analysis pipeline，PGAP）对 NCBI 中已有基因组完成图数据的 14 株 Bt 菌株的染色体和质粒分别进行泛基因组分析。通过 GF（Gene family）方法对 Bt 菌株染色体上的功能基因进行鉴定，发现其特有基因家族占 39.06%，菌株核心基因家族占 29.66%，非必需基因家族占总 31.31%。菌株特有基因通常是细菌进化过程中新产生的基因，Bt 染色体基因组中特有基因所占比例最高。分析发现，Bt 的质粒和染色体基因组均不保守，具有开放性，而正是质粒和染色体的这种开放性引起了 Bt 菌株的功能多样性。目前研究主要集中在 Bt 杀虫相关的功能方面，随着研究的深入，除了杀虫活性之外，Bt 的多种新功能特性也逐渐被关注和发现。这些新功能包括对植物和动物致病微生物的拮抗作用、合成纳米杀虫材料、抗癌细胞活性、促植物生长活性以及重金属和其他化学品污染的生物修复等。泛基因组相关研究的结果显示了 Bt 在其他方面的潜能，因此进一步深入挖掘 Bt 新的功能，对充分发掘和利用 Bt 菌株资源具有重要的意义（王奎等，2017）。

4）Bt 制剂的应用。Bt 制剂在全球已经成功使用七十余年，应用范围主要为粮食作物、蔬菜和直接食用的瓜果，用以生产绿色有机食品，并成为一种势不可挡的趋势。此外，来自 Bti 菌株的制剂用于蚊子的防控，对于预防人类疾病如革登热、疟疾的传播也做出了重要贡献。

Bt 制剂在中国的应用也有五十年的历史。虽然野生 Bt 制剂已在我国二十多个省市广泛试验与应用，应用于农业、林业和卫生害虫的防治，但国内 Bt 制剂的含量普遍偏低，剂型落后，防治效果不够稳定，杀虫谱较窄，尤其是对夜蛾科害虫的防治效果不够理想，这些因素也限制和影响了 Bt 制剂的进一步推广应用。而近几年来，甜菜夜蛾、小菜蛾、黄曲条跳甲等重要害虫因抗药性强等原因，已发展成为我国最重要的农业害虫，亟需开发推广毒力高、杀虫谱广的 Bt 新制剂来控制这些害虫的危害。中国农业科学院植物保护研究所通过基因重组构建了具有良好生物安全性的 Bt 工程菌株 G033A，通过电转化方法将 cry3Aa 基因导入苏云金芽胞杆菌野生菌株 G03 中。基因工程菌株 G033A 对小菜蛾、甜菜夜蛾、马铃薯甲虫等重要农业害虫都表现出很高的毒力，在田间的中间试验、环境释放、以及生产性试验都表明工程菌株 G033A 对上述鳞翅目和鞘翅目害虫均展示出很强的杀虫活性、良好的稳定性和生物安全性。转基因生物的安全性评价结果表明，转基因微生物 G033A 的安全等级为 I 级，于 2014 年 12 月被农业转基因生物安全委员会批准，获得 Bt 工程菌 G033A 的"农业转基因生物安全证书（生产应用）"，使用有效区域、规模：不限（为全国范围均可）。有效期：2014 年 12 月 11 日至 2019 年 12 月 11 日。该工程菌已于近期获得农业部农药正式登记。

5）转基因抗虫作物。由于转基因作物在社会经济和生态环境方面的优势，在过去二十年间，全球转基因作物的种植面积大幅增加，在 2016 年已达到 1.851 亿公顷，其中抗除草剂和抗虫是应用最为广泛的两大性状，而抗虫性状的基因来源主要是 Bt 杀虫基因。

2016 年，Bt 转基因作物的全球种植面积约为 9850 万公顷（7540 万公顷重组 Bt / 抗除草剂作物和 2310 万公顷 Bt 转基因作物），这些 Bt 转基因作物中包含一种或多种不同的抗鳞翅目和 / 或鞘翅目害虫的 cry 基因。

自 1996 年以来，美国 FDA 共批准了 289 种 Bt 转基因作物品系用于商业化种植（ISAAA's GM Approval Database 2017）。常用到的基因包括 *cry1A*、*cry1Ab*、*cry1A.105*、*cry1Ab-Ac*、*cry1Ac*、*cry1F*、*cry2Ab*、*cry1C*、*cry9C*、*cry2Ae*、*vip3A*、*cry3A*、*cry3Bb1*、*cry34Ab1* 和 *cry35Ab1* 这 15 种，其中 *cry1Ab*、*cry1F*、*cry2Ab*、*cry3A* 和 *cry34Ab1*– *cry35Ab1* 是最常用到的基因。有些 Bt 转基因作物中会包含多个 cry 或 vip 基因（两个或三个），这种基因叠加的方法可以延迟害虫对 Bt 转基因作物的抗性，这其中还有一些品系可以同时抗鳞翅目和鞘翅目害虫。

（2）昆虫病原真菌研究与应用

昆虫病原真菌作为经典的生防因子，近些年取得了长足的进展。肉座菌目的丝状真菌是广泛应用的天然昆虫病原菌，常常在寄主昆虫间引起域内流行病。致病真菌可以作为植物内生真菌、植物疾病拮抗剂、根际定殖剂和植物生长促进剂，在植物生长和病虫害防治过程中扮演重要角色。除了控制节肢动物害虫外，一些真菌物种可以同时抑制植物病原体和植物寄生线虫，以及促进植物生长。

目前有超过 50 种昆虫病原真菌用于商业生产并广泛作为微生物农药使用。虽然在全球范围内，微生物农药只占全部农药的不到 10%，但同化学农药相比，在过去十年中微生物农药呈现持续增长趋势。鉴于真菌生物农药对农产品安全、对环境及其他非目标的天敌生物影响小，可以用于害虫综合治理和可持续农业发展。但是与大多数化学杀虫剂相比，真菌杀虫剂防效较慢是其至今仍未被广泛接受的主要原因。选育速效菌株可以减少作物损害，杀虫速率是筛选菌株的重要因素。提高真菌杀虫速率主要是通过遗传改良插入加速寄主死亡的本体或外源基因，如蝎毒素、蜂毒素、蜘蛛短肽等外源基因和绿僵菌的自身的表皮降解蛋白酶 Pr1A 基因，几丁酶基因等。因为重组菌株的发酵产量较低，或者由于公众舆论和监管限制转基因产品在市场的应用，目前国外遗传改良的真菌菌株并没有得到广泛的应用。目前登记的真菌农药产品均为天然菌株作为母药加工的制剂。

1）组学与分子遗传学研究

通过利用自身的毒力基因、表达其他昆虫的蛋白基因、导入昆虫捕猎者或其他昆虫病原菌的毒力（毒素）基因、以及创制新型的杂交毒蛋白基因等四种途径，遗传工程可以显著增强昆虫病原真菌的毒力，还能提高菌株对逆境的抗逆力。

上海植生所王成树团队十二五期间在杀虫真菌分子遗传学及真菌 – 昆虫互作机理研究领域取得重大进展，完成冬虫夏草、蛹虫草、蝗绿僵菌、金龟子绿僵菌、罗伯茨绿僵菌以及莱氏绿僵菌等具有经济价值和生防意义的虫生真菌的全基因组序列比较分析或基因组比较研究；揭示昆虫病原真菌协同进化及寄主专化性形成的遗传规律，解析了绿僵菌合成环肽类破坏素、白僵菌合成卵孢霉素的分子机理，证实了小分子抑制昆虫寄主免疫的生物学功能；发现细胞自噬调控脂代谢及相关基因与真菌毒力相关性。从基因水平证实了蝗绿僵菌寄主范围狭窄而罗伯茨绿僵菌寄主范围广谱的成因。浙江大学和上海植生所共同完成了球孢白僵菌全基因组测序和基因功能比较分析。上述基因组研究成果为虫生真菌的功能基因、揭示虫生真菌系统发育等研究提供了重要的生物信息学。浙江大学方卫国团队与美国 St.leger 合作完成了来自蜘蛛短肽的外源基因遗传转化，获得金龟子绿僵菌转基因菌株，可以通过阻断传病蚊虫 K+、Ca++ 通道，引起蚊虫神经和代谢紊乱，达到控制疟疾的目的（St. Leger et al.，2016）。此外，通过导入古生菌光反应基因或非虫生真菌的色素和合成基因，使真菌菌株的抗紫外线和耐热性得到显著增强。采用基因敲除策略创制低生态适应性工程菌株，无毒菌株因不能在野外环境长期存活而缓解对昆虫的选择压力（Zhao et al.，2016）。

2）杀虫真菌农药制剂创制与应用

目前在我国通过"十三五"研制开发，在成功构建高效广谱优良真菌菌种资源库的基础上，利用优良生产菌株开展真菌农药新剂型创制，获得一批优良菌种和先进工艺的发明专利，如虫生真菌油悬浮剂、可乳粉或可湿粉剂型专利。使我国的真菌农药由单一的可湿性粉剂剂型发展成为现在的多元化真菌制剂，包括可分散油悬浮剂、可乳化粉剂、可分散粒剂、微粒剂和颗粒剂等真菌农药新剂型；并完成白僵菌、绿僵菌等杀虫真菌农药母药与制剂产品登记，基本实现真菌农药剂型的多元化，使我国的真菌农药产业化整体水平得到显著提升。"十三五"期间广泛用于农区草原的蝗虫、农作物地下害虫蛴螬和土天牛的以及多种经济作物重要害虫的有机生产和绿色防控。

重庆大学、安徽农业大学、中国农科院植保所等单位利用专利的诱导液体发酵技术，获得莱氏野村菌、布氏白僵菌、球孢白僵菌、金龟子绿僵菌、淡紫拟青霉和玫烟色棒束孢等真菌的微菌核中试发酵或中试生产。这一新的发酵工艺，比传统液固两相生产工艺缩短发酵周期 50%~60%、降低生产成本 50% 以上，为创制抗逆耐储第二代真菌农药提供可以替代分生孢子的新母药。国外最近也报道罗伯茨绿僵菌、哈茨木霉微菌核的发酵并研制出微菌核制剂。这一真菌农药的新途径，对于真菌微生物肥料和真菌农药的产业化将具有巨大的推动作用，值得持续关注。

3）杀虫真菌农药产业化

目前我国在重庆和江西已先后建成三条虫生真菌液固两相规模化生产线，具备百吨母药、千吨制剂年生产能力的有江西天人集团（2004）、重庆重大生物技术发展有限公司（2006）和重庆聚立信生物工程有限公司（2016），基本满足我国重要杀虫真菌母药和制剂的生产和加工。基于真菌固态发酵装置、菌株、制剂等专利技术等，重庆重大生物公司、江西天人集团和重庆聚立信生物工程有限公司先后完成金龟子绿僵菌、大孢绿僵菌和球孢白僵菌等系列真菌农药产品登记，适用于空中飞防、叶面喷雾和地下撒施，已经广泛用于滩涂蝗虫、地下害虫、果蔬害虫以及农田害虫的绿色防控，累计推广应用面积超过 1500 万亩，为我国有机、绿色及无公害农产品生产提供了新的绿色防控产品和应用技术。我国在真菌农药天然菌种优选、发酵工艺和产业化方面上达到国际领先水平。重庆大学 2010 年"杀虫真菌农药产业化共性关键技术和产品研制"获得重庆市科学技术发明奖一等奖，大北农科技创新奖二等奖（2016）。

此外，冬虫夏草繁育与产品研发国家重点实验室冬虫夏草仿生态培植技术和抚育工艺，获得冬虫夏草相关多项国家发明专利，已建成产业化生产基地，实现冬虫夏草的仿生态抚育，成为工信部定点冬虫夏草规模化生产基地。对于我国天然虫草产地的生态环境保护意义重大。

重庆大学利用微菌核诱导发酵专利技术，实现野村菌微菌核中试生产发酵工艺优化，确定最适溶氧、转速、pH 值和接种体最适浓度等关键发酵工艺参数；野村菌微菌核生产率到达 32%~50%。除莱氏野村菌微菌核生产，还适用于其他丝状真菌微菌核的一步发酵。实现几种绿僵菌、球孢白僵菌、淡紫拟青霉、玫烟色棒束胞的微菌核的诱导发酵。真菌微菌核诱导技术，发酵周期缩短 60%、生产成本降低 50%，极大地提高了真菌生防产品抗逆境胁迫、耐存储能力，创制的真菌微菌核杀虫剂，产品保质期延长、田间存活力增强、防效稳定性提高、为农田地下害虫的绿色防控提供了新的真菌生防制剂。同时在微菌核形成分子调控机理研究方面，通过微菌核比较转录组的测序分析并创建野村菌 ATMT 遗传转化体系；利用 RNA-Seq、表达谱分析、RT-qPCR 检测、基因干扰和敲除验证，发现多个微菌核形成的关键功能基因（*cdc42/racA/nox/aox/shol/ sln1/cdc24 /bem1/ ap1/hog1/slt2*）；证实真菌微菌核形成与活性氧积累相关，高渗（HOG）和胞壁完整性（CWI）通路核心元件基因 *Nrhog1* 和 *Nrslt2*，在调节微菌核发育方面发挥着重要的作用，*hog1* 和 $\Delta slt2$ 使莱氏野村菌微菌核发育过程延后，微菌核色素沉积下降，初步解析虫生真菌微菌核形成的分子调控机理。

（3）昆虫病原病毒研究与应用

利用昆虫病原病毒为杀虫活性成分的病毒杀虫剂是一类特点鲜明的生物农药，它们具有杀虫活性高、害虫不容易产生抗性、能够引起害虫种群流行病等有点。2017 年我国商业化的病毒杀虫剂有十多种病毒，登记注册的产品约六十个，生产厂家二十多个（表 1）。我国病毒杀虫剂的年产量约 1770 吨制剂（孙修炼电话调查），防治作物面积约 2000 万亩次。

自 1975 年世界上第一个商业化病毒杀虫剂的诞生，至今已有四十余年的历史。病毒杀虫剂没有能够在更大规模得到应用，主要是因为它们存在杀虫谱窄、对高龄害虫活性低、杀虫速度慢、对紫外线敏感等缺点。针对这些缺点，国内研究机构和企业进行了多种努力。为了缓解杀虫谱窄的缺陷，江西某公司以一种野生型广谱病毒—甘蓝夜蛾核型多角体病毒为主打品种，建成年产 2000 吨病毒杀虫剂的生产线，厂房面积 1.2 万平方米。20

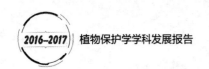

亿 PIB/mL 甘蓝夜蛾核型多角体病毒悬浮剂获得欧盟 2008/889 标准有机认证。该公司 2014 年—2016 年累计生产病毒生物农药一千多吨，销售额超 1.5 亿元。在二十一个省市推广应用一千多万亩。

表 1 我国登记注册的病毒杀虫剂

病毒名称	剂型（含量）	产品数量	厂家数量
棉铃虫核型多角体病毒	母药（5000 亿 PIB/ 克）	26	16
	水分散粒剂（600 亿 PIB/ 克）		
	悬浮剂（50 亿 PIB/ 毫升、20 亿 PIB/ 毫升）		
	可湿性粉剂（10 亿 PIB/ 克）		
甘蓝夜蛾核型多角体病毒	母药（200 亿 PIB/ 克）、	5	1
	悬浮剂（30 亿 PIB/ 毫升、		
	20 亿 PIB/ 毫升、10 亿 PIB/ 毫升）、		
	可湿性粉剂（10 亿 PIB/ 克）		
苜蓿银纹夜蛾核型角体病毒	母药（1000 亿 PIB/ 毫升）、	5	4
	悬浮剂（20 亿 PIB/ 毫升、10 亿 PIB/ 毫升）		
甜菜夜蛾核型多角体病毒	母药（2000 亿 PIB/ 克、200 亿 PIB/ 克）、	7	4
	悬浮剂（30 亿 PIB/ 毫升、10 亿 PIB/ 毫升）、		
	水分散粒剂（300 亿 PIB/ 克）		
斜纹夜蛾核型多角体病毒	母药（300 亿 PIB/ 克）、	6	4
	悬浮剂（10 亿 PIB/ 毫升）、		
	水分散粒剂（200 亿 PIB/ 克）、		
	可湿性粉剂（10 亿 PIB/ 克）		
茶尺蠖核型多角体病毒	母药（200 亿 PIB/ 克）、	3	2
	悬浮剂（茶核·苏云菌）、		
菜青虫颗粒体病毒	悬浮剂（菜颗·苏云菌）、	2	4
	可湿性粉剂（菜颗·苏云菌）		
松毛虫质型多角体病毒	母药（100 亿 PIB/ 克、50 亿 PIB/ 毫升）、	3	2
	可湿性粉剂（苏·松质病毒）、		
	杀虫卡（松质·赤眼蜂）		
小菜蛾颗粒体病毒	悬浮剂（300 亿 OB/ 毫升）	1	1
黏虫颗粒体病毒	可湿性粉剂（粘颗·苏云菌）	1	1

（自农业部农药检定所《农药电子手册》，2017 年。）

为了解决对高龄害虫活性低、杀虫速度慢的问题，国内企业主要采取将昆虫激素类（CN201410721474.5、CN201610844983.6）、新一代低毒杀虫剂（CN201410764071.9、CN201510023501.6、CN201510688705.1、CN201610775435.2）、其他生物农药（CN201410721599.8）等混用的方式。另外，提高杆状病毒的生物活性也可以采取基因工程的方法，例如将苜蓿银纹夜蛾核型多角体病毒的多角体蛋白分为 N 端 150 氨基酸和 C 端氨基酸两段，并将 C 端 95 氨基酸分别与黄地老虎颗粒体病毒增效蛋白或者苹果蠹蛾颗粒体病毒增效蛋白融合，构建重组病毒。这两种重组病毒较对照病毒的杀虫活性提高了 3.1~5.3 倍（Yang et al., 2017）。这一类的重组病毒的外源基因来自于昆虫病毒，因此具有商业化应用的潜力。

为了提高病毒杀虫剂的抗紫外能力，可以在病毒制剂中加入无机纳米材料、芳香族氨基酸和精制荧光增白剂等（CN201410658057.0），也可以用基因工程的方法，如将苜蓿银纹夜蛾核型多角体病毒的多角体囊膜的 NM 区与纳米 ZnO 结合肽融合构建重组病毒，在实验室条件下，多角体表面含纳米 ZnO 结合肽的重组病毒与纳米 ZnO 颗粒特异结合并经 UV 照射处理后，其感染性是未结合纳米 ZnO 的 9 倍；室外条件下的盆栽实验结果显示，特异结合纳米 ZnO 的重组病毒的半数存活时间 3.3 天要比混合了纳米 ZnO 的对照病毒的半数存活时间 0.49 天显著地延长（Li et al., 2015a）。这种策略为利用纳米耦合技术提高杆状病毒在野外条件下的紫外线抗性提供了新的思路。

除传统的核型多角体病毒和质型多角体病毒外，最近在将其他种类的病毒开发为杀虫剂方面也有很好的进展。如烟芽夜蛾囊泡病毒 HvAV-3h 依赖于单寄生性斯氏侧沟茧蜂携带，在斜纹夜蛾、甜菜夜蛾等重要农业害虫幼虫间广泛传播，效率高达 81%，具有防控重要蔬菜害虫的潜力（Li et al., 2016f）。另外，运用 PCR 及酵母转化相关的同源重组技术，首次人工合成了杆状病毒的全基因组，并通过转染细胞成功拯救出了有感染性的人工合成病毒，该技术为构建杀虫谱更宽、毒力更高的病毒杀虫剂提供了可能（Shang et al., 2017）。

3. RNAi 技术研究和应用

利用 RNAi 技术控制害虫是植物保护领域的一种新型策略，该技术具有如下特点：①杀虫具有专一性，例如，表达玉米根萤叶甲 Diabrotica virgifera virgiferasnf7 基因 dsRNA 的玉米，对玉米根萤叶甲的控制效果很专一。②dsRNA 在自然界极易降解，无残留。近五年来，国内在 RNAi 技术研究和应用方面的进展主要包括以下方面。

（1）利用 RNAi 技术研究害虫基因功能，从而为 RNAi 靶基因的筛选提供依据。这方面的报道最多，涉及的害虫也很多，包括褐飞虱、蝗虫、亚洲玉米螟、棉铃虫、小菜蛾等。例如，利用 RNAi 等技术鉴定了未知功能基因 Nl23867 在褐飞虱生殖中的作用，发现该基因通过调节棕榈酸的合成进而影响褐飞虱的繁殖力（Pang et al., 2017）。

（2）RNAi 靶基因筛选。研究表明，RNAi 靶基因应具备的特点包括：容易被抑制、抑制表达后能够导致昆虫发育障碍、繁殖力降低、甚至死亡。已报道具有应用潜力的 RNAi 靶基因包括 HSP90、snf7、V-ATPase、几丁质合成酶基因 A（CHSA）、P450 基因、蜕皮激素受体 EcR 等（Tang et al., 2012；Yu et al, 2014；Li et al., 2017a）。利用高通量的 RNA-seq 和 DGE-tag 数据，有助于筛选获得有效的 RNAi 靶基因（Li et al., 2013a）。但是，RNAi 靶基因的效果与昆虫物种密切相关。例如，赤拟谷盗 *Tribolium castaneum* 的 *HSP90* 基因被 RNAi 后效果很好，但豌豆蚜 *Acyrthosiphon pisum* 的 HSP90 基因在若虫期被 RNAi 后却能正常发育至成虫。

（3）dsRNA 的释放载体及应用技术。将 dsRNA 与纳米材料结合或将其包裹在脂质体中，可提高 dsRNA 的稳定性。喷施 dsRNA 于亚洲玉米螟和棉铃虫的一龄幼虫体表，可导致系统性 RNAi 效果（Zhang et al., 2015a）。Li 等人（2015a）发现植物根系能够直接吸收 dsRNA，褐飞虱取食被 dsCTP18A、dsCes 孵育过的水稻后，存活率降低，亚洲玉米螟取食被 dsKTI 孵育过的玉米后，死亡率也明显增高。这为 RNAi 技术的应用提供了一种新思路。在水稻中表达褐飞虱 *EcR* 基因的 dsRNA，可降低褐飞虱的繁殖力 22.78%~77.83%（Yu et al, 2014）。RNAi 技术与传统杀虫剂混合使用，可提高杀虫效率。例如，通过 RNAi 转基因植株抑制 *P450* 基因的表达，可提高植物对蚜虫的耐受力（Mao & Zeng, 2014）。

（4）RNAi 效率及作用机制。不同昆虫种类的 RNAi 效率差异很大。通常认为，鳞翅目昆虫的 RNAi 效率较低。在蝗虫中，一种 dsRNA 降解酶会降低 RNAi 效率（Song et al., 2017a）。研究发现，在昆虫中导入某些基因的 dsRNA 后，这些基因的表达水平不仅不能被抑制，而且还上调表达，相关机制尚在研究中。喂食橘小实蝇 1000 ng/μ lds-rpl19 6 h 后，*rpl19* 基因的表达量出现了下调，并且干扰效应可以持续五天。五天后靶标基因的表达量恢复正常水平后，再次喂食 ds-rpl19，目的基因不出现 RNAi 效应，表明橘小实蝇对 RNAi 具有类似获得性免疫的现象（Li et al., 2015b）。

4. 天敌的植物支持系统研究与应用

保护天敌，发挥天敌的持续控害作用是生物防治研究中一个重要目标。近年来，植物在维持和促进天敌控害效果中的重要性越来越受到关注。它们或为天敌提供食物、补充寄主和补充营养，或者改善天敌生存的小环境，提供适宜生长的栖境、越冬场所、休息地或产卵场所，提供逃避农药施用、耕作干扰等恶劣条件的庇护所等，为天敌在不同植物间转移、生存和增殖创造了有利条件。陈学新等（2014）以植物对天敌的支持作用作为落脚点，把基于生态学原理开展的生态调控、栖境管理和生物多样性调控赋予更加具体、更有可操作性的内容，提出了害虫天敌的植物支持系统（plant-mediated support system）这一概念。由这些能为天敌提供食物、提供越冬和繁殖场所、提供逃避农药干扰等恶劣条件的庇护所以及适宜生长的微观环境的植物体系就构成了害虫天敌的植物支持系统。天敌支持系统中的功能植物主要包括蜜源植物、储蓄植物、栖境植物、诱集植物、指示植物等。需要说明的是，有些种类的植物对天敌的支持功能是兼有的，如万寿菊即可为天敌提供食物作为蜜源植物，也可为天敌提供栖息场所为栖境植物。

北京市农林科学院张帆团队对设施蔬菜和果园蜜源植物进行了研究，发现玉米和油菜花粉对龟纹瓢虫和东亚小花蝽具有显著诱集作用。矢车菊、波斯菊和牵牛花等可以吸引捕食性瓢虫，尽管这些蜜源植物的挥发物存在较大的差异。浙江省农科院吕仲贤团队对水稻田多种蜜源植物进行筛选，发现与夏堇、千日红和香彩雀相比，繁星花可以显著提高稻螟赤眼蜂的寄生率和出蜂数。在种植蜜源植物芝麻的情况下，稻螟赤眼蜂可以提高近30%的寄生量，而且可以提高天敌的寿命，同时对害虫大螟和稻纵卷叶螟的寿命和繁殖力没有显著的影响。他们还发现酢浆草花能显著延长和提高螟黄赤眼蜂的寿命和寄生力，同时酢浆草花仅在白天开放，不会有助于夜间活动的鳞翅目成虫，是一种适合稻田系统的蜜源植物（赵燕燕等，2017）。

西北农林科技大学刘同先团队从小麦品种筛选、寄主转换、寄生蜂的适应性及天敌的种间互作进行了系统研究，研发了"小麦 – 麦长管蚜 – 蚜茧蜂"储蓄植物系统，利用此系统可达到年产一百万头寄生蜂的生产目标，可有效地用于控制温室辣椒上的桃蚜。此外，他们还研发了"蓖麻 – 蓖麻粉虱 – 丽蚜小蜂"储蓄植物系统。从蓖麻粉虱上羽化的丽蚜小蜂可成功寄生番茄、黄瓜上的温室白粉虱和烟粉虱，且子代可发育为成虫。浙江省农科院吕仲贤团队利用秕谷草建立的"秕谷草 – 伪褐飞虱 – 稻虱缨小蜂"等储蓄植物系统，也对水稻褐飞虱的防治取得满意的效果。

（二）作物病害生物防治研究与应用进展

真菌是重要的作物病害生物防治资源。从分类上看，具有潜在生物防治潜力的真菌主要包括木霉属真菌、酵母类真菌、毛壳菌属真菌、粉红粘帚霉和盾壳霉等；由真菌病毒介导的低毒菌株、植物内生真菌和菌根真菌等在真菌病害防治上也有显著的潜力。自2013年以来，我国有关生物防治真菌研究主要集中于资源的收集、次生代谢活性物质分离和鉴定、作用机理研究和应用及其潜力研究等方面。

（1）木霉属 *Trichoderma* 生防真菌

木霉属生防真菌是研究最为详细的生防真菌，其生防机理包括重寄生、产生拮抗真菌的活性物质、诱导抗性和合成植物激素类物质促进植物生长等。研究主要还是集中于资源的收集，也有一些研究致力于探讨木霉属真菌的新生物防治机制。

1）木霉资源筛选。筛选获得了新的木霉菌株，包括棘孢孢木霉 *T. asperellum*、深绿木霉 *T. atroviride* 菌株、黄绿木霉 *T. aureoviride* 菌株、钩状木霉 *T. hamatum*、哈茨木霉 *T. harzianum* 菌株、盖姆斯木霉 *T. gamsii*、拟康宁木霉菌株 *T. koningiopsis*、俄罗斯木霉 *T. rossicum* 菌株、绿色木霉 *T. virens*；以及一些具有抗病活性但还没有鉴定的木霉属菌株。

2）木霉对微生物组的影响。在土壤中添加木霉菌会影响根际及土壤中的微生物（特别是真菌）的群落，抑制病害的发生（Zhang et al, 2013b；Cai et al, 2015）。Saravanakumar等（2017）发现用哈茨木霉处理种子可以改变玉米根际微生物组、提高玉米抗禾谷镰刀菌的能力及提高玉米的生长。

3）木霉对植物的影响。从分子层面上研究了多种木霉与植物的相互作用，解析了诱导抗性机制（Cai et al, 2013；Yu et al, 2015b），有研究表明哈茨木霉诱导抗性与茉莉酸信号途径和乙烯信号途径相关（Fan et al, 2014b；Yu et al, 2015a；Zhang et al, 2017a）。研究表明多种木霉菌的次生代谢产物、发酵液、细胞壁降解酶及其他蛋白等对植物的抗性有显著的促进作用（Cai et al, 2013；Huang et al, 2015；Saravanakumar et al, 2016）。有些木霉可以通过溶解磷和其他微量元素及降解自毒物质而促进植物生长（Li et al, 2015d）。

4）木霉与病菌的互作。Yao 等（2013）注释和分析了哈茨木霉寄生相关基因。有研究发现木霉的丝氨酸蛋白酶对病菌具有抑制作用（Liu and Yang, 2013；Fan et al, 2014a）；Dou 等（2014b）从棘孢木霉中克隆获得了一种新的天冬氨酸蛋白酶基因，并证实它与生物防治活性相关。Zhang 等（2016）发现中性金属肽酶在木霉寄生及自身防御中具有重要作用。另一方面，病原真菌或卵菌与木霉之间存在相互作用（Zhang et al, 2014b；Zhang et al, 2015b；Liu et al, 2017a）。发现木霉可以通过糖基化对禾谷镰刀菌所产的脱氧雪腐镰刀菌醇（DON）进行脱毒，这可能是木霉菌拮抗禾谷镰刀菌的新机制（Tian et al, 2016b）。

5）木霉的应用。Zhang & Yang（2015）建立了一种利用秸秆生产哈茨木的发酵技术体系；研制了木霉菌颗粒剂和可湿性粉剂（吴晓儒等, 2015）。发现木霉与农药混用可以提高防治病害的效率（马志强等, 2013；Hu et al, 2015）。Huang 等（2016）发现温室土壤消毒处理添加苜蓿后再添加木霉可以防治猝倒病。在生产上，国内常在有机肥或秸秆腐熟剂中添加木霉菌。

另外，在基因资源挖掘及应用方面也开展了研究，将哈茨木霉的几丁质酶基因导入放线菌及其他木霉中赋予了工程菌更多的生物防治功能（Wu et al, 2013ab；Li et al, 2013b）；将木霉的基因导入植物中可以促使植物提高抗病性能（Yu et al, 2015c；Ji et al, 2016b）。

（2）酵母类生防真菌

酵母类真菌多用于防治作物果实病害及其储藏期病害，主要从以下方面进行了研究。

1）酵母类生防真菌资源。2013 年以来相继分离获得了具有防病潜力的酵母菌，如沼泽生红冬孢酵母 *Rhodosporidium paludigenum*、卡利比克毕赤酵母 *Pichia caribbica*、异常毕赤酵母 *Pichia anomala*、假丝酵母菌 *Candida pruni*、汉逊德巴利酵母 *Debaryomyces hansenii*、尼泊尔德巴利酵母 *Debaryomyces nepalensis*、膜醭毕赤酵母 *Pichia membranaefaciens*、施劳伦梯（氏）隐球菌 *Cryptococcus laurentii*。

2）作用机理。通常认为酵母类真菌的生物防治机理主要包括空间和营养竞争、寄生病原菌、分泌抗菌物质、诱导抗性和生物膜形成等。研究发现酵母类生防菌可以诱导柑橘果实抗病基因的表达及在果皮中合成抗菌次生代谢产物，提高果实的抗病能力（Luo et al,

2013c；Lu et al，2014；Lu et al，2015；Guo et al，2016b）。柠檬形克勒克氏酵母 *Kloeckera apiculata* 可以产生苯乙醇抑制病菌的生长，该物质还是一种群体感应信号分子（Liu et al，2016c）；粘红酵母 *Rhodotorula glutinis* 在灰葡萄孢的菌丝和孢子上具有强劲的附着能力，而且与控病潜力相关（Li et al，2016a）。

3）活性氧与存活。有些酵母菌对氧胁迫敏感，影响存活，提高酵母耐氧胁迫能力，可以增强酵母菌货架期和生防效率。国内学者解析了应对氧胁迫的机制，发现氧胁迫导致活性氧的累积，诱发劳伦梯（氏）隐球菌细胞死亡（Chen et al，2015a；Zhang et al，2017c）。维生素 C 可以提高卡利比克毕赤酵母耐氧化逆境的能力及防病效果（Li，2014）；库德毕赤酵母 *Pichia kudriavzevii* 的生物膜状态可显著提高抗氧化、抗逆及生防能力（Chi et al，2015）。10 %（w/v）葡萄糖可以提高季氏毕赤酵母 *Pichia guilliermondii* 的耐高温（45℃）和存活能力，最终提高生防潜力（Sui & Liu，2014）；直接用 40℃处理胶红酵母 30 min 后可以提高酵母耐高温（48℃）、抗氧化能力、耐高渗能力和耐酸能力等（Cheng et al，2016）。Li 等（2016b）发现假菌丝状态的歧异假丝酵母具有更强的抗逆能力；Niu 等（2016）在冷冻干燥膜醭毕赤酵母时添加蔗糖、谷氨酸钠和脱脂牛奶等可以提高酵母的活力以及控制采后柑橘抵抗青霉和炭疽菌的能力。

4）协同作用。将酵母与其他的防治措施组合防治采后病害可以获得理想的效果。将紫外线与酵母组合使用可以显著提高酵母的防病效果和果实的货架期（Zhang，2013a；Guo et al，2015；Huang et al，2015；Guo et al，2016a；Ou et al，2016）。另外，导入异源基因可以赋予酵母菌更强的生防功能。Yang 等（2013b）在巴斯德毕赤酵母 *Pichia pastoris* 中转入棘孢木霉的天冬氨酸蛋白酶基因可赋予酵母获得拮抗真菌的能力。Kong et al（2016）在巴斯德毕赤酵母中表达二价抗菌肽基因可以延迟柑橘果实酸腐病的发生并诱发柑橘地霉菌 *Geotrichum citri-aurantii* 的细胞凋亡。

（3）毛壳菌、粉红粘帚霉、盾壳霉和寡雄腐霉的研究

球毛壳菌 *Chaetomium globosum* 广泛存在与植物残体和土壤等场所，也有一些可以在植物体内生长。从银杏、蕺菜、油菜、龙柏、人参、水稻、核桃、棉花等植物上或根际分离获得了球毛壳菌或毛壳菌属真菌。国内学者分离和鉴定了球毛壳菌及毛壳菌属真菌所产生的活性物质（Zhang et al，2013c；Lu et al，2013；Xu et al，2015a；Zhao et al，2017；Jiang et al，2017a）。在土壤中添加油菜籽饼业或在西瓜田中施用生物肥料可以显著促进毛壳菌的数量（Zhao et al，2014a；Ma et al，2015）；有研究利用毛壳菌及其活性物质防治人参根腐病（Li et al，2016e）；在强还原土壤消毒的土壤中，球壳菌的数量具有显著上升（Huang et al，2016）。

粉红粘帚霉 *Gliocladium roseum*，也被称为粉红螺旋聚孢霉 *Clonostachys rosea*，一些菌株可以寄生真菌和线虫，有些是土壤腐生菌，或是植物内生真菌。建立了粉红粘帚霉的遗传转化体系并进行了分子生物学研究、研究了其诱导植物（番茄）抗病机制及与病原菌

的互作（Mouekouba et al，2014；Sun et al，2015b；Liu et al，2016a）。研究了粉红粘帚霉的深层发酵技术及厚垣孢子形成的温度和供氧条件等（Sun et al，2014）。在生态方面，研究了土壤因子及化学熏蒸剂对粉红粘帚霉消长动态的影响（马桂珍等，2013）。粉红粘帚霉也发现在油菜体内和大豆根部生长（Pan et al，2014；Zhang et al，2014d）。Tian 等（2014b）利用化学熏蒸剂棉隆与粉红粘帚霉可以控制黄瓜萎蔫病；李丹阳等（2016）分离获得了降解稻曲病菌菌核的粉红粘帚霉。王淑芳等（2014）应用实时荧光定量技术评价了粉红粘帚霉对水稻纹枯病的田间防治效果。Zhai 等（2016）从粉红粘帚霉中分离鉴定出抗细菌物质。

盾壳霉 Coniothyrium minitans 是核盘菌属 Sclerotinia 真菌的寄生真菌，可以寄生和腐烂核盘菌的菌核和菌丝，对由核盘菌引起的菌核病具有良好的防治效果。目前国际上有商品菌剂销售，国内也登记了盾壳霉的生防制剂。研究主要集中于利用盾壳霉轻简化防治油菜和向日葵菌核病的应用技术及规模化制剂的创制、盾壳霉寄生和孢子形成的分子机制（Hamid et al，2013；Wei et al，2013；Wei et al，2015；Yang et al，2016a），发现盾壳霉可以降解核盘菌分泌的草酸以及环境 pH 值调控盾壳霉对核盘菌的拮抗（分泌抗真菌物质）作用和寄生作用（Zeng et al，2014；Lou et al，2015）。

寡雄腐霉 Pythium oligandrum 可以寄生多种真菌和卵菌，市场上已经商业生防制剂销售。该菌也可以在植物的根部生长，产生类似生长素的物质促进植物生长。我国近些年对寡雄腐霉有零星的研究。谭艳等（2015）证明寡雄腐霉可以控制柑橘果实青霉病，贾瑞莲等（2015）发现寡雄腐霉发酵液对温室番茄生长及灰霉病有防治作用。Ouyang 等（2015）发现寡雄腐霉的类似激发子蛋白可以激发烟草过敏性坏死反应并诱导番茄抗灰葡萄孢。耿明明等（2016）寡雄腐霉发酵液能促进辣椒幼苗生长并防治炭疽病。彭轶楠等（2017）建立了寡雄腐霉原生质体的制备及再生的技术。

（4）植物内生真菌（endophyte）及菌根真菌（mycorrhizal fungi）

植物内生真菌和菌根菌对植物生长和抗逆均有显著促进作用。总体上，我国学者主要关注资源的挖掘，已经从无花果、人参、丹参、绣线菊、大蒜、茶花、牛心朴子、银杏、苹果树、棉花、油菜和香蕉等植物上分离和鉴定有益的真菌。Zhang 等（2014d）分析了油菜体内的内生真菌，从油菜根茎叶中分别获得了 35 株、49 株和 13 株内生真菌，其中 80% 属于子囊菌，共有 24 株内生真菌对核盘菌和灰葡萄孢的生长具有抑制作用；颜华等（2016）从丹参植物体内分离获得了 62 株内生真菌及 7 株放线菌，发现 44 株内生菌对病原菌有不同程度的抑制作用。研究发现稻镰状瓶霉 Harpophora oryzae 和 Neotyphodium 属的内生真菌具有拮抗真菌（Su et al，2013）。Xia et al（2015）发现香柱菌 Epichloe 抑制禾谷白粉菌在醉马草 Achnatherum inebrians 的定植。牛毅等（2016）比较了内生真菌 N. sibiricum，N. gansuensis 和甘薯香柱菌 Epichloe gansuensis 促进牧草羽茅 Achnatherum sibiricum 抗真菌病害的能力。

有关菌根菌抗病研究相对较少。发现菌根真菌地表球囊霉 *Glomus versiforme* 可以诱导苹果果实产生对锈果类病毒病的抗性（Yang et al，2014a）；菌根真菌对植物的促进作用可能由菌根真菌与生物胁迫物之间的竞争有关（Yang et al，2014a）。Song 等（2015）发现菌根真菌可以降低番茄受到早疫病 *A. solani* 的危害，接种菌根真菌引发茉莉酸信号途径介导的系统性防御反应；菌根真菌也可能通过改善茄子植株的营养状况提高抗黄萎病的能力（周宝利等，2015）。Jie 等（2015）研究发现摩西管柄囊霉 *Funneliformis mosseae* 在大豆根际可以降低尖镰刀菌的数量，尽管两者都可以在大豆根部定植。

（5）真菌病毒介导的低毒菌株及其防病潜力

真菌病毒是在真菌细胞内复制和增殖的病毒，广泛分布与真菌中。有些真菌病毒具有抑制病原真菌致病力的能力，可以导致病原真菌致病力下降，甚至丧失致病力。因此将这些携带病毒的菌株施用到田间可以使得病原真菌群体出现致病力衰退，实现控制作物病害的目的。我国有关真菌病毒及其应用研究取得了长足的进步，2017 年成功召开了第四届国际真菌病毒学研讨会。目前已经从链格孢菌、玉米小斑菌、葡萄座腔菌、葡萄孢菌、炭疽菌、镰刀菌、稻瘟菌、丝核菌、齐整小核菌、核盘菌、稻曲病菌和大丽轮枝菌等病原真菌中分离到真菌病毒，发现了一些重要类型的真菌病毒（Liu et al，2014b；Jia et al，2017）。利用病毒介导的低毒菌株控制作物真菌病害研究存在的主要问题是病毒在病原真菌群体中的扩散收到真菌营养体不亲和性的限制，限制了生防效果。在核盘菌中发现真菌 DNA 病毒 SsHADV-1，并发现该病毒具有细胞外侵染能力并与噬真菌昆虫厉眼蕈蚊存在互惠性相互作用，为利用真菌 DNA 病毒控制作物病害提供了新理论和新的技术体系（Yu et al，2013；Xie and Jiang，2014；Liu et al，2016）。发现一些可以抑制寄主营养体不亲和性反应或者传播不受营养体不亲和性限制的真菌病毒这些病毒也具有良好的应用前景（Xiao et al，2014；Wu et al，2017）。

（三）植物线虫生物防治研究与应用

植物寄生线虫主要侵染植物根系，导致严重的作物产量损失和品质下降。目前，植物寄生线虫天敌的研究主要集中在细菌、真菌两大类群，利用生防细菌、真菌研发的线虫生防制剂在多个国家登记并应用与植物线虫病害的防治。

1. 线虫生防细菌及其应用

食线虫细菌在自然界中通过自身生长、繁殖、侵染等生物学行为，能有效控制线虫虫口数量，其优势在于其快速繁殖能力，培养条件简单、适于大规模生产等，一些细菌杀线虫剂的防效可以与化学杀虫剂媲美，具有较好的应用前景。

（1）线虫生防细菌的资源多样性

国内外目前报道的食线虫细菌主要来自 *Actinomycetes*、*Achromobacter*、*Agrobacterium*、*Bacillus Burkholderia*、*Enterococcus*、*Staphylococcus*、*Serratia* 和 *Streptococcus* 等 30

多个属（Zhou et al., 2016; Colagiero et al., 2017）；食线虫细菌资源在种级水平亦具有丰富的多样性。以根际微生物中最常见的芽孢杆菌为例，在芽孢杆菌的 13 个属 223 个种中，对线虫具有抑制活性的至少有 20 种：*B.thuringiensis*（Bt）、*B. sphaericus*、*B. nematocida*、*B. amyloliquefaciens* 等。

根据杀线虫作用模式，食线虫细菌可分为三大类：专性寄生细菌、伴孢晶体形成细菌、机会致病细菌。专性寄生细菌：通过产生菌丝和孢子的方式侵染线虫，主要包括巴氏杆菌属 Pasteuria 的 4 个种。伴孢晶体形成细菌：通过形成伴孢晶体毒杀线虫。苏云金芽孢杆菌是伴孢晶体形成细菌的代表。机会致病细菌：这类细菌通常营腐生生活，一旦寄生条件适宜，将感染线虫宿主并将它作为营养来源，绝大多数食线虫细菌属于机会寄生细菌。机会致病细菌主要来源于根际细菌，最具代表性的是芽孢杆菌属和假单胞菌属。

（2）线虫生防细菌的主要毒力因子

线虫生防细菌可以产生一系列的毒力因子或应用不同的策略来侵染和毒杀线虫，已经报道的主要毒力因子包括：Cry 毒性晶体蛋白、侵染性酶、毒性小分子代谢物。Cry 蛋白：迄今为止，发现对线虫具有活性的 Cry 蛋白基因主要包括 *Cry1*，*Cry5*，*Cry6*，*Cry12*，*Cry13*，*Cry14*，*Cry21* 等。侵染性酶：线虫的表皮是线虫抵抗病原侵染的第一道屏障，细菌侵染线虫需要侵染性酶对表皮的酶解活性。线虫生防细菌可分泌不同类型的胞外酶，以帮助病原体的感染过程。类枯草杆菌丝氨酸蛋白酶是一种重要的侵染性蛋白酶，其在线虫侵染中的作用已被广泛地研究。张克勤团队率先从侧孢短芽孢杆菌 *B. lacterosporus*BLG4 菌株中纯化并克隆出侵染性胞外丝氨酸蛋白酶，该酶在侵染宿主线虫过程中起主导作用。此外，其他的一些胞外分泌酶，如胶原酶、脂肪酶和几丁质酶也被报道参与线虫或卵的侵染。毒性小分子代谢物：食线虫细菌可产生大量的小分子代谢产物，以减少线虫繁殖、卵孵化和幼虫的生存，甚至可以直接杀死线虫。解淀粉芽孢杆菌 FZB42 菌株中发现，参与合成噻唑/恶唑杂环化合物的关键酶基因 *RBAM_007470* 及其合成小分子化合物 plantazolicin 与该菌株的杀线虫活性有密切关系（Liu et al., 2013b）。

（3）重要生防细菌侵染线虫的分子机制

B. nematocida B16 侵染线虫的分子机制：首次在国际上提出了"特洛伊木马"模式的细菌 – 线虫互作关系。该细菌分泌类似于线虫食物气味的挥发性物质（苯甲酸苄酯、苯甲醛、2– 庚酮和苯乙酮等）吸引线，线虫误以为是食物将该细菌吞食后进入线虫肠道内；然后细菌分泌两种具有降解能力的胞外碱性丝氨酸蛋白酶 Bace16 和中性蛋白酶 Bae16 作为主要的毒力因子酶解线虫肠道，破坏肠道的结构和功能，最终导致线虫死亡；最后细菌利用线虫的虫体作为营养物继续生长，繁殖，从而开始另一个循环。上述毒力因子的产生和分泌都受到细菌群体感应系统 Comp-ComA 的调控（Deng et al., 2013）。

B. thuringiensis 侵染线虫的分子机制：主要集中在 Cry 蛋白。Cry5B 毒素不仅能杀死成虫，还能杀死 L1 幼虫。Cry6A 蛋白对秀丽隐杆线虫有较强的致死能力，能明显抑制线

虫的生长，幼虫体积变小、甚至使线虫的运动失常（Luo et al., 2013b）。苏云金芽孢杆菌也能分泌金属蛋白酶 BMP1，直接降解线虫肠道组织，对线虫产生毒杀作用；将 Cry5Ba 与金属蛋白酶 BMP1 混合后能使杀线虫活性增强 7.9 倍，Cry5Ba 蛋白会使肠道收缩，脱离体壁（Luo et al., 2013b）。

B. amyloliquefaciens 侵染线虫的分子机制：*B. amyloliquefaciens* FZB42 菌株能产生多种次生代谢产物、具有促进植物生长、抑制植物病原菌等活性。通过对该菌随机突变文库的筛选和其它功能实验，揭示了该菌株中参与合成噻唑 / 恶唑杂环化合物的关键酶基因 *RBAM_007470*、参与编码大环内酯抗生素的 *mlnD* 基因、分选酶相关基因 *yhcT* 及 *yneK* 基因在其侵染线虫的过程具有重要作用（Liu et al., 2013a）。

（4）线虫生防细菌的开发应用

P. penetrans、*B. firmus*、*Burkholderia cepacia* 等细菌已经被开发用来控制根结线虫病（LamovŠek et al, 2013）。

云南大学张克勤团队基于生防细菌产生的活性挥发物新研发了一种新型线虫生防制剂"佰控沃土"。利用 GC/MS 分析和化合物纯品验证方法鉴定了生防细菌产生的 17 种挥发物（Ma et al., 2012）通过化学合成方法，实现了一种细菌杀线虫挥发物前体化合物的人工合成。利用 β－环糊精实现了该化合物的有效包埋，使活性挥发物的释放时间从原来的 3~4 天延长至 7~10 天。以挥发物产生菌及人工合成的化合物与有机肥结合研制出一种针对根结线虫的生物熏蒸剂（生防菌含量 109 CFU/g，活性化合物 15%）。该熏蒸剂对根结线虫的防效达 86.79%。在云南玉溪、山东寿光番茄大棚的田间试验结果表明对根结线虫的防效在 78.65%~88.54% 之间，具备产业化推广应用的前景。

云南大学张克勤团队研发出另一新型线虫生防制剂"线虫佰控丹"。自然界中，食物细菌被认为是一类为线虫提供食物的被动牺牲品，这类细菌通过调控捕食线虫真菌从腐生到寄生的生活史转换－形成捕食器，帮助其捕杀线虫，使线虫从捕食者变为被捕食者，从而达到细菌、真菌和线虫三者动态平衡。*Stenotrophomonas maltophilia* CD52 菌株能诱导捕食线虫真菌捕食器形态建成，尿素是 CD52 菌株诱导捕食器形成的活性化合物，尿素进入真菌细胞内，经过脲酶作用诱导捕食器的形成（Wang et al., 2014a）。基于细菌招募捕食线虫真菌抵御线虫吞食分子机制的研究，研发了新型线虫生防制剂"线虫佰控丹"。2015年在云南省峨山县化念镇利用"线虫佰控丹"防治大棚根结线虫，防效达 84%，优于对照农药阿维菌素和噻唑膦。

湖南省农业科学院刘勇等团队分离获得了对主要线虫具有高效杀灭作用的苏云金杆菌和对主要线虫、卵均具有杀灭作用的嗜硫小红卵菌，发明了用于防控线虫病害的微生物菌剂产品，获国家授权发明专利三件、制定了湖南省地方标准一项，近三年项目产品与技术推广应用二千三百余万亩次，获社会效益六亿多元。

2. 线虫生防真菌及其应用

食线虫真菌是线虫的重要天敌微生物，是一种潜在的线虫生防制剂，目前已经有多种食线虫真菌被开发成产品用于线虫病害的防治，如 *Paecilomyces lilacinus* 和 *Pochonia chlamydosporia*（金娜等，2015）。近年来，已经有 7 株食线虫真菌的基因组被报道（马妮等，2017）。

（1）线虫天敌真菌多样性

食线虫真菌是指寄生、捕捉、定殖和毒害线虫的一类真菌，涉及接合菌、半知菌、担子菌和子囊菌等，它们是线虫的天敌，在植物寄生线虫的生物防治中起着重要的作用。根据侵染线虫的方式，它们可以分为捕食线虫真菌（Nematode-trapping fungi）、线虫内寄生真菌（Endoparasitic fungi）、线虫卵寄生真菌（Egg-parasitic fungi）和产毒真菌（Toxin-producing fungi）四大类群（Nordbring-Hertz et al.，2011）。捕食线虫真菌是指以营养菌丝特化形成的黏性菌丝、黏性分枝、黏性球、黏性网、非收缩环及收缩环等捕食器官捕捉线虫的真菌。截至 2017 年 2 月在 Index Fungorum 网站（http://www.indexfungorum.org/names/names.asp）上记录的捕食线虫丝孢菌物种，全球目前共报道 166 个种，张克勤团队发现或报道 91 个种，占 54.8%。线虫内寄生真菌是指通过成囊孢子、黏性孢子和吞食孢子等特殊的孢子寄生游离活动线虫的一类真菌。代表属有 *Myzocytium*、*Drechmeria*、*Nematoctonus*、*Hirsutella* 和 *Harposporium* 等。迄今为止，内寄生线虫真菌包括 122 个物种，我国报道 19 种（Zhang et al.，2016c）。线虫卵寄生和胞囊寄生真菌是指专性或兼性定殖于植物寄生固着线虫的卵、雌虫、胞囊等或寄生游离线虫卵的一类真菌。线虫卵寄生真菌的典型种包括：*P. chlamydosporia*、*P. lilacinum*、*Clonostachys rosea* 和 *Lecanicillium psalliotae*。目前报道的线虫生防制剂大多是以厚垣普可尼亚菌和淡紫拟青霉为出发菌株研制（金娜等，2015）。产毒真菌是指能够产生毒素毒杀线虫的一类菌物，有专性产毒和兼性产毒之分。目前，共有 270 余种真菌报道具有毒杀线虫的活性，并且已从食线虫产毒菌物中分离得到杀线虫活性代谢产物 230 余个，包括萜类、大环内酯类、生物碱类、肽类、杂环类、简单芳香类、脂肪酸类、醌类、炔类、甾醇类、木脂素类、神经酰胺类和哌嗪类等（Degenkolb et al.，2016）。

（2）食线虫真菌侵染线虫的分子机制

近年来已经有 7 种食线虫真菌的基因组被报道：*Arthrobotrys oligospora*、*Monacrosporium haptotylum*、*Drechslerella stenobrocha*、*P. lilacinum*、*P. chlamydosporia*、*Hirsutella minnesotensis*、*D. coniospora*（Yang et al.，2011；马妮等，2017）。比较基因组和转录组分析为探明真菌侵染线虫分子机制奠定了基础。

1）食线虫真菌重要毒力相关基因家族的比较：食线虫真菌侵染线虫过程中产生多种毒力因子，其中，如枯草杆菌素丝氨酸蛋白酶和几丁质酶，它们参与线虫的穿透和定殖（Yang et al.，2013a）。相对于捕食线虫真菌，线虫内寄生和卵寄生真菌中丝氨酸蛋白酶基因相对较多，在 *D. coniospora* 基因组中丝氨酸蛋白酶基因有 26 个，在 *P. lilacinum* 36-1 基因组中有 30 个，*P. chlamydosporia* 基因组中丝氨酸蛋白酶基因多达 32 个（马妮 等，2017）。与产生黏性捕器的捕食线虫真菌（如 *A. oligospora* 和 *M. haptotylum*）相比，线虫内寄生和卵寄生真菌具有较少的凝集素编码基因，这可能和它们侵染线虫的机制不同有关。而 *A. oligospora* 和 *M. haptotylum* 需要通过凝集素的黏附作用防止线虫逃脱。*D. stenobrocha* 也编码较少的凝集素，在 *D. stenobrocha* 基因组中仅预测存在 1 种 GalNA 结合凝集素（在 *A. oligospora* 为 4 种）和 1 种岩藻糖结合凝集素（在 *A. oligospora* 中为 5 种），表明 *D. stenobrocha* 具有弱的凝集素介导的识别能力。捕食线虫真菌和线虫内寄生和卵寄生真菌对线虫黏附作用的差异也反映在几种黏性蛋白的减少，包括含有 CFEM（Common in several fungal extracellular membrane proteins）和 GLEYA 结构域（GLEYA domain）的蛋白在线虫内寄生真菌中其编码基因明显减少。真菌能够产生丰富的次生代谢产物，部分次生代谢产物能够麻痹和毒杀线虫，而有些代谢产物能够调控菌丝的发育和捕器的形成（Degenkolb et al.，2016）。在真菌中，参与次生代谢产物合成的酶主要是聚酮化合物合酶（PKS）和非核糖体肽合成酶（NRPS）。捕食线虫真菌基因组中含有 4~12 个 PKS 和 NRPS，而在线虫内寄生和卵寄生真菌基因组中 PKS 和 NRPS 的数目显著扩增（25~52 个）（马妮等，2017）。如 *A. oligospora* 基因组中含有 5 个 PKS 和 7 个 NRPS，*H. minnesotensis* 基因组含有 29 个 PKS 和 23 个 NRPS，*P. chlamydosporia* 基因组中含有 15 个 PKS 和 12 个 NRPS，说明内寄生和卵寄生真菌能够产生更多的次生代谢产物。Xu 等（2015b）敲除了 *A. oligospora* 中一个 PKS 基因（*AOL_s00215g283*），发现突变菌株产生 Arthrobotrisins C 减少，但突变株的捕器数量和杀线虫活性分别比野生菌株增加了 10 倍和 2 倍。转录组分析表明，编码次生代谢产物合成的酶（PKS 和 NRPS）的基因在 *H. minnesotensis* 基因组中显著扩增，并在 *H. minnesotensis* 的次生代谢物中也发现一些具有杀线虫活性的化合物。在昆虫病原真菌中也报道了次生代谢产物合成基因负责某些昆虫毒素如绿僵菌毒素、白僵菌素和巴西酰胺的合成（Wang et al.，2012）。因此，线虫内寄生真菌高表达次级代谢相关基因可能合成有助于其抵抗宿主防御、定殖于线虫体内并抑制线虫体内微生物竞争的小分子有毒物质。

2）捕器形成分子机制的研究进展：*D. stenobrocha* 转录组分析表明捕器形成过程与蛋白激酶 C（PKC）信号通路及 Zn（2）- C6 转录因子调节有关。张克勤团队通过对寡孢节丛孢的基因组和蛋白组的分析发现，捕器形成的过程中有多种生物学途径参与调控，如信号转导通路、能量代谢、细胞壁和粘附蛋白的生物合成、细胞分裂、甘油积累和过氧化物酶体生物合成等（Yang et al.，2011）。苹果酸合成酶是乙醛酸循环的关键酶，敲除寡孢节丛孢基因组中的苹果酸合成酶基因导致菌株捕器形成延迟，只能形成一个环和两个环的捕器。基因敲除突变株的捕食线虫能力也出现了明显的下降（Zhao et al.，2014a）。*A. oligospora* 的 AoMad1 与昆虫病原真菌金龟子绿僵菌 *M. anisopliae* 的黏附蛋白 Mad1 同源，（NH4）2SO4 和 NH4Cl 等真菌优先利用的氮源不能诱导 ΔAoMad1 菌株产生捕器，而 NaNO3、尿素及酵母提取物等非优先氮源则能诱导 ΔAoMad1 菌株产生更多的捕器（Liang et al.，2015）。发现多种诱导剂可能通过不同的方式调控真菌捕器的形成，其中 G 蛋白信号通路可能在捕器形成的过程中发挥了重要的作用（Su et al.，2017）。

捕食线虫真菌 A. oligospora 中部分重要基因和蛋白的功能研究：从产生不同类型捕器的捕食线虫真菌中克隆得到 Mad1 同源的基因，构建系统发育树。结果表明捕食线虫真菌按照捕食器官的种类进行聚类，并且非黏性的捕食器官收缩环最先分化，随后黏性的捕食器官进化形成两个姊妹分支，产生三维菌网的真菌与产生黏性分支的真菌显示较近的亲缘关系，并提示三维菌网可能由黏性分支进化而来；在另一分支中，产生粘球及非收缩环的真菌最先分歧，紧接着是产生粘球的真菌。Mad1 基因在捕食器官的进化过程中受到了正选择压力的影响，在每个受到选择压力的分支上，还发现了许多潜在的正选择氨基酸位点（Li et al.，2016c）。伏鲁宁体作为高等真菌盘菌亚门中一种特殊的细胞器，参与寡孢节丛孢菌丝生长、分生孢子形成和捕食器官形态建成的调控（Liang et al.，2017）。硝酸盐代谢途径影响寡孢节丛孢捕食器官的产生（Liang et al.，2016）。发现 76g274p 可能是一个潜在的锌指蛋白型转录因子（Jiang et al.，2017b）。

（3）线虫防御真菌侵染的机制研究

在线虫对微生物侵染的防御机制研究中发现了多条新的线虫免疫信号通路。Daf–16 是线虫体内一个重要的转录因子。线虫受到真菌侵染和物理损伤时，激活 G 蛋白 egl30，使磷脂酶 C 水解产生 IP3，IP3 与其受体 Itr1 结合，从而使钙离子释放到胞质当中，钙离子激活 NADPH 氧化酶 Bli-3 产生 ROS，ROS 激活 Cst-1，Cst-1 进一步激活 Daf–16，使 Daf–16 转移到细胞核当中，激活其靶基因的转录，实现对真菌侵染和物理损伤的免疫响应（Zou et al.，2013a）。

（4）食线虫真菌资源的应用概况

自捕食线虫真菌 A. robusta 成为第一个商品生物杀线虫剂（Royal 300）以来，已经有多种食线虫真菌被开发成产品用于线虫病害的生物防治（金娜等，2015）。卵寄生真菌厚垣普奇尼亚菌和淡紫拟青霉是两种最常用于线虫病害生物防治的生防菌株，用这两个菌株已经开发出了包括线虫必克和灭线灵等多种杀线虫产品（金娜等，2015）。我国也用厚垣普奇尼亚菌菌株制成了"线虫必克"和"豆丰一号"商品制剂，田间防效较好（Li et al.，2015c）。

3. 生物源杀线虫代谢产物及其应用

（1）植物源抗线虫活性化合物

目前已报道的具有杀线活性的植物约有 102 科 226 属 316 种，其中具有显著活性的植物资源有 21 科 29 种。在我国报道的 27 科 48 种植物中，多数植物的甲醇粗提物在 48 h 内对 Meloidogyne incognita 具有极强的杀线虫作用，而部分植物的粗提物仅对线虫 J2 幼虫表现出中等活性，在48h内的校正死亡率为30%~50%（Qiao et al., 2014）。洋葱等8种植物粗提液对瓜哇根结线虫 M. javanica 和短体线虫 Pratylenchus vulnus 在24 h 的直接触杀率可以达到95%以上。

从植物资源中发现的天然杀线虫活性物质主要包括生物碱类、黄酮类、萜类及甾醇类、脂肪酸及其衍生物、苦木素类、酚类、噻吩类、多炔类、生氰糖苷类等化合物。从三尖杉树枝的粗提物中分离鉴定生物碱类化合物可以显著抑制根结线虫卵孵化和导致二龄幼虫的72~98%的死亡，并能抑制 Panagrellus redivivus 蛋白酶的活性达到50%。主要活性成分是桥氧三尖杉碱（drupacine），对松材线虫和根结线虫的抑制作用ED50分别为27.1 和 76.3 μg/mL（Wen et al., 2013）。Li et al.（2017）报道了 Punica granatum 皮的乙醇粗提物显示强的抗线虫活性，从其活性成分分离鉴定出单宁类化合物 punicalagin、punicalin 和 corilagin，其中 punicalagin 对松材线虫 Bursaphelenchus xylophilus 抗线虫活性最强，LC50 值为 307.08 μM。Punicalagin 能抑制松材线虫中的乙酰胆碱酶，淀粉酶和纤维素酶，IC50 值分别为 0.60mM、0.96 mM 和 1.24mM。同时发现未被 Punicalagin 处理的松材线虫表面光滑和饱满，而被 Punicalagin 处理过的线虫表面则粗糙，其中一些线虫表面还出现自溶和空穴现象，且肌肉收缩，在其体壁和内部结构中会出现不正常的空腔，一些细胞会自溶造成线虫身体萎缩等（Guo et al., 2017）。云南大学张克勤团队从 Heracleum candicans 根的粗提物中分离得到对松材线虫和全齿复活线虫有抑制作用的香豆素类化合物 8- 香叶草氧化补骨脂素（8-geranyloxypsoralen）、欧前胡素（imperatorin）和独活素（heraclenin），其 LC50 为 114.7–188.3 mg/L（Wang et al., 2008；Liu et al., 2011）。Cui 等（2014）报道 Stellera chamaejasme 根的乙醇粗提物的乙酸乙酯部显示出显著的抗线虫活性，在72h内对 B. xylophilus 和 B. mucronatus 的 LC50 值分别为 169.7 和 37.7 μg/mL，从活性部分分离纯化出 8 个有效的抗线虫化合物分别为黄酮类瑞香狼毒素（ruixianglangdusu B），chamaejasmenin C，7-methyneochaejasmin A，（+）-chamaejasmine，chamaechromone 和 isosikokianin A，以及香豆素伞形花内酯（umbelliferone）和西瑞香素 daphnoretin，其中化合物 chamaejasmenin C 和伞形花内酯（umbelliferone）对根结线虫抑制效果显著，LC50 分别为 2.7 和 3.3 μM，而化合物狼毒色原酮（chamaechromone），西瑞香素和瑞香狼毒 B（ruixianglangdusu B）对拟根结线虫的抑制效果显著 LC50 值为 0.003–0.6 μM，其中狼毒色原酮的抗线虫作用最强。

Song 等（2017b）报道了通过原料萘（naphthalene）和肉桂酰氯（cinnamoyl chloride）合成的一系列的 9- 取代的 Phenylphenalenone 类的合成光敏剂及其抗 M. incognita 和 Aedes albopictus 幼虫活性作用，在 420 nm 光照下这些化合物的抗线虫活性 LC50 值为 17.3~83.7 mg/L，而在黑暗中 LC50 值为 289~395 mg/L。Zhang 等（2017）报道凤仙花 Impatiens balsamina L. 茎的 55% 的乙醇提取物能大大降低模式线虫 C. elegans 的寿命，其活性成分主要是指甲花醌（Lawsone, hennotannic acid）和其甲氧基衍生物 2-methoxy-1,

4-naphthoquinone。指甲花醌的化学名为 2- 羟基 -1，4- 萘醌，橙黄色针状结晶，存在于胡桃属植物中，俗称"散沫花素""指甲花"等。线虫活性测试实验表明指甲花醌在浓度为 0.2~0.5mg/mL 时抑制线虫活动、繁殖、寿命和存活率。

反式已烯醛对 *B. xylophilus* 显示出显著抗性，在对木材薰施浓度为 349.5~699 g/m³ 时，对不同龄期的线虫均有显著杀线作用，特别是对二龄幼虫效果最为显著，在 48 h 内 LC50 值为 9.87g/mL（Liu et al.，2017）。该化合物还能显著抑制线虫卵的孵化和繁育，并导致线虫呼吸率降低和体长缩短（Cheng et al.，2017a）。反式 - 已烯醛在浓度为 2.62μL/L 时 24h 内即可诱导根结线虫二龄幼虫和小麦禾谷孢囊线虫 100% 的死亡率。另一个挥发性化合物香茅醛（citronellal）在相同浓度下，也能抑制根结线虫和小麦禾谷孢囊线虫，致死率分别为 95.4% 和 89.5%（Miao et al.，2012）。

（2）微生物源抗线虫活性化合物

近年来张克勤团队报道了一批新的杀线虫化合物并对其中部分化合物的抗线虫机制及生物合成途径进行了系统研究，如霉 *P. chlamydosporia* 活性化合物及其杀线虫机制研究（Wang et al.，2015b）、*P. cateniobliquus* 抗线虫活性化合物及其生物合成途径研究（Wu et al.，2012）、捕食线虫真菌中特色真菌参与捕食过程中的信号小分子的研究（Song et al.，2017c；Xu et al.，2015d；2016b；Teng et al.，2017a）、Trichoderma 真菌次生代谢产物研究（Yang et al.，2010；2012b）、担子菌类抗线虫活性物质研究（Yan et al.，2017a；Li et al.，2014a；Tian et al.，2016a）、细菌杀线虫代谢产物研究（Xu et al.，2015c；Chen et al.，2015b；Su et al.，2016）。

4. 线虫生防生态学研究

研究线虫生防生态有助于了解生防菌的田间定殖情况及其土壤理化因子、生物因子对生防效果的影响，是线虫生防菌剂取得良好防效的关键，但目前线虫生防生态学的研究有待进一步加强。

（1）土壤抑菌作用（Soil microstasis）研究

土壤抑菌作用泛指在土壤、土壤微生物、作物根系分泌物等生态因子的协同作用下，真菌的孢子和菌丝在自然土壤中的萌发和生长与人为控制条件下相比受到严重抑制的现象。Garbeva 等（2011）对土壤抑菌作用研究进展进行了全面综述，阐明土壤对真菌、细菌、线虫、原生动物、植物的生长和繁殖均起抑制作用，由此，提出了"土壤抑生作用（Soil biostasis）"的新概念，认为对生物的抑制作用是土壤固有的基本属性，土壤抑菌作用已经成为土壤生态系统中共性的生物学现象。由于土壤抑菌作用的存在，多数生防真菌在土壤中萌发率低于 50%。云南大学张克勤团队测定了来自云南 65 个县市的二千多份各种植被类型土壤对线虫生防真菌 *P. chlamydosporia* 和 *P. lilacinus* 的抑菌作用，发现 82.5% 的土样对这两种真菌孢子萌发的抑制率在 60% ~100%，生防菌的防效因土壤抑菌程度不同而不同程度地降低，揭示了土壤抑菌作用对真菌生防制剂负面影响的严重性和广泛性。此外，明确了参与抑制真菌生防菌孢子萌发的主要土壤微生物类群；鉴定了土壤微生物参与抑菌作用的 28 种挥发性物质和一种抑菌蛋白；并探索了土壤抑菌作用的解除方法（Huang et al.，2011；Li et al.，2008；2011；Zou et al.，2007）。

2016—2017 年，张克勤团队发现土壤抑菌作用胁迫下 *P. chlamydosporia* 的细胞分裂素氧化酶（Cytokinin oxidase）（pc0111806）下调了 0.3201，导致细胞分裂速度减慢或受抑制，使孢子萌发、菌丝生长受到抑制。土壤抑菌作用胁迫下 *P. chlamydosporia* 的孢壁蛋白（Spore coat protein）（pc0106022）显著下调了 0.4498，直接导致孢子萌发率下降。土壤抑菌作用胁迫下 *P. chlamydosporia* 的壳二糖酶（pc0108163）、磷酸葡萄糖胺异构酶（pc0102359）、二甲基苯胺单氧酶（pc0111214）分别显著下调了 0.3748、0.3399、0.4262，也导致孢子发率下降。通过敲除细胞分裂素氧化酶（pc0111806）和孢壁蛋白（pc0106022）基因，测定了 *P. chlamydosporia* 原始菌株和基因缺失株孢子应答土壤抑菌作用的能力，发现原始菌株在土壤抑菌作用胁迫下孢子萌发率仅为 56.7%，而细胞分裂素氧化酶基因和孢壁蛋白基因缺失株的孢子萌发率分别为 76.4% 和 68.2%，孢子萌发率分别提高了 19.7% 和 11.5%，达显著水平。结果表明细胞分裂素氧化酶（pc0111806）和孢壁蛋白（pc0106022）是 *P. chlamydosporia* 应答土壤抑菌作用的关键蛋白。

（2）线虫抑制性土壤（Soil suppression）研究

中国科学院微生物研究所刘杏忠团队对大豆孢囊线虫抑制性土壤微生物生态进行了系统研究（Hamid et al.，2017；Wang et al.，2016b；Hussain et al.，2016；Shu et al.，2015）。采用温室盆栽控制实验，对采自吉林白城的大豆孢囊线虫抑制性土壤的典型特性进行研究，结果表明接种大豆孢囊线虫 35 天后，抑制性土壤和导病土壤在雌虫数、土壤卵量、大豆植株干重和根系干重等方面达到显著差异水平（$N = 4$，$P < 0.05$）。抑制性土壤与导病土壤以 1：9 的比例混合后根上雌虫数及土壤卵量较导病土壤分别减少 57% 和 49%，表明吉林白城大豆孢囊线虫抑制性土壤具备抑制性和传导性两大抑制性土壤典型特性。

利用稀释涂板法对吉林白城大豆孢囊线虫抑制性土壤中卵寄生真菌多样性进行研究，共分离真菌 104 株，分属于 7 属 10 种，优势属为镰刀霉属 *Fusarium*（77.8%）和普奇尼亚属 *Pochonia*（12.5%）。其中 13 株 *P. chlamydosporia* 在 WA 培养基上对大豆孢囊线虫卵的寄生率为 51%~93%，但各菌株对二龄幼虫寄生能力均 < 4%，说明 *P. chlamydosporia* 菌株间卵寄生能力差异明显。

（四）植物免疫机制研究与应用

最新研究成果表明，植物与人类和动物一样，对病虫害的侵袭具有一定的免疫能力，且该免疫系统可受到外来物刺激而增强。因而，挖掘能够诱导植物增强自身免疫力的作用物，探寻其作用方式，以达到防控病虫害的目的，已成为区别于以"杀灭"为目标的农作物病虫害防御新思路、新途径。

当植物受到外界因子诱导时，能形成对病原菌和逆境因子的抗性反应，从而使植物免遭病害或减轻病害。植物复杂的免疫系统主要包括早期信号反应（活性氧类 ROS、一氧化氮 NO、离子流变化等）发生、植保素积累、防御酶活性提高、病程相关蛋白表达上调，以及多种信号传导途径的交叉调控网络。同一植物病原菌能产生多种激发子或效应子，并以不同的作用机制激发植物的免疫反应。当植物受到外界因子（小分子物质或蛋白质）诱导时，能形成对病原菌和逆境因子的抗性反应，从而使植物免遭病害或减轻病害的发生。21 世纪以来，对植物免疫及激发子的研究已逐渐成为分子生物学科前沿和国际研究热点。植物免疫及其信号传导机制方面的论文在众多国际顶尖杂志上时见发表。然而，这些研究多停留在实验室阶段，能在生产上应用的各种植物免疫诱导剂产品更是寥寥无几。国际上几家大的农化公司相继开发出水杨酸、寡核苷酸等一些小分子植物免疫诱导剂产品，如Oxycom、KeyPlex、Actigard、NCI、Chitosan 等。我国后来登记的具有自主知识产权的氨基寡糖素、脱落酸等亦属此类小分子物质。2001 年，美国 Cornell 大学和西雅图 EDEN 生物科技公司研制的过敏蛋白制剂 "Messenger" 在美国 EPA 获得农药登记，其相关研究先后获得多项美国及国际专利。当时我国植物免疫诱导蛋白的研究刚刚起步，相关产品在国内尚属空白。加强我国对诱导植物免疫抗病机制的基础研究以及相关产品的研发应用，不仅是对植物保护重大基础理论的完善，更是对创制新型生物农药，保障农产品安全生产做出重大贡献。植物免疫诱导蛋白的研发与应用正在成为当今国际新型生物农药的重要发展方向，是我国加入这一新兴产品开发国际行列的重要标志。中国农业科学院植物保护研究所邱德文团队在植物免疫诱导蛋白及其农药研制方面，取得了一系列成果。

（1）以诱导植物提高免疫抗性为靶标，从 1007 株真菌 10011 条蛋白带中挖掘出 8 个能诱导植物提高免疫力并促进植物生长的诱抗蛋白；创建了直接从微生物中获得全长功能蛋白的定向筛选新模式。从 1007 株真菌微生物中，筛选并确定出能明显产生植物免疫诱导蛋白的四大类主要真菌：极细链格孢菌 *Alternaria tenuissima*、稻瘟菌 *Magnaporthe oryzae*、大丽轮枝菌 *Verticillium dahliae* 和灰葡萄孢菌 *Botrytis cinerea*。以诱导植物提高免疫抗性为靶标，从分离获得的 10011 条蛋白条带中经过蛋白质纯化、肽段序列测定、基因序列比对、构建含诱抗蛋白编码序列的载体质粒和转化子、获得其表达蛋白、对表达蛋白进行诱抗活性验证等研究，获得了具有植物免疫诱导活性并能促进植物生长的植物免疫诱导蛋白（简称诱抗蛋白，又称蛋白激发子 protein elicitor）。率先从真菌极细链格孢 *Alternaria tenuissima* 中获得 2 个植物免疫诱导蛋白 PeaT1 和 Hrip1，经鉴定均为新蛋白，且均具有显著的诱导植物免疫力及抗逆性增强、促进植物生长的功效。

将活性诱抗蛋白的靶标筛选、直接从天然菌株发酵液中分离、纯化、基因克隆与表达、蛋白质结构分析与功能验证等各项技术进行系列化，成熟化、创建了从微生物中直接获得全长功能蛋白的定向筛选新模式。该创新模式克服了国际通用的从基因文库反复调取基因片段表达蛋白的盲目筛选问题，筛选效率提高 50%。这一创新的筛选技术模式，为直接从微生物中获得全长功能蛋白提供了高效、便捷的技术核心。应用此模式，至 2015 年底，又分别从稻瘟菌 *M. oryzae*、大丽轮枝菌 *V. dahliae*、灰葡萄孢菌 *Botrytis cinerea*、侧孢短芽孢杆菌 *Brevibacillus laterosporus* 等病原真菌中筛选获得了 7 个新的植物免疫诱导蛋白。获得的 9 个植物免疫诱导蛋白均为新蛋白。

（2）以来自极细链格孢菌的 2 个诱导植物免疫蛋白为核心，首创出两个诱导植物免疫蛋白制剂，已推广应用 5000 万亩次，对多种农作物病害防效达 65%，促增产 10% 以上，减少化学农药使用量 20% 以上。建立了国内首个占地 53 亩、年产能力达到 800 吨的蛋白质农药产业化基地。以 PeaT1 和 Hrip1 为核心成分，先后创制了两个免疫诱抗蛋白生物农药：3% 极细链格孢激活蛋白可湿性粉剂和 6% 寡糖·链蛋白可湿性粉剂，均获得国家农药临时登记，其中 6% 寡糖·链蛋白可湿性粉剂（商品名"阿泰灵"）为全球第一个抗植物病毒的蛋白质生物农药，在 2014—2016 年连续得国家临时农药登记证。在 11 年来两个蛋白质农药推广应用的过程中，已在全国 28 个省市地区累计完成田间应用推广面积 5000 万亩次。应用推广数据显示，由于该产品是通过提高植物自身免疫而提高抗性，因而抗菌谱非常广，可广泛用于水稻、小麦、玉米、茶叶、果树、蔬菜等各种植物的病毒病、真菌性或细菌性病害的防治，平均防效达 65%，促增产 10% 以上，减少化学农药使用量 20% 以上。鉴于目前农业生产上防治植物病毒病的药剂缺乏，阿泰灵已成为防治农作物病毒病的良好药剂，有效且环保，深受广大农户欢迎，已产生巨大的经济、社会和生态效益。

阿泰灵生产通过国家标准技术备案，在河南省安阳市汤阴高新区建立了国内首个三级发酵的蛋白质农药产业化生产基地，该基地占地 53 亩，生产车间 3000M2，年产能力达到 800 吨 / 年。

（3）建立了多功能、多指标合一的诱导植物免疫蛋白综合筛选评价体系。在对植物免疫诱导蛋白作用机理的研究中发现，被诱导植物在免疫力增强的同时常常伴有许多自身生理、生化及生物学指标的改变，如：与植物防御反应相关的关键酶类（苯丙氨酸解氨酶（PAL）、过氧化物酶（POD）、多酚氧化酶（PPO）活性增强；β-1,3-葡聚糖酶）的活性增强；TMV 抗性增强；防卫基因上调表达；以及氧爆发、NO 产生、细胞外液 pH 值变化等。基于植物的这些生理、生化及生物学指标的普遍改变，在诱抗蛋白筛选评价体系中，创立了集植物过敏性检测、TMV 抗性、氧爆发、防卫基因上调表达、NO 产生、细胞外液 pH 值变化、植物促生长状况改变等多功能、多指标为一体的诱抗蛋白综合筛选评价技术体系。这一全方位、系统化的创新评价体系为植物免疫诱导蛋白的筛选提供了可靠保障。该评价体系已应用于后续的多个品种的植物免疫诱导蛋白的筛选评价。

（4）提出了"植物疫苗"的应用理念，以注重植物自身免疫力、预防为主的全新视角，创新性完善了以"杀灭"为目标的传统植保防治理念，同时为减少化学农药使用量提供了基础保障。植物免疫诱导蛋白的开发与应用，强调了激发植物自身的名义功能，强调了预防为主的防治策略。植物免疫诱导蛋白的应用，类似于人畜的疫苗注射。因此在植物免疫诱导蛋白制剂的应用推广中，本研究提出了"植物疫苗"的田间应用概念，突出强调了"植物疫苗"的使用操作规范，出版了《蛋白质生物农药》和《植物免疫与植物疫苗》两部专著，系统阐述了"植物免疫诱导剂"与"植物疫苗"的概念和应用前景，并在实践中举办各种应用培训，取得了良好的推广效果。

植物免疫诱导蛋白来源于天然菌株，使用后在自然界很快降解，不污染环境，对人畜无害，是安全的农业病虫害防治药剂。相关研究项目获得国家"863"、"973"、北京市重大科研项目等资助。至2015年，先后获得中国发明专利七项，发表主要相关论文五十余篇，出版专著两部，获省部级和社会力量奖五项。阿泰灵产品获得国内行业认可：2015年、2016年连续两年被中国农药工业协会评为"中国植保市场生物农药畅销品牌产品"和"2015年中国植保市场最具市场爆发力品牌产品"获得奖牌和证书。美国爱利思达生命科学有限公司（ArystaLifeScience）是世界知名的农化公司，其授权在法国圣马洛实验室对阿泰灵产品进行了14个月、多批次的样品全组分析、室内生物测定以及美洲、非洲、亚洲的八个国家开展的35项试验，结果表明"阿泰灵"能有效提高植物免疫力，控制病害发生，促进植物根系生长，且安全环保无残留。2016年2月22日，爱利思达公司（ArystaLifeScience）与中国农业科学院植物保护研究所签署了"阿泰灵"的海外独家代理合作协议。这是中美两国签署的首个生物农药海外独家代理合作协议。阿泰灵产品在推广应用过程中，《农民日报》《江西日报》《中国科学报》《农药》杂志等多家媒体均多次报道了阿泰灵应用示范现场会及调查到的显著防害促增产效果，对这一新生的生物农药给予了高度的关注和一致赞誉。

近期在植物免疫诱导蛋白挖掘中又从解淀粉芽孢杆菌 *Bacillus amyloliquefaciens* 中筛选到一个新的诱抗蛋白 PeBA1（Wang et al, 2016a）。6% 寡糖·链蛋白可湿性粉剂（阿泰灵）的应用推广面积在近二年里迅速扩大，仅2016年下半年至2017年上半年的应用推广面积即达一千万亩次，产生直接和间接经济效益达一亿元以上。阿泰灵在2017年已取得国家农药正式登记证，步入生物农药生产的正式行列，并远销国外。

三、本学科国内外研究进展比较

（一）天敌昆虫国内外研究进展比较

通过对我国天敌资源的挖掘，我国天敌昆虫的种类得到丰富，优势种也进一步明确。但与欧美发达国家相比，我国仍存在天敌资源不明、分类不清的不足之处。对天敌昆虫的控害作用评价还不够充分细致，有进一步提升的空间。在基础研究方面，寄生蜂的寄生因子结构和功能分析达到国际领先水平，但所涉及的天敌种类还较少，需要扩充。天敌的规模化繁育方面，需要再拓宽天敌种类，虽然已开发了以花粉为基础的瓢虫替代饲料，但还不能完全取代天然食物。瓢虫的替代饲料依然有较大的研发空间。目前可应用的天敌昆虫的种类和规模仍偏少，需要进一步扩大。同时，引进天敌的非靶标效应和对环境风险的分析研究还不深入、不系统，亟需加强。生产天敌产品的企业的数量和规模也明显不足，天敌产品的储运和应用技术需要进一步优化。

（二）昆虫病原真菌学国内外研究进展比较

美国在基因工程菌株研发或昆虫病原真菌毒力改良应用方面，完成一批蛋白酶基因、蝎毒素和蜂毒肽以及蜘蛛短肽等一大批目标基因筛选鉴定和遗传转化，其中改良的金龟子绿僵菌工程菌株已获准释放到室外田间防治试验。完成金龟子绿僵菌工程菌株的构建，获准释放用于野外阻断蚊传疾病的防控试验。

我国虽然已有同类转基因工程菌株的研究报告，但是转基因菌株的产品登记需要先通过安全性评价，才能进入新农药的致病性、急性毒理学、田间药效登记试验以及环境毒理学检测等新农药登记程序，国内目前还没有真菌转基因菌株申请新农药登记。

干扰昆虫关键调控子表达方式可以影响其正常生理代谢功能和增强对昆虫病原真菌的感病性。佛罗尼达大学 Keyhanii 团队通过转基因表达多种昆虫的保守蛋白分子来改良球孢白僵菌的毒力，可以增强病原真菌的广谱致病力（Ortiz-Urquiza，Luo & Keyhanii，2015），而目标昆虫的分子只能增强对特定昆虫的毒力。络氨酸渗透调节子（TMOF）是存在于昆虫血淋巴中杂合多肽分子可以与血淋巴中的肠道受体专化性的结合。表达按蚊的 TMOF 能够显著增强球孢白僵菌对蚊虫的毒力（Ortiz-Urquiza et.al.，2015）。国内在上述研究领域处于跟跑状态，还需要加大科研投入或项目支撑，深入开展创新性研究。

同国外相比，我国的生物农药产品登记周期较长。过去十多年来先后完成了可分散油悬浮剂、可乳化粉剂、微粒剂、颗粒剂以及可分散粒剂等剂型创制与产品登记。目前登记产品为绿僵菌和白僵菌，主要针对鳞翅目、鞘翅目的农林害虫。同国外相比无论种类或数量都未能完全满足农林害虫绿色防控的产业需求，抗逆耐储高毒力的真菌农药新产品的研发和登记有待加强，尤其是多种经济作物的蚜虫、粉虱、叶蝉、蓟马等刺吸式抗药性害虫的绿色防控产品亟待开发，致力于有机生防产品、绿色防控实用技术的集成，以摆脱目前抗性昆虫因抗药性强、滥用化药、农残超限，导致农产品和环境安全问题的困境，应对新烟碱农药禁用限用和害虫抗药性带来的挑战和机遇。

（三）昆虫病毒原病毒国内外研究进展比较

目前国外目前商业化的病毒杀虫剂有十多个品种，主要用于森林、果树害虫的防治（表2、表3）。主要研发机构有 Andermatt Biocontrol AG，CERTIS USA，LLC 等。

从病毒杀虫剂产品数量来看，我国与国际上差距不大。我国利用人工养虫生产病毒原药的技术并不落后，甘蓝夜蛾病毒杀虫剂生产线日感染幼虫能力超过 200 万头，年产病毒制剂能力达到 2000 吨。但目前我国病毒杀虫剂的剂型比较落后，主要将分散剂、稳定剂、增效剂、紫外线防护剂、展着剂、防冻剂等进行简单混合，制备成水分散粒剂、悬浮剂、可湿性粉剂等简单的剂型。而国外目前发展了一些高效、环保的新剂型，如利用可降解/可溶解蜡包封的病毒杀虫剂（WO2017017234-A1）等。与国内主要用激素类、低毒杀虫剂作为杆状病毒增效剂不同的是，国外主要用一些低毒、环保产品作为病毒增效剂，如利阿诺定受体调节剂（US2015272128-A1）、尿酸（KR2016071173-A）等，或者其他生物杀虫剂，如帚枝霉（WO2016071168-A1）、解淀粉芽胞杆菌（EP2962568-A1）、念珠菌（WO2014182228-A1）、白粉寄生孢（WO2014147528-A1）等。

表2 美国注册的病毒杀虫剂（EPA，2017）

病毒名称	防治目标	厂家数量	产品数量
Helicoverpa zea NPV	美洲棉铃虫	2	1
Orgyia pseudotsugata NPV	黄杉毒蛾	1	1
Lymantria dispar NPV	舞毒蛾	1	1
Helicoverpa armigera NPV	棉铃虫	1	1
Neodiprion sertifer NPV	欧洲松叶蜂	2	1
Cydia pomonella GV	苹果蠹蛾	8	3
Agrotis ipsilon NPV	小地老虎	1	1
Plodia interpunctella NPV	印度谷螟	1	2
Spodoptera exigua NPV	甜菜夜蛾	1	1
Harrisina brillians GV	葡萄长须卷蛾	1	1
Spodoptera frugiperda NPV	草地贪夜蛾	1	1

表3 加拿大注册的病毒杀虫剂（PMRA，2016）

病毒名称	防治目标	商品名
AcMNPV-FV11 strain	粉纹夜蛾	LOOPEX
Cydia pomonella GV-M	苹果蠹蛾	CYD-X
CpGV- unspecified strain	苹果蠹蛾	VirosoftCP4
Neodiprion lecontei NPV	红头松叶蜂	Lecontivirus-WP
Orgyia pseudotsugata NPV	黄杉毒蛾、古毒蛾	TM Biocontrol-1、Virtuss
LdMNPV	舞毒蛾	DISPARVIRUS
Neodiprion abietis NPV	香脂冷杉叶蜂	ABIETIV

四、本学科发展趋势及对策

随着国家"到 2020 年农药使用量零增长行动"的推进、可持续农业和"绿色农业"的快速发展及生态文明的建设越来越受到重视，加快转变病虫害防控方式从以化学防治为主向以生物防治为主转变，大力推进以生物防治、生态调控、科学用药为核心的绿色防控是大势所趋。这也会进一步促使政府和企业对生物防治的研究和投入加大。激励更多的科研人员从事生物防治学科的研发当中，是生物防治学科发展的良好时机。以下一些方面的研究可能会得到更多的发展：

（一）生物防治的基础研究及机制解析

充分利用现代生命科学的最新成果及信息技术和生物技术手段，揭示天敌昆虫和病原微生物的生长发育和流行规律；研究与天敌昆虫和病原微生物的生长发育和流行相关的关键基因，探索遗传改造的途径；研究天敌昆虫和病原微生物的寄主或宿主识别信号及传递机制，探索其主要的功能基因及表达调控；阐明滞育对天敌昆虫的延寿保育机制；探索天敌昆虫和病原微生物与环境因子包括生物与非生物因子协同与相互作用机制；探明天敌昆虫与病原微生物在农田生态系统中定殖性的时–空动态、控害过程与机理，提升对敌昆虫与病原微生物保育及控害的认知水平，促进我国生物防治学科发展。

（二）生物防治产品的研发及产业化

要进一步筛选我国农业病虫的优质天敌昆虫种类、高效微生物菌株及工程菌株，突破实用化技术瓶颈，实现优质天敌昆虫与微生物农药的大规模、高品质、工厂化生产；优化生产工艺，革新助剂结构，延长生防产品货架期，创制产品，提升生防制剂效价。

（三）生物防治的应用技术和推广

深入开展天敌定殖、生物农药精准使用、化学农药减量技术，研发天敌昆虫及生防微生物制剂的互补增效技术，深入生物防治产品的定殖增效保障技术，开展单项技术组装配套，集成生物防治的多种配套技术，开展生物防治产品及技术的大面积应用示范，大幅度提高生物防治产品及技术在农业病虫害防治中的比例，为保障国家农产品质量安全、粮食生产、环境安全提供技术支撑。

（四）天敌昆虫的研究及应用

有关天敌昆虫的研究及应用，有几个方面需加以重视：①天敌昆虫的替代饲料研究及其优化策略。通过认识天敌对替代饲料的适应机制，能有助于替代饲料的开发与改良。然而，替代饲料影响天敌适合度的机制研究相对较少。未来的方向将会从替代饲料对瓢虫、捕食螨等天敌适合度影响的机制出发，根据机制有针对性地优化选材、制成和使用等程序，取代大浪淘沙式的低效开发。②天敌瓢虫的遗传育种。即使是同种的天敌，由于它们在引进后发生进化而获得不同的性状，因此不同的天敌种群需要区别来对待。事实上，欧美发达地区的生物防治研究者们已经意识到引进天敌变异和进化的问题，并先后开展了名为 Colbics（www.colbics.eu）和 BINGO（Breeding Invertebrates for Next Generation Biocontrol, www.bingo-itn.eu）的项目，旨在通过种群遗传学和基因组学等方法来选育天敌种群，以选择性状优良的天敌种群来用于生物防治，并防止天敌因生物防治的使用对本地生物多样性带来负面影响。这也是我们今后的研究方向。③天敌昆虫的释放新技术。目前天敌释放技术遇到了瓶颈，人工释放天敌往往效率不高，天敌昆虫损失较多。而无人机技术的发展为解决天敌人工释放问题提供了新的思路。例如，一台多旋翼无人机可以通过配备的自驾系统按规划自动、精准地投放赤眼蜂，每小时作业面积可达 66.7 公顷，效率远高于人工释放。东北地区使用无人机投放赤眼蜂防治玉米螟，新疆利用无人机释放捕食螨控制棉花叶螨。安徽省林科院在安庆市宜秀区首次利用无人机投放 11 万多只花绒寄甲虫取得较好效果，不仅降低了成本，还解决了人工投放不均、高山陡峭地无法投放等问题。但是无人机喷洒天敌昆虫的具体技术流程还需加强探索。④天敌昆虫的植物支持系统。蜜源植物、栖境植物等功能植物在维持和促进天敌控制害虫中的重要性和作用越来越受到关注。这些功能植物与作物所构成的景观的结构和功能方面的研究将有助于更好地理解天敌昆虫的种群变化动态，对害虫的生态调控将会成为研究的热点之一。⑤引进天敌昆虫的监测。在国外的研究中，引进的天敌瓢虫从"益虫"到"害虫"的转变折射出一个问题，就是缺乏对它们使用后的管理。这种天敌管理，包括引进历史和观察记录等，可以帮助我们了解它们是否能定殖、是否在快速扩散以及是否对非靶标生物发生严重影响。如果再加入遗传管理，即分析不同种群的遗传成分，以及定期监测其遗传改变，那么我们可以进一步认识天敌在引进后的遗传和进化规律，从而有助于优化生物防治策略。

（五）病原微生物的研究及应用

有关病原微生物的研究及应用，有几个方面需加以重视：①高毒杀虫 Bt 株系筛选和改造。Bt 杀虫剂及表达其杀虫蛋白的转基因作物在过去的几十年里已经为虫害的绿色防控发挥了重要作用。Bt 杀虫剂将围绕筛选、改造高毒杀虫微生物株系，优化生产工艺，并进一步深入研究 Bt 杀虫剂与化学杀虫剂的协同作用及其在延缓化学杀虫剂抗性方面的作用等方面，为国家"减肥减药"战略提供解决方案。②昆虫病原真菌研究和应用。国外最新研究表明虫生真菌并不仅仅局限于感染昆虫，也是昆虫行为的调控者以及植物内生或外生真菌，例如白僵菌、绿僵菌除了侵染昆虫外，还是植物内生菌，可以降解根围、叶际难溶解的磷、钾，为寄主植物提供无机营养、促进根系生长，与寄主植物形成协同进化的关系，因此从环境生态学的角度对植物－昆虫－真菌开展三者之间交互作用的分子机理研究是未来虫生真菌的重点研究领域，生态学研究成果将全面揭示真菌环境生态学的多元化功能，为全方位利用丝状真菌提供新的理论基础。有效地利用丝状真菌保护生态环境，为农产品安全和环境安全提供绿色环保的真菌杀虫剂，进一步提高我国真菌农药的创新能力，继续保持我国在真菌农药产品研发、生产和应用方面的领跑优势。③害虫病毒杀虫剂发展。病毒杀虫剂的主要发展方向包括重要杀虫功能基因大规模发掘、功能鉴定，杀虫活性的大规模、高通量筛选，病毒的遗传改造，以及环境相容性、稳定性好的剂型研发，低容量飞行喷雾技术等。

参考文献

［1］陈德锟，陈珍珍，刘长明.杀虫剂对烟蚜茧蜂不同发育阶段的毒性.生物安全学报，2014，23：191–195.

［2］陈飞.巴氏新小绥螨对甲氰菊酯抗性分子机理研究，西南大学硕士论文，2014.

［3］陈莉，李庆，蒋春先，杨群芳，王海建.加州新小绥螨对猕猴桃卢氏叶螨的捕食作用.中国生物防治学报.2016，32：569–574.

［4］陈学新，刘银泉，任顺祥，张帆，张文庆.害虫天敌的植物支持系统.应用昆虫学报，2014，51：1–12.

［5］陈业，李成德.中国蚜小蜂属2新记录种记述（膜翅目：蚜小蜂科）.东北林业大学学报，2016，44：100–103.

［6］程成，江俊起，夏晓飞，吴瑛，李桂亭.释放捕食螨对温室番茄上烟粉虱数量的影响.安徽农业大学学报，2014，41：685–689.

［7］程成.氨基酸营养添加对巴氏新小绥螨及其替代猎物腐食酪螨的影响，安徽农业大学硕士学位论文，2014.

［8］崔琦，李庆.温度对以朱砂叶螨为食的加州新小绥螨实验种群参数的影响，植物保护，2015，41：40–44.

［9］达启林.引用川硬皮肿腿蜂防治天牛试验.防护林科技，2015，01：44–45.

［10］段敏，杨念婉，万方浩.发育高温对烟粉虱寄生蜂雌蜂个体大小及抱卵量的影响.中国生物防治学报，2016，32：13–18.

［11］樊斌琦.利用胡瓜钝绥螨防治刘氏短须螨的防治试验.中国森林病虫，2016，35：47–48.

［12］方天松，余海滨，潘志萍，徐家雄.湿地松粉蚧引进天敌在广东林间定居情况的调查.环境昆虫学报，2014，36：271–275.

［13］方小端，欧阳革成，卢慧林，郭明昉，吴伟南.不同防治措施柑橘园植绥螨的类群结构与多样性研究.环境昆虫学报，2014，36：133–138.

［14］方祝红，吴天德，许再福.几种因子对马尼拉侧沟茧蜂寄生效能的影响.环境昆虫学报，2014，36：990–996.

［15］冯东东，刘柳，许再福.低温贮藏对班氏跳小蜂寄生率及繁殖力的影响.热带作物学报，2013，34：543–546.

［16］冯梦霞，曹焕喜，郝慧华，王伟，程立生.中国胯姬小蜂属（膜翅目：姬小蜂科）——新记录种.热带作物学报，2016，37：582–585.

［17］冯莹，谢伟忠，许少嫦，高亿波，方天松，陈瑞屏.应用本土寄生蜂防治松突圆蚧效果.林业科技开发，2014，28：72–74.

［18］高原，黄建，王竹红，温玉琪，钟顺.班氏跳小蜂对扶桑绵粉蚧的寄生效能.武夷科学，2014，30：146–153.

［19］戈林泉，胡中卫，吴进才.大豆、玉米与水稻配置对稻田寄生蜂的影响.应用昆虫学报，2013，50：921–927.

［20］耿明，贾瑞莲，隋宗明，黄建国.寡雄腐霉发酵液的动物毒性及对辣椒的促生防病效应.微生物学报，2016，56：1159–1167.

［21］宫亚军，金桂华，崔宝秀，王泽华，朱亮，康总江，魏书军.联苯肼酯对智利小植绥螨的安全性及二者对

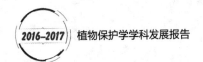

二斑叶螨的联合控制作用.应用昆虫学报，2015a，52：1459-1465.

[22] 宫亚军，王泽华，王甦，朱亮，石宝才，魏书军.智利小植绥螨对茄子二斑叶螨控制效果研究.应用昆虫学报，2015b，52：1123-1130.

[23] 关晓庆，刘军和，赵紫华.农业景观格局与麦蚜密度对其初寄生蜂与重寄生蜂种群及寄生率的影响.生态学报，2013，33：4468-4477.

[24] 郭建晗，贾永红，孟瑞霞，刘文明，张东旭.有益真绥螨对截形叶螨和西花蓟马的捕食功能反应，内蒙古农业科技，2015，43：55-58.

[25] 郭建晗，孟瑞霞，张东旭，尹云飞，贾永红，刘文明.有益真绥螨与巴氏新小绥螨的集团内捕食和同类相残作用.昆虫学报，2016，59：560-567.

[26] 郭蕾，郑大睿，吴洪基.温度对等钳蟎螨捕食腐食酪螨效率的影响.北京农学院学报，2014，29：74-76.

[27] 郭瑞，何孙强，王义平.竹弯茎野螟的3种新记录寄生蜂.植物保护，2016，42：134-138.

[28] 郭文超，胡红英，吐尔逊·阿合买提，丁新华，何江，刘宏泉，许建军.新疆农林害虫主要寄生蜂资源研究与应用进展.新疆农业科学，2016，53：22-37.

[29] 郭颖伟，王恩东，徐学农，王伯明.斯氏钝绥螨在北京地区冬季室外存活情况及定殖性评估.中国生物防治学报，2014，30：718-723.

[30] 郭颖伟.斯氏钝绥螨室外存活及其与两种本土捕食螨间的IGP关系.中国农业科学院硕士学位论文，2014.

[31] 韩玉华，孟瑞霞，董喆，魏春光，伊卫东，张青文.以实验种群生命表评价六种植绥螨对西花蓟马的控制潜力.应用昆虫学报，2016，53：996-1004.

[32] 郝建强，姜晓环，庞博，王恩东，张乐，王伯明，徐学农.释放智利小植绥螨防治设施栽培草莓上二斑叶螨，植物保护，2015，41：196-198.

[33] 何孙强，姜朝阳，郭瑞，王义平.竹林害虫竹瘿广肩小蜂的寄生蜂.中国森林病虫，2016，35：1-3.

[34] 贺培欢，伍祎，郑丹，张涛，李燕羽，江亚杰，曹阳.不同储粮温湿度普通肉食螨的生长发育研究.粮油食品科技，2017，25：89-94.

[35] 洪珊珊，贾变桃，张雨超，曹永伟.12种杀虫剂对小菜蛾及半闭弯尾姬蜂的选择毒力.山西农业大学学报（自然科学版），2015，35：490-494.

[36] 胡晓暄，杜文梅，张俊杰，祁颖慧，阮长春.米蛾卵冷藏温度及时间对稻螟赤眼蜂质量的影响.吉林农业大学学报，2017，39：287-291.

[37] 胡镇杰，杨海博，林晓民，张青文，董钧锋.低温处理替代寄主对管氏肿腿蜂繁殖的影响.中国生物防治学报，2017，33：165-170.

[38] 黄建华，王丽思，秦文婧，李快生，余鹏，秦厚国.一种捕食螨饲养观察装置.应用昆虫学报，2015，52：776-779.

[39] 贾变桃，洪珊珊，张宇超，曹永伟.12种杀虫剂对半闭弯尾姬蜂的毒性及安全性.山西农业科学，2015，43：999-1002+1012.

[40] 贾瑞莲，耿明明，袁玲.寡雄腐霉发酵液对温室番茄生长及灰霉病的防治作用.植物保护学报，2015，42：827-833.

[41] 蒋洪丽，王恩东，吕佳乐，王伯明，徐学农.加州新小绥螨对朱砂叶螨不同螨态的捕食选择性及与拟长毛钝绥螨功能反应比较.中国生物防治学报，2015，31：8-13.

[42] 焦蕊，许长新，于丽辰，贺丽敏，李立涛，刘金利.以天敌巴氏新小绥螨为靶标对6种果园常用药剂的安全性评价.河北农业科学，2016，20：32-34.

[43] 金娜，刘倩，简恒.植物寄生线虫生物防治研究新进展.中国生物防治学报，2015，31：789-800.

[44] 李凤菊，郑海涛，黎来云，许丽月，王进强，张永科，朱国渊，蔡志英.优雅岐脉跳小蜂田间防治橡胶盔蚧试验.热带农业科技，2017，40：1-3.

[45] 李浩森、庞虹.天敌瓢虫种群遗传学及其在生物防治中的应用.环境昆虫学报，2016，38：221-227.

［46］ 李姣，龙大彬，肖铁光，欧阳芳.蚜茧蜂对多世代棉蚜生长发育与繁殖的胁迫作用.应用昆虫学报，2013，50：951-958.

［47］ 李茂海，傅俊范，万方浩，杨念婉，沙宪兰，李建平.胡瓜钝绥螨与海氏浆角蚜小蜂对烟粉虱联防控效研究，病虫害绿色防控与农产品质量安全，2015，606-607.

［48］ 李宁，邱丹，陈阿兰，宋小娜，李昕，王生全，冯启武，王海英，王春兰.西宁地区蜡绵粉蚧寄生蜂绵粉蚧长索跳小蜂的初步研究.环境昆虫学报，2014，36：219-224.

［49］ 李庆，崔琦，蒋春先，王海建，杨群芳.加州新小绥螨对朱砂叶螨的控制作用.植物保护学报，2014，41：257-262.

［50］ 李永涛，刘敏，潘云飞，张燕南，张建萍.短时高温暴露处理对双尾新小绥螨 *Neoseiulus bicaudus Wainstein* 生长发育的影响.应用昆虫学报，2016，53：40-47.

［51］ 李玉艳，张礼生，陈红印，王伟，张洁.烟蚜茧蜂滞育诱导的温光周期反应.应用昆虫学报，2013，50：718-726.

［52］ 廖永林，李怡峰，张振飞，肖汉祥，李燕芳，张扬，吴伟坚.台湾稻螟蛹寄生蜂——霍氏啮小蜂.环境昆虫学报，2014，36：408-411.

［53］ 刘欢，李磊，张方平，韩冬银，龚治，牛黎明，符悦冠.不同日龄南瓜实蝇蛹对蝇蛹俑小蜂寄生选择、发育及寿命的影响.环境昆虫学报，2016，38：431-436.

［54］ 刘军和，禹明甫.麦蚜寄生蜂和捕食性天敌种群对景观复杂性的响应.应用昆虫学报，2013，50：912-920.

［55］ 刘平，尚素琴，张新虎.9种常用杀螨剂对巴氏新小绥螨和二斑叶螨的毒力及毒力选择性研究.植物保护，2014，40：181-184.

［56］ 刘万学，王文霞，王伟，张毅波，万方浩.底比斯姬小蜂生物学特性及其应用研究进展.环境昆虫学报，2013b，35：381-389.

［57］ 刘万学，王文霞，王伟，张毅波，万方浩.潜蝇姬小蜂属寄生蜂对潜叶蝇的控害特性及应用.昆虫学报，2013a，56：427-437.

［58］ 龙秀珍，陈科伟，冼继东，陆永跃，曾玲.前裂长管茧蜂低温储存技术的研究.环境昆虫学报，2014，36：115-121.

［59］ 路子云，冉红凡，刘文旭，屈振刚，刘小侠，李建成，张青文.温度和光周期对管侧沟茧蜂滞育诱导及滞育茧的低温冷藏.昆虫学报，2014，57：1206-1212.

［60］ 马桂珍，王淑芳，李世东等 2013.土壤因子对生防真菌粉红粘帚霉 67-1 消长动态的影响.中国生物防治学报，29：97-103.

［61］ 马恒，杨洪，郅军锐，金道超.纵卷叶螟绒茧蜂在不同类型田的发生规律.植物保护，2013，39：126-130.

［62］ 马妮，杨雪伟，甄政毅，等.食线虫真菌基因组测序和分析研究进展.微生物学通报，2017（在线发表）.

［63］ 马志强，牛芳胜，毕秋艳，韩秀英，王文桥，张小风.哈茨木霉菌与啶酰菌胺联用对番茄灰霉病菌的增效机制.植物保护学报，2013，40：369-373.

［64］ 南宫自艳，冯珊珊，宋萍，王勤英.嗜线虫致病杆菌 *Xenorhabdus nematophila* HB310 对中红侧沟茧蜂的影响.中国生物防治学报，2013，29：42-48.

［65］ 牛毅，高远，李隔萍等.内生真菌对羽茅抗病性的影响.植物生态学报，2016，40：925-932.

［66］ 欧阳芳，门兴元，关秀敏，肖云丽，戈峰.区域性农田景观格局对麦蚜及其天敌种群的生态学效应.中国科学：生命科学，2016，46：139-150.

［67］ 潘畅、张宇宏、庞虹.孟氏隐唇瓢虫时实荧光定量 PCR 分析中内参基因的筛选.环境昆虫学报，2016a，38：261-270.

［68］ 潘畅、张宇宏、谢佳沁、李浩森、庞虹.孟氏隐唇瓢虫气味结合蛋白 ComOBP1 基因的克隆和时空表达.环

境昆虫学报，2016b，38：249-260.

［69］潘登，李元喜，栾军波，刘树生，刘银泉．烟粉虱及海氏桨角蚜小蜂对中国番茄黄化曲叶病毒感染烟草的嗅觉反应．应用昆虫学报，2014，51：60-66.

［70］潘登，王岚岚，刘树生，李元喜，刘银泉．番茄感染双生病毒对叶毛密度和海氏桨角蚜小蜂搜寻行为及适合性的影响．昆虫学报，2013，56：644-651.

［71］裴强，冯春刚，陈力，贺成龙，黄治华，王宜民．巴氏钝绥螨防控柑橘全爪螨应用效果．中国植保导刊，2014b，34：33-36.

［72］裴强，乔兴华，陈力，颜邦荣，冯春刚，黄治华，权银，林旭辉，魏洁贤．释放巴氏新小绥螨控制柑桔全爪螨的效果及越冬调查．中国南方果树，2014a，43：55-56，64.

［73］彭建波，李泽森．释放捕食螨防治柑橘红蜘蛛的效益初探，湖南农业科学，2015，4：30-31，34.

［74］彭轶楠，王沛雅，巩晓芳．2017.生防真菌寡雄腐霉原生质体的制备及再生．菌物学报，36：679-690.

［75］蒲倩云，尚素琴，张新虎．两种农药对巴氏新小绥螨和截形叶螨的毒力及安全性评价．甘肃农业大学学报，2016，51：84-87.

［76］尚素琴，刘平，张新虎．不同温度下巴氏新小绥螨对西花蓟马初孵若虫的捕食功能．植物保护，2016，42：141-144.

［77］尚素琴，郑开福，张新虎．巴氏钝绥螨对二斑叶螨的捕食功能反应植物保护学报，2015，42：316-320.

［78］盛福敬，王恩东，徐学农，王伯明．以甜果螨为食的东方钝绥螨的种群生命表。中国生物防治学报，2014，30194-198.

［79］时敏，陈学新．我国寄生蜂调控寄主生理的研究进展．中国生物防治学报，2015，31：620-637.

［80］宋立洲，焦进卫，杜万光，陈亮．北京地区黄栌黄点直缘跳甲寄生性天敌研究．中国森林病虫，2016，35：25-26+30.

［81］谭艳，彭良志，袁玲，王少博．寡雄腐霉发酵液的动物毒性及其对柑橘果实贮藏期青、绿霉病的防治效果．微生物学报，2015，55：1418-1426.

［82］汪小东，张建华，黄艳勤，袁秀萍，何淼，李倩，赵伊英．加州新小绥螨对截形叶螨的捕食作用．西北农业学报，2014a，23：39-43.

［83］汪小东，刘峰，张建华，袁秀萍，赵伊英．加州新小绥螨对土耳其斯坦叶螨的捕食作用．植物保护学报，2014b，41：19-24.

［84］汪小东，袁秀萍，黄艳勤，张建华，赵伊英．应用实验种群生命表评价加州新小绥螨对土耳其斯坦叶螨和截形叶螨的控制能力．应用昆虫学报，2014c，51：795-801.

［85］王东升，吐尔逊，郭文超，何江，丁新华．不同寄主植物对丽蚜小蜂寄生效应的影响．新疆农业科学，2015，52：699-704.

［86］王国红，刘兴平，曹彬．不同放蜂比例及茄科蔬菜品种对瓢虫柄腹姬小蜂寄生率的影响．应用昆虫学报，2013，50：928-933.

［87］王建梅．伞裙追寄蝇滞育诱导及低温贮藏研究．甘肃农业大学博士学位论文，2014.

［88］王锦林，王荣，吴金霞，宗世祥．荒漠灌木林主要寄生性天敌昆虫名录．安徽农学通报，2014，20：33-35.

［89］王奎，束长龙，李一梅，张杰．苏云金芽胞杆菌——开放的基因组与多种功能．植物保护，2017，4：1-7.

［90］王坤，王甦，宋丽芳，张帆，李永丹．高效氯氰菊酯和啶虫脒对蚜黄赤眼蜂繁殖的亚致死效应．环境昆虫学报，2014，36：933-938.

［91］王丽思，陈洪凡，黄建华，柳岸峰，陈仁．丝瓜花粉对少毛钝绥螨发育和繁殖的影响．植物保护，2016，42：110-112.

［92］王淑芳，马桂珍，李世东等．2014.应用实时荧光定量技术评价粉红粘帚霉对水稻纹枯病的田间防治效果．植物病理学报，44：422-427.

［93］王甦，赵静，张帆，郭晓军．利用功能反应模型评价两种寄生蜂混合释放对烟粉虱的防控潜能．环境昆虫学报，2014，36：188-193.

［94］王银方，吐尔逊，何江，郭文超．智利小植绥螨以土耳其斯坦叶螨为食的试验种群生命表．中国生物防治学报，2014，30：329-333.

［95］王颖，张彦周，邓鋆，李海斌，武三安，李成德．阔柄跳小蜂属一新种（膜翅目：跳小蜂科）—入侵害虫无花果蜡蚧的重要天敌．环境昆虫学报，2014，36：451-454.

［96］王振辉，李永涛，李婷，陆宴辉，张建萍，徐学农．双尾新小绥螨的形态特征及捕食性功能，应用昆虫学报，2015，52：580-586.

［97］王竹红，黄建，李成德．蚜小蜂科一中国新纪录属——原蚜小蜂属记述（膜翅目：小蜂总科）（英文）．Entomotaxonomia，2014，36：216-222.

［98］魏可，王小艺，杨忠岐．补充营养对白蜡吉丁肿腿蜂寄生效率和发育进程的影响．林业科学研究，2016，29：369-376.

［99］吴东生，高尚坤，唐艳龙．释放天敌防治松褐天牛技术研究．中国森林病虫，2017，36：10-12.

［100］吴圣勇，王鹏新，张治科，徐学农，雷仲仁．捕食螨携带白僵菌孢子的能力及所携孢子的活性和毒力．中国农业科学，2014，47：3999-4006.

［101］吴圣勇．白僵菌、巴氏新小绥螨和西花蓟马间的互作关系研究，中国农业科学院研究生院博士论文，2014.

［102］吴晓儒，陈硕闻，杨玉红等．木霉菌颗粒剂对玉米茎腐病防治的应用．植物保护学报，2015，42：1030-1035.

［103］武琳琳，王立达，李青超，赵索，董杨，徐莹莹，柴丽丽．白蛾周氏啮小蜂大规模工厂化生产关键技术．黑龙江农业科学，2016，01：176-177.

［104］武雯，成玮，张顾旭，陆爽，王春．智利小植绥螨防治大棚草莓二斑叶螨试验初报．中国植保导刊，2015，35：34-36.

［105］夏晓飞．添加营养物对己巧新小缓螨職捕食功能及其抗药性的影响．安徽农业大学硕士学位论文，2015.

［106］肖悦，王文霞，张毅波，陆书龙，陶淑霞，刘万学．补充非寄主食物对芙新姬小蜂和潜蝇姬小蜂控害行为权衡的影响．环境昆虫学报，2016，38：1231-1236.

［107］谢佳沁，庞虹．瓢虫性选择行为及进化机制研究．环境昆虫学报，2016，38：228-237.

［108］徐华强，刘艳艳，祝国栋，薛明．16种不同类型农药对两种寄生蜂的毒性比较和安全性评价．环境昆虫学报，2014，36：959-964.

［109］徐忠宝，刘爱萍，徐林波，高书晶，王建梅，苏春芳，康爱国，张玉慧．草地螟阿格姬蜂的滞育诱导和滞育茧的低温贮藏．昆虫学报，2013，56：1160-1165.

［110］颜华，何姣，李素俭，贾良辉 2016．丹参植株内生菌的分离纯化及其抗病性研究．西北植物学报，36：1813-1818.

［111］杨帆，吴琼，谭辉，任少鹏，高明清，陈学新．浙江省不同寄主植物上烟粉虱寄生蜂之调查．植物保护学报，2016，43：412-418.

［112］杨洁．甘肃省植绥螨科种类记述及鳞纹钝绥螨生物学特性研究．甘肃农业大学硕士学位论文，2014.

［113］杨康，吕佳乐，王恩东，徐学农．猎物饲料中添加酵母对巴氏新小绥螨个体大小及功能反应的影响．中国生物防治学报，2015，31：28-34.

［114］杨驭麟，钟永志，张峰，周长青，杨世勇，张金平．茶翅蝽沟卵蜂和黄足沟卵蜂对茶翅蝽的寄生潜能研究．环境昆虫学报，2015，37：1257-1262.

［115］杨忠岐，王小艺，曹亮明等．管氏肿腿蜂的再描述及中国硬皮肿腿蜂属Sclerodermus（Hymenoptera：Bethylidae）的种类．中国生物防治学报，2014，30：1-12.

［116］尹英超．望都苹果园叶螨的发生动态及释放捕食螨的防控效果评价。河北农业大学硕士学位论文，2015.

［117］ 尹云飞 . 外来种斯氏钝绥螨与本地种巴氏新小绥螨的集团内捕食作用 . 内蒙古农业大学硕士学位论文，2016.

［118］ 展茂魁，杨忠岐，王小艺，张彦龙，克热曼 . 肿腿蜂类寄生蜂室内控害效能评价——以松脊吉丁肿腿蜂为例 . 生态学报，2014，34：2411-2421.

［119］ 张保贺，王恩东，吕佳乐，徐学农 . 伽马辐照对智利小植绥螨生殖及性别决定的影响 . 中国生物防治学报，2016，32：681-688.

［120］ 张保贺 . 利用伽马辐照研究智利小植绥螨的生殖机理，中国农业科学院研究生院硕士学位论文，2016.

［121］ 张贝 . 江原钝绥螨 Amblyseius eharai 繁育和捕食能力研究 . 华中农业大学博士学位论文，2013.

［122］ 张勃龙，谢燕梅，杨松，柴守权，谢一訢 . 哈氏肿腿蜂应用现状与思考 . 中国森林病虫，2014，33：27-30.

［123］ 张礼生，陈红印，王孟卿，刘晨曦，张莹，陈长风，王树英 . 寄生蜂的滞育研究进展 . 中国生物防治学报，2014，30：149-164.

［124］ 张宁，张传清，朱国念，刘亚慧 . 甲氧基丙烯酸酯类和三唑类杀菌剂对斑痣悬茧蜂的毒性 . 农药学学报，2016，18：387-392.

［125］ 张肖肖 . 东方钝绥螨对烟粉虱和朱砂叶螨的捕食、喜好性以及生命表的研究。中国农业科学院硕士论文，2015.

［126］ 张晓阳，马敏，李锐，李生才 . 真桑钝绥螨捕食朱砂叶螨的实验种群生命表及捕食作用 . 中国生物防治学报，2017，33：183-187.

［127］ 张彦龙，杨忠岐，王小艺 . 利用花绒寄甲防治越冬后松褐天牛试验 . 林业科学，2014，50：92-98.

［128］ 张燕南，李永涛，蒋珏瑛琪，苏杰，郭丹丹，张建萍 . 光照时间对双尾新小绥螨生长发育及种群参数的影响 . 应用昆虫学报，2016，53：48-54.

［129］ 张烨，连梅力，李唐，朱文雅 . 日龄和冷藏时间对玉米螟赤眼蜂寄生卵存活力的影响 . 中国农学通报，2015，31：132-136.

［130］ 张烨，连梅力，李唐，朱文雅 . 不同低温驯化条件对玉米螟赤眼蜂低温贮藏的影响 . 中国生物防治学报，2016，32：277-281.

［131］ 张宇宏，郑基焕，毛润乾，庞虹 . 孟氏隐唇瓢虫细胞色素 P450 基因的克隆与序列分析 . 环境昆虫学报，2015，37：759-766.

［132］ 赵海燕，陆永跃，梁广文 . 蝇蛹俑小蜂对橘小实蝇和瓜实蝇的偏好性 . 生物安全学报，2016，25：35-38.

［133］ 赵静，王甦，郭晓军，高希武，张帆 . 寄生蜂低温贮藏研究进展 . 中国农业科学，2014，47：482-494.

［134］ 赵燕燕，田俊策，郑许松，徐红星，鲁艳辉，杨亚军，臧连生，吕仲贤 . 酢浆草和车轴草作为螟黄赤眼蜂田间蜜源植物的可行性分析 . 浙江农业学报，2017，29：106-112.

［135］ 赵怡霈，朱华珺，黄国华 . 斜纹夜蛾侧沟茧蜂研究现状及生防应用 . 长江蔬菜，2015，22：185-188.

［136］ 郑思宁，黄居昌，叶光禄，陈家骅 . 应用寄生蜂和不育雄虫防控田间橘小实蝇 . 生态学报，2013，33：1784-1790.

［137］ 周宝利，郑继东，毕晓华等 . 丛枝菌根真菌对茄子黄萎病的防治效果和茄子植株生长的影响 . 生态学杂志，2015，34：1026-1030.

［138］ 周诗语，陈高，肖晖 . 达摩麝凤蝶蛹寄生蜂一新种（膜翅目：小蜂总科）（英文）.Entomotaxonomia，2017，39：133-139.

［139］ 朱健雄 . 寄生蜂花角蚜小蜂防治松突圆蚧的研究 . 林业科技，2013，38：20-23.

［140］ 朱健雄 . 松突圆蚧本土寄生蜂的研究 . 林业科技，2014，39：60-62.

［141］ 朱平阳，郑许松，姚晓明，徐红星，张发成，陈桂华，吕仲贤 . 提高稻飞虱卵期天敌控害能力的稻田生态工程技术 . 中国植保导刊，2015，35：27-32.

［142］ 朱平阳，郑许松，张发成，Alberto T Barrion，徐红星，杨亚军，陈桂华，吕仲贤 . 生态工程控害技术提

高稻纵卷叶螟天敌功能团的种群数量. 中国生物防治学报, 2017, 33: 351-363.

[143] 朱文雅, 连梅力, 李唐, 张烨. 低温发育下冷藏时间和虫期对松毛虫赤眼蜂羽化的影响. 山西农业科学, 2015, 43: 1489-1491.

[144] Bi Y, Zhang Y, Shu C, et al. Genomic sequencing identifies novel Bacillus thuringiensis, Vip1/Vip2 binary and Cry8 toxins that have high toxicity to Scarabaeoidea larvae. Applied Microbiology and Biotechnology 2015, 99: 753-760.

[145] Cai F, Chen W, Wei Z et al. Colonization of Trichoderma harzianum strain SQR-T037 on tomato roots and its relationship to plant growth nutrient availability and soil microflora. Plant and Soil, 2015, 388: 337-350.

[146] Cai F, Yu GH, Wang P et al. Harzianolide, a novel plant growth regulator and systemic resistance elicitor from Trichoderma harzianum. Plant Physiology ad Biochemistry, 2013, 73: 106-113.

[147] Chakroun M, & Ferré J. In vivo and in vitro binding of Vip3Aa to Spodoptera frugiperda midgut and characterization of binding sites using 125I-radiolabeling. Applied and Environmental Microbiology 2014, 80: 6258-6265.

[148] Chen HL, Zhang HY, Zhu KY & Throne J. Performance of diapausing parasitoid wasps, Habrobracon hebetor, after cold storage. Biological Control 2013, 64: 186-194.

[149] Chen J, Li BQ, Qin GZ et al. Mechanism of H_2O_2-induced oxidative stress regulating viability and biocontrol ability of Rhodotorula glutinis. International Journal of Food Microbiology, 2015a, 193: 152-158.

[150] Chen MJ, Wang X, Zhang KQ, et al. Chemical constituents from the bacterium Wautersiella falsenii YMF 3.00141. Applied Biochemistry & Microbiology 2015b, 51: 402-405.

[151] Chen W, Li DS, Zhang M, Zhao YL, Wu WJ, & Zhang GR. Cloning and differential expression of five heat shock protein genes associated with thermal stress and development in the polyphagous predatory mite Neoseiulus cucumeris (Acari: Phytoseiidae). Exp Appl Acarol 2015c, 67: 65-85.

[152] Chen X, Zhang YX, Zhang YP, Wei H, Lin JZ, Sun L & Chen F. Relative fitness of avermectin-resistant strain of Neoseiulus cucumeris (Oudemans)(Acari: Phytoseiidae). Systematic and Applied Acarology 2017, 22: 184-192.

[153] Chen XX, Tang P, Zeng J, van Achterberg C & He JH. Taxonomy of parasitoid wasps in China: An overview. Biological Control 2014, 68: 57-72.

[154] Cheng L, Xu S, Xu C, et al. Effects of trans-2-Hexenal on Reproduction, Growth and Behavior and Efficacy against Pinewood Nematode, Bursaphelenchus xylophilus. Pest Management Science 2017a, 73: 888-895.

[155] Cheng XQ, Cao FQ, Zhang YB, Guo JY, Wan FH & Liu WX. Life history and life table of the host-feeding parasitoid Hemiptarsenus varicornis (Hymenoptera: Eulophidae). Applied Entomology and Zoology 2017b, 52: 287-293.

[156] Cheng Z, Chi MS, Li GK. Heat shock improves stress tolerance and biocontrol performance of Rhodotorula mucilaginosa. Biological Control, 2016, 95: 49-56.

[157] Chi MS, Li GK, Liu YS et al. Increase in antioxidant enzyme activity, stress tolerance and biocontrol efficacy of Pichia kudriavzevii with the transition from a yeast-like to biofilm morphology. Biological Control, 2015, 90: 113-119.

[158] Colagiero M, Rosso LC, Ciancio A. Diversity and biocontrol potential of bacterial consortia associated to rootknot nematodes. Biological Control 2017, http://dx.doi.org/10.1016/j.biocontrol.2017.07.010 (In press).

[159] Cong L, Chen F, Yu SJ, Ding LL, Yang J, Luo R, Tian HX, Li HJ, Liu HQ & Ran C. Transcriptome and Difference Analysis of Fenpropathrin Resistant Predatory Mite, Neoseiulus barkeri (Hughes). Int. J. Mol. Sci. 2016, 17, 704.

[160] Cui H, Jin H, Liu Q, et al. Nematicidal metabolites from roots of Stellera chamaejasme, against Bursaphelenchus

xylophilus, and Bursaphelenchus mucronatus. Pest Management Science 2014, 70: 827–835.

[161] Cui HY, Wei JI, Su JW, Li CY & Ge F. Elevated O-3 increases volatile organic compounds via jasmonic acid pathway that promote the preference of parasitoid Encarsia formosa for tomato plants. Plant Science 2016, 253: 243–250.

[162] Dai P, Ruan CC, Zang LS, Wan FH & Liu LZ. Effects of rearing host species on the host-feeding capacity and parasitism of the whitefly parasitoid Encarsia formosa. Journal of Insect Science 2014, 14: 186–194.

[163] Degenkolb T, Vilcinskas A. Metabolites from nematophagous fungi and nematicidal natural products from fungi as an alternative for biological control. Part I: metabolites from nematophagous ascomycetes. Applied Microbiology and Biotechnology 2016, 100: 3799–3812.

[164] Dou K, Wang ZY, Zhang RS et al. Cloning and characteristic analysis of a novel aspartic protease gene Asp55 from Trichoderma asperellum ACCC30536. Microbiological Research, 2014, 169: 915–923.

[165] Fan HJ, Liu ZH, Zhang RS et al. Functional analysis of a subtilisin-like serine protease gene from biocontrol fungus Trichoderma harzianum. Journal of Microbiology, 2014a, 52: 129–138.

[166] Fan LL, Fu KH, Yu CJ et al. Construction and functional analysis of Trichoderma harzianum mutants that modulate maize resistance to the pathogen Curvularia lunata. Jouranl of Environmental Science and Health Part B Pesticides Food Contaminants and Agricultural Wastes, 2014b, 49: 569–577.

[167] Fang Q, Wang BB, Ye XH, Wang F & Ye GY. Venom of parasitoid Pteromalus puparum impairs host humoral antimicrobial activity by decreasing host cecropin and lysozyme gene expression. Toxins 2016, 8.

[168] Gao F, Gu QJ, Pan J, Wang ZH, Yin CL, Li F, Song QS, Strand MR, Chen XX & Shi M. Cotesia vestalis teratocytes express a diversity of genes and exhibit novel immune functions in parasitism. Scientific Reports 2016a, 6: 26967.

[169] Gao SK, Wei K, Tang YL, Wang XY & Yang ZQ. Effect of parasitoid density on the timing of parasitism and development duration of progeny in Sclerodermus pupariae (Hymenoptera: Bethylidae). Biological Control, 2016b, 97: 57–62.

[170] Garbeva P, Gera Hol WH, Termorshuizen AJ, et al. Fungistasis and general soil biostasis – A new synthesis. Soil Biology & Biochemistry 2011, 43: 469–477.

[171] Goncalves RS, Nava DE, Pereira HC. et al. Biology and fertility life table of Aganaspis elleranoi (Hymenoptera: Figitidae) in larvae of Anastrepha fraterculus and Ceratitis capitata (Diptera: Tephritidae). Annals of the Entomological Society of America 2013, 106: 2–8.

[172] Guo DQ, Yang BQ, Ren XP et al. Effect of an antagonistic yeast in combination with microwave treatment on postharvest blue mould rot of jujube fruit. Journal of Phytopathology, 2016a, 164: 11–17.

[173] Guo HL, Cui Y, Zhu EL et al. Effect of antagonistic yeast Pichia membranaefaciens on black spot decay of postharvest broccoli. European Journal of Plant Pathology, 2015, 143: 373–383.

[174] Guo J, Zhao X, Wang HL et al. Expression of the LePR5 gene from cherry tomato fruit induced by Cryptococcus laurentii and the analysis of LePR5 protein antifungal activity. Postharvest Biology and Technology, 2016b, 111: 337–344.

[175] Guo Q, Du G, Qi H, et al. A nematicidal tannin from Punica granatum L. rind and its physiological effect on pine wood nematode (Bursaphelenchus xylophilus). Pesticide Biochemistry & Physiology 2017, 135: 64–68.

[176] Hamid MI, Hussain M, Liu XZ, et al. Successive soybean-monoculture cropping assembles rhizosphere microbial communities for the soil suppression of soybean cyst nematode. FEMS Microbiology Ecology 2017, 93: 222.

[177] Hamid, MI, Zeng, FY, Cheng, JS, Jiang, DH, Fu YP. Disruption of heat shock factor 1 reduces the formation of conidia and thermotolerance in the mycoparasitic fungus Coniothyrium minitans. Fungal Genetics and

Biology, 2013, 53: 42–49.

[178] Han Y, Wang H, Chen J, Cai WL & Hua HX. No impact of transgenic cry2Aa rice on Anagrus nilaparvatae, an egg parasitoid of Nilaparvata lugens, in laboratory tests. Biological Control 2015, 82: 46–51.

[179] He Z, Dang F, Fan ZY, Ren SL, Cuthbertson AGS, Ren SX & Qiu BL. Do host species influence the performance of Encarsia formosa, a parasitoid of Bemisia tabaci species complex? Bulletin of Insectology 2017, 70: 9–16.

[180] Hu XJ, Roberts DP, Xie LH et al. Use of formulated Trichoderma sp Tri-1 in combination with reduced rates of chemical pesticide for control of Sclerotinia sclerotiorium on oilseed rape. Crop Protection, 2015, 79: 124–127.

[181] Huang H, Xu XN, Lv JL, Li GT, Wang ED & Gao YL. Impact of proteins and saccharides on mass production of Tyrophagus putrescentiae (Acari: Acaridae) and its predator Neoseiulus barkeri (Acari: Phytoseiidae). Biocontrol Science and Technology 2013, 23: 1231–1244.

[182] Huang JH, Freed S, Wang LS, Qin WJ, Chen HF, & Qin HG. Effect of temperature on development and reproduction of Proprioseiopsis asetus (Acari: Phytoseiidae) fed on asparagus thrips, Thrips tabaci. Exp. Appl. Acarol. 2014, 64: 235–244.

[183] Huang K, Zou Y, Luo J et al. Combining UV-C treatment with biocontrol yeast to control postharvest decay of melon. Environmental Science and Pollution Research, 2015, 22: 14307–14313.

[184] Huang XQ, Liu LL, Wen T et al. Changes in the soil microbial community after reductive soil disinfestation and cucumber seedling cultivation. Applied Microbiology and Biotechnology 2016, 100: 5581–5593.

[185] Hussain M, Hamid M I, Wang NN, Liu XZ et al. The transcription factor SKN7 regulates conidiation, thermotolerance, apoptotic-like cell death and parasitism in the nematode endoparasitic fungus Hirsutella minnesotensis. Scientific Reports 2016, 6: 30047.

[186] Iatsenko I, Boichenko I, & Sommer R J. Bacillus thuringiensis DB27 produces two novel protoxins, Cry21Fa1 and Cry21Ha1, which act synergistically against nematodes. Applied & Environmental Microbiology 2014, 80: 3266–3275.

[187] Ji J, Zhang YX, Lin JZ, Chen X, Sun L & Saito Y. Life histories of three predatory mites feeding upon Carpoglyphus lactis (Acari, Phytoseiidae; Carpoglyphidae). Systematic & Applied Acarology 2015, 20: 491–496.

[188] Ji J, Zhang YX, Saito Y, Takada T & Tsuji N. Competitive and Predacious Interactions Among Three Phytoseiid Species Under Experimental Conditions (Acari: Phytoseiidae). Environmental Entomology 2016a, 45: 46–52.

[189] Ji J, Zhang YX, Wang JS, Lin JZ, Sun L, Chen X, Ito K & Saito Y. Can the predatory mites Amblyseius swirskii and Amblyseius eharai reproduce by feeding solely upon conspecific or heterospecific eggs (Acari: Phytoseiidae), 2014.

[190] Ji SD, Wang ZY, Fan HJ et al. Heterologous expression of the Hsp24 from Trichoderma asperellum improves antifungal ability of Populus transformant Pdpap-Hsp24 s to Cytospora chrysosperma and Alternaria alternate. Journal of Plant Research 2016b, 129: 921–933.

[191] Jia H, Dong K, Zhou L et al. A dsRNA virus with filamentous viral particles. Nature Communications 2017, 8: 168.

[192] Jiang C, Song JZ, Zhang JZ et al. Identification and characterization of the major antifungal substance against Fusarium Sporotrichioides from Chaetomium globosum. World Journal of Microbiology & Biotechnology 2017a, 33: DOI: 10.1007/s11274-017-2274-x.

[193] Jiang D, Zhou J, Bai G et al. Random mutagenesis analysis and identification of a novel C2H2-type transcription factor from the nematode-trapping fungus Arthrobotrys oligospora. Scientific Reports 2017b, 7: 5640.

[194] Jiang SS, Yin YP, Song ZY, Zhou GL & Wang ZK. RacA and Cdc42 regulate polarized growth and

microsclerotium formation in the dimorphic fungus Nomuraea rileyi. Res Microbiol 2014，165：233–242.

[195] Jie WG，Bai L，Yu WJ and Cai BY. Analysis of interspecific relationships between Funneliformis mosseae and Fusarium oxysporum in the continuous cropping of soybean rhizosphere soil during the branching period. Biocontrol Science and Technology 2015，25: 1036–1051.

[196] Jin T，Lin YY，Jin QA，Wen HB & Peng ZQ. Sublethal effect of avermectin and acetamiprid on the mortality of different life stages of Brontispa longissima（Gestro）（Coleoptera：Hispidae）and its larvae parasitoid Asecodes hispinarum Boucek（Hymenoptera：Eulophidae）. Crop Protection 2014，58：55–60.

[197] Khan NU，Liu MJ，Yang XF & Qiu DW，Fungal Elicitor MoHrip2 Induces Disease Resistance in Rice Leaves，Triggering Stress–Related Pathways. PLOS ONE I DOI：10.1371/journal.pone.0158112，June 27，2016.

[198] Kidane D，Yang NW & Wan FH. Effect of cold storage on the biological fitness of Encarsia sophia（Hymenoptera：Aphelinidae），a parasitoid of Bemisia tabaci（Hemiptera：Aleyrodidae）. European Journal of Entomology 2015，112：460–469.

[199] Kong QJ，Liang Z，Xiong J et al. Overexpression of the bivalent antibacterial peptide genes in Pichia pastoris delays sour rot in citrus fruit and induces Geotrichum citri–aurantii cell apoptosis. Food Biotechnology 2016，30：79–97.

[200] LamovŠek J，Urek G，Trdan S. Biological control of root–knot nematodes（Meloidogyne spp.）：Microbes against the pests. Acta Agriculturae Slovenica 2013，101：263– 275.

[201] Li BQ，Peng HM，Tian SP. Attachment capability of antagonistic yeast Rhodotorula glutinis to Botrytis cinerea contributes to biocontrol efficacy. Frontiers in Microbiology 2016a，7：601.

[202] Li GH，Duan M，Yu ZF et al. Stereumin A–E，sesquiterpenoids from the fungus Stereum sp. CCTCC AF 207024. Phytochemistry 2008，69：1439–1445.

[203] Li GK，Chi MS，Chen HZ et al. Stress tolerance and biocontrol performance of the yeast antagonist Candida diversa，change with morphology transition. Environmental Science and Pollution Research 2016b，23：2962–2967.

[204] Li H，Jiang，WH，Zhang，Z，Xing，YR & Li F. Transcriptome analysis and screening for potential target genes for RNAi–mediated pest control of the beet armyworm Spodoptera exigua. PLoS ONE，2013a，

[205] Li J，Liu Y，Zhu H et al. Phylogenic analysis of adhesion related genes Mad1 revealed a positive selection for the evolution of trapping devices of nematode–trapping fungi. Scientific Reports 2016c，6：22609.

[206] Li J，Zhou Y，Lei CF，Fang W，& Sun XL. Improvement in the UV–resistance of Baculoviruses by Displaying Nano–Zinc Oxide Binding Peptides on the Surfaces of their Occlusion Bodies. Appl Microbiol Biot. 2015a，99：6841–6853.

[207] Li J，Zou C，Xu J et al. Molecular mechanisms of nematode–nematophagous microbe interactions：basis for biological control of plant–parasitic nematodes. Annual Review of Phytopathology 2015c，53：67–95.

[208] Li JF，Qin YK，Tian MQ et al. Two new sesquiterpenes from the fungus Stereum sp. NN048997. Phytochemistry Letters 2014a，10：32.

[209] Li RX，Cai F，Pang G et al. Solubilisation of phosphate and micronutrients by Trichoderma harzianum and its relationship with the promotion of tomato plant growth. PLoS ONE 2015d，10：e0130081.

[210] Li T，Sheng ML，Sun SP & Luo YQ. Parasitoid complex of overwintering cocoons of Neodiprion huizeensis（Hymenoptera：Diprionidae）in Guizhou，China. Revista Colombiana De Entomologia 2016d，42：43–47.

[211] Li TC，Chen J，Fan XB，Chen WW & Zhang WQ. MicroRNA and dsRNA targeting chitin synthase A reveal a great potential for pest management of the hemipteran insect Nilaparvata lugens. Pest Management Science，2017a，73：1529–1537.

[212] Li W，Yang XQ，Yang YB et al. Anti–phytopathogen，multi–target acetylcholinesterase inhibitory and antioxidant

activities of metabolites from endophytic Chaetomium globosum. Natural Product Research 2016e，30：2616–2619.

［213］ Li WD，Zhang PJ，Zhang JM，Lin WC，Lu YB & Gao YL. Acute and sublethal effects of neonicotinoids and pymetrozine on an important egg parasitoid，Trichogramma ostriniae（Hymenoptera：Trichogrammatidae）. Biocontrol Science and Technology 2015e，25：121–131.

［214］ Li X，Dong X，Zou C & Zhang H. Endocytic pathway mediates refractoriness of insect Bactrocera dorsalis to RNA interference. Scientific reports 2015b，5：8700.

［215］ Li X，Li B，Xing G & Meng L. Effects of soybean resistance on variability in life history traits of the higher trophic level parasitoid Meteorus pulchricornis（Hymenoptera：Braconidae）. Bulletin of Entomological Research 2017b，107：1–8.

［216］ Li Y，Wang ZK，Liu XE，Song ZY，Li R，Shao CW & Yin YP. Siderophore biosynthesis but not reductive iron assimilation is essential for the dimorphic fungus Nomuraea rileyi condition，dimorphism transition，resistance to oxidative stress，pigmented microsclertium formation，and virulence. Frontier Microbiology 2016f，7：931.

［217］ Li YT，Jiang JYQ，Huang YQ，Wang ZH & Zhang JP. Effects of temperature on development and reproduction of Neoseiulus bicaudus（Phytoseiidae）feeding on Tetranychus turkestani（Tetranychidae）. Systematic & Applied Acarology 2015f，20：478–490.

［218］ Li YY，Fu KH，Gao SG et al. Increased virulence of transgenic Trichoderma koningi strains to the Asian corn borer larvae by overexpressing heterologous chit42 gene with chitin–binding domains. Jouranl of Environmental Science and Health Part B Pesticides Food Contaminants and Agricultural Wastes 2013b，48：376–383.

［219］ Li YY，Zhang LS，Zhang QR，Chen HY & Denlinger DL. Host diapause status and host diets augmented with cryoprotectants enhance cold hardiness in the parasitoid Nasonia vitripennis. Journal of Insect Physiology 2014b，70：8–14.

［220］ Li YY，Zhang Y，Hu Q，Liu L，Xu XN，Liu H & Wang JJ. Effect of bran moisture content and initial population density on mass production of Tyrophagus putrescentiae（Schrank）（Acari：Acaridae）. Systematic and Applied Acarology 2015g，20：497–506.

［221］ Li ZF，Mo MH，Zhang KQ，et al. Phylogenetic analysis on the bacteria producing non–volatile fungistatic substances. The Journal of Microbiology 2008，46：250–256.

［222］ Li ZF，Xu CK，Mo MH，et al. Fungistatic intensity of agricultural soil against fungal agents and phylogenetic analysis on the actinobacteria involved. Current Microbiology 2011，62：1152–1159.

［223］ Liang L，Gao H，Li J et al. The Woronin body in the nematophagous fungus Arthrobotrys oligospora is essential for trap formation and efficient pathogenesis. Fungal Biology 2017，121：11–20.

［224］ Liang L，Liu Z，Liu L et al. The nitrate assimilation pathway is involved in the trap formation of Arthrobotrys oligospora，a nematode–trapping fungus. Fungal Genetics and Biology 2016，92：33–39.

［225］ Liang L，Shen R，Mo Y et al. A proposed adhesin AoMad1 helps nematode–trapping fungus Arthrobotrys oligospora recognizing host signals for life–style switching. Fungal Genetics and Biology 2015，81：172–181.

［226］ Liu FF，Yang ZS，Zheng X，et al. Nematicidal coumarin from Ficus carica L. Journal of Asia–Pacific Entomology 2011，14：79–81.

［227］ Liu JY，Li SD，Sun，MH. Transaldolase gene Ta167 enhances the biocontrol activity of Clonostachys rosea 67–1 against Sclerotinia sclerotiorum. Biochemical and Biophysical Research Communications 2016a，474：503–508.

［228］ Liu K，Fu BL，Lin JR，Fu YG，Peng ZQ & Jin QA. Effect of Temperatures and Cold Storage on Performance of Tetrastichus brontispae（Hymenoptera：Eulophidae），a Parasitoid of Brontispa longissima（Coleptera：Chrysomelidae）. Journal of Insect Science 2014a，14.

［229］ Liu LJ，Xie JT，Cheng JS et al. Fungal negative–stranded RNA virus that is related to bornaviruses and nyaviruses.

Proceedings of the National Academy of Sciences of the United States of America 2014b，111：12205–12210.

［230］ Liu MJ，Khan NU，Wang NB，Yang XF，& Qiu DW. The Protein Elicitor PevD1 Enhances Resistance to Pathogens and Promotes Growth in Arabidopsis. J. Biol. Sci. 2016b，12：931–943.

［231］ Liu NY，Bao ZR，Li J et al. Identification of differentially expressed genes from Trichoderma atroviride strain SS003 in the presence of cell wall of Cronartium ribicola. Genes and Genomics 2017a，39：473–484.

［232］ Liu P，Chen K，Li GF et al. Comparative transcriptional profiling of orange fruit in response to the biocontrol yeast Kloeckera apiculata and its active compounds. BMC Genomics 2016c，17：17.

［233］ Liu QS，Romeis J，Yu HL，Zhang YJ，Li YH & Peng YF. Bt rice does not disrupt the host–searching behavior of the parasitoid Cotesia chilonis. Scientific Reports 2015a，5：15295.

［234］ Liu S，Lv JL，Wang ED & Xu XN. Life–style classification of some Phytoseiidae（Acari：Mesostigmata）species based on gnathosoma morphometric. Systematic & Applied Acarology 2017b，22：629–639.

［235］ Liu S，Xie JT，Cheng JS et al. Fungal DNA virus infects a mycophagous insect and utilizes it as a transmission vector. Proceedings of the National Academy of Sciences of the United States of America 2016d，113：12803–12808.

［236］ Liu TX，Stansly PA & Gerling D. Whitefly Parasitoids：Distribution，Life History，Bionomics，and Utilization. Annual Review of Entomology 2015b，60：273–292.

［237］ Liu WX，Wang WX，Zhang YB，Wang W，Lu SL & Wan FH. Adult diet affects the life history and host–killing behavior of a host–feeding parasitoid. Biological Control 2015c，81：58–64.

［238］ Liu Y，Yang Q. Cloning and Heterologous Expression of Serine Protease SL41 Related to Biocontrol in Trichoderma harzianum. Jornal of Molecular Microbiology and Biotechnology 2013a，23：431–439.

［239］ Liu YQ，Liu B，Ali A，Luo SP，Lu YH & Liang GM. Insecticide Toxicity to Adelphocoris lineolatus（Hemiptera：Miridae）and its Nymphal Parasitoid Peristenus spretus（Hymenoptera：Braconidae）. Journal of Economic Entomology 2015d，108：1779–1785.

［240］ Liu Z，Budiharjo A，Wang P，et al. The highly modified microcin peptide plantazolicin is associated with nematicidal activity of Bacillus amyloliquefaciens FZB42. Applied Microbiology and Biotechnology 2013b，97：10081–10090.

［241］ Lombaert E，Guillemaud T，Lundgren J，Koch R，Facon B，Grez A，Loomans A，Malausa T，Nedved O，Rhule E，Staverlokk A，Steenberg T & Estoup A. Complementarity of statistical treatments to reconstruct worldwide routes of invasion：the case of the Asian ladybird Harmonia axyridis. Mol Ecol 2014，23，5979–5997.

［242］ Lou Y，Han Y，Yang L et al. CmpacC regulates mycoparasitism，oxalate degradation and antifungal activity in the mycoparasitic fungus Coniothyrium minitans. Environmental Microbiology 2015，17：4711–4729.

［243］ Lu HP，Lu LF，Zeng LZ et al. Effect of chitin on the antagonistic activity of Rhodosporidium paludigenum against Penicillium expansum in apple fruit. Postharvest Biology and Technology 2014，92：9–15.

［244］ Lu KY，Zhang YS，Li L et al. Chaetochromones A and B，two new polyketides from the fungus Chaetomium indicum（CBS.860.68）. Molecules 2013，18：10944–10952.

［245］ Lu LF，Wang JX，Zhu RY et al. Transcript profiling analysis of Rhodosporidium paludigenum–mediated signalling pathways and defense responses in mandarin orange. Food Chemistry 2015，172：603–612.

［246］ Luo H，Xiong J，Zhou Q，et al. The effects of Bacillus thuringiensis，Cry6A on the survival，growth，reproduction，locomotion，and behavioral response of Caenorhabditis elegans. Applied Microbiology and Biotechnology 2013，97：10135–10142.

［247］ Luo X，Chen L，Huang Q，et al. Bacillus thuringiensis metalloproteinase Bmp1 functions as a nematicidal virulence factor. Applied and Environmental Microbiology 2013b，79：460–468.

［248］ Luo Y，Zhou YH，Zeng KF et al. Effect of Pichia membranaefaciens on ROS metabolism and postharvest disease control in citrus fruit. Crop Protection 2013c, 53: 96–102.

[249] Lv JL, Li FQ, Wu CY, Zhang J, Wang GR, Wang ED & Xu XN. Molecular and biological characterization of Neoseiulus species from China. Systematic and Applied Acarology 2016a, 21: 356–366.

[250] Lv JL, Yang K, Wang ED & Xu XN. Prey diet quality affects predation, oviposition and conversion rate of the predatory mite Neoseiulus barkeri (Acari: Phytoseiidae). Systematic and Applied Acarology 2016b, 21: 279–287.

[251] Ma L, Fu W, Mo MH, et al. A strategy to discover potential nematicidal fumigants based on toxic volatiles from nematicidal bacteria. African Journal of Microbiology Research 2012, 6: 6106–6113.

[252] Ma Y, Gentry T, Hu P et al. Impact of brassicaceous seed meals on the composition of the soil fungal community and the incidence of Fusarium wilt on chili pepper. Applied Soil Ecology 2015, 90: 41–48.

[253] Maes S, Antoons T, Gregoire JC & De Clercq P. A semi–artificial rearing system for the specialist predatory ladybird Cryptolaemus montrouzieri. BioControl 2014a, 59, 557–564.

[254] Maes S, Grégoire JC & De Clercq P. Prey range of the predatory ladybird Cryptolaemus montrouzieri. BioControl 2014b, 59, 729–738.

[255] Mahi H, Rasekh A, Michaud JP, & Shishehbor, P. Biology of Lysiphlebus fabarum following cold storage of larvae and pupae. Entomologia Experimentalis et Applicata 2014, 153: 10–19.

[256] Mao J, Zeng F. Plant–mediated RNAi of a gap gene–enhanced tobacco tolerance against the Myzus persicae. Transgenic Research 2014, 23: 145–152.

[257] María Z. M., DuarteI. L., & Ceballos M. Biology and vertical life table of Diaeretiella rapae McIntosh under laboratory conditions. Revista de Protección Vegetal 2013, 28: 23–26.

[258] Miao JQ, Wang M, Li XH, et al. Antifungal and nematicidal activities of five volatile compounds against soil–borne pathogenic fungi and nematodes. Acta Phytophylacica Sinica 2012, 6: 017.

[259] Mouekouba LDO, Zhang LL, Guan X et al. Analysis of Clonostachys rosea–induced resistance to tomato gray mold disease in tomato leaves. PLoS ONE 2014, 9: e102690.

[260] Niu X, Deng L, Zhou Y et al. Optimization of a protective medium for freeze–dried Pichia membranifaciens and application of this biocontrol agent on citrus fruit. Journal of Applied Microbiology 2016, 121: 234–243.

[261] Nordbring–Hertz B, Jansson HB, Tunlid A. Nematophagous fungi. John Wiley & Sons, Ltd, 2011.

[262] Ou C, Liu Y, Wang W et al. Integration of UV–C with antagonistic yeast treatment for controlling post–harvest disease and maintaining fruit quality of Ananas comosus. Biocontrol 2016, 61: 591–603.

[263] Ouyang ZG, Li XH, Huang L. Elicitin–like proteins Oli–D1 and Oli–D2 from Pythium oligandrum trigger hypersensitive response in Nicotiana benthamiana and induce resistance against Botrytis cinerea in tomato Molecular Plant Pathology 2015, 16: 238–250.

[264] Pan, F, Xue, AG, McLaughlin, N B et al. Colonization of Clonostachys rosea on soybean root grown in media inoculated with Fusarium graminearum. ACTA Agricultuae Scandinavica Section B–Soil and Plant Science 2013, 63: 564–569.

[265] Pang R, Qiu JQ, Li TC, Yang P, Yue L, Pan YX & Zhang WQ. The regulation of lipid metabolism by a hypothetical P–loop NTPase and its impact on fecundity of the brown planthopper. BBA–General Subjects 2017, 1861: 1750–1758.

[266] Qiao Y, Zhao Y, Wu Q, et al. Full Toxicity assessment of genkwa flos and the underlying mechanism in nematode Caenorhabditis elegans . PLoS One 2014, 9: e91825.

[267] Qiu DW, Dong YJ, Zhang Y, Li SP & Shi FC. Plant Immunity Inducer Development and Application. MPMI. 2017, 30: 355–360.

[268] Saravanakumar K, Li YQ, Yu CJ et al. Effect of Trichoderma harzianum on maize rhizosphere microbiome and

biocontrol of Fusarium Stalk rot. Scientific Reports 2017，7：1771.

[269] Saravanakumar K，Yu CJ，Dou K et al. Synergistic effect of Trichoderma-derived antifungal metabolites and cell wall degrading enzymes on enhanced biocontrol of Fusarium oxysporum f. sp cucumerinum. Biological Control 2016，94：37-46.

[270] Sethuraman A，Janzen FJ & Obrycki J. Population genetics of the predatory lady beetle Hippodamia convergens. Biological Control 2015，84，1-10.

[271] Shang Y，Wang ML，Xiao GF，Wang X，Hou DH，Pan K，Liu S，Li J，Wang J，Arif BM，Vlak JM，Chen XW，WangHL，Deng F & Hu ZH. Construction and rescue of a functional synthetic baculovirus. ACS Synth Biol. 2017，[Epub ahead of print].

[272] Shao CW，Li R，Yin YP，Qi ZR，Song ZY，Yan L & Wang ZK. Agrobacterium tumefaciens mediated transformation of the entomopathogenic fungus Nomuraea rileyi. Fungal Genet Biol 2015，83：19-25.

[273] Shi FC，Dong YJ，Zhang Y，Yang XF & Qiu DW，Overexpression of the PeaT1 Elicitor Gene from Alternaria tenuissima Improves Drought Tolerance in Rice Plants via Interaction with a Myo-Inositol Oxygenase. Frontiers in Plant Science | www.frontiersin.org，published：09 June 2017 doi：10.3389/fpls.2017.00970.

[274] Shu C，Lai YL，Yang EC，Liu XZ，et al. Functional response of the fungus Hirsutella rhossiliensis to the nematode，Heterodera glycines. Science China Life Sciences 2015，58：704-712.

[275] Song HF，Zhang JQ，Li DQ，Cooper AMW，Silver K，Li T，Liu XJ，Ma EB，Zhu KY，& Zhang JZ. A double-stranded RNA degrading enzyme reduces the efficiency of oral RNA interference in migratory locust. Insect Biochemistry and Molecular Biology，2017a，86：68-80.

[276] Song R，Feng Y，Wang D，et al. Phytoalexin phenalenone derivatives inactivate mosquito larvae and root-knot nematode as type-II photosensitizer. Scientific Reports 2017b，7：42058.

[277] Song TY，Xu ZF，Chen YH，et al. Potent nematicidal activity and new hybrid metabolite production by disruption of a cytochrome P450 gene involved in the biosynthesis of morphological regulatory arthrosporols in nematode-trapping fungus Arthrobotrys oligospora. Journal of Agricultural & Food Chemistry 2017c，65：4111-4120.

[278] Song YY，Chen DM，Lu K et al. Enhanced tomato disease resistance primed by arbuscular mycorrhizal fungus. Frontier in Plant Science 2015，6：786.

[279] Song ZW，Zheng Y，Zhang BX & Li DS. Prey consumption and functional response of Neoseiulus californicus and Neoseiulus longispinosus（Acari：Phytoseiidae）on Tetranychus urticae and Tetranychus kanzawai（Acari：Tetranychidae）. Systematic and Applied Acarology 2016，21：936-946.

[280] Song ZY，Yin YP，Jiang SS，Liu JJ & Wang ZK. Optimization of culture medium for microsclerotia production by Nomuraea rileyi and analysis of their viability for use as a mycoinsecticide. BioControl 2014，59：597-605.

[281] Song ZY，Yin YP，Jiang SS，Liu JJ，Chen H & Wang ZK. Comparative transcriptome analysis of microsclerotia development in Nomuraea rileyi. BMC Genomics 2013，14：411.

[282] Su H，Zhao Y，Zhou J et al. Trapping devices of nematode-trapping fungi：formation，evolution，and genomic perspectives. Biological Reviews 2017，92：357-368.

[283] Su HN，Shao HW，Zhang KQ et al. Antibacterial metabolites from the actinomycete Streptomyces sp. P294. Journal of microbiology 2016，54：131.

[284] Su，ZZ；Mao，LJ；Li，N and Feng，XX. Evidence for biotrophic lifestyle and biocontrol potential of dark septate endophyte Harpophora oryzae to rice blast disease. PLoS ONE 2013，8：e61332.

[285] Sui Y，Liu J. Effect of glucose on thermotolerance and biocontrol efficacy of the antagonistic yeast Pichia guilliermondii. Biological Control 2014，74：59-64.

[286] Sun B，Zhang YK，Xue XF，Li YX & Hong XY. Effects of Wolbachia infection in Tetranychus urticae（Acari：Tetranychidae）on predation by Neoseiulus cucumeris（Acari：Phytoseiidae）. Systematic & Applied Acarology

2015a, 20: 591–602.

[287] Sun ZB, Li SD, Zhong ZM, Sun MH. A perilipin gene from Clonostachys rosea f. Catenulata HL–1–1 Is related to sclerotial parasitism. International Journal of Molecular Sciences 2015b, 16: 5347–5362.

[288] Sun, MH, Chen, YM, Liu, JF et al. Effects of culture conditions on spore types of Clonostachys rosea 67–1 in submerged fermentation. Letters in Applied Microbiology 2014, 58: 318–324.

[289] Tan XL, Hu NN, Zhang F, Ramirez–Romero R, Desneux N, Wang S & Ge F. Mixed release of two parasitoids and a polyphagous ladybird as a potential strategy to control the tobacco whitefly Bemisia tabaci. Scientific Reports 2016, 6: 28245.

[290] Tang T, Zhao CQ, Feng XY, Liu XY & Qiu LH. Knockdown of several components of cytochrome P450 enzyme systems by RNA interference enhances the susceptibility of Helicoverpa armigera to fenvalerate. Pest Management Science, 2012, 68: 1501–1511.

[291] Teng LL, Song TY, Xu ZF, et al. Selected mutations revealed intermediates and key precursors in the biosynthesis of polyketide–terpenoid hybrid sesquiterpenyl epoxy–cyclohexenoids. Organic Letters 2017a, 19: 3923–3926.

[292] Teng ZW, Xiong SJ, Xu G, Gan SY, Chen X, Stanley D, Yan ZC, Ye GY & Fang Q. Protein Discovery: combined transcriptomic and proteomic analyses of venom from the endoparasitoid Cotesia chilonis (Hymenoptera: Braconidae) . Toxins 2017b, 9.

[293] Tepa–Yotto G. T., Hofsvang T., Godonou I., et al. Host instar suitability of Aphis gossypii (Hemiptera: Aphididae) for Lysiphlebus testaceipes (Hymenoptera: Braconidae) and parasitism effect on aphid life table. Applied Entomology and Zoology 2013, 48: 447–453.

[294] Tian JC, Wang XP, Long LP, Romeis J, Naranjo SE, Hellmich RL & Shelton AM. Eliminating host–mediated effects demonstrates Bt maize producing Cry1F has no adverse effects on the parasitoid Cotesia marginiventris. Transgenic Research 2014a, 23: 257–264.

[295] Tian MQ, Liu R, Li JF, et al. Three new sesquiterpenes from the fungus Stereum sp. YMF1.1686. Phytochemistry Letters 2016a, 15: 186–189.

[296] Tian T, Li, SD, Sun MH. Synergistic effect of dazomet soil fumigation and Clonostachys rosea against cucumber Fusarium wilt. Phytopathology 2014b, 104: 1314–1321.

[297] Tian Y, Tan, YL, Liu N et al. Detoxification of deoxynivalenol via glycosylation represents novel insights on antagonistic activities of Trichoderma when confronted with Fusarium graminearum. Toxins 2016b, 8: 11.

[298] Vilcinskas A, Stoecker K, Schmidtberg H, Röhrich CR & Vogel H. Invasive Harlequin Ladybird Carries Biological Weapons Against Native Competitors. Science 2013, 340, 862.

[299] Wang B, Kang Q, Lu Y, et al. Unveiling the biosynthetic puzzle of destruxins in Metarhizium species. Proceedings of the National Academy of Sciences USA 2012, 109: 1287–1292.

[300] Wang BM, Wang ZH, Jiang XH, Zhang JP & Xu XN. Re–description of Neoseiulus bicaudus (Acari: Phytoseiidae)newly recorded from Xinjiang, China. Systematic and Applied Acarology 2015a, 20: 455–461.

[301] Wang NB, Liu MJ, Guo LH, Yang XF, & Qiu DW. A Novel Protein Elicitor (PeBA1) from Bacillus amyloliquefaciens NC6 Induces Systemic Resistance in Tobacco. Int. J. Biol. Sci. 2016a, 12: 757–767.

[302] Wang NN, Zhang YJ, Liu XZ, et al. Population genetics analyses of Hirsutella rhossiliensis, a dominant parasite of cyst nematode juveniles at a continental scale. Applied and Environmental Microbiology 2016b, 82: 6317.

[303] Wang X B, Li G H, Li L, et al. Nematicidal coumarins from Heracleum candicans Wall. Natural Product Research 2008, 22: 666–671.

[304] Wang X, Li GH, Zhang KQ, et al. Bacteria can mobilize nematode–trapping fungi to kill nematodes. Nature Communications 2014a, DOI: 10.1038/ ncomms6776.

［305］ Wang YH, Chen LP, An XH, Jiang JH, Wang Q, Cai LM & Zhao XP. Susceptibility to Selected Insecticides and Risk Assessment in the Insect Egg Parasitoid Trichogramma confusum（Hymenoptera：Trichogrammatidae）. Journal of Economic Entomology 2013, 106：142-149.

［306］ Wang YH, Wu CX, Cang T, Yang LZ, Yu WH, Zhao XP, Wang Q & Cai LM. Toxicity risk of insecticides to the insect egg parasitoid Trichogramma evanescens Westwood（Hymenoptera：Trichogrammatidae）. Pest Management Science 2014b, 70：398-404.

［307］ Wang YL, Niu XF, Zhang KQ, et al. Yellow pigment aurovertins mediate interactions between the pathogenic fungus Pochonia chlamydosporia and its nematode host. Journal of Agricultural & Food Chemistry 2015b, 63：6577-6587.

［308］ Wang ZX, Li YH, He KL, Bai SX, Zhang TT, Cai WZ & Wang ZY. Does Bt maize expressing Cry1Ac protein have adverse effects on the parasitoid Macrocentrus cingulum（Hymenoptera：Braconidae）? Insect Science 2017, 24：599-612.

［309］ Wang, ZY, Qin SY, Xiao LF & Liu H. Effects of temperature on development and reproduction of Euseius nicholsi（Ehara & Lee）. Systematic and Applied Acarology 2014c, 19：44-50.

［310］ Wei K, Gao SK, Tang YL, Wang XY & Yang ZQ. Determination of the optimal parasitoid-to-host ratio for efficient mass-rearing of the parasitoid, Sclerodermus pupariae（Hymenoptera：Bethylidae）. Journal of Applied Entomology 2017, 141：181-188.

［311］ Wei W, Xu YL, Li SX et al. CmPEX6, a gene involved in peroxisome biogenesis, is essential for parasitism and conidiation by the sclerotial parasite Coniothyrium minitans. Applied and Environmental Microbiology 2013, 79：3658-3666.

［312］ Wei W, Xu YL, Li SX, et al. Developing suppressive soil for root diseases of soybean with continuous long-term cropping of soybean in black soil of Northeast China. ACTA Agriculturae Scandinavica Section B-Soil and PPlant Science 2015, 65：279-285.

［313］ Wen YH, Meyer SLF, Masler EP et al. Nematotoxicity of drupacine and a cephalotaxus alkaloid preparation against the plant parasitic nematodes Meloidogyne incognita and Bursaphelenchus xylophilus. Pest Management Science 2013, DOI：10.1002/ps.3548.

［314］ Wu HY, Wang YL, Tan JL, et al. Regulation of the growth of cotton bollworms by metabolites from an entomopathogenicfungus Paecilomyces cateniobliquus. Journal of Agricultural & Food Chemistry 2012, 60：5604-5608.

［315］ Wu Q, Bai LQ, Liu WC et al. Construction of Streptomyces lydicus A01 transformant with the chit33 gene from Trichoderma harzianum CECT2413 and its biocontrol effect on Fusaria. Chinese Science Bulletin 2013, 58：3266-3273.

［316］ Wu S, Cheng J, Fu Y et al. Virus-mediated suppression of host non-self recognition facilitates horizontal transmission of heterologous viruses. PLoS Pathogens 2017, 13：e1006234.

［317］ Wu S, Gao YL, Zhang Y, Wang E, Xu X, et al. An Entomopathogenic Strain of Beauveria bassiana against Frankliniella occidentalis with no Detrimental Effect on the Predatory Mite Neoseiulus barkeri：Evidence from Laboratory Bioassay and Scanning Electron Microscopic Observation. PLoS ONE 2014a, 9：e84732.

［318］ Wu SY, Gao YL, Smagghe G, Xu XN & Lei ZR. Interactions between the entomopathogenic fungus Beauveria bassiana and the predatory mite Neoseiulus barkeri and biological control of their shared prey/host Frankliniella occidentalis. Biological Control 2016a, 98：43-51.

［319］ Wu SY, Gao YL, XU XN, Goettel MS & Lei ZR. Compatibility of Beauveria bassiana with Neoseiulus barkeri for Control of Frankliniella occidentalis. Journal of Integrative Agriculture 2015a, 14：98-105.

［320］ Wu SY, Gao YL, Xu XN, Wang DJ, Li J, Wang HH, Wang ED & Lei ZR. Feeding on Beauveria bassianatreated Frankliniella occidentalis causes negative effects on the predatory mite Neoseiulus barkeri. Scientific reports 2015b, 5: 12033.

[321] Wu SY, Gao YL, Xu XN, Wang ED, Wang YJ & Lei ZR. Evaluation of Stratiolaelaos scimitus and Neoseiulus barkeri for biological control of thrips on greenhouse cucumbers, Biocontrol Science and Technology 2014b, 24: 1110–1121.

[322] Wu SY, Xie HC, Li MY, Xu XN & Lei ZR. Highly virulent Beauveria bassiana strains against the two-spotted spider mite, Tetranychus urticae, show no pathogenicity against five phytoseiid mite species. Exp Appl Acarol 2016b, 70: 421–435.

[323] Wu SY, Zhang Y, Xu XN & Lei ZR. Insight into the feeding behavior of predatory mites on Beauveria bassiana, an arthropod pathogen. Scientific reports 2016d, 6: 24062.

[324] Wu SY. Zhang ZK, Gao YL, Xu XN & Lei ZR. Interactions between foliage- and soil-dwelling predatory mites and consequences for biological control of Frankliniella occidentalis. BioControl 2016c, 61: 717–72.

[325] Wu Y, Li FJ, Li ZH, Stejskal V, Aulicky R, Kucerova Z, Zhang T, He PH & Cao Y. Rapid diagnosis of two common stored-product predatory mite species based on species-specific PCR. Journal of Stored Products Research 2016e, 69: 213–216.

[326] Xia, C, Zhang, XX, Christensen, MJ, Nan, ZB et al. Epichloe endophyte affects the ability of powdery mildew (Blumeria graminis) to colonise drunken horse grass (Achnatherum inebrians). Fungal Ecology 2015, 16: 26–33.

[327] Xiao X, Cheng J, Tang J et al. A novel partitivirus that confers hypovirulence on plant pathogenic fungi. Journal of Virology 2014, 88: 10120–10133.

[328] Xie JT and Jiang DH. New insights into mycoviruses and exploration for the biological control of crop fungal diseases. Annual Review of Phytopathology 2014, 52: 45–68.

[329] Xin TR, Que SQ, Zou ZW, Wang J, Li L & Xia B. Complete Mitochondrial Genome of Euseius nicholsi (Ehara et Lee)(Acari: Phytoseiidae), Mitochondrial DNA Part A 2016, 27: 2167–2168.

[330] Xu GB, He G, Bai HH et al. Indole alkaloids from Chaetomium globosum. Journal of Natural Products 2015a, 78: 1479–1485.

[331] Xu HY, Yang NW & Wan FH. Field cage evaluation of interspecific interaction of two aphelinid parasitoids and biocontrol effect on Bemisia tabaci (Hemiptera: Aleyrodidae) Middle East-Asia Minor 1. Entomological Science 2015b, 18: 237–244.

[332] Xu HY, Yang NW, Duan M & Wan FH. Functional response, host stage preference and interference of two whitefly parasitoids. Insect Science 2016a, 23: 134–144.

[333] Xu YY, Lu H, Wang X et al. Effect of volatile organic compounds from bacteria on nematodes. Chemistry & Biodiversity 2015c, 12: 1415–1421.

[334] Xu ZF, Chen YH, Song TY, et al. Nematicidal key precursors for the iosynthesis of morphological regulatory arthrosporols in nematode-trapping fungus Arthrobotrys oligospora. Journal of Agricultural & Food Chemistry 2016b, 64: 7949–7956.

[335] Xu ZF, Wang BL, Sun HK et al. High trap formation and low metabolite production by disruption of the polyketide synthase gene involved in the biosynthesis of arthrosporols from nematode-trapping fungus Arthrobotrys oligospora. Journal of Agricultural and Food Chemistry 2015d, 63: 9076–9082.

[336] Yan J M, Wang X, Tian M Q et al. Chemical constituents from the fungus Stereum sp. YMF1.04183. Phytochemistry Letters 2017a, publish online.

[337] Yan Z, Fang Q, Liu Y, Xiao S, Yang L, Wang F, An C, Werren JH & Ye GY. A venom serpin splicing isoform of the endoparasitoid wasp Pteromalus puparum suppresses host prophenoloxidase cascade by forming

complexes with host hemolymph proteinases. The Journal of Biological Chemistry 2017b, 292: 1038-1051.

[338] Yan Z, Fang Q, Wang L, Liu J, Zhu Y, Wang F, Li F, Werren JH & Ye GY. Insights into the venom composition and evolution of an endoparasitoid wasp by combining proteomic and transcriptomic analyses. Scientific Reports 2016, 6: 19604.

[339] Yang E, Xu L, Yang Y et al. Origin and evolution of carnivorism in the Ascomycota (fungi). Proceedings of the National Academy of Sciences USA 2012a, 109: 10960-10965.

[340] Yang J, Liang L, Li J et al. Nematicidal enzymes from microorganisms and their applications. Applied Microbiology and Biotechnology 2013a, 97: 7081-7095.

[341] Yang J, Wang L, Ji X et al. Genomic and proteomic analyses of the fungus Arthrobotrys oligospora provide insights into nematode-trap formation. PLoS pathogens 2011, 7: e1002179.

[342] Yang SJ, Zhang ZL, Zhang ZF, Shi SY. Arbuscular mycorrhizal Glomus versiforme induced bioprotection of apple tree against scar skin disease. ACTA Scientiarum Polonorum-Hortorumcultus 2014a, 13: 13-24.

[343] Yang SL, Zhao LJ, Ma RP, Fang W, Hu J, Lei CF, & Sun XL. Improving baculovirus infectivity by efficiently embedding enhancing factors into occlusion bodies. Applied and Environmental Microbiology, 2017, accepted.

[344] Yang X, Cui H, Cheng J et al. A HOPS protein, CmVps39, is required for vacuolar morphology, autophagy, growth, conidiogenesis and mycoparasitic functions of Coniothyrium minitans. Environmental Microbiology 2016a, 18: 3785-3797.

[345] Yang XQ, Ye QT, Xin TR, Zou ZW & Xia B. Population genetic structure of Cheyletus malaccensis (Acari: Cheyletidae) in China based on mitochondrial COI and 12S rRNA genes. Exp Appl Acarol 2016b, 69: 117-128.

[346] Yang XX, Cong H, Song JZ et al. Heterologous expression of an aspartic protease gene from biocontrol fungus Trichoderma asperellum in Pichia pastoris. World Journal of Microbiology & Biotechnology 2013b, 29: 2087-2094.

[347] Yang ZQ, Cao LM, Zhang YL, Wang XY & Zhan MK. A New Egg Parasitoid Species (Hymenoptera: Pteromalidae) of Monochamus alternatus (Coleoptera: Cerambycidae), With Notes on Its Biology. Annals of the Entomological Society of America 2014b, 107: 407-412.

[348] Yang ZS, Li GH, Zhao PJ et al. Nematicidal activity of Trichoderma spp. and isolation of an active compound. World Journal of Microbiology and Biotechnology 2010, 26: 2297-2302.

[349] Yang ZS, Yu ZF, Lei LP et al. Nematicidal effect of volatiles produced by Trichoderma sp. Journal of Asia-Pacific Entomology 2012b, 15: 647-650.

[350] Yao H, Zheng W, Tariq K & Zhang H. Functional and Numerical Responses of Three Species of Predatory Phytoseiid Mites (Acari: Phytoseiidae) to Thrips flavidulus Thysanoptera: Thripidae). Neotrop Entomol 2014, 43: 437-445.

[351] Yao L, Yang Q, Song JZ et al. Cloning, annotation and expression analysis of mycoparasitism-related genes in Trichoderma harzianum 88. Journal of Microbiology 2013, 51: 174-182.

[352] You Y, Lin T, Wei H, Zeng ZH, Fu JW, Liu XF, Lin RH & Zhang YX. Laboratory evaluation of the sublethal effects of four selective pesticides on the predatory mite Neoseiulus cucumeris (Oudemans) (Acari: Phytoseiidae). Systematic and Applied Acarology 2016, 21: 1506-1514.

[353] Yu CJ, Fan LL, Gao JX et al. The platelet-activating factor acetylhydrolase gene derived from Trichoderma harzianum induces maize resistance to Curvularia lunata through the jasmonic acid signaling pathway. Journal of Environmental Science and Health Part B Pesticides Food Contaminants and Agricultural Wastes 2015a, 50: 708-717.

[354] Yu R, Xu XX, Liang YK, Tian HG, Pan ZQ, Jin SH, Wang N & Zhang WQ. The insect ecdysone receptor is a good potential target for RNAi-based pest control. International Journal of Biological Sciences 2014, 10: 1171-

1180.

[355] Yu X, Li B, Fu YP et al. Extracellular transmission of a DNA mycovirus and its use as a natural fungicide Proceedings of the National Academy of Sciences of the United States of America 2013, 110: 1452–1457.

[356] Yu XX, Zhao YT, Cheng J et al. Biocontrol effect of Trichoderma harzianum T4 on brassica clubroot and analysis of rhizosphere microbial communities based on T–RFLP. Biocontrol Science and Technology 2015b, 25: 1493–1505.

[357] Yu Y, Zhang L, Lian WR et al. Enhanced resistance to Botrytis cinerea and Rhizoctonia solani in transgenic broccoli with a Trichoderma viride endochitinase gene. Journal of Integrative Agriculture 2015c, 14: 430–437.

[358] Yu Z, Xiong J, Zhou Q, et al. The diverse nematicidal properties and biocontrol efficacy of Bacillus thuringiensis Cry6A against the root–knot nematode Meloidogyne hapla. Journal of Invertebrate Pathology 2015d, 125: 73.

[359] Zeng LM, Zhang J, Han YC et al. Degradation of oxalic acid by the mycoparasite Coniothyrium minitans plays an important role in interacting with Sclerotinia sclerotiorum. Environmental Microbiology 2014, 16: 2591–2610.

[360] Zhang CF, Chen KS, Wang GL. Combination of the biocontrol yeast Cryptococcus laurentii with UV–C treatment for control of postharvest diseases of tomato fruit. Biocontrol 2013a, 58: 269–281.

[361] Zhang B, Zheng WW, Zhao WJ, Xu XN, Liu J & Zhang HY. Intraguild predation among the predatory mites Amblyseius eharai, Amblyseius cucumeris and Amblyseius barkeri, Biocontrol Science and Technology 2014a, 24: 103–115.

[362] Zhang FG, Yang XM, Ran W et al. Fusarium oxysporum induces the production of proteins and volatile organic compounds by Trichoderma harzianum T–E5. FEMS Microbiology Letters 2014b, 359: 116–123.

[363] Zhang FG, Zhu Z, Yang, XM et al. Trichoderma harzianum T–E5 significantly affects cucumber root exudates and fungal community in the cucumber rhizosphere. Applied Soil Ecology 2013b, 72: 41–48.

[364] Zhang FL, Chen C, Zhang F et al. Trichoderma harzianum containing 1–aminocyclopropane–1–carboxylate deaminase and chitinase improved growth and diminished adverse effect caused by Fusarium oxysporum in soybean. Journal of Plant Physiology 2017a, 210: 84–94.

[365] Zhang GH, Li YY, Zhang KJ, Wang JJ, Liu YQ & Liu H. Effects of heat stress on copulation, fecundity and longevity of newly–emerged adults of the predatory mite, Neoseiulus barkeri (Acari: Phytoseiidae) . Systematic and Applied Acarology 2016a, 21: 295–306.

[366] Zhang GH, Liu H, Wang JJ & Wang ZY. Effects of thermal stress on lipid peroxidation and antioxidant enzyme activities of the predatory mite, Neoseiulus cucumeris (Acari: Phytoseiidae) . Exp Appl Acarol 2014c, 64: 73–85.

[367] Zhang GZ, Wang FT, Qin JC. Efficacy assessment of antifungal metabolites from Chaetomium globosum No.05, a new biocontrol agent, against Setosphaeria turcica. Biological Control 2013c, 64: 90–98.

[368] Zhang H, Li HC, Guan RB, & Miao XX. Lepidopteran insect species–specific, broad–spectrum, and systemic RNA interference by spraying dsRNA on larvae. Entomologia Experimentalis et Applicata 2015a, 155: 218–228.

[369] Zhang J, Akcapinar GB, Atanasova L et al. The neutral metallopeptidase NMP1 of Trichoderma guizhouense is required for mycotrophy and self–defence. Environmental Microbiology 2016b, 18: 580–597.

[370] Zhang JD, Yang Q. Optimization of solid–state fermentation conditions for Trichoderma harzianum using an orthogonal test. Genetics and Molecular Research 2015, 14: 1771–1781.

[371] Zhang L, Zhou Z, Guo Q et al. Insights into adaptations to a near–obligate nematode endoparasitic lifestyle from the finished genome of Drechmeria coniospora. Scientific Reports 2016c, 6: 23122.

[372] Zhang Q, Si JY, Yuan Z, Feng R, Zhou T & Zeng AP. Integrated Control of Tetranychus cinnabarinus by Five Kinds of Pesticides Combined with Neoseiulus cucumeris. Agricultural Science & Technology 2017b, 18: 161–167.

［373］Zhang XJ，Harvey PR，Stummer BE et al. Antibiosis functions during interactions of Trichoderma afroharzianum and Trichoderma gamsii with plant pathogenic Rhizoctonia and Pythium. Functional & Integrative Genomics 2015b，15：599-610.

［374］Zhang YB，Yang NW，Sun LY & Wan FH. Host instar suitability in two invasive whiteflies for the naturally occurring parasitoid Eretmocerus hayati in China. Journal of Pest Science 2015c，88：225-234.

［375］Zhang YN，Guo DD，Jiang JYQ，Zhang YJ & Zhang JP. Effects of host plant species on the development and reproduction of Neoseiulus bicaudus（Phytoseiidae）feeding on Tetranychus turkestani（Tetranychidae）. Systematic and Applied Acarology 2016d，21：647-656.

［376］Zhang ZQ，Chen J，Li BQ et al. Influence of oxidative stress on biocontrol activity of Cryptococcus laurentii against blue mold on peach fruit. Frontier in Microbiology 2017c，8：151.

［377］Zhang，QH，Zhang，J，Yang，L et al. Diversity and biocontrol potential of endophytic fungi in Brassica napus. Biological Control 2014d，72：98-108.

［378］Zhai MM，Qi FM，Li J et al. Isolation of secondary metabolites from the soil-derived fungus Clonostachys rosea YRS-06，a biological control agent，and evaluation of antibacterial activity. Journal of Agricultural and Food Chemistry 2016，64：2298-2306.

［379］Zhao SS，Zhang YY，Yan W et al. Chaetomium globosum CDW7，a potential biological control strain and its antifungal metabolites. FEMS Microbiology Letters 2017，364. doi：10.1093/femsle/fnw287.

［380］Zhao W，Shi M，Ye XQ，Li F，Wang XW & Chen XX. Comparative transcriptome analysis of venom glands from Cotesia vestalis and Diadromus collaris，two endoparasitoids of the host Plutella xylostella. Scientific Reports 2016，7：1298.

［381］Zhao X，Wang Y，Zhao Y et al. Malate synthase gene AoMls in the nematode-trapping fungus Arthrobotrys oligospora contributes to conidiation，trap formation，and pathogenicity. Applied Microbiology and Biotechnology 2014a，98：2555-2563.

［382］Zhao YL，Li DS，Zhang M，Chen W & Zhang GR. Food source affects the expression of vitellogenin and fecundity of a biological control agent，Neoseiulus cucumeris. Exp Appl Acarol 2014b，63：333-347.

［383］Zhou GL，Song ZY，Yin YP，Jiang W & Wang ZK. Involvement of alternative oxidase in the regulation of hypha growth and microsclerotia formation in Nomuraea rileyi CQNr01. World J Microb Biot 2015，31：1343-1352.

［384］Zhou LH，Yuen G，Wang Y，et al. Evaluation of bacterial biological control agents for control of root knot nematode disease on tomato. Crop Protection 2016，84：8-13.

［385］Zhu PY，Wang GW，Zheng XS，Tian JC，Lu ZX，Heong KL，Xu HX，Chen GH，Yang YJ & Gurr GM. Selective enhancement of parasitoids of rice Lepidoptera pests by sesame（Sesamum indicum）flowers. Biocontrol 2015，60：157-167.

［386］Zou CG，Tu Q，Niu J et al. The DAF-16/FOXO transcription factor functions as a regulator of epidermal innate immunity. PLoS Pathogens 2013a，9：e1003660.

［387］Zou CS，Mo MH，Zhang KQ，et al. Possible contributions of volatile-producing bacteria to soil fungistasis. Soil Biology and Biochemistry 2007，39：2371-2379.

［388］Zou DY，Wu HH，Coudron TA，Zhang LS，Wang MQ，Liu CX & Chen HY. A meridic diet for continuous rearing of Arma chinensis（Hemiptera：Pentatomidae：Asopinae）. Biological Control 2013b，67，491-497.

撰稿人：陈学新　姜道宏　刘银泉　庞　虹　邱德文　孙修炼　王中康

徐学农　张　帆　张　杰　张克勤　张礼生　张文庆

入侵生物学学科发展研究

一、引言

随着我国整体经济的快速发展，我国与世界上其他国家、地区间旅游、物资运输和产品贸易等的频次和总量逐年增高。然而，随着全球经济一体化进程的加速，国际贸易、物流、旅游及大型国际活动蓬勃发展，却诱发了外来入侵生物的频频跨境犯关和传入。据统计，二十世纪九十年代前，每十年新发现入侵生物一两种；而近十年，则每年新发现五六种以上。入侵物种诱发的疫情频发和突发，并以"星火燎原"之势肆意蔓延，形势极其严峻。据统计，全球目前有超过二千种入侵生物，而我国就占六百多种。因此，我国是世界上遭受生物入侵最为严重的国家之一。

而特别需要指出的是，伴随着全球气候变化愈演愈烈，极端气候、自然灾害频发，农林、自然生态系统格局瞬息万变的态势逐渐形成。这些条件都为外来入侵生物的跨境/跨区域传播与大尺度扩散提供了极为便利的条件、媒介与载体。外来入侵生物入侵扩散态势表明，已入侵物种已给我国农业生产造成了巨大的经济损失，严重阻碍了我国全面实现绿色、可持续发展新农业格局的进程。更为严峻的是，新发/突发入侵生物对我国粮食安全、生态安全、农产品贸易安全和人畜健康构成的严重威胁。

为了保障国家经济安全、生态安全和社会安全，有效阻截已入侵物种扩散危害，快速灭除新发入侵物种，近五年来，我国在外来入侵生物预警、监测检测、入侵机理、绿色管控技术、管理措施等方面的研究都取得了可喜的进展。中国农业科学院植物保护研究所协同国内多家从事外来入侵生物综合防控领域的专家共同申报的"主要农业入侵生物的预警与监控技术"，获得 2013 年国家科技进步二等奖。2013 年 10 月，我国主持了第二届国际生物入侵大会。2014—2016 年，我国科学家在国际期刊《昆虫学年评》等高水平期刊上连续三年发表了有关外来入侵生物的研究进展，综述了外来入侵生物的入侵机理、防控技术的研究进展。国际上，我国已先后与北美及大洋洲（美国、澳大利亚、新西兰）、非洲（肯尼亚、埃塞俄比亚、苏丹）、东南亚（老挝、缅甸、马来西亚）、南亚（巴基斯坦、印度）、西亚（以色列）等国家的研究机构签署联合研究与合作协议。先后建立中国－澳大利亚、中国－新西兰等外来入侵物种联合研究中心，并开展了人才培养、人才互访、共同申报或开展项目合作等国际活动。2015年，我们成功组织和召开了"一带一路"国际植保联盟及重大国际合作项目洽谈会，引起国家部委高度重视，拨付专项资金（"948"项目）用于"一带一路"沿线国家外来入侵生物管控研究的交流、合作与技术输出。2016年，在"十三五"的开局年，入侵生物学科先后成功立项国家重点研发计划生物安全关键技术重大专项项目三项，2017年，该重大专项再次立项两项，为后续五年入侵生物学科发展和重大创新性成果孵化奠定了良好的开端。总结过去五年发展，入侵生物学学科已经超越过去"跟跑"的角色，逐渐转变为"并跑"，我们正在努力实现"领跑"的跨越。

二、学科发展现状

我国农业、林业、水生和自然等生态系统的入侵物种扩张形势严峻。其中，以农业入侵生物造成的危害关注度最高。农业部权威发布的《国家重点管理外来入侵物种名录（第一批）》中农业入侵物种占84.6%，每年造成经济损失超二千亿元。有效防控农业入侵生物持续危害，保障农业生产是实现生态文明建设目标的一项重要措施。在农业入侵生物管控方面，我国科学家先后在入侵生物入侵机制、生态适应性进化、灾变的生态学过程及调控机制方面取得了系列成果。在重大农业入侵昆虫响应气候变化、逆境适应机理、与环境生物互作等方面取得了突出进展，揭示了外来有害农业入侵物种快速适应环境变换的调控机制。与农业入侵生物类似，林业入侵生物也极大制约着现代林业建设的发展，危机着国土生态安全，制约着生态文明建设进程，影响着经济贸易安全、食用林产品安全和气候安全。据统计，对我国林业可持续发展危害性最严重的害虫有一半都是外来的，预计外来害虫每年造成的经济损失达1198.76亿人民币。[1]我国科研部门、政府部门以及公众也逐渐意识到外来入侵物种对林业的威胁。[2]近几年来，我国科研工作者对林业入侵生物开展了大量研究，明确了主要林业入侵生物的生物学和生态特性、扩张与扩散机制、寄主植物－入侵生物－伴生微生物互作、入侵生物致病机制。为林业入侵生物预警与预防、检测与监测、管理与防治提供了理论依据。此外，水生生态系统是生物入侵事件发生最频繁的生态系统之一，而水生生物入侵事件主要通过人为介导的方式实现。据世界野生动物基金会统计数据显示，全球每小时有超过七千种海洋物通过船舶运输到世界各地，在世界232个海洋生态区划中至少有84%已经报道海洋生物入侵事件。此外，联合国粮农组织（FAO）统计发现，仅水产养殖一个行业所导致的外来水生物种入侵已经超过5600个记录。[3]然而，由于语言障碍、数据收集困难等原因，潜在的生物入侵事件和入侵频率实际在很大程度上被低估。因此，不难推断，随着入侵物种数量的不断增多，入侵物种的早期检测和快速预警、控制和管理都将消耗大量的人力和物力资源。入侵生物的持续快速入侵与危害，不仅使生态系统遭受了巨大生态威胁，而且也给我国经济发展造成巨大影响。

总之，已入侵生物的快速适应性进化、扩张暴发，导致了严重的生态和经济灾难。潜在外来物种远距离的迁移与入侵、传播与扩散到新的生境等疫情频发，外来有害生物入侵的潜在危险性也日益增加。鉴于此，近五年来，我国农业部、环保部和国家林业总局等部门先后颁布了系列管理措施，公布了检疫入侵物种名录，针对重点对象开展了全国范围的集中灭除活动。同时，我国科学家也在相关专项项目的支持下，针对已入侵/潜在入侵生物的入侵机理、预警监测、检测技术、防控技术和管理上都开展了大量研究，为后续继续控制入侵生物危害奠定了良好的基础。

（一）入侵生物的适应性进化与入侵机制

1. 烟粉虱

（1）烟粉虱适应全球气候变化的适应性分子机理。研究了烟粉虱高低温锻炼和交叉胁迫以及短时高温暴露持续数代对烟粉虱适合度和生活史特征的影响。结果发现，温度胁迫下，烟粉虱的存活和寿命显著降低，但产卵不受影响；通过热激选择，二代内显著提高烟粉虱存活率，而产卵量在五代均没有显著性影响。因此，温度胁迫后，烟粉虱在存活、寿命和生殖之间存在权衡，其生殖力改善是以降低存活率和寿命为代价的。此外，高温选择后，耐受性快速提高，暗示其基因组可能存在较快的遗传变异。生物信息学分析表明，烟粉虱具有高度变异的基因组特征。研究结果有助于理解全球变暖下烟粉虱入侵快速适应特性。同时开展了不同高温和时间处理对新疆和北京种群烟粉虱的温度适应和生殖适应的影响。结果发现，吐鲁番种群耐热性、寿命均较北京种群强、长，但产卵量和后代性比在两个种群中无差异，而耐热性和寿命受地理区域环境影响最大，而生殖特性受影响不大，推测提高耐热性和延长寿命是烟粉虱在恶劣环境生存的重要适应性策略。明确了烟粉虱温度耐受性在不同自然气候条件下，其不同地理种群出现温度耐受性的表型遗传分化现象，究其原因极可能是由烟粉虱温度耐受性的高遗传力以及高度变异基因组驱使。此外，通过分子克隆获得处于神经环路通道下游的烟粉虱瞬时感受器离子通道（*BtTrp*）基因，通过生物信息学分析发现该基因氨基酸膜结构具有 N- 和 C- 位于细胞膜内的独特结构，并通过RNAi 方法验证了 BtTRP 是烟粉虱感知高温的关键因子，在高温耐受性中起关键作用。同时从表观遗传角度研究表明，入侵昆虫烟粉虱的温度耐受性改变可以遗传，且烟粉虱的耐受性与 DNA 甲基化密切相关，其中 Dnmt1 在烟粉虱的温度耐受性中起关键作用。此上研究结果，有助于全面系统地理解烟粉虱适应不同恶劣环境，为利用生态调控防治烟粉虱提供理论依据。

（2）烟粉虱与植物病毒病的互作机制。浙江大学刘树生教授课题组首次就入侵生物与其所传植物病毒的互作开展研究。以入侵我国的 B 烟粉虱 - 中国番茄黄化曲叶病毒 - 烟草组合为试验材料，探讨媒介昆虫与植物病毒通过寄主植物介导形成互惠关系的生理机制和分子机制。发现烟粉虱本身取食植物可诱导植物萜类化合物合成相关基因的表达上调，增加萜类化合物的释放，从而提高植物对烟粉虱的抗性。然而，病毒与其卫星 DNA 共同侵染则压抑了植物茉莉酸防御信号途径和萜类化合物合成相关基因的表达，降低了植物中茉莉酸的滴度以及萜类化合物的释放，提高了烟粉虱的存活力和生殖力。通过基因过表达和沉默试验证明，由病毒卫星编码的致病蛋白启动了病毒对茉莉酸代谢相关抗性的压抑，病毒侵染压抑了萜类化合物的合成，进而促成了这种通过寄主植物介导的烟粉虱 - 双生病毒之间的互惠关系。这是首次从生理和分子水平揭示媒介昆虫与病毒之间通过植物介导形成互惠关系的重要机制。研究结果发表于 *Molecular Ecology* [4] 和 *Ecology Letters* [5]。

中国科学院微生物研究所叶健研究员课题组研究发现番茄黄化曲叶病毒（tomato yellow leaf curl virus，TYLCV）病毒中的 C1 能够抑制植物的萜烯类化合物的合成从而有利于烟粉虱的取食，并且有助于病毒的传播。实验进一步表明 C1 能和转录因子 MYC2 结合从而降低了 MYC2 调控的萜烯类化合物合成基因的活性。这个实验结果表明 MYC2 是一个在进化上保守的蛋白，能够被病毒利用并调控植物的萜烯类合成，从而有助于传播媒介的生活力。研究结果发表于 *The Plant Cell* [6]。

中国农业科学院张友军研究员课题组对 TYLCV 对于烟粉虱的取食番茄（病毒可侵染的植物）的行为进行了研究。利用电渗透图技术，得到以下结果：MEAM1 和 MED 烟粉虱更倾向于取食 TYLCV 侵染的番茄，能更迅速地刺探植物并且存在更多的取食行为，但是并没有改变总取食时间；另外，携带病毒的烟粉虱花了更多时间把唾液注入到筛管，可能是由于这样更加有利于病毒侵染植物。这项研究同时也表明 TYLCV 病毒对于 MEAM1 和 MED 烟粉虱的影响并没有明显差异。研究结果发表于 *Journal of Virology* [7]。

浙江大学王晓伟教授课题组研究入侵型烟粉虱的传毒能力发现，MEAM1 烟粉虱可以传播中国番茄黄化曲叶病毒（TYLCCNV）和番茄黄化曲叶病毒（TYLCV），但是 MED 烟粉虱却只能传播 TYLCV。相对于 TYLCCNV 能够成功穿越 MEAM1 唾液腺来说，这个病毒并不能穿透 MED 的唾液腺。把 TYLCCNV 外壳蛋白与 TYLCV 外壳蛋白互换之后发现，换上 TYLCCNV 外壳蛋白的 TYLCV 不能在唾液腺主腺聚集，而换上 TYLCV 外壳蛋白的 TYLCCNV 却可以。以上实验结果表明烟粉虱唾液腺对决定病毒传播特异性起到了决定性的作用。研究结果发表于 *Journal of Virology* [8]。

自噬作用是哺乳动物和植物抵御病毒侵染的主要方式，而目前对于大量传播病毒的昆虫中的自噬作用的报道很少。浙江大学王晓伟教授等人发现 TYLCV 病毒侵染能够激活烟粉虱体内的自噬反应；而自噬的激活也伴随着 TYLCV 病毒外壳蛋白与病毒 DNA 的减少。对烟粉虱饲喂两种自噬的抑制剂能够增加病毒的量，干扰自噬相关的基因 *Atg3* 和

Atg9 也能达到同样的效果；另外一方面，对烟粉虱施用自噬激活剂却能有效地减少病毒的量。自噬激活还可以降低病毒的传播效率，而抑制烟粉虱的自噬作用却能增强病毒传播效率。该研究表明病毒与烟粉虱的互作是一个非常复杂的关系。研究结果发表于 *Autophagy*[9]。

（3）烟粉虱与体内共生微生物的互作关系。内共生菌可以为昆虫寄主提供食料中缺乏的维生素等营养物质、改变寄主后代的性别比例、增强昆虫寄主的抗逆性与免疫力等。长期以来，内共生菌一直被认为是通过寄主母代生殖垂直传播，但自然界中亲缘关系较远的昆虫种类中感染有相同或相近的共生菌种类一直没有合理的解释。华南农业大学邱宝利教授课题组发现，寄生蜂在不同烟粉虱之间的连续取食与产卵穿刺，可以利用口器和产卵管将内共生菌由一个虫体携带感染另一虫体，使得内共生菌在不同昆虫个体之间进行水平传播。文章首次揭示报道了昆虫寄主内共生菌可以借助于寄生蜂进行水平传播的新途径，研究成果发表于 *PLoS Pathogens*[10]。

我国科学家通过研究发现，感染 *Hemisféricos Defensa* 的烟粉虱去取食番茄，可以有效抑制茉莉酸合成以及茉莉酸相关的植物防御反应，而不含有 *H. defensa* 的烟粉虱并不能引起相关反应。通过提取含有 *H. defensa* 和不含有 *H. defensa* 的烟粉虱唾液分别施用于受损的番茄发现，含有 *H. defensa* 的唾液也能起到对植物防御反应的有效抑制。以上结果表明，唾液分泌物可能对于植物体内防御反应的抑制起到了关键作用。进一步对唾液的研究表明这种抑制可能是一些唾液效应因子导致的，但是这种对植物防御反应的抑制却在缺少水杨酸途径的植物中失效了。这个结果说明抑制茉莉酸防御反应可能是通过水杨酸信号通路来完成的。这项研究第一次证明了次生共生菌可以直接作用于减弱植物防御反应，从而帮助烟粉虱进行对植物的取食。研究结果发表于 *Functional Ecology*[11]。

2. 橘小实蝇

（1）橘小实蝇抗逆性机理。橘小实蝇抵抗环境压力的机理。研究发现一个热胁迫相关（*Bdshsp20.6*）和两个卵巢发育相关（*3315* 和 *Bdshsp23.8*）*sHsps* 基因通过 RNAi 技术干扰 *Bdshsp20.6* 后，橘小实蝇温度胁迫下死亡率升高，沉默 *3315* 和 *Bdshsp23.8* 后，卵巢发育滞后。利用同时结合目前主流的蛋白组学研究技术，分析了橘小实蝇在极端温度下的适应性机制。共鉴定出 51 个差异表达蛋白，绝大多数的蛋白属于抗氧化胁迫的蛋白质和结合蛋白两大类。转录水平的差异也印证了部分基因参与橘小实蝇抗热胁迫的生理响应机制。鉴定了橘小实蝇体内包括编码铁蛋白重链亚基基因 *BdFer1HCH* 和编码轻链亚基基因 *BdFer2LCH*。这两个亚基具有丰富的选择性剪切现象，且在 *BdFer1HCH* 的 5'UTR 中存在一个选择性剪切外显子（exon 3），而这个外显子中包含一个铁调节元件，这表明重链亚基的蛋白水平受转录和转录后机制的协同调控。此外，*BdFer2LCH* 基因也具有两个不同的转录起始位点，而在其编码区存在内含子获得现象，可导致终止密码子的产生，暗示着橘小实蝇可能通过非敏感调控 mRNA 衰退机制来调控其 mRNA 水平，进而调控其蛋白水平，维持铁蛋白重链和轻链亚基在一个恒定的比例。对于铁过量处理，只有含有 IRE 的转录本才被显著诱导。*BdFer1HCH* 和 *BdFer2LCH* 在蜕皮激素处理后显著上调，且表达模式基本一致，这说明这两个基因可能受到蜕皮激素的协同调节。揭示了铁蛋白基因转录和转录后调节的复杂性和协同性。

（2）橘小实蝇抗药性的机理研究。①用含有高效氯氰菊酯（0.33μg/g）的人工饲料饲养橘小实蝇幼虫，发现幼虫期缩短，提前化蛹。对胰蛋白酶基因表达以及酶活水平进行检测表明，5 个胰蛋白酶基因均显著上调。利用 N-a-benzoyl-DL-arginine p-nitroanilide（BApNA）和 N-α-p-tosyl-L-Arg methyl ester（L-TAME）对胰蛋白酶的酯水解活性和酰胺水解活性进行检测发现胰蛋白酶的活力也显著上升。利用 BApNA 对幼虫中肠的胰蛋白酶的动力学参数测定，发现中肠胰蛋白酶催化效率出现显著上升。暗示橘小实蝇可能通过提高胰蛋白酶活性，来缓解药剂处理给虫体带来的环境压力。②通过对橘小实蝇马拉硫磷抗性品系进行室内筛选，经过 22 代的抗性选育，抗性倍数上升到 34.02 倍。从橘小实蝇对马拉硫磷的抗性发展动态可以看出，在抗性选育的初期，抗性上升较为缓慢；抗性选育的中后期，抗性发展速度较快。经过连续 22 代的筛选，橘小实蝇对马拉硫磷的抗性现实遗传力为 0.1621。筛选前期的现实遗传力大于筛选后期的抗性现实遗传力。根据估算，橘小实蝇对马拉硫磷的抗药性发展速率随现实遗传力和选择压力的提高而加快。③解毒代谢酶介导的抗性生化机理。马拉硫磷抗性品系整虫和中肠组织的 GSTs、CarEs 和 P450 活性均显著高于敏感品系，表明，橘小实蝇对马拉硫磷的抗性形成与 P450s、CarEs 和 GSTs 活性的升高有关。对橘小实蝇马拉硫磷抗性品系和敏感品系的整虫和脂肪体进行表达谱测序，对差异表达的基因进行 GO 分析可以看出这些基因可能具有功能比较广泛，其中具有催化活性以及参与代谢过程的基因分布较多，而 KEGG 通路分析显示分布于代谢通路上的基因数目最多。这些差异性表达的基因为进一步研究橘小实蝇对马拉硫磷的抗药性提供了基础数据。对转录组数据进行分析，发现抗性品系有 14 个 P450 基因表达量上调二倍以上，而 CPR 是 CYP 的主要电子供体，电子传递给 CYP 之后，CYP 才能与底物发生氧化还原反应，发挥代谢活性，从而发挥 CPR 在药物代谢过程中的重要作用。橘小实蝇 *BdCPR* 基因有两种转录本存在形式（*BdCPRX1* 和 *BdCPRX2*），干扰 *BdCPR* 基因后的试虫对药剂更为敏感，利用 Bac-to-Bac 真核表达系统表达相应蛋白质，细胞毒性测定结果发现表达该基因的细胞具有药物代谢活性。暗示 P450 在昆虫解毒代谢马拉硫磷中起着重要的作用。经马拉硫磷诱导处理后，有五个不同基因的表达量发生了上调，而且大多数在 36 h 处达到最高。在上调的基因中，*CYP6D9*、*CYP12C2* 和 *CYP314A1* 基因在马拉硫磷处理后都发生上调。而后对 141 个表达量上调的基因逐一分析后发现，属于 P450 基因第六家族的 *CYP6G6* 在抗性品系中的表达量约为其在敏感品系表达量的十倍。qPCR 检测发现该基因在抗性品系成虫的表达量是其在敏感品系中的 5.2 倍，半定量结果同样表明其在抗性品系中的表达量显著高于其在敏感品系，表明该基因可能参与了橘小实蝇对马拉硫磷的抗性过程。克隆获得了 8 个橘小实蝇 epsilon GSTs 基因 cDNA 的全长序列，应用 RT-qPCR 技术检测筛选出在马拉硫磷抗性种群以及敏感种群中差异表达的基因。通过真核表达技术获得 8 个体外重组蛋白，细胞毒性测定结果发现表达有 BdGSTe2、BdGSTe3、BdGSTe4 和 BdGSTe9 的 Sf9 细胞在马拉硫磷诱导下具有更高的细胞活性，表明其可能参与了马拉硫磷的解毒代谢作用。RNAi 之后的生物测定结果进一步表明 BdGSTe2、BdGSTe3、BdGSTe4 可能参与了对马拉硫磷的解毒代谢过程从而介导其抗药性的发展。再次对马拉硫磷抗性和敏感品系转录组数据进行分析比较，筛选出了一条可能参与橘小实蝇马拉硫磷抗性发展的 GST 基因。利用 RNAi 和异源表达技术从正反两个方面揭示了其在代谢马拉硫磷过程中起着重要的功能。为了进一步明确其参与抗性的机理，RT-qPCR 结果表明其是通过表达量的上调来介导抗性。对敏感和抗性品系这条基因克隆测序，发现其在抗性品系中有所突变，突变能使这条蛋白由不能代谢药剂转变为直接代谢药剂，证实了突变也介导了这条基因对马拉硫磷抗性机理。CarE 特异性抑制剂 TPP 能显著增强马拉硫磷的毒杀作用，且对抗性品系的增效作用更强。BdCarE4 和 BdCarE6 在抗性品系的头部、中肠及脂肪体中的表达量均显著性上调，分别注射了 dsBdCarE4 和 dsBdCarE6 的橘小实蝇对马拉硫磷的敏感性显著提高，表达有 BdCarE4 和 BdCarE6 蛋白的 Sf9 细胞羧酸酯酶特异性酶活性显著增高，且在马拉硫磷诱导下具有更高的细胞活性。

（3）橘小实蝇适应性生殖发育机理。基于第二代测序技术对橘小实蝇雌雄虫生殖系统、表皮形成等关键调控途径基因家族开展了大量分析工作。①通过 GO 和 COG 分类比对结果橘小实蝇生殖蛋白的鉴定分析表明橘小实蝇卵巢中绝大多数的基因都承担着细胞形成、新陈代谢等与生命活动相关的基础功能。RNAi 结果表明，tudor 基因的下调能调控 piRNA 通路基因的显著性下调，并且导致卵巢发育受阻及成虫交配行为受阻的现象。对橘小实蝇精液蛋白进行全蛋白谱分析，结合转录组数据共鉴定到 90 个精液蛋白。对鉴定到的蛋白开展转录水平和蛋白水平发现其中含量最高的蛋白具有极强的组织表达特异性，对其进行功能预测发现为保幼激素结合蛋白（JHBP）。②对橘小实蝇雄虫生殖系统精巢和雄性附腺两大组织进行转录组水平上测序，其中，大多数为精巢发育，性别决定，精子发生，精子获能以及生殖调控的基因。另外，对橘小实蝇雄虫不同日龄（1d，5d，9d）精巢组织全蛋白组进行定性及定量分析。定性分析结果表明在精巢中共检测到了二千余种蛋白质，其中共有蛋白 1351 种，特定日龄表达蛋白较多。定量分析结果表明，共有的蛋白变化趋势通过聚类分析表现为四种变化类型。③酚氧化酶在橘小实蝇化蛹节点具有高水平的活性和表达量，说明酚氧化酶及其酶原参与橘小实蝇的变态发育过程。取食含有曲酸饲料的橘小实蝇幼虫期以及蛹期显著性延长，化蛹率及其羽化率显著性降低。对该基因的功能研究表明酚氧化酶及其酶原在橘小实蝇生长发育中具有重要作用。④胰蛋白酶是昆虫最为重要的生理调节因子，以其作为新型杀虫剂作用靶标的应用前景得到了高度重视。饥饿处理后，胰蛋白酶基因的表达量随着饥饿时间的延长出现明显的上升，并在饥饿 24 小时后达到表达量高峰，暗示胰蛋白酶基因在橘小实蝇摄食后的能量转换中起到了重要作用。进一步通过 RNAi 研究，发现摄取了五条 *BdTrys* 基因的混合 dsRNA 溶液的幼虫出现了显著的发育迟缓。这表明了胰蛋白酶基因在橘小实蝇的生长发育中起到了至关重要的作用。⑤利用体外合成的 dsRNA 介导 RNAi 分析橘小实蝇 *IRS* 基因的分子功能发现，雌虫卵巢发育明显受阻。对通路上基因表达量进行分析，发现干扰 24 小时和 48 小时后表达水平受到明显抑制。然而，72 小时后，基因表达量却出现了明显上调。推测其可能与昆虫在特殊条件下启动了相关补偿机制提升胰岛素信号通路中基因的表达量，从而保证胰岛素信号在虫体内的正常转导。研究结果将增强对昆虫 IRS 功能的认识，促进对橘小实蝇雌成虫卵巢发育的调控机制的了解。橘小实蝇幼虫注射 *dsFoxO* 后，其基因表达量显著下调，HPLC 结果也显示橘小实蝇体内蜕皮激素滴度显著下调，幼虫生长发育过程表现为化蛹时间延迟一二天，虫体体重增加，说明 *FoxO* 基因对于橘小实蝇生长发育具有重要作用。⑥橘小实蝇体内克隆获得了 3- 羟甲基戊二酰辅酶 A- 还原酶（3-hydroxy-3-methylglutaryl coenzyme A reductase，HMGR）基因全长序列 *BdHMGR*。*BdHMGR* 在幼虫末期、蛹后期和蛹 - 成虫的转化过程中表达量明显高于其他时期，这可能与它参与了保幼激素合成有关。RNAi 结果表明，第四天的橘小实蝇雌成虫注射 *dsBdHMGR* 后，在雌成虫的发育过程中，表现为卵巢发育不健全以及直径减小而导致产卵量显著降低。克隆获得橘小实蝇几丁质合成酶 1（Chitin synthase 1，CHS1）基因，并发现有选择性剪接的现象分别为 *BdCHS1A* 和 *BdCHS1B*。在橘小实蝇新表皮形成的重要时期表达量更高。RNAi 后橘小实蝇在生长发育过程中，表现为黑化以及表皮皱缩出现晕圈等现象而导致死亡。

（4）橘小实蝇行为的神经调控机理。过免疫组织化技术，发现神经肽 *Natalisin* 在橘小实蝇脑部调控交配行为的神经元中脑背外侧神经元（ADLI），中脑下侧神经元（ICLI）均有表达，神经肽 *Tachykinin* 橘小实蝇脑部触角神经叶有多个神经元表达。通过 RNAi 技术，发现 Natalisin 及其受体调控着橘小实蝇的交配成功率，Tachykinin 及其受体则主要影响橘小实蝇的嗅觉敏感度。这说明神经肽 Natalisin 和 Tachykinin 信号传递系统具有新型控制剂靶标的潜力。此外，通过细胞内钙流的 GPCR 活性测定方法鉴定了其受体，确定了其模式配体，并以此建立橘小实蝇 Natalisin 和 Tachykinin 受体拮抗剂和激发剂高通量筛选平台，此外，有幸筛选到靶向 Tachykinin 受体具有激动活性和拮抗活性的模拟肽。[His^7, Ser^{11}] – CZ 和 [Arg^7]–CZ 两种亚型的配体均能成功激活 Corazonin（CZ）受体，我们采用 RNAi 技术，对橘小实蝇三龄后期幼虫注射 *dsCZR*，结果表明 BdCZR 沉默导致幼虫化蛹显著性延迟，延迟时间达到二三天。以上研究结果表明 CZR 在橘小实蝇幼虫 - 蛹转化过程中承担了重要的生理功能。利用 qPCR 和 FISH 技术，我们研究发现 ETH 除在幼虫期有大量表达外，在成虫期的也有大量的表达。利用 RNAi 技术对其进行功能分析发现 ETH 对橘小实蝇幼虫期的第一次蜕皮和第二次蜕皮具有致死效应，致死具有 button-up 表型出现。同样利用 RNAi 技术发现 ETH 在橘小实蝇成虫期卵巢发育大小显著性变化。初步证实 ETH 在橘小实蝇在幼虫期蜕皮过程和成虫期的生殖过程起重要作用。

3. 红脂大小蠹与伴生菌的共生机制

红脂大小蠹（*Dendroctonus valens* LeConte）（鞘翅目：象甲科，小蠹亚科）于二十世纪八十年代由原产地北美引入中国，该虫 1999 年于山西省多个地区首次暴发后，迅速扩散到相邻省份河北、河南、陕西和北京等地[12]。我国国家林业局已将红脂大小蠹列入我国十四种林业检疫性有害生物之一[13]。红脂大小蠹成功入侵并暴发危害跟伴生微生物紧密相连。

最新的研究表明 *Leptographium procerm* 除了参与化学信息物质介导的种间互作，还建立了营养共生的关系。红脂大小蠹伴生细菌挥发物改变了 *L. procerum* 对葡萄糖的优先利用，而选择利用了松醇，而葡萄糖是红脂大小蠹幼虫生长发育重要的营养物质，从而红脂大小蠹幼虫保留更多的营养成分葡萄糖，减少了昆虫、真菌和细菌三者对共同的营养资源的竞争，形成一种新的共生机制[14-15]。在 2014 年 Lou 等首次对不同生活史阶段中国红脂大小蠹肠道、体表及蛀屑的酵母物种和细菌进行了全面、系统的调查，通过与北美红脂大小蠹比较发现，中国红脂大小蠹伴生的 Pseudomonas 不仅量很大，而且种类非常多，其中最优势种 *Pseudomonas* sp. 11 在北美红脂大小蠹可能并不存在，另外，中国红脂大小蠹伴生的 Streptomyces 种类多达十六种，北美红脂大小蠹仅见报道有六种[16-17]，为以后的研究奠定了基础。

Cheng 等发现红脂大小蠹新携带的本地伴生真菌能够诱导油松产生防御性物质—柚皮素，柚皮素对幼虫生长发育及成虫钻蛀率都是不利的，是红脂大小蠹的拒食性物质，而红脂大小蠹坑道微生物能够降解柚皮素来消除这种不利[18]。并且从微生物群落组成与功能的关联性层面上揭示了红脂大小蠹坑道微生物能缓解本地伴生真菌诱导油松产生的酚类防御，并且这种降解能力的强弱与坑道微生物群落的组成紧密关联，从而保护虫菌共生体在中国的入侵[19]。这些研究极大地丰富了红脂大小蠹与伴生菌互作的理论基础，为红脂大小蠹的防治提供了理论支持。

4. 松材线虫与共生生物的互作机制

松材线虫 *Bursaphelenchuh xylophilus*（Steiner& Buhrer）Nickle 原产于北美洲，它是毁灭性的森林病害——松材线虫病（又称松树萎蔫病）的病原体。目前，经过我国科学家多年追踪检测，松材线虫病的发生范围逐年扩大，已扩散至苏、浙、皖、鲁、粤、鄂、沪、贵、渝等十三个省市以及我国台湾和香港地区，对我国的森林资源、自然景观和生态环境造成了严重破坏。但是，松材线虫病的致病危害机理还有待继续挖掘，鉴于此，我国科学家针对近几年共生生物与宿主互作关系方向开展了大量研究。

Xiang 等利用 16SrDNA 高通量测序技术研究了不同毒力松材线虫伴生细菌的多样性，发现嗜麦芽窄食单胞菌是优势种群之一[20]。该菌对松材线虫的产卵量有抑制作用，对其致病力有一定增强作用[21]。松材线虫与其昆虫媒介松墨天牛以及伴生细菌和长喙壳类真菌形成了共生的关系，在这个共生体系中对松材线虫的存活，繁殖和传播有积极影响的化学和分子信号已经被阐释了[22]。松材线虫在其生活史中根据寄主状态的优劣会选择发育转型。邓丽娜等发现松材线虫自噬可帮助松材线虫发育转型，从而提高其适应性[23]。另外，最新的研究还发现关于致病力的几个关键基因已经发生变化了，这些变化或许能够解释这种害虫带来的越来越严重的威胁（未发表）。

5. 松树蜂与环境微生物的互利共生关系

松树蜂 *Sirex noctilio* F 是树蜂科的一种，原产欧洲，亚洲，北非，在中国，2013 年首次在黑龙江省被发现[24]。目前该害虫主要分布在黑龙江省，吉林省和内蒙古自治区东部。云杉蓝树蜂只进攻针叶树，尤其是松树。主要的宿主包括樟子松（*Pinus sylvestris*），海岸松（*Pinus pinaster*），欧洲黑松（*Pinus pinaster*）。这些松树都是本地松。相比而言，在南半球和北美，该蜂进攻外来的和本国的松树，通常是在人工林里。

松树蜂和白僵菌（*Amylostereum areolatum*）是互利共生的关系。松树蜂通过钻蛀到木质层削弱宿主松树为白僵菌的感染创造有利的条件。李大鹏等在原来的基础上从生理学和分子生物学的角度阐释了共生菌和毒素对寄主树木危害时存在协同关系，研究表明：松树蜂利用自身分泌的毒素调控共生菌的木质纤维素酶的分泌和相关基因的转录表达，尤其能够明显诱导漆酶基因的表达量，促进漆酶的分泌和提高漆酶的活力，使共生菌逐步削弱寄主的防御能力；反之，共生菌对寄主树木的降解破坏作用也为松树蜂幼虫正常生长、发育创造了必要的营养环境[25]。另外，王立祥等明确了松树蜂入侵后不同健康状态（健康、衰弱、死亡樟子松的不同主干高度（基、中、上）内栖真菌种类和数量存在差异[43]，为研究樟子松不同健康状态下的优势内栖真菌与松树蜂及共生菌的关系奠定了基础。

6. 桉树枝瘿姬小蜂对寄主挥发物的趋性

桉树枝瘿姬小蜂 *Leptocybe invasa* Fisher& La Salle 隶属于膜翅目小蜂总科姬小蜂科啮小蜂属，原产澳大利亚昆士兰州，目前正在蔓延到非洲、亚洲和太平洋、欧洲、拉丁美洲和加勒比、近东和北美[26]。2007 年首次在在中国广西壮族自治区被发现，目前已经扩散到邻近地区，如广西、广东、海南、福建、江西、湖南、云南等省[27-28]。对我国桉树资源造成了严重的危害。

桉树枝瘿姬小蜂蔓延扩散之快、危害之重，对其生物学、生态学特性开展研究，明确其种群发生规律是制定一套经济、有效、可行的防治措施的前提。汤行昊对桉树枝瘿姬小蜂在福建的发生特点与分布以及生物学、生态学特征进行了研究，并开展了林间防治试验[29]；张华峰揭示了该虫侵害、寄主选择等行为反应机理和桉树诱导应激防御反应策略，深入了解了桉树枝瘿姬小蜂与寄主桉树的互作关系，从抗性品系（种）选育和提高寄主防御能力，为该虫的防治提供了新的思路和技术途径[30]；马涛等研究了桉树枝瘿姬小蜂对不同桉树挥发物的趋性选择，发现桉叶挥发物能引诱桉树枝瘿姬小蜂产生趋性选择[31]；李莉玲等选了对桉树枝瘿姬小蜂不同抗性的三个桉树品种（高感虫品种、高抗虫品种、稍感虫品种），并对其枝叶挥发物进行了分析，发现了对桉树枝瘿姬小蜂不同抗性的 3 个桉树品种挥发物具有较大差别[32]，为桉树枝瘿姬小蜂化学防治提供科学依据。

7. 椰心叶甲

椰心叶甲是取食危害椰树的重大入侵物种，在我国，主要以生物防治和化学防治结合的方法防控椰心叶甲。研究椰心叶甲入侵危害的机制，有利于促进新的防控技术的研发。近年来，我国科学家首次探明了椰心叶甲入侵的成灾机制。

（1）揭示了成虫寿命长、生殖力高、取食量大、飞行能力强、对环境胁迫适应性广是椰心叶甲暴发成灾的内因。通过对椰心叶甲的系统研究，明确了其发育起点温度为 11.08 ℃，有效积温为 966.22 日·度，在海南年发生 5~6 代，广东、广西年发生 4~5 代，世代重叠严重；成虫平均寿命 120 天，产卵期 4~5 个月，单雌产卵量 156.3 粒；日均取食量 250.5 mm²/头，耐饥时长 6~12 天；适温区 18~28℃，冰点和过冷却点分别为 –15.11℃ 和 –17.14℃；单次飞行持续时间和距离分别为 3.14min 和 188.4m。

（2）揭示了本土寄主适合度高和天敌资源缺乏是椰心叶甲暴发成灾的外因。在我国大陆地区调查研究发现，椰心叶甲只为害棕榈科植物，寄主包括 26 属 36 种，涉及经济作物（槟榔、椰子、油棕等）、生态林（椰树、糖棕、霸王榈等）和城市园林观赏植物（大王棕、散尾葵、加拿利海枣等）；椰心叶甲对本地高干椰子具有更强的嗜食性，与原产于马来西亚、菲律宾、泰国等国的矮种椰子相比，发育历期平均缩短 17.9%，产卵量增加 87.9%，世代存活率增加 53.3%，种群趋势指数增加 51.3%；本土缺乏有控制力的天敌，跟进天敌 16 种、病原微生物 2 种，天敌自然控制力在 2.2% 左右，病原微生物野外致病力 1% 左右。

8. 稻水象甲的入侵危害机理

稻水象甲近几年在我国的扩张十分迅速，截至 2015 年 12 月，已分布至 24 个省（区、市），393 个县（区、市）。2013 年以来，我国科技工作者继续对该入侵种的发生规律、入侵机理及防控技术开展了深入研究。主要有以下几方面：

（1）对稻水象甲在我国部分严重发生地的种群发生规律开展了系统研究，对危害损失情况进行了评估，为有针对性的开展有效防控奠定了基础。这些区域包括江西鄱阳湖平原双季稻区，浙江宁波双季稻区，新疆伊犁河谷地区等。

（2）对稻水象甲的绿色防控技术进行了研发。例如，在江西吉安地区研究发现，通过调整耕作制度，实行较大面积的水旱轮作，即将烟草、西瓜与水稻进行轮作，可显著遏制稻水象甲的发生和危害。筛选出了一些对稻水象甲成虫具较强致病力的球孢白僵菌菌株，并初步建立了田间施用技术。在实验条件下，某些菌株对稻水象甲成虫的田间防治效果达到 40 %~60 %，减少水稻产量损失接近 20%。此外，研究发现水稻根部遭受象甲幼虫为害时，植株可被诱导产生茉莉酸反应，以此提高对象甲的抗性，该结果为培育抗性水稻品种提供了思路。

（3）对稻水象甲的入侵机理开展了研究。稻水象甲的形态和生殖可塑性研究表明：发现成虫的个体大小在不同地理种群之间存在显著差异，北方种群的个体显著大小南方种群，而且个体大小与成虫的一些生命参数如生殖力、抗低温能力、活动的灵敏程度等存在一定的联系，故推荐稻水象甲入侵至新的环境后，将调整个体大小作为适应本地环境条件的重要途径。在生殖方面也存在明显的可塑性：我国北方单季稻区的稻水象甲种群自然条件下一年仅发生一代，但是在适宜条件下，一代成虫（在自然条件下羽化后进入滞育状态，直到翌年才恢复生殖发育）可产下后代，说明即使是北方种群，其一旦被传到南方，就有形成第二代的潜力，表现出很强的种群积累能力。而南方双季稻区的种群，同样存在生殖可塑性，这可能可辅助解释为何近年我国部分双季稻区第二代的种群数量出现明显上升这一现象。另一方面：稻水象甲的共生细菌的多样性研究表明，该象甲的肠道细菌种类十分丰富，推测其中的部分可能是在入侵过程中后天获得的。为了证明这一推测，将体外培养的成团泛菌 *Pantoea agglomerans* 等细菌人工转接至成虫体内，结果发现，它们能在肠道中并不被马上排出，而是可能存留较长的时间，显示了一定的定殖能力，表明存在该象甲从环境中获得细菌并加以定殖的可能性。此外，为了探明稻水象甲适应夏季高温的机理，测定了不同热休克蛋白（Hsp）基因在高温胁迫下的表达水平。

9. 大豆疫霉菌适应性进化机制

大豆疫霉菌能引起大豆根茎腐烂病，是国际许多大豆产区的毁灭性病原菌之一，在我国仅福建与黑龙江有爆发报道，属于一类重要的外来入侵植物病原菌。疫霉属于卵菌，该菌和真菌在生长方式上类似，但在进化上与真菌亲缘关系较远，为不同的生物界；卵菌包含众多的动植物病原菌，其中多种是潜在的外来入侵物种，大豆疫霉由于基因组较小、遗传转化操作可行以及寄主的重要性，逐渐成为了研究该类生物的模式物种，因此研究大豆疫霉也对了解其他重要外来入侵卵菌的适应性进化及危害规律具有借鉴意义。

南京农业大学的王源超科研团队围绕大豆疫霉与寄主的适应性互作及进化方面开展了多个层面的研究工作，初步明确了大豆疫霉菌与我国大豆适应性互作的分子机制。该团队选择入侵大豆疫霉群体为研究对象，鉴定大豆的抗病基因（*Rps1k*）至少能识别大豆疫霉的两个无毒基因（*Avr1b* 和 *Avr1k*）[37]，并且这两个基因都对病原菌的致病性具有重要作用，进化上很难同时丢失，因此从理论上揭示了大豆 *Rps1k* 基因有效和广谱的分子机制，生产上为监测大豆 *Rps1k* 基因的适用性提供了分子靶标。针对这些克隆的无毒基因，该团队考察了它们在我国大豆疫霉菌株中的分布与组成，对我国大豆的抗疫霉病育种具有指导意义。这些研究为了解外来入侵大豆疫霉的适应性进化和爆发成灾的分子机制奠定了理论基础，在病害控制上为监控病原菌的变异并培育和合理配局抗病品种提供了技术支撑。

南京农业大学疫病研究团队多年来从事植物疫病研究工作，在大豆疫霉致病机理方面取得了多项重大成果：解析了大豆疫霉菌毒性蛋白大规模的功能[38]；发现疫霉菌致病因子能够相互协作抑制植物免疫反应，破解了大豆对病原菌先天免疫之谜[39]；揭示疫霉菌致病因子调控植物免疫的新机制[40]；发现具有结合寄主 DNA 活性的效应因子，拓展了科学家对病原菌与植物协同进化的认识[41]；以及提出了病原菌通过干扰内质网压力监控系统来调控寄主抗病过程的新机制[42]。这些研究为该菌侵染致害的机制奠定了遗传学与分子生物学基础，加深了我们对大豆疫霉病原菌成功侵染寄主大豆并致害的认识水平，为了解外来入侵大豆疫霉的适应性进化和爆发成灾的分子机制奠定了理论基础，总体达到国际领先水平，显著提升了我国在本领域的学术地位和影响力。

10. 瓜类细菌性果斑病致病机理

瓜类细菌性果斑病是西、甜瓜和其他葫芦科作物上发生的毁灭性细菌病害，引起该病害的病原菌为西瓜噬酸菌（*Acidovorax citrulli*）。该病为种传病害，且在寄主的各个生育期均可侵染，病害一旦发生将严重影响瓜的质量和产量，严重时可造成绝产。近年，该病害在国内陆续发生，给瓜农和种子生产商带来巨大经济损失。由于该病害带来的严重影响，国内多个科研团队开始从事该病原菌的研究，尤其在致病机理方面取得了较大进展。

Wang 等[43]发现群体感应系统影响瓜类果斑病菌的毒力、蹭动性、种子的吸附和生物膜的形成。Tian 等[44]证明 VI 型分泌系统与瓜类果斑病菌"种子 – 幼苗"传播和生物膜的形成有关。Shavit 等[45]探索了瓜类果斑病菌的毒素 – 抗毒素（Toxin–Antitoxin）机制，证明 vapB–vapC 操纵子具有真正的毒素 – 抗毒素功能，同时在病原菌的压力应答和寄主 – 病原菌互作过程中发挥重要作用。Bahar 等[46]证明极生鞭毛是瓜类果斑病菌侵然寄主全毒力所必需。

11. 豚草、紫茎泽兰、黄顶菊和空心莲子草的入侵机制

揭示了四种入侵杂草种群扩张与暴发机制，其中，"天敌逃逸"、"氮分配进化"、"生境干扰"与"自我增强"等入侵机制，为研发可持续治理关键技术提供了科学依据

明确了 4 种入侵杂草缺乏本地有效天敌等生物因子的制约，减少了抵御天敌的能量分配，氮更多地分配至叶片提高光合作用，促进其植株生长与繁殖；豚草、紫茎泽兰与黄顶菊每株种子量可分别高达 3 万粒、4.5 万粒与 26.7 万粒，空心莲子草单株无性克隆繁殖能力达 1200 倍 / 年。此外，明确了豚草、紫茎泽兰和黄顶菊主效化感物质（豚草：吲哚 – β – 酮缩 –2，3– 丁二醇；紫茎泽兰：羟基泽兰酮等；黄顶菊：紫云英苷等）改变土壤微生物群落结构与功能的化感效应，阐明了其排斥本地植物的种间竞争机制；明确了入侵杂草根际与丛枝菌根真菌互惠共生关系，阐明了其对养分高效吸收与利用的偏利效应；明确了人为干扰或退化生态系统资源波动、生态位空缺的功能特征，阐明了四种入侵杂草沿廊道快速蔓延与暴发成灾的扩散机制。揭示了四种入侵杂草高抗逆性的环境适应机制。明确了豚草、紫茎泽兰和黄顶菊有很强的可塑性、耐盐碱、贫瘠和耐干旱等抗逆特征；明确了空心莲子草在环境胁迫下个体间正相互作用、不同生态型（水生和陆生）相互转化的特性；阐明了四种入侵杂草的耐受适应机制。

（二）入侵生物扩散分布与监测预警

1. 入侵昆虫分布扩散

（1）西花蓟马适应性扩散分布监测。

西花蓟马 *Frankliniella occidentalis*（Pergande）又称苜蓿蓟马，属于缨翅目 Thysanopera 蓟马科 Thripidae 花蓟马属 Frankliniella，是一种危险严重的世界性入侵害虫。西花蓟马的危害分为直接危害和间接危害两个方面。西花蓟马用锉吸式口器穿刺，挫伤花、叶组织吸食汁液，取食植株的茎、叶、花、果，使花瓣或叶片产生斑点、畸形、扭曲，果实表皮产生伤疤，严重时导致植物生长不良，甚至死亡。除直接危害外，西花蓟马还能传播一些植物病毒病，如番茄斑点萎蔫病毒（Tomato Spored Wilt Virus，TSWV）、凤仙花坏死斑病毒（Impatiens Necrotic Spot Virus，INSV）和烟草条纹病毒（Tobacco Streak Virus，TSV）。一般来讲，西花蓟马通过传播病害造成的经济损失远大于西花蓟马本身所造成的危害。

西花蓟马起源于美国西南部，自二十世纪七十年代以来，已经入侵到全世界其他地区。该虫在 1995 年之前入侵到美国东部和加拿大，1996 年之前入侵到澳大利亚的大部分州，1998 年之前入侵到欧洲几乎所有国家，2001 年之前入侵到中美洲、南美洲和四个非洲国家，1994 年之前入侵到亚洲的四个国家。在亚洲，分别于 1987 年在以色列发生，1989 年在马来西亚半岛发生，1990 年在日本发生，1994 年在韩国发生。1997 年，西花蓟马列入我国《潜在的进境植物检疫危险性病、虫、杂草名单》，中国于 2000 年昆明国际花卉节上参展的缅甸盆景上曾发现西花蓟马；台湾于 2000 年 5 月在马来西亚的切花上截获西花蓟马；2003 年首次报道在北京市郊某大棚的辣椒上发现西花蓟马，发生并造成严重危害，由此西花蓟马作为入侵种正式被报道。西花蓟马的成功入侵可能利益于其广泛的寄主范围、对大多数类型农药高水平的抗性以及较短的生活史和孤雌生殖方式造成的种群快速增长。快速的作物轮作和设施农业的出现为西花蓟马持续的食物和栖息地，促进了西花蓟马的进一步入侵和扩张。在不到十年的时间里，西花蓟马已经入侵云南、河北、辽宁、黑龙江、江苏、浙江、山东、贵州、甘肃、新疆、西藏等十多个省区。

我国的学者通过种群遗传学的方法对西花蓟马在我国的扩散过程和扩散模式进行了研究。基于 18 个微卫星标记和 1 个线粒体 DNA 序列片段（长度为 609bp）的研究表明，中国种群在入侵过程中发生了显著的瓶颈效应；北京南部地区的种群与我国其他地区的遗传组成明显不同，表明我国的种群来源于多次入侵事件；遗传距离与地理距离缺乏相关性以及相距较远的种群遗传组成很相近，表明该害虫扩散主要依靠人类活动；我国西南部种群向其他地区的基因流比较频繁，表明这个地区的种群可能是其他很多地区的入侵来源，需要加强对这些地区农产品的检疫。

（2）美国白蛾 Hyphantria cunea（Dury）适应性分布与预警监测。

美国白蛾属于昆虫纲 Insecta 鳞翅目 Lepidoptera 灯蛾科 Arctiidae，是一种危害极为严重的世界性检疫害虫。美国白蛾起源于北美洲，极强的适应性和可塑性使其在世界范围内快速扩散并爆发成灾，现已经入侵到三十二个国家。1979 年在我国辽宁丹东市首次发现该害虫，最初 25 年里扩散速度较慢，1998—2003 年有一个比较明显的迟滞阶段，而最近十年扩散速度突然加快，现已经扩散至 911 个省份的 529520 个区县（国家林业局公告 2017 年第二号）。美国白蛾不仅对园林绿化、农林生产造成了重大的环境和经济损失，而且在虫口密度大时还会出现入户扰民的情况，造成一定的社会恐慌。

美国白蛾的成功入侵和快速扩张得益于其独特的生物学特性。美国白蛾的寄主范围很广，在世界范围内已知的美国白蛾寄主有 636 种，在我国危害的植物达 175 种，包括了我国栽培的大部分绿化乔灌木和农作物。美国白蛾具有极强的抗逆能力，例如较强的抗饥饿能力、耐高温能力和耐寒性。美国白蛾的繁殖力很强、生长周期短，每个雌虫产卵量 500~800 粒，最多达 2000 粒，孵化率一般可达 95% 以上，整个世代 40 天左右，野外条件下美国白蛾自北而南一年发生 2~3 代不等。此外，美国白蛾缺少原产地自然天敌制约，并且入侵地新天敌对其适应的过程相对滞后。1952—1966 年间，前南斯拉夫、前捷克斯洛伐克和前苏联等地从起源地美国和加拿大先后引进了十种美国白蛾的天敌昆虫，但这些天敌均未在新环境中建立种群。

美国白蛾入侵中国之后生物学特性发生了改变。入侵到辽宁丹东的美国白蛾开始是一年发生两代，随后其生活史逐渐转变为三化性。在日本也发生了类似的现象，北纬 36° N 左右是二化性向三化性过渡的大致区域，并认为这是该虫对光周期和温度交互作用的响应，是对扩散过程的适应。美国白蛾在北京（116.4° E，40° N）为三化性，因此在中国这一过渡区域可能发生了向北的推移。另外，在美国纽约州一年发生一代，而相同纬度气候相近的中国长春市一年发生两代。除了化性的改变，有研究表明越冬蛹的耐寒性也出现了地理分化。美国白蛾的寄主偏好性也发生了变化，入侵到欧洲和亚洲之后嗜食桑和白蜡槭，而这两种植物在北美也广泛存在但并没有受到严重危害。

从宏观上看，美国白蛾在我国的成功入侵和快速扩张得益于其寄主范围广、抗逆能力强、繁殖速度快等生物学特性；而从微观的遗传学角度来分析，其遗传多样性和遗传结构可能是美国白蛾适应新环境和强大入侵能力的根源。美国白蛾近十年来扩散速度突然加快，可能暗示遗传结构已经发生了巨大变化。基于 18 个微卫星标记和线粒体 DNA 序列（长度为 1399 bp）的研究表明，中国种群的平均等位基因丰富度和线粒体单倍型多样性远低于美国原产地种群，说明美国白蛾在入侵过程中发生了显著的瓶颈效应；我国的美国白蛾种群来源于一次入侵事件，入侵之后种群间发生了快速分化形成呈东西分部的两个亚群，并在二者之间形成一个狭长的接触区；通过将遗传学数据、地貌特征和种群扩张的历史记录相结合，发现大规模防治可能促进了东西部亚种群的快速分化，而山脉在两亚种群的维持上起了重要作用。此外，目前美国白蛾仅在低海拔处发生（平均海拔为 56 米，最高为兴隆县 589 米），而且实地调查时，在低海拔的居民区发生已经比较严重，在附近的山上该害虫的种群密度却比较低，甚至很难发现该害虫的踪迹，这可能暗示美国白蛾对高海拔地区的适合度较低，因此推测在其受到秦岭和大别山阻挡之前美国白蛾向南扩散的速度可能会一直维持在较高水平上。

2. 水生入侵生物

（1）水生入侵生物种类和分布

目前为止，中国水生生态系统有明确记载的入侵物种共 564 个，其中 438 个为淡水入侵物种、126 种为海洋入侵物种。在中国，由于诸多方面的限制我们很难获得全面的水生生物入侵物种的历史记录，因此实际入侵物种的数量要远多于这一记录的数量。在淡水生态系统中，最丰富的入侵物种为脊椎动物（约 370 种），占所有的淡水入侵物种的 84.5%；同时，文献报道 13 种为淡水无脊椎动物，约占淡水入侵物种数量的 3%。在海洋和沿海生态系统中，入侵植物/藻类、无脊椎动物和脊椎动物的数量分别为 49 种，53 种和 24 种，分别占入侵物种总数的 38.9%，42.1% 和 19%。众多外来水生生物给我国本地水生态系统中的水生物种的生存带来威胁。据统计，在 564 个入侵物种中，有 69 种（12.2%）正严重威胁着我国水生生态系统的健康和稳定[47]。

在我国，水生入侵物种的分布具有明显的地域性。中国南方地区外来入侵物种数量显著多于北方省份、内陆省份和沿海省份。例如，在中国南方地区沿海省份检测到 53 个外来入侵物种。这其中包括能够引起赤潮的藻类 15 种、污损生物 20 种，海洋生物在南方省份外来入侵物种中占主导地位。这些入侵物种有可能通过船舶压载水和船体污损进入中国，在海湾和沿海水域引起生态灾害的风险较高。与中国南方地区相比，西部与西北部省份外来入侵物种的数量相对较少。研究表明，内陆省份的水体受到较少的人为活动干扰，入侵生物的引入和传播途径受到很大限制，导致位于这些地区的水体的入侵物种数量较少[48]。

（2）水生入侵物种的引入和传播途径

在中国，水生入侵生物引入与传播主要途径包括：水产养殖物种引进、水族观赏交易物种引进、航运压载水和船体污损、以及用于生态系统的恢复和湿地保护过程中的物种引进。一般情况下，淡水和海洋生态系统入侵物种的引进和传播的载体截然不同。对淡水生态系统而言，水族馆和观赏性行业引进的非本地物种的比例最大（306 种，69.9%），其次是水产养殖业（116 种，26.5%）[49]。而对于海洋生态系统，水产养殖业共引入了 66 个物种，占所有引进的海洋非本地物种的 52.4%。在这些海洋入侵物种中，共有 55 种（43%）有明确的历史记录证明这些物种是通过船舶运输压载水和船体结垢所引进。只有 2 个物种（1.6%）是通过水族馆和观赏性交易引进，2 个物种（1.6%）通过生态系统的恢复和湿地保护途径引入[50]。

1）舶运输。二十世纪五十年代以来由于人口的快速增长，全球航运和贸易业务范围急剧增加。全球贸易以及新航运路线的快速发展，给全球范围内水生入侵生物的引进和传播创造了优越的条件。作为许多新开发航线的重要节点，中国已经成为全球航运的主要目的地和中转站。2013 年世界十大港口吞吐量排名中，中国占据八个。因此，大量的外来物种通过船舶运输这一载体引入中国。正如预期，在海洋和沿海生态系统的 44 个入侵物种中，通过航运媒介入侵的生物有 34 种（77.3%），其中压载水引入 13 种，船体污损引入 21 种。海洋外来物种苔藓虫（13 种）主要通过船体污损引入我国，而所有检测到的赤潮藻类（13 种）主要通过船舶压载水引入。通过航运入侵的外来物种，特别是引起赤潮的藻类，给当地环境造成了极其严重的生态威胁和经济损失。由于我国历史上缺乏有效的监控系统和管理政策，在 34 个通过航运入侵的物种中，有 23 种（67.6%）入侵时间仍然未知[51]。因此，这些物种的入侵历史在很大程度上是未知的。

2）水产养殖。在中国，过去二十年间水产养殖业发展异常迅猛。截至 2012 年，中国海洋和淡水养殖面积分别达到 2180 万公顷和 5910 万公顷，分别是 1980 年的 6 倍和 19 倍（中国渔业年鉴 2013）。良种繁育和养殖技术压力的增加，使得中国水产养殖业的快速发展明显依靠和使用外来物种。据统计，中国外来养殖物种产量已经超过水产养殖总产量的25%[52]。与其他载体相比，水产养殖所介导的入侵物种引入有相对明确的记录，共 179种（病毒和细菌除外），其中超过一半的物种已在中国成功养殖。两个众所周知的例子是南美白对虾和克氏原螯虾（俗称小龙虾），前者的总产量达到各种虾类水产养殖总产量的74%（海洋）和 44%（淡水）。虽然小龙虾已经在中国各种水生环境造成重大的生态和经济危害，但其养殖面积和产量仍然在不断增加。小龙虾年产量已经达到 50 万吨以上，占该类别虾总产量的 30% 左右。在中国，水产养殖过程中引进非本土物种事件最早可追溯到二十世纪二十年代，从此时开始到七十年代，引进物种的数量是很少的（13 种）。七十年代后期至今，这一数量超过了 150 种，平均每年有 3.8 种。这其中有鱼类 111 种、软体动物 27 种、藻类 16 种、甲壳动物 14 种。引进的鱼类和贝类覆盖广泛的生物分类类群[53]。到目前为止，有 17 种（9.5%）对当地环境造成了明显的负面影响。

3）水族和观赏贸易。水族馆和观赏性行业在运输和引进非本地物种方面有着悠久的历史。到目前为止，世界上三分之一的水生非本地物种来源于水族馆和观赏性行业的引入。研究表明，在水族贸易中最受欢迎的物种，也最容易在当地水生生态系统中建立自己的种群。尽管水族馆和观赏性行业被认为是外来入侵物种的最重要的载体之一，但这一载体很少受到科学家和政策制定者的关注。

在中国，水族馆和观赏性行业已成为最大的淡水外来物种引进的载体。交易宠物的物种覆盖大多数生物种类。在 306 种通过水族馆和观赏性交易引进的物种中，龟类占最大的比例（115 种，37.6%），其次是鱼类（112 种，36.6%）、蛙类（47 种，15.4%）和观赏植物（33 种，10.8%）。由于非法引入和贸易，在引进的 306 种外来物种有 284 种（92.8%）的引进日期是未知的[54]。虽然我国已经做出了很大的努力来阻止非法交易，但是这种"金钱驱动的活动"仍然正在增加。例如，根据国家质检总局的统计，2011 年非法进口的品种数为 3972 种，2012 年为 4331 种，而到了 2013 年数量达到了 4838 种（数据来自国

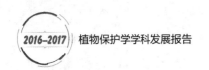

家质检总局官方网站：HTTP：//www.gov.cn/）。

逃脱或人为释放的观赏物种极有可能在当地水生生态系统中变为入侵种。另外，自然水体被遗弃的宠物也是外来物种释放的重要原因，这些被遗弃的物种侵略性强且具有较高生育率。在宗教信仰中放生活动也是外来物种入侵当地水体的重要因素之一。一个众所周知的例子是巴西龟在中国的广泛传播，这种龟广泛用于佛教放生活动仪式的首选物种。目前，巴西龟在中国的交易数量已经超过了三千万只。这个物种已成功入侵到了全国范围内的淡水生态系统，并造成许多本地原生水生物种的灭绝。

除了上面提到的三大载体，外来物种入侵我国水生生态系统也可以通过几个其他途径。用于湿地、海岸生态保护和恢复而引入的互花米草是一个典型的例子。互花米草，原产于大西洋和海湾沿岸的北美洲，在 1979 年引入中国。该物种生长快、繁殖力高、地下结构发达且耐盐性强，使得互花米草成为生态系统恢复过程中适宜使用的物种。现在，它已从天津渤海到广西南海沿岸成功地建立了种群，占地十一万二千多公顷。互花米草具有较高的侵袭力，严重威胁与其处于同一生态系统中的其他物种（如红树林生态系统）。由于快速生长、传播广泛，互花米草已经彻底摧毁了福建宁德地区所有的红树林，并占据红树林自然保护区中的滩涂[55]。

3. 入侵杂草的扩散分布

我国科学家通过多年系统研究，调查明确了四种入侵杂草豚草、空心莲子草、黄顶菊和紫茎泽兰在我国 29 个省（市、区）1269 个县大面积发生，广泛入侵农田、果园、草原、林地、湿地、自然保护区、河流、排灌系统等生境，危害面积达 1820 万多公顷，经济损失达 45 亿元/年。

明确了四种入侵杂草生态位重叠与交错分布的格局、沿廊道扩散与蔓延的灾变过程，体现在：黄顶菊和豚草在华北地区沿陆地交通枢纽交替蔓延，主要在旱作农田等生境重叠发生；豚草和空心莲子草在华东/南/中地区沿沟渠、公路及铁路迅速扩张，主要在农田、果园、湿地等生境混合发生；紫茎泽兰、空心莲子草和豚草在西南地区呈生态位重叠与交错分布，主要在农田、草原、林地、自然保护区等生境成片危害。四种入侵杂草均为先锋植物，入侵与定殖能力极强，在交错重叠发生与分布区域内，呈现此消彼长、分区联合治理才能解决 4 种杂草同域同期发生、交错连片成灾的控制难题。

（三）入侵生物综合防控技术

1. 入侵杂草综合防控技术

豚草、紫茎泽兰、黄顶菊、空心莲子草（水花生）是首批列入"国家重点管理外来入侵物种名录"的世界恶性入侵杂草，由于缺乏有效的生物制约因子，自二十世纪八十年代以来相继在我国二十九个省市暴发成灾，造成巨大经济损失，严重威胁人畜健康，破坏生物多样性。我国科学家经二十多年攻关，明确了四种入侵杂草在我国生态位重叠与沿廊道扩散的分布格局，阐明了其种群扩张规律与生态灾变机制，创新了传统生物防治、植物替代控制等关键技术，集成了分区可持续治理技术体系及应用模式并大面积推广应用，成功解决了四种入侵杂草同域同期发生、交错连片成灾的控制难题，遏制了其蔓延与危害。

（1）建立了天敌昆虫（生防菌）规模化生产与轻简化应用技术，明确了其具有快速控制入侵杂草蔓延危害的控害能力。明确了广聚萤叶甲、豚草卷蛾和莲草直胸跳甲规模化生产的环境参数和生防菌 SF-193 高效产孢的关键条件；建立了三种天敌昆虫"冬季保种—室内扩繁—大棚增殖"三步简易规模化生产技术流程，实现每个 240 平方米的大棚年产290 万头广聚萤叶甲和 190 万头豚草卷蛾、或 190 万头莲草直胸跳甲的生产规模；在长沙、福州、海口等地建立天敌昆虫规模化生产基地九个，每种天敌昆虫年生产达二亿多头，生产效率提高四五十倍；建立了生防菌 SF-193 液 - 固两相规模化发酵生产技术，成功研制了 106 孢子悬浮剂和粉剂中试产品。建立了三种天敌昆虫早春种群助增与夏季大量助迁的释放技术。早春（5 月底前），在豚草和空心莲子草重灾区，采用多区域多点联合助增释放天敌的方法（华南、华中、华北地区每亩分别释放广聚萤叶甲和豚草卷蛾各 80、200 和300 头控制豚草，华南、华中地区每亩分别释放莲草直胸跳甲 1000、2000 头控制空心莲子草）；在夏季（7 月中下旬），天敌昆虫在释放区自然增殖两三代后，采用远距离人工助迁的方法，扩大控制区域 40~60 倍。豚草卷蛾最低使豚草种子量降低 20%~30%，广聚萤叶甲对豚草的控制效果达 95% 以上，莲草直胸跳甲在 6—7 月和 10—11 月对空心莲子草的控制效果达 85% 以上；在 8~9 月高温季节莲草直胸跳甲种群增殖受限期，应用生防菌 SF-193 孢子悬浮剂和粉剂大面积防控水生型和陆生型空心莲子草，防效达 85%~95%。上述技术获十一项发明专利，四项行业标准，两项地方标准，作为农业部生物防治主推技术全面推广。

（2）构建了功能稳定的替代植物群落，创建了入侵杂草生态屏障拦截与生态修复技术。建立了 22 条紫茎泽兰、豚草和黄顶菊扩散廊道前沿的生态屏障植物拦截带。在三种入侵杂草扩散廊道前沿，层次性地种植替代植物（紫穗槐、黑麦草、非洲狗尾草等）进行绿化与拦截，阻止其扩散蔓延。沿 G60（关岭→镇宁）、G105（茌平→德州）、G104（德州→吴桥）等国道建立植物拦截带，拦截防线达 524 千米，有效切断了 3 种入侵杂草自然扩散路径，拦截效果达 86% 以上。建立了 14 个豚草、黄顶菊和紫茎泽兰重灾区的植物替代修复示范县。在四川果园与林地（石棉县等）、云南草场与林地（腾冲县等）、贵州草场（晴隆县等）、山东撂荒地（曹县等）、河北撂荒地与河滩（献县等）、辽宁退化草地（彰武县等）建立生态修复示范县。应用非洲狗尾草 + 黑麦草混种替代草场紫茎泽兰，生物量降低 95%以上；应用紫花苜蓿 + 冬牧 70 黑麦草混播控制果园黄顶菊，生物量降低 97.8%；应用紫穗槐与象草替代修复河坝与河滩成片发生的豚草，生物量降低 92.3%。上述技术获四项授权发明专利，五项行业标准，作为农业部拦截与替代修复的主推技术大面积推广应用。

2. 红火蚁综合防控

由于习性凶猛、繁殖力大、食性杂、竞争力强，在新入侵地易形成较高密度的种群等原因，红火蚁（*Solenopsis invicta* Buren）被世界自然保护联盟列为一百种最具有破坏力的入侵生物之一。入侵新的地区后，该蚁种群短时间内易暴发，对农林业生产、人体健康、公共安全和生态环境等均可能造成严重危害。2004年发现红火蚁发生危害，无论是政府还是科学界、生产组织／机构对红火蚁的入侵危害问题均给予了高度重视，在疫情防控、科技研究等方面均做出了努力，取得了一系列进展，系统研究了红火蚁入侵、灾变规律及防控机理，创建了高效检疫、监测、防治关键技术体系，并广泛应用，取得了良好效果。其中，红火蚁入侵机制及防控关键技术方面的最近进展如下：

（1）准确鉴定了入侵中国大陆的红火蚁，建立了蚂蚁类群鉴定分子方法。明确了红火蚁的社会型、遗传关系和入侵、传播过程。明确了红火蚁等58种蚂蚁多酶切位点扩增条带、多基因序列差异，建立快速鉴别、遗传检测分子方法；明确了国内外45个种群COI基因片段序列多样性、单倍型、亲缘关系以及在中国的扩散传播过程。

（2）明确了中国南方红火蚁空间格局、地理分布和传播路线。入侵早期呈两大块、两小块和两个跳跃点分布特征，十年后呈四个普遍区、多个新发点；各个入侵区域扩散方式存在差异，渐进式占90%以上，跳跃式10%以下。

（3）阐明了华南地区红火蚁局域扩散规律，构建了入侵时间、局域扩张预测新方法。探明了入侵历史和长距离扩散速度。基于二十年数据建立了入侵区数量和入侵时间长度关系模型，明确了初期扩张速度4~5个县区／年，快速期为20~40个／年，早期至当前传播速度48~80km/年。

（4）深入阐明了红火蚁入侵对本地物种的影响，以及主要生态系统结构、功能的干扰规律和机制。揭示了红火蚁通过干扰、资源掠夺竞争方式而取代其他蚂蚁成为主要或者单一优势种，入侵地蚂蚁群落结构变单一化，种类减少了23%~84%。同时明确了红火蚁入侵区本地蚂蚁对红火蚁入侵的行为适应及机制。红火蚁入侵多种生态系统对本地物种关系、群落结构、控害功能、传粉功能、土壤环境等造成负面效应。红火蚁入侵降低或者改变了绿豆、油菜上访花昆虫种类和行为，并显著降低了作物结实率，造成减产。红火蚁入侵明显干扰了本地害虫和天敌之间关系，蚜虫、蚧虫等种群显著增大，瓢虫、蜘蛛、寄生蜂等天敌数量和控害功能受到抑制。研究揭示了红火蚁与扶桑绵粉蚧协同入侵及其机制。

（5）设计了红火蚁研究饲养新装置。研发了近红外反射蚁巢检测系统、疫情信息管理系统，实现疫情实时管理。在230多个县区设立监测点2488个，监测面积920.3万亩次。

（6）评估了虫生真菌对红火蚁的毒力。明确了紫外线强度、土壤含沙量、土壤湿度、农药以及红火蚁分泌物下，虫生真菌对红火蚁的致病力。同时揭示了红火蚁对虫生真菌的识别机制和社会免疫机制。

（7）筛选出对红火蚁具良好传导毒力的药剂，研制出多个高效的饵剂和粉剂，并广泛应用于防治。提出了药剂防治效果综合指标体系，评价了多种药剂防治效果，获得全面、准确结果。通过传导毒力研究，获得了多种对红火蚁具良好毒杀作用活性成分。以对红火蚁引诱力、搬运力、喜食性、毒力为指标，研制出了低毒高效毒饵、防水型毒饵，形成配套使用技术，单次防效88%以上，复合防效95%以上。创制出新型速效强防水专用灭治药剂"火蚁净"粉剂，在作用方式、剂型、施用方法上获得多个创新，并形成配套使用技术，解决了雨季、低温季节红火蚁防效低或者无法防治的瓶颈问题，单次防效92%以上，复合防效96%以上。

（8）提出和完善了科学防控策略和全面防治与重点防治相结合的新"两步法"准则，并创建了适合我国南方八类生态区不同季节的应急防控技术体系。实验表明，该技术体系的防效达96%~100%。在广东等九省/市区广泛应用，建立示范区1532个，面积为2002.7万亩次，平均防效91.6%；构建了疫情根除管理与技术体系，连续、全面实施两三年，可达到根除独立疫点/疫区疫情目标，已在福建、湖南等地根除多个红火蚁疫情点。

3. 椰心叶甲防控技术

棕榈科植物是热带自然生态系统的标志性组分，亦是我国热区重要的经济作物，具有维持生态系统稳定和促进农民增收的作用。椰心叶甲 *Brontispa longissima* 原产巴布亚新几内亚，现已扩散蔓延至东南亚及太平洋群岛，是棕榈科植物的毁灭性入侵害虫，其有效防控是困扰上述地区的长期性难题。我国科学家历经多年研发，集成了椰心叶甲预测预报、生物防治和化学应急处理等关键防治技术，取得了显著的生态、社会和经济效益。

（1）引进并培育出适宜我国大面积应用的椰心叶甲专性寄生蜂耐寒品系。

1）系统研究了两种引进天敌专性寄生蜂的生物学、生态学特性

2004年从越南引进椰甲截脉姬小蜂 *Asecodes hispinarum*（专性寄生幼虫），从我国台湾引进椰心叶甲啮小蜂 *Tetrastichus brontispae*（专性寄生蛹）。研究表明，椰甲截脉姬小蜂寄生椰心叶甲的最佳虫期为4龄幼虫，最适温区26~28℃，适宜湿度60%~90%，寄生率89.5%，年繁殖18~20代；椰心叶甲啮小蜂寄生椰心叶甲的最佳虫期为1~2日龄蛹，最适温区24℃~28℃、适宜湿度65%~95%，寄生率98.1%，年繁殖17~18代。利用 Arcview GIS 适生性分析，结合实地调查，证实了两种寄生蜂的适宜分布范围与椰心叶甲在我国的发生区基本吻合，两种寄生蜂在海南和云南（西双版纳）可以越冬，其他发生区不能越冬。

2）驯化培育了适宜国内大面积应用的两种耐寒品系专性寄生蜂

明确了两种寄生蜂不同发育阶段的过冷却点及其在不同温度胁迫下体内保护酶系的活性变化规律；通过连续多代梯度低温驯化，培育出适温性更广的寄生蜂耐寒品系。其中，椰甲截脉姬小蜂和椰心叶甲啮小蜂耐寒品系的半致死低温分别降低了1.8℃和1.9℃，使非越冬区的放蜂时间由五六个月扩展到七八个月；使两种天敌寄生蜂在我国椰心叶甲发生区适应能力更强、放蜂控害范围更广，应用范围有效覆盖了海南、广东、广西、云南和福建等椰心叶甲发生区。

（2）研发三项绿色防控关键技术

1）提出了椰心叶甲预测预报办法、防治指标，研制出专用虫情高位监测仪。明确了

椰心叶甲空间分布型，组建了种群数量预测模型。2002—2005 年经过系统调查研究，探明了椰心叶甲各虫态均为聚集分布，水平方向上形成以中心株为核心的点片状受害株分布，垂直方向上集中分布在受害株的心叶及第一片未完全展开叶。根据空间分布型确定了椰园抽样调查方法，均匀抽样，≤100 株的种植区抽样数量不少于 10 株，≥100 株的种植区抽样数量为总量的 10%。经过系统分析抽样点叶片受害程度（取食叶面积）与虫口密度的关系，构建了椰心叶甲田间种群数量预测模型，经过连续三年在海南等地应用验证，预测准确率达 94.8%。预测模型为：$Y=38.577ne^{0.0378\bar{X}}$。其中，$Y$ 为椰心叶甲林间种群数量，n 为椰树株数，X 为椰树第一片未完全展开叶的受害率。

构建了害虫防治指标简易计算模型。根据寄主植物叶的生长量、容许损失率和椰心叶甲取食量，构建了椰心叶甲防治指标简易计算模型。防治指标计算模型：$y=(R \times T)/Cu$。其中，y 为防治指标，R 为寄主叶的容许损失率，T 为寄主叶的日平均增长面积，Cu 为椰心叶甲日平均取食叶面积。如海口地区椰子，以收获椰果为主时，防治指标为幼年树 3 头 / 株、成年树 123 头 / 株、老年树 51 头 / 株；以景观利用为主时，防治指标为幼年树 1 头 / 株、成年树 41 头 / 株、老年树 17 头 / 株。

研制出适用于高大棕榈科植物害虫监测的专用高位监测仪。该设备根据无线可视、遥控、实时远程监控等技术原理，由小型无线监测系统、遥控组件和升降柄等构成。使用简便、高效，每台每天可有效监测棕榈科植物 200 株以上，准确率达 86%，查虫工效提高五倍以上；有效解决了棕榈科植物植株高大、攀爬困难、查虫效率低的实际难题。

2）研制了"以叶养虫、以虫繁蜂"的标准化天敌扩繁工艺流程和贮运技术，研发出天敌专用释放器和两种寄生蜂混合释放技术。突破了椰心叶甲饲养难题，使规模化繁育寄生蜂成为现实。针对规模化饲养椰心叶甲所需棕榈科植物心叶不足的现实瓶颈，发明了椰心叶甲幼虫半人工饲料和心叶、老叶叠层混合饲养技术，与国外仅用心叶饲养椰心叶甲相比，心叶用量降低 50%，世代历期、存活率、产卵量无显著差异，实现了椰心叶甲大规模、低成本饲养。

构建了天敌寄生蜂低成本、标准化扩繁工艺流程，建立了四条天敌繁育生产线。以椰心叶甲 4 龄幼虫为寄主繁育椰甲截脉姬小蜂，每个养虫盒内放置 10 片 5cm 长鲜嫩椰子叶，同时接入 400 头椰心叶甲 4 龄幼虫，按雌蜂与寄主 1∶1、寄生蜂性比 3 雌∶1 雄接入姬小蜂，用 10% 蜂蜜水补充营养，后代出蜂 ≥ 50 头 / 僵虫、雌蜂比 ≥ 65%、寄生率 ≥ 95% 视为合格；以椰心叶甲蛹为寄主繁育椰心叶甲啮小蜂，每个养虫盒内放入 900 头 1~2 日龄蛹，按雌蜂与寄主 1∶1、寄生蜂性比 3 雌∶1 雄接入啮小蜂，用 10% 蜂蜜水补充营养，后代出蜂 ≥ 20 头 / 僵蛹、雌蜂比 ≥ 65%、寄生率 ≥ 95% 视为合格；与泰国、越南仅用心叶饲养椰心叶甲繁蜂相比，寄生蜂品质无差异、生产成本降低 50%。建立了日产 50 万头繁蜂生产线四条，年生产能力六亿头以上，2004—2015 年累计生产寄生蜂 35 亿头。

发明了寄生蜂低温贮运技术。通过比较不同温度条件对寄生蜂品质的影响，明确了

13℃~15℃的低温条件下，贮藏寄生蜂僵虫（蛹）十天，对天敌产品品质无显著影响，使天敌产品的货架期延长了十天，实现了寄生蜂远距离输送。

研发了天敌专用释放器和僵虫（蛹）混合释放技术。发明了天敌释放器及田间僵虫（蛹）释放法。所释放的僵虫（蛹）指在二三日内即将出蜂的椰心叶甲幼虫和蛹。与国外直接采用试管释放寄生蜂成虫相比，使寄生蜂在野外的利用时间由二天延长到三天，运输途中损耗率降低81%。

基于两种寄生蜂的生态位不同，发明了混合释放技术。将啮小蜂和姬小蜂以1：3的比例在田间混合释放，每亩挂天敌释放器一个，悬挂高度1.5m~2.0m，放蜂量根据椰心叶甲种群数量，按蜂虫比1：1确定。每月放蜂一次，连续4~6次，姬小蜂和啮小蜂的田间平均寄生率分别达到61%和52%，最高均可达100%，而且寄生蜂可建立自然种群，见效期比单一释放一种寄生蜂提前一两个月。

3）研制了高效、低毒、低残留专用杀虫剂，发明了简便、减量施药技术。研制了椰心叶甲高效、低毒、低残留专用杀虫剂。筛选出有效防治椰心叶甲的专用复配杀虫剂—45%椰甲清粉剂（主要成分，30%杀虫单+15%啶虫脒）。施药7天后，防效90%以上，持效期90天；施药20天后，在棕榈科果实产品及其种植土壤中均未检出椰甲清残留成分。

发明了椰心叶甲精准靶向和缓释减量施药技术。根据害虫发生区潮湿多雨的特点和椰心叶甲为害隐蔽的特性，发明了在心叶位置缓释药袋施药技术。采用具有缓慢渗透药剂性能的55g/m²无纺布袋装药，每袋含椰甲清5~10g，放置于未展开心叶之间，通过自然降雨，使药剂随雨水缓慢释放、杀死心叶部位的害虫，实现精准定向用药。与常规大面积化学喷雾相比，每年用药次数由12次减少到三四次，农药用量和用药成本均降低50%。

（3）研究集成了以生物防治为主、化学防治为辅的绿色防控技术体系，针对不同区域气候和生态特点，构建了五种防控模式，解决了椰心叶甲防控重大难题。

1）寄生蜂越冬经济作物区防控模式。适用于海南和云南西双版纳经济作物种植区，采取寄生蜂"两道防线、增量放蜂"的生物防治策略，即以椰甲截脉姬小蜂控制椰心叶甲幼虫阶段、以椰心叶甲啮小蜂控制椰心叶甲蛹阶段。2005年在海南海口、三亚、文昌、琼海等地开始放蜂，2009年在云南西双版纳开始放蜂。第一年首次放蜂在3月中旬，根据调查监测结果，采取大面积统防统治，按寄生蜂与害虫的比例1：1确定放蜂量，此后每个月放蜂一次，连续释放4~6次，以建立田间寄生蜂自然种群，实现持续控制椰心叶甲为害，平均防效85%以上。此后，根据田间监测情况，每年3~4月补充放蜂1~2次，保持田间天敌种群数量和适度益害比，确保持续控制。如遇种植区施用新烟碱类和菊酯类等杀虫剂防治其他害虫时，须在施药20天后补充放蜂1~2次；如遇施用抗生素类和有机磷类等杀虫剂防治其他害虫时，须在施药40天后补充放蜂1~2次。

2）寄生蜂越冬生态林区防控模式。适用于海南和云南西双版纳生态林区，采取寄生蜂"两道防线、一年放蜂"的生物防治策略。第一年根据虫情测报结果，采取大面积统防统治，首次放蜂在 3 月中旬，此后每两个月放蜂一次，连续释放三四次，以建立寄生蜂自然种群，平均防效 90% 以上。特殊年份，遇到连续七天以上日均温低于 15℃以下天气时，补充释放天敌寄生蜂一两次，保持自然环境中寄生蜂的自然种群数量，实现可持续控制。

3）寄生蜂越冬园林景观区防控模式。适用于海南和云南西双版纳城市景观、风景名胜区和交通沿线的棕榈科植物，采取"三道防线、生防为主、化防补充"的综合防治策略。即以椰甲截脉姬小蜂控制椰心叶甲幼虫阶段、以椰心叶甲啮小蜂控制椰心叶甲蛹阶段，以椰甲清挂药包防治重要目标树种上的椰心叶甲。第一年，根据虫情测报结果，利用寄生蜂进行大面积统防统治，首次放蜂在 3 月中旬，以后每月放蜂一次，连续放蜂 6 次以上，同时对重要目标树种每年每株树挂椰甲清挂药包三次。此后，根据虫情监测情况，每年 3—4 月补充放蜂一两次，当上述园林景观区施用新烟碱类、有机磷类、抗生素类和菊酯类等药剂防治其他园林害虫时，补充放蜂方法同经济作物区。

4）寄生蜂非越冬园林绿化区防控模式。适用于广东、广西、云南、福建的园林绿化和交通沿线的棕榈科植物，2006—2013 年先后在上述省区采取"夏秋生防、冬春化防"的综合防治策略。根据本区域气候特点，每年 4 月、6 月、8 月、10 月各放蜂一次，11 月中旬挂药包一次，药效持效期三个月，平均防效 90% 以上。

5）岛屿、海岸线生态区防控模式。适用于岛屿和海岸沿线的棕榈科植物，采取"中心生防、外围化防"的综合防治策略。2010 年 7 月开始在西沙永兴岛防治椰心叶甲，在靠近海岸线的两三行棕榈科植物采取椰甲清挂袋法防治，每年挂药包三次；除此以外的中心区域采取生物防治，每月放蜂一次，连续五次，此后，每年 2~3 月补充放蜂一两次。

（四）入侵生物检测新技术

1. 检疫性有害入侵生物检测技术

（1）针对境外有害生物风险不明、检测监测技术基础薄弱等问题：创建了三种定量风险评估模型，发现了 435 种（属）需要国家重点防控的高风险有害生物，并定量评估了重要有害生物的适生性、经济损失等关键风险环节；测定了 128 种有害生物及近似种的全基因组、转录组及基因序列 5 万余条，揭示了高风险有害生物形态与分子水平的协同进化关系，发现了 RdRp 等 10 个具有属、种或致病型鉴定意义的分子标记基因；发现了重要检疫性昆虫嗅觉蛋白及其三级结构模型、互作位点和高效信息化合物；发现命名了 11 个植物病原和昆虫新种新株系。其中，因分子检测方法可克服传统形态学方法难以鉴定不同发育阶段生物个体（如种子、卵、无性阶段等）、近似种、复合种、隐存种与生物残体等诸多困难，但技术难点在于揭示物种不同分类阶元的分子遗传多样性、形态与基因的协同进化关系，以及发现分子标记位点。我国研究机构首次测定并获得了真菌、细菌、植原体、病毒、昆虫等 128 种有害生物及近似种共计约 3150 个地理种群的全基因组，192350 个物种 2509708 条 DNA 条形码序列进行比对分析；结合上述两部分数据进行系统发育、遗传多样性等生物信息学分析发现或验证了 *COI*、*ITS*、*16SrRNA*、*gap1*、*rp*、*tuf*、*CP*、*RdRp*、铁受体基因、假设蛋白基因 10 个基因分别对昆虫、真菌、细菌、植原体具有属、种或致病型鉴定意义；通过形态与基因的协同进化研究，发现了 4515 个属、种单元分子标记位点，为后续其他分子鉴定技术的研制提供了坚实的科学依据。

（2）针对有害生物快速高精准检测监测难题：发明了世界病毒种类全覆盖的筛查芯片技术和植原体智能鉴定系统；创建了数字 PCR、锁式探针、飞行质谱等病虫杂草的快速精准分子检测技术；开发了高效属级广谱性和种特异性的新型昆虫诱剂；创制了高清度、大景深、流畅的远程鉴定系统。多种检测新技术的灵敏度已达单分子水平，检测时间缩减至 2 小时以内，病毒芯片技术在国际上首次实现一次性检测已知 1200 种植物病毒，并能发现新病毒。其中，病毒基因组是原始分子生命与全球众多寄主生物长期协同进化的产物，基因组高度精简但每个基因或基因片段都具有一致或交叉重叠多重功能，难以找到单一的属种分子鉴定标记基因或位点。项目组利用全基因组 5 碱基步移法分析了不同地理生态型病毒的 148537 条全基因组序列，发现了 4010 个属种特异性标记基因位点，对每属种病毒设计了两条以上的属种特异性寡核苷酸探针，实现了全球已知 81 属 1200 余种病毒的全覆盖；创建了基于泊松分布的病毒属种自动判别方法。验证了 13 属 169 种病毒样本，属种鉴定准确率达 100%，并发现了一种新病毒（三七 Y 病毒）。发明了世界上首个病毒属种自动鉴定芯片技术。研究建立了基于 16SrDNA 核酸序列电子指纹图谱的鉴定方法，创建了具有自主知识产权的 DNA 指纹图谱聚类分析系统，实现了全部已知七百多种植原体的精准鉴定与未知植原体的归类，精准度提高了十倍以上（达到 1bp），与国际通用的美国植原体鉴定系统的精准度一致。有害生物普遍存在近似种分子标记位点序列同源性高、种内变异性大的现象，给常规 PCR 鉴定造成困难，本项目组基于 RdRp 等十个分子标记基因设计了锁式探针、MGB、oligo、PNA、LNA、TaqMan 等特异性引物 347 条、探针 158 条，创建了真菌、昆虫、细菌、病毒等 128 种有害生物的特异性数字 PCR、飞行质谱等高通量高精准分子鉴定技术，多种检测技术灵敏度可达单分子水平，比常规 PCR 高出 10~100 倍，突破了昆虫卵幼虫、真菌无性世代等不同发育阶段生物个体形态学难以鉴定的技术瓶颈，鉴定时间从几天缩短到 2 小时。研发了 85 种检测试剂盒。国际上首次建立了可鉴定多种实蝇的数字 PCR 技术，实现了 27 种实蝇的一次性高通量检测。

（3）针对我国国境口岸点多、面广、距离远、专家资源短缺的现状：项目组设计集成了显微图像采集设备、超景深照片合成模块、远程视频会议系统、口岸截获有害生物鉴定复核管理系统等软硬件，发明了我国有害生物远程鉴定系统。该系统实现了在高清静像（约 2000 万像素）和流畅视频（达到 4CIF 标准）间无缝切换、大景深（毫米级）显微图像的拍摄及实时远程交流。该系统现已推广应用于检验检疫系统二百多个口岸，显著提升了全国口岸有害生物检测监测能力和准确性。该系统优于仅有图像传输功能的美国同时期同类产品。

（4）针对携带有害物的大宗货物安全无损除害难题：发明了溴甲烷吸附回收和再利用技术；创建了环境友好型熏蒸除害多参数智能控制系统；研发了木材、集装箱熏蒸处理大型装备；首创了热处理时间多因子预测模型。实现了高风险大宗货物及集装箱的全天候不间断检疫处理通关。溴甲烷回收再利用率达95%以上，优于美国和澳大利亚同类技术。

（5）针对标准严重缺失的问题：创建了检疫性有害生物防御技术标准体系。对建立的高新技术的稳定性、特异性、灵敏度进行全面的测试评价，制定了包括风险评估、检测监测、检疫处理等国境防御全过程的标准共56项。2000年以前，我国进境植物检疫标准接近空白。我国科学家首次研制了我国进出境植物检疫标准体系表，明确了有害生物风险评估、检测监测和除害处理等方面的标准需求；对本项目建立的高新技术的稳定性、特异性、灵敏度进行了全面的测试评价，制定了覆盖检疫性有害生物国境防御全过程的标准共56项，促进了本项目研发技术的推广应用。与欧美等国相比，上述标准涵盖高新技术种类更多，推广应用更早。

2. 农林有害入侵生物检测技术

农林有害入侵生物高通量分子检测是有效防止有害入侵生物传入扩散，及时准确监测和防控农林有害生物及其危害的先决条件。近年来，我国学者利用 DNA 环介导的恒温扩增技术（LAMP）、Padlock 探针、金标抗体免疫试纸条等当今最先进的检测技术，针对大豆疫霉菌[56-57]、瓜类细菌性果斑病菌[58-59]、黄瓜绿斑驳花叶病毒[60]等入侵植物病害准确、快速、灵敏和高通量的检测技术体系，形成并获得一批农林有害生物分子检测的前沿技术、技术产品、发明专利和技术标准，抢占相关技术的制高点。此外，国内专家正逐渐发展利用特定类群的基因芯片、多元条形码等方法对入侵物种进行快速检测。初步建立了先进水平分子检测的研发平台和研究队伍，提高了我国农林有害生物分子检测整体水平，为保障我国粮食安全和农产品有效供给，显著改善生态环境，保障农产品质量安全，维护公众健康起到了技术支撑和储备作用。

3. 水生生物检测技术

建立高灵敏度、覆盖范围广的检测体系也是防控水生生物入侵最直接有效的方式。和陆生生物相比，在水生生态系统中构建早期检/监测和预警体系在技术层面更具挑战，如水生生物的种类繁多、群落结构复杂、形体微小且在入侵初期群体规模极小、隐匿于水下、可用于物种鉴定的外部形态缺乏等，因此，建立准确、快速、高通量的检测方法是构建早期检测与预警体系的核心技术问题。通过对水生生态系统的典型群落进行生物信息学分析，成功设计出基于核糖体小亚基 rDNA 的高分辨率通用引物；对复杂水生群落的 PCR 扩增结果显示，此通用引物可以扩增出几乎所有水生生物类群（动物、原生生物、藻类、真菌等），且扩增偏向性极小；通过在复杂群落中混入指示物种的方式，成功标定了检测体系的灵敏度：在测序深度为2万条序列/群落时，靶标生物的生物量百分比达到 $2.3 \times 10^{-5}\%$ 即可被检测到，比前人方法的灵敏度高五个数量级；将低丰度入侵生物的检出概率提高了五倍，即在一个幼虫存在的条件下，检出概率达到 100%。这些方法的建立不仅为水生入侵生物早期检测与预警体系的构建提供了技术支撑，可以高效检测和监测以压舱水、船壳污损等为载体的外来生物及监控港口水域等最易遭受生物入侵的区域；同时，也为水生入侵生物的检验检疫及立法等工作提供数据基础和技术支持。

（五）外来入侵生物管理

外来物种入侵是当今全球面临的一个重大科学问题，是造成生物多样性丧失的主要因素之一，同时也对农林业生产和人类健康造成了严重的威胁。一些国际公约和组织，如《生物多样性公约》、《国际植物保护公约》、世界自然保护联盟等高度关注外来入侵物种问题。2010 年 10 月在日本召开的《生物多样性公约》第十次缔约方大会通过了该公约的战略计划（2011—2020 年），并通过了拥有二十个目标的 2020 年目标（即爱知目标）。其第九个目标是：到 2020 年，查明外来入侵物种，明确其优先顺序，优先的外来入侵物种得到控制或根除。

为了有效应对外来物种入侵危害造成的农业、林业和环境等的健康发展问题，自 2003 年起，我国农业部、环保部等部门先后成立国家外来入侵生物安全管理办公室，将外来入侵物种管理工作纳入其中，并陆续建立了各自的应急管理体系，发布了基于各自领域的《中国外来入侵物种名单》。为掌握全国外来入侵物种本底情况，农业部、环境保护部等也先后立项，用于全国外来入侵物种本底调查，完成了全国陆地、内陆水域和海洋生态系统中外来入侵生物的调查与编目工作。并编制出版了《入侵生物植物图谱》、《入侵生物动物图谱》、《中国外来入侵生物》、*Biological invasion* 等著作。详细介绍了我国入侵生物学学科发展、研究现状，外来入侵生物的种类、国内发生分布信息等。

我国政府十分重视外来入侵有害生物的防治工作，已制定和实施了一系列法律、法规、规划和标准。经国务院第一百二十六次常务会议审议通过了《中国生物多样性保护战略与行动计划》（2011—2030 年），该战略与行动计划要求提高对外来入侵生物的早期预警、应急与监测能力，保障国家经济和生态安全、促进社会和谐稳定。同时，科技部专门成立了国家生物安全委员会，作为我国外来入侵生物综合管理和重大创新项目的专业咨询机构。同时，作为国际入侵生物学秘书处常驻地，我国先后成功举办了前两届国际入侵生物学大会，2017 年 11 月 19—23 日，我们将继续举办第三届国际入侵生物学大会。通过会议举办、人才交流、国际联合研究中心的建立，配合"一带一路"国际生物入侵联盟的建立，有利推动我国入侵生物学在国际上的影响力。

（六）2014 年以来本学科建设发展情况

2014 年以来，本学科建设情况见以下几个表。

表 1   2014 年以来本学科重大研究项目

序号	项目类型	项目名称	主持人	主持单位	执行时间
1	重大科技专项	主要入侵生物防制技术与产品	刘万学	中国农业科学院植物保护研究所	2016 年 07 月—2018 年 12 月
2	重大科技专项	主要入侵生物的动态分布与资源库建设	周忠实	中国农业科学院植物保护研究所	2016 年 07 月 - 2018 年 12 月
3	国家优秀青年科学基金	农业有害生物检疫与入侵生物学	周忠实	中国农业科学院植物保护研究所	2014 年 01 月 - 2016 年 12 月
4	重大科技专项	主要入侵生物的生物学特性研究	孙江华	中国科学院动物研究所	2016 年 07 月 - 2018 年 12 月
5	重大科技专项	主要入侵生物生态危害评估与防制修复技术示范研究	李俊生	中国环境科学研究院	2016 年 07 月 - 2018 年 12 月
6	重大科技专项	入侵植物与脆弱生态系统相互作用的机制、后果及调控	杨 继	复旦大学	2017 年 07 月 - 2020 年 6 月
7	重大科技专项	重大 / 新发农业入侵生物风险评估及防控关键技术研究	张桂芬	中国农业科学院植物保护研究所	2017 年 07 月 - 2020 年 6 月
8	支撑计划	外来生物物种监测与防控技术研究	陈乃中	中国检验检疫科学院	2015 年 04 月—2019 年 12 月

表 2   本学科重大科研平台

平台名称	依托单位	首席科学家	成立时间	授予部门
中澳外来入侵物种预防与控制联合研究中心	中国农业科学院植物保护研究所	万方浩	2015	中国农业科学院

表 3   本学科重要研究团队

团队名称	依托单位	学术带头人	批准部门	入选时间
农业入侵物种预防与监控创新团队	中国农业科学院植物保护研究所	万方浩	中国农业科学院	2013 年 6 月

表4 "十二五"以来获奖成果

序号	获奖等级	成果名称	第一完成人	第一完成单位	获奖年度
1	国家科技进步奖，二等奖	主要农业入侵生物的预警与监控技术	万方浩	中国农业科学院植物保护研究所	2013
2	国家科技进步奖，二等奖	我国检疫性有害生物国境防御技术体系与标准	朱水芳	中国检验检疫科学研究院	2017

三、本学科国内外研究进展比较

近几年，国家大力开展生态文明建设，外来生物入侵作为影响生态安全、生物安全和粮食安全的重大科学问题，相关研究已取得显著进展。比如，在入侵种成功入侵的生态适应性进化及分子机制，植物–昆虫–微生物互作，入侵生物风险评估、预警、监测、防治方面的研究尤其显著，发表了多篇高水平论文。我国入侵生物学研究在基础理论方面的研究正逐渐接近国际水平，而且在实际应用方面与欧美国家相比差距逐渐缩小，部分应用技术和产品甚至弥补了国内外空白。入侵生物综合防控体系日趋完善，先后完成了重大入侵生物烟粉虱、红火蚁、椰心叶甲、豚草等的综合防控技术体系研发与技术应用示范工作。

我国科学家针对椰心叶甲入侵成灾机制、监测技术、天敌繁育技术等问题，先后从飞行能力、生殖潜能、寄主、本地天敌、气候因子等方面系统阐明椰心叶甲入侵成灾机理；提出了种群数量预测模型、防治指标，发明了虫情高位监测仪；发明了椰心叶甲幼虫半人工饲料和心叶、老叶叠层混合饲养技术；制定了标准化天敌扩繁工艺流程和贮运技术行业标准。相比之下，国际上尚未有相关报到。另外，针对椰心叶甲天敌繁育成本、寄生蜂释放技术、化学防治等技术问题，先后研发了生产姬小蜂60元/万头，啮小蜂120元/万头的生产线；发明了天敌专用释放器释放僵虫（蛹）和2种寄生蜂混合释放技术；发明了专用杀虫剂椰甲清淋溶性粉剂和精准靶向施药技术，防治效果达到90%，持效期三个月，年用药三四次，不仅成本低，而且用药量降低50%。国际上，泰国和越南等国家的国际同行科学家分别研发了生产姬小蜂120元/万头、啮小蜂240元/万头的技术；同时推广了利用单一寄生蜂释放；直接释放寄生蜂成虫的天敌释放方法；使用了高压喷雾技术，年用药十二次以上，用药量大、成本高、防效低。相比之下，我国科学家研发的成果填补了椰心叶甲防控基础与防治技术研究的多项空白。椰心叶甲绿色防控技术体系的构建及其在生产上的大规模应用，成效显著。其理论创新与技术丰富了入侵生物学、生物防治学的内容，为国内外研究和防控其他入侵害虫提供了科学范例和成功经验。

针对重大入侵生物红火蚁，我国科学家经过精准研发，研发的监测检测技术、防控产品安全、检测效率高、技术使用简便，适应范围广，市场竞争力强，产生的效益巨大。如"火蚁净"强防水粉剂灭蚁效果高于90%，明显优于国外药剂；防控技术体系防效可高达96%以上，明显高于国外同类技术；构建的疫情根除技术体系应用后可实现根除独立疫区疫情目标，是国际上同类技术难以企及的。已在我国所有红火蚁发生区和高风险区域广泛应用上述技术、产品，相关技术产品已经成为国家标准，并累计举办宣传培训3249次，培训23.4万人次，发放技术资料292.5万份，示范应用了195万公顷次，被伤害人员减少39.8万人次。综合防控技术的广泛应用有效遏制了红火蚁蔓延与危害，经济、生态效益显著，社会影响巨大。

针对豚草、空心莲子草等入侵杂草，我国科学家研发了生防作用物与替代植物筛选安全性评价技术；建立了生防作用物的风险过滤方法；改进了反竞争替代植物组合的筛选方法；相比之下，国际上目前只有选择性与非选择性筛选方法和单种筛选方法；另外，我国在已经实现了豚草卷蛾、广聚萤叶甲、莲草直胸跳甲等的规模化生产技术；实现了每生产（240m² 单元）可达 290 万头/单元，效率提高 40~50 倍，而国际上尚未实现规模化生产技术。此外，我国科学家研发了豚草卷蛾（营养截流）和广聚萤叶甲（叶片蚕食）双重控制技术，实现了豚草卷蛾与广聚萤叶甲空间生态互补的生防体系，其"火烧状"防效达95%。研发了早春助增释放天敌昆虫，盛夏高温季节应用生防菌防控空心莲子草的技术体系，持续控制效果达90%以上，实现了莲草直胸跳甲与生防菌 SF-193 的协调增效生防技术。相比之下，国际上尚未有豚草和空心莲子草相关防控技术的研究报道。研发了紫茎泽兰、豚草与黄顶菊替代植物拦截与生态修复技术，组合拦截与替代两种或多种入侵杂草，比国际上拦截和替代单一入侵杂草的技术更符合我国实际生产情况，替代防控效率更高。

针对我国水生生态系统中外来入侵物种的影响和现状，开展了系统的水生生物本地普查工作，初步建立了高效率检测技术体系。然而，由于我国从国家层面真正开始重视并大力防治外来物种入侵只有十年左右的时间。直到 2001 年，我国才开始第一次系统开展全国外来入侵物种调查。这就导致了水生入侵生物的资料仍然不足。此外，相对于陆生生物而言，水生生物入侵更具隐蔽性，也更容易扩张和爆发。更为严峻的是，水生生物入侵治理手段很少，而且效果甚微，一旦入侵成功并爆发，基本不可能清除。因此，总结国内外多年经验发现，在水生生物入侵防治工作中，必须坚持"防治结合，以防为主"、"预防工作须从源头做起"的工作思路，坚决将有害外来生物拒于国门之外。跟国际上发达国家治理水生入侵生物比较，我们需要发展和完善相关的法律法规，建立统一协调的管理机构；需要建立科学评估体系，强化外来物种监控；需要加强国际合作，研究有效的治理措施；需要加强宣传教育，建立全民防治模式；需要加强基础研究，为水生入侵生物科学检测、预警、防治等过程提供科学依据。

针对外来入侵病源生物检测技术，近年来，尽管国内学者针对入侵植物病原菌陆续研发建立了多项检测技术方法，然而，国内学者多数是国际前沿技术的跟踪和使用，国内仍缺乏拥有自主知识产权的国际高端前沿检测技术。例如：日本学者 Notomi 等[62] 于 2000 年开发了一种全新的核酸扩增方法即环介导等温扩增技术，并首次应用于核酸体外扩增。该技术在具有置换活性的 *Bst* DNA 聚合酶的作用下，通过两条特异的外引物（F3、B3）和两条特异的内引物（FIP、BIP），在等温条件下（60~65℃）特异性地对靶标基因进行扩增。LAMP 具有很高的扩增效率，在 1h 内便可特异地将靶序列扩增到 10^9~10^{10} 数量级。在合成新的扩增产物时，dNTPs 析出的焦磷酸离子会和反应溶液中的 Mg^{2+} 结合生成焦磷酸镁混浊液或者出现白色沉淀，这样就能用肉眼直接观察到是否成功扩增，或通过添加染料进行实时检测，也可以通过扩增产物的混浊度对初始靶序列进行定量分析。然而，该技术在近年仍被国内学者应用于多种入侵植物病害的检测。

相比之下，欧、美等国为代表的国家不仅在技术方面始终紧跟学科前沿，在综合防控体系方面也已经在部分领域实现产业化，形成了跨国家、地区的垄断公司，可提供包括抗性植物品种、天敌生物、植物免疫调节剂等产品销往世界一百多个国家和地区。而中国目前尚无拥有大量专利且能够规模生产产品的国际化公司，需要继续发展壮大科技转化队伍，发展科技转化事业。此外，中国在高新和关键防治新技术方面与欧美国家研发实力也有差距，对一些防治新技术进行了大量的室内和田间试验的研究工作，已取得阶段成果，但在应用方面还缺少重大的、显著性的进展，比如遗传控制技术，欧美国家在防治苹果蠹蛾、实蝇等的不育技术已取得明显成就，而我国虽然开展了这方面的研究，但涉及的害虫种类少，基础研究还需进一步加强。尚未形成稳定的控制品系，需要持续研发，加大攻关力度。

四、本学科发展趋势与对策

（一）入侵生物的监测预警技术与管理

有必要对我国目前已有和新发的入侵生物进行生物、生态安全评估。统计发现，我国新的进境植物检疫性有害生物名录修订工作自 2000 年启动，于 2007 年正式发布；该名录把 1992 年公布的 84 种/属检疫性有害生物扩大至 435 种/属，明确了防控重点，扩大了对农林生态的保护面。但随着时间的推移，国内国际植物疫情出现了很多新的变化，新发现的有害生物种类逐渐增多，有必要继续对这些新发的有害生物进行风险评估。同时预警与监测、检测技术有待随着社会和科技进步继续提高水平。

在研究中建立了许多有效的检疫鉴定技术，如实时荧光 PCR 技术、基因芯片技术、远程鉴定技术等，建立后在口岸检疫工作中发挥了巨大的作用。在当今科技迅猛发展的时代，随着生物学基础理论、材料学和自动控制技术等的突破和发展，我们仍需持续开发和利用新的技术，不断提高有害生物国境防御科技水平。

例如，研究结果显示红火蚁传播扩散主要依靠苗木、花卉、草皮、肥料、土壤、废旧物品等长距离运输，搞好检疫、控制入侵源头是有效压低该蚁扩散传播和入侵速度的关键。但是，目前我国红火蚁发生区相关物品外运类型众多、数量巨大，每年超过一亿批次。而相关检疫管理技术机构和部门由于人员、经费的严重不足，虽然竭尽所能，采用该项目所研发的检疫管理和灭除技术也只能对大约百万批次的调运物品实施有效检疫，仅能部分阻截和延缓红火蚁入侵。因此，进一步研发适用于我国检疫实际需要的更高效的检疫技术和管理系统将是未来值得努力的方向。

（二）入侵生物综合防控技术

针对特定的入侵物种防控的实际情况，如椰心叶甲的危害，需要改进高空作业方式。因为棕榈科植物一般为高大乔木，施药部位高，须创制适应高空作业要求的专业装备。也需要解决防治药剂（剂型）种类单一，易诱致抗药性的普遍难题，须进一步研发新农药品种或剂型。再如红火蚁的危害，由于红火蚁入侵中国历史不长，同时限于其特有的生物学特性，当前及今后一段时间内可用于防治该蚁的药剂来源、品种可能不够丰富。长期使用同一类或者相近的药剂进行防治，该虫存在产生适应性或者抗药性的风险。一旦产生，常用药剂防效就可能降低甚至失效。需要通过较长期的进一步研究，弄清楚红火蚁对有毒物质的反应变化及其调节机制，开发出更为丰富、有效的药剂品种，将是未来值得努力的方向。此外，目前我国科研成果在针对技术援外的某些环节还不够畅通。例如因贸易技术壁垒，国外民俗、工作习惯等原因，导致我国的防控技术在境外推广途径不畅。特别是"一带一路"政策的顺利实施，急需政府制定相应的配套鼓励政策，为我国入侵生物学科研成果技术输出提供便利。

（三）入侵生物的入侵机理

随着已入侵生物的进一步扩散蔓延，被入侵的新的生态区域类型将不断增多，环境条件的多样性、异质性将进一步增大。环境对入侵生物的影响将主要体现在入侵生物为了适应环境因子的变化，可能产生一定的生物学适应性进化，甚至是微进化，特别是在全球气候变化条件下，当进入一些极端环境（如高湿、干旱、高温、低温、高辐照、低气压等）中，其生物学、扩散、发生规律变化及其机制等应不断地予以探索和解决。这给科学研究和防控实践提出了需要进一步应对的课题。因此，在更大空间、更长时间范围不断地开展防控基础理论研究和监测、防治应用技术研发，建立适用范围更广泛的防控科学基础和关键技术体系将是未来入侵生物综合防控技术基础研究的研究方向之一。

总之，入侵生物学是一门综合学科，同时也是一门交叉学科。我国科学家仍然值得在以下几个方面考虑未来的研究工作：①研发重要入侵生物快速分子识别与扩散阻截扑灭技术，提高入侵物种的风险监控与应急处置水平。②对重大入侵生物的生防抑制与持久生态修复调控技术，应提高其对已入侵物种的绿色可持续管理。③明确主要入侵生物动态分布与本底信息；创新多维追踪溯源、智能化监测新技术；此外，尚需尽快编制入侵生物种类、生态分布、危害等级、扩散风险等最新研究报告及外来入侵生物重大疫情报告；制定多部门协作的入侵生物数据资源采集规范与数据质量控制规范，编制入侵生物野外数据调查规范；在已有基础上，绘制入侵物种的专题电子图集；建成的囊括入侵生物及其媒介与寄/宿主的实物资源库及其配套信息数据库；建立一体化入侵生物数据库及信息共享平台。④建立高效的入侵生物的立法和监管系统。加强关于检疫、检验和有意引进植物和动物的立法和控制程序，尤其要重视审批之前的风险评估和引进后的监管。⑤优化管理模式。在国家层面，随着我国经济社会快速发展急需建立一个多层次、多学科的协作平台，这个平台包括农业、林业、环保、检疫、运输、民航、邮政和相关部门，可以有效地防止和控制有害生物入侵。各部门通过协商，根据职责分工为严格的入境植物检疫检验、审批建立疫情信息共享机制。运输、邮政、民航部门应严格检查植物检疫的相关证书，对于那些没有检验和检疫的植物和植物产品应拒绝装运或邮寄。

参考文献

［1］ 崔永三，赵宇翔，胡学兵.我国外来林业有害生物入侵现状与防控对策［J］.中国森林病虫，2009，3：40-43.

［2］ Wingfield MJ, Brockerhoff GE, Wingfield B D, et al. Planted forest health: The need for a global strategy［J］. Science, 2015, 349（6250）: 832-836.

［3］ Blackburn TM, Pyšek P, Bacher S, et al. A proposed unified framework for biological invasions［J］. Trends in ecology & evolution, 2011, 26（7）: 333-339.

［4］ Zhang T, Luan JB, Qi JF et al. Begomovirus-whitefly mutualism is achieved through repression of plant defences by a virus pathogenicity factor［J］. Molecular Ecology. 2012, 21（5）: 1294-304.

［5］ Luan JB, Yao DM, Zhang T, et al. Suppression of terpenoid synthesis in plants by a virus promotes its mutualism with vectors［J］. Ecology Letters, 2013, 16（3）, 390-398.

［6］ Li R, Weldegergis BT, Li J, et al. Virulence factors of geminivirus interact with MYC2 to subvert plant resistance and promote vector performance［J］. The Plant Cell, 2014, 26（12）: 4991-5008.

［7］ Liu BM, Preisser EL, Chu D, et al. Multiple forms of vector manipulation by a plant-infecting virus: *Bemisia tabaci* and *Tomato yellow leaf curl virus*［J］. Journal of Virology, 2013, 87（9）: 4929-4937.

［8］ Wei J, Zhao JJ, Zhang T, et al. Specific cells in the primary salivary glands of the whitefly *Bemisia tabaci* control retention and transmission of begomoviruses［J］. Journal of Virology, 2014, 88（22）: 13460-13468.

［9］ Wang LL, Wang XR, Wei XM, et al.The autophagy pathway participates in resistance to *tomato yellow leaf curl virus* infection in whiteflies［J］. Autophagy, 2016, 12（9）: 1-15.

［10］ Ahmed MZ, Li SJ, Xue X, Yin XJ, et al. The intracellular bacterium Wolbachia uses parasitoid wasps as phoretic vectors for efficient horizontal transmission［J］. PLoS Pathogens, 2015, 11（2）: e1004672.

［11］ Su Q, Oliver KM, Xie Wen, et al. The whitefly-associated facultative symbiont *Hamiltonella defensa* suppresses induced plant defenses in tomato[J]. Functional Ecology, 2015, 29（8）：1007-1018.

［12］ Yan Z, Sun J, Don O, et al. The red turpentine beetle, Dendroctonus valens LeConte（Scolytidae）：an exotic invasive pest of pine in China[J]. Biodiversity & Conservation, 2005, 14（7）：1735-1760.

［13］ 李娟，崔永三，宋玉双，等. 我国林业检疫性和危险性有害生物新名单的特点[J]. 中国森林病虫, 2013, 5：42-47.

［14］ Wang B, Lu M, Cheng CH, et al. Saccharide-mediated antagonistic effects of bark beetle fungal associates on larvae[J]. Biology letters, 2013, 9（1）：20120787.

［15］ Zhou F, Lou Q, Wang B, et al. Altered Carbohydrates Allocation by Associated Bacteria-fungi Interactions in a Bark Beetle-microbe Symbiosis[J]. Scientific reports, 2016, 6.

［16］ Lou Q Z, Lu M, Sun J H. Yeast diversity associated with invasive Dendroctonus valens killing Pinus tabuliformis in China using culturing and molecular methods[J]. Microbial ecology, 2014, 68（2）：397-415.

［17］ 娄巧哲. 入侵种红脂大小蠹伴生细菌和酵母对伴生真菌的影响[D]. 北京：中国科学院大学，2014.

［18］ Cheng CH, Xu LT, Xu DD, et al. Does cryptic microbiota mitigate pine resistance to an invasive beetle-fungus complex? Implications for invasion potential[J]. Scientific Reports, 2016, 6.

［19］ 程驰航. 化学信息调控的入侵种红脂大小蠹—寄主油松—伴生真菌和细菌相互作用[D]. 北京：中国科学院大学.

［20］ Xiang Y, Wu XQ, Zhou AD. Bacterial Diversity and Community Structure in the Pine Wood Nematode Bursaphelenchus xylophilus and B. mucronatus with Different Virulence by High-Throughput Sequencing of the 16S rDNA[J]. PloS one, 2015, 10（9）：e0137386.

［21］ 何龙喜，薛旗，吴小芹. 松材线虫体内细菌对宿主繁殖和致病力的影响[J]. 南京林业大学学报，2016，40（3）：47-51.

［22］ Zhao LL, Mota M, Vieira P, et al. Interspecific communication between pinewood nematode, its insect vector, and associated microbes[J]. Trends in Parasitology, 2014, 30（6）：299-308.

［23］ 邓丽娜，吴小芹. 松材线虫毒力及发育转型与细胞自噬关系研究[J]. 南京林业大学学报，2016，40（4）：171-182.

［24］ Hurley BP, Slippers B, Wingfield MJ. A comparison of control results for the alien invasive woodwasp, Sirex noctilio, in the southern hemisphere[J]. Agricultural and Forest Entomology, 2007, 9（3）：159-171.

［25］ 李大鹏，石娟，骆有庆. 松树蜂与其共生真菌的互利共生关系[J]. 昆虫学报，2015，58（9）：1019-1029.

［26］ Sun J, Lu M, Gillette NE, et al. Red turpentine beetle：innocuous native becomes invasive tree killer in China[J]. Annual review of entomology, 2013, 58：293-311.

［27］ 李大鹏. 松树蜂 Sirex noctilio 与其共生菌 Amylostereum areolatum 对寄主树木的协同危害研究[D]北京：北京林业大学，2015.

［28］ 王立祥，任利利，游崇娟，等. 松树蜂入侵樟子松的内栖真菌区系[J]. 菌物学报，2016，35（10）：1-10.

［29］ Mendel Z, Protasov A, Fisher N, et al. Taxonomy and biology of Leptocybe invasa gen. & sp. n.（Hymenoptera：Eulophidae），an invasive gall inducer on Eucalyptus[J]. Australian Journal of Entomology, 2004, 43（2）：101-113.

［30］ 汤行昊. 桉树枝瘿姬小蜂生物学、生态学特性及防治试验[D]. 福州：福建农林大学，2013.

［31］ 谷平，蒋新革，李坦优，等. 桉树枝瘿姬小蜂研究现状与展望[J]. 江西林业科技，2012，1）：32-35.

［32］ 张华峰. 桉树枝瘿姬小蜂侵害机理及寄主桉树化学防御研究[D]. 福州：福建农林大学，2013.

［33］ 马涛，郑利飞，杨兴翠，等. 桉树枝瘿姬小蜂对不同桉树挥发物的趋性选择[J]. 林业科技开发，2013，27（6）：123-125.

［34］ Wang H, Wang Q, Bowler PA, et al. Invasive aquatic plants in China[J]. Aquatic Invasions, 2016, 11（1）：1-9.

［35］ 李莉玲，刘怡，卢进，等 . 对桉树枝瘿姬小蜂不同抗性的 3 个桉树品种枝叶挥发物分析［J］. 林业科技开发，2015，29（1）：114-117.

［36］ Wołczuk K，Mięsikowski M，Jarzynka K，et al. Biological invasions in the aquatic ecosystems of Europe as a threat to biodiversity［J］. Ecological Questions，2013，15（1）：31-34.

［37］ Zhan A，Briski E，Bock DG，et al. Ascidians as models for studying invasion success［J］. Marine Biology，2015，162（12）：2449-2470.

［38］ Zhan A，Macisaac HJ，Cristescu ME. Invasion genetics of the Cionaintestinalis species complex：from regional endemism to global homogeneity［J］. Molecular Ecology，2010，19（21）：4678-4694.

［39］ Song T，Kale SD，Arredondo FD，et al. Two RxLR avirulence genes in *Phytophthora sojae* determine soybean Rps1k-mediated disease resistance［J］. Molecular plant-microbe interactions：MPMI，2013，26（7）：711-720.

［40］ Transcriptional Programming and Functional Interactions within the *Phytophthora sojae* RXLR Effector Repertoire，The Plant Cell，2011，23，2064-2086.

［41］ Ma Z，Song T，Zhu L，et al. A *Phytophthora sojae* Glycoside Hydrolase 12 Protein Is a Major Virulence Factor during Soybean Infection and Is Recognized as a PAMP［J］. Plant Cell，2015，27（7）：2057-2072.

［42］ The Activation of Phytophthora Effector Avr3b by Plant Cyclophilin is Required for the Nudix Hydrolase Activity of Avr3b［J］. PLoS Pathogens.2011，7（11）：e1002353.

［43］ Song T，Ma Z，Shen D，et al. An Oomycete CRN Effector Reprograms Expression of PlantHSPGenes by Targeting their Promoters［J］. Plos Pathogens，2015，11（12）.

［44］ Jing M. A *Phytophthora sojae* effector suppresses endoplasmic reticulum stress-mediated immunity by stabilizing plant Binding immunoglobulin Proteins［J］. Nature Communications，2016，7.

［45］ Wang T，Guan W，Huang Q，et al. Quorum-sensing contributes to virulence，twitching motility，seed attachment and biofilm formation in the wild type strain Aac-5 of Acidovorax citrulli［J］. Microbial Pathogenesis，2016，100：133-140.

［46］ Tian Y，Zhao Y，Wu X，et al. The type VI protein secretion system contributes to biofilm formation and seed-to-seedling transmission of *Acidovorax citrulli* on melon［J］. Molecular Plant Pathology，2014，16（1）：38-47.

［47］ Shavit R，Lebendiker M，Pasternak Z，et al. The vapB-vapC Operon of *Acidovorax citrulli* Functions as a Bona-fide Toxin-Antitoxin Module［J］. Frontiers in Microbiology，2016，6（e1003827）.

［48］ Bahar O，Levi N，Burdman S. The cucurbit pathogenic bacterium *Acidovorax citrulli* requires a polar flagellum for full virulence before and after host-tissue penetration［J］. Molecular Plant-Microbe Interactions，2011，24（9）：1040-1050.

［49］ Carlton J. Invasive species：vectors and management strategies［M］. Island Press，2003.

［50］ Darling JA，Mahon AR. From molecules to management：adopting DNA-based methods for monitoring biological invasions in aquatic environments［J］. Environmental Research，2011，111（7）：978-988.

［51］ Gallardo B，Clavero M，S á nchez MI，et al. Global ecological impacts of invasive species in aquatic ecosystems［J］. Global change biology，2016，22（1）：151-163.

［52］ Hulme P E. Trade，transport and trouble：managing invasive species pathways in an era of globalization［J］. Journal of Applied Ecology，2009，46（1）：10-18.

［53］ Lee CE. Evolutionary genetics of invasive species［J］. Trends in ecology & evolution，2002，17（8）：386-391.

［54］ Lin Y，Gao Z，Zhan A. Introduction and use of non-native species for aquaculture in China：status，risks and management solutions［J］. Reviews in Aquaculture，2015，7（1）：28-58.

［55］ Padilla DK，Williams SL. Beyond ballast water：aquarium and ornamental trades as sources of invasive species in aquatic ecosystems［J］. Frontiers in Ecology and the Environment，2004，2（3）：131-138.

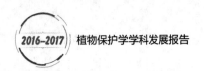

［56］Roman J，Darling JA. Paradox lost: genetic diversity and the success of aquatic invasions［J］. Trends in Ecology & Evolution，2007，22（9）：454–464.

［57］Seebens H，Gastner MT，Blasius B. The risk of marine bioinvasion caused by global shipping［J］. Ecology Letters，2013，16（6）：782–790.

［58］Dai TT，Lu CC，Lu J，et al. Development of a loop-mediated isothermal amplification assay for detection of *Phytophthora sojae*［J］. FEMS Microbiology Letters，2012，334（1）：27–34.

［59］Notomi T，Okayama H，Masubuchi H，et al. Loop-mediated isothermal amplification of DNA［J］. Nucleic Acids Research，2000，28（12）：E63.

撰稿人：万方浩　郭建洋　王晓伟　蒋红波　鲁　敏　魏书军　战爱斌　李世国

胡白石　徐海根　马方舟　周忠实　陆永跃　彭正强　蒋明星　陈　克

植物化感作用学学科发展研究

一、引言

　　植物可以通过产生和释放次生代谢物质调控邻近生物的生长和种群建立，即所谓的植物化感作用（allelopathy）。原始的植物化感作用定义是指一种活或死的植物通过适当的途径向环境释放特定的化学物质从而直接或间接影响邻近或下茬（后续）同种或不同种植物萌发和生长的效应，而且这种效应绝大多数情况下是抑制作用。目前的植物化感作用定义已扩展为由植物、真菌、细菌和病毒产生的化合物影响农业和自然生态系统中的一切生物生长与发育的作用[1]。事实上，植物化感作用是生态系统中自然化学调控机制之一，是植物对环境适应的一种化学响应。植物化感作用在生态学科表现为植物 – 植物、植物 – 动物和植物 – 微生物间的化学联系，而在植物保护学科则主要体现为作物对病虫草害的化学调控作用。

　　植物化感作用这一自然生态现象已经被发现记载二千多年了，但直到 1937 年才由奥地利植物学家 Hans Molisch 给予原始的定义。尤其是自 1974 年美国科学家 Elroy L. Rice 出版 Allelopathy 专著以来，自然和农林生态系统中的植物化感作用在世界范围内得到广泛关注并不断取得研究进展。中国是有着五千年文明史的农业大国，农林作物和有害生物间存在的植物化感作用现象非常普遍，有利于中国学者致力植物化感作用研究，中国的植物化感作用研究也一直处于国际前沿。早在 1970 年，中国台湾省周昌弘院士及其团队就针对热带亚热带农林生态系统中的植物化感作用进行了深入系统的研究，取得一系列有影响的成果。中国大陆的植物化感作用研究虽然起步较晚，但后来居上，尤其在植物化感物质的分离鉴定、农作物化感作用机制及其利用、水稻化感新品种选育和农作物连作自毒作用（包括中药材连作障碍和人工林连栽障碍）等方面都取得了实质性进展。这些研究成果使得中国的植物化感作用研究迅速崛起，在国际上的影响愈来愈大。

目前，植物化感作用已不再是植物种间和种内简单的抑制或促进关系，而是涉及到生态系统中各个层次的自然化学相互作用关系，特别植物化感作用及其化感物质为实现农林业的可持续发展和有害生物的自然化学调控发挥着积极作用。本报告概述近年中国植物化感作用在作物－杂草、作物－害虫和植物－病原微生物等方面的研究进展和现状，并与国际前沿和热点对比分析，在此基础上展望植物化感作用在植物保护方面的发展趋势与对策。

二、学科发展现状

近五年，中国学者继续针对农林生态系统的植物化感作用开展了系统深入的研究，内容涵盖作物与其他有机体的化学作用全貌，主要涉及作物与杂草（包括寄生杂草）、作物与害虫和作物与植物病害以及地下化学生态系统信息传导及调节作用等。目前中国每年发表的植物化感作用论文数位居世界首位，尤其是在国际主流学术期刊上发表的论文数量逐年增加。2001年出版的首部中文植物化感作用著作《植物化感（相生相克）作用及其应用》于2016年获得国家科学技术学术著作出版基金资助再版。2005年经国家民政部批准成立了中国植物保护学会植物化感作用专业委员会定期组织召开"中国植物化感作用学术研讨会"，至今已成功地举办了八届，这不仅增强了同行学者间的交流，也建立了世界上最大规模的植物化感作用研究队伍。中国的植物化感作用研究经费也相对充裕，国家自然科学基金每年稳定资助，尤其是2014年启动了农业部公益性行业（农业）科研专项"利用生态功能分子防控害虫和杂草技术研究与示范（201403030）"，标志着中国植物化感作用将从理论走向实践，为农业生态系统利用这一自然化学机制调控有害生物减少对合成农药的依赖提供技术支撑和示范。

（一）作物－杂草化感作用

1. 杂草对作物的化感作用

杂草贯穿整个农耕历史，任何作物生长的环境必然共存杂草，杂草给作物生产造成巨大的损失。过去一直认为杂草是与作物竞争空间和资源而危害作物的生长，很少考虑两者之间存在的化学作用关系。事实上，杂草对作物的危害，化感作用是一个不可忽视的因子，而且这一因子在特定的环境和杂草种类存在下，甚至是决定性的，这样杂草对作物的化感作用一直被关注。前期大量的研究发现中国各地域的主要杂草（如南方的胜红蓟、北方的三裂叶豚草）都能够释放化感物质抑制作物的萌发和生长，近年中国学者进一步揭示一些重要杂草对作物的化感作用。

野燕麦（*Avena fatua*）是麦田常见杂草，而播娘蒿（*Descuminia sophia*）是近年严重危害小麦生长的杂草，中国农业科学院植物保护研究所郑永权课题组对这两种麦田重要杂草的化感作用进行了研究。他们发现野燕麦和播娘蒿与不同受试小麦品种共存时，无论小麦与这两种杂草的根是处于接触还是分离状态，杂草的存在均导致小麦根分泌的化感物质（异羟基肟酸）浓度不同程度地增加，尤其是野燕麦对小麦幼苗根分泌的化感物质具有显著的诱导效应[2]。黄顶菊（*Flaveria bidentis*）是华北地区常见的入侵植物，其根系发达，抗逆性强，一旦定植产生大量种子而快速繁殖，使得其他植物难以共存。近年黄顶菊侵入农田严重危害作物生产，中国农业科学院植物保护研究所万方浩课题组研究显示，侵入麦田和棉花田的黄顶菊主要通过落叶残株释放亲水性的酚类化感物质，这类化感物质改变土壤有效 P 和 K 从而抑制小麦和棉花的生长发育。他们进一步研究发现焚烧后的黄顶菊落叶残株依然有显著的化感效应，因此，即使采用焚烧方法也难以消除黄顶菊对作物的化感作用。同样，黄顶菊也可以根分泌化感物质抑制黄瓜和萝卜等园艺作物的生长发育[3]。马唐（*Digitaria sanguinalis*）是非灌溉农田的常见杂草，严重影响旱地作物的产量。中国科学院沈阳应用生态研究所和中国农业大学孔垂华课题组最近研究显示，马唐可以通过地上挥发和根分泌两种途径释放化感物质抑制大豆、向日葵、玉米和小麦等多种作物的生长。尤其是马唐根分泌物对小麦、玉米和大豆生长均有不同程度的抑制作用，而这种抑制作用是因为马唐根分泌的藜芦酸、麦芽酚和黑麦草内酯并以抑制活性的浓度到土壤中而实现的[4]。

瑞香狼毒（*Stellera chamaejasme*）是中国西部草地常见的有毒杂草，近年伴随着过度放牧和土壤沙化，瑞香狼毒发生面积不断扩大，在局部草原地带致使优良牧草和草场逐年退化。中国科学院兰州化学物理研究所秦波课题组研究表明，瑞香狼毒体内含有多种活性化感物质，这些化感物质所产生的化感效应是瑞香狼毒成为有害杂草的重要因素之一。他们从瑞香狼毒根系分泌物及根际土壤中分离纯化得到伞形花内酯、西瑞香素和双黄酮类化合物等八种化感物质，这些化感物质显著抑制紫花苜蓿（*Medicago sativa*）、红三叶（*Trifolium pretense*）和披碱草（*Elymus dahuricus*）等主要牧草的萌发和生长。尤其是瑞香狼毒根系分泌化感物质的种类和浓度随其生境的变化存在明显差异，并与光照、土壤 pH 值、平均气温和降雨量、氧环境和紫外辐射强度等环境影响因素具有明显相关性[5]。

列当（*Orobanche* spp.）是一种根寄生杂草，在很多重要农作物如向日葵、番茄以及瓜类上造成严重侵害，尤其是向日葵列当在新疆向日葵上单株寄生率可达72%~90%，严重地区向日葵绝收，目前尚无有效防除该列当的有效措施。西北农林科技大学马永清课题组发现一些植物和微生物释放的化感物质可以诱导列当萌发从而防除列当，如不同生育期的大麻均能诱导列当萌发，尤其是大麻根的提取液对瓜列当种子和向日葵列当种子的萌发诱导作用较强。进一步研究发现土壤放线菌淡紫褐链霉菌（*Streptomyces enissocaesilis*，509）和真菌灰黄青霉（*Penicillium griseofulvum*，CF3）菌株发酵液也可以对向日葵列当种子萌发产生化感作用，特别是土壤添加 509 菌剂显著降低了向日葵列当的寄生数量及出土数，增加了向日葵根系 PPO 的活力和生物量

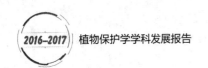

及产量，表明淡紫褐链霉菌 509 可以通过释放化感物质生物防除向日葵列当[6]。

值得注意的是，杂草的化感作用危害作物生长但也可以调控其他杂草和有害生物，杂草化感作用的合理利用可以实现"以草治草"的目的。如华北地区的黄顶菊能通过化感作用排挤反枝苋（*Amaranthus retroflexus*），狗尾草（*Setaria viridis*）和藜（*Chenopodium album*）等主要农田杂草，华南地区的马樱丹（*Lantana camara*）落叶在水体中通过缓慢释放化感物质而对水葫芦和铜绿微囊藻显示化感抑制作用。杂草胜红蓟（*Ageratum conyzoides*）引种到柑橘园中通过向土壤中释放化感物质抑制柑橘园中其他杂草和病原菌。同时，胜红蓟向柑橘园中释放的挥发性化感物质还能吸引和稳定天敌捕食螨，从而使害螨红蜘蛛的种群下降到非危害的水平。这些研究均表明，揭示并充分利用杂草形成的自然化学调控机制可构建自身抵御有害生物的农业生态系统[7]。

2. 作物的化感作用

由于杂草对作物的危害，前期农业生态系统中一直关注于杂草的化感作用。然而真正有意义的是作物对杂草的化感作用，这意味着作物自身能产生"除草剂"调控杂草从而减轻杂草的危害。这样，近年农业生态系统中的植物化感作用的研究焦点转移到作物的化感作用及其相应的抑草机制上，期望利用农作物自身的化感抑草特性达到对杂草的有效控制。现已发现大多数作物都能表现出一定程度的化感作用，而作物的化感作用主要表现为自毒效应、不同作物间相互抑制和作物对杂草的调控。自毒效应一般是指作物残株和秸秆还田或覆盖可以释放化感物质导致后茬同种或异种作物减产。水稻和小麦等秸秆的自毒效应早已被认识，近年我国新疆大面积棉花连作导致自毒效应呈现，塔里木大学的李艳宾等人研究显示，棉花残株在土壤微生物的分解下可以释放化感物质抑制棉花幼苗的生长[8]。不同作物间的化感作用涉及作物间套作生产模式，尤其是在园艺作物的大棚生产中表现明显。最近西北农林科技大学的程智慧课题组研究了大蒜和辣椒在水培条件下的化感作用，他们发现大蒜根分泌化感物质影响辣椒的生理过程而抑制生长，但这一影响随大蒜和辣椒混培比例而改变，通过合理混培比例可以改善化感负效应[9]。更多的作物化感作用研究是集中于作物对杂草的调控，涉及各类作物和杂草。最近中国科学院植物研究所石雷等人研究了百合对寄生杂草瓜列当（*Orobanche aegyptiaca*）的化感作用，发现常见的百合品种均能诱导瓜列当种子萌发，可以诱捕寄生杂草[10]。必须明确，与杂草不同，作物是由野生植物驯化和精心培育而形成众多的品种，只有少数品种在驯化和培育过程中保留了化感特性，大多数作物品种并不能显示化感潜力。因此，作物对杂草的化感作用实际上是指物化感品种对杂草的调控，而不是这类作物的任意品种或品系的化感作用。

主要粮食作物水稻和小麦化感品种对杂草的调控一直是作物化感作用研究关注的焦点，近年中国农业大学孔垂华团队从植物与土壤因子生态互作的角度进一步探讨了水稻化感品种与稗草的种间关系。通过田间小区和温室控制实验发现，水稻化感品种和稗草共存时存在着植物 – 土壤反馈作用，但这一反馈效应随生长期不同而发生根本性变化，负反馈效应发生在苗期而正反馈效应发生在成熟期。尤其是水稻化感品种和稗草共存的植物－土壤反馈效应的改变与水稻释放的化感物质显著相关，最终的反馈作用是生长抑制物质（黄酮和萜内酯）和生长促进物质（尿囊素）的净效应。这些化感物质不仅直接影响稗草生长而且间接地改变土壤微生物群落结构，苗期水稻释放化感物质抑制稗草并建立有利于自身生长的微生物群落从而产生对自身的正反馈和对稗草的负反馈，可是在成熟期，水稻不再合成释放化感物质而是增加土壤养分从而导致正反馈。这一研究不仅阐明了水稻化感品种和稗草共存的植物－土壤反馈作用机制，而且发现了水稻化感品种在少数稗草存在下提高生产力的关键因子[11]。该团队近年还开展了小麦对麦田杂草的化学调控作用研究，通过对 38 种杂草实验发现小麦化感品种对麦田杂草具有化学选择性，但这种化学选择与杂草的种属、密度和播种期显著相关。较高的小麦和杂草种植密度和杂草的先期存在是诱导小麦化感物质（异羟基肟酸）合成和释放的关键所在，而且根系竞争和土壤微生物尤其是菌根真菌对小麦的化学选择行为起着重要的作用[12]。进一步将共存植物种从麦田杂草扩展到百种植物，发现超过三分之二的植物能够诱导小麦化感物质的合成，显示小麦化感品种对共存植物的化学选择不仅是针对麦田杂草而是对共存植物的普遍化学响应，尤其是这些共存植物对小麦化感物质的诱导不是通过根系接触和菌根真菌传递而是通过根系释放的化学信号物质实现的。

作物化感作用与其品种紧密相关，在众多的作物品种资源中只有少数品种可以释放化感物质抑制杂草，而且这些从众多品种资源筛选的化感品种均不能满足当前农业生产对产量和品质的要求，只能利用这些化感品种和商业品种杂交培育成作物化感新品种才有实际价值。近年华南农业大学陈雄辉等人采用特征化感物质标记辅助技术快速测定水稻化感潜力并结合田间抑草效应等方法进行水稻化感新品种选育，他们以水稻化感品系 PI312777 为化感基因供体与华南地区主要水稻品种华恢 354、培杂 64S、特华占 35 和华丰占等或不育系 N2S 和 N9S 杂交配组，结果发现产生的 F_1 代抑草率依据品种不同而表现为超显性、显性、部分显性、隐性和部分负显性多种类型，而且在抑草能力上还表现明显杂种优势的类型。其中，N2S × PI312777 和 Huahui354（华恢 354）× PI312777 的抑草率比它们相应的父母本的抑草率显著提高，而且 F_2 代各单株的抑草率呈连续非正态分布。依据 N2S × PI312777 和 Huahui354 × PI312777 的化感抑草特性并结合产量和综合农艺性状进一步选育，得到一系列综合性状好和抑草率明显优于化感基因供体 PI312777 的株系[13]。这些选育的化感稻品系可以控制稻田大多数杂草，尤其是适当提高水稻移栽时叶龄、增加移栽密度和提高前期管理水层深度等栽培和生态调控措施，有利于提高化感稻控制杂草的效果。这样，第一个可在生产上使用的水稻化感新品种"化感稻 3 号"于 2009 年通过广东省农作物品种审定委员会的水稻新品种审定，并于 2015 年获得国家作物新品种权证书。目前水稻化感新品种的选育愈来愈受到关注，安徽农业科学院和中国水稻研究所等单位也开始针对水稻化感新品种进行育种，每年均有水稻化感新品系陆续选送至政府主管部门进行水稻新品种审定。这些水稻化感新品种的选育成功为建立以种植水稻化感品种为中心，辅以必要的生态调控和栽培管理措施的稻田杂草控制新技术，为减少化学除草剂的危害奠定了坚实的基础，无疑会对水稻生产和稻田杂草控制产生深远的影响。

作物化感品种通过释放化感物质调控杂草，但这些作物化感品种为什么和在什么条件下合成并释放抑制杂草的化感物质？其实，化感作用是作物面临杂草胁迫时的一种化学响应，这种化学响应必然是建立在作物能对杂草胁迫感应的基础上。前期水稻化感品种与稗草种间的化学作用关系研究显示，水稻化感品种能通过稗草分泌的糖醛酸分子感应识别稗草，并及时启动相应的化学响应机制释放抑制稗草的化感物质。这样，作物化感品种对杂草的调控还涉及化学物质介导的识别和通讯，但大多数作物和杂草种间化学识别和通讯物质还没有澄清。最近中国农业大学孔垂华团队通过活性导向生物测定方法从麦田杂草根分泌物中分离鉴定出茉莉酸、水杨酸、黑麦草内酯和木犀草素等潜在的信号传导活性物质。这些物质均能够在低浓度激发小麦化感物质的合成，而且各种杂草都能根分泌这些信号物质，小麦化感品种通过这些信号物质识别邻近的杂草而释放化感物质予以抑制。这显示小麦和麦田杂草种间的化学识别主要发生在地下，并由土壤载体的化学信号物质介导。这些结果进一步显示作物化感品种和农田杂草种间普遍存在通过化学识别和化感作用两个同时发生和密不可分的化学生态作用机制[14]，这一机制是作物化感品种与杂草长期共存竞争而形成的一种化学适应性，充分利用作物化感品种这种内在的抑草机制可以实现生态安全的条件下的杂草可持续调控。

（二）作物 - 害虫化学作用

1. 作物与害虫的化学互作及其分子机理

作物产生的次生代谢物质（如萜类和酚类化合物等）在作物 - 害虫 - 天敌互作关系中发挥着重要作用，这些化合物一些由虫害诱导产生，一些则在受胁迫时含量发生变化。除了能对害虫及其天敌的种群适合度产生影响外，这些化合物亦能对害虫及其天敌的行为产生影响。因此，剖析作物与害虫的化学互作一直是植物保护研究领域中的一个热点问题。近几年来，国内专家围绕这一领域开展了大量研究，并取得了重要进展。浙江大学娄永根研究组以水稻中受褐飞虱（*Nilaparvata lugens*）为害诱导和不诱导的两种萜类挥发物 *S*- 芳樟醇（*S*-linalool）和（*E*）- β - 石竹烯 [（*E*）- β -caryophyllene] 为研究对象，通过克隆这两种萜类化合物的合成酶基因，利用转基因技术获得相关萜类化合物释放量明显降低的突变体，结合室内生物测定与田间试验，发现水稻挥发物 *S*- 芳樟醇能对褐飞虱产生明显的驱避作用，而对其天敌稻虱缨小蜂（*Anagrus nilaparvatae*）则能产生显著的引诱作用，使突变体上的田间褐飞虱卵被寄生率明显下降、种群数量显著上升；而挥发物（*E*）-β - 石竹烯则对褐飞虱及其卵期稻虱缨小蜂均显示引诱作用，最后导致突变体上田间褐飞虱卵被寄生率和种群数量都明显下降，这些结果首次揭示了在自然状况下植物挥发物在调控昆虫与植物互作关系中的重要作用[15]。（E)-β-法呢烯［(E)-β-farnesene，EβF］是蚜虫躲避天敌的化学通信中的警报信息素，中国农业科学院作物研究所马有志课题组从青蒿中鉴定出两个EβF合成基因（AaβFS1和AaβFS2），并发现烟草中过量表达AaβFS1或AaβFS2可使EβF释放量增加，同时对桃蚜（Myzus persicae）有一定驱避作用，而对天敌大草蛉（Chrysopa septempunctata）有显著的吸引作用，并最终将蚜虫为害至最低[16]。还有一些研究则通过测定害虫及其天敌对合成化合物的行为与生理等反应，从而确定作物挥发性与非挥发性化合物中影响害虫及其天敌行为与生理的活性组分。中国科学院动物研究所孙江华课题组发现α-蒎烯可抑制红脂大小蠹（Dendroctonus valens）的取食行为，并改变其中肠微生物群落组成[17]。中国农业科学院茶叶研究所孙晓玲研究组发现，茶尺蠖（Ecotropis obliqua）和茶丽纹象甲（Myllocerinus aurolineatus）诱导茶树释放挥发物中的一些成分可分别引起害虫的触角电位与行为反应[18]。中国农业科学院植物保护研究所陆宴辉课题组揭示棉花等18种农作物花的挥发物是引起绿盲蝽（Apolygus lucorμm）趋向花期植物的主要原因，并从中鉴定出了对绿盲蝽具有引诱作用的四种活性化合物[19]。中国科学院上海植物生理生态研究所陈晓亚课题组研究发现，取食棉花半胱氨酸蛋白酶GhCP1后，棉铃虫围食膜的保护功能被削弱、通透性增加，最后导致棉铃虫对棉子酚、马尾松毛虫质型多角体病毒感染以及植物中表达的双链小RNA更敏感[20]。

作物的虫害诱导防御反应起始于对害虫化学诱导物的识别，进而启动与调控相关的信号转导网络，并由此而导致转录组以及代谢组的重构，最后产生对害虫的抗性。这一诱导防御反应是一个复杂的生理生化过程，很多国内学者对此开展了深入研究。中国科学院动物研究所崔峰研究组发现蚜虫的唾液中的血管紧张素转化酶、效应蛋白Armet以及富含半胱氨酸蛋白（ACYPI39568）介导作物与蚜虫的互作[21]。中国科学院昆明植物研究所吴建强课题组的研究结果表明，烟草能够特异性地识别烟草天蛾（Manduca sexta）口腔分泌物中的脂肪酸-氨基酸轭合物（FACs）从而快速激活MAPK及茉莉酸途径。同时发现玉米能够特异地识别黏虫口腔分泌物中的诱导因子，并启动相应的抗性反应。与机械损伤相比，黏虫口腔分泌物能够持久的激发转录组、蛋白组、代谢物质以及抗虫相关的激素的变化，一些基因能够被黏虫口腔分泌物特异性地诱导表达[22]。浙江大学娄永根课题组研究结果显示水稻诱导抗虫反应涉及众多代谢和生理生化过程，并受到MAPKs级联反应以及茉莉酸、水杨酸、乙烯和过氧化氢等众多信号途径的调控。通过对茉莉酸、乙烯信号途径相关基因功能分析表明，茉莉酸以及乙烯信号途径在水稻抵御不同取食习性的害虫中起着不同的作用[23]。同时，发现一些转录因子，例如ERF3、WRKY70、WRKY53等在调控水稻诱导抗虫反应中发挥着重要作用[24]。武汉大学何光存课题组发现水稻中一个编码具有核结合位点和亮氨酸富集重复基序的蛋白质基因Bph9，可以激活水稻的水杨酸和茉莉酸信号转导途径，从而增强水稻对褐飞虱的抗性[25]。南京农业大学万建民课题组研究发现水稻中由三个位于细胞膜上凝集素受体激酶组成的一个基因簇Bph3，在调控水稻对褐飞虱的抗性中发挥着重要作用[26]。

在作物与害虫的化学互作中，害虫及其天敌感知作物化学信号的分子机理也是近年来研究的一个热点。通过对棉铃虫、烟青虫 (Helicoverpa assulta)、甜菜夜蛾（Spodoptera exigua）、二化螟（Chilo suppressalis）、马铃薯叶甲（Leptinotarsa decemlineata）、棉蚜（Aphis gossypii）、绿盲蝽、茶尺蠖等害虫以及松毛虫赤眼蜂（Trichogramma dendrolimi）和中红侧沟茧蜂（Microplitis mediator）等寄生蜂进行转录组测序或文库筛选，鉴定得到了大量害虫及其天敌感受信息化合物的相关蛋白，并对相关蛋白的挥发物结合能力进行了测定。南京农业大学董双林研究组通过对甜菜夜蛾各龄期转录组数据进行生物信息学分析，共鉴定了 79 个化学感受蛋白。表达谱分析与荧光互作试验表明 SexiOBP2 主要在触角中表达，并且能与十一醇、十二烷基醛、月桂酸、乙酸辛酯、壬基乙酸、乙酸癸酯等含 10~12 个碳原子线性结构的植物挥发物有较强的结合能力，这意味着 SexiOBP2 可能在甜菜夜蛾若虫的取食行为中发挥重要的定位作用[27]。中国农业科学院植物保护研究所张永军课题组对苜蓿盲蝽（Adelphocoris lineolatus）气味结合蛋白、化学感受蛋白等开展了比较系统与深入的研究，揭示了 AlinOBP1、AlinOBP2、AlinOBP4、AlinOBP10、AlinOBP11、AlinCSP1-3 等在苜蓿盲蝽感受寄主植物等信息化合物过程中的作用[28]。中国农业科学院植物保护研究所王桂荣研究组在斜纹夜蛾（Spodoptera litura) 触角中鉴定到了的四种非信息素气味受体，发现这四种非信息素气味受体基因主要在成虫触角中表达，其中 SlituOR12 在长、短毛形感器和锥形感器中表达。通过检测这些受体蛋白与 54 种化合物的响应能力发现，SlituOR12 对顺式 -3- 乙酸叶醇酯（cis-3-hexenyl acetate）具有专一和高度敏感性，推测 SlituOR12 可能在雌虫对寄主及产卵场所的定位中发挥着重要作用[29]。

2. 基于作物与害虫化学互作的应用技术研发

随着对作物与害虫化学互作关系及其分子机理认识的逐步深入，相关的害虫防控技术也得到了研发。这些技术主要包括：①利用作物挥发物中活性组分开发害虫及其天敌的行为调控剂。目前已剖析了寄主植物挥发物中对烟粉虱（Bemisia tabaci）、绿盲蝽、茶尺蠖、假眼小绿叶蝉（Empoasca vitis）、梨小食心虫（Grapholitha molesta）和铜绿丽金龟（Anomala corpulenta）等多种重要害虫以及中红侧沟茧蜂、异色瓢虫（Harmonia axyridis）、黑带食蚜蝇（Episyrphus balteatus）、二化螟盘绒茧蜂（Apanteles chilonis）、稻虱缨小蜂等多种天敌具有生物活性的挥发物成分。在此基础上配置了相关的害虫或天敌引诱剂，并在田间进行了初步试验取得了比较好的效果，如双条杉天牛（Semanotus bifasciatus）和舞毒蛾（Lymantria dispar）的植物源引诱剂已用于防治或防治适期的预测。在稻田中应用顺 -3- 己烯醛、顺 -3- 己烯基醋酸酯和芳樟醇混合物或混合物中加入水杨酸甲酯可增强对稻飞虱卵寄生蜂稻虱缨小蜂的引诱作用，从而提高寄生蜂对稻飞虱卵的寄生率。中国农业科学院茶叶研究所孙晓玲研究组研发了对茶尺蠖和茶丽纹象甲具有明显田间引诱效果的挥发物配方组合[30]。中国农业科学院植物保护研究所陆宴辉研究组开发了由四种活性化合物，间二甲苯、丙烯酸丁酯、丙酸丁酯和丁酸丁酯组合的对绿盲蝽具有显著引诱作用的田间引诱剂[31]。②基于对作物诱导抗虫反应化学与分子机理的认识，开发作物抗性调控剂。植食性昆虫为害会诱导植物启动体内多种信号转导途径及其下游众多的转录因子，最终诱导植物产生系统性的抗虫反应。在这一诱导防御过程中，茉莉酸、水杨酸、乙烯以及害虫相关的化学信号物质等起着非常重要的作用。通过合成与应用这些天然小分子化合物或其类似物，则可以调控作物对害虫的直接抗性和间接抗性（引诱或促进天敌控制害虫），提高作物对害虫的抗性或敏感性，从而在害虫治理中，如利用"推－拉"策略发挥作用。福建农林大学曾任森和中国农业科学院植物保护所侯茂林研究组发现，使用硅肥能提高水稻茉莉酸信号途径介导的防御反应，从而增强水稻对稻纵卷叶螟、螟虫等害虫的抗性[32]。中国农业科学院茶叶研究所孙晓玲课题组研究发现，水杨基羟戊酸喷施可提高茶树叶片多酚氧化酶的活性，并抑制茶尺蠖诱导茶树挥发物的释放量，从而降低茶树对茶尺蠖的直接和间接防御反应[33]。浙江大学娄永根课题组研究表明，低浓度的 2，4-D 处理能增加水稻内源茉莉酸和乙烯含量，提高胰蛋白酶抑制剂活性和水稻挥发物的释放量；这些变化导致水稻对二化螟的抗性增强，但却更招引褐飞虱（更喜欢在 2，4-D 处理过的水稻上取食和产卵）及其卵寄生蜂稻虱缨小蜂。田间试验结果表明，在喷施过 2，4-D 的水稻上有更多的褐飞虱成虫和卵，并且也有更高的褐飞虱卵被寄生率，导致 2，4-D 处理水稻成为褐飞虱卵的死亡诱捕器[34]。一些研究还发现外用茉莉酸类化合物可诱导茶树、水稻、棉花和德国洋甘菊（*Matricaria recutita*）等植物体内相关防御化合物的积累，从而调控作物抗性。③培育与创制具有化学调控功能的作物品种。浙江大学娄永根研究组发现不能释放 S- 芳樟醇的水稻品系降低对褐飞虱寄生性天敌和捕食性蜘蛛的吸引，但增加其对褐飞虱的吸引力，（E）-β-石竹烯释放量降低的水稻品系降低对褐飞虱及其天敌的吸引；这两种水稻品系都会增加田间褐飞虱的种群数量。因此，通过创制释放或不释放上述两种生态功能分子的水稻品系，可以结合起来控制褐飞虱，在稻田边缘种植产生（E）-β-石竹烯而不产生 S- 芳樟醇的水稻品系吸引褐飞虱及其自然天敌，其他的可种植释放 S- 芳樟醇而不是（E）-β-石竹烯的植株，以驱避褐飞虱但吸引天敌。这样可发挥"推－拉"式效应，减轻褐飞虱对水稻田主体的危害[15]。

（三）作物－病原微生物化学作用

1. 植物次生代谢产物对病原微生物的抑制作用

植物次生代谢产物在植物的抗病防御反应中发挥着重要作用，这些物质对植物病原微生物的影响机制主要有两类：一类是直接作用于病原微生物，通过抑制或促进病原微生物的产孢及孢子萌发或菌丝及菌体生长，直接影响病原微生物对植物生长的危害。另一类是间接作用于病原微生物，通过诱导植物产生对病原微生物的抗性或改变土壤的理化性质影响土壤中病原微生物的数量和分布，间接影响病原微生物对植物生长的危害。近年来，国内学者利用不同的技术手段在植物次生代谢产物对病原微生物侵染的影响、病原微生物侵染对植物次生代谢产物的影响、植物次生代谢产物与植物抗病防御反应和植物次生代谢产物与土壤微生物的互作等方面进行了广泛的探讨。

西北农林科技大学程智慧课题组发现大蒜鳞茎的水提物对番茄灰霉病菌（*Botrytis cinerea*）孢子萌发的抑制率可达到 98.15%。南京农业大学代静玉等测定了大蒜水提物对大豆尖孢镰刀菌（*Fusarium oxysporum*）、油菜菌核病菌（*Sclerotinia sclerotiorum*）、大豆细菌性斑点病菌（*Pseudomonas syringae*）和水稻白叶枯病菌（*Xanthomonas oryzae*）四种植物病原菌均有抑制作用，并通过大蒜提取物、大蒜渣、大蒜肥对土壤中大豆尖孢镰刀菌的抑制试验，发现随着提取物浓度的升高，抑菌效果也更为明显[35]。云南农业大学朱书生课题组采用菌丝生长速率法测定了大蒜、洋葱和葱茎挥发物及提取液对 26 种主要植物病原真菌和卵菌的抑制活性，结果显示三种葱属作物挥发物和浸提液具有广谱抗植物病原真菌和卵菌活性，但不同葱属作物对不同种类的病原菌抑菌效果有差异。另外，小麦赤霉病菌（*Fusarium graminearum*）和辣椒早疫病菌（*Alternaria solani*）等部分病原菌对这三种葱属作物挥发物和浸提液具有耐受性[36]。云南农业大学杨敏等发现葱属作物大蒜、洋葱、葱及韭菜的挥发物和浸提液对引起三七根腐病的恶疫霉菌（*Phytophthora cactorum*）和腐皮镰孢菌（*Fusarium solani*）均具有明显的抑制效果，且大蒜挥发物和浸提液的抑菌活性最强[37]。贵州大学张万萍课题组测定了紫皮蒜水提物对草莓灰霉病菌（*Botrytis cinerea*）和辣椒疫霉病菌（*Phytophthora capsici*）的抑菌活性，结果表明当紫皮蒜水提物在 5 mg/mL浓度下，即可完全抑制草莓灰霉病菌和辣椒疫霉病菌菌丝的生长[38]。

许多植物在受到病原微生物侵染后，能产生并积累次生代谢产物，以增强自身的免疫力和抵抗力。西南大学焦必宁课题组以人工接种寄生疫霉（*Phytophthora parasitica*）的柑橘果皮为材料，采用顶空固相微萃取结合气相色谱 - 质谱联用（GC-MS）技术研究了寄生疫霉病菌侵染对柑橘果皮挥发性物质释放的影响。结果发现表明柑橘果皮的挥发性物质主要成分由烯萜类、醇类、酯类、醛类、芳香族化合物及少量的其他物质组成，与健康果皮相比，感病后的柑橘果皮挥发性物质总含量增加了一半以上，其中含量增加最多的是烯萜类物质[39]。云南农业大学谭嘉义等采用同时蒸馏萃取和 GC-MS 技术，分别测定了健康及受茶饼病菌（*Exobasidium vexans*）侵染的鲜叶中挥发性物质，发现了云南大叶种茶健康鲜叶及受茶饼病菌侵染鲜叶中挥发性物质的组成差异，茶树健康叶片中共检测出 37 种挥发性物质，而受茶饼病菌侵染叶片中共检测出 56 种挥发性物质[40]。云南农业大学叶敏课题组采用叶面漂洗和 GC-MS 技术研究了四个对白菜黑斑病（*Alternaria brassicae*）具有不同抗性的白菜品种叶面漂洗物中的挥发性化学成分，并用孢子悬滴培养法测定了漂洗物对白菜黑斑病菌孢子萌发的影响。结果表明四种白菜叶面漂洗物中挥发物种类和含量以及对黑斑病菌孢子萌发的抑制活性存在极显著差异。在抗病品种叶片漂洗物中挥发物含量最高的挥发性成分是 2，2，4，6，6- 五甲基庚烷，而 2，4，6，8- 四甲基十一烯和 2，4，6-

三叔丁基 –4– 甲基 –2,5– 环己二烯 –1– 酮两种化合物仅在感病品种叶片漂洗物中存在[41]。

2. 植物次生代谢产物与土壤微生物互作

作物和病原微生物互作与土壤因子密切相关，尤其是作物和土壤微生物的互作近年得到重视。南京农业大学沈其荣团队研究了旱稻与西瓜间作可显著减轻由镰刀菌引起的西瓜枯萎病的作用机理，结果表明西瓜的根系分泌物可显著促进西瓜枯萎病菌（*Fusarium oxysporum*）的孢子形成和孢子萌发，而旱稻的根系分泌物则对其具有显著的抑制作用。对两种作物根系分泌物的分离鉴定结果表明，西瓜和旱稻的根系分泌物中均含有水杨酸、对羟基苯甲酸、邻苯二甲酸，但香豆酸仅在旱稻，阿魏酸仅在西瓜的根系分泌物中被检测到，而旱稻根系中的香豆酸对西瓜枯萎病菌的孢子形成和孢子萌发均有显著的抑制活性[42]。云南农业大学朱书生课题组对玉米、烟草、油菜、辣椒混载或轮作体系中作物根系分泌物对作物土传病害控制的机制进行了研究，结果表明在玉米 – 辣椒混种体系中玉米的根系会对辣椒疫霉菌（*Phytophthora capsici*）的传播起到阻隔的作用，玉米的根能够吸引辣椒疫霉菌的游动孢子并且抑制其生长，由玉米根系分泌的苯并噻唑类和苯并恶嗪类化合物及其降解产物对辣椒疫霉菌具有显著的抑制活性[43]。同时，还证明了玉米幼苗中的苯并恶嗪类化合物对玉米小斑病菌（*Bipolaris maydis*）具有显著的抑制活性，而在玉米 – 辣椒混种体系中辣椒的根系分泌物可以诱导玉米根系和幼苗中控制苯并恶嗪类化合物合成的基因表达上调，使玉米合成更多的苯并恶嗪类化合物以控制玉米小斑病的发生[44]。在对烟草与油菜轮作能够减轻烟草黑胫病发生的研究中发现，油菜的根系对烟草黑胫病菌（*Phytophthora parasitica*）的游动孢子具有很强的吸引能力，并且能使游动孢子和向休眠孢子的转化。同时，油菜根系分泌物中的 2– 丁烯酸、苯并噻唑、2– 甲硫基苯并噻唑、对乙基苯乙酮和 4– 甲氧基吲哚对烟草黑胫病菌的休眠孢子的萌发和菌丝的生长均有显著的抑制活性[45]。云南农业大学杨敏等分析了大蒜根冠细胞脱落物的种类以及不同温度和根长对大蒜根冠细胞脱落物产生的影响，并测定了细胞脱落物水培液对辣椒疫霉菌（*Phytophthora capsici*）的抑菌活性。结果表明大蒜类似根缘细胞水培液对辣椒疫霉菌游动孢子游动和孢子囊释放都具有显著的抑制活性[46]。杨敏等还研究了玉米根系与烟草疫霉菌（*Phytophthora nicotianae*）游动孢子的互作及玉米根系分泌物对烟草疫霉菌各个生育阶段的抑菌活性，并利用液相色谱 – 质谱联用技术分析了根系分泌物中具有抑菌活性的物质。研究表明玉米根系分泌物对烟草疫霉菌游动孢子的释放、休止孢萌发及菌丝生长均具有明显的抑制活性，尤其是根系分泌物中的苯并恶嗪类化合物降解产物在低浓度时对烟草疫霉菌菌丝生长的抑制率达 90.94%[47]。

镰刀菌是一类重要的土传病原菌，云南农业大学杨敏等采用菌丝生长速率法测定了大蒜根系分泌物对植物病原镰刀菌的抑菌活性，并进一步分析了 18 株从腐烂蒜瓣上分离的尖孢镰刀菌（*Fusarium oxysporum*）和 12 株从小麦赤霉病样分离的禾谷镰刀菌（*Fusarium graminearum*）对大蒜根系分泌物的敏感性及致病力之间的关系。结果表明大蒜根系分泌物对供试镰刀菌均具有抑制活性，但从腐烂蒜瓣上分离的尖孢镰刀菌对根系分泌物的敏感性低于其他菌株。供试的 18 株尖孢镰刀菌均能使蒜瓣发病，但致病力与其对根系分泌物的敏感性无明显相关性。供试的禾谷镰刀菌中对根系分泌物不敏感的四株菌株能侵染蒜瓣，但敏感性高的菌株不能侵染蒜瓣，且根系分泌物对禾谷镰刀菌的抑制率与禾谷镰刀菌致病力之间呈显著的负相关。这表明大蒜根系分泌抑菌物质是根系抵御镰刀菌侵染的重要机制，但一些菌株能对根系分泌物产生抗性，从而侵染大蒜[48]。

（四）药用植物有害生物的化学生态调控

近年由于需求量的日益增加，药用植物的栽培面积和栽培品种逐年上升。目前全国中药材种植总面积（含野生抚育）约 140 万公顷，已有近三百种开展了人工种植[49]。随着药用植物种植种类的增加和规模的扩大，病虫草害日渐严重。然而，相对农作物化学农药防治，药材上登记的农药数量寥寥无几，绝大多数药用植物病虫草害防治处于"无药可用"的窘境。加之药材种植者普遍缺乏植保相关知识，农药滥用、误用现象相当严重，农药残留超标问题十分突出。因此，药用植物病虫草害的防治更为迫切需要开展绿色防控技术研究和产品研发。利用化学生态调控技术防治农作物病虫草害的研究和应用已在我国已取得相当的成效，近年在药用植物病虫害防控方面有所尝试，但草害的化学调控还未有研究。

1. 药用植物病虫害的化学生态调控

生防微生物可以通过产生抑制植物致病菌生长的活性物质，进而抑制病菌的生长和繁殖，目前已报道的具有抑菌活性的生防微生物资源种类较多，但主要集中在木霉菌、芽孢杆菌等少数几种。木霉菌（*Trichoderma* spp.）是生防菌的重要组成部分，早在二十世纪七十年代木霉菌就用于药用植物病害生物防治，如绿色木霉菌（*T. viride*）就成功用于人参等土传根部病害的防治。九十年代末，中国医学科学院药用植物研究所程惠珍团队曾将木霉菌用于人参、西洋参、北沙参、丹参和黄芪等药用植物病害防治。由于当时大多数药用植物人工栽培尚未规模化开展，病害问题不是十分突出，木霉菌防治药用植物病害仅停留在基础和应用基础研究层面。近年来，随着药用植物规模化种植面积不断扩大，很多病害问题叠加出现，加之药用植物的特殊用途，利用木霉菌防治药用植物病害得到广泛关注。早期四川省农业科学院经济作物育种栽培研究所曾华兰等利用木霉菌防治丹参和麦冬根腐病，最近中国医学科学院药用植物研究所李勇等成功将木霉用于烟草疫霉菌（*Phytophthora nicotianae*）引起的荆芥茎枯病田间防治[50]。吉林农业大学邓勋等发现木霉菌对刺五加和五味子也有防病促生作用[51]。中国医学科学院药用植物研究所胡陈云等对芽孢杆菌中的抑菌活性物质进行了初步的分离鉴定[52]，而李勇等已筛选出多株对人参致病菌有抑菌活性的芽孢杆菌，并尝试将其应用于人参病害田间防治[53]，但目前仅见应用商品化菌剂百抗防治三七根腐病的文献报道[54]。

利用昆虫性信息素防治害虫是当前生物防治的一项重要措施，但迄今我国仅在部分药用植物害虫性信息素的分离、鉴定和性信息素释放节律、田间诱捕效果评价等方面开展了初步探讨，还远未涉及应用。前期中国农业大学何雄奎课题组研究了菊花和青蒿等菊科药用植物害虫菊花瘿蚊（*Rhopalomyia longicauda*）性信息素，明确了（2S，8Z）-2-Butyroxy-8-heptadecene 为其性信息素的主要成分，其对菊花瘿蚊雄蛾具有强烈的触角电位反应和田间引诱力。近年中国医学科学院药用植物研究所乔海莉等将菊花瘿蚊性引诱剂与三角形粘胶诱捕器组合在河北祁白菊及山东嘉祥嘉菊田应用，结果显示对菊花瘿蚊有很好的引诱作用和控制效果。华南农业大学温秀军课题组初步鉴定了濒危药用植物白木香害虫黄野螟性信息素组分分别为 Z8-12：OH、E8，E10-12：OH 和 Z7-12：AC，但这些组分是否对黄野螟雄蛾产生电生理反应并在田间是否具有引诱活性，尚未确定[55]。

近年，药用植物 - 植食性害虫之间化学通讯关系、药用植物 - 植食性害虫 - 天敌之间互作关系和机理、药用植物诱导抗虫反应机理等方面研究取得一定的进展。中国医学科学院药用植物研究所陈君团队做了大量的室内和田间实验，如乔海莉等从白木香幼嫩和老熟叶片中提取和鉴定对黄野螟具有引诱作用的挥发物，发现白木香幼叶挥发物 {主要成分为己醛（hexanal）、柠檬烯（limonene）、2- 己醇（2-hexanol）、辛醛（octanal）、顺 -3- 己烯基乙酸酯 [（Z）-3-hexenyl acetate]、顺 -3- 己烯 -1- 醇 [（Z）-3-hexen-1-ol]、壬醛（nonanal）、癸醛（decanal）、2，6，10- 三甲基 - 十二烷（2，6，10-trimethyl-dodecane）} 对黄野螟雌成虫产卵有更强地引诱作用，在室内电生理和行为生测及田间诱捕效果评价中均表现了明显的趋向性[56]；陈建民等研究了金银花不同品系植株挥发物对咖啡脊虎天牛成虫行为的调控作用，结果显示金银花（鸡爪花品系）植株中的信息化学物质顺 -3- 己烯 -1- 醇 [（Z）-3-hexen-1-ol]、反 -2- 癸烯醇 [（E）-2-decen-1-ol]、3- 蒈烯（3-carene）能显著影响咖啡脊虎天牛成虫行为，高浓度时具引诱作用，低浓度时具驱避作用[57]；徐常青等利用金银花蚜虫喜在木槿枝条上取食并产越冬卵的特性，在金银花田间种植诱集植物木槿。在木槿叶片喷施仿生胶防治有翅蚜，阻止其金银花嫩梢上产卵；在枸杞园内种植易感害虫枸杞品种或其他诱集植物，诱杀诱集植物上的枸杞木虱、蚜虫等害虫。乔海莉等还在白木香林间种植蜜源诱集植物假蒿或檀香，于黄野螟成虫羽化盛期在诱集植物花序上有大量黄野螟成虫前去取食，同时利用成虫的趋光特性，借助杀虫灯对黄野螟进行集中歼灭，有效地降低了落卵率，从而降低了下代害虫的虫口密度[58]。内蒙古农业大学段立清课题组探索了外源茉莉酸对枸杞的诱导反应机制，发现外源茉莉酸处理或枸杞瘿螨危害均使枸杞叶蛋白酶抑制剂、超氧化物歧化酶和苯丙氨酸解氨酶及木质素含量显著提高，却使多糖含量显著降低。这些与抗性有关物质的变化及其变化趋势，说明了外源茉莉酸及枸杞瘿螨均可诱导枸杞产生防御反应。同时探索了茉莉酸诱导枸杞在室内和室外的抗性反应，明确外源茉莉酸可诱导枸杞对枸杞木虱和枸杞瘿螨姬小蜂选择行为产生影响，以及枸杞蚜危害对枸杞次生、初生物质、酶活性及枸杞蚜和黑缘红瓢虫行为的产生诱

导反应[59]。

2. 药用植物连作障碍及其土壤微生物化学作用

随着药用植物栽培种植，药用植物连作障碍日益突出，致使中药材的产量、品质明显下降，严重影响了中药材的可持续生产。近年来，国内学者对连作障碍现象最为严重的人参（*Panax ginseng*）、西洋参（*Panas quinquefolium*）、地黄（*Rehmannia glutinosa*）和太子参（*Pseudostellaria heterophylla*）等药用植物产生连作障碍的原因进行了系统研究。研究表明人参、地黄和太子参等药用植物连作对土壤微生物会产生显著影响，导致病原微生物增加、有益菌减少、根际土壤的微生物群落结构改变，致使根际土壤微生态失调，从而引起严重的再植病害。福建师范大学林茂兹等人研究太子参根际微生物区系时发现连作导致根际土壤细菌和好气性自生固氮菌数量极显著下降，相反，真菌、放线菌和厌气性纤维素分解菌数量极显著增加，尤其是致病菌和病原菌种（属）增多。福建农林大学张重义课题组运用现代生理生化技术和分子生物学技术对连作下地黄和太子参根际微生物群落的结构及功能多样性进行研究，发现地黄和太子参均能连作改变了根际土壤微生物群落结构和多样性，随着栽培年限增加，微生物群落多样性下降、结构恶化、典型病原菌数量增加、有益菌数量下降[60]。

现有的研究显示，药用植物根分泌的化感物质介导的土壤根际微生物生态失衡是导致连作障碍的重要因素。吉林农业大学杨利民研究组采用浸提的方法提取新林土、三年生人参根际土壤和撂荒十年老参地土中人参根际分泌物，并将提取物作用于人参病原菌及其拮抗细菌、放线菌。结果发现，人参根际土壤提取物对拮抗细菌生长抑制最强，对拮抗放线菌生长抑制次之，对病原真菌的抑制最弱，表明人参连作病害高发与其根际分泌物抑制其有益菌生长有关[61]。沈阳农业大学傅俊范等从人参连作根际土壤中分离鉴定出没食子酸、水杨酸、3-苯基丙酸、苯甲酸和肉桂酸等五种酚酸物质，这些物质能够显著促进人参锈腐病菌菌丝生长和孢子萌发，并加重人参锈腐病病害的发生[62]。福建农林大学张重义等人研究了地黄和太子参根系分泌物中的酚酸含量以及对土壤微生物的影响。结果发现，根系分泌物诱导改变了地黄土壤微生物群落结构，导致有益的假单胞菌数量下降，病原真菌镰刀菌数量增加，而根系分泌酚酸浓度的变化与太子参根际微生物群落的变化密切相关[63]。辽宁工程技术大学赵雪淞等研究发现，人参总皂苷抑制了五种非人参病原真菌的生长而促进了人参锈腐病菌毁灭柱孢菌（*Cylindrocarpon destructans*）的生长，五种非人参病原真菌的生长也受到二醇型人参皂苷和三醇型人参皂苷的抑制，三醇型人参皂苷的抑制活性更强；毁灭柱孢菌的体外生长被三醇型人参皂苷抑制，却被二醇型人参皂苷显著促进了。进一步研究发现，六种主要的人参皂苷单体 Rb_1、Rb_2、Rc、Rd、Rg_1 和 Re 对四种非人参病原真菌均显示生长抑制作用，而对人参锈腐病菌则显示出不同的活性。人参皂苷单体 Rb_1 和 Rb_2 显著刺激了人参锈腐病菌的生长，刺激强度呈剂量依赖性，Re 和 Rg_1 明显抑制了人参锈腐病菌的生长[64]。吉林农业大学张爱华等研究了人参根腐菌、人参锈腐菌、人参立枯丝核菌和菌核菌等人参病原菌对人参总皂苷的化学趋向性响应，发现人参总皂苷作为趋化因子能够诱导人参病原菌产生化学趋向性响应，受此趋化影响，病原菌孢子萌发率、趋化生长速率和病原菌菌丝生长量都得到了显著的提高[65]。云南农业大学朱书生团队测定了三七病原菌对三七皂苷粗提物及其含有的四种主要皂苷单体的敏感性。结果表明，三七皂苷粗提物在低浓度下对锈腐病菌和恶疫霉菌表现出明显的促生作用，而三七皂苷粗提物中含有人参皂苷 R$_1$、Rb$_1$、Rg$_1$ 和 Rd 4 种主要皂苷。五加科植物产生的人参皂苷会对微生物产生不同的生态效应，抑制非病原微生物生长而促进病原菌生长繁殖[66]。福建农林大学张重义等人进一步探讨了地黄连作障碍的分子机制，他们通过对正反库特异基因的分析发现连作对地黄体内的基因表达具有深刻的影响，重茬地黄中参与 DNA 复制、RNA 转录和蛋白质翻译等生命过程的核心途径被关闭，而与钙信号传导、乙烯合成和染色质修饰等有关的基因得到特异表达，这表明钙信号系统感知、传导和放大了化感物质的信号。此外，该团队发现连作下地黄根际土壤中参与酚酸代谢的苯丙氨酸解氨酶发生上调表达，这与随着地黄连作年限增加土壤总酚酸含量增加的结果相一致[67]。最近，中国科学院兰州化学物理研究所秦波课题组从多种植药用植物的根际土壤中分离鉴定了黄芪、党参、甘草、百合的化感物质和自毒化感物质，揭示了药用植物连作障碍的化学成因，并利用化感物质降解微生物研发了作物连作障碍消减技术[68]。

（五）植物化感物质鉴定以及合成修饰作为新一代病虫草害调控剂

1. 植物化感物质分离鉴定

植物对病虫草害的化学调控是由化感物质所介导的，化感物质的鉴定是确认植物与有害生物化学联系的前提。目前大多数植物的化感物质已经被鉴定，涉及到各类有机物，近年还不断有一些植物次生代谢物质被确认为化感物质。中国农业科学院植物保护研究万方浩研究组收集入侵植物紫茎泽兰的淋溶液，发现其淋溶液对旱稻、薰衣草、三叶草、苜蓿和黑麦草等均具有较为明显的抑制作用，并从淋溶液中鉴定出泽兰二酮和羟基泽兰酮两种主要化感物质[69]。云南农业大学叶敏研究组发现入侵植物薇甘菊石油醚萃取物中的两种物质 α－ 没药醇和 5，11－ 二烯 -8，12－ 二羟基土木香内酯是其抑制其他植物萌发和幼苗生长的化感物质[70]。中国科学院兰州化学物理研究所秦波研究组采用土壤培养法从植株原位生长的土壤中提取出了瑞香狼毒、黄芪、烟草、喜马拉雅大戟、红车轴草和党参等多种植物的化感物质，尤其是从黄芪中分离出四个新的黄酮化合物和一个新的三萜皂苷化合物[71]。中国科学院沈阳应用生态研究所研究和中国农业大学孔垂华课题组从杂草马唐组织和根分泌物中分离鉴定了藜芦酸（veratric acid）、麦芽酚（maltol）和黑麦草内酯（(－)-loliolide）三个化感物质，并证明这些化感物质在马唐组织合成并通过根分泌到土壤中，在土壤中的浓度均抑制小麦、玉米和大豆的生长。扬州大学的邬彩霞等人从黄香草木樨中分离并鉴定了其主要化感物质香豆素和 2H-1- 苯并吡喃 -2- 酮，这两个化感物质在低浓度就能够明显地抑制意大利黑麦草、萹蓄草、红三叶、婆婆纳、旱地早熟禾和灰菜等多种杂草的萌发和幼苗的生长[72]。

植物化感物质种类繁多，一旦释放到环境需要与环境生物和非生物因子作用才能对周围植物、动物和微生物产生影响。因此，如何采用合适的方法收集、分离和鉴定化感物质是一个难点。近年南京林业大学方炎明研究组使用一种新型的根系分泌物采集装置不但能对根系分泌物进行实时采集，而且还与分离装置连接直接将根系化感物质分为单一物质[73]。中国科学院兰州化学物理研究所师彦平等利用分子印迹聚合物的手段从植物中分离槲皮素、山奈酚和芦丁等天然产物[74]。中山大学李攻科等将离子液体应用于石蒜中生物碱的分离，不仅提取时间短，而且提取效率也比较高[75]。中国科学院昆明植物所黎胜红研究组用 MCI、RP-18、Sephadex LH-20 凝胶和半制备 HPLC 等柱色谱方法对新樟茎乙醇溶液提取物进行分离纯化，得到 17 种单体物质，并使用紫外、高分辨质谱、核磁共振等仪器对物质进行结构鉴定，得出它们的具体结构。使用同样的方法，他们还从绿茎还阳参中获得七个单体化合物，其中包括羽扇豆醇酯及多种取代酯类[76]。中国农业科学院植物保护研究所郑永权课题组使用制备 HPLC 和 Sephadex LH-20 层析柱结合高分辨质谱仪和核磁共振仪从野燕麦土壤中分离出麦黄酮（tricin）、合金欢素（acacetin）、紫丁香苷（syringoside）和香叶木素（diosmetin）五种化感物质，并发现这些化感物质是野燕麦入侵麦田并抑制小麦生长的化感物质[77]。

2. 植物化感物质结构修饰、合成与新农药研发

植物化感物质具有独特的生态功能，以化感物质为先导化合物可以通过结构修饰合成及活性评价方法研发新型农药，如以单萜化感物质 1，8-桉树脑作为结构母体的人工合成衍生物环庚草醚（cinmethylin）已经开发成为除草剂。近年基于植物化感物质的除草剂和杀菌剂研发在国内取的积极进展，中国科学院兰州化物所秦波研究组以从瑞香狼毒根系分泌物和根际土壤中提取出的化感物质伞形花内酯为先导化合物，设计合成了多种结构的新型香豆素衍生物，并从中筛选出具有显著活性的化合物，其中效果较好的对杂草的抑制率达到了 90%[78]，其中一些衍生物对链格孢菌、茄病交链孢霉、灰霉菌和尖孢镰刀菌四种真菌病害的抑制率均达到 87% 以上[79]。在此基础上，通过多种化合物的构效关系找出了其活性位点和活性基团，为新型植物源除草剂和杀菌剂的研发提供了新的思路。西北农林科技大学高锦明研究组以天然产物苯乙酮为先导化合物，合成了一系列对稻瘟病菌、葡萄孢菌、链格孢菌等五种重要病原菌具有抑菌活性的化合物[80]。中国农业大学孔垂华课题组发现水稻化感品种从根系分泌的麦黄酮不仅抑制杂草也抑制病原真菌，尤其是在麦黄酮合成过程中得到的麦黄酮异构体橙酮对杂草和病原真菌的活性远大于麦黄酮本身，显示麦黄酮的同分异构体橙酮是一类更值得开发的新一代除草剂和杀菌剂[81]。基于此，江苏大学张敏等人进一步人工合成了 20 个橙酮结构修饰物，并探讨这些橙酮结构与活性的关系。结果发现橙酮类物质确实具有除草剂开发潜力，但其活性与苯环上取代基数目和种

类显著相关。一般而言，苯环上连吸电子基团导致活性降低，而且苯环上取代基不易超过三个[82]。进一步对橙酮开展深入细致的结构与活性的关系研究，可望获得有实际意义的结果。

南开大学徐效华课题组近年针对基于植物化感物质的除草剂和杀菌剂研发开展了系统的工作，他们选择普遍存在香豆素类化感物质，以 4- 羟基香豆素作为先导化合物进行结构修饰，得到了一系列 3- 苯甲酰基 -4- 羟基香豆素衍生物。结果发现苯甲酰基的导入能显著提高这类物质的除草和杀菌活性，而且这类结构修饰物对双子叶植物和有抑制作用而对单子叶杂草基本没有活性，具有非常好的选择性[83]。进一步利用亚结构拼接和电子等排原理，合成了一系列 3- 苯甲酰基 -4- 羟基香豆素衍生物，3- 苯甲酰基 -4- 羟基 -1- 甲基 -1- 氢 -2- 喹啉酮衍生物，3- 苯甲酰基 -4- 羟基 -1- 甲基 -1，2- 苯噻嗪 -2，2- 二氧衍生物。除草活性结果显示，3- 苯甲酰基 -4- 羟基 -1- 甲基 -1，2- 苯噻嗪 -2，2- 二氧衍生物对对稻田 5 种主要杂草异型莎草、醴肠、千金子、杂草稻、稗草具有较好的除草活性。更重要的是，该类化合物对单子叶杂草稗草具有白化作用。通过筛选对羟苯基丙酮酸二氧酶（HPPD）抑制活性结果显示，该类化合物是一类全新的与商品化除草剂品种磺草酮同等级别的 HPPD 酶抑制效果，有望开发成为抑制光合作用的新一代除草剂[84]。

（六）2014 年以来本学科主要研究团队及重要研究项目

2014 年以来本学科主要研究团队及重要项目如下。

表 1　本学科主要研究团队

研究团队名称	所属单位
作物 - 杂草化学作用孔垂华研究团队	中国农业大学
作物 - 杂草化学作用徐效华研究团队	南开大学
作物 - 杂草化学作用陈雄辉研究团队	华南农业大学
作物 - 害虫化学作用娄永根研究团队	浙江大学
作物 - 害虫化学作用王桂荣研究团队	中国农业科学院植物保护研究所
作物 - 害虫化学作用董双林研究团队	南京农业大学
作物 - 害虫化学作用孙晓玲研究团队	中国农业科学院茶叶研究所
植物 - 病原微生物化学作用叶敏、朱书生研究团队	云南农业大学
药用植物秦波义研究团队	中国科学院兰州化学物理研究所
药用植物陈君研究团队	中国医学科学院药用植物研究所
药用植物赵雪淞研究团队	辽宁工程技术大学

表 2　本学科重要研究项目

项目类型	项目名称	主持单位	执行时间
公益性行业（农业）科研专项	利用生态功能分子防控害虫及杂草技术研究与示范	浙江大学、中国农业大学等8家单位	2014 年 01 月 —2018 年 12 月

三、本学科国内外研究进展比较

植物化感作用及其对有害生物的化学调控在国内已得到广泛深入的研究，并取得长足的进步，一些方面已经达到或接近国际前沿，如作物化感品种的选育及其抑草机制研究已经处于国际领先水平，但一些方面依然有差距。在作物 - 杂草的化学作用方面主要表现在化感物质的分子调控机理方面，清楚地理解和定位植物化感特征的基因，对揭示植物化感作用的本质和开发作物化感品种有着重要的理论和实践价值。目前国际上，小麦、水稻和高粱等主要作物的化感物质分子调控机理均被揭示，尤其是采用基因定位、基因沉默和敲除等分子技术使水稻化感物质二萜内酯的分子调控研究已经获得了突破性进展。最近美国学者通过插入一段序列使功能基因 OsCPS4 和 OsCPS4 失活，从而实现目标基因敲除而获得相应的突变体 cps4 和 ksl4。与对照野生型相比，cps4 的根分泌物中检测不到化感物质二萜内酯，而且这一突变体的化感效应均低于对照的野生型[85]。这一结果不仅从分子水平给出了水稻通过生物合成和释放二萜内酯产生化感效应的直接证据，而且还发现与二萜内酯生物合成相关的基因簇及其重要作用。另外，调控相关基因过表达也可以获得最大的化感物质释放量以增强化感效应，这为利用靶向基因进行育种和代谢工程操控提供了方向[86]。目前植物化感作用及其化感物质在基因水平上的分子证据已取得积极进展，可以肯定植物化感物质的生物合成是受多基因（特别是基因簇）控制的。然而，化感特征基因的研究依然是植物化感作用研究领域最薄弱的环节。从本质上来说，对植物化感作用的认识取决于对植物化感特征调控基因的全面掌握。一旦植物的化感特征调控基因被明确，化感物质的生物合成途径及释放机制就能被解析，从而阐明植物化感作用这一自然生态现象的规律。

国内在作物 - 害虫化学互作关系方面取得了重要研究进展，但总体来看目前很多方面还只是跟踪国际前沿开展研究，一些方面则在国内还研究得比较少，与国际上的差距比较大。这些方面主要体现在作物地上与地下部分互作对作物 - 害虫化学互作关系的影响以及作物防御化合物的生态学功能两个方面。国外对植物诱导抗虫性及其产生机理大量研究结果表明植物诱导抗虫反应是一个整体（地上与地下部分）的转录组、代谢组以及生理生化的重组过程，涉及到地上与地下部分众多信号转导途径、转录因子以及防御与生长相关基因的调控与协调，参与地上部分抗虫反应的信号转导途径主要包括蛋白激酶（如 Mitogen-activated protein kinases，MAPKs）、茉莉酸、水杨酸、乙烯等途径，而参与地下部分的则主要包括植物生长素、细胞分裂素等途径[87]。近来的研究还发现植物地下部分在植物整体的防御反应中发挥着重要乃至中心的作用，如德国马普化学生态研究所 Fragoso 等人发现植物地下部分的茉莉酸信号途径在调控植物地上部分的防御反应中起着重要作用[88]。遗憾的是目前这一领域国内很少涉及，国内对于作物防御化合物功能的研究，大多只是在实验室内进行的，这很难揭示防御化合物的功能。要真正阐明防御化合物的生态学功能，必须在获得缺失或增加某一防御化合物含量突变体的基础上，将突变体种植到真实的生态系统中，然后考察突变体对整个节肢动物群落的影响。目前，一些国外科学家通过类似研究，揭示了相关防御化合物的生态学功能。这不仅有利于深入剖析各类防御化合物可能的进化机制，而且有利于开发有效的害虫防控技术。

在作物 – 病原微生物的化学作用方面与国际水平差距明显，主要表现为研究的系统性不强，许多研究停留在对表象的观察，对植物化感物质对病原微生物侵染的影响研究大多是以植物提取物为主。关于植物化感物质与植物抗病防御反应方面的研究大多也是以植物粗提物对植物抗病防御反应相关的酶活性影响，很少涉及结构明确的化感物质在分子水平上对植物抗病防御影响。其实，植物抗病防御反应的很多条代谢途径都有次生代谢产物参加。最近美国斯坦福大学的 Jakub 等以模式植物拟南芥为研究材料，发现了植物中的一种生氰代谢途径与植物对病原微生物的诱导抗性有关[89]。总体而言，我国目前对于植物化感作用中作物与病原微生物的化学作用研究，无论是研究的系统系性还是研究的深度与国际水平相比均有很大的发展空间。

药用植物种植生产是中国的特色产业，因此，国外有关药用植物病虫草害防治研究相对较少，应用化学生态调控技术更不多见。目前国内有相对成熟的商品化木霉生防菌剂用于药材病害防治，国外仅见哈茨木霉和绿色木霉等对链格孢菌引起的芦荟叶斑病有较好防效[90]。另外，共生微生物 VAM 菌、链孢粘帚霉（*Gliocladium catenulatum*）等也被用于姜黄（*Curcuma longa*）块根腐烂病以及西洋参猝倒病的防治。在诱导抗病方面，国内外相关研究多集中在中药材提取物对农作物的诱导抗病性方面。针对药用植物的诱导抗性国外仅见水贼镰刀菌（*Fusarium equiseti*）侵染能够诱导西洋参抗病防卫反应，另外发现红松和白松树皮覆盖物能够显著抑制立枯丝核菌引起的西洋参田间猝倒病。国内关于药用植物害虫化学生态调控方面的研究和探索刚刚起步，在部分药用植物 – 害虫 – 天敌系统中，分离与鉴定影响害虫种内和植物与害虫种间关系的生态功能因子等领域已开展了基础性研究工作，但将这些生态功能因子应用在药用植物害虫化学生态调控方面还是空白。国外研究主要集中在利用药用植物挥发物、精油等提取物吸引传粉昆虫或防治农林、卫生和储粮害虫方面。严格意义上说，药用植物杂草生态防控在国内外研究极少，少数研究也集中在药用植物对大田作物的影响，很少涉及对药用植物生态系统中杂草影响的研究。

因为许多药用植物是我国独有，或者只有我国人工栽培，所以药用植物的连作障碍及其土壤微生物化学作用研究主要集中在国内。目前，我国学者在人参、太子参、地黄等药用植物对微生物的化感效应研究上取得了重要进展。加拿大学者也发现西洋参能在生长的过程中通过根系向环境中释放人参皂苷，体外试验发现与西洋参根际土壤相似浓度的人参皂苷可促进西洋参锈腐病菌和根疫病病原菌的生长，而抑制拮抗真菌哈茨木霉菌和叶面病原真菌人参链格孢的生长。尤其是人参皂苷具有化学趋化作用，能够吸引畸雌腐霉菌在富含人参皂苷的根际聚集并加速生长[91]。国内学者的研究结果与加拿大学者的报道相互印证，证明人参皂苷是植物抵抗植物病原真菌侵袭的化学防御物质，而人参、西洋参的根部病原菌不但进化出了解除人参皂苷毒性的解毒或贮毒机制，甚至显示了对人参皂苷的趋化效应。因此，国内在药用植物 – 微生物化感作用方面的研究与国际上差距不大，但与田间试验的结合不足，目前还难以解决实际问题。

在化感物质结构修饰、合成与新农药研发方面国内外均是以化感物质为先导化合物结构修饰合成，但国外学者针对的化感物质种类更多，而且大多予以专利保护，少数已进入实际应用阶段。美国学者合成了二十余种假蒟亭碱类似物，通过活性评价阐明了类似物的植物毒活性，并筛选出了几种杂草生长抑制活性先导化合物。日本学者 Shindo 设计合成了七十余种咖啡酸类似物，为开发新型除草剂奠定了基础[92]。此外韩国学者 Uddin 等在2014 年从高粱根系分泌物中提取出了高粱醌，并做成了植物源的新型除草剂，剂型为可湿性粉剂，这种可湿性粉剂对阔叶杂草具有很高的活性，每公顷有效成分含量 0.2g 的剂量下抑制率为 100%，尤其是对亚洲积雪草和羊蹄草，这两种在有效成分含量为 0.4g 每公顷的情况下，生长能被完全抑制[93]。类似的工作国内刚刚开始，今后需要加强。

四、本学科发展趋势与对策

植物化感作用作为一种自然的生态现象，对其本质的探讨有助于加深植物种间和种内相互作用关系的理解和认知，但最关键的是植物化感作用的理论与实践能否真正地促进农林业的持续发展和达到对自然资源的保护。因此，植物化感作用必须以新的角度和思路找准关键的科学问题，并以可靠的研究方法取得强有力的证据，阐明植物化感作用的机制和在生态系统中的意义。在此基础上，开发植物化感作用的应用潜力并予以实践。今后作物与有害生物的化学作用值得关注的主要问题有以下几个方面：

（1）目前大多数主要作物和杂草的化感物质已经明确，而且每年还有新的化感物质被鉴定。这样，植物化感作用的化学物质基础已基本建立，现在的问题是要探明调控这些化感物质的特征基因及相关的分子生物学基础。虽然已有的研究表明植物化感特性受多基因控制，而且植物种间和种内的化感作用的直接媒介是化学物质而不是基因，但植物化感作用分子生物学基础缺乏必然制约其机制本质的阐明。应当借助着分子生物学和代谢组学的巨大进步，开展对代表性作物或有害生物的 "化感物质 – 次生代谢 – 蛋白质 – 基因" 的代谢组学和分子生物学研究。

（2）利用作物化感品种自然调控农田杂草可以实现生态安全条件下的杂草治理，然而由于数十年的人工合成除草剂大量持续使用，导致杂草对除草剂产生抗性。面对农田日益增加的除草剂抗性杂草，作物与杂草的化感作用研究需要区分抗性和非抗性杂草的化感作用及其机制的差异，并确定作物化感品种对不同靶标除草剂抗性杂草的作用及相应机理。

（3）植物种内的化感作用，即自毒或自疏作用在自然和人工生态系统中的意义很早就得到关注和研究，但其机制，尤其是农林生态系统中的连作或连栽障碍机制一直难以阐明。目前认为自毒物质、土壤病原微生物和养分匮乏是导致连作障碍的主要原因，但这三者的关系及它们的协同作用机制并不清楚。其实，植物通过根分泌和凋落物释放到土壤中的化感物质不仅自毒而且还可以调节土壤微生物以及根的行为。这样，连作或连栽障碍机制应当从化学物质介导的地下生物整体生态相互作用的多维度来探讨阐明。同样，作物－害虫化学关系的研究也要更多地关注作物地上与地下部分互作，并同时注重在田间考察这些化学互作对害虫与作物的影响。

（4）由于大量化感物质的确定以及相应的人工合成修饰，为化感物质对靶标植物的作用机制研究提供了基础，针对特定的生理生化和和分子生物学过程，通过高通量和构效关系测试分析，确定化感物质作用的生理生化途径和作用位点，这对正确认识植物化感物质的本质以及新一代除草剂和杀菌剂的研发具有积极意义。

（5）当前利用植物化感作用原理构建自身调控病虫草害的农林生态系统得到广泛关注，尤其是难以使用农药的药用植物病虫草害治理更是需要揭示并充分利用这一自然化学调控机制。采用化学生态调控的思路和方法防控药用植物病虫草害是保证药材质量和产区生态安全的优选途径，一方面可以借助作物系统已有的化学生态调控产品及技术应用于药用植物病虫草的防治。另一方面要开展药用植物病虫害草化学生态相关现象等基础调查，以发现和挖掘在药用植物病虫草害防控过程中有调控效应的物质并加以利用。

最后，任何自然规律的发现和认识，最终都必须经过实践的检验并能够指导人类的实践活动。近年随着对植物化感作用研究和认识的深入，化感作用在农业业上的应用也愈来愈清晰，但真正的实践尚需加强。今后应当针对重要的农业生态系统建立并示范植物与有害生物的自然化学调控技术，尤其是要注意地上和地下化学生态联系及其协同效应，构建自身对有害生物可持续调控的农业生态系统。

参考文献

［1］孔垂华，胡飞，王朋，著.植物化感（相生相克）作用［M］.北京：高等教育出版社，2016.

［2］Lu CH, Liu XG, Xu J, et al. Enhanced exudation of DIMBOA and MBOA by wheat seedlings alone and in proximity to wild oat (*Avena fatua*) and flixweed (*Descurainia sophia*)[J]. Weed Science, 2012, 60: 360–365.

[3] Zhang FJ, Guo JY, Chen FX, et al. Assessment of allelopathic effects of residues of *Flaveria bidentis* (L.) Kuntze on wheat seedlings[J]. Archives of Agronomy and Soil Science, 2012, 58: 257–265.

[4] Zhou B, Kong CH, Li YH, et al. Crabgrass (*Digitaria sanguinalis*) allelochemicals that interfere with crop growth and the soil microbial community[J]. Journal of Agricultural and Food Chemistry, 2013, 61: 5310–5317.

[5] Guo HR, Cui HY, Jin H, et al. Potential allelochemicals in root zone soils of *Stellera chamaejasme* L. and variations at different geographical growing sites[J]. Plant Growth Regulation, 2015, 77: 335–342.

[6] Chen J, Xue QH, McErlean CSP, et al. Biocontrol potential of the antagonistic microorganism *Streptomyces enissocaesilis* against *Orobanche Cumana*[J]. BioControl, 2016, 61: 781–791.

[7] Kong CH. Ecological pest management and control by using allelopathic weeds (*Ageratum conyzoides*, *Ambrosia trifida* and *Lantana camara*) and their allelochemicals in China[J]. Weed Biology and Management, 2010, 10: 73–80.

[8] Li YB, Zhang Q. Effects of naturally and microbially decomposed cotton stalks on cotton seedling growth[J]. Archives of Agronomy and Soil Science, 2016, 62: 1264–1270.

[9] Ding HY, Cheng ZH, Liu ML, et al. Garlic exerts allelopathic effects on pepper physiology in a hydroponic co-culture system[J]. Biology Open, 2016, 5: 631–637.

[10] Chai M, Zhu XP, Cui HX, et al. Lily cultivars have allelopathic potential in controlling *Orobanche aegyptiaca* Persoon[J]. PLoS One, 2015, 10: e0142811.

[11] Sun B, Wang P, Kong CH. Plant–soil feedback in the interference of allelopathic rice with barnyardgrass [J]. Plant and Soil, 2014. 377: 309–321.

[12] Zhang SZ, Li YH, Kong CH, et al.Xu XH. Interference of allelopathic wheat with different weeds[J]. Pest Management Science, 2016, 72: 172–178.

[13] Kong CH, Chen XH, Hu F, et al. Breeding of commercially acceptable allelopathic rice cultivars in China[J]. Pest Management Science, 2011, 67: 1100–1106.

[14] Li YH, Xia ZC, Kong CH. Allelobiosis in the interference of allelopathic wheat with weeds[J]. Pest Management Science, 2016, 72: 2146–2153.

[15] Xiao Y, Wang Q, Erb M, et al. Specific herbivore–induced volatiles defend plants and determine insect community composition in the field[J]. Ecology Letters, 2012, 15: 1130–1139.

[16] Yu XD, Jones HD, Ma YZ, et al. (E) –β–Farnesene synthase genes affect aphid (*Myzus persicae*) infestation in tobacco (*Nicotiana tabacum*)[J]. Functional and Integrative Genomics, 2012, 12: 207–213.

[17] Xu LT, Shi ZH, Wang B, et al. Pine defensive monoterpene α–pinene influences the feeding behavior of *Dendroctonus valens* and its gut bacterial community structure [J]. International Journal of Molecular Sciences, 2016, 17: 1734.

[18] Sun L, Gu SH, Xiao HJ, et al. The preferential binding of a sensory organ specific odorant binding protein of the alfalfa plant bug *Adelphocoris lineolatus* AlinOBP10 to biologically active host plant volatiles[J]. Journal of Chemical Ecology, 2013, 39: 1221–1231.

[19] Pan HS, Lu YH, Xiu CL, et al. Volatile fragrances associated with flowers mediate host plant alternation of a polyphagousmirid bug[J]. Scientific reports, 2015, 5: 14805.

[20] Mao YB, Xue XY, Tao XY, et al. Cysteine protease enhances plant–mediated bollworm RNA interference[J]. Plant Molecular Biology, 2013, 83: 119–129.

[21] Wang W, Dai HE, Zhang Y, et al. Armet is an effector protein mediating aphid–plant interactions[J]. The FASEB Journal, 2015, 29: 2032–2045.

[22] Qi J F, Sun G L, Wang L, et al. Oral secretions from *Mythimna separata* insects specifically induce defense

responses in maize as revealed by high-dimensional biological data［J］．Plant，Cell and Environment，2016，39：1749-1766.

［23］Lu J，Li JC，Ju HP，et al. Contrasting effects of ethylene biosynthesis on induced plant resistance against a chewing and a piercing-sucking herbivore in rice［J］．Molecular Plant，2014，7：1670-1682.

［24］Hu LF，Ye M，Zhang TF，et al. The rice transcription factor WRKY53 suppresses herbivore-induced defenses by acting as a negative feedback modulator of map kinase activity［J］．Plant Physiology，2015，169：2907-2921.

［25］Zhao Y，Huang J，Wang ZZ，et al. Allelic diversity in an NLR gene BPH9 enables rice to combat planthopper variation［J］．Proceedings of the National Academy of Sciences of the United States of America，2016，113（45）：12850-12855.

［26］Liu YQ，Wu H，Chen H，et al. A gene cluster encoding lectin receptor kinases confers broad-spectrum and durable insect resistance in rice. Nature Biotechnology，2015，33（3）：301-305.

［27］Liu NY，Zhang T，Ye ZF，et al. Identification and characterization of candidate chemosensory gene families from *Spodoptera exigua* developmental transcriptomes［J］．International Journal of Biological Sciences，2015，11：1036-1048.

［28］Sun XL，Li XW，Xin ZJ，et al. Development of synthetic volatile attractant for male Ectropisobliqua moth s［J］．Journal of Integrative Agriculture，2016，15：1532-1539.

［29］Zhang J，Liu CC，Yan SW，et al. An odorant receptor from the common cutworm（*Spodoptera litura*）exclusively tuned to the important plant volatile cis-3-hexenyl acetate［J］．Insect Molecular Biology，2013，22：424-432.

［30］Sun XL，Wang GC，Gao Y，et al. Volatiles emitted from tea plants infested by *Ectropisobliqua*larvae are attractive to conspecific moths［J］．Journal of Chemical Ecology，2014，40：1080-1089.

［31］Pan HS，Xiu CL，Lu YH. A combination of olfactory and visual cues enhance the behavioral responses of *Apolygus lucorum*［J］．Journal of Insect Behavior，2015，28：525-534.

［32］Han YQ，Lei WB，Wen LZ，et al. Silicon-mediated resistance in a susceptible rice variety to the rice leaf folder，Cnaphalocrocis medinalis Guenee（Lepidoptera：Pyralidae）［J］．PLoS One，2015，10：e01205574.

［33］Xin ZJ，Zhang ZQ，Chen ZM，et al. Salicylhydroxamic acid（SHAM）negatively mediates tea herbivore-induced direct and indirect defense against the tea geometrid *Ectropis oblique*［J］．Journal of Plant Research，2014，127：565-572.

［34］Xin ZJ，Yu ZN，Erb M，et al. The broadleaf herbicide 2，4-dichlorophenoxyacetic acid turns rice into a living trap for a major insect pest and a parasitic wasp［J］．New Phytologist，2012，194：498-510.

［35］高晓荔，宋永辉，胡林潮，等．大蒜废弃物对农作物病原菌的抑制效果［J］．农业环境科学学报，2012，31（1）：192-199.

［36］杨敏，梅馨月，朱书生，等．三种葱属作物挥发物和提取液对植物病原真菌和卵菌的抑菌活性［J］．植物保护，2013，39（3）：36-44.

［37］张伟，廖静静，杨敏，等．8种植物挥发物和浸提液对三七根腐病菌的抑制活性研究［J］．中国农学通报，2013，29（30）：197-201.

［38］张万萍，赵丽．大蒜提取物和根系分泌物对3种土传性病原菌的抑菌效果［J］．中国蔬菜，2012，1（2）：66-71.

［39］陈沁媛，江东，焦必宁．寄生疫霉 *Phytophthora parasitica* 侵染对岩溪晚芦果皮挥发性物质的影响［J］．中国南方果树，2013，42（4）：5-11.

［40］张春花，单治国，唐嘉义，等．茶饼病菌侵染对茶树挥发性物质的影响［J］．茶叶科学，2012，32（4）：331-340.

［41］万秀娟，范黎明，叶敏，等．白菜叶片挥发成分多样性及对黑斑病菌孢子萌发的影响［J］．天然产物研究与开发，2012，24（9）：1274-1278.

［42］ Hao W Y，Ren L X，Shen Q R，et al. Allelopathic effects of root exudates from watermelon and rice plants on *Fusarium oxysporum* f.sp. *niveum*［J］. Plant and Soil，2010，336：485–497.

［43］ Yang M，Zhang Y，Zhu S S，et al. Plant–plant–microbe mechanisms involved in soil–borne disease suppression on a maize and pepper intercropping system［J］. PLoS One，2014，9：e115052.

［44］ Ding X P，Yang M，Zhu S S，et al. Priming maize resistance by its neighbors：activating 1，4–benzoxazine–3–ones synthesis and defense gene expression to alleviate leaf disease［J］. Frontiers in Plant Science，2015，00830.

［45］ Fang Y T，Zhang L M，Zhu S S，et al. Tobacco rotated with rapeseed for soil–borne *Phytophthora* pathogen biocontrol：mediated by rapeseed root exudates［J］. Frontiers in Microbiology，2016，00894.

［46］ 廖静静，张立猛，杨敏，等. 大蒜类似根缘细胞生物学特性及其对辣椒疫霉菌的抑制活性［J］. 植物保护，2015，41（5）：39–45.

［47］ 张立猛，方玉婷，杨敏，等. 玉米根系分泌物对烟草黑胫病菌的抑制活性及其抑菌物质分析［J］. 中国生物防治学报，2015，31（1）：115–122.

［48］ 张潇丹，廖静静，杨敏，等. 镰刀菌对大蒜根系分泌物的敏感性与其致病力相关分析［J］. 植物保护，2014，40（6）：53–58.

［49］ 陈君，徐常青，乔海莉，等. 我国中药材生产中农药使用现状与建议［J］. 中国现代中药，2016，18（3）：263–270.

［50］ Yong L I，Xi–Xi Y I，Ding W L. Stem blight control of *Schizonepeta tenuifolia* caused by *Phytophthora nicotianae* using *Trichoderma* spp［J］. Chinese Herbal Medicine，2010，2：312–316.

［51］ 邓勋，宋小双，尹大川，等. 引进木霉菌株对药用植物刺五加和五味子苗木的抗病促生作用［J］. 吉林农业大学学报，2014，（2）：164–170.

［52］ 胡陈云，李勇，刘敏，等. 枯草芽孢杆菌 ge25 对两种人参病原菌的抑制作用及脂肽类抑菌代谢产物的鉴定［J］. 中国生物防治学报，2015，31（3）：386–393.

［53］ 李勇，赵东岳，丁万隆，等. 人参内生细菌的分离及拮抗菌株的筛选［J］. 中国中药杂志，2012，37（11）：1532–1535.

［54］ 陈志谊，刘永峰，刘邮洲，等. 植物病害生防芽孢杆菌研究进展［J］. 江苏农业学报，2012，28（5）：999–1006.

［55］ 张胜男，沈婧，牟静，等. 不同方法提取黄野螟性信息素粗提物组分 GC–MS 分析［J］. 河北林业科技，2016，（3）：1–5.

［56］ Qiao H，Lu P，Chen J，et al. Antennal and behavioural responses of Heortia vitessoides females to host plant volatiles of *Aquilaria sinensis*［J］. Entomologia Experimentalis et Applicata，2 012，143：269–279.

［57］ 陈建民. 咖啡脊虎天牛对金银花挥发性信息化合物的化学感受机制的初步研究［D］. 陕西师范大学硕士学位论文，2014.

［58］ 乔海莉，徐常青，徐荣，等. 杀虫灯与诱集植物联合防控白木香黄野螟效果研究［J］. 中国中药杂志，2016，41（11）：20–25.

［59］ 张颖. 外源茉莉酸诱导对枸杞瘿螨及其天敌的影响［D］. 内蒙古农业大学硕士学位论文，2012.

［60］ Zhao Y P，Lin S，Chu L X，et al. Insight into structure dynamics of soil microbiota mediated by the richness of replanted *Pseudostellaria heterophylla*［J］. Scientific Reports，2016，6：26175

［61］ 张一鸣. 人参根际土壤提取物对人参病原菌和拮抗菌的影响研究［D］. 吉林农业大学硕士学位论文，2014.

［62］ 李自博，周如军，解宇娇，等. 人参连作根际土壤中酚酸物质对人参锈腐病菌的化感效应［J］. 应用生态学报，2016，27（11）：3616–3622.

［63］ Wu LK，Wang JY，Huang WM，et al. Plant–microbe rhizosphere interactions mediated by *Rehmannia glutinosa* root exudates under consecutive monoculture［J］. Scientific Reports，2015，5：15871.

［64］ Zhao XS，Gao J，Song CC，et al. Fungal sensitivity to and enzymatic deglycosylation of the ginsenosides［J］. Phytochemistry，2012，78：65-71.

［65］ 匙坤，雷锋杰，许永华，等. 根腐菌和锈腐菌对人参总皂苷的化学趋向性响应研究［J］. 中草药 2016.47（5）：821-826.

［66］ 杨敏，梅馨月，郑建芬，等. 三七主要病原菌对皂苷的敏感性分析［J］. 植物保护，2014，40（3）：76-81.

［67］ 张重义，范华敏，杨艳会，等. 连作地黄 cDNA 消减文库的构建及分析［J］. 中国中药杂志，2011，36（3）：169-173.

［68］ Ren X，Yan ZQ，He XF，et al. Allelochemicals from Rhizosphere soils of *Glycyrrhiza uralensis* Fisch：discovery of the autotoxic compounds of a traditional herbal medicine［J］. Industrial Crops and Products，2017，97：302-307.

［69］ 万方浩，刘万学，郭建英，等. 外来植物紫茎泽兰的入侵机理与控制策略研究进展［J］. 中国科学：生命科学，2011，41（1）：13-21.

［70］ Zhao Y，Ye M，Fan L M，et al. Plant Growth Regulation Activity of Column Chromatography Fractions from *Mikania micrantha* H.B.K. on *Raphanus sativus*. In：Advances in Environmental Technologies（Vol. 726-731）［M］. Trans Tech Publications，pp. 4397-4400，2013.

［71］ Guo K，He X，Yan Z，et al. Allelochemicals from the rhizosphere soil of cultivated *Astragalus hoantchy*［J］. Journal of Agricultural and Food Chemistry，2016，64：3345-3352.

［72］ Wu CX，Zhao GQ，Liu DL，et al. Discovery and weed inhibition effects of coumarin as the predominant allelochemical of yellow sweetclover（*Melilotus officinalis*）［J］. International Journal of Agriculture and Biology，2016，18：168-175.

［73］ Zhang KM，Shen Y，Zhou XQ，et al. Photosynthetic electron-transfer reactions in the gametophyte of *Pteris multifida* reveal the presence of allelopathic interference from the invasive plant species *Bidens pilosa*［J］. Journal of Photochemistry and Photobiology B：Biology，2016，158：81-88.

［74］ 陈方方，师彦平. 分子印迹固相萃取技术在天然产物有效成分分离分析中的应用进展［J］. 色谱，2013，31（7）：626-633.

［75］ 杜甫佑，肖小华，李攻科. 离子液体微波辅助萃取石蒜中生物碱的研究［J］. 分析化学 2007.11：1570-1574.

［76］ 杨敏杰，骆世洪，黎胜红. 新樟茎的化学成分研究［J］. 中草药，2015，46（6）：791-797.

［77］ Liu X G，Tian F J，Tian Y Y，et al. Isolation and identification of potential allelochemicals from aerial parts of *Avena fatua* L. and their allelopathic effect on wheat［J］. Journal of Agricultural and Food Chemistry，2016，64：3492-3500.

［78］ Pan L，Li X Z，Yan Z Q，et al. Phytotoxicity of umbelliferone and its analogs：Structure-activity relationships and action mechanisms［J］. Plant Physiology and Biochemistry，2015，97：272-277.

［79］ Pan L，Li X，Gong C，et al. Synthesis of N-substituted phthalimides and their antifungal activity against *Alternaria solani* and *Botrytis cinerea*［J］. Microbial Pathogenesis，2016，95：186-192.

［80］ Shi W，Dan W J，Tang J J，et al. Natural products as sources of new fungicides（Ⅲ）：Antifungal activity of 2，4-dihydroxy-5-methylacetophenone derivatives［J］. Bioorganic & Medicinal Chemistry Letters，2016，26：2156-2158.

［81］ Kong C H，Xu X H，Zhang M，et al. Allelochemical tricin in rice hull and its aurone isomer against rice seedling rot disease［J］. Pest Management Science，2010，66：1018-1024.

［82］ Zhang M，Xu X H，Cui Y，et al. Synthesis and herbicidal potential of substituted aurones［J］. Pest Management Science，2012，68：1512-1522.

[83] Lei K, Sun D W, Hua X W, et al. Synthesis, fungicidal activity and structure-activity relationships of 3-benzoyl-4-hydroxylcoumarin derivatives[J]. Pest Management Science, 2016, 72: 1381-1389.

[84] Lei K, Hua X W, Tao Y Y, et al. Discovery of（2-benzoylethen-1-ol）-containing 1, 2-benzothiazine derivatives as novel 4-hydroxyphenylpyruvate dioxygenase（HPPD）inhibiting-based herbicide lead compounds [J]. Bioorganic & Medicinal Chemistry, 2016, 24: 92-103.

[85] Xu MM, Galhano R, Wiemann P, et al. Genetic evidence for natural product-mediated plant-plant allelopathy in rice（*Oryza sativa*）[J]. New Phytologist, 2012, 193: 570-575.

[86] Kato-Noguchi H, Peters RJ. The role of momilactones in rice allelopathy [J]. Journal of Chemical Ecology, 2013, 39: 175-185.

[87] Machado R, Ferrieri A, Robert C, et al. Leaf-herbivore attack reduces carbon reserves and regrowth from the roots via jasmonate and auxin signaling[J]. New Phytologist, 2013, 200: 1234-1246.

[88] Fragoso V, Rothe E, Baldwin I T, et al. Root jasmonic acid synthesis and perception regulate folivore-induced shoot metabolites and increase *Nicotiana attenuata* resistance[J]. New Phytologist, 2014, 202: 1135-1145.

[89] Jakub R, Brenden B, Nicole K. C, et al. A new cyanogenic metabolite in *Arabidopsis* required for inducible pathogen defence[J]. Nature, 2015, 525: 376-379.

[90] Shukla A C, Panwar V, Yadav, et al. In vitro evaluation of fungicides and bioagents against *Alternaria alternate*-an incident of leaf spot of *Aloe vera*[J]. Science and Technology Journal, 2013, 1: 19-23.

[91] Ivanov D A, Georgakopoulos J R C, Bernards M A. The chemoattractant potential of ginsenosides in the ginseng-*Pythium irregulare* pathosystem[J]. Phytochemistry, 2016, 122: 56-64.

[92] Nishikawa K, Fukuda H, Abe M, et al. Substituent effects of *cis*-cinnamic acid analogues as plant growh inhibitors[J]. Phytochemistry, 2013, 96: 132-147.

[93] Uddin M R, Park S U, Dayan F E, et al. Herbicidal activity of formulated sorgoleone, a natural product of sorghum root exudate[J]. Pest Management Science, 2014, 70: 252-257.

撰写人：孔垂华 娄永根 叶 敏 陈 君 赵雪淞 秦 波

农药学学科发展研究

一、引言

农药创新研究和有害生物抗药性研究，是农作物病虫草害防治中的关键环节。高效低风险化学调控剂与免疫激活剂的创制，是新农药研究的重点。我国科学家围绕农作物重大病虫草害，以作物健康为中心，绿色发展和农药减量为前提，开展了绿色新农药的创制。在杀菌抗病毒方面，开展以超高效、调控和免疫为特征的分子靶标导向的新型杀菌抗病毒药剂的创新研究。针对水稻、蔬菜和烟草等主要农作物上的病害，建立了基于分子靶标的筛选模型，开展了杀菌抗病毒作用靶标及反应机理研究，发展了基于靶标发现先导化合物的新思路，创制出毒氟磷、丁香菌酯、氰烯菌酯、噻唑锌、丁吡吗啉、氟唑活化酯、甲噻诱胺、甲磺酰菌唑、苯噻菌酯、氯苯醚酰胺、氟苯醚酰胺、二氯噁菌唑和氟苄噁唑砜等多个具有自主知识产权的绿色新农药，具有很好的防治效果，对我国绿色农药的创新研究具有极大的推动作用；在杀虫剂和杀线虫剂创制方面，我国战略目标转向高活性、易降解、低残留及对非靶标生物和环境友好的药剂研究，并在新理论、新技术和产品创制上取得了系列进展，创制出哌虫啶、环氧虫啶、戊吡虫胍、环氧啉、叔虫肟脲、硫氟肟醚、氯溴虫腈、丁烯氟虫腈、氯氟氰虫酰胺和四氯虫酰胺等新型农药；在除草剂方面，建立了基于活性小分子与作用靶标相互作用研究的农药生物合理设计体系，形成了具有自身特色的新农药创制体系，构建了杂草对除草剂的抗性机制及反抗性农药分子设计模型，创制出喹草酮、甲基喹草酮以及环吡氟草酮等新品种；在有害生物抗药性方面，植物病害化学防治的科技水平得到快速提高，药剂的作用靶标、病原菌和杂草抗药性分子机制取得明显进展；同时，在重要害虫杂草抗药性的基础理论、抗药性监测与治理研究等方面取得了长足进展。

二、学科发展现状

我国建立了涵盖分子设计、化学合成、生物测试、靶标发现、产业化等环节的较完整的农药创制体系，自主创制的病虫草害防治品种开始走向应用，组建了一支绿色农药创制队伍，进一步发展和完善了我国绿色农药创新研究体系，提升了我国的创新能力。学科主要研究进展如下。

（一）杀菌抗病毒农药创制研究进展

1. 杀菌抗病毒农药筛选模型的建立

生物筛选模型在新型杀菌抗病毒农药的创制研究中处于关键地位，一些传统模型虽然经典，但准确性和精度等存在一定问题，已经不适用于新发现的防治对象。因此，国内学者在生物活性筛选模型方面开展了一系列的研究工作，取得了一系列原创性成果。

（1）抗植物病毒农药筛选模型的建立。植物病毒种类繁多，传播媒介及侵染机制复杂，高效抗植物病毒剂极度缺乏。我国科研人员针对不同的植物病毒，建立多个药物筛选模型，为先导化合物的发现奠定了良好的基础。贵州大学宋宝安课题组建立了基于 PEG（polyethylene glycol）介导的南方水稻黑条矮缩病毒（*South Rice black-streaked dwarf virus*, SRBSDV）筛选模型，可以快速有效地筛选抗该病毒的药剂[1]；中国科学院天然产物化学重点实验室郝小江课题组和南开大学范志金课题组先后报道和建立了基于 TMV–GFP 的抗植物病毒药物筛选模型，可快速直观地判断抗植物病毒药物是否作用于烟草花叶病毒外壳蛋白（Tobacco mosaic virus coat protein, TMV CP）[2]。

（2）杀菌剂筛选模型的建立。近年来，基因组学的快速发展使农药学家可以从基因组水平寻找杀菌剂靶标。迄今已有水稻白叶枯病菌、番茄假单胞菌等三十多种植物致病菌基因组被测序并进行了功能注释，这为筛选新型农用杀菌剂奠定了坚实基础。南开大学赵卫光课题组建立了基于液体培养基的微量离体真菌筛选模式，具有快速、准确、重复性好等特点，且能够初步判断药物主要作用于分生孢子萌发还是菌丝生长阶段[3]；中国农业大学张建军课题组建立了基于 GlmS 酶活性抑制的杀菌剂筛选方法，同样具有准确性高、重复性好等特点[4]；华中农业大学张红雨课题组首次探讨了细菌代谢物浓度与代谢网络拓扑结构和代谢物化学性质之间的关系，建立了基于代谢网络拓扑性质和化学信息学指标、植物致病菌基因组注释数据库 DIGAP 和细菌代谢物浓度的杀菌剂预测方法和筛选模型[5]，为新型杀菌剂的创制提供了有力的技术支撑。

2. 新靶标的发现与作用机制研究

近年来，植物病毒蛋白的复制在病毒侵染过程中的重要作用成为学术界普遍关注的热点。在人们研究对植物细菌和病毒防治的近几十年中，最突出的贡献是通过外壳蛋白介导抗性控制病毒的组装来阻断病毒的侵染。然而，通过小分子化合物控制细菌和病毒关键靶标的研究很少。由于大多数植物细菌、病毒和宿主的重要蛋白功能主要是通过复制来实现的，因此合成和筛选有效抑制细菌、病毒和宿主重要蛋白复制的小分子化合物是发现杀菌、抗病毒药物的关键。

（1）毒氟磷的潜在作用靶标 SRBSDV P9-1。南方水稻黑条矮缩病毒是当前严重为害我国南方稻区水稻生产的一种新型病毒，该病毒的基质蛋白是基因组核酸的合成和复制的关键蛋白，与病毒的侵染密切相关，是抗植物病毒剂潜在的作用靶标。贵州大学宋宝安课题组在大肠杆菌中表达了 SRBSDV 基质相关蛋白 P9-1，利用结晶学方法和 X-Ray 衍射学方法解析了 P9-1 的 2.2 埃晶体结构。针对抗植物病毒剂—毒氟磷，研究发现抗植物病毒剂毒氟磷与 P9-1 之间存在很强的亲和力[6]，为基于抗 SRBSDV 药剂作用机制的进一步研究提供帮助。

（2）宁南霉素作用靶标的研究。植物病毒外壳蛋白对病毒核酸的保护和病毒在宿主内的传播具有重要作用，贵州大学宋宝安课题组通过克隆表达获得了 TMV CP 的晶体结构，构建了基因重组的 TMV CP 与 TMV RNA 的体外组装体，获得了具有侵染能力的 TMV 病毒重组粒子[7, 8]。以 TMV CP 为靶标蛋白，筛选出作用于 TMV CP 上的化合物宁南霉素，发现宁南霉素可将 TMV CP 四聚体解聚为单体[9]；通过 ITC 发现宁南霉素与 TMV CP 四聚体之间有很强的亲和力。进一步与华中师范大学杨光富课题组合作，利用分子模拟的方法证明宁南霉素与 TMV CP 单体间的结合力远大于与其二聚体间的结合力，揭示了宁南霉素的作用位点位于 CP 单体的亚基与亚基结合的界面之间，并证明了宁南霉素与 CP 单体可形成 6 个较强的氢键，促使 CP 解聚，验证了 TMV CP 四聚体是宁南霉素的分子靶标[10]。

（3）杨凌霉素作用靶标的验证。杨凌霉素是从 *Streptomyces djakartensis* NW35 菌株发酵液中分离鉴定出的新型抗生素，其对革兰氏阴性和革兰氏阳性细菌均有广谱抗菌活性[11]。杨凌霉素既可作为先导化合物优化合成创制新型杀菌剂，也可作为探针去发现新的作用靶标。为此，西北农林大学吴文君课题组研究了杨凌霉素的作用靶标和作用机制。在处于对数生长期的蜡状芽孢杆菌培养液中加入杨凌霉素，扫描电镜观察发现杨凌霉素可以破坏蜡状芽孢杆菌的细胞壁和细胞膜。进一步研究发现高浓度杨凌霉素处理比低浓度处理能更快的显著提高细胞膜的相对渗透率，而添加硬脂酸和棕榈酸可使杨凌霉素对铜绿假单胞菌完全丧失活性，表明杨凌霉素可能通过抑制脂肪酸的合成而破坏细菌的细胞膜结构。基于上述考虑，该课题组推测 Accase 可能是杨凌霉素的作用靶标，目前正和东北农业大学向文胜课题组合作进行验证。

（4）XoFabV 是抗水稻白叶枯病药物潜在靶标。水稻白叶枯病是水稻最严重的细菌性病害，是由水稻黄单胞菌 *Xanthomonas oryzae* 引起的，而该菌的烯酰 -ACP 还原酶是关键靶酶。华中农业大学何进课题组通过结晶培养获得了 1.67 埃的硒代烯酰 -ACP 还原酶的晶体结构，并基于体内质粒互补实验和体外 NADH 氧化实验，确定 D111、Y236 和 K245 是参与还原酶活力的关键的氨基酸残基[12]，为抗水稻白叶枯病药物分子的设计与合成提供了重要信息。

（5）抗植物病毒剂毒氟磷的作用机制研究。细胞壁受体蛋白（Harpin binding protein 1, HrBP1）是一种新发现的蛋白，位于植物细胞壁上，是激发植物过敏反应的主要因子，具有显著诱导植物抗性和促进植物生长发育等多种生物学功能。针对具有免疫激活功能的新型抗植物病毒剂毒氟磷，贵州大学宋宝安课题组研究证明毒氟磷抗 TMV 的作用机制，即通过激活 HrBP1，启动细胞内的水杨酸、茉莉酸和乙烯信号通路，诱导植物产生系统性获得性抗性，从而发挥抗病毒活性。HrBP1 是 SA 信号通路中的信号起始蛋白，在植物系统获得性抗性中的起着重要作用。随后，该课题组获得了纯化的 HrBP1，并通过高分辨质谱对其进行了鉴定。热力学实验结果表明，毒氟磷的存在可促使 HrBP1 形成具有抵御病毒和提高自身抗性的多聚物结构[13]。

（6）氨基寡糖和嘧肽霉素对水稻的免疫诱抗机制研究。氨基寡糖具有诱导抗性、抑菌杀菌、驱避杀虫等生物活性，兼具水溶性好、易被生物体吸收、易降解等优点。嘧肽霉素属胞嘧啶核苷类新型抗病毒农用杀菌剂。二者均是新一代生物源农药。贵州大学宋宝安课题组利用蛋白组学技术筛选氨基寡糖和嘧肽霉素诱导水稻病毒抗性关键蛋白，采用 label-free 技术的 iBAQ 法定量差异蛋白，结果表明：①氨基寡糖能诱导植物相关防御蛋白和磷酸激酶表达量显著上调，表明氨基寡糖诱导的免疫激活信号是通过植物体类相关蛋白的可逆磷酸化进行传导的。GO 分析发现，差异蛋白的亚细胞定位主要在细胞质和细胞膜上，差异蛋白参与的主要功能主要是 Catalytic activity、Binding、Biosynthetic process 等，表明氨基寡糖诱发的免疫信号转导进入细胞后通过蛋白的可逆磷酸化进行信号传导，从而引起了相关激酶蛋白和绑定蛋白的表达量上调，研究成果发表在 Viruses 上[14]；②嘧肽霉素能增强植株体内过氧化物、超氧化物歧化酶和过氧化氢酶活性，并且能够激活植株体内 ABA 和 SA 信号通路[15]。

（7）植物激活蛋白 PeaT1 的诱导机制研究。中国农业科学院植物保护研究所邱德文课题组首次从极细链格孢菌中分离获得了全新序列的激活蛋白 PeaT1 和 Hrip1，具有诱导烟草对 TMV 的抗性、提高水稻幼苗抗旱性和促进小麦低温生长的功能。PeaT1 诱导的烟草中 TMV CP 基因转录水平下降、体外聚合受限，从而使病毒外壳蛋白含量降低，病毒粒子减少[16]。目前，邱德文带领团队创制的免疫诱抗剂阿泰灵在田间被广泛应用，其主要成分是 3% 极细链格孢激活蛋白与 3% 氨基寡糖素。

（8）杀菌剂丁吡吗啉的作用机制及抗性机制研究。中国农业大学覃兆海课题组发现杀菌剂丁吡吗啉对线粒体呼吸链复合物具有抑制效应，在浓度为 $4\mu M$ 时对呼吸链复合物 Ⅲ 表现出最高的抑制活性，抑制率为 95%。上述研究结果表明，丁吡吗啉是一种混合非竞争性抑制剂。随后，该课题组对丁吡吗啉进行了抗性风险评估。制定了辣椒疫霉对丁吡吗啉的敏感基线，测定了辣椒疫霉对的抗性水平、抗性稳定性、温度敏感性、生存适合度和交互抗药性等。该课题组从多个方面证明了丁吡吗啉除作用于病原菌的细胞壁合成外，也抑制病原菌能量的形成[17-19]。这是首次发现 CAAs 类杀菌剂具有这样的功能，为复合物 Ⅲ 抑制剂型新型杀菌剂的开发提供了一个新的思路。

（9）抗病激活剂甲噻诱胺的诱导机制研究。植物激活剂原始的作用靶标目前并不清楚，南开大学范志金课题组研究表明，甲噻诱胺诱导处理后能提高水稻、黄瓜和烟草植株体内的抗病相关酶如苯丙氨酸解氨酶、多酚氧化酶、超氧化物歧化酶的活性。SDS-聚丙烯酰胺凝胶电泳结果显示，甲噻诱胺处理可诱导水稻、黄瓜和烟草产生分子量在20~25 kDa 的特异性 PR 蛋白，表明其具备植物激活剂的作用特点。其作用机制在于诱导寄主植物的免疫系统，使植物对后续的病原物的入侵产生了防御能力[20]。

（10）氟唑活化酯诱导抗病机理研究。华东理工大学徐玉芳课题组发现氟唑活化酯可诱导黄瓜的组织结构抗病性。对氟唑活化酯诱导后未接种及诱导后接种两个处理的叶片及根组织中木质素沉积量比较表明，氟唑活化酯诱导后，黄瓜根组织通过木质素累积增加了抗病原菌侵染的能力。利用荧光定量 PCR 检测氟唑活化酯诱导后黄瓜根组织，发现诱导剂浓度与病情指数及根组织带菌量均呈负相关。进一步通过合成的 N- 氟唑活化酯，利用荧光成像监控技术研究了该类化合物在植物体的代谢与传输过程[21, 22]，为高活性抗病激活剂的农业应用提供了进一步的理论支持。

（11）大黄素甲醚诱导黄瓜对白粉病的抗病机制研究。湖北省农业科学院喻大昭课题组研究发现天然蒽醌类化合物杀菌剂大黄素甲醚不仅能直接抑制植物病原菌的生长发育，同时还能激活植物的主动免疫系统，为植物抗病诱导剂的开发提供了新思路[23]。

（12）氰烯菌酯的作用靶标研究。氰烯菌酯是南京农业大学周明国课题组参与国家南方农药创制中心江苏基地研发的氰基丙烯酸酯类新型选择性杀菌剂，只作用于植物病原镰刀菌，满足低毒和环境生态安全要求。通过十多年的研究，该课题组揭示了氰烯菌酯是破坏细胞骨架和马达蛋白的肌球蛋白 -5 抑制剂，并发现小麦赤霉病菌肌球蛋白 -5 可以发生不同点突变和遗传调控，对氰烯菌酯产生低、中、高和极高水平的抗性，提出了氰烯菌酯抗性风险管理策略。

3. 新先导化合物的发现

（1）新型高活性抗病激活剂先导化合物的发现。华东理工大学徐玉芳课题组采用计算机药物辅助设计建立基于虚拟筛选平台和高通量筛选技术发现具有诱导抗病活性的化合物[24]。

（2）基于手性催化剂构建结构新颖的新型抗病毒先导化合物。贵州大学宋宝安和池永贵合作将手性抗病毒剂型的创制作为主要的研究方向之一，同时基于免疫诱导激活分子靶标，建立全新化学生物学筛选方法和针对多种植物病毒病的离体、活体筛选模型，以NHC 为催化剂，活化吲哚 -3- 甲醛 α- 支链（或含有 α- 支链的苯并呋喃及苯并噻吩类化合物）的 sp3C 原子，形成邻醌二甲烷的关键中间体，随后与三氟甲基酮，靛红发生高对映选择性的 [4+2] 环加成反应，形成多杂环（及螺环）体系的内酯化合物（图 1）；另外，同样以 NHC 为催化剂，通过手性金鸡纳碱控制反应的对应选择性，实现烯酮的磺化（图 2），在此基础上合成了一批高选择性的及其结构十分新颖的手性化合物[25-29]，用于新型抗病毒剂的筛选，为新先导的发现奠定了坚实的基础。

针对天然活性物质吲哚醌进行结构改造，采用铜催化剂与氮杂卡宾催化剂协同催化策

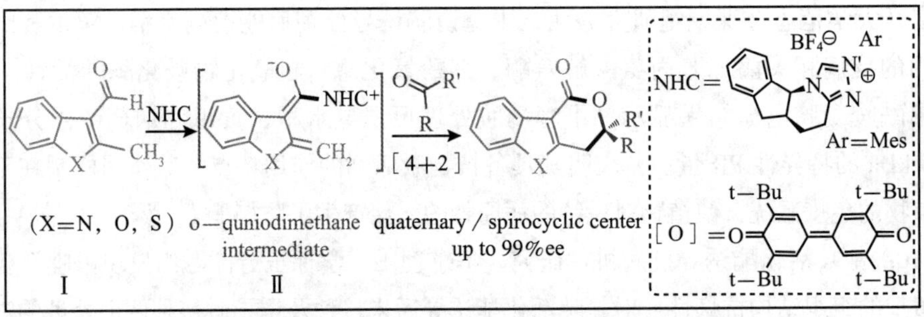

图1 手性多杂环（及螺环）体系的内酯化合物的构建

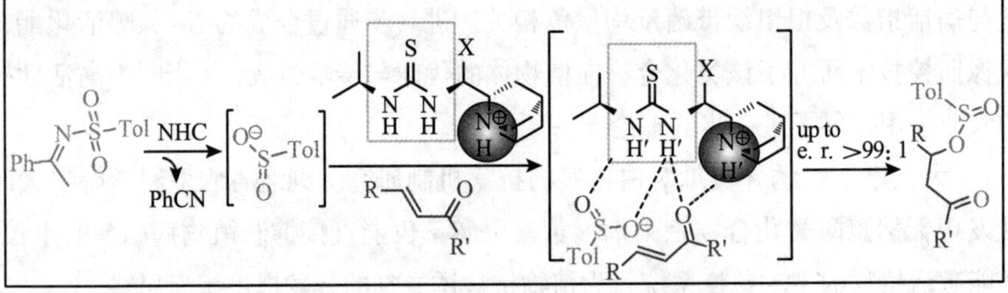

图2 手性 β- 磺酰基酮类化合物的构建

略，合成了一系列吲哚醌衍生物，生物活性测试表明其具有良好的抗 TMV 活体治疗活性（图3），具有进一步开发的价值。此外，选择含苯并噻唑的亚胺为底物，采用手性催化剂硫脲奎宁衍生物，进行膦氢化不对称合成抗植物病毒活性手性 α- 氨基膦酸酯化合物，获得 36 个高收率高光学活性手性 α- 氨基膦酸酯新化合物。通过抗病毒 TMV 活性筛选，发现手性 R 体的抗病毒活性明显高于 S 体的抗病毒活性，活性高于对照药物[30]，为开发性抗植物病毒活性 α- 氨基膦酸酯新化合物提供了参考。

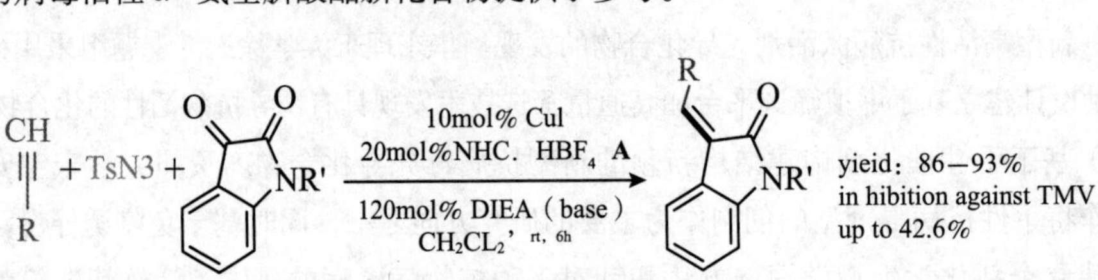

图3 结构新颖的吲哚醌衍生物

（3）基于碎片设计（计算机辅助技术）发现先导化合物。华中师范大学杨光富课题组围绕农药分子和靶标的相互作用，为解决农药分子的高效性、选择性和反抗性发展农药分子设计的新方法，建立一个系统的农药分子设计创新体系，在这些方法的指导下成功获得了广谱高效的杀菌剂—苯噻菌酯、氟苯醚酰胺和氯苯醚酰胺[31]。

（4）基于 RNA 设计先导化合物。南开大学席真[32]和汪清民[33]课题组合作进行基于靶向 TMV RNA 的新型安托芬衍生物的合理设计，通过14- 羟基化、14- 氨基化、糖基化、

13a– 取代以及骨架优化（图4），发现抗病毒活性明显提高。据此合成了结构新颖、毒性低、光稳定性好的超高活性化合物安托芬及其衍生物。

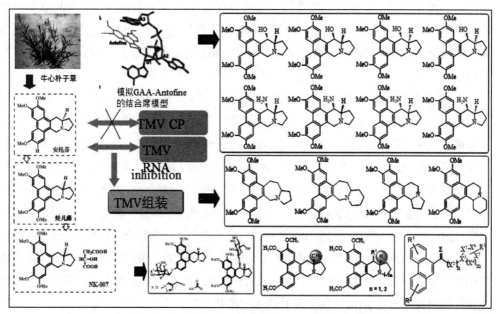

图4　靶向 TMV RNA 的新型安托芬衍生物的合理设计

（5）来自天然产物的新型杀菌抗病毒先导化合物。中国农业大学周立刚等进行了萝摩科药用植物杠柳根皮精油对植物病原真菌—稻瘟病和细菌—根癌土壤杆菌、黄瓜角斑病菌、番茄疮痂病菌的抑制活性研究。结果表明，杠柳根皮精油提取物4– 甲氧基水杨醛表现出较强的抗菌活性，该研究结果为杠柳根皮精油作为杀菌剂和抗氧剂的开发与利用提供了依据。西北农林科技大学吴文君教授课题组从榕科植物地果中分离鉴定出三个新的杀菌活性化合物，从放线菌 *Streptomyces alboflavus* 313 菌株发酵液中分离鉴定出十个新型环六肽类抗菌抗生素，从放线菌 *Streptomyces djakartensis* NW35 菌株发酵液中分离鉴定出两个新型抗菌抗生素。

4. 创制的新农药应用

（1）毒氟磷、阿泰灵、S– 诱抗素和海岛素等一批具有免疫诱抗活性的国内自主创制产品出现成为业内关注的焦点。①防治农作物病毒病及媒介昆虫的新农药——毒氟磷的研制与应用。针对近年来我国南方水稻黑条矮缩病危害的情况，贵州大学宋宝安提出了基于植株免疫防病与切断媒介昆虫传毒相结合的"控虫治病"策略，以毒氟磷为核心，构建了药物种子处理、健身栽培和大田虫病药物协调使用的全程免疫防控的技术，并在全国进行了大面积推广应用，该研究成果获 2014 年国家科技进步二等奖；② 阿泰灵是由中国农业科学院邱德文带领科研团队自主创新研发的产品，其能有效提高植物免疫力，控制病害发生，促进植物根系生长，且安全环保无残留；③ S– 诱抗素是四川龙蟒福生科技有限责任公司开发的产品,是一种高效植物生长活性物质,能够迅速启动植物的抗逆基因,诱导激活植物体本身对逆境的抵抗或适应机制,调节植物对营养成分的均衡吸收,对提高粮食作物、蔬菜、果树的品质、抗逆性和产量具有重要作用;④ 海岛素是海南正业中农高科股份有限公司研发的产品,是从海洋甲壳类动物外壳中提取的壳聚糖通过生物酶解工艺制备而来,通过诱导植物体提高自身对外界的免疫力,促进作物健康生长、实现农产品和果蔬产品的增产。

(2)丁香菌酯的创制对替代传统农药的推动作用。丁香菌酯是由沈阳化工研究院研制,属甲氧基丙烯酸酯类,是一种保护性杀菌剂,同时兼有一定的治疗作用。其具有广谱、低毒、高效、安全的特点,有免疫、预防、治疗和增产增收作用。丁香菌酯2017年获准正式登记,在西北等地销售用于防治苹果树腐烂病。获得中国、美国和日本的专利授权。

(3)具有自主知识产权杀菌剂的创制与应用。甲磺酰菌唑、二氯噁菌唑和氟苄噁唑砜是由贵州大学宋宝安团队创制的具有自主知识产权的新型杀菌剂[1]。氟唑活化酯是由华东理工大学钱旭红团队创制的具有自主知识产权的新型杀菌剂。这些化合物都极具商品化前景。

(4)新型天然蒽醌化合物农用杀菌剂的创制。湖北省农业科学院喻大昭带领团队首次从植物代谢产物中创制了用于防治植物病害的天然蒽醌类农用杀菌剂大黄素甲醚,并实现产业化。该研究成果获2014年国家科技进步二等奖。

(5)我国杀菌剂新农药临时登记证进展。中国农业大学覃兆海课题组完成了丁吡吗啉的环境行为实验[47]。南开大学范志金课题组创制的甲噻诱胺已取得了我国新农药临时登记证。沈阳化工研究院刘长令课题组开发了20%唑菌胺酯悬浮剂,为该产品的进一步开发打下了良好基础。

(6)我国杀菌剂新农药产业化开发。华中师范大学杨光富教授创制的苯噻菌酯转让全国农药二十强企业江苏七洲绿色化工股份有限公司进行产业化开发、氯苯醚酰胺和氟苯醚酰胺转让北京燕化永乐生物科技有限公司进行产业化开发。西北农林科技大学吴文君课题组发现杀菌剂草酸二丙酮胺铜对农业主要病害黄瓜霜霉病菌及苹果斑点落叶病等有良好的防治效果,解决了工业化生产的难题,大大降低了生产成本,具有商业化前景。东北农业大学向文胜课题组获得了防治作物真菌和细菌性病害的多个新的抗生素,开发的相关产品已经产业化,相关成果获2015年国家技术发明二等奖[52]。

(二)杀虫剂和杀线虫剂创制研究进展

1. 杀虫剂创制新理论和新技术

传统的随机筛选仍是现代杀虫剂创制的主要手段,而计算机虚拟筛选、基因组学、转录组学、蛋白组学、生物信息学、高通量筛选、组合化学等新技术和理论的发展,为现代杀虫剂的创制提供了更多的机遇和挑战。

(1)高通量筛选技术。高通量筛选技术是将生物化学、现代生物学、计算机、自动化控制等诸多高新技术组合成高自动化的新模式，代表性的如 Corcoran 等[34]开发了基于昆虫气味受体和信息素受体的体外高通量筛选模式。浙江工业大学傅正伟课题组研究了阿维菌素、氯虫苯甲酰胺等十五种不同杀虫剂对昆虫细胞 Sf-9、S2 和人细胞 Hela、Hek293 等增殖发育的影响，建立了杀虫剂细胞筛选平台，并建立了利用模式鱼青鳉和斑马鱼进行离体和活体毒性测试的体系。

（2）计算机辅助虚拟筛选技术。中国科学院生态环境研究中心环境化学与生态毒理学国家重点实验室的穆云松等[35]研究了 12 种含磷对映异构体的结合模式，然后基于生物活性构象建立药效团模型，通过虚拟筛选发现了 24 种潜在的生物活性成分；Jason[36]等采用了计算和 exptl 的组合，虚拟筛选出了六类可激活乙酰胆碱酯酶（AChE）的化合物；华东理工大学钱旭红等[37]从植物的系统抗药性出发，发现了新的吡咯烷酮铅类植物抗病激活结构骨架，体外筛选结果支持了虚拟筛选的预测；湖北工业大学蔡俊等以农药载体蛋白微胶囊为基础，设计了一种虚拟筛选抑制剂的方法[38]，可用于筛选和开发针对鳞翅目等农业昆虫的新型绿色农药；华中师范大学杨光富[39]等发展了基于构象柔性度分析的分子设计新方法。

（3）杀虫蛋白开发。苏云金芽孢杆菌（Bt）已被成功用于防治鳞翅目、鞘翅目和双翅目害虫[40]。东北农业大学李海涛等[41]使用定点诱变将 Vip3Aa11 残基与 Vip3Aa39 无核心片段残基进行交换，研究了 Vip3Aa11 核心片段蛋白质的杀虫机制。

（4）纳米技术。纳米技术促进了农药新剂型、缓释和精准调控的发展。华中师范大学李海兵团队利用主客体系、中国科学院化学所江雷教授利用双分子表面活性剂实现了通过弱相互作用来调控宏观尺度的农药水滴组装粘附，为农药减量增效提供了新方法。清华大学的张旭等[42]建立了使用二氧化硅气凝胶制备纳米级农药制剂的方法。仲恺农业工程学院的周新华等[43]报道了基于脂质体的农药纳米微胶囊的制备方法。中国科学院化学研究所吴德成等开发了[44]具有叶片亲和力的缓释型水分散性纳米农药及其制备方法。丁德峰研究了[45]纳米颗粒的光催化降解性能、杀虫活性及其在植物和土壤中的残留毒性。国家纳米科学中心吴艳等阐释了[46]两亲聚合物通过双乳液形成水包油型水纳米胶束的原理，实现了亲水性农药和疏水性农药共同释放的纳米技术。福建农林大学陈晓婷报道了[47]甲基硫代托霉素纳米剂型的制备方法。北京科技大学姚俊等报道了[48]羧甲基 - β - 环糊精 -Fe_3O_4 磁性纳米颗粒 - 敌草隆共聚物纳米农药的制备方法。

（5）大数据与杀虫剂创制。上海有机化学研究所的徐雯丽提出了[49]基于大数据的农药发现模式，通过经验或灵感设计新产品，并引入预测平台，从而实现农药性质的大数据预测。

（6）RNA 干扰技术。RNA 干扰技术可对昆虫潜在目标基因进行改造筛选，进而发现了杀虫新靶标[50]。云南大学莫明和等[51]通过 dsRNA 传递方法，有效地沉默了各种靶基因和 det 的表达，证明了 RNAi 可潜在的用于 25 种蛾类害虫的管理。北京大北农科技集团股份有限公司张欣馨等[52]鉴定了鞘翅目的靶向控制 RNA 序列。Michael 等[53]将靶向基因 DND1 的多核苷酸应用于大豆，以改善各种作物中的真菌抗病性和线虫抗性。Ulrich 等[54]用红粉甲虫作为筛选平台，从随机筛选的 5000 个基因中确定了 11 种新型和高效的 RNAi 靶标。

（7）基因编辑技术。CRISPR/Cas9 技术为杀虫剂的设计和创新提供了新的技术支持。中国科学院动物研究所康乐等[55]应用 CRISPR / Cas9 系统诱导迁徙蝗虫的目标遗传突变，设计了 gRNA 的靶序列，以破坏蝗虫的气味受体基因。南京农业大学吴益东等[56]利用 CRISPR/Cas9 技术成功敲除了对 Cry1Ac 敏感的棉铃虫的 HaCad，为 HaCad 作为 Cry1Ac 的功能受体提供了反向遗传学证据。福建农林大学尤民生等[57]成功对小菜蛾的 Pxabd-A 基因进行了编辑，为后续对基因组编辑提供了基础。南京农业大学董双林等[58]建立了活体基因功能研究的 CRISPR / Cas9 系统，并利用该系统证明斜纹夜蛾 SlitPBP3 基因在对雌性信息素的感知中起着重要作用。基因编辑技术的应用成功解析了昆虫中部分重要基因的功能，为设计新型杀虫剂奠定了重要的理论基础。

（8）杀虫剂的光控技术。杀虫剂的光控释放能够实现杀虫剂定时、定量的释放。华南理工大学邱学青等[59]制备了木质素基偶氮聚合物，由于其独特的紫外线阻隔性能，AL-偶氮-H 胶体被用于控制阿维菌素的释放，显示出优异的 UV 阻挡和控制释放性能。华东理工大学邵旭升等合成了可光异构化的偶氮苯-吡虫啉及苯甲酰脲-偶氮苯几丁质合成抑制剂[60]。

（9）杀虫剂的缓释技术。杀虫剂的缓释是通过使用化学或者物理手段控制杀虫活性成份的释放。哈尔滨理工大学李佳等[61]在吡虫啉表面覆盖三聚氰胺-甲醛预聚物，实现了吡虫啉的可持续释放。沈阳化工研究院邹献武等[62]报道了生物质的缓释农药及其制备方法。岳佐星[63]开发了缓释杀虫无烘烤砖，具有长效的昆虫控制和杀虫效果。广西大学赵祯霞等[64]发现金属复合材料具有很高的比表面积和吸附性能，可用于缓释农药。河南师范大学梁蕊等[65]报道了一种吸水保湿缓释杀虫剂及其制备方法。

2. 杀虫剂新化学

新颖的杀虫活性结构的发现、发展与应用依然是新农药研发的核心技术。化学结构新颖的杀虫剂的创制主要集中于对已有母体结构的改造优化和新结构的挖掘。

（1）双酰胺类杀虫剂的研究进展。山东大学孙德群课题组在氯虫苯甲酰胺的结构上引入含氮烷烃，合成了系列对小菜蛾中等活性的氯虫苯甲酰胺衍生物[66]。南开大学李正名课题组合成了含 N- 取代苯基吡唑双酰胺类似物[67]，并通过在双酰胺结构中中引入噁二唑或手性二甲磺酰胺和脲的结构，得到了高活性化合物[68]。安徽农业大学的李东东和南京林业大学的曹海群合成了一类含氰基的二苯基吡唑类化合物[69]。浙江省化工研究院有限公司开发了氯氟氰虫酰胺，对小菜蛾、甜菜夜蛾等的杀虫活性与氯虫苯甲酰胺相当[70]。

（2）新烟碱类杀虫剂的研究进展。华东理工大学李忠课题组通过固定硝基的构型，合成了系列具有高活性的新型桥环、多环和螺环等新结构的新烟碱化合物,部分化合物具有优异的活性[71]。南京农业大学刘泽文等发现新烟碱类化合物 IPPA08 对吡虫啉、噻虫嗪、噻虫胺和啶虫脒都有明显的增效作用[72]。

(3)昆虫生长调节剂的研究进展。①几丁质抑制剂:西南大学的季青刚设计合成了一类氨基磷酸酯类香豆素衍生物和喹唑啉二酮类几丁质合成酶抑制剂[73];大连理工大学杨青在 UDP-N-乙酰基葡糖胺结构基础上,设计合成了新的几丁质合成酶抑制剂[74];第四军医大学的王平安和西北农林大学的冯俊涛设计合成了一类新的具有杀虫活性的葡萄糖基硫脲类化合物[75];苏州大学的徐石青和云南农业大学的李希通过克隆家蚕几丁质酶 A,表明几丁质合成酶直接影响昆虫的蜕皮和表皮再生过程[76]。②蜕皮激素类似物:福建省农业科学院的魏辉和福建农林大学顾晓军发现茶皂素能降低小菜蛾的繁殖能力[77];青岛中国科学院海洋研究所的项建海测序研究了凡纳滨对虾的整个蜕皮循环,并鉴定 93756 个基因,其中 5117 个基因和蜕皮阶段相关[78]。③其他新化学结构的杀虫剂:沈阳化工研究院刘长令合成了一系列二氯丙烯醚类化合物,其中 SYP-4380 对小菜蛾的杀虫活性优于啶虫丙醚[79];华东理工大学韩伟课题组与第二军医大学合作第一次从苦皮藤分离出 21 个有效成分[80];南开大学李玉新发现了苦皮藤素 I 能够有效控制甜菜夜蛾神经中心的钙离子通道,使钙离子浓度增加[81];西北农林科技大学吴文君团队分析了 β-二沉香呋喃倍半萜聚酯的亲和性与杀虫活性的关系[82];中国农业大学杨新玲合成了一系列新型含茉莉酸基团的类似物,其驱避率达到 81%[83];中国农业科学院植物保护研究所宁君等人合成了有机磷二聚体,可作为乙酰胆碱酯酶的双位点抑制剂[84];华东理工大学宋恭华课题组选择 5-HT 受体的配体 PAP 为先导,进行结构优化,筛选出了对黏虫有活性的化合物[85]。

3. 近几年我国开发的新杀虫剂

近几年我国开发的新杀虫剂主要有哌虫啶、环氧虫啶、戊吡虫胍、环氧啉、叔虫肟脲、硫氟肟醚、氯溴虫腈、丁烯氟虫腈、氯氟氰虫酰胺和四氯虫酰胺。哌虫啶,是华东理工大学钱旭红院士和李忠教授课题组开发的新烟碱类杀虫剂,对褐飞虱、桃蚜、棉蚜和烟粉虱等具有高活性,而且与传统的新烟碱类杀虫剂无交互抗性,同时对高等动物低毒($>5000mg \cdot kg^{-1}$),对蜜蜂安全,于 2017 年获得正式登记,目前由江苏克胜集团开发。环氧虫啶也是该团队创制的新烟碱类杀虫剂,目前与上海生农生化制品有限公司联合开发。环氧虫啶主要用于半翅目害虫如稻飞虱、蚜虫、烟粉虱等的防治,杀虫谱广、药效高、无交互抗性,对作物无药害,低毒、低残留。已在全国十五个省市进行了多地、多种害虫的田间药效试验及防治稻飞虱和稻纵卷叶螟的田间药效试验,防治效果显著,并于 2015 年获得了农药临时登记证。主要剂型有 25% 环氧虫啶可湿性粉剂和 50% 环氧虫啶水分散粒剂。环氧虫啶对哺乳动物具有高安全性[86],对非靶标生物如水蚤类、鱼类、藻类、土壤微生物和其他植物安全。戊吡虫胍,是中国农业大学覃兆海课题组发现的兼具新烟碱类和钠离子通道抑制剂特点的杀虫剂,对桃蚜、桃粉蚜和棉蚜具有较高活性,对蜜蜂毒性仅为吡虫啉的 1/10，现由合肥星宇化学有限责任公司和中国农业大学共同开发。环氧啉是武汉工程大学巨修炼课题组创制的新烟碱类杀虫剂，其杀虫广谱，防治效果与吡虫啉相近，大鼠急性经口毒性为低毒，目前由武汉工程大学和武汉中鑫化工有限公司合作开发。叔虫肟脲是南开大学汪清民课题组开发的苯甲酰脲类昆虫生长调节剂，具有很好的杀虫活性，对黏虫的活性是氟铃脲的 18 倍。硫氟肟醚是国家南方农药创制中心湖南基地，湖南化工研究院自主创制的拟除虫菊酯类杀虫剂，具有杀虫谱广、作用迅速、低毒、低残留、对非靶标生物安全等特点，能有效防治茶毛虫、茶小绿叶蝉、茶尺蠖、柑橘潜夜蛾和菜青虫等多种害虫。氯溴虫腈，是湖南化工研究院创制的杀虫剂，能有效防治水稻、蔬菜等作物上的斜纹夜蛾、小菜蛾、棉铃虫、稻纵卷叶螟、稻飞虱、茶毛虫等多种害虫，杀虫谱广、作用迅速、对作物安全，具有低毒、低残留、对土壤微生物及蚯蚓等非靶标生物安全等特点。丁烯氟虫腈是大连瑞泽农药股份有限公司创制的苯基吡唑类杀虫剂，具有胃毒、触杀及一定的内吸作用，对鳞翅目、蝇类和鞘翅目害虫有较高的杀虫活性，而对斑马鱼低毒。氯氟氰虫酰胺是浙江省化工研究院有限公司开发的杀虫剂，作用于昆虫鱼尼丁受体，高效低毒，对环境安全。四氯虫酰胺是沈阳化工研究院有限公司创制的杀虫剂，2017 年获得正式登记，对哺乳动物低毒，对鳞翅目害虫防效优异，可用于防治二化螟、稻纵卷叶螟等水稻害虫，以及小菜蛾、菜青虫等蔬菜害虫。

4. 杀虫剂新靶标

杀虫新靶标的研究主要集中在新的杀虫剂靶标的开发和已有靶标新功能的探索，如几丁质酶系、3- 羟基 3 甲基戊二酸单酰辅酶 A 还原酶、固醇转运蛋白等。

浙江大学叶恭银等通过基因克隆、序列分析、功能和药理学表征等研究，鉴定出了果蝇的蕈毒碱样乙酰胆碱受体（mAChR）[87]，这是一类非常重要的杀虫剂潜在靶标。上海应用技术大学开振鹏等发现 3- 羟基 3 甲基戊二酸单酰辅酶 A 还原酶（HMG-CoA）可作为选择性杀虫剂靶标[88]。大连理工大学杨青比较了家蚕幼虫 – 蛹以及蛹 – 成虫两个不同蜕皮时期的蜕皮液成分，首次明确 ChtI，ChtII，Chi-h 和 Hex1 四种酶参与了昆虫表皮几丁质的降解[89]。华南师范大学冯启理等分析了 SlSCPx 对斜纹夜蛾前胸腺分泌蜕皮激素的影响，表明固醇转运蛋白可能是昆虫生长发育抑制剂的靶标[90]。浙江大学张传溪等以褐飞虱为对象，通过对其三大几丁质降解酶家族基因的系统研究，探讨了这些基因在褐飞虱体内的生物学功能[91]。大连理工大学杨青课题组首次报道了亚洲玉米螟几丁质酶 OfChtI 的晶体结构及其与寡糖底物的复合物结构[92]，并报道了壳寡糖对几丁质酶的抑制活性及其抑制机理[93]。上述鉴定的神经受体和几丁质酶等都是极具开发价值的杀虫剂的潜在靶标。

5. 杀线虫剂

国际上新开发了三个作用机制独特的杀线虫剂，氟噻虫砜、氟噻虫砜和氟吡菌酰胺[94]。中国农业科学院植物保护研究所彭德良等人报道了黄酮类化合物在防治线虫病害上的应用[95]。贵州大学宋宝安等报道了噻二唑砜类化合物对秀丽隐杆线虫的活性高于对照药噻唑硫磷和氟噻虫砜[96]。华东理工大学徐晓勇等发现了杀线虫活性的1，2，3-苯并三嗪-4-酮类化合物[97]。华东理工大学宋恭华等合成了哌啶醇类杀线虫化合物[98]。浙江工业大学刘幸海合成了吡啶并吡唑类杀线虫化合物[99]。美籍华人植物线虫学家高丙利教授领衔的中国科学院湖州现代农业中心线虫药物创新团队在国内建立了完善的植物源杀线虫剂的筛选系统。

彭明等人探索了RNAi干扰对南方根结线虫病害防治中的应用[100]。彭德良课题组证明了黑曲霉NBC001、草酸青霉NBC008和NBC01可以用来防治小麦和大豆孢囊线虫[101]。

（三）除草剂和植物生长调节剂的研究进展

1. 除草剂分子靶标的研究进展

近年，不同种属的乙酰羟酸合成酶（AHAS）催化亚基和调控亚基的晶体结构被相继报道，发现酵母AHAS催化亚基是以二聚体的形式结晶，而拟南芥AHAS的催化亚基则多是以四聚体的形式存在。pang等通过X-射线晶体衍射对酵母AHAS催化亚基的晶体结构以及与磺酰脲除草剂的复合物晶体进行了解析，之后又获得了酵母以及拟南芥的催化亚基与磺酰脲类以及咪唑啉酮类除草剂复合物的晶体结构，证明了两类AHAS抑制剂结合位点相似[102-103]。Duggleby以及Guddat等报道了双草醚、嘧硫草醚与AHAS的复合物晶体结构，同时，该小组也报道了三唑啉酮类除草剂与AHAS的晶体结构，发现其作用模式与磺酰脲类相似[104]。

已报道的原卟啉原氧化酶与抑制剂复合物晶体共有四个[105-108]。除先前报道的烟草线粒体复合物和粘球菌（*Myxococcus xanthus*）线粒体复合物的晶体结构外。南开大学席真课题组分别于2010年和2011年报到了来源于芽孢枯草杆菌（*Bacillus subtilis*）线粒体复合物和来源于人体PPO的复合物晶体结构。虽然这四个复合物的晶体来自不同的种属，但是其晶体结构表明这四个酶的主体结构还是非常类似的，但是它们在序列上还是存在一定的差异，特别是在活性空腔周围的氨基酸残基上存在较大的差异性。

目前，已有14个HPPD或其复合物的晶体结构被报道，主要为拟南芥源HPPD（*At*HPPD），此外还有人、鼠、玉米、链霉菌等不同种属来源，除了荧光假单胞菌（*Pseudomonas fluorescens*，*pf*）来源的HPPD以同型四聚体的形式存在，其他种属的均以同源二聚体的形式存在，每个亚基在41~55 kDa之间。Walsh系统研究了鼠源HPPD（*Rn*HPPD）和拟南芥源HPPD（*At*HPPD）的差异和选择性[109]；Fritze等人比较了玉米源HPPD（*Zm*HPPD）和*At*HPPD的晶体结构的异同[110]；同时，一些商品化除草剂如磺酰草吡唑与双环吡草酮与*At*HPPD复合物晶体结构也已获得。杨光富教授课题组最近获得了三个商品化除草剂分子（磺草酮，硝磺草酮和硝草酮）及两个先导化合物（Y13508和Y13161）与拟南芥HPPD的复合物晶体结构。

对ACCase类除草剂而言，其CT功能域为作用靶点。2003年，L. Tong等首次报道了来源于酵母中 CT 的晶体结构[111]，包括自由酶晶体结构（PDB ID：1OD2、1OD4）和复合物晶体结构（PDB ID：1UYR、1UYS、1W2X、3K8X、3PGQ）[112]。随后来源于 *Acid-aminococcus Fermentans*、*Propionibacterium shermanii*、*Streptomyces coeli-color* 等物种的 CT 晶体结构也陆续被报道出来[113-115]。除草剂盖草能（haloxyfop）、环己二酮类除草剂剂得杀草、2- 芳基 -1，3- 二酮类（DEN）类除草剂 pinoxaden 等商品化除草剂与 CT 的复合物晶体结构都已获得，这些抑制剂均结合于 CT 亚基二聚体的界面处，但它们在活性腔的相对位置是不同的。

2. 杂草对除草剂抗性的分子机制研究

AHAS 类除草剂抗性最为严重，其催化亚基中的氨基酸突变是杂草抗性产生的主要原因。有七个抗性突变位点在田间杂草中得到了证实[116]，分别是 Ala122、Pro197、Ala205、Asp376、Trp574、Ser653、Gly654（以拟南芥 AHAS 催化亚基的序列进行编号），其中，Ala122 和 Ser653 的突变主要造成杂草对咪唑啉酮类 AHAS 抑制剂的高倍抗性；P197 位点的突变类型最多且最为复杂[117]，占所有 AHAS 抗性杂草种群的一半，Ala205 以及 W574（该位点的突变极为专一，均为 W574L），两个位点的突变对所有类型的 AHAS 抑制剂都产生了高倍抗性[118]。

到目前为止，全球共有 12 种杂草对 PPO 除草剂产生了抗性。PPO 靶标突变抗性仅在水麻和豚草中发现。水麻对 PPO 抑制剂的靶抗性是由于线粒体 PPO 第 210 位甘氨酸残基密码子缺失所导致[119]。210 位甘氨酸密码子缺失发生在 *PPX2* 基因上，该基因有双靶标转运胎，能够使抗性蛋白在线粒体和叶绿体中发挥功能。在豚草中，PPX2 上的一个氨基酸突变使其对 PPO 抑制剂类除草剂产生抗性[120]。在转基因大肠杆菌中进行的功能互补实验结果表明该突变体具有 PPO 抑制剂类除草剂抗性，但是该突变 PPO 酶的动力学仍然不清楚。

已报道的 ACCase 类除草剂的抗性杂草有 35 种，抗性的产生是由于杂草体内乙酰辅酶 A 羧化酶的改变使其对除草剂的敏感性较低，并且酶结构的改变多数是由于单个基因的突变所导致。对一些抗性杂草生物型进行研究发现叶绿体 ACCase 的 CT 微区上的一个异亮氨酸突变成亮氨酸导致了除草剂的抗性[121]。该位点的突变受显性单个等位基因控制，降低了与除草剂小分子的结合能力，但不影响 ACCase 正常的生理功能。陆续报道发现，1781 位异亮氨酸到亮氨酸、2041 位的异亮氨酸至天冬氨酸、2027 位的色氨酸至半胱氨酸、2078 位天冬氨酸到甘氨酸以及 2096 位的甘氨酸到丙氨酸的突变也同样造成了杂草对该类除草剂的严重抗性。

3. 除草剂代谢研究进展

目前，除草剂的代谢研究主要集中于微生物对环境中除草剂的分解代谢。2013 年，Zhang 等第一次提出了 AHAS 类除草剂苯磺隆被假单胞菌 NyZ42 降解两种可能途径[122]。Carles 等通过 LC–MS/MS 和 ^{1}H NMR 鉴定出了烟嘧磺隆被荧光假单胞菌 SG–1 菌株代谢的三个主要代谢物[123]。Person 等研究了 HPPD 类除草剂硝磺草酮的光降解途径，同样地，硝磺草酮可以被多种细菌代谢，但是代谢途径略有差异[124]。Dong 等发现了一种 ACCase 类除草剂噁唑禾草灵的高效降解菌株，并且深入探究了其生物降解途径，发现其在微生物体内首先发生酯基水解，由酯（FE）变成 fenoxaprop 酸（FA），接着 FA 的 C–O–C 键断裂，生成 6– 氯 –2,3– 二氢苯并噁唑 –2– 酮（CDHB）和 2–（4– 氢基苯氧基）丙酸（HPPA）[125]。Jing 等对噁唑禾草灵 FE 及其手性代谢产物 FA、CDHB、HPPA 在蚯蚓体中的代谢及毒性均做了研究，研究发现代谢产物 FA 在蚯蚓体内迅速累积，表明噁唑禾草灵 FE 在蚯蚓体内快速发生水解反应[126]，这些研究结果表明代谢产物及选择性对映体在环境中的代谢及对非靶标生物的毒性必须引起关注。

4. 新除草先导的发现与除草剂品种开发的进展

（1）新型 AHAS 抑制剂的设计与合成。基于 AHAS 晶体复合物结构，南开大学王建国团队设计了吲哚二酮类及含有 1.2.4– 三氮唑的不对称二硫键衍生物等新颖结构的 AHAS 抑制剂，其与之前常见的商品化 AHAS 除草剂结构差异较大，拥有全新的作用机制[127]。杨光富教授课题组针对三唑并嘧啶活性片段上的取代基进行了改造，在商品化唑嘧磺草胺结构的基础上，将甲氧基引入三唑并嘧啶环中，发现了一些比唑嘧磺草胺的更具作物安全性的先导化合物。并且，他们提出了一种基于"构象柔性度分析（Conformational Flexibility Analysis，CFA）"的反抗性分子设计策略[128]，在商品化除草剂阔草清结构基础之上成功设计得到了一种对野生型和 W586L 突变型 AHAS 具有同样高水平抑制活性先导化合物[129]。他们还利用 PFVS（基于药效团连接碎片的虚拟筛选）等计算方法，在抗性倍数较低的嘧硫草醚结构基础之上设计合成了同时对野生型以及突变型 AHAS 具有更高活性的 AHAS 抑制剂，并首次实现了活体水平上的反抗性。

（2）新型 PPO 抑制剂的设计与合成。针对 PPO 酶抑制剂的作物安全性问题，杨光富课题组利用并环策略，在分子结构中引入苯并噻唑环，发现苯并噻唑环的引入不仅能有效提高抑制剂的活性，更为重要的是还可以大大提高作物安全性，筛选到化合物 A 作为一种潜在的小麦田除草剂[130]。并在此基础上进行系统优化，发现了对大豆具有很高的安全性化合物 B 及对玉米高度安全的化合物 C（图 5）[131]。并且，他们针对高选择性 PPO 酶抑制剂的设计难题，提出了计算机碎片裂解重组策略设计高选择性 PPO 酶抑制剂以解决 PPO 除草剂在实际应用中的药害问题。设计合成了含有苯并噁嗪的新型嘧啶二酮类衍生物衍生物，发筛选到对人源和烟草 PPO 酶的选择性倍数高达 2749 倍的化合物，是迄今为止所发现的选择性最高的 PPO 酶抑制剂。

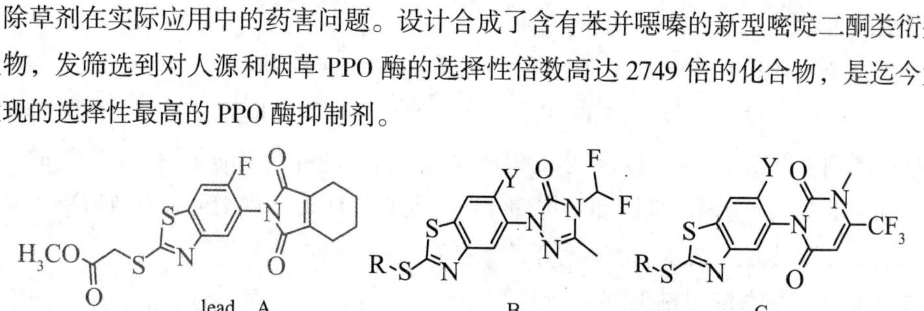

图 5　PPO 酶抑制剂

（3）新型 ACCase 抑制剂的设计与合成。目前以 ACCase 酶为靶标的重要商品化除草剂有二十个，其中，唑啉草酯为代表的苯基吡唑啉（DEN）类是最成功的除草剂之一，众多研究集中于对其结构的改造与优化：一是在唑啉草酯的基础上保留取代的苯基，将吡唑并氧杂二氮杂卓杂环部分修饰为二酮结构：取代的环戊二酮、环己二酮以及哒嗪二酮的衍生物可以获得具有较高除草活性的先导化合物如化合物 1-5（图 6）；再者是将唑啉草酯的苯环替换为有取代基修饰的五元杂环结构如化合物 7 具有广谱除草活性，并且该化合物对大豆，小麦尤其是大麦的安全性很好。

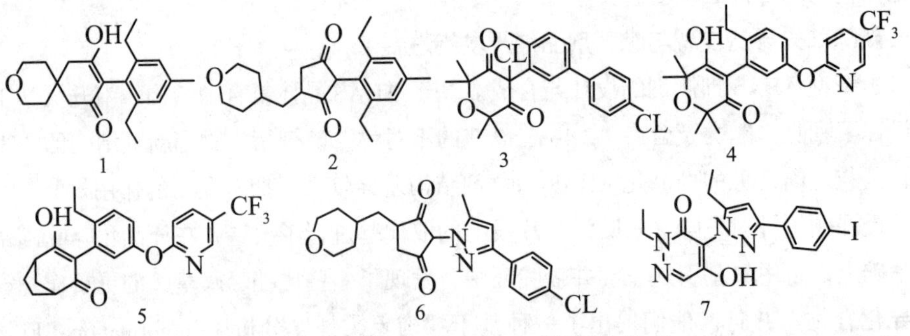

图 6 近年来开发的 ACCase 类除草剂结构

此外，芳氧苯氧丙酸酯类（APPs）抑制剂的开发也是热点之一。邹小毛等将吗啉、哌啶和四氢吡咯环引入 2-（4- 芳氧苯氧基）丙酰胺结构中，合成了一类水油兼溶的化合物高活性化合物[132]。柳爱平等合成了 N- 吡啶芳氧苯氧羧酸衍生物丙酰胺衍生物对马唐、稗草和狗尾茎叶处理的抑制率均为 100%[133]。2014 年刘祈星等设计了手性 N- 杂环甲基 2-（4- 杂芳氧基苯氧基）丙酰胺化合物，筛选到高效水稻田除草活性分子[134]。

（4）新型 HPPD 抑制剂的设计与合成。近年来开发的三酮类新型 HPPD 除草剂主要包括：环磺酮、氟吡草酮、Lancotrione、Fenquinotrione。2014 年，华中师范大学杨光富教授课题组报道了喹唑啉酮结构的 HPPD 抑制剂小分子并从中筛选到了喹草酮和甲基喹草酮两个新型除草剂，其对狗尾草和苘麻（玉米地尤其是北方玉米地中的两种主要杂草）表现优异防效[135]。并且，喹草酮除了对玉米安全之外，对高粱也非常安全，是第一个潜在的高粱田专用除草剂。

吡唑类新型 HPPD 除草剂主要包括：苯吡唑草酮、磺酰草吡唑、Tolpyralate。2016 年，山东清源有限公司报道了新型 HPPD 除草剂环吡氟草酮与双唑草酮[136]，是国内首次将 HPPD 抑制剂类的新化合物引入到小麦田抗性禾本科和阔叶杂草的防治上，较好的解决了 AHAS 和 ACCase 抑制剂的抗性和多抗性问题，尤其是环吡氟草酮可以有效解决小麦田抗性及多抗性的看麦娘、日本看麦娘等禾本科杂草及部分阔叶杂草。

5. 转基因作物与除草剂创制

（1）抗 PPO 除草剂的转基因作物研究。抗 PPO 除草剂转基因方面研究中，选用的

PPO 类抑制剂主要有乙氧氟草醚、氟磺胺草醚、唑草酮、噁草酮、氟锁草醚、治草醚、乳氟禾草灵、氟噻甲草酯和甲磺草胺[137]。将 BsPPO 基因引入烟草和水稻中，对 PPO 类抑制剂乙氧氟草醚、唑草酮有很好的抗性[138]；而烟草、玉米和水稻中过表达拟南芥 PPO，可提高这三种转基因材料对 PPO 抑制剂氟锁草醚、氟丙嘧草酯和乙氧氟草醚的抗性[139]；在水稻中过表达黄色粘球菌 PPO 也使转基因水稻具有很高的 PPO 抑制剂抗性，这些抑制剂有乙氧氟草醚、氟锁草醚、唑草酮、噁草酮和氟丙嘧草酯[140]；

（2）抗 HPPD 除草剂的转基因作物研究。Sailland 等通过复制克隆 *Ps fluorescens* HPPD 酶的基因序列到烟草、玉米和大豆中，并使其过表达[141]，所设计的新物种对异噁唑类 HPPD 除草剂表现出较高的抗性水平。Sailland 小组还利用定点突变方法设计了对 DKN（isoxaflutole 活性形式）不敏感的 HPPD 突变体。其中一个突变体 G336W 对除草剂 DKN 的敏感性非常低。超量表达这种突变 G336W-HPPD 的转基因烟草对异恶唑草酮芽前处理的耐药性增强。Falk 等尝试了将植物 HPPD 进行异源或同源过表达提高作物对除草剂的抗性，他们将编码大麦 HPPD 的 cDNA 导入烟草[142]，超量表达大麦 HPPD 的转基因烟草能够显著的提高对除草剂磺草酮的抗性。Garcia 等以拟南芥表达标签（EST）为探针从拟南芥幼叶 cDNA 文库中筛选分离出了拟南芥 HPPD 的 cDNA[143]，将其导入烟草，这些转基因烟草对 HPPD 抑制剂型除草剂异恶唑草酮产生了抗性。2014 年，Daniel L. Siehl 等将玉米 HPPD 转入到大豆中，转基因大豆植株田间抗性实验表明，抗性植株对 HPPD 类抑制剂硝磺草酮、环磺酮和异恶唑草酮表现出较好的耐药性[144]。

（3）抗 AHAS 除草剂的转基因作物研究。张宏军等将 AHAS 抗性基因导入玉米中使得玉米获得良好的抗氯磺隆的特征[145]，2012 年，杨杰等采用除草剂氯磺隆筛选和 PCR 检测鉴定筛选阳性植株，也同样获得了转基因玉米的新品种[146]，2016 年，陶氏益农整合外源序列和叠加性状的标记策略，将该基因组修饰在内源 AHAS 基因中产生突变，赋予了对磺酰脲类 AHAS 除草剂的耐受性蛋白，培养了多种抗磺酰脲除草剂的转基因作物。另外，研究发现，玉米，小麦，水稻中 S653N、W574L 的 AHAS 基因突变使得咪唑啉酮类除草剂敏感性较低，基于此，Babujia 等通过转基因技术将抗性基因导入小麦中，得到的耐咪唑啉酮小麦与咪唑啉酮除草剂的组合就能够防除小麦田的杂草而对小麦安全[147]。近年来，BASF 公司针对咪唑啉酮类除草剂开发了一类抗咪唑啉酮大豆 BPS-CV127 也已经进入市场。

（4）抗 ACCase 除草剂的转基因作物研究。利用转基因技术发展的抗 ACCase 除草剂的作物，主要是利用微生物的 ACCase 酶或者芳基烷基羧酸酯双加氧酶，来改造农作物达到抗 ACCase 除草剂的目的。其中含 DHT1 基因的抗 ACCase 除草剂的玉米就是一个较好的例子，将 DHT1 倒入玉米体内，使得玉米可在体内迅速降解 FOP 类（比如喹禾灵）的烷基羧酸酯片段，进而达到了抗 ACCase 除草剂的目的。赵虎基等采用根癌农杆菌介导法将 ACCase 转入到玉米的三个自交系 178、Z3 和 Z31 的幼胚和愈伤组织，获得有抗性的植株[148]。郭峰等利用分子生物技术手段，进一步明确了 ACCase 的作用机理。

6. 植物生长调节剂的研究进展

（1）植物生长调节剂分子受体的研究进展。近年来，随着分子生物学实验手段的不断提高，对于植物激素调控的分子机理研究已经成为该研究领域内的热点之一。人们利用各种实验手段相继发现了植物激素潜在的受体，特别是生长素、赤霉素和脱落酸受体结构的发现无疑对于了解植物激素调控的分子机理是大有裨益的。

1）脱落酸受体结构研究进展。PYR/PYL/RCAR 蛋白家族为脱落酸（ABA）在拟南芥中的潜在受体，该家族蛋白在拟南芥中由 14 个亚型（PYR1、PYL1–PYL13）组成。上海生命科学研究院的朱健康教授，清华大学颜宁教授，中国农业大学的陈忠周与国际上多个课题组的研究人员分别在 Nature、Nature Structural & Molecular Biology、Cell 等国际期刊杂志上发表了有关 ABA 受体结构的重要文章，PYL1–PYL3 及其结合 ABA，以及 ABA与 PYL1–PYL3、PP2C 共晶的晶体结构得到了解析。通过比较分析，明确了 ABA 结合诱导 PYR/PYL/RCAR gate、latch 变构的分子机制[149]。他们还发现部分亚型（PYL5–PYL10）可以不依靠 ABA 不同程度地结合下游蛋白，针对该问题，颜宁教授比较了该类蛋白的结构与已发表的蛋白，发现该类蛋白聚合程度较低，猜测聚合状态的不同影响了 ABA 结合。为了进一步确证这一结论，其对 PYL10 的晶体结构进行解析，得到了 apo–PYL10 与下游蛋白直接结合的晶体结构，同时，中国科学技术大学的田长麟教授也拿到了 gate、latch 关闭状态的 apo–PYL10 晶体结构。该结果表明，单体蛋白更容易结合 PP2C，甚至可以在没有 ABA的情况下，直接关闭 gate 和 latch 形成与 PP2C 结合的结合表面[150]。与此同时，颜宁教授发现，PYL13 对 ABA 无响应，但能直接结合 PP2C，这与朱健康教授的结论不谋而合，同时，朱教授认为当 PYL13 浓度较高时，其能抑制 PYR/PYL/RCAR。通过序列比对以及晶体结构解析，颜宁教授发现，在 PYL13 中与 ABA 有保守氢键作用的 Lys 氨基酸被突变为 Gln 氨基酸，并且 gate 上 Leu 氨基酸突变为 Phe 氨基酸使活性腔体积大幅度减小抑制了 ABA 的结合，但是，作为单体的 PYL13 仍能够与部分 PP2C 结合，其作用机制更加清楚[151]。

2）赤霉素受体结构研究进展。2008 年 Matsuoka 和 Hakoshima 两个研究组报道水稻和拟南芥中赤霉素受体（GID1）的三维晶体结构，从 GID1 与赤霉素（GA）及 DELLA 蛋白复合物的晶体结构来看，赤霉素结合在 GID1 的内层口袋里。GID1 的氮端结构域盖在了口袋的顶部，而 DELLA 蛋白就结合在氮端结构域的外侧。赤霉素很可能是介导 GID1 氮端结构域发生构象变化，从而形成利于 DELLA 蛋白结合的表面。杨光富研究小组在深入分析 GID1–GA 复合物晶体结构的基础上，通过对 GID1 蛋白的构象进行微秒级的分子动力学模拟，首次发现了赤霉素与受体 GID1 蛋白结合的新通道，即赤霉素在通过新通道与 GID1 蛋白结合时，并不导其氮端结构域发生构象变化，而是通过稳定 GID1 与 DELLA蛋白之间的氢键，从而介导 DELLA 蛋白的泛素化降解。他们运用 PMF 方法通过计算两种机制下赤霉素进入 GID1 蛋白活性口袋的活化能能垒，证实了非变构学说是一种在能量上更为有利的作用机制。

3）生长素受体结构及其分子机制。2005 年，Estelle 和 Leyser 两个研究组证明运输抑制剂响应蛋白（TIR1）是生长素受体。Zheng 等人的研究表明拟南芥中的 TIR1 可以和连接蛋白（Arabidopsis SKP1-like1，ASK1）结合形成 F-box 复合体，该复合体可以单独存在或与生长素及 Aux/I AA 底物形成复合物。TIR1 是由富含亮氨酸重复序列组成的中通的桶型结构，其内外两层分别由 β 折叠和 α 螺旋交替而成。内层在结合了肌醇六磷酸辅因子后形成单一开口的空腔，先后识别生长素和 Aux/IAA 底物。生长素"着陆"在空腔的底部占据其结合位点，填补蛋白口袋的同时也为底物 Aux/IAA 的结合提供了适宜的表面。接下来 Aux/IAA 蛋白结合在生长素的上方并封闭生长素的出口。生长素在促进 TIR1 与 Aux/IAA 的相互作用中扮演了重要的"分子胶水"角色。后来，Yang 等人的研究表明肌醇六磷酸在这里充当了 TIR1 桶型结构的构象稳定剂，Phe82 和 Phe351 侧链构象的变化在整个识别过程中起到了关键作用，而生长素恰恰充当了 Phe82 侧链构象变化的诱导剂[152]。至此，生长素及其受体介导的分子调控机制终于在沉睡了一个多世纪后，被人类所认识。但这并不意味着已经弄清了生长素在调节植物生长过程中所涉及的所有信号转导的机制。相反，生长素调控 TIR1 的分子机理将会引发更多亟待解决的问题，激励研究者们向着更多未知的领域进发。

（2）新型植物生长调节剂的设计与开发进展。脱落酸类似物的设计是最受关注的热点。Pyrabactin 是最早被发现的一种人工合成的 ABA 功能类似物，它能特异性结合脱落酸受体蛋白 PYR1，并发挥着与脱落酸类似功能。朱健康教授基于 PYR1 受体，通过高通量筛选的方法得到了 ABA 功能类似物 AM1，该化合物能够有效的结合二聚蛋白，有着良好的抗旱效果，并为我们提供了复合物的晶体结构，这为我们今后设计合成高效的脱落酸功能类似物奠定了良好的基础[153]。2013 年，段留生等采用活性亚结拼接设计合成了 17 个能够延缓种子萌发的芳甲酰氨基环丙酸类化合物[154]。杨光富教授课题组基于 Pyrabactin 结构，通过在分子结构中引入联苯片段、萘环及改变磺酰胺桥连片段等方法合成了一系列脱落酸类似物，发现磺酰胺桥链片段对小分子的活性保持起到极为重要的作用[155]。2017 年，朱健康教授通过植物基因筛选的方法发现了 ABA 拮抗剂 AA1，它能有效地解除 ABA 的作用并恢复下游 PP2C 的功能，在 ABA 领域开辟了新天地[156]（图 7）。

（四）抗药性与治理研究进展

1. 杀菌剂抗性及治理

杀菌剂抗性问题是植物保护和农药可持续发展的重要研究领域。近年来我国在杀菌剂抗性领域的基础理论和应用技术研究突飞猛进，已从跟踪发展到领先于国际同类研究的前沿水平，主要研究进展如下。

（1）杀菌剂抗性风险评估

南京农业大学、浙江大学、中国农业大学、华中农业而大学、中国农业科学院等研究

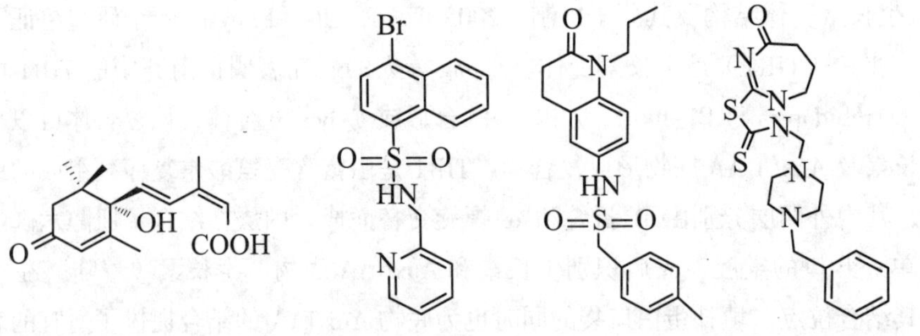

图 7 ABA 功能类似物及 ABA 拮抗剂

单位建立了水稻稻瘟病菌、水稻纹枯病菌、水稻稻曲病菌、水稻恶苗病菌、水稻白叶枯病菌、油菜菌核病菌、小麦赤霉病菌、小麦白粉病菌、小麦纹枯病菌、小麦条锈菌、玉米大斑病菌、辣椒疫霉、大豆疫霉、瓜类疫霉、荔枝霜疫霉、草莓灰霉病菌、番茄灰霉病菌、柑橘褐斑病菌、黄瓜褐斑病菌、葡萄炭疽病菌、草莓炭疽病菌、瓜类炭疽病菌、荔枝炭疽病菌和褐腐病菌等重要作物病原菌对苯并咪唑类、甲氧基丙烯酸酯类、琥珀酸脱氢酶抑制剂类、羧酸酰胺类、三唑类常用杀菌剂的敏感性基线，明确了田间重要作物病原菌对常用杀菌剂的敏感性分布，为抗药性监测及治理提供重要的参考数据。例如：氟酰胺对 137 株小麦纹枯病菌的 EC_{50} 值变化范围为 $0.0847{\sim}0.7163\,\mu g/ml$，最不敏感菌株是最敏感菌株的 10.55 倍，平均值为 $0.2870\pm0.1725\,\mu g/ml$，最低抑制浓度（MIC）$\leqslant 2.0\,\mu g/ml$；丁吡吗啉对 226 株辣椒疫霉病菌的 EC_{50} 值范围为 $0.7578{\sim}3.1610\,\mu g/ml$，最不敏感菌株是最敏感菌株的 4 倍，平均 EC_{50} 值为 $1.4261\pm0.4002\,\mu g/ml$ [157]。

通过室内诱导抗性突变体，测定抗性突变体的适合度，评价了农作物重要病原菌对常用杀菌剂的抗性风险，为田间合理用药提供必要的参考。小麦赤霉病菌对氰烯菌酯的室内抗性风险为中到高等。油菜菌核病菌对咯菌腈的室内抗药性风险为低等、对啶酰菌胺室内抗性风险为中低等。水稻白叶枯病菌对申嗪霉素的室内抗性风险为低等。辣椒疫霉对丁吡吗啉的室内抗性风险为低到中等、对氟噻唑吡乙酮的室内抗性风险为中等、对双苯菌胺抗性风险为低等。草莓灰霉病菌对苯噻菌酯室内抗性风险为高等、对烯肟菌胺抗性风险为高等、对氟吡菌酰胺室内抗性风险为中低等。水稻恶苗病菌对咪鲜胺抗性风险为中高等。稻曲病菌对丙环唑的室内抗药性风险为中到高等。小麦纹枯病菌对噻呋酰胺的室内抗药性风险为中到高等。

在对常用杀菌剂抗性风险评估的基础上，中国农业大学刘西莉教授课题组分别制定了卵菌对杀菌剂抗药性风险评估行业标准（NY/T 1859.2—2012）和专性寄生病原真菌对杀菌剂的抗性风险评估行业标准（NY/T 1859.10—2016），南京农业大学周明国教授课题组制定了植物病原细菌对杀菌剂抗性风险评估行业标准（NY/T 1859.11—2016）。

（2）杀菌剂抗性分子检测技术

针对不同病原菌对常用杀菌剂的抗性分子机理，研发了相应的 AS-PCR、Tetra-primer ARMS-PCR、PIRA-PCR、SYBR GREEN Ⅰ 荧光实时定量 PCR、Cycling Probe 荧光探针实时定量 PCR、LAMP、Suspension Array 等抗性分子检测技术。国内研究人员分别研发了油菜菌核病菌对多菌灵、番茄灰霉病菌对苯酰菌胺、大豆疫霉对苯酰菌胺、辣椒疫霉对氟噻唑吡乙酮、灰霉病菌对 SDHI 类杀菌剂的 AS-PCR 抗性分子检测技术；小麦赤霉病菌对多菌灵的 Tetra-primer ARMS-PCR 和 PIRA-PCR 抗性分子检测技术；油菜菌核病菌对多菌灵的 SYBR GREEN Ⅰ 荧光实时定量 PCR 高通量抗性检测技术及小麦赤霉病菌对多菌灵的 Cycling Probe 荧光探针实时定量 PCR 高通量抗性检测技术；小麦赤霉病菌、油菜菌核病菌、胶孢炭疽病菌对多菌灵的 LAMP 高通量抗性检测技术[158]，该技术灵敏度高，对设备要求低，能够在基层植保站进行推广应用；灰霉病菌对苯并咪唑类和 SDHI 类杀菌剂的 Suspension Array 高通量抗性检测技术[159]。

（3）主要病原菌抗药性发展态势

南京农业大学周明国教授课题组对江苏省和安徽省的病麦穗上的赤霉病菌进行抗性监测，发现 2014—2016 年江苏省抗性频率分别为 37.7%、60.3% 和 59.8%；安徽省抗性频率分别为 16.3%、12.3% 和 14.3%。对山东、河南、湖北等省份的不同县市也进行了抗性检测。结果显示，这些省份的一些地区也可以检测到抗药性菌株。浙江大学马忠华教授课题组对江苏省和安徽省稻桩上小麦赤霉病菌子囊壳进行抗性监测，发现 2014—2016 年江苏省抗性频率分别为 30.7%、37.2% 和 43.3%，安徽省抗性频率分别为 3.7%、10.3% 和 13.3%，部分地区抗性频率超过 90%。可见江苏、安徽两省 2014—2016 年抗性频率均呈上升趋势，江苏省尤为严重。南京农业大学周明国教授团队于 2015—2016 年在江苏省淮安市白马湖农场进行的田间药效实验结果表明，每公顷喷施 900ga.i. 多菌灵的防效均低于 45%，而淮安麦区小麦赤霉病的发病情况和多菌灵抗性频率在江苏省属于中等水平，另外，在新洋农场、泰州实验基地均发现多菌灵防效丧失，这说明多菌灵在江苏麦区已经失去防效。

河北省农林科学院植物保护研究所王文桥研究员研究团队于 2011—2016 年连续监测了河北省、内蒙古自治区和吉林省等北方一作主产区马铃薯晚疫病菌对甲霜灵的抗性，发现马铃薯晚疫病菌对甲霜灵抗药性菌株在病原群体中占 100%，且全部表现高水平抗药性。另外，河北省小麦白粉病菌对三唑酮抗性发展呈现上升趋势，2015 年抗性频率为 96.68%，且出现了抗药水平高于 50 倍的菌株。

中国农业大学刘西莉教授课题组发现我国局部地区致病疫霉已对嘧菌酯产生抗性，辣椒疫霉对氟吗啉、烯酰吗啉表现敏感，仅发现有 1 株来自陕西的辣椒疫霉菌株敏感性降低，属于低抗水平，局部地区辣椒疫霉对甲霜灵表现出不同程度抗药性；大豆疫霉对苯酰菌胺、氟吗啉和烯酰吗啉表现敏感；黄瓜霜霉、葡萄霜霉对甲霜灵、嘧菌酯和烯酰吗啉具有不同程度的抗药性产生。

河南省各地市均出现了三唑酮抗性的小麦纹枯病菌菌株，在许昌、信阳、焦作、周口、郑州、濮阳、商丘、鹤壁等地市还出现了倍数较高的抗性菌株；江苏省油菜菌核病菌对多菌灵抗药性非常普遍，部分地区的油菜菌核病菌对菌核净也已产生抗药性，四川省、重庆市、贵州省的油菜菌核病病菌对多菌灵和菌核净也已出现抗性菌株。

川渝地区以及辽宁地区采集到的稻瘟病菌对稻瘟灵、吡唑醚菌酯、戊唑醇、咪鲜胺均表现为敏感，未监测到抗性菌株。从安徽和江苏海安采集的菌株中发现对丙环唑的敏感性明显下降的稻瘟病菌，表明田间存在对丙环唑低抗的变突变体，但比例较低；湖北、河南、河北、四川、重庆、云南、江苏、安徽、浙江等地的草莓和番茄灰霉病菌对多菌灵、乙霉威、异菌脲、嘧霉胺等常规防治药剂均产生了不同程度的抗性，且抗性水平大多为高等；云南省桃褐腐病菌对多菌灵普遍产生了抗药性，福建省桃褐腐病菌开始出现对嘧菌酯的抗性。

（4）杀菌剂抗性机制

南京农业大学周明国教授课题组和浙江大学马忠华教授课题组分别通过基因组重测序和转录组分析，发现了我国自主创制的新型杀菌剂氰烯菌酯的作用靶标—肌球蛋白Myosin-5，该蛋白上单个氨基酸突变可引起小麦赤霉病菌对氰烯菌酯产生抗性[160]，这些突变位点包括 A135T、V151M、P204S、I434M、A577T、R580G/H、S418R、I424R、A577G、K216R/E、S217P/L、E420K/G/D[161]；南京农业大学周明国教授课题组还发现 Fim、Myo2B 和 Smy1 等蛋白通过直接或间接与 Myo5 互作调控氰烯菌酯药敏性[162]。FRAC 基于该成果将氰烯菌酯的抗性风险及治理策略单独编码为 47，为肌球蛋白抑制农药的科学应用提供了重要依据。水稻白叶枯病菌链霉素田间抗性是由整合子中的 *aadA1* 基因的存在引起的。另外，初步推测水稻白叶枯病菌申嗪霉素抗性菌株通过增强自身的药物外排系统从而使其产生对申嗪霉素的抗性。

浙江大学马忠华教授课题组发现三个同源的 *cyp51* 基因都并非小麦赤霉病菌生长和麦角甾醇生物合成所必需。敲除突变体对七种 DMI 类杀菌剂敏感性水平与野生型菌株相比不一，*cyp51A* 基因敲除突变体对七种 DMI 类杀菌剂都变敏感；*cyp51B* 基因敲除突变体对七种 DMI 类杀菌剂的敏感性没有显著变化；*cyp51C* 基因敲除突变体对部分 DMI 类杀菌剂变敏感[163]；Fgteb 是 CYP51A 的一个转录调控因子，该转录因子调控赤霉病菌中麦角甾醇的生物合成，同时调控小麦赤霉病菌对 DMI 类杀菌剂的敏感性。另外，也发现 ABC 转运蛋白调控小麦赤霉病菌对三唑类药剂的敏感性。

中国农业大学刘西莉教授课题组发现荔枝霜疫霉菌纤维素合成酶 *CesA3* 基因发生单个碱基突变导致编码的氨基酸在 1090 位发生由半胱氨酸突变为丝氨酸，C1090S 突变与烯酰吗啉抗性相关，*CesA3* 上 1105 位点的点突变与辣椒疫霉对氟吗啉和烯酰吗啉产生抗药性有关。大豆疫霉 β-微管蛋白的 239 位氨基酸的点突变，为大豆疫霉对苯酰菌胺产生高等水平抗药性的主要原因；大豆疫霉对 CAAs 杀菌剂抗性与 *CesA3* 基因的序列上某些位点突变有关。cyp51B 基因的 Y123H 突变能够导致轮枝样镰刀菌对咪鲜胺产生抗性[164]。β-微管蛋白的 M233I 突变是导致灰霉病菌对苯酰菌胺产生抗性的原因[165]。

华中农业大学罗朝喜教授课题组发现桃褐腐病对 DMI 杀菌剂的抗药性的增强是由于 MfCYP51 基因表达上调所致，且上游 Mona 元件具有启动子活性[166]。稻曲病对戊唑醇的敏感性下降是由于 VvCYP51 基因的 Y137H 点突变造成[167]，对丙环唑紫外突变体抗性菌株的 CYP51 基因序列相比于野生菌株未发生点突变。OS1 基因缺失或 V238A 突变能够导致油菜菌核病菌对菌核净产生抗性[168]。

（5）抗药性治理

针对小麦赤霉病菌对多菌灵抗药性，南京农业大学周明国教授课题组与江苏省农药研究所股份有限公司合作共同研发了防治小麦赤霉病的新型杀菌剂———氰烯菌酯，该药剂与多菌灵无交互抗性，25% 氰烯菌酯悬浮剂（SC）能够治理田间多菌灵抗性；为了扩大抗菌谱及延缓氰烯菌酯抗药性的发生，研发了 48% 氰烯菌酯戊唑醇悬浮剂 SC、20% 氰烯菌酯·己唑醇 SC，三个产业化的产品成为农技推广部门和农民用于替代多菌灵和咪鲜胺防治小麦赤霉病和水稻恶苗病的首选药剂。近三年生产销售氰烯菌酯系列产品 2821.7 吨，推广应用六千多万亩次，用药量比多菌灵减少 60% 以上，防效提高 40%，增收粮食 240 多万吨，降低麦粒的真菌毒素含量 85%，保证了粮食正常售价，减少农民损失一百七十多亿元，保障了粮食和食品安全，生态和社会经济效益巨大。另外，研发的 30% 氰烯菌酯·叶菌唑 SC、12% 氰烯菌酯·种菌唑种衣剂已经进入新农药登记程序。研发的 "NAU" 系列新型组合杀菌剂对小麦赤霉病、叶锈病和白粉病表现了极为优异的综合防效，其中 NAU-4 和 NAU-6 防治赤霉病的效果分别高达 99.04% 和 98.01%，防治锈病和白粉病接近 100%，比多酮及甲基硫菌灵·咪鲜胺的用量减少 80% 以上，防效增加 50% 以上。

河北省农林科学院植保所王文桥研究员团队针对马铃薯晚疫病菌对甲霜灵抗药性问题，研发的新型杀菌剂组合物 25% 氟吡菌胺·吡唑醚菌酯 WG、25% 氟吡菌胺·吡唑醚菌酯 EW、40% 氟吡菌胺·吡唑醚菌酯 SC 等 288~480 g a.i./hm^2 对晚疫病均具有较好的防治效果，防效均高于 88%。中国农业大学刘西莉教授课题组通过室内和田间试验筛选出两种以降低田间药剂选择压的有效的抗药性治理杀菌剂协同增效组合：氟噻唑吡乙酮 + 嘧菌酯 + 霜脲氰交替使用，或者氟噻唑吡乙酮和噁唑菌酮按照 1∶10 混配防治葡萄霜霉病，云南农业大学朱书生教授课题组发现霜脲氰 + 烯酰锰锌 + 醚菌酯交替使用也能有效的防治葡萄霜霉病。

南京农业大学周明国教授课题组和浙江大学马忠华教授课题组分别筛选到一株枯草芽孢杆菌 NJ-18 和一株绿针假单胞菌 Pcho01，菌体发酵液对小麦赤霉病防效均为 60% 左右，其可以与常用药剂混用防治赤霉病，用于小麦赤霉病抗性治理。

南京农业大学周明国教授研究团队系统研究了水稻恶苗病菌、油菜菌核病菌和小麦赤霉病菌对多菌灵的抗药性发展规律、抗药性机制及检测与高效治理关键技术，实现产业化和大面积推广应用。该研究成果获得了 2012 年度国家科技进步二等奖。

2. 杀虫剂抗性及治理

（1）重要害虫抗药性的系统监测与治理技术。我国农业害虫抗药性监测与治理工作由全国农业技术推广服务中心牵头，构建了专家委员会指导下的省市县植保站组成的监测和治理网络。制定了系列抗药性监测技术和治理技术的标准。抗药性监测与治理的突出成就如下。①水稻害虫：在湖北、广西、江苏等省主要水稻产区实施了大面积水稻害虫抗药性监测与治理，有效延长了防治螟虫类的双酰胺类药剂以及防治水稻褐飞虱等刺吸式口器害虫的二代新烟碱类药剂的使用寿命。同时积累了抗药性连续监测数据及水稻害虫抗药性治理的丰富经验。②棉花害虫：Bt 棉的种植导致棉田棉蚜、棉盲蝽和红蜘蛛等刺吸式口器害虫抗药性增加，同时棉田第二代、第三代棉铃虫仍然需要一定的药剂防治。棉花害虫抗药性监测与治理技术的研究一直是我国科学家关注的重点，特别是棉铃虫、棉蚜和几种棉盲蝽抗药性的研究。2015—2017 年在山东滨州、河南西华以及新疆沙湾等地实施的田间抗药性监测和治理技术，取得了显著成效，三种主要害虫对主要杀虫剂品种的抗性没有没有明显增加。③小麦害虫：主要针对麦长管蚜和禾谷缢管蚜在河南、山东、江苏、湖北等省实施了预防性抗药性监测和治理。主要通过拌种和采用不同类型的药剂喷雾，达到了通过药剂轮用延缓抗性的目的。④蔬菜害虫：蔬菜害虫种类比较多，我国近年来在小菜蛾、甜菜夜蛾、烟粉虱、叶螨类、蓟马类、瓜蚜等害虫抗药性监测和治理的技术研究方面取得了较大进展，特别是一些非化学防治替代技术以及化学防治和生物防治、物理防治等的协调使用技术对治理抗药性具有显著作用。⑤果树害虫：这方面主要体现在对柑橘全爪螨的研究。通过对其抗药性早期预警、药剂合理使用以及替代技术使用延缓了柑橘全爪螨抗药性的产生，并使其得到了有效控制。

（2）重要害虫抗药性研究进展。我国做杀虫剂抗性研究的团队比较多，近年来都取得了较好的进展。中国农业大学高希武教授团队主要以棉花害虫（棉蚜、棉铃虫、棉盲蝽）、小麦蚜虫（麦长管蚜、禾谷缢管蚜）、蔬菜害虫（小菜蛾、瓜-棉蚜、桃蚜等）为对象，对其抗药性监测、治理技术以及抗性的调控进行了系统研究。中国农业科学院蔬菜花卉研究所张友军研究员团队主要以烟粉虱、蓟马、小菜蛾、叶螨等蔬菜害虫为对象，系统研究其对生产上主推杀虫剂抗性的分子机制、抗性的分子调控机制、抗药性监测及抗性综合治理技术。南京农业大学韩召军、吴益东和高聪芬教授团队以棉铃虫、棉蚜、小菜蛾、水稻飞虱和螟虫类为对象，对其抗药性的分子机理、抗性监测和治理技术以及抗性分机制的调控进行了系统研究。中国农业科学院植物保护研究所芮昌辉研究员团队以棉铃虫、棉蚜、小麦蚜虫等害虫为对象，对其抗药性监测、治理技术以及抗性调控的分子机制的进行了系统研究。中国科学院动物研究所邱星辉研究员团队以棉铃虫为对象，对其细胞色素 P450 在抗药性中作用的分子机制进行了系统研究。华中农业大学李建洪教授团队以水稻飞虱类、小菜蛾等害虫为对象，对其抗药性监测、治理技术以及抗性分机制的调控进行了系统研究。江苏农科院植物保护研究所以水稻褐飞虱为对象，对其抗药性监测、治理技术以及抗性分机制的调控进行了系统研究。山东业农大学以甜菜夜蛾、绿盲蝽、小菜蛾、棉蚜等害虫为对象，对多种杀虫剂的抗性机制进行了研究。

1）棉花害虫。高希武教授团队研究发现棉铃虫中编码重要解毒酶细胞色素 P450 的 *CYP6B2*、*CYP6B6*、*CYP6B7* 和 *CYP9A17* 基因均具有抗氧化信号通路 Nrf2 转录因子的结合位点，这 4 个基因的转录均受 Nrf2–Keap1 信号通路的调控。通过构建不同长度 *CYP6B6* 启动子的报告基因载体，发现一个 273bp 的启动子为 2–十三烷酮诱导的核心启动子，包含了 Nrf2 和 AhR 两个转录因子结合位点序列。通过 EMSA 实验证实了棉铃虫 *CYP6B6* 基因的 Nrf2 和 AhR 转录因子结合位点的确能与相应的棉铃虫转录因子 Nrf2 和 AhR 结合，并且 2–十三烷酮处理能使棉铃虫脂肪体细胞核内的 Nrf2 和 AhR 表达量升高，激发 Nrf2 和 AhR 信号通路的响应。激光共聚焦实验进一步证实了 2–十三烷酮处理能使棉铃虫脂肪体细胞核内的 Nrf2 转录因子表达量升高。棉铃虫 *CYP6B6* 基因的表达是受抗氧化信号通路 Nrf2 以及芳香烃受体应答信号通路 AhR 的共同调控[169]。

随着 Bt 抗虫棉的多年大规模种植，其表达的 Bt 蛋白（Cry1Ac）对棉铃虫造成了强大的选择压力，棉铃虫对 Bt 蛋白的抗性进化将直接关系到 Bt 抗虫棉的使用寿命。南京农业大学吴益东教授团队研究发现棉铃虫田间种群存在多样化的遗传潜力和机制对 Bt 抗虫棉产生抗性，并证实显性抗性基因在 Bt 抗虫棉抗性进化中具有关键性作用；对我国华北棉区棉铃虫田间种群 Bt 抗性个体及其遗传特征进行了大规模、持续系统的监测，结合种群遗传模型对抗性进化进行预测和分析，揭示了我国特有的自然庇护所对棉铃虫 Bt 抗性演化具有延缓和显性化的双重效应。相关论文发表在 Nature Biotechnology[170]。建立了棉铃虫 CRISPR/Cas9 基因编辑系统，并实现了靶标基因敲除（Knockout）和定点突变的敲入（Knockin）。通过该反向遗传技术，证实了棉铃虫钙粘蛋白（HaCad）和 ABC 转运蛋白（HaABCA2）分别为 Bt 蛋白 Cry1Ac 和 Cry2Ab 的功能受体，相关论文发表在 IBMB[171]。

中国农业科学院植物保护研究所芮昌辉研究员团队针对我国棉蚜、棉铃虫、棉花叶螨等重要棉花害虫在全国六省十余个地区对四十余种常用杀虫剂品种的敏感水平进行普查，并在全国设立了三十多个监测采样点，对棉蚜、棉铃虫、棉花叶螨等十余种农业害虫进行了系统的抗药性动态监测。为研究和实施害虫抗药性治理技术提供了重要的基础数据。基于棉铃虫、棉蚜等害虫对杀虫剂的抗药性基因突变研究结果，成功开发多种抗药性分子快速检测技术，采用 QPCR 技术建立了实时监测田间棉铃虫因谷胱甘肽 S–转移酶基因表达量变化引起的抗药性的快速分子检测技术。在鉴定出棉蚜田间种群对吡虫啉抗性存在烟碱型乙酰胆碱受体 β1 亚基基因的精氨酸到苏氨酸（R81T）突变的基础上，建立了检测棉蚜对吡虫啉抗性基因型的竞争性等位特异性 PCR 技术（cPASA）和实时荧光定量等位特异性 PCR 扩增技术（rtPASA 技术），显著提高了害虫抗药性检测效率、增强了检测的准确率和灵敏度。

中国科学院动物研究所邱星辉研究员团队发现棉铃虫细胞色素 P450 基因 *CYP9A12* 与 *CYP9A17* 具有基因序列和基因组结构的高度相似性，但在转录调控方面有很大的差异，表明棉铃虫细胞色素 P450 存在亚功能化的适应进化机制[172]。系统研究了棉铃虫 NADPH-细胞色素 P450 还原酶（CPR）的基因结构与动能，发现该基因在棉铃虫中为单拷贝，编码含 687 个氨基酸的蛋白，并具有保守的 3 个结构域；CPR 可在棉铃虫的各个发育阶段和组织器官中表达；棉酚、槲皮素和单宁酸等植物次生性物质可以抑制 CPR 的还原活性[173]。克服了细胞色素 P450 异体表达的技术瓶颈，综合运用 N- 末端修饰、分子伴侣、定点突变等策略，以单独表达、共表达以及双顺反子重组构建等方式，在大肠杆菌中成功表达了具有催化活性的棉铃虫 CYP6B6、CYP9A12、CYP9A14、CYP9A17、haCPR、HaCytb5 蛋白。采用 CYP9A 与 CPR 共表达体系，通过模式底物和拟除虫菊酯杀虫剂代谢测定，发现 CYP9A 同源蛋白发生了功能歧化，CYP9A12、CYP9A14 和 CYP9A17 的底物特异性与酶动力学特征都有所不同，都对杀虫剂生物丙烯菊酯有高效降解活性。采用 CYP6B6 与 CPR 共表达体系代谢测定，发现 CYP6B6 可以催化 S- 氰戊菊酯的 4'- 羟基化。这些结果为 CYP6B6 以及 CYP9A12、CYP9A14 和 CYP9A17 的过量表达可以导致棉铃虫对拟除虫菊酯的抗药性提供了直接的代谢实验证据[174]。

高希武教授团队发现烟碱型乙酰胆碱受体 β1 亚基的突变和表达量下调均与棉蚜对吡虫啉的抗性相关[175]。利用 RNAi 技术证明了 *CYP4CJ1* 在棉蚜代谢植物次生物质过程中发挥作用。运用 qRT-PCR 方法检测了植物次生物质处理对棉蚜 *Dicer-1*、*Argonaute-1* 和 *Exportin-5* 3 个 miRNA 信号通路关键基因表达量的影响。结果表明，棉酚和单宁处理可诱导 *Dicer-1* 的表达。沉默 *Dicer-1* 基因能显著提高棉蚜对棉酚和单宁的敏感性；沉默 *Argonaute-1* 基因能够提高棉蚜对单宁的敏感性。构建了棉蚜小 RNA 文库，鉴定出 292 个 miRNA，其中保守 miRNA 246 个，新 miRNA 46 个。运用 edgeR 软件对 miRNA 表达量进行分析，显示出不同植物次生物质处理诱导 miRNA 的数量、上下调强度、表达谱具有特异性。预测了可能调控 *CYP4CJ1*、*CYP6J1* 和 *CYP3323A1* 3 个 P450 基因的 miRNA，并运用 qRT-PCR、双荧光素酶实验、miRNA 激动剂 / 抑制剂活体饲喂等一系列实验，表明 miR-4133-3p、miR-656a-3p 和 miR-1332-3p 通过与 3' UTR 靶标位点的结合，分别调控棉蚜 *CYP4CJ1*、*CYP6J1* 和 *CYP3323A1* 基因的表达[176]。

山东农业大学采用 RT-PCR 技术，从棉蚜中棉蚜获得了四个 CYP4 家族基因和三个 CYP6 家族基因序列。采用实时荧光定量 PCR 技术比较了这 7 个 P450 基因在抗性种群和敏感种群中 mRNA 的表达水平。成功克隆到棉蚜的 *P450* 基因 CYP6-like3-Ag，命名为 *CYP6CY3*。当棉蚜 nAChRs β 亚基 81 位氨基酸为没有突变的精氨酸时，nAChRs 与吡虫啉的结合更牢固。棉蚜 nAChRs β 亚基 81 位氨基酸残基由精氨酸突变为苏氨酸后，能引起 nAChRs 结合吡虫啉的能力下降，导致棉蚜对吡虫啉产生抗性[177]。

中国农业大学和山东农业大学针对棉花重要害虫绿盲蝽的田间抗性水平、抗性基因的突变频率等进行了调查，结果为合理使用杀虫剂、有效防治绿盲蝽提供了依据[178]。

2）水稻害虫。南京农业大学韩召军教授团队研究发现灰飞虱细胞色素 P450 基因 *CYP6FU1* 过量表达导致对溴氰菊酯抗性的重要机理，进一步研究发现多个顺式调控元件参与了 *CYP6FU1* 的表达调控，不同调控元件的特定组合导致 *CYP6FU1* 基因高水平过量表达并产生抗性[179]。刘泽文教授团队发现多个过量表达的细胞色素 P450 基因（*CYP6AY1*，*CYP6ER1*，*CYP4CE1* 和 *CYP6CW1*）共同参与了褐飞虱对吡虫啉的代谢抗性；并发现不同抗性种群甚至同一种群抗性发展的不同阶段，各种 P450 基因对抗性具有不同的贡献。上述研究结果分别发表于 IBMB[180]。

双酰胺类杀虫剂是防治水稻螟虫的当家品种。为了科学合理使用这类新型杀虫剂，南京农业大学高聪芬教授团队在双酰胺类杀虫剂大面积推广使用之初普查了全国七个水稻主产区三十个二化螟田间种群对氯虫苯甲酰胺的敏感性，建立了毒力基线。在随后进行的抗性监测中，检测到 2014 年浙江余姚田间种群对氯虫苯甲酰胺产生了中等水平抗性，并从该种群中检测到与抗性相关的鱼尼丁受体 G4910E 突变。上述研究结果对于双酰胺类杀虫剂在水稻上的合理使用及二化螟抗药性治理具有重要价值，相关研究论文发表于 PMS[181]。

华中农业大学李建洪教授团队以水稻主要害虫（褐飞虱、白背飞虱、二化螟、稻纵卷叶螟）为研究对象，以华中地区为中心辐射至全国水稻主产区，对水稻主要害虫褐飞虱、白背飞虱、二化螟、稻纵卷叶螟进行了抗药性监测，明确了褐飞虱、白背飞虱、二化螟、稻纵卷叶螟对常用及新型药剂（吡虫啉、噻嗪酮、氯虫苯甲酰胺及阿维菌素等）抗药性状况，研究结果为水稻主要害虫有效防治及田间科学用药提供了重要依据。该团队研究证明褐飞虱对烯啶虫胺的抗性与呋虫胺、噻虫嗪、氟啶虫胺腈、噻虫胺之间存在明显交互抗性。褐飞虱对氟啶虫胺腈的抗性同样与呋虫胺、烯啶虫胺、噻虫嗪、噻虫胺以及吡虫啉存在较强的交互抗性，而与环氧虫啶、三氟苯嘧啶、毒死蜱、异丙威、醚菊酯和噻嗪酮之间无明显交互抗性。解毒酶活力测定和增效剂实验表明，褐飞虱对烯啶虫胺产生抗药性可能与其体内酯酶活力上升有关。褐飞虱对氟啶虫胺腈抗性与酯酶和 P450 多功能氧化酶升高有关。采用玻璃管药膜法研制出褐飞虱对烯啶虫胺、呋虫胺、异丙威、噻嗪酮、毒死蜱敏感性快速检测试剂盒[182]。

江苏农科院植保所联合南京农业大学系统研究了水稻褐飞虱抗药性机制及其治理技术。揭示稻飞虱抗药性发生的"大小 S"曲线规律及高抗性机理，卧式"小 S"阶段以代谢抗性为主，表现为 P450 基因表达上调和酶活性上升；立式"大 S"表现为靶标突变及其频率的快速上升。抗药性的阶段发生理论，在褐飞虱和灰飞虱对多种杀虫剂抗性发生中得到验证。

在褐飞虱的吡虫啉靶标受体（nAChR）α1 和 α3 亚基上，同时发现 Y151S 点突变；揭示了 α3 亚基的点突变对抗性贡献更大。该突变也导致褐飞虱对其他新烟碱类杀虫剂的交互抗性。明确褐飞虱的 γ-氨基丁酸受体 A302S/R300Q 双突变，是对氟虫腈高水平抗性的主要机制。建立了基于 α3 的体外重组功能受体表达系统，作为杀虫剂-靶标分子互作分析平台，提出降低 Y151S 高抗性突变影响的新设计，为顺式新烟碱杀虫剂创制提供了重要依据。研究成果 2015 年获国家科技进步二等奖。

3）蔬菜害虫。中国农业大学高希武教授团队以小菜蛾为对象，通过多年系统研究，明确了细胞色素 P450 等解毒酶活性增强是小菜蛾对生物源杀虫剂阿维菌素及生长调节剂类杀虫剂呋喃虫酰肼产生抗性的主要机制；证明了小菜蛾蜕皮激素受体 B 亚基是呋喃虫酰肼的主要作用靶标；从靶标抗性和代谢抗性两方面明确了作用靶标鱼尼丁受体（RyR）基因点突变（G4946E）是小菜蛾对新型双酰胺类杀虫剂氯虫苯甲酰胺产生抗性的主导机制，RyR 表达量上调及 P450 和 UGTs 代谢能力增强是次要机制（Guo et al.，2014；Hu et al.，2014；Li et al.，2017）；从表观遗传学角度证明了 microRNAs 通过对靶标基因表达的负调控参与了小菜蛾对呋喃虫酰肼和氯虫苯甲酰胺抗性的调控[183]，并进一步筛选获得了一批与小菜蛾对氯虫苯甲酰胺抗性相关的 miRNA 和长链非编码 RNA（lncRNA）[184]在抗性分子机制研究的基础上，建立了小菜蛾抗药性相关基因的单基因快速检测技术及多基因多位点高通量检测技术。

中国农业科学院蔬菜花卉研究所张友军团队在小菜蛾对 Bt Cry1Ac 抗性分子机理方面取得了突破性成果，研究明确了小菜蛾对 Bt Cry1Ac 抗性与 BtR-1 抗性基因座内有丝分裂原激活的蛋白激酶（MAPK）信号途径上游转录激活的 MAP4K4 基因反式调控 BtR-1 抗性基因座外的与中肠膜结合的 ALP 基因和中肠 ABC 转运蛋白基因 ABCG1 以及 BtR-1 抗性基因座内的 ABC 转运蛋白基因 ABCC1-3 的差异表达密切相关[185]；小菜蛾对氟啶脲的抗性具有多因子性，多功能氧化酶解毒代谢能力的提高是主导抗性机制之一；小菜蛾对阿维菌素抗性为常染色体、不完全隐性遗传，多基因控制，表皮穿透作用的降低和靶标位点GABAA 受体结合数目的减少是小菜蛾对阿维菌素的主要抗性机制。

南京农业大学吴益东教授团队通过系统研究阐明了小菜蛾钠通道 V1845I 和 F1848Y突变是导致其对钠通道阻断类药剂茚虫威和氰氟虫腙产生抗性的重要机制[186]；而谷氨酸门控氯离子通道上的 A309V 突变则是小菜蛾对阿维菌素产生高水平抗性主要机制[187]。并根据上述抗性机理建立了抗性突变检测技术。

张友军团队在西花蓟马、烟粉虱和二斑叶螨等蔬菜害虫的抗药性方面也取得了较大进展。建立了西花蓟马对多杀菌素的高抗性近等基因系，明确了西花蓟马对多杀菌素的抗性为常染色体隐性遗传，且其乙酰胆碱受体 α6 亚基的变异是导致西花蓟马对多杀菌素产生高水平抗性的主要原因。细胞色素 P450 氧化酶介导的代谢解毒与烟粉虱抗噻虫嗪抗性有关，发现上游的信号调控路径促分裂素原活化蛋白激酶（MAPK）调控两个转录因子（CrebA 和 CrebB）表达，继而调控关键功能基因 CYP6DZ7。在二斑叶螨对阿维菌素的田间高抗性种群中，发现抗性基因谷氨酸门控氯离子通道 GluCl 存在双位点突变。

4）果树害虫。西南大学王进军教授、何林教授团队分别以柑橘全爪螨、斑潜蝇和朱砂叶螨等害虫为对象，对其抗药性监测、治理技术以及抗性分机制的调控进行了系统研究。揭示了柑橘全爪螨对阿维菌素和甲氰菊酯的抗性机理，发现阿维菌素处理后 *GSTm5* 基因表达明显上调；而 *GSTm5* 基因被干扰后，柑橘全爪螨对阿维菌素的敏感性显著升高，初步证明 *GSTm5* 基因过表达与柑橘全爪螨对阿维菌素的抗性相关。通过真核表达系统获得九个柑橘全爪螨羧酸酯酶（CarE）重组蛋白，其中 PcE1 的催化活性最高；定量分析发现 *PcE1*，*PcE7* 及 *PcE9* 基因在甲氰菊酯抗性种群中高表达，分别干扰三个基因后，柑橘全爪螨对甲氰菊酯的敏感性显著升高。

克隆获得 38 个橘小实蝇细胞色素 P450 基因以及 CPR 的两个转录本（CRP–X1 和 CPR–X2），其中 CPR–X1 有更高的的表达水平。采用 RNAi 技术抑制 CPR 的表达证实了 CPR 参与了橘小实蝇对马拉硫磷的抗性。筛选得到三个 α–羧酸酯酶基因；利用 RNAi 及真核表达技术从基因沉默及过表达两个方面深入解析了这三个 α 羧酸酯酶基因的分子特性和相关功能。在马拉硫磷抗性和敏感品系转录组数据中筛选出一条可能参与马拉硫磷抗性的 *GSTe8* 同源基因（*GSTe8-B*）[188]。GSTe8-B 和 GSTe8-A 在基因表达水平存在较大的差异。定量结果表明其可以通过表达量上调介导马拉硫磷抗性。通过 RNAi 和异源表达实验结果证实了其在代谢马拉硫磷过程中起着重要作用。

发现阿维菌素与朱砂叶螨的互作中存在 GABA 含量变化的现象，推测阿维菌素在螨体内的作用靶标可能涉及 GABARs；进一步借助爪蟾卵母细胞表达系统及双电极电压钳分析平台，证明了阿维菌类药剂的靶标首先是 IGluRs，其次是 GABARs。成果以封面文章的形式于 2017 年发表在 *Toxicological Sciences* 上[189]。研究发现六个 P450 基因在抗性品系中高表达，RNAi 干扰基因表达后朱砂叶螨对甲氰菊酯的敏感性增加。系统研究了细胞色素 P450 与朱砂叶螨对甲氰菊酯抗性的关系，明确了多个 P450 基因联合作用共同导致了抗性的产生，并明确了 *P450* 基因的表达由 CncC 和 Maf 两个转录因子调控，进一步体外表达了 P450/CPR 复合体，证明其表达产物能够代谢甲氰菊酯[190]，为全面理解朱砂叶螨对甲氰菊酯的代谢抗性机制奠定了基础。

3. 除草剂抗性的分子机制研究

杂草对 AHAS 类除草剂的抗性发展最为迅速，抗性杂草已达 159 种。AHAS 催化亚基发生氨基酸突变是杂草产生抗性的主要原因，已有七个抗性突变位点在田间杂草中得到了证实，分别是 Ala122、Pro197、Ala205、Asp376、Trp574、Ser653、Gly654（以拟南芥 AHAS 催化亚基的序列进行编号），其中 P197 位点的突变类型最多且最为复杂，占所有 AHAS 抗性杂草种群的一半，杂草一旦发生 P197L、A205V 以及 W574L 这三种类型的突变，将对所有类型的 AHAS 除草剂产生高抗性。

已报道对 ACCase 类除草剂产生抗性的杂草已有 35 种，抗性机制是杂草乙酰辅酶 A 羧化酶的 CT 结构域发生突变导致除草剂与其的结合力下降。突变位点可以是活性位点（如 Ile388、Trp374），也可以是非活性位点（如 Asp425 和 Gly443）。杨光富研究团队采用同源模建方法构建了看麦娘的 ACCase 三维结构，并通过分子模拟技术揭示了以上四个突变位点对盖草能（haloxyfop）、威霸（fenoxaprop）、禾草灵（diclofop）和炔草酯（clodinafop）四种除草剂产生抗性的分子机制。研究结果显示，发生突变后，引起活性腔内的残基发生构象变化，导致除草剂分子与酶之间的氢键及 $\pi-\pi$ 相互作用减弱甚至消失，从而降低了除草剂分子与靶标的结合力。

到目前为止，全球共有十二种杂草对 PPO 除草剂产生了抗性，主要分布在美国和巴西，有三种（亚洲铁苋菜、反枝苋、播娘蒿）在我国也有分布。水麻和豚草的抗性机制是 PPO 发生突变，其他杂草的抗性机制尚不清楚。抗性水麻的线粒体 PPO 第 210 位甘氨酸残基的密码子缺失。210 位甘氨酸密码子缺失发生在 *PPX2* 基因上，该基因有双靶标转运胎，能够使抗性蛋白在线粒体和叶绿体中发挥功能。在豚草中，*PPX2* 基因上的一个氨基酸突变使其对 PPO 抑制剂类除草剂产生抗性。在转基因大肠杆菌中进行的功能互补实验结果表明该突变体具有 PPO 抑制剂类除草剂抗性，但是该突变 PPO 酶的动力学仍然不清楚。

需要引起注意的是，在美国已经发现对 HPPD 类除草剂产生抗性的两种杂草（长芒苋、水麻），这些杂草同时对二至五种不同作用机制的除草剂显示出抗性。

（五）"十二五"以来本学科发展建设情况

"十二五"以来本学科发展建议情况如下。

表 1 本学科重大研究项目

序号	项目类型	项目名称	主持人	主持单位	执行时间
1	国家科技支撑计划项目	绿色生态农药的研发与产业化	李钟华	中化总院	2011—2015
2	国家公益性行业（农业）科研专项	农作物主要病虫害新药剂、新剂型研究与应用	宋宝安	贵州大学	2012—2016
3	国家自然科学基金重点项目	重大病毒病导向的绿色农药化学研究	宋宝安	贵州大学	2012—2016
4	国家"973"计划	分子靶标导向的绿色化学农药创新研究	钱旭红	华东理工大学	2012—2014
5	国家重点研发计划	农业生物药物分子靶标发现与绿色药物分子设计	李忠	华东理工大学	2017—2020
6	国家自然科学基金重点项目	生物合理设计绿色农药的分子基础研究	席真	南开大学	2005—2008
7	国家科技支撑计划项目	西南地区主要粮经作物重大病虫害防治的绿色农药创制与应用	杨松	贵州大学	2014—2018
8	国家杰出青年基金	农药化学	杨光富	华中师范大学	2010—2013
9	国家自然科学基金重点项目	综合高效性、选择性和反抗性的生态农药分子设计与合成	杨光富	华中师范大学	2014—2018
10	国家自然科学基金重点项目	生态农药的分子设计与作用机制	宋宝安	贵州大学	2012—2016

序号	项目类型	项目名称	主持人	主持单位	执行时间
11	国家公益性行业（农业）科研专项	作物害虫抗药性监测及治理技术研究与示范	高希武	中国农业大学	2012—2016
12	国家"973"计划	害虫对环境变化的遗传和行为适应	高希武	中国农业大学	2011—2015
13	国家公益性行业（农业）科研专项	农作物重要病原菌抗药性监测及治理技术研究与示范	周明国	南京农业大学	2013—2017
14	国家自然科学基金重点项目	P-450-介导棉蚜对寄主植物次生物质适应的分子机制及其调控	高希武	中国农业大学	2014—2018

表2　本学科重大科研平台

序号	平台名称	依托单位	首席科学家	成立时间	授予部门
1	农业部农药化学与应用技术重点开放实验室	中国农科院植物保护所	郑永权	1996	农业部
2	国家微生物农药工程研究中心	华中农业大学	喻子牛	1998	国家计委
3	农药国家工程研究中心（天津）	南开大学	席真	1996	国家计委
4	上海市化学生物学（芳香杂环）重点实验室	华东理工大学	钱旭红	2001	上海市科委
5	农药与化学生物学教育部重点实验室	华中师范大学	杨光富	2003	教育部
6	新农药创制与开发国家重点实验室	沈阳化工研究院	康卓	2007	科技部
7	绿色农药与农业生物工程国家重点实验室	贵州大学	宋宝安	2010	科技部
8	绿色农药与农业生物工程教育部重点实验室	贵州大学	宋宝安	2003	教育部
9	天然农药与化学生物教育部重点实验室	华南农业大学	徐汉虹	2003	教育部
10	生物农药与化学生物教育部重点实验室	福建农林大学	关雄	2003	教育部
11	国家农药创制工程技术研究中心	湖南化工研究院	王晓光	2005	科技部
12	国家生物农药工程技术研究中心	湖北省农业科学院	杨自文	2011	科技部

表3　本学科重要研究团队

序号	团队名称	依托单位	学术带头人	批准部门	入选时间
1	国家创新人才推进计划"重点领域创新团队"（绿色农药与有害生物持续控制）	贵州大学	宋宝安	科技部	2013年
2	教育部创新团队项目"绿色农药的生物合理设计、合成及其化学生物学"	华中师范大学	杨光富	教育部	2010年
3	教育部创新团队项目"绿色农药与农业生物工程"	贵州大学	杨松	教育部	2011
4	中华农业科技奖创新团队"生物靶标导向的农药高效减量使用关键技术与应用团队"	中国农业大学	高希武	农业部	2017

表 4 "十二五"以来获奖成果

序号	获奖等级	成果名称	主要完成	第一完成单位	获奖年度
1	国家科技进步二等奖	防治农作物病毒病及媒介昆虫新农药研制与应用	宋宝安，郭荣，季玉祥，等	贵州大学	2014
2	国家科技进步二等奖	蒽醌衍生物作为防治植物病害农药的应用	喻大昭，杨小军，倪汉文，等	湖北省农业科学院	2014
3	国家科技进步二等奖	农用抗生素高效发现新技术及系列新产品产业化	向文胜，王相晶，王继栋，等	东北农业大学	2015
4	国家科技进步二等奖	重要作物病原菌抗药性机制及监测与治理关键技术	周明国，倪珏萍，邵振润，等	南京农业大学	2012
5	国家科技进步二等奖	生物靶标导向的农药高效减量使用关键技术与应用	高希武，柏连阳，崔海兰，等	中国农业大学	2015
6	第九届中国农药工业协会农药创新贡献奖（技术创新奖一等奖）	创制杀虫剂品种环氧虫啶的产业化开发	毕强，徐晓勇，徐海燕，等	上海生农生化制品有限公司、华东理工大学	2016

三、本学科国内外研究进展比较

近年来，我国各级地方政府及企业不断加强科研开发的投入，创建研究平台，提升创制能力，依托各类创新平台和项目先后取得了一批创新性成果和产品，如新化合物合成能力已达到三万个 / 年；筛选能力达到六万个 / 年；三十余个具有自主知识产权的创制农药完成临时登记，部分取得正式登记。

我国在新农药基础理论创新研究领域与国际先进水平差距在缩小。①在杀菌抗病毒剂农药研究的某些领域，如基于天然源和化学免疫激活农药分子设计、抗病毒潜在新靶标研究等方面，已取得了较好进展。如贵州大学宋宝安在杀菌抗病毒靶标的研究方面取得了原创性的新突破。首次明确了抗病毒药物毒氟磷的作用靶标为 HrBP1，毒氟磷、阿泰灵、S-诱抗素和海岛素具有免疫诱抗活性的国内自主创制产品受到了国内外同行的广泛关注；沈阳化工研究院刘长令创新性地提出了独特的基于"中间体衍生化方法"，受邀为国际权威杂志 *Chem. Rev.* 撰写了文章，详细地介绍了他提出的新农药创新方法"中间体衍生化方法"的实质与应用，给出了大量利用该方法创制新农药品种的实例；华中农业大学张红雨首次提出基于代谢物浓度的抗菌药物靶标和先导发现策略。指出对代谢酶类靶标，可以通过考察其底物浓度，评价靶标的成药性，并提出靶标底物浓度应低于 0.5 mM 的靶标筛选指标，实现了代谢物浓度的简便、快速预测，具有比较重要的基础科学意义和潜在应用价值；贵州大学宋宝安和池永贵将绿色手性农药的研发与有机催化和有机合成原始创新深度结合。发展了基于"氮杂卡宾"（NHC）及金鸡纳碱等手性催化的包含多杂环（及螺环）体系的内酯化合物、手性 β- 磺酰基酮类化合物、手性吲哚醌化合物及手性 α- 氨基磷酸酯类化合物等一批结构新颖的手性新型抗病毒先导的发现研究工作，研究成果发表在 Nat. Comm. 和 Angew. Chem. Int. Ed. 上，这些在手性有机合成方面的工作得到了国际同行的高的评价。②在杀虫剂和杀线虫剂领域，国内创新仍主要集中于制剂和筛选方面，在计算机辅助筛选与纳米农药等技术上已经有了与国际接轨的趋势。③在除草剂领域，建立了基于活性小分子与作用靶标相互作用研究农药生物合理设计的创新研究体系，形成了具有自身特色的新农药创制体系。④在抗药性领域，我国加快了研究药剂的作用靶标、病原菌、杀虫剂和除草剂的抗药性分子机制，针对抗性分子机制开展相关延缓抗性发展的研究，以及针对药剂靶标，设计、合成对靶标更高效的化合物。在应用技术研究方面，应当加快施药器械、轮换用药、替换用药、筛选生物—化学协同增效药剂等方面的研究。如杀虫剂抗性问题一直受到昆虫毒理学家、农药学家的关注，近年来我国科学家在一些重大害虫的抗药性研究方面，综合实力以及产出占世界领先地位，特别是几个我国科学家已经基因组测序的虫种，小菜蛾、烟粉虱、棉蚜（数据未见刊）等。从 2015—2017 年 7 月发表的相关 SCI 刊源的论文情况看，我国科学家发表数量仅次于美国，排在第二位。通过发表的论文内容分析，我们的优势在于研究人员的数量比较多、"费时、费力"的研究方向（或主题）占优势、"宏观效应"的研究占优势。但是在高端技术利用、学科交叉等方面，美、英仍然比我们要好一些，特别是创新性的研究思路方面。我国科学家多数论文是以跟踪研究为主，特别是采用相同的技术手段、研究思路用于不同虫种或药剂品种的研究，即所谓的"类同研究"。例如美国 Jeffrey G. Scott 团队，真正把特异性 dsRNA 作为杀虫剂用于叶面喷雾，并在温室取得对马铃薯甲虫较好防效。在研究经费方面，我国资助来源包括自然科学基金委员会、科技部、农业部等几个渠道，经费支持力度应该是比较大的（没有找到美、英、日等国的公开数据，但是根据与国外学者个人交流，我们研究经费占绝对优势）。相信在未来五年我们关于抗药性的研究应该能够达到世界一流水平。

我国农药创新研究在基础理论研究方面取得一定特色，但在自主知识产权分子靶标研究方面，与国际前沿仍有一定的差距。新农药的创制研究是一项周期长、投资大、风险高的复杂的系统工程，我国农药企业难以支撑农药产品创制的高额投入，导致企业核心竞争力还不强，缺乏具有国际竞争力的企业集团和具有国际影响力的著名品牌。行业前十大企业占全国总产量的比重只有 19.5%，市场占有率最高的企业只占整个市场份额的不到 4%，而我国整个农药行业的国际市场占有率仅为 5%，而世界上前八家农化集团销售额已占到全球农药市场的 80% 以上。并且，我国农药行业规模以上企业投入研发的科研经费大约

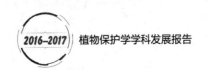
只占年销售额的 2% 左右，相比发达国家的 10 %~20% 有很大差距。

我国已经是农药生产和出口大国，但在我国出口的农药产品中，大都是附加值较低的低端产品，且其中仿制产品占 90%，而创制的产品仅为 10%，这就导致我国的农药企业在竞争中处于弱势地位。国际上在药物靶标发现、新药物分子设计等前沿和核心技术方面日新月异，在重要农业药物新产品创制方面不断取得突破，农业药物产业的技术水平、规模不断提升。发达国家投入巨大的人力、物力，积极抢占农业药物与生物制剂的前沿制高点。而我国农药相关研究缺乏核心竞争技术，主要集中的农药研发的初级阶段，长期以来以跟踪模仿为主，缺乏自主创新，产品更新换代发展缓慢。国内除少数前沿技术能达到国际水平外，大部分前沿技术与发达国家存在一定的差距，缺乏完全的创新体系，最前沿的核心技术基本上都掌握在发达国家的企业手中。国外农药研发主要由几大巨型跨国基团主导，追求的是全面发展的路线，而我国新农药研发力量长期以来主要集中在科研院所和大学。虽然已有少数企业进行了新农药品种的研究开发，也拥有专利产品，但仍缺乏大宗自主产品。可喜的是随着农药行业的发展，行业结构已经发生了很大变化，出现了一批工科贸、产学研结合的大型农药集团，如湖北沙隆达、南通江山、山东华阳科技等，上市公司有三十多家。国际著名农化企业基本都已在我国投资设厂，外商投资引进了一批先进技术、生产工艺和产品，带动了我国农药生产水平的提高。特别是 2016 年 2 月，中国化工以约 430 亿美元的价格收购国际农药巨头先正达公司，这将大大提高农药的原始创新能力，给我国农药工业带来深远影响。

尽管我国农药创新取得较大进步，但与国际相比，农药研究科研的投入远远不足。国家 "973" 计划、"863" 计划等重大科研计划，在 "十二五" 期间累计在农药创制方面的投入仅约三亿元，这与发达国家动辄数亿美元的投入相比，差距巨大。如美国仅 2012 年用于农药化学品的研发投入约三十亿美元，我国投入约为美国的几百分之一。

相对于发达国家，我国农药创新能力弱，论文专利的质量和水平令人担忧，论文只有0.05% 发表在顶级期刊上。中国农药专利申请总量已经超过美国，成为全球第一，国内的大部分农药专利为制剂、混配和用途等方面的专利申请。与国外相比，中国专利质量参差不齐，专利申请中原创性东西少、含金量不足，仅仅是 "为专利而专利"。国外专利申请的重点在于新化合物的研发，而国内农药专利申请则化合物的应用研究为主，国内申请人对化学农药的创新能力低于国外申请人。美、日两大农药创制国的农药化合物专利占总申请量的 29 %，而中国仅有 21.73%~17.81%。

四、本学科发展趋势与展望

（一）本学科发展趋势

我国农药创制的发展经历了 "低效高毒—高效高毒—高效低毒—绿色农药" 的发展过

程，现代农药创制更加关注生态安全，高效低风险化学调控剂与免疫激活剂的创制是未来发展的方向，未来农药要符合活性高、选择性高、农作物无药害、无残留、制备工艺绿色的特点。未来绿色农药的创制不是单一学科能够完成的，需要多学科的集成，一个非常复杂的系统工程，设计的学科包括生物、化学、生态、环境、毒理、经济、市场的等多个学科的共同努力。

随着生命科学技术，计算机技术等新兴技术的快速发展，农药科技创新也面临着新的机遇与挑战，新的农药发展趋势已经显现：①绿色农药是农药发展的必然趋势，先进使用技术是绿色农药的重要保障。近年来，随着科学技术的发展和环境生态保护的要求，国内外化学农药的发展也在经历不断地变化过程，农药工业未来的发展趋势是绿色化、低残留或对环境生态的影响较小并可在短期内修复。农药的使用技术也由粗放使用到精准、智能化使用的方向发展。②充分利用相关学科的最新成果，特别是分子生物学技术、生物化学、结构生物学、计算化学及生物信息学等方面的知识，以农药活性分子与作用靶标的相互作用研究为切入点，开展分子靶标导向的绿色化学农药的生物合理设计已成为研究的热点。③基因工程技术有了长足的发展，基因工程产品进入实用化，基因工程在农药行业显现了强大的生命力。USDA 统计 1994 年便有 385 种基因转移作物进行田间试验，如抗病毒的南瓜、抗草甘膦的大豆、玉米等，世界主要的农药公司也纷纷进行基因工程种子的开发，如孟山都从 Bt 菌中分离出抗虫害基因，成功植入农作物体内，开发抗虫害的基因土豆、棉花、玉米种子。④农药相关的多尺度环境与生态安全研究得到普遍关注。这些新农药的发展趋势均与农药靶标的化学生物学研究紧密关联，因此，把握国际农药科技创新发展动向，聚焦重大病虫草，深入，系统的开展多领域，多学科交叉基础上的农药靶标的化学生物学研究是引领我国农药创新发展的必由之路。⑤我国科学家在抗药性研究方面的硬件和软件均不比国外发达国家差。我们关于害虫抗药性的差距恐怕主要还是一些思路和大的政策影响较多。主要表现在一些抗药性研究中的细节性的问题考虑不够，或者说做的不仔细，这与我国以完成项目任务为主导的体制有直接的关系；另外就是跟踪研究占了绝对的比例，许多研究都是西方一些发到国家做了以后的模仿，国内学者之间相互模仿的研究也比较普遍，这样不可避免的大幅度减少了原创性的研究。随着高新技术的发展，在新类型杀虫剂（例如 dsRNA 等新类型植物保护因子）抗药性的研究、抗药性基因分子调控（级联反应、调控网络）、"微效"抗药性基因作用及其分子机制、抗药性基因互作以及对抗药性水平的贡献、精准抗药性基因频率的早期检测和治理技术等方面将成为杀虫剂抗性研究领域的新的生长点。

（二）具体对策

针对农作物重大病虫草害问题，利用病虫草害关键分子靶标，开展绿色农药创新机制方面研究，探索创新药物靶标组学作用规律，进行靶标和非靶标生物比较化学生物学研究，揭示它们在生物多样下的农药作用与生态影响，创制出产生"重磅炸弹"的国际著名品种和著名靶标，为我国成为农药产业强国和世界农药创新中心奠定基础。在杀菌抗病毒剂农药创新研究领域，实施农药零增长计划，如何实现植物细菌病毒病害调控的绿色农药创新的多样性与生物合理性及生态安全性，如何提高农药的高效性与选择性是目前存在的主要问题。此外，杀菌抗病毒剂新品种的创制发展仍很缓慢，在市场上还没有"重磅炸弹"型农药品种。因此，开展高效低风险化学调控剂与免疫激活剂创新与分子靶标研究迫在眉睫，实现植物病害调控的绿色农药创的新理念、新理论、新需求、新技术，加快创制具有自主知识产权的新型农药更刻不容缓。在杀虫、杀线虫剂创制方面，基因技术、分子生物学、结构生物学等生物学技术的发展为未来杀虫剂的创制提供更大的机遇和平台。其他学科的发展渗入到新农药创制的研究中，如化学、物理学、理论和计算机和信息科学等学科与农药研究的交叉和渗透。生命科学前沿技术如基因组、功能基因组、蛋白质组和生物信息学等，将与农药创制研究紧密结合，将促进农药筛选平台、新先导化合物发现和新型药物靶标验证等的快速发展。全新结构和作用机制的新农药开发、农药的精准调控和释放、生物源农药、仿生化学农药的开发、杀虫蛋白，RNAi 杀虫剂和转基因作物将是未来农药发展的热点领域。2013 年，*Science* 杂志出版专刊 Smarter Pest Control，指出未来杀虫剂的创制需要更智能化。2014 年，旧金山举行的 IUPAC 十三届国际农药化学大会，指出作物数据库建立、大数据分析、基于云计算的环境模型、转基因技术、纳米农药、生物农药、基因农药、智能农药和功能农药是未来植物保护发展的方向。在除草剂方面，利用分子生物学技术、生物化学、结构生物学、计算化学及生物信息学等方面的知识，以农药活性分子与作用靶标的相互作用研究为切入点，开展分子靶标导向的绿色化学农药的生物合理设计已成为研究的热点。针对农药抗药性，未来的研究可以从两个方面展开，一是针对新的"杀虫剂"因子（特异性的 dsRNA 杀虫剂）抗药性形成的分子基础以及抗药性基因的网络调控。二是针对我国生产实践中的抗药性问题，构建高通量抗药性基因检测芯片，用于早期抗药性基因频率的检测、建立我国主要农作物病虫害抗药性的快速检测技术体系、构建适应不同气候区、作物系统的预防性和治疗性的抗药性治理技术体系。通过监测有害生物抗药性的时间和空间动态变化以及根据田间的具体情况制定抗药性治理策略，抑制害虫抗药性的发展，降低农药的有效防治浓度和次数，保证农产品安全。

有鉴于此，绿色农药的创制需要结合国际前沿发展方向及潮流，从我国农林植物保护的生态文明重大需求的实际出发，结合我国新农药开发、重要病虫草害防治研究基础、基因组学和化学生物信息学已有基础与条件及天然资源的特点与优势，采用化学与生物学相结合的研究策略，以创新绿色农药为基础，加快绿色农药产业化及应用技术研发，推动农药减量化和生态调控；以区域和作物为代表重大病虫草害控制提供防治新策略、新先导和新型病虫草害调控剂品种，探索创新药物靶标组学的作用规律，进行靶标和非靶标生物比较化学生物学研究，通过农药与相关学科研究的衔接和交叉集成，为解决我国作物病虫草害提供自主知识产权的候选农药，促进我国自主创新农药快速发展。通过研究，力争发展出具有国际影响力的绿色农药创新的理论方法，探索出重要的农药作用新分子靶标和创新农药，实现我国绿色农药创新的新理念、新理论、新需求、新技术，创制出具有重大市场竞争力的高效低风险化学调控剂与免疫激活剂等国际著名农药替代新品种，使我国从农药生产大国迈向农药创新强国。

参考文献

［1］ Yu D D, Wang Z C, Liu J, et al. Screening Anti-Southern Rice Black-Streaked Dwarf Virus Drugs Based on S7-1 Gene Expression in Rice Suspension Cells［J］. J. Agric. Food Chem., 2013, 61: 8049-8055.

［2］ Guo D D, Wang Z W, Fan Z J, et al. Synthesis, bioactivities and structure activity relationship of N-4-methyl-1, 2, 3-thiadiazole-5-carbonyl-N′ -phenyl ureas［J］. Chin. J. Chem., 2012, 30: 2522-2532.

［3］ Yu S J, Zhu C, Bian B, et al. Novel Ultrasound-Promoted Parallel Synthesis of Trifluoroatrolactamide Library via a One-Pot Passerini/Hydrolysis Reaction Sequence and Their Fungicidal Activities［J］. ACS Comb. Sci., 2014, 16: 17-23.

［4］ Zong G, Cai X, Liang X, et al. Facile syntheses of the disaccharide repeating unit of the O-antigenic polysaccharide of B. pseudomallei strain 304b and its dimer and trimer［J］. Carbohydr. Res., 2011, 346: 2533-2539.

［5］ Wang Z Y, Zhu Q, Zhang H Y. Metabolite concentration as a criterion for antibacterial discovery［J］. Curr. Comput. Aided Drug Des., 2013, 9: 412-416.

［6］ Li X Y, Liu J, Yang X, Ding Y, Wu J, Hu D Y, Song B A. Studies of binding interactions between Dufulin and southern rice black-streaked dwarf virus P9-1［J］. Bioorg. Med. Chem., 2015, 23: 3629-3637.

［7］ Li X Y, Song B A, Chen X, et al. Crystal Structure of a Four-Layer Aggregate of Engineered TMV CP Implies the Importance of Terminal Residues for Oligomer Assembly［J］. PLoS One, 2013, 8（11）: e77717.

［8］ Li X Y, Song B A, Hu D Y, et al. The development and application of new crystallization method for tobacco mosaic virus coat protein［J］. Virol J., 2012, 9: 279.

［9］ Li X Y, Chen Z, Jin L H, et al. New Strategies and Methods to Study Interactions between Tobacco Mosaic Virus Coat Protein and Its Inhibitors［J］. Int. J. Mol. Sci., 2016, 17: 252.

［10］ Li X Y, Hao G F, Wang Q M, et al. Ningnanmycin Inhibits Tobacco Mosaic Virus Virulence by Binding Directly to Its Coat Protein Discs［J］. Oncotarget, 2017, 8（47）:82446~82458.

［11］ Zhang W J, Wei S P, Zhang J W, Wu W J. Antibacterial Activity Composition of the Fermentation Broth of Streptomyces djakartensis NW35. Molecules, 2013, 18: 2763-2768.

［12］ Li H, Zhang X, Bi L, et al. Determination of the crystal structure and active residues of FabV, the enoyl-ACP reductase from Xanthomonas oryzae［J］. PLoS One. 2011, 6: e26743.

［13］ Chen Z, Zeng M J, Song B A, et al. Dufulin Activates HrBP1 to Produce Antiviral Responses in Tobacco［J］. PlosOne, 2012, 7: e37944.

［14］ Yang A M, Yu L, Chen Z, et al. Label-Free Quantitative Proteomic Analysis of Chitosan Oligosaccharide-Treated Rice Infected with Southern Rice Black-Streaked Dwarf Virus［J］. Viruses, 2017, 9, 115. doi: 10.3390/v9050115.

［15］ Yu L, Wang W L, Zeng S, et al. Label-free quantitative proteomics analysis of Cytosinpeptidemycin responses in southern rice black-streaked dwarf virus-infected rice［J］. PBP, 2017. Doi: org/10.1016/j.pestbp.2017.06.005.

［16］ 张薇, 杨秀芬, 邱德文, 等. 激活蛋白 PeaT1 诱导烟草对 TMV 的系统抗性［J］. 植物病理学报, 2010, 40: 290-299.

[17] Xiong D, Gao Z Z, Fu B, et al. Effect of pyrimorph on soil enzymatic activities and respiration[J]. Eur. J. Soil Bio., 2013, 56: 44-48.

[18] Pang Z, Shao J, Hu J, et al. Competition between Pyrimorph-Sensitive and Pyrimorph-Resistant isolates of phytophthora capsici[J]. Phytopathol. 2014, 104: 269-274.

[19] Xiao Y M, Esser L, Zhou F, et al. Studies on inhibition of respiratory cytochrome bc1 complex by the fungicide pyrimorph suggest a novel inhibitory mechanism[J]. PLoS One, 2014, 9: e93765.

[20] Li Y D, Mao W T, Fan Z J, et al. Synthesis and biological evaluation of novel 1, 2, 4-triazole containing 1, 2, 3-thiadiazole derivatives[J]. Chin. Chem. Lett., 2013, 24: 1134-1136.

[21] Chen Z, Wang X, Zhu W P, et al. Acenaphtho[1, 2-b]pyrrole-Based Selective Fibroblast Growth Factor Receptors 1(FGFR1)Inhibitors: Design, Synthesis and Biological Activity[J]. J. Med. Chem., 2011, 54: 3732-3745.

[22] Huang C S, Yin Q, Zhu W P, et al. Highly Selective Fluorescent Probe for Vicinal Dithiol-Containing Proteins and In-Situ Imaging in Living Cells[J]. Angew. Chem. Int., 2011, 50: 7551-7556.

[23] 喻大昭, 杨立军, 杨小军, 等. 蒽醌衍生物结构及其对小麦白粉病菌生物活性的关系研究[J]. 天然产物研究与开发, 2009, 5: 837-839.

[24] Du Q S, Shi Y X, Li P F, et al. Novel plant activators with thieno[2, 3-d]-1, 2, 3-thiadiazole-6- carboxylate scaffold: Synthesis and bioactivity[J]. Chin. Chem. Lett., 2013, 24: 967-969.

[25] Chen X K, Yang S, Song B A, et al. Functionalization of Benzylic C(sp3)-H Bonds of Heteroaryl Aldehydes through N-Heterocyclic Carbene Organocatalysis[J], Angew. Chem. Int. Ed., 2013, 52: 11134-11137.

[26] Jin Z C, Xu J F, Yang S, et al. Enantioselective Sulfonation of Enones with Sulfonylimine via Cooperative NHC/Thiourea/Tertiary Amine Multi- Catalysis[J]. Angew. Chem. Int. Ed., 2013, 52: 12354-12358.

[27] Xu J F, Mou C L, Zhu T S, et al. NHC- Catalyzed Chemoselective Cross-Aza-Benzoin Reaction of Enals with Isatin-derived Ketimines: Access to Chiral Quaternary Aminooxindoles[J]. Org. Letter, 2014, 16: 3272-3275.

[28] Zhu T S, Zheng P C, Mou C L, et al. Benzene construction via organocatalytic formal[3+3]cycloaddition reaction[J]. Nature Comm., 2014, 5: 5027.

[29] Namitharan K, Zhu T S, Cheng J J, et al. Metal and Carbene Organoc atalytic Relay Activation of Alkynes for Stereoselective Reactions[J]. Nat. Comm., 2014, 5, 3982.

[30] Zhang G P, Hao G F, Pan J L, et al. Asymmetric Synthesis and Bioselective Activities of α-Amino-phosphonates Based on the Dufulin Motif[J]. J. Agric. Food Chem., 2016, 64: 4207-4213.

[31] Hao G F, Wang F, Li H, et al. Computational discovery of picomolar Q(o)site inhibitors of cytochrome bc1 complex[J]. J. Am. Chem. Soc., 2012, 134: 11168-11176.

[32] Gao S, Zhang R, Yu Z, et al. Antofine analogues can inhibit tobacco mosaic virus assembly through small-molecule-RNA interactions[J]. Chembiochem., 2012, 13: 1622-1627.

[33] Liu Y X, Song H J, Huang Y Q, et al. Design, Synthesis, and Antiviral, Fungicidal, and Insecticidal Activities of Tetrahydro-β-carboline-3-carbohydrazide Derivatives[J]. J. Agric. Food Chem., 2014, 62: 9987-9999.

[34] Corcoran J A, Jordan M.D, Carraher, C, et al. A novel method to study insect olfactory receptor function using HEK293 cells[J]. Insect Biochem. Mol. Biol., 2014, 54: 22-32.

[35] Zhang A, Mu Y, Wu F. An enantiomer-based virtual screening approach: Discovery of chiral organophosphates as acetyl cholinesterase inhibitors[J]. Ecotox. Environ. Safety, 2017, 138: 215-222.

[36] Jason A, Stouch T.R., Manepalli, S, et al. Biological Testing of Organophosphorus-Inactivated Acetylcholinesterase Oxime Reactivators Identified via Virtual Screening Berberich[J]. Chemical Research in Toxicology, 2016, 29(9): 1534-1540.

[37] Chang Kang, Shi Yanxia, Chen Q, et al. The discovery of new plant activators and scaffolds with potential induced systemic resistance: from jasmonic acid to pyrrolidone[J]. MedChemComm, 2016, 7(9): 1849-1857.

［38］ Cai J, Du XK, Du X, et al. *Helicoverpa armigera* sterol carrier protein 2 inhibitor and virtual screening method thereof［P］. CN 106106481, 2016.

［39］ Zhao P L, Wang L, Zhu X L, et al. Subnanomolar Inhibitor of Cytochrome bc1 Complex Designed by Optimizing Interaction with Conformationally Flexible Residues［J］. J. Am. Chem. Soc., 2010, 132: 185-194.

［40］ Ute S, Jarred O, Barbara A R, et al. A selective insecticidal protein from Pseudomonas for controlling corn rootworms［J］. Science, 2016, 22: aaf6056.

［41］ Liu M, Liu R, Luo G, et al. Effects of Site-Mutations Within the 22 kDa No-Core Fragment of the Vip3Aa11 Insecticidal Toxin of Bacillus thuringiensis［J］. Current microbiology, 2017, 74（5）: 655-659.

［42］ Zhang X X, Zhang Z A, Wu C, et al. Method for preparing nanoscale pesticide preparation by using silica aerogel［P］. WO 2017075777 A1, 2017.

［43］ Zhou X H, Zhou H J, Xu H, et al. A fat-soluble nano pesticide micro capsule and preparation method［P］. CN 106614565 A, 2017.

［44］ Wu D H, Liu B X. A sustained release water-dispersible nano-pesticide with foliar affinity and its production method［P］. CN 105145551 A, 2015.

［45］ Ding Defeng. A production method of light degradation source nano pesticide formulation［P］. CN 105052935 A, 2015.

［46］ Wu Yan, Zhang Jiakun, Huang Qiliang. Nano-pesticide composition and preparation method thereof［P］. CN 103766351 A, 2014.

［47］ Chen Xiaoting, Wang Tongxin, Wang Zonghua. A method for preparing thiophanate-methyl nano pesticide［P］. CN 103548823 A, 2014.

［48］ Yao Jun, Liu, Wenjuan, Cai Minmin, et al. Method for preparing nano-pesticide of carboxymethyl-β-cyclodextrin-Fe3O4 magnetic nanoparticle-diuron conjugate［P］. CN 103704232 A, 2014.

［49］ Xu Wenli, Ling Min, Jiang Shuyang, Chen, et al. Mode of pesticide discovery in the big data era［C］. Abstracts of Papers 248th ACS National Meeting & Exposition, 2014, AGRO-187: 10-14.

［50］ Shah M.A., Khan A.A., et al. RNA interference for insect pest management-recent developments: a review［J］. Journal of Cell and Tissue Research, 2014, 14（3）: 4601-4608.

［51］ Xu Jin, Wang Xiafei, Chen Peng, Mo Minghe, et al. RNA interference in moths: mechanisms, applications, and progress［J］. Genes, 2016, 7（10）: 88/1-88/22.

［52］ Zhang Xinxin, Yang Shujing, Zhang Aihong. Nucleotide sequence for controlling insect infestation of Coleoptera［P］. CN 105838727 A, 2016.

［53］ Crawford M.J., Gasper M.L., Li Xiangqian, et al. RNA interference-mediated methods and oligonucleotides targeting plant gene DND1 for plant pest control［P］. US 20140283211 A1, 2014.

［54］ Ulrich J., Dao V.A. Large scale RNAi screen in Tribolium reveals novel target genes for pest control and the proteasome as prime target［J］. BMC Genomics, 2015, 16: 674/1-674/9.

［55］ Li Yan, Zhang Jie, Chen Dafeng, Kang Le, et al. CRISPR/Cas9 in locusts: Successful establishment of an olfactory deficiency line by targeting the mutagenesis of an odorant receptor co-receptor［J］. Insect Biochemistry and Molecular Biology, 2016, 79: 27-35.

［56］ Wang Jing, Zhang Haonan, Wang Huidong, Wu Yidong, et al. Functional validation of cadherin as a receptor of Bt toxin Cry1Ac in Helicoverpa armigera utilizing the CRISPR/Cas9 system［J］. Insect Biochemistry and Molecular Biology, 2016, 76: 11-17.

［57］ Huang Yuping, Chen Yazhou, Zeng Baosheng, You Minsheng, et al. CRISPR/Cas9 mediated knockout of the abdominal-A homeotic gene in the global pest, diamondback moth（Plutella xylostella）［J］. Insect Biochemistry and Molecular Biology, 2016, 75: 98-106.

［58］ Zhu Guanheng, Xu Jun, Cui Zhen, Dong Xiaotong, Dong, Shuanglin, et al. Functional characterization of

SlitPBP3 in Spodoptera litura by CRISPR/Cas9 mediated genome editing [J]. Insect Biochemistry and Molecular Biology, 2016, 75: 1-9.

[59] Deng Yonghong, Zhao Huajun, Qiu Xueqing, et al. Hollow lignin azo colloids encapsulated avermectin with high anti-photolysis and controlled release performance [J]. Industrial Crops and Products, 2016, 87: 191-197.

[60] Tian Xue, Zhang Chao, Xu Qi, Li Zhong, Shao Xusheng. Azobenzene-benzoylphenylureas as photoswitchable chitin synthesis inhibitors [J]. Organic & biomolecular chemistry, 2017, 15 (15): 3320-3323.

[61] Li Jia, Yu Dan, Lin Huangding, et al. Study on preparation and properties of sustained-release pesticide [J]. Huaxue Yu Nianhe, 2015, 37 (1): 43-44, 49.

[62] Zou Xianwu, Qin Tefu, Chou Jingyu, et al. Biomass-based slow-release pesticide and its preparation method [P]. CN 106508898 A, 2017.

[63] Yue, Zuoxing. Preparation process of slow-release insecticidal baking-free brick [P]. CN 106365522 A, 2017.

[64] Zhao Zhenxia, Zhou Kaibin, Hu Peng, Zhao Zhongxing. Preparation method of metallic oxide modified silk-worm excrement porous carbon-polycarboxylic acid composite and application in slow release pesticide [P]. CN 106362700 A, 2017.

[65] Liang Rui, Wang Yuting, Guo Yongkang, Xuan Xiaopeng. Water retention slow-release pesticide and its preparation method [P]. CN 106259320 A, 2017.

[66] Luo Min, Chen Qichao, Wang Jin, et al. Novel chlorantraniliprole derivatives as potential insecticides and probe to chlorantraniliprole binding site on ryanodine receptor [J]. Bioorganic & medicinal chemistry letters, 2014, 24(8): 1987-1992.

[67] Liu Jingbo, Li Yuxin, Zhang Xiulan, et al. Novel Anthranilic Diamide Scaffolds Containing N-Substituted Phenylpyrazole as Potential Ryanodine Receptor Activators [J]. Journal of agricultural and food chemistry, 2016, 64(18): 3697-3704.

[68] Zhou Sha, Jia Zhehui, Xiong Lixia, et al. Chiral dicarboxamide scaffolds containing a sulfiliminyl moiety as potential ryanodine receptor activators [J]. Journal of agricultural and food chemistry, 2014, 62 (27): 6269-6277.

[69] Lv Xianhai, Xiao Jinjing, Ren Zili, et al. Design, synthesis and insecticidal activities of N- (4-cyano-1-phenyl-1 H-pyrazol-5-yl) -1, 3-diphenyl-1 H-pyrazole-4-carboxamide derivatives [J]. RSC Advances, 2015, 5 (68): 55179-55185.

[70] Zhu Bing, Xing Jiang, et al. Pesticidal composition containing fenvalerate and ZJ4042.(2015), CN 104322502 A 20150204.

[71] Xu Renbo, Luo Ming, Xia Rui, et al. Seven-Membered Azabridged Neonicotinoids: Synthesis, Crystal Structure, Insecticidal Assay, and Molecular Docking Studies [J]. Journal of agricultural and food chemistry, 2014, 62 (46): 11070-11079.

[72] Bao Haibo, Shao Xusheng, Zhang Yixi, et al. Specific Synergist for Neonicotinoid Insecticides: IPPA08, a cis-Neonicotinoid Compound with a Unique Oxabridged Substructure [J]. Journal of agricultural and food chemistry, 2016, 64 (25): 5148-5155.

[73] Ji Qinggang, Ge Zhiqiang, Ge Zhixing, et al. Synthesis and biological evaluation of novel phosphoramidate derivatives of coumarin as chitin synthase inhibitors and antifungal agents [J]. European journal of medicinal chemistry, 2016, 108: 166-176.

[74] Chen Qi, Zhang Jiwei, Chen Lulu, et al. Design and synthesis of chitin synthase inhibitors as potent fungicides [J]. Chinese Chemical Letters, 2017.

[75] Wang Pingan, Feng Juntao, Wang Xingzi, et al. A New Class of Glucosyl Thioureas: Synthesis and Larvicidal Activities [J]. Molecules, 2016, 21 (7): 925.

[76] Zhuo Weiwei, Fang Yan, Kong Lingfei, et al. Chitin synthase A: a novel epidermal development regulation gene

in the larvae of Bombyx mori［J］. Molecular biology reports, 2014, 41（7）: 4177–4186.

［77］ Cai Hongjiao, Bai Yan, Wei Hui, et al. Effects of tea saponin on growth and development, nutritional indicators, and hormone titers in diamondback moths feeding on different host plant species［J］. Pesticide biochemistry and physiology, 2016, 131: 53–59.

［78］ Gao Yi, Zhang Xiaojun, Wei Jiankai, et al. Whole transcriptome analysis provides insights into molecular mechanisms for molting in Litopenaeus vannamei［J］. PloS one, 2015, 10（12）: e0144350.

［79］ Li Miao, Liu Changling, Zhang Jing, et al. Design, synthesis and structure–activity relationship of novel insecticidal dichloro - allyloxy - phenol derivatives containing substituted pyrazol - 3 - ols［J］. Pest management science, 2013, 69（5）: 635–641.

［80］ Hu Xianqing, Han Wei, Han Zhuzhen, et al. Chemical constituents of Celastrus angulatus［J］. Chemistry of Natural Compounds, 2015, 51（1）: 148–151.

［81］ Li Yuxin, Lian Xihong, Wan Yinying, et al. Modulation of the Ca 2+ signaling pathway by celangulin I in the central neurons of Spodoptera exigua［J］. Pesticide biochemistry and physiology, 2016, 127: 76–81.

［82］ Lu Lina, Qi Zhijun, Li Qiuli, et al. Validation of the Target Protein of Insecticidal Dihydroagarofuran Sesquiterpene Polyesters［J］. Toxins, 2016, 8（3）: 79.

［83］ 杜少卿, 杨朝凯, 杨新玲, 等. 以气味相关蛋白为导向的新型 EBF 类似物的设计、合成和生物活性. 中国化工学会第十七届农药年会论文, 2016: 123–131.

［84］ Xie Ruliang, Zhao Qianfei, Zhang Tao, et al. Design, synthesis and biological evaluation of organophosphorous–homodimers as dual binding site acetylcholinesterase inhibitors［J］. Bioorganic & medicinal chemistry, 2013, 21（1）: 278–282.

［85］ Cai Mingyi, Li Zhong, Fan Feng, et al. Design and synthesis of novel insecticides based on the serotonergic ligand 1–［（4–aminophenyl）ethyl］–4–［3–（trifluoromethyl）phenyl］piperazine（PAPP）［J］. Journal of agricultural and food chemistry, 2009, 58（5）: 2624–2629.

［86］ Shao X., Swenson T.L., Casida J.E. Cycloxaprid insecticide: nicotinic acetylcholine receptor binding site and metabolism［J］. Journal of agricultural and food chemistry, 2013, 61（32）: 7883–7888.

［87］ Yixiang Qi, Gongyin Ye, Jia Huang, et al. A new family of insect muscarinic acetylcholine receptors［J］. Insect molecular biology, 2016, 25（4）: 362–369.

［88］ Yuanmei Li, Zhen–peng Kai, Juan Huang, et al. Lepidopteran HMG–CoA reductase is a potential selective target for pest control［J］. PeerJ, 2017, 5: e2881.

［89］ Mingbo Qu, Li Ma, Qing Yang, et al. Proteomic analysis of insect molting fluid with a focus on enzymes involved in chitin degradation［J］. Journal of proteome research, 2014, 13（6）: 2931–2940.

［90］ Lili Zhang, Ding Li, Qili Feng, et al. Structural and functional analyses of a sterol carrier protein in Spodoptera litura［J］. PloS one, 2014, 9（1）: e81542

［91］ Yu Xi, Peng–Lu Pan, Chuan–Xi Zhang, et al. Chitinase - like gene family in the brown planthopper, Nilaparvata lugens［J］. Insect molecular biology, 2015, 24（1）: 29–40.

［92］ Yu Xi, Peng–Lu Pan, Chuan–Xi Zhang, et al. Chitin deacetylase family genes in the brown planthopper, Nilaparvata lugens（Hemiptera: Delphacidae）［J］. Insect molecular biology 2014, 23（6）: 695–705.

［93］ Lei Chen, Yong Zhou, Qing Yang, et al. Fully deacetylated chitooligosaccharides act as efficient glycoside hydrolase family 18 chitinase inhibitors［J］. Journal of Biological Chemistry, 2014, 289（25）: 17932–17940.

［94］ Oka Y J. Nematicidal activity of fluensulfone against some migratory nematodes under laboratory conditions［J］. Pest Manag Sci, 2014, 70: 1850–1858.

［95］ 文艳华, 彭德良, 孙玉红, 等. 道黄酮类化合物 theaflavanoside Ⅲ 在防治线虫病害上的应用. CN 104920363 A. 2015.

［96］ 宋宝安，陈学文，陈永中，等．含三氟丁烯的 1，3，4-噁（噻）二唑硫醚（砜）类衍生物、其制备方法及应用．CN 105646393 A，2016.

［97］ Wang Gao-Lei, Chen Xi, Chang Ya-Ning, et al., Synthesis of 1, 2, 3-benzotriazin-4-one derivatives containing spirocyclic indoline-2-one moieties and their nematicidal evaluation［J］. Chinese Chemical Letters. 2015, 26：1502-1506.

［98］ 宋恭华，陆青，徐俊．氮杂双环衍生物及其制备和应用．CN 105294674，2016.

［99］ Liu Xing-Hai, Zhao Wen, Shen Zhong-Hua, et al. Synthesis, nematocidal activity and docking study of novel chiral 1-（3-chloropyridin-2-yl）-3-（trifluoromethyl）-1H-pyrazole-4-carboxamide derivatives. Bioorganic Medicinal Chemistry Letters. 2016, 26：3626-3628.

［100］ 黎娟华，孙海彦，赵平娟，等，南方根结线虫 Mi-eft2 基因 RNAi 沉默效应研究［J］．热带作物学报，2016，37：(6)。

［101］ 李婷．小麦包囊线虫寄生性真菌分离鉴定和控制效果初步测定［D］，中国农业科学院学位论文，2016.

［102］ Pang S S, Duggleby R G, Guddat L W. Crystal structure of yeast acetohydroxyacid synthase：A target for herbicidal inhibitors［J］. J. Mol. Biol, 2002, 317：249-262.

［103］ Pang S S, Guddat L W, Duggleby R G., Molecular basis of sulfonylurea herbicide inhibition of acetohydroxyacid synthase［J］. J. Biol. Chem, 2003, 278：7639-7644.

［104］ McCourt J A, Pang S S, Guddat L W, et al. Duggleby, R. G., Elucidating the specificity of binding of sulfonylurea herbicides to acetohydroxyacid synthase［J］. Biochemistry, 2005, 44：2330-2338.

［105］ Koch M, Breithaupt C, Kiefersauer R, et al. Crystal structure of protoporphyrinogen ix oxidase：A key enzyme in haem and chlorophyll biosynthesis［J］. EMBO J, 2004, 23：1720-1728.

［106］ Corradi H R, Corrigall A V, Boix E, et al. Crystal structure of protoporphyrinogen oxidase from Myxococcus xanthus and its com.plex with the inhibitor acifluorfen［J］. J Biol Chem, 2006, 281：38625-38633.

［107］ Qin X H, Sun L, Wen X, et al. Structural insight into unique properties of protoporphyrinogen oxidase from Bacillus subtilis［J］. J struct biol., 2010, 170：76-82.

［108］ Qin X H, Tan Y, Wang L L, et al. Structural insight into human variegate porphyria disease［J］. The FASEB Journal. 2011, 25：653-664.

［109］ Brownlee J M, Johnson W K, Harrison D H, et al., Structure of the ferrous form of（4-hydroxyphenyl）pyruvate dioxygenase from Streptomyces avermitilis in complex with the therapeutic herbicide, NTBC［J］. Biochemistry. 2004, 43：6370-6377.

［110］ Fritze I M, Linden L, Freigang J, et al. The crystal structures of Zea mays and Arabidopsis 4-hydroxyphenylpyruvate dioxygenase［J］. Plant Physiol. 2004, 134：1388-1400.

［111］ Zhang H, Yang Z, Shen Y, et al. Crystal structure of the carboxyltransferase domain of acetyl-coenzyme A carboxylase［J］. Science. 2003, 299：2064-2067.

［112］ Zhang H, Tweel B, Li J, et al. Crystal structure of the carboxyltransferase domain of acetyl-coenzyme A carboxylase in complex with CP-640186.［J］. Structure 2004, 12：1683-1691.

［113］ Wendt K S, Schall I, Huber R, et al. Crystal structure of the carboxyltransferase subunit of the bacterial sodium ion pump glutaconyl-coenzyme A decarboxylase［J］. The EMBO journal. 2003, 22：3493-3502.

［114］ Hall P R, Wan, Y F, et al. Transcarboxylase 12S crystal structure：hexamer assembly and substrate binding to a multienzyme core［J］. The EMBO journal. 2003, 22：2334-2347.

［115］ Diacovich L, Mitchell D L, Pham H, et al. Crystal Structure of the β-Subunit of acyl-CoA carboxylase：Structure-Based engineering of substrate specificity［J］. Biochemistry. 2004, 43：14027-14036.

［116］ Yu Q, Powles S B, Resistance to AHAS inhibitor herbicides：current understanding［J］. Pest Manag. Sci. 2014, 70：1340-1350.

［117］ Légère A，Stevenson F C，Beckie H J，et al. Growth Characterization of Kochia（Kochia scoparia）with Substitutions at Pro197 or Trp574 Conferring Resistance to Acetolactate Synthase-Inhibiting Herbicides［J］Weed Sci. 2013，61，267-276.

［118］ Warwick S I，Xu R，Sauder C. Acetolactate Synthase Target-Site Mutations and Single Nucleotide Polymorphism Genotyping in ALS-Resistant Kochia（Kochia scoparia）［J］Weed Sci. 2008，56：797-806.

［119］ Patzoldt W L，Hager A G，McCormick J S，et al. A codon deletion confers resistance to herbicides inhibiting protoporphyrinogen oxidase［J］. Proc. Nat. Acad. Sci. USA 2006，103：12329-12334.

［120］ Rousonelos S L，Lee R M，Moreira M S，et al. Characterization of a common ragweed（Ambrosia artemisiifolia）population resistant to ALS- and PPO-inhibiting herbicides［J］.Weed Sci. 2012，60：335-344.

［121］ Brown A C，Moss S R，Wilson Z A，et al. An isoleucine to leucine substitution in the ACCase of Alopecurus myosuroides（black-grass）is associated with resistance to the herbicide sethoxydim Pestic Biochem. Physiol. 2002，72，160-168.

［122］ Zhang J J，Chen Y F，Fang T，et al. Co-metabolic degradation of tribenuron methyl，a sulfonylurea herbicide，by Pseudomonas sp. Strain NyZ42［J］. Int. Biodeter. Biodegr.，2013，76：36-40.

［123］ Carles L，Joly M，Bonnemoy F，et al. Identification of sulfonylurea biodegradation pathway enabled by a novel nicosulfuron-transforming strain Pseudomonas fluorescens SG-1：toxicity assessment and effect of formulation［J］. J. Hazard. Mater.，2017，324：184-193.

［124］ Person A. Le，Siampiringue M，Sarakha M，et al. The photo-degradation of mesotrione，a triketone herbicide，in the presence of CuII ions［J］. J. Photochem. Photobiol. A：Chem.，2016，315：76-86.

［125］ Dong W L，Hou Y，Xi X D，et al. Biodegradation of fenoxaprop-ethyl by an enriched consortium and its proposed metabolic pathway［J］. Int. Biodeter.，2015，97：159-167.

［126］ Jing X，Yao G J，Liu D H，et al. Enantioselective toxicity and degradation of chiral herbicidefenoxaprop-ethyl in earthworm Eisenia fetida［J］. Ecol. Indic.，2017，75：126-131.

［127］ Shang J，Wang W M，Li Y H，et al. Synthesis，crystal structure，in vitro acetohydroxyacid synthase inhibition，in vivo herbicidal activity，and 3D-QSAR of new asymmetric aryl disulfides［J］. J. Agric. Food Chem. 2012，60：8286-93.

［128］ Ji F Q，Niu C W，Chen C N，et al. Computational design and discovery of conformationally flexible inhibitors of acetohydroxyacid synthase to overcome drug resistance associated with the W586L mutation［J］. Chemmedchem 2008，3：1203-1206.

［129］ Qu R Y，Yang J F，Liu Y C，et al. Computational Design of Novel Inhibitors to Overcome Weed Resistance Associated with Acetohydroxyacid Synthase（AHAS）P197L Mutant［J］. Pest Manag. Sci. 2017，73：1373-1381.

［130］ Wu Q Y，Jiang L L，Yang S G，et al. Hexahydrophthalimide-benzothiazole hybrids as a new class of protoporphyrinogen oxidase inhibitors：synthesis，structure-activity relationship，and DFT calculations［J］. New J. Chem. 2014，38：4510-4518.

［131］ Zuo Y，Wu Q Y，Su S W，et al. Syntheses，Herbicidal Activity and QSAR of N-Benzothiazolylpyrimidine-2,4-diones as Novel Protoporphyrinogen Oxidase Inhibitors［J］. J. Agric. Food Chem. 2016，64：552-562.

［132］ 邹小毛，黄纯，李伟，等 . 一种水油兼溶的新型芳氧苯氧丙酸酯类衍生物制备及应用研究 . CN 103275029，2013.

［133］ 柳爱平，任叶果，雷满香，等 . N- 吡啶芳氧苯氧羧酸衍生物及其制备方法与应用，CN 105315199A，2016.

［134］ 杨子辉，李贝贝，叶姣，等 . 基于呋喃酚构建 2-（4- 芳氧苯氧基）丙酰胺及除草活性［J］. 高等学校化学学报 . 2016，37：1442-1450.

［135］ Wang D W，Lin H Y，Cao R J，et al. Synthesis and herbicidal evaluation of triketonecontaining quinazoline-2,4-diones［J］. J. Agric. Food Chem. 2014，62：11786-11796.

[136] 连磊, 征玉荣, 何彬, 等. 吡唑酮类化合物或其盐、制备方法、除草剂组合物及用途. CN105218449A. 2016.

[137] Li X, Nicholl D B. Development of PPO inhibitor-resistant cultures and crops. [J]. Pest Manag. Sci. 2005, 61: 277-285.

[138] Kuk Y I, Lee H J, Chung J, et al. Expression of a Bacillus subtilis protoporphyrinogen oxidase gene in rice plants reduces sensitivity to peroxidizing herbicides [J]. Biologia Plantarum. 2005, 49: 577-583.

[139] Jung S, Level of protoporphyrinogen oxidase activity tightly correlates with photodynamic and defense responses in oxyfluorfen-treated transgenic rice [J]. J. Pestic. Sci. 2011, 36: 16-21.

[140] Kang K, Lee K, Park S, et al. Kang, K.; Lee, K.; Park, S.; et al. Overexpression of Rice Ferrochelatase I and II Leads to Increased Susceptibility to Oxyfluorfen Herbicide in Transgenic Rice [J]. Journal of Plant Biology. 2010, 53: 291-296。

[141] Sailland A, Rolland A, Matringe M, et a.l DNA sequence of agene of hydroxypheny pyruvate dioxygenase and production of plants containing a gene of hydroxy-phenyl pyruvate dioxygenase and which are to lerant to certain herb icides. Patent appl WO 96/38567, 1996. 12. 01.

[142] Falk J, Andersen G, Kernebeck B, et al. Constitutive overexpression of barley 4-hydroxyphenylpyruvate dioxygenase in tobacco results in elevation of the vitam in E content in seed s but not in leaves [J]. FEBS Letters, 2003, 540: 35-40.

[143] Garcia I, Rodgers M, Pepin R, et a.l. Characterization and subcellular compartmentation of recombinant 4-hydroxyphenylpyruvate dioxygenase from Arabidopsis in transgenic tobacco [J]. Plant Physiol. 1999, 119: 1507-1516.

[144] Siehl D L, Tao Y, Albert H, et al. Broad 4-Hydroxyphenylpyruvate Dioxygenase Inhibitor Herbicide Tolerance in Soybean with an Optimized Enzyme and Expression Cassette [J]. Plant physiol. 2014, 166 (3): 1162-1176.

[145] Zhang H J, L X, Zhang J, Mechanism and Utilization of Glufosinate-ammonium [J]. Pestic. Sci. Adm. 2004, 25: 23-27.

[146] 杨杰, 韩登旭, 邵红雨等 利用除草剂氯磺隆筛选转 TSVP1 基因玉米后代的方法 [J]. 分子植物育种 2012, 10 (1): 104-109.

[147] Babujia C, Silva A P, Nakatani A S, et al. Impact of long-term cropping of glyphosate-resistant transgenic soybean [Glycine max (L.) Merr.] on soil microbiome [J]. Transgenic Research 2016, 25: 425-40.

[148] 赵虎基, 王国英. 植物乙酰辅酶 A 羧化酶的分子生物学与基因工程 [J]. 中国生物工程杂志. 2003, 23: 12-16.

[149] Melcher K, Ng L M, Zhou X E, et al. A gate-latch-lock mechanism for hormone signalling by abscisic acid receptors [J]. Nature 2009, 462: 602-608.

[150] Hao G F, Yang S G, Yang G F, et al. Computational gibberellin-binding channel discovery unraveling the unexpected perception mechanism of hormone signal by gibberellin receptor [J]. J. Comput. Chem. 2013, 34 (24): 2055-2064.

[151] Zhao Y, Chan Z, Xing L, et al. The unique mode of action of a divergent member of the ABA-receptor protein family in ABA and stress signaling [J]. Cell Res. 2013, 23 (12): 1380-95.

[152] Hao G F. Yang G F, The role of Phe82 and Phe351 in auxininduced substrate perception by TIR1 ubiquitin ligase: a novel insight from molecular dynamics simulations [J]. PLoS One. 2010, 5 (5): e10742.

[153] Cao M, Liu X, Zhang Y, et al. An ABA-mimicking ligand that reduces water loss and promotes drought resistance in plants [J]. Cell Res., 2013, 23: 1043-1054.

[154] 周繁, 冉兆晋, 谭伟明, 等. 芳甲酰氨基环丙酸的合成及其生物活性 [J]. 农药学学报, 2013, 15 (5): 490-495

[155] Huang Z Y, Yang J F, Song K, et al. One-pot approach to N-quinolyl 3'/4'-biaryl carboxamides by microwave-assisted Suzuki-Miyaura coupling and N-Boc deprotection [J]. J. Org. Chem. 2016, 81: 9647-9657.

［156］ Ye Y, Zhou L, Liu X, et al. A Novel Chemical Inhibitor of ABA Signaling Targets All ABA Receptors ［J］. Plant Physiol. 2017, 173（4）: 2356-2369.

［157］ Pang Zhi-Li, Shao Jing-Peng, Chen Lei, et al. Resistance to the Novel Fungicide Pyrimorph in Phytophthora capsici: Risk Assessment and Detection of Point Mutations in CesA3 That Confer Resistance. PLos one, 2013, 8: e56513.

［158］ Duan Ya-Bing, Zhang Xiao-Ke, Ge Chang-Yan, et al. Development and application of loop-mediated isothermal amplification for detection of the F167Y mutation of carbendazim-resistant isolates in Fusarium graminearum. Scientific Reprots, 2014, 4: 7094.

［159］ Zhang Xin, Xie Fei, Lv Bao-Bei, Zhao Peng-Xiang, et al. Suspension Array for Multiplex Detection of Eight Fungicide-Resistance Related Alleles in Botrytis cinerea. Frontiers in Microbiology, 2016, 7: 1482.

［160］ Zhang Cheng-Qi, Chen Yun, Yin Yan-Ni, et al. A small molecule species specifically inhibits Fusarium myosin I. Environmental Microbiology, 2015, 17（8）: 2735-2746.

［161］ Li Bin, Zheng Zhi-Tian, Liu Xiu-Mei, et al. Genotypes and Characteristics of Phenamacril-Resistant Mutants in Fusarium asiaticum. Plant disease, 2016, 100: 1754-1761.

［162］ Zheng Zhi-Tian, Liu Xiu-Mei, Li Bin, et al. Myosins FaMyo2B and Famyo2 Affect Asexual and Sexual Development, Reduces Pathogenicity, and FaMyo2B Acts Jointly with the Myosin Passenger Protein FaSmy1 to Affect Resistance to Phenamacril in Fusarium asiaticum［J］. PLos One, 2016, 11: e0154058.

［163］ Liu Xin, Yu Fang-Wei, Schnabel Guido et al. Paralogous cyp51 genes in *Fusarium graminearum* mediate differential sensitivity to sterol demethylation inhibitors. Fungal Genetics and Biology, 2011, 48: 113-123.

［164］ Fan J., Chen F., Diao Y., et al. The Y123H substitution perturbs FvCYP51B function and confers prochloraz resistance in laboratory mutants of Fusarium verticillioides ［J］. Plant Pathology, 2014, 63: 952-960.

［165］ Cai Meng, Lin Dong, Chen Lei, et al. M233I Mutation in the β-Tubulin of Botrytis cinerea Confers Resistance to Zoxamide ［J］. Scientific Reports, 2015, 5: 16881.

［166］ Chen Shu-Ning, Yuan Nan-Nan, Schnabel Guido, et al. Function of the genetic element 'Mona' associated with fungicide resistance in Monilinia fructicola ［J］. Molecular Plant Pathology, 2017, 18: 90-97.

［167］ Wang Fei, Lin Yang, Yin Wei-Xiao, et al. The Y137H mutation of VvCYP51 gene confers the reduced sensitivity to tebuconazole in Villosiclava virens ［J］. Scientific Reports, 2015, 5: 17575.

［168］ Firoz Md. Jahangir, Xiao Xiang, Zhu Fu-Xing, et al. Exploring mechanisms of resistance to dimethachlone in Sclerotinia Sclerotiorum ［J］. Pest Management Science, 2016, 72: 770-779.

［169］ Zhang L, Shang Q, Lu Y, et al. A transferrin gene associated with development and 2-tridecanone tolerance in *Helicoverpa armigera* ［J］. Insect Molecular Biology 2015, 24: 155-166.

［170］ Jin L, Zhang HN, Lu YH, et al. Large-scale test of the natural refuge strategy for delaying insect resistance to transgenic Bt crops ［J］. Nature Biotechnology 2015, 33: 169-174.

［171］ Wang J, Zhang HN, Wang HD, et al. Functional validation of cadherin as a receptor of Bt toxin Cry1Ac in *Helicoverpa armigera* utilizing the CRISPR/Cas9 system ［J］. Insect Biochemistry and Molecular Biology 2016, 76: 11-17.

［172］ Zhou X., Ma C, Sheng C, et al. CYP9A12 and CYP9A17 in the cotton bollworm, Helicoverpa armigera: sequence similarity, expression profile and xenobiotic response ［J］. Pest Management Science 2010, 66: 65-73.

［173］ Liu D, Zhou X, Li M, et al. Characterization of NADPH-cytochrome P450 reductase gene from the cotton bollworm, *Helicoverpa armigera* ［J］. Gene 2014, 545: 262-270.

［174］ Zhou X, Sheng C, Li M, et al. Expression responses of nine cytochrome P450 genes to xenobiotics in the cotton bollworm *Helicoverpa armigera* ［J］, Pesticide Biochemistry and Physiology 2010, 97: 209-213.

［175］ Chen, X, Li, F, Chen, A, et al. Both point mutationsand low expression levels of the nicotinic acetylcholine receptor β1 subunit are associated with imidacloprid resistance in an Aphis gossypii（Glover）population from a Bt cotton field in China. Pesticide Biochemistry and Physiology, 2017, 141: 1-8.

［176］Ma, KS, Li, F, Liang, PZ, et al. RNA interference of Dicer-1 and Argonaute-1 increasing the sensitivity of Aphis gossypii Glover (Hemiptera: Aphididae) to plant allelochemical. Pesticide Biochemistry and Physiology, 2017, 138: 71-75.

［177］Chen, XK, Shi, XG, Wang, HY, et al. The cross-resistance patterns and biochemical characteristics of an imidacloprid-resistant strain of the cotton aphid (2015). Journal of Pesticide Science 2017, 40: 55-59.

［178］Zhang, P, Zhao, YH, Zhang, XF, et al. Field resistance monitoring of Apolygus lucorum (Hemiptera: Miridae) in Shandong, China to seven commonly used insecticides. Crop Protection, 2015, 76: 127-133.

［179］Pu, J, Sun, HN, Wang, JD, et al. Metabolic imidacloprid resistance in the brown planthopper, Nilaparvata lugens, relies on multiple P450 enzymes ［J］. Insect Biochemistry and Molecular Biology, 2016, 78: 20-28.

［180］Zhang, YX, Yang, BJ, Li, J, et al. Point mutations in acetylcholinesterase 1 associated with chlorpyrifos resistance in the brown planthopper, Nilaparvata lugens Stal ［J］. Insect Biochemistry and Molecular Biology, 2017, 26: 453-460.

［181］Rao, R, Zhao, DD, Zhang, S, et al. Monitoring and mechanisms of insecticide resistance in *Chilo suppressalis* (Lepidoptera: Crambidae), with special reference to diamides ［J］. Pest Management Science, 2017, 73: 1169-1178.

［182］Zhang, XL, Liao, X, Mao, KK, et al. The role of detoxifying enzymes in field-evolved resistance to nitenpyram in the brown planthopper Nilaparvata lugens in China ［J］. Crop Protection, 2017, 94: 106-114.

［183］Li, XX, Guo, L, Zhou, XG, et al. miRNAs regulated overexpression of ryanodine receptor is involved in chlorantraniliprole resistance in *Plutella xylostella* (L.) ［J］. Scientific Reports, 2015, 5: 14095.

［184］Zhu B, Li XX, Liu Yin, Gao XW, Liang P. Global identification of microRNAs associated with chlorantraniliprole resistance in diamondback moth *Plutella xylostella* (L.) ［J］. Sci. Rep. 2017, 7: 40713.

［185］Guo, Z, Kang, S, Chen, D, et al. MAPK signaling pathway alters expression of midgut ALP and ABCC genes and causes resistance to Bacillus thuringiensis Cry1Ac toxin in diamondback moth ［J］. PLoS Genetics, 2015, 11: e1005124.

［186］Wang XL, Wang R, Yang YH, et al. A point mutation in the glutamate-gated chloride channel of *Plutella xylostella* is associated with resistance to abamectin ［J］. Insect Biochemistry and Molecular Biology, 2016, 25: 116-125.

［187］Wang, X, Puinean, AM, O'Reilly, AO, et al. Mutations on M3 helix of Plutella xylostella glutamate-gated chloride channel confer unequal resistance to abamectin by two different mechanisms ［J］. Insect Biochemistry and Molecular Biology, 2017, 86: 50-57.

［188］Wang LL, Huang Y, Lu XP, Jiang XZ, Smagghe G, Feng ZJ, Yuan GR, Wei D, Wang JJ (2015) Overexpression of two α-esterase genes mediates metabolic resistance to malathion in the oriental fruit fly, Bactrocera dorsalis (Hendel). Insect Molecular Biology 24: 467-479.

［189］Xu Z, Liu Y, Wei P, et al. High gama-aminobutyric acid contents involved in abamectin resistance and predation, an interesting phenomenon in spider mites ［J］. Frontiers in Physiology, 2017, 8: 216.

［190］Shi L, Zhang J, Shen GM, et al. Collaborative contribution of six cytochrome P450 monooxygenase genes to fenpropathrin resistance in *Tetranychus cinnabarinus* (Boisduval) ［J］. Insect Molecular Biology, 2016, 25: 653-665.

撰写人：宋宝安　李向阳　李　忠　邵旭升　杨光富　吴琼友　高希武　周明国

侯毅平　梁　沛　张友军　吴益东　王进军　李建洪　芮昌辉　邱星辉

农药应用工艺学学科发展研究

一、引言

化学防治具有快速控制有害生物、对有害生物作用机理独特、施用方式多样等特点，是一种高工效、高效率、高机动性和高灵活性、对环境适应能力强的农业有害生物防治手段，特别是对于暴发性病虫害的应急防治能力是其他方法难以比拟的。显然，农药的化学防治各个环节都包含着相关的工艺学问题，农药应用工艺学（Pesticide Application Technology）是研究农药使用技术以及相关工艺学问题的科学，是涉及范围很广的综合性学科，具有多学科相互渗透和融合的特点[1-2]。

农药应用工艺学主要研究农药的有效成分分散、剂量传递、沉积分布等理论，以及不同的农药剂型加工和使用技术的一门学科。采用对非靶标生物风险最小的方法把少量高效的农药有效成分分散、传递到有害生物靶标上去，实现对靶施药。根据作物生长环境和不同有害生物防治的需要，农药使用技术所针对的靶标分为害虫、病原菌、杂草等；针对有害生物的载体分别为土壤、种子和植物等。多种多样的防治靶标就需要多种多样的农药使用方法，包括种子处理法、秧苗处理法、土壤消毒法、涂抹法、熏蒸法、烟雾法、颗粒撒施法、喷粉法、喷雾法、化学灌溉法等。每一种方法都需要认真研究农药制剂特性、配套相关植保机械，实现药剂、药械、农艺三者融合，既要符合工艺学要求，而且最大限度地发挥农药有效防治农作物病虫害的作用，并将其对环境风险降到最低，实现农药的高效低风险化。

种子本身和播种的土壤往往带有病菌或虫卵，在播种后引起种子和幼苗发病或被害虫危害。种子包衣是一项靶向性非常强的精准施药措施，在包衣操作过程中，施药的对象是种子。种子包衣后在种表形成一层药膜，随着种子萌动，药膜中的药剂会逐渐向土壤中扩散，在种子周围形成保护区域，而且很多种子处理使用的农药有效成分具有一定的内吸活性，能传导进入种子和幼苗的内部，对种子内部寄藏的病原菌具有明显的抑菌或杀菌作用，并对幼苗起到保护作用。因此，为植物全程健康考虑，种子处理是很好的一项农事措施，也是农药减量增效的一项重要技术措施[3-4]。

"十二五"以来，随着农业种植业结构调整，经济作物种植集约化、专业化程度日益提高，大姜、草莓、中药材和蔬菜等各种生产基地的快速发展对农民增收发挥了重要作用。但是土传病害在我国多种作物上呈现增长趋势。由于土传病害具有很强的传播性，很难根治，需要研究开发土壤消毒处理技术。

喷雾方法是应用最为普遍的农药使用技术，喷雾方法可分为地面喷雾法和航空喷雾法。"工欲善其事，必先利其器"，农药的喷洒又离不开现代农药施用技术装备。现代的施药设备可以有效的提高农药的利用率，减轻农民的劳动强度，提高工作效率，在农药的施用中具有举足轻重的地位。尤其是近年来精准农业航空施药技术的发展，更是迅速推动了我国植保机械的更新迭代。

二、学科发展现状

（一）种子包衣技术

1. 成功研发种传病原物检测与快速诊断技术

中国农业大学刘西莉、李健强团队通过检测包括玉米、水稻、小麦等主要大田作物的2152份样本和茄科、葫芦科、十字花科等主要蔬菜作物870份样本的种子携带的主要病原真菌和细菌，探明病原种类、分离比例、致病性与田间病害发生危害的关系，在国内率先建立了种子健康状况评价技术体系；首次研制出水稻恶苗病、玉米茎腐病和十字花科蔬菜黑斑病的早期分子快速诊断技术，可将该病害的诊断时间由七天缩短为二小时；针对重要细菌病害，在国际上首次建立DNA染料EMA结合PCR的新方法，创造性地用于检测和区分植物病原细菌死、活细胞；开发了灵敏度为1-2CFU/ml的新型半选择性培养基EBBA结合real time-PCR检测瓜类果斑病菌的新方法；创建了番茄溃疡病的特异性引物和Nested PCR检测方法，与常规PCR法相比检出灵敏度提高了一万倍；为国内外种子企业完成六百五十个种子批、一千六百多项次种子健康检测，从源头上为作物健康生产提供了重要的技术支撑。此项成果是2010年国家科技进步二等奖的重要内容。在该成果的基础上，近年来以涉及全国二十多个省市的水稻、玉米、小麦、大豆、棉花、草坪草、番茄和西甜瓜等蔬菜等作物种子为研究对象，系统研究传统干检、洗涤、滤纸检验、琼脂平板、选择性培养基、整胚检验、育苗、组织化学染色、血清学等方法，以及常规PCR技术、Real-Time PCR、DNA-Chips等现代分子生物学，同时研究开发计算机视觉技术，创新检测方法，探明了水稻种子寄藏真菌、甜玉米种子健康检测、小麦黑胚病菌电镜观察、大豆紫斑病种子传病、棉花种子解剖检测、草坪草种子接种方法等，涉及到的主要病害（病原菌）包括：十字花科蔬菜黑斑病（*Alternaria spp.*）、黑腐病（*Xanthomonas campestris pv. campestris*），番茄细菌性溃疡病（*Clavibacter michiganensis subsp. michiganensis*），西瓜细菌性果腐病（*Acidovorax avenae subsp. citrulli*）及 TMV，ToMV，PMMoV，CGMMV，KGMMV，SQMV，MNSV 等多种病毒。有关研究报道和构建的多种作物种子健康检测技术体系为国内外同行所认可，整体上提升了我国种子健康领域在国际上的影响，为种子安全生产和贸易提供了技术支持[4-8]。

2. 种子处理剂的剂型创新发展

种子处理剂作为农药产品的一个重要分支，是防治种传、土传病害最简便、经济、有效的重要途径，一直受到广泛的关注并在生产中得到普遍使用。随着新活性成分，新助剂和新剂型的不断发展，种子处理剂也在不断的推陈出新，在剂型上有了更多的创新和发展。由原来的常规种子处理剂（浸种，拌种），发展为悬浮种衣剂（包衣种子）、种子处理干粉剂（干粉种衣剂）、种子处理可分散粉剂、种子处理微囊悬浮剂（微胶囊悬浮种衣剂），在性能上，向低毒化、多功能、智能化方向发展[9-11]。

（1）悬浮种衣剂。目前在我国登记的种子处理产品中，水悬浮种衣剂的比例高达80%以上。随着国内、国际种衣剂市场竞争的加剧，对产品稳定性，包衣均匀性、牢固度，缓释性能和成膜效果等性能指标提出了更高的要求，水悬浮种衣剂制剂加工工艺和技术水平急需更新换代。中国农业大学曹永松、刘西莉等发明双丙酮丙烯酰胺—甲基丙烯酸—己二酰肼共聚物成膜剂等关键助剂，其抗药剂脱落和溶解能力较常规成膜剂提高88%以上，成膜时间由20min缩短为5min。新型成膜剂结构新颖、安全性好，有效解决了长期困扰水稻、蔬菜等种子包衣后浸种催芽中的技术难题，并生产应用于多种种衣剂新产品中，取得抗药剂脱落、溶解和淋湿的突出效果；构建并优化出适合于国产种衣悬浮剂的助剂体系，该体系可使原药的研磨效率提高了30%以上，有效降低了能耗。筛选引进国际上先进的农用化学品系列助剂，重点解决国产种衣剂的物理稳定性和消泡问题，以及高含量配方的黏度问题，使产品技术指标达到国际同类产品优秀水平；阐明了适用于悬浮种衣剂的全自动密闭湿法生产新工艺，指导完成了国产悬浮种衣剂加工制造工艺的升级，生产一吨产品由8小时降低为2小时，生产效率提高300%，降低能耗70%；构建第二代悬浮种衣剂产品体系，研究成功了用于水稻、玉米、小麦、大豆、棉花和瓜菜类作物种子良种包衣处理的种衣剂系列新产品十九个，用于大型种子公司等高端产品市场，该系列产品在有效成分的选择、功能性助剂的使用、产品的综合性能（包衣牢固程度、脱落率、对种子的安全性、药剂的保护作用等）方面与国际接轨，提升了种衣剂生产企业的市场竞争力，带动了国产水悬浮种衣剂加工制造工艺的全面升级。上述相关研究成果2010年获得了国家科技进步二等奖。

（2）干粉种衣剂。中国农业大学刘西莉教授团队针对水悬浮型种衣剂易析水分层，有效成分在水中易分解，不耐低温，包装运输成本高等问题，在种子处理干粉剂研制方面取得突破，研究成功干粉种衣剂生产新工艺及其系列新产品六个。采用 LZQS 系列对撞式超音速气流粉碎机，通过控制超音速频率使产品的粉体粒径小于 4μm，包衣均匀度和悬浮率均由 90%~92% 提高到 98% 以上。每亩玉米田包衣成本由 1.5 元降低 0.5 元，成膜时间由 15min 降至 5min。与传统的悬浮型种衣剂相比，干粉种衣剂具有高浓度、低成本、性状稳定，易于贮运等优点。产品采用高分子速溶树脂成膜剂、干粉表面处理剂、二维界面剂、表面活性剂等关键技术，克服干粉间的范德华力，降低液-固界面能，确保产品性能优异。经专家鉴定，该项技术达到国际领先水平。已登记的用于玉米、小麦和棉花等种子包衣处理的产品有 63% 吡·萎·福美双、70% 福双·乙酰甲、6% 戊唑·福美双等干粉种衣剂，均实现了产品的大面积推广应用。

（3）农药纳米功能化种衣剂

中国农业大学曹永松等开展了农药纳米功能化种衣剂新剂型的研究，新型种子处理剂产品经过中试和示范应用结果表明，药剂防效平均提高了 1.6 倍，急性经口毒性、经皮毒性分别降低了 2.4 倍和 6.2 倍。纳米功能化种衣剂是采用溶胶—凝胶和微乳液法制备了纳米 TiO_2、SnO、SiO_2、CdS 等材料，并用微量元素 Ag，Fe 对其改性，然后与农药有效组分通过化学键合作用组装而成[7]。该种子处理剂具有生物活性高，作用速度快，可在农药发挥作用后，实现农药的原位降解，有效降解药剂在土壤中残留毒性等特点，在蔬菜作物的良种包衣处理中将发挥重要的作用。相关技术"一种制备控释型纳米级农药的方法"获得发明专利。

（4）微囊化种衣剂研究。中国农业科学院植物保护研究所杨代斌等在农药微囊化基础理论和制剂加工中取得了重要进展。微囊化种衣剂是当前农药制剂学领域中技术含量高的先进剂型，具有缓控释特性，是现代农药制剂的发展方向之一，其特点在于通过利用微囊化技术将固体或液体状用于种子包衣的农药活性物质包覆在囊壁材料的内部，形成微米级具有核壳结构的微囊，活性成分位于微囊中可以减少活性成分与光、热、微生物的直接接触，从而延长农药活性成分在土壤中的持效期和提高种衣剂的安全性能。中国农业科学院植物保护研究以尿素和甲醛为原料，采取原位聚合法，利用研制出的高效催化剂，在国际上率先制备出了氟虫腈毒死蜱微囊悬浮种衣剂，突破了固体活性成分难以微囊化的难题，创新制备出的 18% 氟虫腈·毒死蜱种子处理微囊悬浮剂具有优异的缓释性能，对花生种子萌发和幼苗生长安全，播种时一次处理即可在花生整个生育期有效控制蛴螬危害，对花生蛴螬防治效果达 95% 以上，显著高于国内外同类制剂，可以显著减少花生蛴螬防治过程农药使用量和使用次数。18% 氟虫腈·毒死蜱种子处理微囊悬浮剂于 2013 年 3 月取得农业部颁发的农药登记证，同年在山东和河南等花生种植区即推广四十万亩以上，取得显著经济、社会和生态效益，证明其应用前景广阔。在 2013 年 12 月 1 日农业部组织的成果鉴定会上，该成果获得与会专家的高度肯定，认为其达到了国际领先的技术水平。相关理论研究成果分别发表在 *Colloid and Surface B*（Yuan et al.，2015）和 *Journalof Agriculture and Food Chemistry*（Yang et al., 2014a）上；相应产品已在花生上大面积推广，对防治蛴螬具有优良效果。

此外，中国农业科学院植物保护研究所针对国内外广泛使用的三唑类杀菌剂，证明了微囊缓释是解决这类杀菌剂种子处理过程中对种子萌发和幼苗生长不利因素的有效途径，且发现微囊化可以是戊唑醇等在种子萌发和幼苗生长过程中产生适当的生长促进作用（Yang et al., 2014b），进一步研究发现其产生生长促进作用的原因在于使 GA 相关合成酶基因表达量上调和部分 GA 降解酶基因表达量下调（Yang et al., 2016）。

3. 生物 – 化学型种衣剂的研制和应用

国内相关研究单位在生物、化学药剂在种子处理剂中的协同使用方面也进行了相关研究和探索，如中国农业大学刘西莉团队创新性地将寡糖和天冬氨酸聚按照 2∶1 的比例复合后作为成膜物质和植物免疫激活剂引入生物型种衣剂配方中，成膜时间为 8min 之内。为保持生防菌在逆境中的活性，配方中加入可吸收自身水分几百至几千倍的高分子聚合物，种肥和微量元素，具有缓释和持效作用。筛选获得具有防病和促长作用的芽孢杆菌 ML06、ML01，链霉菌 YL04、LH03 等生防菌，以及具有高效固氮活性的根瘤菌 NX2004062，兼有固氮和防病作用的工程菌 F17、F18 等，与寡糖和天冬氨酸聚复合物、吸水剂共同构建生物型种衣剂。同时，依据生物 – 化学协同控制种传、土传病害原理，在上述生物型种衣剂的配方体系中加入高效、安全的化学杀菌剂嘧菌酯或苯酰菌胺，对黄瓜立枯、猝倒和疫霉等根部病害防效在 80% 以上。目前已研制成功抗旱防病型生物 – 化学种衣剂及生物型种衣剂产品七个，用于豆科作物及蔬菜种子包衣，具有显著的抗旱，抗逆和保苗作用，可提前出苗一两天，提高出苗率 9% ~16%，降低种苗期杀菌剂用量 20% 以上。

4. 智能化种子包衣机械

包衣机械是种子包衣中的必不可少的设备，随着农业生产的快速发展和新栽培技术的推广应用，对种子包衣质量也提出了越来越高的要求。包衣机械控制系统相对落后，导致包衣合格率低。

我国从二十世纪八十年代开始种子包衣机械的研制，在多家单位不断引进、吸收、消化和改进中，研制出一批适合我国国情的种子包衣机械。近年来，种子包衣机械研发进展迅速，如上海交通大学研制出了智能机电系统控制的 BY2150 型种子包衣机，南京农业机械化研究所研发了 5BY-5 型种子包衣设备，甘肃农业大学工学院杨婉霞（2014）以高性能 AVR 单片机 AT90CAN128 为核心，以种子容重、药种配比、包衣生产率为基本信息，利用专家领域知识和规则推理，得到精确地喂料量和药剂量，达到精准包衣的目的[3]。

5. 我国作物种子健康检测机构国际化的建设

中国农业大学在调研农业部及十一个省市种子质量监督检验检测中心的运行现状后，2007 年成立了我国第一个种子健康检测研究中心，2011 年依托该种子健康检测中心，建成了种子病害检验与防控北京市重点实验室。目前该中心与丹麦国际种子健康中心、亚洲种子健康中心、非洲种子健康中心以及美国农业部外来病害和杂草研究所等建立了合作伙伴关系，相继邀请美国、丹麦、印度种子健康检测机构管理和技术专家来访，成功举办了第二届种子健康检测高级研习班，第三届国际种子健康与农业发展大会，吸引了国内近二十家与种子生产及健康检测相关的科研、企事业单位的近百位同行参加，构建了一个良好的培训交流平台。国际（丹麦）种子健康中心，亚洲种子健康中心负责人在直接指导培训和实地考察后，签发了官方文件接纳种子健康中心为国际种子健康中心的成员单位，有关进展在农民日报、科技日报和相关网站上刊载，受到国内关注及国际同行的积极支持。种子健康中心平台的建设，对构建农作物种子苗木快速准确的健康检测技术体系，建设农业行业农作物种子质量监督检验检测体制，打造种子苗木预防保健药物消毒处理技术研发的中试基地，研究外来植物有害生物入侵预警与防控技术，以及传播良种包衣技术和信息服务，建设种子健康检测领域具有国际技术代表性机构等具有极为重要的意义。

（二）土壤有害生物综合防控技术

1. 土传病害检测技术研究进展

精准高效的土传病害早期诊断技术，是解析病害流行规律与制定科学防控策略的基石。近年来，国内围绕重要的土传病原微生物，基于分子标记、比较基因组学、核心基因序列分析等研究手段，开展了广泛的研究，并建立了多种高通量的快速分子检测技术。

尖孢镰刀菌（*Fusarium oxysporum*）寄主范围广泛，根据寄主差异可进一步划分为约 120 个专化型（formae speciales，f. sp.）。南京农业大学郑小波研究团队基于功能基因cyp51C 建立了尖孢镰刀菌种特异性环介导等温扩增检测技术（Loop-mediated isothermal amplification，LAMP）[12]；中国农业科学院谢炳炎团队基于尖孢镰刀菌甘蓝专化型（Fusarium oxysporum f. sp. Conglutinans，Foc）特有基因序列，建立了特异性鉴定 Foc 的复合 PCR 检测技术[13]；中国热带农业科学院郭建荣团队基于 RAPD 标记建立了西瓜专化型（*Fusarium oxysporum f. sp. niveum*）特异性 LAMP 检测技术[7]。此外，针对严重制约我国香蕉产业健康发展的香蕉巴拿马病，中国热带农业科学院浦金基、彭军研究团队，福建省农业科学院陈庆河研究团队基于 RAPD 标记、核糖体操纵子基因间区序列（Intergenic Spacer Region，ISR）分别建立了尖孢镰刀菌古巴专化型 4 号生理小种的荧光实时定量PCR（Real-time qPCR）、环介导等温扩增（loop-mediated isothermal amplification，LAMP）和实时荧光环介导等温扩增（Real-time fluorescence loop-mediated isothermal amplification，Realamp）检测技术[13-14]。在土传细菌病害研究方面，中国农业科学院冯洁团队基于青枯菌核心基因 *lpxC* 基因和抑制性差减片段 MG67 分别构建了青枯菌种及种以下 5 号小种特异性检测 LAMP 技术体系[11]；河北农业大学朱杰华团队基于 *gyrB* 基因建立马铃薯黑腐病菌种特异性 LAMP 检测技术[12]。

2. 土传病害鉴定

土传病害是由土传病原物侵染作物引起的病害，现已成为制约高附加值经济作物品质和产量的重要问题，严重阻碍了农业的可持续发展。建立一套准确、快速、方便的鉴定土传病原物的方法对于防治土传病害显得尤为重要。传统的鉴定方法通常采用选择性培养基分离培养病原菌，通过表观形态（病原菌的菌落形态、菌丝体及孢子等特征），结合田间发病植株的病状、病症等对病原物进行分类和鉴定。该鉴定方法周期长、准确性差、局限性大。中国农业科学院植物保护研究所曹坳程研究团队采用分子生物学的方法，通过在DNA水平上的研究，准确鉴定了多种土传病菌。通过研究首次报道了山东省安丘市发生的生姜根腐病（*Ginger rhizome rot*）由尖孢镰刀菌属（*Fusarium oxysporum*）侵染所致[13]，生姜软腐病（*Ginger soft rot*）由腐霉菌属（*Pythium aphanidermatum*）侵染所致[14]，北京市通州区发生的番茄黑斑病（Tomato black spot）、万寿菊叶斑病（Marigold leaf spot）由链格孢菌（*Alternaria alternate*）侵染所致等[15-16]。同时利用分子生物学简便、快速、高效、可靠等特点，该研究团队开发了采用PCR快速检测土传病菌的方法和试剂盒，目前已开发的有尖孢镰刀菌（*Fusarium oxysporum*）[17]、辣椒疫霉菌（*Phytophthora capsici*）[18]、大丽轮枝菌（*Verticillium dahliae*）[19]等，并申请了发明专利。以尖孢镰刀菌为例，根据该目标真菌的ITS区序列设计出特异性引物，优选采用实时定量PCR方法，定量检测目标真菌，能真实反映尖孢镰刀菌定殖和侵染的情况，可同时进行高通量的样本检测。该检测方法具有极好的特异性和灵敏性。灵敏性实验结果表明，可检测尖孢镰刀菌DNA浓度低至0.1ng/mL。该方法操作简便快捷，基于对核苷酸的检测，不受培养条件限制，能够实现对发病植物组织中及土壤中的尖孢镰刀菌的快速检测定量。该试剂盒可替代一直沿用的分离培养的传统鉴定方法，适于在植物病害诊断及防治领域广泛推广应用，实用性强，可满足植物病害诊断及监测的需要。

3. 设施蔬菜连作障碍防控关键技术及其应用

我国设施蔬菜栽培面积已近六千万亩，约占蔬菜总供应量的40%，但连作障碍是制约设施蔬菜健康可持续生产的瓶颈问题，也是一世界性难题。生产上盲目采用"大药大肥"，但防治效果差、蔬菜农残高、环境污染严重，引发社会忧虑。由浙江大学喻景权主持的"设施蔬菜连作障碍防控关键技术及其应用"围绕①连作障碍成因不明；②土壤连作障碍因子消除困难；③蔬菜对连作障碍因子抗性弱三个核心问题，在国家系列科技计划的资助下，历经十八年取得如下创新性成果：①揭示了连作障碍高发成因与规律，发现了连作障碍防控的突破口。明确土壤初生障因消除和蔬菜根系抗性增强是防控核心。②攻克土壤连作障碍因子消除技术难点，实现从化学农药消毒向环境友好型消除的重大技术变革。实现了化学农药零投入的土壤连作障碍因子系统消除。③发明了蔬菜根系抗性诱导技术，突破了优质蔬菜连作难的技术瓶颈。解决了蔬菜优质品种因线虫等高发而难于推广的产业瓶颈。④创建"除障因、增抗性、减盐渍"三位一体连作障碍防控系统解决方案，为设施蔬菜安全可持续生产提供了技术保障。指导产区按类应用。近三年在鲁、豫、冀、浙和闽等省推广 1346.6 万亩，亩增效益 550~2722 元，经济效益达 220.64 亿元，农药化肥节支 27.9 亿元，辐射近二十省 70% 设施蔬菜连作障碍高发区，实现了蔬菜稳产高效、安全和生态环保多赢。该项目荣获 2016 年国家进步奖二等奖。

4. 熏蒸土壤中的氮素循环

由于熏蒸剂的广谱性，在使用过程同时也会影响到土壤中的非靶标微生物：如氮素循环功能微生物等。土壤中氮素矿化、硝化和反硝化作用是氮素循环过程中最为重要的三个过程，是提供土壤中植物可以吸收利用有效氮的主要生物学途径，熏蒸对土壤氮素循环功能微生物的影响会直接影响到土壤中有效氮含量的动态变化，从而影响土壤中氮素的行为，包括作物对氮肥的吸收利用、氮素的生态环境行为。研究表明常见的土壤熏蒸剂氯化苦、二甲基二硫、1，3- 二氯丙稀、棉隆处理后土壤中的铵态氮、可溶性氨基酸含量均会显著增加，氯化苦熏蒸土壤中微生物量碳、氮会显著减少[20]。通过建立熏蒸处理后土壤中硝化作用动力学模型以及特征参数求解发现氯化苦对硝化作用的抑制作用时间最长。不同土壤中硝化作用在受到熏蒸剂的干扰抑制后，恢复过程也呈现差异，砂壤土恢复较快，酸性土恢复较慢[21]。熏蒸处理后土壤中氧化亚氮的释放也有显著变化，氯化苦和棉隆处理后土壤中氧化亚氮的释放量会显著增加，同时会促进土壤反硝化作用过程[22]，通过分析发现氯化苦处理后氧化亚氮主要源于细菌参与的反硝化作用过程。通过定量评价熏蒸剂对土壤中氮素循环的影响，研究结果有助于进一步明确熏蒸扰动土壤中氮素循环的农学和环境效应。

5. 熏蒸剂胶囊应用技术

由于熏蒸剂都属于高挥发性的物质，对环境和人体存在很强的暴露风险，将常用的熏蒸剂如氯化苦、碘甲烷、1，3- 二氯丙烯及其混剂制成胶囊，能有效地减少药剂对施药人员的暴露风险，提高操作的安全性。研究表明熏蒸剂胶囊制剂对土传病虫草有很好的活性，且具有施用方便、安全的特点。胶囊制剂解决了高毒农药的低毒化使用问题，不需要任何特殊的施药工具，使用者也不需要戴防毒面具。在土壤中，熏蒸剂透过胶囊释放出来，在整个使用过程中，几乎嗅不到熏蒸剂的气味，能够保护使用者及旁观者的安全。由于该剂型使用方便，适用于中国小农生产的模式，并且较好地解决了熏蒸剂施用需要特殊工具和要远离人群的问题。中国农业科学院植物保护研究所全面地评价了熏蒸剂胶囊制剂的应用效果及环境行为。氯化苦与 1，3- 二氯丙烯胶囊制剂对番茄和黄瓜地线虫表现出较好的效果，同时能够有效降低枯萎病和根结线虫病病情指数，胶囊施药处理后番茄和黄瓜产量和溴甲烷处理相当[23-25]。胶囊施药深度在 15cm 较施药深度 5cm 对土传病害有更好的控制效果，同时也能获得更高的产量。胶囊制剂在防治草莓，生姜等作物土传病害也效果优良，作物增产效果显著[26]。胶囊制剂在土壤中吸水膨胀，熏蒸剂透过胶囊皮缓慢释放到土壤中，胶囊一般在施药后 48 小时破裂。与传统注射施药相比胶囊施药能够减少熏蒸剂向大气中的散发量，减少对环境的压力[27-28]。

6. 熏蒸对土壤微生物的影响

土壤微生物是土壤的重要组成部分，包括真菌、细菌、古菌、放线菌等，它们是土壤有机质和养分转化与循环的主要推动力，在土壤生态系统中有着非常重要的作用。土壤微生物种群特征、群落结构以及功能性群体等反映了土壤质量，是土壤健康的重要生物指标。由于熏蒸剂的广谱性，在杀死有害生物的同时，也会对非靶标土壤微生物产生影响。土壤熏蒸处理后会给土壤微生物群落结构和组成带来一定的扰动作用，大量的研究表明在受到熏蒸"扰动"后，一方面能够显著减少土壤中病原微生物数量[29]，此外在培养初期会抑制土壤微生物的生长，微生物的多样性也会受到不同程度的影响。经过一定时间的恢复培养后，这种影响会逐渐减弱，微生物的种群结构也会逐渐恢复至正常水平。氯化苦、威百亩等熏蒸处理后对土壤中氨氧化微生物的功能基因 *amoA* 表达水平都会显著下降[30-31]。熏蒸处理同时也会影响土壤中反硝化作用微生物[32]。氯化苦熏蒸处理后会减少了土壤根际细菌群落多样性并改变结构组成和优势种群，但是这些影响随着时间延长而逐渐减小，在氯化苦熏蒸后的土壤中添加生物炭，能够促进根际细菌群落的恢复。二甲基二硫熏蒸处理对土壤微生物的生长具有促进作用，会影响微生物对碳源的利用方式，但在恢复培养14天后，被干扰的土壤微生物即会恢复至对照水平。二甲基二硫熏蒸处理在有效防控土传病原真菌的同时，不会对土壤微生物群落产生明显的扰动影响，对环境较安全[33-34]。

7. 土壤熏蒸对除草剂降解的影响

熏蒸剂具有广谱的杀菌杀虫除草特性，一般对田间土传病害的持效期可达一二年。在熏后的持效期内，一些除草剂、杀线剂或杀菌剂被应用在田间土壤中，而土壤熏蒸会影响这些农药的残留降解、吸附和解吸等环境行为。研究熏蒸对除草剂的降解影响可以为熏蒸后田间除草剂、杀线剂等的科学合理使用提供科学依据。在山东生姜种植区，使用溴甲烷替代品氯化苦（CP）、1，3-二氯丙烯（1，3-D），二甲基二硫（DMDS）的单剂或其复配剂后，施用推荐剂量的除草剂部分姜田姜苗出现了药害的症状。据 Cao 等报道，这是因为土壤熏蒸（CP、1，3-D、DMDS）能显著的减缓除草剂二甲戊灵和乙氧氟草醚的降解。室内实验二甲戊灵降解半衰期被增长了1.73倍，乙氧氟草醚则被增长了1.32倍。生姜大田试验二甲戊灵的降解半衰期比未熏蒸处理被显著的增长了1.31倍，乙氧氟草醚的降解半衰期则被显著增长了1.21倍。室内培养实验表明，土壤熏蒸导致的除草剂降解半衰期的增长，会引起生姜苗的株高显著更矮，叶片数显著更少，叶绿素含量显著更低。因此，姜田土壤熏蒸后施用低推荐浓度的二甲戊灵和乙氧氟草醚不会对姜苗产生药害，而且与 CK 处理相比在不减产的同时还显著的增加了杂草防效；土壤熏蒸后施用高浓度（2倍推荐浓度）的二甲戊灵和乙氧氟草醚会对生姜产量造成减产；土壤熏蒸后施用推荐浓度的二甲戊灵和乙氧氟草醚会对生姜生长造成潜在风险[35]。土壤熏蒸能减缓除草剂降解的原因，可能是熏蒸后土壤微生物量减少和微生物群落结构发生改变引起的。土壤中包含降解除草剂的各种降解菌，熏蒸过后，降解菌的数量急剧下降；熏蒸后微生物的群落结构的变化，会导致某些除草剂降解优势种群变为劣势种群，其他对熏蒸影响较小微生物种群快速抢占了生态位，使得其他微生物种群变为优势种群，除草剂降解菌微生物量和群落结构在短时间内不能恢复[30-31]。

8. 异硫氰酸甲酯（methyl isothiocyanate，MITC）研究进展

熏蒸剂异硫氰酸甲酯（methyl isothiocyanate，MITC）是棉隆和威百亩的活性杀虫成分，后两者在湿润的土壤能够迅速转换成 MITC。其在防治病原菌、土壤线虫、杂草等方面都有优良表现，特别是对杂草的防效可以等同溴甲烷。特别是棉隆作为一种低毒的固体微颗粒剂，使用简单操作安全，在国内用量逐年递增。但是由于 MITC 其高的蒸气压和用药量，熏蒸后导致大量异硫氰酸甲酯挥发，因此围绕熏蒸后 MITC 散发带来的环境行为，展开了基于不同环境因子作用下 MITC 透过 LDPE 膜和 TIF 膜的散发；不同生物炭作用下 MITC 的降解、吸附、扩散行为，以及对 MITC 生物有效性影响的研究。相关研究发表 Science of The Total Environment、Energies 等上，具体如下。

（1）环境因子对熏蒸剂异硫氰酸甲酯透过 LDPE 膜和 TIF 膜的作用。

异硫氰酸甲酯（MITC）作为一种能有效防治土传病害的熏蒸剂，是溴甲烷的优良替代品。但是由于其高的蒸气压和用药量，熏蒸后导致大量异硫氰酸甲酯挥发。熏蒸后覆盖塑料薄膜是最常用也是最有效限制熏蒸剂散发的措施。为最小化熏蒸剂的散发，采用静态箱法研究了不同温度、湿度、熏蒸剂混用等条件下对异硫氰酸甲酯透过低密度聚乙烯薄膜（LDPE）和完全不透膜（TIF）的影响。结果表明，温度对 MITC 透过 LDPE 膜具巨大影响，当温度从 5℃升高到 35℃，质子转移系数 MIC 增大了 8.8 倍。而湿度的影响作用较小，在较低湿度条件下（RH<75%），MITC 透过 LDPE 膜的质子转移系数随湿度增大而缓慢增加，但当湿度继续增加（RH>75%），质子转移系数随湿度增大而递减。TIF 膜对 MITC 的阻隔性远大于 LDPE 膜，同时 TIF 膜对环境条件也更为敏感，温度和湿度都能急剧改变 MITC 透过 TIF 膜的质子转移系数。熏蒸剂混用如 1，3- 二氯丙烯或氯化苦与 MITC 混用，对 MITC 透过 LDPE 膜的质子转移系数没有显著影响。研究结果有助于选择有利的环境条件减少 MITC 的散发。研究结果发表于 *Science of The Total Environment* 上[36]。

（2）生物炭对熏蒸剂异硫氰酸甲酯在土壤中降解机制的研究。

生物炭作为一种新型的肥料，广泛应用于农业生产中，但是生物炭对土壤熏蒸剂的作用还未见报道。本研究的目的并是在室内不同条件下，包括不同土壤质地、土壤温度、土壤湿度、不同生物炭类型、不同生物炭添加量以及微生物作用下，研究生物炭对异硫氰酸甲酯降解的影响。结果显示，MITC 在生物炭中的消解方式包括物理吸附和化学降解。生物炭对 MITC 的吸附作用与生物炭自身比表面积成正相关。具有较大的比表面积和较小的H/C 值（例如生物炭 BC-1）显著降低 MITC 的降解速率，与空白对照相比，MITC 在 BC-1 处理土中降解速率降低了 73.9%。而生物炭对 MITC 的化学降解与其自身 H/C 值成正相关。

例如，生物炭 BC-3-6 具较大的 H/C 值，能不同程度地增大 MITC 的降解速率（2.2-31.1 倍）。而有机质含量最低且 H/C 值也小的生物炭对 MITC 降解的影响也很小。可见，生物炭对 MITC 的非生物降解过程的影响要大于生物降解过程。生物炭 BC-1 处理时，MITC 的降解速率随着土壤温度、湿度的增大以及有机质含量的降低而降低，而生物炭的添加量对其影响不显著。相反，在生物炭 BC-4 处理中，MITC 的降解速率则随着生物炭添加量的增大、温度的升高、含水量的减少而增大。同样地，生物炭 BC-1 处理后，在不同质地土壤中 MITC 的降解速率差异不明显，而生物炭 BC-4 处理后，不同质地土壤中 MITC 的降解速率差异显著。研究结果表明，合理使用生物炭，通过生物炭的吸附作用或化学降解作用可以降低熏蒸剂的散发。研究结果发表于 *Science of The Total Environment* 上[37]。

（3）两种生物炭对熏蒸剂异硫氰酸甲酯生物有效性、散发的作用。

生物炭普遍应用于农业生产中，但由于其吸附性和降解性，对熏蒸土壤中熏蒸剂的有效性将带来影响。采用室内培养使用探讨两种生物炭（BC-1 和 BC-2）对熏蒸剂异硫氰酸甲酯 MITC 生物有效性及在土壤中散发的影响。两种生物炭均能显著减少 MITC 的散发，但同时也降低其在土壤中的浓度。当生物炭 BC-1 用量大于 1%、BC-2 大于 0.5% 时，降低 MITC 对根结线虫、镰刀菌、疫霉菌、杂草马唐苘麻的防效。增加棉隆的用量能消除生物炭带来的这种负面影响。具有强吸附能力的 BC-1 显著降低 MITC 的降解速率（减少 6.2 倍），而具强降解能力的 BC-2 则能急剧加速 MITC 的降解（增加 4.1 倍）。正是由于生物炭的强吸附性和降解性减少了 MITC 的散发和对病虫害的防效。研究结果发表于 *Energies* 上[38]。

9. 控制熏蒸剂散发技术研究进展

熏蒸剂进入土壤后的气化速度、扩散分布、消解动态、与土壤粒子结合强度对其药效发挥影响很大，明确这些环境行为才能科学地应用熏蒸剂防治土传病虫害[39]。熏蒸剂在土壤中的环境行为除了与理化性质有关，还受剂量、土壤质地、环境条件如土壤温度、含水量、有机质影响[40]。熏蒸剂降解方式主要包括微生物降解和化学降解，熏蒸剂在土壤中的降解半衰期较短，土壤温度适宜时，半衰期一般在几天之内[41]。熏蒸剂在土壤中的降解一般随着土壤温度的增加而增加；随着应用剂量的增加而延缓；除了二甲基二硫，增加土壤有机质含量都会加速熏蒸剂降解；土壤湿度对 1, 3- 二氯丙烯和二甲基二硫影响较大，随着土壤湿度增加，降解加速[41]。小分子化合物，残留量较低，譬如氯化苦，在美国加利福尼亚州，通过五年的取样，检测了超过 1300 个水井，均没有检测到氯化苦，在弗罗里达州 1500 个水井中只有三个检测出了氯化苦[42]。

熏蒸剂是一些易挥发的有机物，田间试验表明土壤熏蒸剂向大气中的散发非常明显，约占施用总量的 20%~90%[43]，散发到大气中的熏蒸剂降低其防治效果，所以需要研究熏蒸剂的散发控制技术来保证熏蒸剂防治效果。

最常用的控制熏蒸剂散发方法是在土壤表面覆盖塑料薄膜。薄膜的不同物理 - 化学特性及环境因素影响其渗透性，所以选择合适的塑料薄膜非常关键。研究表明，熏蒸剂最难穿透的膜为完全不透膜（TIF），其次为不透膜（VIF），然后为高密度聚乙烯膜（HDPE）和聚乙烯塑料薄膜（PE）[44]。环境条件对塑料薄膜的渗透性也有影响，在相对湿度为90% 时，VIF 膜的渗透性比 35%~45% 增加 3 倍，但湿度对 PE 膜的影响相对较小，质量转换系数变化在 20% 以内；环境温度每增加 10°C，渗透性增加 1.5~2 倍[44]。

施药后在土壤表面灌溉可通过形成含水量饱和的土层及降低土壤孔隙度来降低熏蒸剂向大气中的散发，其原理在于土壤空隙中的气体含量降低，同时熏蒸剂在土壤液相中的扩散比在土壤气相中慢[45]。

开发新的土壤熏蒸剂剂型也可以有效降低药剂的散发损失。研究发现，在覆膜的情况下，1，3- 二氯丙烯胶囊的施用相比于传统的药液注射的施用方式，可以减少 41% 的散失量，而在不覆盖塑料薄膜但持续滴灌四天的情况下，1，3- 二氯丙烯胶囊的散失量也仅有0.13%[28]。类似地，在覆盖塑料薄膜的情况下，施用氯化苦胶囊相比于传统药液注射的方式可以大大减少氯化苦药剂的散失量，仅为传统方式的 1/3 [27]。

现有研究表明，施用有机物料可以有效地加速包括甲基溴及其替代品在内的土壤熏蒸剂的降解和减少其散失。其作用机理是由于有机物料的施入会激活土壤微生物的活性，从而加速熏蒸剂的降解[44]。研究发现，向土壤中施用 5%（质量比）的有机物料可以提高 1，3- 二氯丙烯和氯化苦的降解速度，幅度可达 1.4~6.3 倍[48]。土柱试验表明，在土壤表层5cm 处施用有机肥，可以有效减少甲基溴、异硫氰酸甲酯和 1，3- 二氯丙烯的散失[52]。

在土壤熏蒸时施用硫代硫酸盐，还可以显著降低土壤熏蒸剂的散失，其作用机理是硫代硫酸盐可以和卤代的有机化合物发生亲核替代反应[53]。甲基溴、1，3- 二氯丙烯及氯化苦都可以和硫代硫酸盐反应形成不挥发的有机化合物，由此降低熏蒸药剂的散失量[54]。在土壤表面喷洒施用硫代硫酸铵，可以比不施用硫代硫酸铵的处理分别降低 26.1% 和41.6% 的 1，3- 二氯丙烯和氯化苦的散失量[55]。此外，施用硫脲也可以有效地降低 1，3-二氯丙烯的散失量[56]。

土壤表面添加生物炭可降低 1，3- 二氯丙烯和氯化苦向大气中的散发，但降低两种熏蒸剂散发机制不同，降低氯化苦散发原理在于生物炭富含的自由基与氯化苦产生化学反应加速了氯化苦的降解[57]；而降低 1，3- 二氯丙烯散发原理则在于生物炭对 1，3- 二氯丙烯强吸附性[58]。

近几年，有几种熏蒸剂如溴甲烷已经被禁用或者限制使用，也许由于农业熏蒸剂污染大气、地下水或表面水将可能导致下一种熏蒸剂被禁用，所以为了保证现有熏蒸剂在农业上的应用，需要努力降低它们对环境的有害影响，而明智的应用散发控制技术可保护大气免受熏蒸剂散发的污染。如果相关农业群体把保护环境免受熏蒸剂应用带来的影响作为目标，大力开发、推广和合理应用控制土壤熏蒸剂散发损失的技术，那么他们便可利用这些熏蒸剂来保护农业生产免受损失。

（三）农药效低风险农药技术体系创建与应用

中国农业科学院"农药化学与应用"创新团队研究首席科学家郑永权主持的"农药高效低风险技术体系创建与应用"成果，于2016年获得了国家科技进步二等奖。本成果针对我国农药成分隐性风险高、药液流失严重、农药残留超标和生态环境污染等突出问题，系统分析农药发展历程特点，指出"高效低毒低残留"已不能满足农药发展的需求，率先提出了农药高效低风险理念，创建了以有效成分、剂型设计、施药技术及风险管理为核心的高效低风险技术体系。率先建立了手性色谱和质谱联用的手性农药分析技术，创建了农药有效成分的风险识别技术，成功识别了七种以三唑类手性农药为主的对映体隐性风险，为高效低风险手性农药的研发应用及风险控制提供了技术指导；率先建立了"表面张力和接触角"双因子药液对靶润湿识别技术，制定了作物润湿判别指标，解决了药剂在不同作物表面高效沉积的有效识别与精准调控难题，提高对靶沉积率30%以上。开展了作物叶面电荷与药剂带电量的协同关系研究，研发了啶虫脒等六个定向对靶吸附油剂新产品，对靶沉积率提高到90%以上。通过水基化技术创新、有害溶剂替代、专用剂型设计、功能助剂优化，研发了十个高效低风险农药制剂并进行了产业化。研发了"科学选药、合理配药、精准喷药"高效低风险施药技术。攻克了诊断剂量和时间控制、货架寿命及田间适应性等技术难题，发明了瓜蚜等精准选药试剂盒二十六套，准确率达到80%以上。建立了可视化液滴形态标准，发明了药液沾着展布比对卡，实时指导田间适宜剂型与桶混助剂的使用，可减少农药用量20%~30%；研究了不同施药条件下药液浓度、雾滴大小、覆盖密度等与防治效果的关系，发明了十二套药剂喷雾雾滴密度指导卡，实现了用"雾滴个数"指导农民用药，减少药液喷施量30%~70%。提出了以"风险监测、风险评估、风险控制"为核心的风险管理方案。系统开展了高风险农药对后茬作物药害、环境生物毒性、农产品残留超标等风险控制研究，三唑磷、毒死蜱等八种农药风险控制措施被行业主管部门采纳，为农药风险管理提供了科学支撑。项目成果推广应用面积1.8亿亩次，新增农业产值149.9亿元，新增效益107.0亿元，经济、社会、生态效益显著。本项目成果为我国农药研发、加工、应用和管理全过程提供了重要理论基础和技术支持[59]。

（四）农药使用技术基础理论与评价技术

我国农药学科非常关注农药施用技术理论研究，在农药雾滴形成与喷头设计、农药剂量传递、精准选药、精准配药、精准施药、低容量喷雾、农药雾滴运动、沉积分布、菱缩飘移、对靶沉积分布等方面均开展了基础理论研究，探明了静电雾化理论基础，查明了雾滴沉积过程的"叶尖优势"现象，提出了农药雾滴"杀伤半径"概念，建立了农药利用率模型。

1. 农药施用定量分析计算理论

农药喷雾是由药液雾化、雾滴运动、沉积多个阶段组成，在这个过程中气、液、固多相物质快速激烈作用，由于缺乏相应的分析计算技术，因此难以获取农药喷雾全程瞬态分析数据。中国农业大学何雄奎研究了农药雾化分析计算方法，用 632.8nm 激光双脉冲照射，将一个雾滴在同一幅图像中生成两个雾滴的投影，准确获得雾滴粒径、运动速度与方向等数据的瞬时值，发现了雾滴粒径与运动速度三维空间分布状态，得出了雾滴边缘破碎、穿孔破碎、波浪破碎的雾化过程；发明飘失指数 DIX 进行雾滴飘失潜能分析，确定了喷雾易飘失阈值为小于 180μm；实现了农药雾滴雾化过程的数据化分析计算。

另外，中国农业大学还研究了农药喷雾全程成像技术。在 365nm 紫外荧光下以高于 10000fps 高速成像，获得雾滴沉积分布动态过程影像信息，得到 0~1000μm 农药雾滴沉积、破碎、反弹以及靶标上沉积雾滴谱、覆盖率、沉积密度等数据信息，建立了雾滴沉积能量守恒方程，实现在作物叶片上农药雾滴沉积分布的全程数据化成像。发明了农药最佳喷雾粒径定量计算方法。药液中加 20nm 浓度 0.75%OB21 示踪颗粒，提高雾滴在靶标上的湿润，用电子扫描颗粒在叶片表面微结构，发明了农药雾滴临界流失计算方法，计算出农药雾滴在主要作物上最佳沉积粒径：水稻 180~250μm、小麦 200~350μm、玉米 400~550μm、棉花 450~600μm。

该研究将推动施药技术领域的技术革新，为设计新型雾化装置与高效施药机具及其应用提供理论支持，是获得 2013 年中华农业科技奖一等奖的主要研究内容。

2. 农药利用率测算评估

利用率的高低是衡量科学施药的标志。2015 年以来，农业部在扎实推进"到 2020 年化肥使用量零增长行动"和"到 2020 年农药使用量零增长行动"的同时，组织专家开展化肥、农药利用率测算工作。一是制定工作方案，中国农业科学院植物保护研究所根据农药施用过程的影响因素，制定了《农药利用率测算工作方案》，明确测算的方法和内容。二是采集基础数据，全国农业技术推广服务中心组织全国土壤植保技术推广部门，在测试与评估的基础上，进行大量的田间测试和相关数据收集。三是建立数学模型，进行科学的测算，并将测算结果与监测数据进行对比分析。经过几年实施，农药利用率工作取得了明显成效，经科学测算，2015 年我国水稻、玉米、小麦三大粮食作物农药利用率为 36.6%，比 2013 年提高 1.6 个百分点。

3. 农药施用质量评价技术

我国科学家在农药使用技术的评价技术方法方面，中国农业科学院等研发了农药喷雾量分布分段采集分析关键技术、农药田间沉积分布仿真测试技术、农药雾滴检测卡、农药雾滴比对卡、农药雾滴图像分析软件等用于评价施药质量的评价技术，研究建立了基于风洞试验的农药雾滴飘移评价方法。中国农业科学院植物保护研究所研发的农药雾滴检测卡、农药雾滴密度卡、农药药液润湿性测试卡为农药喷雾技术田间快速检测提供了手段。农业部南京农业机械化研究所薛新宇研究团队研发的农药喷雾量分布分段采集分析关键技术，实现了对大型植保机械喷雾量分布特性的精准快速测试分析；研发的农药雾滴图像分析软件，实现了农药雾滴田间在线分析与评估；研发的我国首台植保专用标准风洞（风速0.5~10m/s），实现了农药雾滴飘移的定性评估与定量测试。以上成果，为我国精准施药技术装备科研、产品开发和作业效应评估试验研究，提供了技术支撑。

（五）植保机械核心部件及关键技术

在公益性农业科研专项项目等的支持下，我国科学家在关键部件设计理论、核心部件加工工艺等方面取得突破性进展，形成了农用系列喷头、稳压防滴阀、静电雾化器、双风送静电喷雾装置、喷杆平衡装置及通用喷嘴型谱库等产品。

1. 在农用系列喷头方面

农业部南京农业机械化研究所以经验化喷头设计理论和气液两相流理论为基础，与FD仿真技术、PIV、高速摄影等先进的试验手段相结合，研究压力雾化、沉积与飘移机理，建立了基于CFD辅助的喷头设计理论与方法，完善我国农用系列喷头理论研究，并提出POM与添加剂母料的最优配比、最优抽粒速度和干燥速度等工艺理念，优化提升喷头加工工艺，解决了塑料喷头易磨损的难题。通过与苏州蓝翔精密塑料有限公司等产学研合作，研发了扇形雾系列喷头、圆锥雾系列喷头、防飘系列喷头等，并配套开发恒压防滴阀等部件。产品通过国家植保机械质量监督检验中心等权威机构认证，喷雾量误差率为1%（国际标准为 ±5%）、喷雾角误差率为1.8%（国际标准为 ±5%），喷雾质量、耐磨性能均优于国外同类产品，且价格是国外同类产品的1/3 到1/2，打破国外高价垄断。目前技术产品已经累计销售超过一百万只（套），广泛应用于江苏、山东、湖南、黑龙江、宁夏、新疆等二十余省（地区），在水稻、小麦、玉米、棉花、枸杞等农作物上累计防治面积超过五百万亩次，得到用户广泛好评和认可，解决了"一种喷头打遍百药"的问题，并以性价比优势正逐步打开欧美、非洲市场。

2. 在稳压防滴阀方面

农业部南京农业机械化研究所攻克了稳压防滴技术，重点研究稳压防滴系统中的稳压调阀装置，有效降低喷雾器工作过程中的压力幅动，喷雾器防滴阀装置，有效减少启闭喷头喷雾时造成的雾滴滴漏，实现喷头稳压调压功能一体化，解决我国小型喷雾器作业压力不稳定、喷量不均匀以及停止作业后药液下滴等技术性难题；中国农业大学开发了基于LABVIEW 的压力供液系统检测平台，实现在线实时测试流量和压力，有效提高喷雾参数测试自动化水平。稳压防滴阀通过与其他植保机械部件的技术集成，实现稳定、精确和安全的喷雾作业，并在主要农作物产区进行试验示范。

3. 在大型喷杆方面

农业部南京农业机械化研究所攻克喷杆自动平衡技术。针对大型喷杆喷雾机施药作业时，喷杆垂直振动、水平摇摆及侧倾造成喷头与作物高度发生变化以及喷杆作业速度不均，致使施药质量下降、喷杆易于损坏的现状，建立了基于钟摆原理的悬架平衡技术，提出了基于多点智能超声探测技术的实时采集传输处理技术，创建了喷杆动态位姿智能平衡控制系统；优化了大型喷杆制造方法，设计了轻量化柔性桁架式喷杆及悬架装置。通过以上技术的集成创新，解决了大型喷杆喷雾机自平衡技术难点和关键科学问题，创制了大型自平衡喷杆喷雾机，突破了我国喷杆喷雾机机型小、喷幅窄及农药利用率低等关键技术[60]。

4. 在静电技术方面

江苏大学攻克了集聚效应、静电环绕效应、增强附着效应、荷电效应等静电雾化关键技术。形成两种静电雾化器件，研制法拉第桶荷质比测量装置，对静电雾化荷电效果进行测试，将静电喷雾技术应用于喷杆式喷雾机，与苏州稼乐植保机械科技有限公司合作开发高地隙自平衡宽幅静电喷雾机，使先进的静电喷雾技术成为高效的喷雾装备，并在新疆棉田、镇江新区水稻田进行静电喷雾试验示范与技术推广；在上述基础上，农业部南京农业机械化研究所创新性提出双风送静电喷雾技术[61]，通过内风道改变传统风送静电喷雾机的雾流荷电方式，有效提高了雾流的荷电效果；增加外层护驾风帘，解决了荷电雾滴在开放的农田环境下易衰减的技术难题。结合冠层动态仿形静电喷雾技术和双风场耦合技术，根据果树冠层的结构形状改变双风送气流喷雾参数，使荷电雾流不仅穿透性强，而且雾流荷电量高、不易衰减，到达作物靶标前的雾滴附着力强，从而大大提高了荷电雾滴在植物表面的附着率和穿透性。并将此项技术应用于果园喷雾，形成了果园双风送静电喷雾机，分别在江苏梨园、陕西苹果园进行双风送静电喷雾试验示范与技术推广。

5. 在喷头模型方面

西北农林科技大学与农业部南京农业机械化研究所通过对常用农用植保喷嘴的测试分析，提出了扇形雾喷嘴的三个特征参数（喷嘴终端形状、喷雾角和流量）和锥形雾喷嘴的三个特征参数（雾型分布状态、雾锥角和流量）可作为喷嘴型谱数据库的关键字段，解决了扇形雾喷嘴、锥形雾喷嘴的型谱构成问题，建立了不同系列喷嘴的型谱模型[62]。

（六）新型植保机械与施药技术

2007年以来，我国在植保机械与施药技术研究开发中取得了长足进步，在国家"863"计划、公益性行业科研专项等项目支持下，我国科学家和植保机械企业共同努力下，突破水田地面喷雾、低量防飘移喷雾、旱地矮秆作物均匀稳压喷雾、高秆作物喷杆喷雾、果园风送喷雾、设施园艺弥雾、航空施药等关键技术，研制了高效宽幅远射程机动喷雾机、水田与旱地自走式喷杆喷雾机、果园自走式风送喷雾机、植保无人飞机等系列装备，实现了"人背机器"到"机器背人"、的转变，工作效率大幅度提升，初步实现了"植保机械现代化"。

1. 地面施药技术

（1）水田地面喷雾技术

针对水田作物病虫害防治过程中机具下田难的问题，采用宽幅远射程喷枪技术，实现田埂上行走"不下水田"施药作业，突破水田稳定行走底盘技术，解决水田行走下陷和打滑的问题。

新型高压宽幅远射程机动喷雾机。农业部南京农业机械化研究所开展了高压宽幅均匀雾喷洒技术研究，攻克了均匀雾喷洒技术、高速高压陶瓷液泵技术、四冲程轻量化汽油机动力技术、自动混药技术、手动或机动卷管技术，并与技术含量较高的多种辅助技术相集成，研制开发了适应我国水稻适度规模经营、劳动生产率高、喷洒性能优良的新型高效宽幅远射程机动喷雾机系列，达到快速、大面积、安全高效的病虫害防治效果，与传统机型相比具有显著优势。此项成果获得中国农科院科技进步一等奖和江苏省科技进步三等奖。

中国农业机械化科学研究院、农业部南京农业机械化研究所、中国农业大学等单位攻克了水田自走式喷杆喷雾机的行走驱动技术、水田自走式喷杆喷雾机喷杆自动减振平衡与折叠技术、简易型喷雾自动控制技术和提高水田自走式喷杆喷雾机行走稳定性的技术。采用高花纹充气式橡胶轮胎，与实心窄轮胎相比，轮胎断面较宽，减小了接地比压，使得水田自走式喷杆喷雾机不容易下陷和打滑。研究开发出水田自走式风送静电喷杆喷雾机、水旱两用自走式喷杆喷雾机等。

（2）旱地矮秆作物均匀稳压喷雾技术

针对我国小麦、棉花、大豆等典型旱地作物喷雾作业质量差、作业装备落后等问题，突破恒压防滴技术、均匀施药喷雾技术、低量施药技术、防飘技术等关键技术难题，解决喷雾作业过程中作业稳定性差、雾滴沉积不均、施药量大、雾滴飘移严重等问题。

农业部南京农业机械化研究所集成均匀施药喷雾技术、防飘技术以及恒压防滴技术，创制了两种推车式均匀雾机动喷雾机，配置轻型小流量高速泵和轻型农用小型动力，配置轻型低量喷杆和低量远射均匀喷枪两种喷射部件。低量远射均匀喷枪具有雾滴穿透率强、易于对靶、飘移较少、作业效率高等特点；轻型低量喷杆完成水平、垂直及多角度均匀喷雾作业，通过不同组合，可实现植保机械多品种、喷雾形式多样化，满足不同作物病虫害防治需要。

中国农业大学、中国农业机械化研究院等单位分别研制出适用于典型中高秆旱地作物的自走式低量防飘喷杆喷雾机，突破自走底盘动力传递及驱动系统、行走及转向控制技术、低量防飘喷雾技术等，提高自走式底盘的通过性与稳定性；研发挡板导流式防飘喷雾系统，拨开作物冠层，增强雾滴的穿透性，增加雾滴在作物中下部的沉积量与作物靶标背面的沉积分布，有效减少雾滴飘失，减少药液使用量。为减少雾滴飘移，中国农业大学研究开发了风幕防飘技术，通过风幕式气流辅助雾滴穿透冠层，有效提高雾滴穿透性，提高雾滴沉积，降低雾滴飘移；另外通过多喷头组合技术，明显改善雾滴沉积均匀性。经过在北京、山东等地生产试验示范，推广应用了低量防飘移喷雾技术，为适应典型中高秆旱地作物植保作业的喷杆喷雾机提供了技术与装备支撑[63-64]。

（3）高秆作物喷杆喷雾技术

针对玉米等高秆作物中后期机具进田难、药液穿透性差的现状，采用高地隙底盘技术、轮距可调技术、喷杆平衡技术等关键技术，提高机具通过性；采用吊杆技术和风幕技术，解决农药雾滴穿透性差、操作人员污染中毒风险大的问题。

中国农业科学院植物保护研究所联合北京丰茂植保机械有限公司，攻克了自轻便高架喷杆喷雾机的整机结构布置方式、底盘变向动力传递技术、底盘液压驱动防滑技术、高架自走式底盘的减振技术、轮距调整技术及吊杆喷雾技术等技术问题，研发了自走式轻便高架喷杆喷雾机。该机于2015年批量生产，经过两年在北京、河北、辽宁、山东、内蒙古和黑龙江等地生产试验示范，机具的喷洒性能、使用安全性、使用经济性、防治效果和适用农药都得到很好验证，推广应用了自走式高秆作物喷杆喷雾技术，为玉米田以及高秆作物中后期病虫害防治提供了技术与装备支撑。

农业部南京农业机械化研究所针对玉米等生长中后期病虫害防治装备缺乏、技术落后的现状，以提高雾滴在高秆作物内的附着率为目标，从增强雾滴的穿透性着手，开展了低量均匀喷雾技术、高通过性底盘技术、喷雾作业自动控制技术等关键技术研究，开发喷杆及喷枪组合装置、高通过性底盘、喷杆折叠展开装置以及控制系统等关键部件，创制了大型高地隙自走式喷杆喷雾机，解决目前施药作业效率低，劳动强度大，农药有效利用率低的问题，其先进性和创新性明显，对于提升高秆作物机械化植保水平意义重大。

中国农业机械化科学研究院攻克了高秆作物高穿透性喷雾技术、超高地隙自走式底盘的行走稳定性技术、前后轮同步驱动和同辙转向控制技术、地隙和轮距动态调控技术、基于电液技术的防滑技术等关键技术，创制了超高地隙自走式喷杆喷雾机，完成了喷雾机的性能试验和玉米田间生产试验考核。

（4）果园高效喷雾技术

针对我国果园大多采用大流量喷淋的粗放落后施药技术、低矮果园机具通过性差的现状，突破果园风送喷雾技术、果园风送对靶变量喷雾技术、果园风送静电喷雾技术，农药有效利用率提高30%以上；采用自走低矮底盘技术、无人驾驶遥控技术，有效降低机具高度，解决低矮密植果园中机具的通过性问题。

1）自走式果园风送喷雾机。农业部南京农业机械化研究所针对我国果树密植、低矮化的种植情况，研究设计了3WZ-600自走式果园风送喷雾机和3WLZ-600履带自走式果园风送喷雾机高通过性低矮底盘，设计了果园喷雾机专用低矮底盘，底盘为四轮驱动，转弯半径小，底盘上采取单动力源（发动机动力）输入、多动力输出的齿轮分动箱，同时满足行走、喷雾、风送及转向等作业要求，摩擦式多片离合器和液压转向机构的设计使得专用底盘结构紧凑，在密植果园中作业灵活机动，可实现高速机械化作业；3WLZ-600型履带式果园喷雾机采用履带式底盘，适用于平缓丘陵地区、土壤黏重果园以及棚架果园植保作业，具有外型尺寸小，通过性能好，爬坡能力强，转弯半径小等特点；两种喷雾机喷雾系统设计均采用圆环双流道风送雾化装置，双流道径向出风装置和径向导风装置地调节使得出风定向并均匀，与多路环状药液均匀喷洒装置、风扇液压无级调速控制系统相配合，可根据不同树冠高度和树型，确定并调节雾流方向及喷雾量，辅以不同强度的高速风力输送，使喷出的雾滴全部直接处于风机产生的均匀气流风场范围内，实现定向低量高穿透性喷雾作业，有效改善果树树膛内部的药液附着状况，提高冠层内药液附着率20%以上。

2）自走式风送对靶变量喷雾机。中国农业大学攻克风送对靶变量施药技术，解决果园施药冠层密，药液穿透困难、喷雾量过大、风量供需不匹配、喷雾作业自动化程度低等技术难题，研发出适合传统种植与宽行密植果园种植模式的自动对靶变量喷雾机。突破风量调节技术，根据冠层体积风量需求实时调节风机转速，有效降低由于风量过大或过小造成的雾滴飘移或流失；自动对靶探测技术，采用LIDAR传感器实时探测冠层体积及密度，为变量施药提供数据支撑，有效提高靶标探测精度；高频PWM流量调节技术，实时调节喷头流量，实现按需施药，有效降低农药使用量；仿形喷雾技术，装配可调式喷杆，根据果园种植模式（行距）调节喷头与树冠间距，有效提高雾滴穿透性；自动控制技术有效提高作业自动化水平。经过在北京、山东等地生产试验示范，推广应用了风送对靶变量施药技术，为精准植保机具的结构设计和性能优化提供理论与方法参考。

3）果园风送静电喷雾机。农业部南京农业机械化研究所攻克了仿形电极荷电技术、荷电雾滴静电场与风场耦合技术、双风道组合喷雾技术、风送雾流场与冠层仿形喷雾技术和轻量化的多级高频脉冲荷电技术，解决电极几何形状和距离喷嘴口位置不匹配、荷电效果不理想和荷电雾流的电荷快速衰减等问题，研制3WQ-400型果园双风送静电喷雾机，将传统风送喷雾机施药量依然有50升/亩左右，降低至施药量低于10升/亩，而且增加叶背面的药液覆盖率，依然很好地满足病虫害防治要求。

4）小型助力推车式喷雾机。农业部南京农业机械化研究所针对部分果园行间行走条件差，土壤松软、地面不平坦，现有非动力推车式喷雾机出现行走困难、作业效率低等问题，通过改进行走轮，加装助力系统（48V锂电池、350W轮毂电机、Φ400mm车轮、速度可调），研制了电动助力推车式施药平台。主要创新点是：合理地将轮毂电机与手推式机具相结合，结构紧凑之余同时能够提供足够助力支持，同时喷雾系统动力和行走助力系统动力共用锂电池供电驱动，并可装配可调喷杆和均匀雾喷枪，使用方便，操作简单，大幅减轻了劳动强度，提高了工作效率。

5）郁闭型果园遥控弥雾机。西北农林科技大学遵循农机与农艺相结合原则，研制了适应郁闭型传统果园种植模式的3MGY-200郁闭型果园遥控弥雾机，采用轻量化设计技术和研发的微型动力机。该弥雾机体积小通过性好，解决了郁闭果园长期无弥雾机可用的大问题；遥控操作安全更方便，解决了手持式零距离人工喷施造成的农药毒害、甚至死亡的安全问题。

（5）设施园艺弥雾技术

针对设施园艺作物温室内高温、高湿、密闭不透风的工作环境，突破气力辅助静电喷雾技术、设施弥雾喷雾技术，提高农药雾滴在设施内的弥散均匀性，有效降低喷施雾量。

1）气力辅助式静电喷雾机。江苏大学基于高速气流辅助静电雾化原理，开发了由充电式镍氢电池、静电发生器、枪体和静电喷头等组成的气力辅助式静电雾化喷枪部件，在此基础上，集成喷雾机机体、药箱和空压机等设备，研制了气力辅助式静电喷雾机，使带电射流在高速气流的作用下被破碎成更细小的雾滴，其表面积累电荷减小了雾化阻力，且带有同种电荷的雾滴相互产生排斥作用，从而进一步改善雾化状况，解决了设施病虫害防治农药有效利用率和作业效率低的难题。

2）风力辅助式弥雾喷雾机。中国农业大学研制了基于传感器技术和 PWM 技术的3W-ZW20 型风力辅助式弥雾喷雾机，通过霍尔传感器探测控制喷雾机工作状态，PWM 技术根据作物高度和密度控制机具行走速度，通过控制面板或摇动器对施药过程进行控制和监控，并能实现自动调节喷头流量，解决了温室空间狭小施药机具不易行进、药液雾滴穿透困难、施药不均匀等难题。

2. 农业航空施药技术

农业航空施药是一种有效的农作物病虫害防治手段，也是一种重要的农业植保服务方式，能对突发性病虫害爆发进行快速响应，并且能适用于地形复杂地面机械进入困难的场合。按照作业平台分可以分为载人飞机和无人机平台，无人机农业航空施药具有低劳动力成本的优势，与地面机械相比，不会对作物和土壤的物理结构造成损坏。因此，农业航空施药技术在农业生产中得到了广泛的应用和推广。其中，航空施药技术主要可分为有人驾驶飞机航空施药技术及无人驾驶飞机航空施药技术。

（1）基于载人飞机的航空施药技术

美国是最早使用有人驾驶飞机进行航空施药技术的国家，早在 1906 年，载人农用飞机被用于俄亥俄州喷洒化学农药消除草害的应用，开启了载人飞机航空施药发展之路。随着电子和信息技术的快速发展，一系列精准农业技术，如静电喷雾技术、变量施药技术、精密导航定位技术等，都逐渐开始应用于航空施药作业中，使得航空施药作业更准确。航空静电喷雾技术可加速荷电雾滴的沉降过程，增加雾滴在作物冠层中的穿透性，从而减少航空喷施雾滴的飘移；近年来，一些航空变量施药控制系统也逐渐被人们研发出来，如加拿大 AG-NAV 公司研制出型号为 AG-NAV 导航控制系统和 AG-FLOW 变量控制系统，它能够实时显示喷药地块、路线及控制施药量等，2016 年，华南农业大学兰玉彬带领的精准农业航空团队联合山东瑞达有害生物防控有限公司对其系统在 AS350B3e 有人直升机上的应用进行了试验测试，并得到了较好的结果，验证了此系统的有效性；Adapco 公司生产的 Wingman GX 系统，可以提供基本的飞行指导、飞行记录及喷洒流量控制等功能；其准确的气象信息分析减少了喷洒过程中农药在非靶标作物上的飘移量，最大限度地优化了喷洒质量；Hemisphere 公司研发的 Satloc M3 系统，它主要通过 AirTrac 软件和 AerialAce 流量控制器来达到变量施药的效果。试验证明，变量施药控制系统有效解决了有人驾驶飞机无差别施药造成的农药浪费，提高了农药的有效利用率。在农业病虫害防治方面进行的研究和试验表明，飞机的飞行参数、雾滴谱粒径、喷头配置和药液物理性质等因素对航空喷施雾滴沉积与飘移均有影响。

（2）基于无人机的航空施药技术

世界上第一架用于喷洒农药的无人机由日本雅马哈公司于1990年开发和生产，被用于对田间害虫进行控制，如水稻、大豆和小麦。由于无人机工作高度较低有助于减少漂移，低成本、高灵活性等优势，近些年来，相比有人驾驶飞机航空施药，无人机航空施药的应用发展迅速，无人机喷施系统和低空低容量喷施应用技术有了显著的进步，同时各种类型的无人机纷纷涌现，并被应用于各种农作物的航空施药作业中。如开发用于无人机精准喷雾器的间病虫害防治效果进行试验分析研究，如无人机飞行高度、飞行速度、喷幅以及外界环境参数等与作物冠层的雾滴沉积量、沉积密度、沉积均匀性之间关系的研究，同时对防治效果进行调查分析，在此基础上，对无人机航空施药作业参数进行优化，提高施药质量减少漂移。在无人机施药参数方面的探索与研究结果为有效应用小型无人机开展航空施药作业提供了极大的参考价值。

农业部南京农业机械化研究所薛新宇研究团队在国家"十一五"期间"863"项目支持下，与中国人民解放军总参谋部第六十研究所等单位合作，率先研制出我国油动单旋翼植保工程无人机，载重量大、续航时间长，实现了遥控驾驶、低空低容量喷雾防治病虫害的技术，并在江苏、江西、安徽、上海、河南、海南、宁夏、新疆等全国二十多个地区进行试验示范，针对水稻、小麦、玉米、枸杞、果树等十多作物上开展田间应用试验和推广。在"十二五"期间，在公益性行业科研专项项目、农业部行业标准制定和修订项目等的支持下，团队系统地开展了航空施药飘移控制技术研究、自适应变量施药技术研究、植保无人机高精度自动导航技术研究、施药一体化操控技术研究等，建立了低空低量精准施药技术体系，实现农药靶标定向沉积，提高了农药有效利用率；在无人机高浓度低量施药效果和安全性评价方面，团队进行了高浓度剂型筛选研究、环境安全评估研究，并研发了手机端APP，实现快捷、直观显示施药效果，科学指导航空施药和量化评估作业质量；根据作物种植模式、不同生育期病虫害发生规律，确定不同防治时期、不同病虫害植保无人飞机喷施方案与喷施要求，制定与不同作物、不同病虫害、不同机型配套的喷施作业技术规范；团队根据我国现有植保无人飞机的类型以及目前行业发展的技术水平，在型号编制、技术要求、检测方法等方面做了详细要求，制订我国首个植保无人飞机行业标准《植保无人飞机质量评价技术规范》，规范行业发展，为政府监管、第三方检测提供了依据。

中国农业科学院植物保护研究所袁会珠团队、华南农业大学国家精准农业航空兰玉彬团队在云南、湖南、新疆、河南等多地开展橙树、水稻、棉花、小麦等多种作物的无人机航空施药技术应用研究。2016年，河南全丰航空科技有限公司和华南农业大学组织40多家农业无人机企业成立了国家航空植保科技创新联盟，这是正式开启中国农用无人机航空施药技术应用发展的里程碑。联盟于2016年5月、2016年7月和9月先后组织多家单位分别在河南和新疆等地开展小麦蚜虫防治和喷施棉花脱叶剂的测试作业，加快了无人机航空施药技术的应用和推广。2016 年 8 月，陕西省三十万亩玉米黏虫病害大爆发，联盟组织多家联盟成员、调动一百余架无人机开展紧急防治救灾工作。此次救灾是国内农用无人机航空施药作业的首次协同作战，标志着应用农用无人机进行大规模病虫害防治进入新的篇章。

（七）"十二五"以来本学科发展建设情况

"十二五"以来本学科发展建设情况见以下表中。

表 1　本学科重大研究项目

序号	项目类型	项目名称	主持人	主持单位	执行时间
1	公益性行业（农业）科研专项	农药高效安全科学施用技术	郑永权	中国农业科学院植物保护研究所	2009—2014
2	国家重点研发计划	种子、种苗与土壤处理技术及配套装备研发	曹坳程	中国农业科学院植物保护研究所	2017—2020
3	国家重点研发计划	化学农药对靶高效传递与沉积机制及调控	黄啟良	中国农业科学院植物保护研究所	2017—2020
4	国家重点研发计划	地面与航空高工效施药技术及智能化装备	兰玉彬	华南农业大学	2016—2020.
5	广东省教育厅国际合作平台创新平台项目	国际合作精准农业航空应用关键技术联合研究	兰玉彬	华南农业大学	2016—2019
6	广东省引进领军人才项目	精准农业航空关键技术研究与应用平台建设	兰玉彬	华南农业大学	2017—2022
7	广东省重大科技计划项目	精准农业中无人机作业关键装置研究及应用	兰玉彬	华南农业大学	2017—2020
8	广东省教育厅国际合作平台创新平台项目	国际合作精准农业航空应用关键技术联合研究	兰玉彬	华南农业大学	2016—2019
9	国家重点研发计划	农用航空作业关键技术研究与装备研发	薛新宇	农业部南京农业机械化研究所，	2017—2020
10	公益性行业（农业）科研专项	植保机械关键技术优化提升与集成示范	薛新宇	农业部南京农业机械化研究所	2012—2016

表2　本学科重大科研平台

序号	平台名称	依托单位	首席科学家	成立时间	授予部门
1	农业部农药应用评价监督检验测试中心（北京）	中国农业科学院植物保护研究所	郑永权	2014	农业部
2	国家精准农业航空施药技术国际联合研究中心	华南农业大学	兰玉彬	2016	科技部
3	国际农业航空施药技术联合实验室	华南农业大学	兰玉彬	2015	广东省科技厅
4	农业航空应用技术国际联合实验室	华南农业大学	兰玉彬	2015	广东省教育厅
5	农业部农药研制与施用技术重点实验室	广西田园生化股份有限公司	李卫国	2013	农业部。
6	广东省农业航空应用工程技术研究中心	华南农业大学	罗锡文	2013	广东省科技厅
7	江苏省施药技术与装备工程技术研究中心	农业部南京农业机械化研究所	薛新宇	2012	江苏省科技厅
8	农业航空应用技术国际联合研究中心	北京农业智能装备技术研究中心	赵春江	2015	科技部
9	中美施药技术联合实验室	农业部南京农业机械化研究所	薛新宇	2011	中国农业科学院
10	土壤植物机械系统技术国家重点实验室	中国农业机械化科学研究院	陈志	2008	科技部
11	农业部现代农业装备重点实验室	农业部南京农业机械化研究所	梁建	2007	农业部

表3　本学科重要研究团队

团队名称	依托单位	学术带头人	批准部门	入选时间
农业科研杰出人才及其创新团队：农药应用风险评估与控制研究创新团队	中国农业科学院植物保护研究所	郑永权	农业部	2012
农业科研杰出人才及其创新团队：农风险性种传病害与抗药性病害的预警与防控创新团队	中国农业大学	刘西莉	农业部	2015
中国农业科学院科技创新工程："农药化学与应用"创新团队，首席科学家	中国农业科学院植物保护研究所	郑永权	中国农业科学院	
中国农业科学院科技创新工程："土壤有害生物综合防控"创新团队	中国农业科学院植物保护研究所	曹坳程	中国农业科学院	
中国农业科学院科技创新工程："植保机械"创新团队	农业部南京农业机械化研究所	薛新宇	中国农业科学院	

表4 "十二五"以来获奖成果

序号	获奖等级	成果名称	第一完成单位	获奖年度
1	国家科技进步二等奖	农药高效低风险技术体系创建与应用	中国农业科学院植物保护研究所	2015
2	国家科技进步二等奖	主要作物种子健康保护及良种包衣增产关键技术	中国农业大学	2016
3	农业部中华农业科技奖一等奖	农药高效低风险技术体系创建与应用	中国农业科学院植物保护研究所	2015
4	农业部中华农业科技奖一等奖	高效减量精准施药技术与机具研发应用	中国农业大学	2013
5	北京市科学技术二等奖	毁灭性土传病害综合治理体系的构建与创新	中国农业科学院植物保护研究所	2015
6	教育部科技进步奖二等奖	农药精量高效喷施关键技术及应用	江苏大学	2016
7	江苏省科学技术奖二等奖	自动导航无人机低空施药技术	农业部南京农业机械化研究所	2013
8	江苏省农业丰收奖二等奖	农业航空生物植保技术集成与示范应用	农业部南京农业机械化研究所	2014
9	国家知识产权局，专利奖优秀奖	基于模型的直升机航空施药飘移预测方法	农业部南京农业机械化研究所	2016
10	国家知识产权局，专利奖优秀奖	基于 GPS 导航的无人机施药作业自动控制系统及方法	农业部南京农业机械化研究所	2015

三、本学科国内外研究进展比较

（一）种子包衣技术

1. 种衣剂产品同质化问题比较普遍，市场竞争激烈

从整体现状来看，我国农药工业研发现状是创制能力弱，在制剂开发中长期缺乏自主创制的活性成分和有效的配套助剂体系，而国外创制的新药剂在一定时期内均受到专利保护，因此种衣剂的新有效成分和新产品配方的研发和应用受到制约。直接影响了我国种子处理剂行业的发展，削弱了企业竞争力。

目前国内企业登记的种子处理剂产品仍以生产仿制品种为主，产品同质化问题比较普遍，登记的种衣剂配方绝大部分产品无自主知识产权，缺乏高效、作用特点突出的高端产品。在已经登记的六百多个产品中，前五位的登记数量占比为47.3%，其中，吡虫啉单剂为79个，噻虫嗪单剂为65个，戊唑醇单剂的54个，含有克·福的产品51个，多·福为

58 个，苯醚甲环唑单剂为 46 个。另外，国内企业的生产能力远大于实际生产量，加上近年来先正达，拜耳等国外跨国公司在中国种子处理市场的进入和发展，产品市场竞争将更加激烈。

另外，由于国际上种子处理剂正向有效成分多元复配或桶混使用方向发展，以实现种子处理的多功能化特点。而我国目前对于有效成分的多元复配还存在着登记政策的限定，严重制约了一些新产品配方的研发和应用，导致很多种农剂企业或种子企业在未进行严格的桶混试验之前，采用包衣前桶混的方式进行现混现用，给种子处理的安全性带来了极大的隐患。

2. 种子处理剂的登记作物和防治对象相对集中，蔬菜等小作物登记产品缺乏

生产中使用或正在登记的种子处理剂产品其登记作物和防治对象相对集中，玉米、小麦、棉花、大豆、花生、水稻是企业登记的六大热点作物。其中玉米种子处理剂占种子处理剂市场的 48%，而我国水稻种子处理剂市场份额仅占种子处理剂市场的 5%。蔬菜，药材等小作物登记产品缺乏，导致生产中很多小宗作物无登记产品可用，但用户为了减轻蔬菜等小宗作为苗期病虫害的发生和危害，自发使用或盲目使用未在该作物上登记的产品，轻则导致防治低效或无效，重则导致田间药害或人畜中毒。2012 年至 2016 年逐年统计表明，玉米产品数量比例分别为 32.7%、46%、38%、31% 和 30%；小麦产品数量比例分别为 20.4%、16%、26%、23% 和 30%；棉花产品数量比例为 15.1%、17%、15%、14% 和 13%；花生产品数量比例为 10.8%、6%、6%、10% 和 7%；水稻产品数量比例分别为 4.9%、9%、7%、15% 和 13%；另外的 8 种登记作物高粱、谷子、向日葵、马铃薯、绿豆、甜菜、西瓜、油菜上登记产品数量所占比例仅为 7.32%。另据资料报道，我国水稻市场份额仅占种子处理剂市场的 5%，远低于玉米的 48%，小麦的 24%，大豆的 10%。可见，市场份额比例与各作物的登记产品数量也基本上是相一致的。

同时，除了传统意义上的种子，农业上的种子还应该包括块茎或块根等作物生殖器官，因此，需进一步加强种子处理剂在一些经济或粮食作物的块根块茎上的登记，并鼓励及开展种子处理剂处理块根块茎的应用技术研究，保障种子处理剂使用的安全性和有效性。

3. 种子处理剂型单一，需要加速新剂型的开发和应用

目前我国的种子处理剂以悬浮种衣剂为主，悬浮种衣剂产品占总产品数量的 80% 以上，不同企业的产品稳定性，包衣均匀性、牢固度，缓释性能和成膜效果等性能指标差异性很大，很多企业的制剂加工工艺和技术水平尚需进一步提高。同时，需要加速种子处理可分散粉剂、种子处理微囊悬浮剂等新剂型产品的开发和应用。

我国的农药缓释和控释技术在种子种苗上的研究起步相对较晚，相关技术报道主要在2000 年以后，目前也有辛硫磷微囊剂、毒死蜱微囊剂和毒死蜱·氟虫腈微囊剂等成功用于花生蛴螬防治，以及长效缓释新烟碱类杀虫剂成功用于全生育期防治小麦蚜虫等。这些产品和技术深受农户欢迎，但相对来说用于种子种苗处理的缓释控释产品非常少，除花生

和小麦外，其他作物上应用非常有限，产品的质量和安全性也有待提高。

（二）土壤消毒技术

由于中国实行联产承包制的小农生产模式，与发达国家的工业化生产模式有很大的差别。因此，国外使用的大型机械在中国难以应用。并且在道路行走和运输上有困难。

1. 使用的熏蒸剂

国外商业化使用的熏蒸剂主要是氯化苦、1，3-D、棉隆和威百亩，我国登记的熏蒸剂有氯化苦、棉隆、威百亩、硫酰氟。DMDS 和 AITC 正在登记之中。硫酰氟是中国首次在世界上登记作为土壤熏蒸剂防治根结线虫。DMDS 是中国具有自主知识产权的专利产品，正在登记防治根结线虫。

2. 使用的剂型及使用技术

国外使用的主要是乳油通过滴灌或注射施药。我国根据国情发展了适合中国小块农田的具有自主知识产权的氯化苦胶囊、氯化苦 +1，3-D 胶囊和碘甲烷胶囊技术。发明了硫酰氟配套的分布带施药技术，并均获得国家发明专利。

3. 土传病原菌检测技术

国内外研究水平无明显差距。环介导等温扩增技术因其检测特异性强、灵敏度高、成本低和操作步骤简单等优点，已被国外广泛应用于植物保护学科领域，国内近期报道的植物病原菌的检测方法也均以 LAMP 技术取代了传统的 PCR 技术。

4. 施药机械

国外有大型的液态注射施药机械、固态混合施药机械和气态注射施药机械，主要是采用氮气压缩点喷注射施药技术，施药精度和均匀已达到成熟的水平。但这些机械属大型机械，在中国农田难以使用，并且价格很高，难以维护。中国研发了适合中国的液态施药机械，创造性地改进了适合中国的电喷施药技术，施药效率显著提高，而故障率显著降低，制造和维护成本也很低。中国还研发了具有自主知识产权的固态施药机械，并开始商业化应用。中国目前缺乏气态注射和气态与液态混合施药设备。

5. 减少熏蒸剂散发的技术

由于各国对环境质量要求的提高，近年来控制熏蒸剂散发成了国际上研究的一个热点领域。覆盖塑料薄膜，控制土壤含水量，增加施药深度，施用有机物料和化学肥料都可以减少熏蒸剂的散发。美国实验表明，以下处理：①土壤表面喷洒硫代硫酸铵，②增加施药深度（46cm），③覆盖高密度聚乙烯膜（HDPE），④覆盖 VIF（Virtually impermeable film），⑤灌溉硫代硫酸铵溶液，分别可以减少 1，3- 二氯丙烯的散失量为 26.1%，1.0%，0.01%，94.2% 和 42.5%，氯化苦的散失量为 41.6%，23.3%，94.6%，99.9% 和 87.5%[49]。国外报道的一种新型的塑料薄膜（反应膜），其特点为下层为 HDPE，上层为 VIF，上下两层膜中放入了硫代硫酸铵。熏蒸剂透过 HDPE 后与中间层的硫代硫酸铵反应，可减少 trans-1，

3-二氯丙烯的散发量达97%，cis-1，3-二氯丙烯、氯化苦和碘甲烷的散发量达99%[53]。

总体来说，国外主要发展了三层的 VIF 和五层或七层的 TIF 膜，现在中国也均能生产。并且中国在利用生物炭减少熏蒸剂散发方面取得了许多重要进展，包括生物炭对控制熏蒸剂散发的效果，生物炭的理化特性、结构特征对熏蒸剂吸附、降解作用的影响，生物炭控制熏蒸剂散发的最佳添加时间和剂量等[54-55]。

6. 基础理论

中国系统研究了熏蒸剂对氮转化、对微生物群落结构、熏蒸剂的降解和环境归趋。提出了土壤熏蒸消毒与活化的理念。

7. 实际应用

中国土壤熏蒸的作物有草莓、生姜、黄瓜、番茄、茄子、辣椒、花卉、丝瓜、西瓜、甜瓜、芋头、人参、三七等。根据中国的具体情况，中国提出了土壤熏蒸消毒与活化的理念，即土壤熏蒸消毒后快带补充有益微生物，提早缓苗，促进作物快速健康的生长，并且极大延缓病原生物的发展，可实现一次土壤处理，有效控制土传病害二三年的效果。美国、日本等发达国家仍采用保险施药，即每年土壤熏蒸的方法。

国外仅将土壤熏蒸主要应用于一年生作物和葡萄、果树再植等作物，而中国首次将该技术成功应用到人参和三七等多年生高附加值作物，并取得良好的成效。

8. 社会化服务体系

在发达国家，熏蒸剂的使用大都由专业公司负责。日本是在农协指导下，由培训过的农民自己使用。中国已建立了适合国情的土壤熏蒸公司十个，成功地实现专业化服务，建立了专用的贮备库、采用专用运输车辆，由取得资质的专业人员采用标准化的操作，保障了施药人员的安全和土壤熏蒸效果。大幅度降低防治地上部病虫害的次数和费用，并减少肥料的使用，保障了食品安全。取得了良好的社会、经济和环境生态效益。

（三）新型植保机械及施药技术

1. 地面植保机械及施药技术

（1）喷洒关键部件及评价研究进展比较

喷头是植保机械的关键部件。国外特别重视对喷头的研究，一些著名的公司例如美国的 Spraying System 公司、Delavan 公司、丹麦的 Hardi 公司、德国的 Lechler 公司、法国的 Desmarquest & C.E.C.S.A 公司等生产的喷头规格齐全，种类繁多，并且根据不同的喷施对象研制许多特殊用途的喷头，如离心式转子喷头、双流喷头、低飘移喷头、不同雾锥角的实心、低量喷头及空心系列喷头和应用非常广泛的扁扇型系列喷头等。发达国家这些先进喷洒部件的开发应用，大大减少了农药的用量，提高了农药的有效利用率，并减少了环境污染。这也是发达国家在减少农药用量的情况下，农作物产量并没有明显下降的主要原因。国内在此方面的研究还比较落后，主要表现在基础研究薄弱，喷雾技术研究相对不足，喷头、机具与农药的研究缺乏有机结合，研究偏重于在药液物理特性、喷雾技术以及喷头布置方面。尽管国内开展了一定的研究，但与国外的研究相比，我国在喷头类型开发与不同场景下的应用研究还落后于欧美发达国家。近年来，国内的科研机构开始重视喷头基础理论研究，着力提高加工材料与工艺水平，使喷头的质量大幅提高。如农业部南京农业机械化研究所采用 CFD 仿真技术与 PIV、高速摄影等先进的研究手段，开发了扇形雾喷头系列、圆锥雾喷头系列、扇形雾陶瓷喷头和防飘喷头系列的四个系列二十种型号的喷头产品，经过雾滴尺寸、流量、喷雾角度、雾量分布、耐磨损性等多项指标检测，性能均达到或超过国际同类产品水平。

测试平台是喷雾质量评估与喷头设计的重要手段。在喷雾均匀性测试方面，国外较早的开展了喷头喷雾的研究，研制了一系列的喷头性能测试台，技术不断革新，并可以分段自动测定喷雾机喷雾量分布均匀性；国内农业部南京农业机械化研究所、黑龙江省农业机械工程科学研究院等都研制了不同的喷头性能试验台，尽管国内在自动化程度、喷杆定位准确性、数据的实时同步以及计算机的处理方面还有略微的不足，但是整体来看也基本满足试验测试需求。在飘移性评价方面，美国、德国、澳大利亚分别建有航空飘移风洞，2014 年 7 月农业部南京农业机械化研究所研究设计了国内首个植保专用低速风洞，在此基础上，2017 年 6 月华南农业大学建成的农业航空专用风洞实验室占地面积约 4500m²，该风洞依据国际 ISO 最新标准 ISO22856-2012 设计和建立，是一种兼具高速和低速功能的复合风洞，是国内首个专门用于农业航空的高低速复合风洞，也是世界农业工程领域最先进的风洞之一，在此方面国内外差别不大。

（2）地面施药技术的进展比较

国内在喷杆喷雾机的研究方面，山东农业大学设计研制了气流辅助式喷杆弥雾机和高地隙喷杆喷雾机，并研究了喷杆喷雾机精确对靶施药系统和喷雾工况参数对雾滴飘移的影响[65-67]；江苏大学设计研制了风送式喷杆喷雾机，并对喷杆喷雾机机架的轻量化设计，机架动态特性分析与减振设计，喷杆有限元模态分析与结构优化，喷杆弹性变形分析与控制，喷杆高度及平衡在线调控系统等多方面进行了研究和试验[68-69]；中国农业机械化科学研究院对超高地隙风幕式喷杆喷雾机的施药性能和防飘移技术等进行了研究，并在玉米和大豆作物上进行了田间施药试验[70-71]；农业部南京农业机械化研究所在喷雾机喷杆结构形状及截面尺寸优化，喷杆动力学仿真和试验方面进行了研究[72]。美国在喷杆喷雾机的研究方面开展较早，如美国田纳西大学，俄亥俄州立大学对喷杆动态特性与喷施均匀性之间关系，喷杆的自动控制等进行了研究[73-75]，近几年研究包括美国 Continuum Dynamics，Inc 公司，奥本大学，肯塔基大学等机构，对喷杆喷雾机流场、雾滴沉积分布，药液实时压力和流量控制，基于处方图的变量施药等方面进行了研究[76]；意大利都灵大学使用实验台测试了喷杆高度和喷嘴类型对喷施效果的影响[77-79]，波罗尼亚大学使用气流辅助式喷杆喷雾机在科罗拉多进行了马铃薯天牛防治试验[80]；其他国外大学和研究机构包括日本带广畜产大学，塞尔维亚诺维萨德大学，英国食品与环境研究局，比利时鲁汶天主教大学等对喷雾沉积分布电脑仿真模拟，喷杆高度、工作压力与喷雾分布、均匀性之间的关系模型，喷雾飘移对周围作业者和居民影响分析，雾滴飘移预测的二维扩散模型等方面进行了研究分析[81-84]。总的来看，相比国外，近些年国内在喷杆喷雾机的研究方面论文较多。

国内在果园喷雾机的研究方面，农业部南京农业机械化研究所研制了果园自走式风送喷雾机，并研究了动力底盘设计，进行了风道气流场仿真与试验[85-87]；南京农业大学研制了自走式果园风送定向喷雾机和气流辅助静电果园喷雾机，进行了圆环双流道风机的设计，研究了自动对靶喷雾控制系统[88-89]；山东农业大学，华南农业大学，中国农业大学等，分别对在自走式果园定向和自动对靶风送喷雾机[90-92]，果园在线混药型静电喷雾机[93]，变量喷雾的果园自动仿形喷雾机进行了研究和试验[94]，西北农林大学对果园空气辅助喷雾器不同喷嘴的雾滴沉积特性进行了试验[95]。国外在果园喷雾机的研究方面，比利时天主教鲁汶大学在果园喷雾机的 CFD 设计、建模、数值仿真和实验室评价等方面进行了系统研究，包括空气辅助果园喷雾机的 CFD 原型设计，风速风向和不同喷雾机类型 CFD 模拟，果树叶面对喷雾气流的建模，基于 CFD 的果园喷雾机实验室评估模型，不同果园类型条件下外界风与喷雾机类型对沉积分布影响的数值分析[96-101]；美国华盛顿州立大学进行了空气辅助果园喷雾机的沉积和覆盖效果试验[102]，佛罗里达大学研究了根据树叶密度调整气流强度的方法[103]；西班牙农业研究院研究了空气辅助喷雾器液滴运动的欧拉－拉格朗日模型[104]，莱里达大学进行了果园变量喷雾器的原型设计、实施和验证[105]；斯洛文尼亚马里博尔大学对苹果园喷雾机喷雾飘移与喷雾传播速度进行了研究[106]，卢布尔雅那大学研究了可变形空气辅助果园喷雾机的实时定位算法[107]；韩国首尔大学对果园喷雾作业过程中作业者暴露风险的评价进行了研究[108]。总的来看，国内外对果园喷雾机均有较多研究，国外的研究论文相对更多一些。

国内在设施农业方面，中国农业大学研制了温室风送式弥雾机、轨道式弥雾机和摇摆式变量弥雾机，研究分析了弥雾机的气流速度场与雾滴沉积特性、喷雾参数优化以及远程控制自动施药系统[109]；农业部南京农业机械化研究所进行了设施农业可控雾滴喷雾机的设计与试验[110]。国外在设施农业方面，韩国成均馆大学研究了温室喷雾器小车的自主导航跟踪算法[111]，阿根廷国立大学研究了温室内作业者与雾滴接触风险的问题[112]。在设施农业中使用的喷雾机方面，国内外研究均较少。

综合来看，国内外在喷杆喷雾机、果园喷雾机、设施农业喷雾机具等方面的研究水平和论文数量上相差不太大，但是国内学者基本发表的都是中文论文，在国外期刊上发表 SCI 论文的还很少，还有很大提升空间。

2. 精准农业航空施药技术

（1）航空施药技术

美国是最早使用有人驾驶飞机进行航空施药技术的国家，美国农业部（USDA）在这方面研究最多，如在 Air Tractor 402B 农用飞机上对变量喷施系统的喷施应用进行了测试，根据测试结果对系统的定位精度和流量控制准确性进行了分析[113]。美国农业部（USDA）张瑞瑞等人设计了一种用于有人直升机的变量施药控制系统并进行了相应试验，结果表明当直升机飞行速度小于 160km/h 时，实际施药量与设定施药量之间的误差保持在 10% 以内，提高了农药的有效利用率[114]。美国农业部（USDA）Huang 等人对 Air Tractor 402B 农用飞机在不同的喷头作业参数和不同飞行高度的条件下的雾滴沉积和飘移特性进行了试验研究[115]。国内在有人机航空施药方面目前研究较少，北京农业智能装备技术研究中心对 M-18B 型、Thrush 510G 型飞机在不同环境参数（风速、温度、湿度）、喷嘴角度条件下的有效喷幅宽度进行了评定，对不同飞机喷施作业的雾滴沉积分布特性进行了分析和比较[116]。在航空静电施药技术方面，华南农业大学总结了美国航空静电喷雾系统的发展历史与中国应用现状[117-119]，南京林业大学茹煜团队在有人机及无人机平台上搭载的静电喷雾系统方面开展了研究[120-121]。

日本是使用无人机进行农业航空施药的典型国家，在基础理论、关键技术、作业规范、重要部件以及装备等方面做了大量研究，能适合不同作业要求，目前用于农业方面的无人直升机以雅马哈公司的 RMAX 系列为主。近年来我国植保无人飞机呈高速发展态势，但核心关键技术与日本、德国等还有较大差距，尤其在自主飞控技术、动力与载荷匹配、作业精准和高效性等农用适应性关键技术方面亟待突破。为缩小与国外的差距，国内相关学者进行了大量研究，农业部南京农业机械化研究所薛新宇研究团队[122-128]于 2008 年承担首个国家 "863" 项目，开始了我国植保无人飞机在农业应用上的科研工作，研制了我国第一架 "Z-3N" 型农用植保无人机，并在江苏省进行小规模试验；2009 年至 2010 年，该团队在水稻、玉米等作物上进行了大规模的植保无人飞机的田间性能考核及病虫害防治效果评价；2013 年至 2014 年，在该团队及相关单位的大力推动下，成立了中国农业机械化协会农用航空分会和中国农业工程学会农业航空分会，使得植保无人飞机在农业上的应用得到广泛关注，一大批新型农业航空企业迅速诞生，植保无人飞机正式进入农业生产。在此基础上，2014 年至 2015 年期间，植保无人飞机开始纳入国家农机补贴试点，服务作业量巨增，大量银行、保险、风险投资开始涌入植保无人飞机市场，市场已自发形成生产 – 销售 – 服务的产业链。2016 年，我国载荷 5 升以上的农用无人机保有量已达 4869 台，超过日本位居世界第一；植保作业面积从 2013 年的不足 10 万亩增长至 2015 年的 1016 万亩；农用无人机生产企业从 2010 年的不足 10 家增至 2016 年的 260 余家，无人机农业领域应用产值达 5 亿元。农用无人机产品覆盖单旋翼、多旋翼，油动、电动等品种，已形成具有中国特色的新兴高新技术产业，具备了一定的国际影响力。此外，华南农业大学国家 "千人计划" 特聘专家国家精准农业航空首席兰玉彬教授在国际上最早提出 "精准农业航空" 的概念，并率先开展农业航空遥感和精准航空施药相结合的研究，在美国最早采用有人驾驶和无人驾驶平台进行作物数据采集和基于多传感器融合技术与空中遥感图像相互验证并用于指导航空施药的研究工作，回国后成立"国家精准农业航空施药技术国际联合研究中心"平台，并进行了大量的农用无人机相结合的低空遥感与精准施药研究[129]，于2017 年发表精准农业航空现状与未来发展趋势的研究综述，带领国内农用无人机遥感及施药走向国际化。在具体的研究方面，兰玉彬教授团队在无人直升机航空施药参数优化，航空喷施作业有效喷幅评定[130]，航空喷施作业质量评价及参数优选方法[131]等方面进行了研究，并对无人机风场对雾滴沉积的影响方面进行深入研究，系统阐述了无人机直升机以及多旋翼无人机风场与雾滴沉积关系研究。中国农业大学、江苏大学、中国农业科学院植物保护研究所等也进行了无人机航空喷施雾滴沉积与施药参数优化方面的研究[132-135]。

（2）航空施药验证技术

模型技术方面，早在二十世纪七十年代末到八十年代初，美国林业局就开始用最初的FSCBG（ Forestservice Cramer Barry grim）模型计算机模型来分析和预测有人机航空施药中雾滴飘移、沉积情况。美国农业部（USDA）将 FSCBG 模型发展成为了著名的有人机航空施药 AGDISP 模型[136]，之后各国学者又对 AGDISP 模型进行了改进和完善[1371]。目前我国学者已经开展适用于单旋翼植保无人飞机航空施药的雾滴飘移、沉积预测模型研究，农业部南京农业机械化研究所薛新宇研究团队的科研成果"基于模型的直升机航空施药飘移预测方法"获得第十八届中国专利优秀奖。

雾滴飘移检测技术方面，美国农业部（USDA）开发了一种雾滴沉积分布移动扫描系统[138]，北京农业智能装备技术研究中心研发了一种用于航空施药的雾滴沉积传感器[139]。农业部南京农业机械化研究所张宋超等人提出一种较传统检测方法更为方便的 CFD 模拟方法，对 N-3 型无人直升机施药作业中药液的飘移情况进行分析，并通过试验对该方法处理结果进行验证[128]。

风洞试验研究方面，美国农业部（USDA）Hoffmann、Fritz 和 Lan 通过一系列喷嘴在低速风洞中测得的尺寸和流量建立了 WTDISP（ Wind tunneldispersion）模型，然后用同样的喷嘴做实际试验，得到了很好的对比结果[140-142]。南京林业大学茹煜等对影响航空喷施雾滴飘移行为的相关因素进行了分析，获得了雾滴在侧风作用下的飘移预测模型，通过计算可以预测雾滴在侧风作用下的飘移距离，并在风洞中进行了实验验证[143]。华南农业大学兰玉彬团队对农业航空喷施风洞试验技术进行了总结[144]。

作业在线评价方面，农业部南京农业机械化研究所研发的航路规划与轨迹误差分析方法，实现了农用无人机飞行作业精度的在线测试；研发的作业覆盖率与重喷漏喷率测试技术，实现了农用无人机作业质量的统计分析与评价；集成创制了基于 GNSS 与 LBS 的融合定位技术的作业效果机载监测系统、安卓 APP 测试软件及云管理平台，建立了包含作业质量、作业效率、劳动生产率、作业面积的等关键性指标的农用无人机施药效果综合评价体系。

四、本学科发展趋势与展望

（一）种子处理技术发展趋势

1. 种子处理新剂型和应用技术研究和推广

我国已登记的种子处理剂中 80% 以上为水悬浮剂，剂型单一，持效期短，虽然目前在有效成分的选择、功能性助剂的使用、产品的综合性能（包衣牢固程度、脱落率、对种子的安全性、药剂的保护作用等）方面已经有了很大的提升，但仍需要进一步加大微胶囊剂、水可分散粒剂、纳米缓释剂等种子处理新剂型的研发和应用。大田作物的种子包衣以长效控释为目标，延长种子处理剂的有效保护作用，减少苗后的用药次数，促进植物健康，减少病虫发生，达到减少苗后施药的目的，进而实现最大化地减少农药在整个作物生长季的使用；针对现有种子包衣技术对蔬菜种子或其他作物块茎、块根携带病毒、细菌等低效、无效的现状，需开展以干热、蒸汽等物理处理新技术，脱毒、组培等生物处理新技术为核心的高效低风险种子处理技术研发和应用，以提高种子处理的有效性。

由于种子处理剂是以种子为载体的施药方式，一旦产品质量出现问题或产品使用不当或逆境胁迫等多种因素均会影响种子出苗和幼苗生长，导致田间药害产生，给农业生产带来重大的损失，因此，保障种子处理剂的安全、有效使用是一项长期重要的工作和任务，需要引起广泛关注和重视，同时需要系统开展种衣剂应用技术的研究：针对药剂处理后影响种子安全性的问题，需根据不同药剂特征，尤其是三唑类等易导致田间安全性问题的药剂，开展影响种子发芽和出苗的相关机制研究，明确种子处理剂药害问题的可能原因和解决途径；探明包衣种子的含水量、破损率、种子活力、包衣均匀度、种子贮藏条件和播种深度等对种子发芽和生长的影响特点和规律，提升包衣种子的质量，以避免或减少田间种子处理剂的药害问题。

2. 药剂的多元配伍和生物－化学药剂的协同使用

由于我国农药原药自主创制的品种少，目前仍以仿制产品为主，而国外创制的新药剂在一定时期内均受到专利保护，因此种衣剂的新有效成分和新产品配方的应用受到制约。目前，国际上种子处理剂正向有效成分多元复配或者桶混使用方向发展，以实现种子处理剂的多功能化特点。而我国目前对于有效成分的多元复配还存在着登记政策的限定和不确定性，迫切需要制定三元以及三元以上有效成分复配的新产品配方以及科学桶混的登记和管理政策，使种子处理剂发展适应国际上"多功能化"的潮流，并鼓励生物、化学药剂在种子处理剂中的协同使用。近几年来我国创制出几个具有很好生物活性的杀菌剂和杀虫剂，如氰烯菌酯，氟吗啉等杀菌剂，环氧虫啶，四氯虫酰胺等杀虫剂，在种子处理上都具有很好的应用前景。特别是应鼓励诸如诱导植物产生抗病性的诱抗剂和具有植物生长调节特点的活性成分在种子处理剂中的应用；在工作上，提倡配套助剂、专用成膜剂、专用警戒色等专业化研发团队和服务体系的协同作用，为种子处理剂产品性能的提高及新剂型的研发和技术升级提供重要的协同创新服务。

3.种子处理配套的服务体系建设

种子处理技术，是一项综合性高新技术，涉及到种子科学、种子加工、农药学、精细化工和作物栽培等多个学科，因此社会专业化研发团队和服务体系的建设尤为重要。目前国内已经初步形成了"警戒色专业化服务团队""配套助剂研发专业化服务团队""产品测试和机械包衣专业化服务团队等"，为种子处理剂产品性能的提高及新剂型的研发和升级改造提供了重要的技术服务。

在植保机械方面，针对我国大型种子生产企业的种子处理，加强引进或自主研发标准化和智能化的种子包衣配套装备，以实现大比例包衣种子，用于大批量种子的集中药剂处理之外，针对某些种植区域一家一户的生产特点或者乡镇农资销售服务的特点，关注便携式小型包衣机械的研制和生产，以避免目前手工包衣中出现的计量不准确、包衣均匀度差、包衣脱落率较高等问题，以全面提高种子包衣的质量。

（二）土壤有害生物综合防控技术发展趋势

我国的土壤熏蒸起步较晚，应用比例还不到1%，随着农业结构的调整和高附加值作物种植面积的增加，以及劳动生产力成本的上升，土壤熏蒸消毒还有很大的发展空间。美国加州用量最大的二十多个农药品种中，十多种是天然物质，六种是熏蒸剂，四种是除草剂。我国用量最大的二十种农药，有十种是杀虫剂，五种是杀菌剂，五种是除草剂，熏蒸剂的使用还没有排上日程。日本每年仅氯化苦的用量近一万吨，而我国每年熏蒸剂的用量目前仅三千吨左右，但表现出强劲的需求。

目前，国内对熏蒸剂的使用具有很大的偏见，国内一直主张禁用高毒农药。而高毒农药并不等同于高残留和危害。就目前的科学技术水平，美国、日本、澳大利亚、加拿大等发达国家和南非、墨西哥、阿根廷等发展中国家都在大量使用氯化苦等熏蒸剂进行土壤处理，全世界收获后的粮食熏蒸也都是使用高毒的磷化氢处理。采用熏蒸剂处理，通常是在作物种植前的土壤应用，在作物种植时，熏蒸剂已完全降解或散发，因此无农药残留问题，可极大保障食品安全。而不采用这样的技术处理，就需要多次用农药灌根的方法防治土传病害，不仅效果差，而易造成农药残留和地下水污染。我国多起"毒生姜"、"毒韭菜"、"毒大葱"事件都是违规使用高毒农药防治地下害虫或土传病害所致，这些高残留农药对人体的健康有很大的影响。而目前采用专业化服务体系，采用标准化的技术使用熏蒸剂，也从未出现人畜中毒事故。由于熏蒸剂阻止了氮的硝化和反硝化，可提高氮肥的利用率，减少肥料的应用。土壤熏蒸后，一次施药，杀灭了土壤中的地下害虫、病原菌、根结线虫、杂草。并且减少了地上部分病虫害的发生，节省大量的人工。所有使用过熏蒸剂的农民都乐于接受这一技术。但随着该技术的大面积应用，药剂供不应求，价格不断上涨，造成假冒伪劣农药大量涌现，严重损害农民的利益，并且假冒伪劣产品缺乏质量标准和监管，大量使用假冒伪劣产品造成严重的环境污染。由于是非法产品，无合格的使用人员，对使用者的健康也造成很大的影响。建议国家在严格监管的基础上，扩大熏蒸剂的生产，实行政府采购、专业服务、控制流通，保障食品安全、环境安全和农业生产的需求。

国外对种苗都有严格的标准，我国种苗质量有很大的差异，造成土传病害随种苗远距离传播。建议国家建立相关的技术体系，确保种苗质量。

随着测序技术和生物信息学研究手段的不断发展完善，极大地推动了植物病害精准诊断与病原检测与监测研究领域的发展。基因组测序在国外已被尝试用于新发病害的病原鉴定、病原菌群体基因组学等研究领域。国内在未来几年应加强该领域的基础储备，加强病害诊断能力与网络建设。

（三）新型植保机械及施药技术发展趋势

1. 地面植保机械及施药技术发展趋势

（1）加快植保机械现代化。目前国内的地面植保机械主要以手动喷雾器、电动喷雾器以及小型的自走式或牵引式的喷雾机为主，未来当学习国外的大、中型喷雾机，发展先进技术包括电子显示与控制系统，全液压驱动系统，农药注入与自清洗系统，以及完善的过滤系统等，融合现代微电子技术、仪器与控制技术、信息技术等众多高新技术，实现植保机械的高度专业化以及产品的系列化，促进植保机械的发展，提高植保性能，增加喷施农药的有效沉积率以及对靶率，降低农药的飘失风险。

（2）促进施药技术规范化。植保机械的作业质量除受到设备本身的影响以外，施药作业技术也有非常大的影响。我国当前施药技术的研究远远落后于发达国家。未来针对于不同的作业条件下采用不同类型喷头、喷雾压力以及不同作业环境下的技术要求应当规范化。当积极发展先进的施药技术包括：低量喷雾技术、自动对靶施药技术、静电喷雾技术、防漂移技术、精密施药技术等，实现施药的精准化以及规范化。

（3）研究植保机械关键共性技术。开展"喷头雾化机理及型谱模型"等基础理论研究，研发和完善适用于不同作物、作业对象、作业环境系列化喷嘴、喷枪、智能控制器及分配阀、液泵、风机等部件；开展平衡仿形悬架技术创新，研发适用于水田、高秆作物喷杆喷雾机自平衡仿形地盘和高通过性低矮果园底盘，先进的施药技术和装备的应用提供基础保障。

（4）融合高效施药技术和信息技术

对靶喷雾技术、气流辅助防飘喷雾技术、静电喷雾技术、可控雾滴技术、变量施药技术、循环喷雾技术，超低量施药技术等先进高效施药技术将是发展趋势，同时机器视觉技术、超声波探测技术、自动导航技术、物联网技术等高新技术也将逐步融合到施药控制技术中，进一步提高施药的精准、高效性。

（5）创制新型植保机具

针对水田作物、旱地作物、果园、设施作物等的各自特点，研发和创制包括适用于水田、旱地矮秆作物的新型自走式和牵引式植保机械、高秆作物的新型高（变）地隙植保机械以及果园的新型低矮式植保机械、篱架作物的新型仿形植保机械等，提高施药作业的专业化。

（6）加快植保机械科研成果转化

我国新型植保机械研究及成果产业化脱节。近些年，国内在应用新技术的植保机具的研制上取得了长足的进步，如静电喷雾机、喷雾高穿透性机具等一大批新型植保装备不断涌现，在提高作业效率和防治效果、降低防治成本和对环境的污染方面有着显著的提高。但是真正进入市场的新机具却很少，主要是科研院所缺乏规范化的管理和开拓市场的经验，而企业的科技创新能力很有限，这就大大限制了新型机具的推广范围。另外，科技成果的转化也缺乏市场化运作机制，相关扶持政策和配套管理还不完善，也是造成研发和产业化脱节的原因之一。

（7）制定标准规范

针对我国土地经营模式、种植模式和病虫害发生规律，各种专业化植保机械不断出新情况，对原有作业装备安全技术要求、试验方法、作业准则进行必要的修订；对行业内缺少的标准规范，尽快制定，以规范行业发展。加强作业防治效果测定技术及评价体系的研究，开展施药作业效果评估、作业质量评定、环境危害风险评估等标准研究与制定。

2. 精准农业航空技术发展趋势

（1）变量喷施技术

变量喷施技术是实现精确航空施药的核心，现有的商业变量喷施技术（Variable-Rate Technology，VRT）系统因成本高、操作困难，导致应用范围有限。需要一个经济的、面向用户的、并且可以处理空间分布信息的系统，仅在有病虫害的区域根据病虫害的严重程度喷施适量的农药量，实现农药的高效喷施以及将对环境的损害最小化。

（2）多传感器数据融合

农业航空精准喷施系统成功的一个关键步骤在于创建用于航空施药的精准处方图。处方图需要利用地理信息技术（GIS），融合多传感器、多光谱、多时相、甚至多分辨率的数据来创建。不同数据类型之间的融合是难点，实现异构数据之间的融合需要以新的方法为基础，并通过地理信息技术（GIS）全面集成到农业航空精准喷施系统中。

（3）差分定位（RTK）技术

全球卫星定位（GPS）技术是农用飞机（有人驾驶飞机／无人机）的重要组成部分，精确的空间定位和航路规划对农用飞机（有人驾驶飞机／无人机）航空施药作业至关重要，目前，差分定位（RTK）技术和产品由于其较高价格还没有大范围应用到农用飞机（或无人机）航空施药作业，随着微电子技术的快速发展，RTK 技术的成本将逐渐下降，RTK技术将成为未来在农业领域最重要的航空技术。

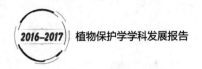

（4）多机协同技术

多机协同作业是以单架飞机作业为基础，组成包含多机的智能网络，网络中的每架飞机都需要能够针对任务进行整体协调，以便有效地覆盖一个大的区域同时在协作的过程中进行信息交互。随着互联网与大数据技术的进步，多机协同作业将在很大程度上节省劳动力成本和提高精准农业航空作业效率。

（5）无人机航空喷施的相关支撑辅助技术

无人机航空施药作业的支撑辅助技术如喷嘴、化学制剂和助剂等具有巨大的研究潜力。研发无人机静电喷嘴，雾滴粒径和喷洒量可调的喷嘴等；无人机航空施药的化学制剂如超低容量喷雾制剂，纳米生物制剂等；无人机航空施药化学助剂如改性植物油助剂、有机硅助剂等。这些技术的发展和应用将通过有效减少航空施药作业中液滴漂移和损失，促进吸收作物中的有效成分等方面，为农业航空施药作业提供强有力的保证。①航空植保关键技术及系统的熟化。进一步研究和熟化航空施药飘移控制技术研究、自适应变量施药技术研究、可控离心雾化技术研究、施药一体化操控技术研究等，完善植保无人飞机低空低量施药技术体系，并集成开发商品化的关键系统、部件，将先进、成熟的技术推向市场化应用。②航空植保辅助技术的研究与熟化。通过多学科的交叉，研究和熟化高精度导航定位技术、多传感器融合技术、多机协同技术、自动避障技术、仿地飞行控制技术等，为航空精准施药提供必要的辅助技术支撑。③航空施药质量与效果检测和评价技术研究。开发新型的传感器、测试装置，研究新型检测方法等，以实现航空施药质量和效果快速有效检测和评价为目标，实现航空施药作业前指导、作业中监测、作业后评估，保证安全施药。④航空施药标准与安全监管体系的构建。根据我国现有植保无人飞机目前行业发展的技术水平以对机具的及发展趋势，尽快制定包括针对植保无人飞机本体的安全技术要求、针对施药环节的操作规范、针对植保无人飞机使用的监管方法，构建完善的标准与安全监管体系。

参考文献

［1］屠豫钦，李秉礼，主编. 农药应用工艺学导论. 化学工业出版社，2006.

［2］袁会珠，李卫国，主编. 现代农药应用技术图解. 中国农业科学技术出版社，2013.

［3］杨婉霞，赵武云，杨梅. 基于专家系统的智能化种子包衣机控制系统研制. 中国农机化学报，2014，34（1）：206-221.

［4］Fengping Chen, Ping Han, Pengfei Liu, Naiguo Si, Junli Liu, Xili Liu*. Activity of the Novel Fungicide SYP-Z048 against Plant Pathogens. Scientific report. 2014，4：6473｜DOI：10.1038/srep06473.

［5］Pengfei Liu, Haiqiang Wang, Yuxin Zhou, QingxiaoMeng, Naiguo Si, Jianjun Hao and Xili Liu*. Evaluation of Fungicides Enestroburin and SYP1620 on Their Inhibitory Activities to Fungi and Oomycetes and Systemic

Translocation in Plants. Pesticide biochemistry and physiology. 2014, 112: 19–25.

[6] Kun Qian, Tianyu Shi, Shun He, Laixin Luo, Xili Liu*, Yongsong Cao. Release kinetics of tebuconazole from porous hollow silica nanospheres prepared by miniemulsion method. Microporous and Mesoporous Materials. 2013, 169: 1–6.

[7] Cao Y, Ling J, Xie B, et al. Rapid detection and identification of Fusarium oxysporum f. sp. Niveum [J]. Biotechnology Bulletin, 2015, 31 (7): 58–63.

[8] D Yang, N Wang, X Yan, J Shi, M Zhang, et al., microencapsulation of seed-coating tebuconazole and its effects on physiology and biochemistry of maize seedlings. Colloids and Surfaces B: Biointerfaces, 2014, 114, 241– 246.

[9] Lu C, Dai T, Zhang H F, et al. Development of a loop-mediated isothermal amplification assay to detect Fusarium oxysporum [J]. Journal of Phytopathology, 2015, 163 (1): 63–66.

[10] Peng J, Zhan Y, Zeng F, et al. Development of a real-time fluorescence loop - mediated isothermal amplification assay for rapid and quantitative detection of Fusarium oxysporum f. sp. niveum in soil [J]. Fems Microbiology Letters, 2013, 349 (2): 127–34.

[11] Peng J, Zhang H, Chen F, et al. Rapid and quantitative detection of Fusarium oxysporum f. sp. cubense race 4 in soil by real-time fluorescence loop-mediated isothermal amplification [J]. Journal of Applied Microbiology, 2014, 117 (6): 1740–1749.

[12] Li B, Du J, Lan C, et al. Development of a loop-mediated isothermal amplification assay for rapid and sensitive detection of Fusarium oxysporum f. sp. cubense race 4 [J]. European Journal of Plant Pathology, 2013, 135 (4): 903–911.

[13] Zhang X, Zhang H, Pu J, et al. Development of a real-time fluorescence loop-mediated isothermal amplification assay for rapid and quantitative detection of Fusarium oxysporum f. sp. cubense tropical race 4 in soil [J]. PloS One, 2013, 8 (12): e82841.

[14] Huang W, Zhang H, Xu J, et al. Loop-mediated isothermal amplification method for the rapid detection of Ralstonia solanacearum phylotype I mulberry strains in China [J]. Frontiers in Plant Science, 2017, 8 (28935): 76.

[15] Hu L X, Yang Z H, Zhang D, et al. Sensitive and rapid detection of Pectobacterium atrosepticum by targeting the gyrB gene using a real-time loop-mediated isothermal amplification assay [J]. Letters in Applied Microbiology, 2016, 63 (4): 289–96.

[16] Li Y, Chi L D, Mao L G, et al. First report of ginger rhizome rot caused by Fusarium oxysporum in China [J]. Plant Disease, 2014, 98 (2): 282–282.

[17] Li Y, Mao L G, Yan D D, et al. First report in China of soft rot of ginger caused by Pythium aphanidermatum [J]. Plant Disease, 2014, 98 (7): 1011–1011.

[18] Ren Z, Cao A, Li J, et al. First report of A. alternata causing black spot on Tomato (Solanum lycopersicum L.) in Tongzhou, China [J]. Plant Disease, 2017(ja).

[19] Li Y, Shen J, Pan B H, et al. First report of leaf spot caused by Alternaria alternata on marigold (Tagetes erecta) in Beijing, China [J]. Plant Disease, 2014, 98 (8): 1153–1153.

[20] 李园, 曹坳程, 郭美霞, 崔瑞, 吴篆芳, 赵海滨. 一种检测尖孢镰刀菌的 PCR 方法及试剂盒. 申请号: 201010567807.5.

[21] 李园, 曹坳程, 郭美霞, 崔瑞, 吴篆芳, 赵海滨. 辣椒疫霉荧光定量 PCR 检测法及检测试剂盒. 申请号: 201010570957.1.

[22] 李园, 曹坳程, 郭美霞, 王秋霞, 欧阳灿彬, 颜冬冬, 毛连纲, 马涛涛. 一种 PCR 快速检测大丽轮枝菌的方法及其试剂盒. 申请号: 201310321266. 1.

［23］ Yan D, Wang Q, Mao L, et al. Quantification of the effects of various soil fumigation treatments on nitrogen mineralization and nitrification in laboratory incubation and field studies［J］. Chemosphere, 2013, 90（3）: 1210-1215.

［24］ Yan D, Wang Q, Mao L, et al. Analysis of the inhibitory effects of chloropicrin fumigation on nitrification in various soil types［J］. Chemosphere, 2017, 175: 459-464.

［25］ Yan D, Wang Q, Mao L, et al. Interaction between nitrification, denitrification and nitrous oxide production in fumigated soils［J］. Atmospheric Environment, 2015, 103: 82-86.

［26］ Yan D, Wang Q, Li Yet al. Gelatin encapsulation of chloropicrin and 1, 3-dichloropropene as fumigants for soilborne diseases in the greenhouse cultivation of cucumber and tomato［J］. Journal of Integrative Agriculture, 2017, 16.

［27］ Wang Q, Yan D, Mao L, et al. Efficacy of 1, 3-dichloropropene plus chloropicrin gelatin capsule formulation for the control of soilborne pests［J］. Crop Protection, 2013, 48: 24-28.

［28］ Wang Q, Song Z, Tang J, et al. Efficacy of 1, 3-dichloropropene gelatin capsule formulation for the control of soilborne pests［J］. Journal of Agricultural and Food Chemistry, 2009, 57: 8414-8420.

［29］ Yan D, Wang Q, Mao L, et al. Evaluation of chloropicrin gelatin capsule formulation as a soil fumigant for greenhouse strawberry in China［J］. Journal of Agricultural and Food Chemistry, 2012, 60: 5023-5027.

［30］ Wang Q, Wang D, Tang J, et al. Gas-phase distribution and emission of chloropicrin applied in gelatin capsules to soil columns［J］. Journal of Environmental Quality, 2010, 39: 917-922.

［31］ Wang Q, Tang J, Wei S, et al. 1, 3-dichloropropene distribution and emission after gelatin capsule formulation application［J］. Journal of Agricultural and Food Chemistry, 2009, 58: 361-365.

［32］ Xie H, Yan D, Mao L, et al. Evaluation of methyl bromide alternatives efficacy against soil-borne pathogens, nematodes and soil microbial community［J］. PLoS One, 2015, 10: e0117980.

［33］ Li J, Huang B, Wang Q, et al. Effect of fumigation with chloropicrin on soil bacterial communities and genes encoding key enzymes involved in nitrogen cycling［J］. Environmental Pollution, 2017, 227: 534-542.

［34］ Li J, Huang B, Wang Q, et al. Effects of fumigation with metam-sodium on soil microbial biomass, respiration, nitrogen transformation, bacterial community diversity and genes encoding key enzymes involved in nitrogen cycling［J］. Science of The Total Environment, 2017, 598: 1027-1036.

［35］ Yan P, Zhang T, Li Y, et al. Effects of methyl bromide fumigation on community structure of denitrifying bacteria with nitrous oxide reductase gene（nosZ）in soil［J］. African Journal of Microbiology Research, 2012, 6: 2095-2100.

［36］ 王方艳, 王秋霞, 颜冬冬, 毛连纲, 郭美霞, 燕平梅, 曹坳程. 二甲基二硫熏蒸对保护地连作土壤微生物群落的影响［J］. 中国生态农业学报, 2011, 19: 890-896.

［37］ 谢红薇, 颜冬冬, 毛连纲, 吴篆芳, 郭美霞, 王秋霞, 李园, 曹坳程. 熏蒸剂对土传病原菌的防效和对土壤微生物群落的影响［J］. 中国农学通报, 2012, 28: 223-229.

［38］ Huang B, Li J, Fang W, et al. Effect of soil fumigation on degradation of pendimethalin and oxyfluorfen in laboratory and ginger field studies［J］. Journal of Agricultural and Food Chemistry, 2016, 64（46）: 8710-8721.

［39］ Fang W, Cao A, Yan D, et al. Effect of environmental conditions on the permeability of low density polyethylene film and totally impermeable film to methyl isothiocyanate fumigant［J］. Science of The Total Environment, 2017, 599: 1-8.

［40］ Fang W, Wang Q, Han D, et al. The effects and mode of action of biochar on the degradation of methyl isothiocyanate in soil［J］. Science of The Total Environment, 2016, 565: 339-345.

［41］ Fang W, Cao A, Yan D, et al. The Effect of Two Types of Biochars on the Efficacy, Emission, Degradation, and

Adsorption of the Fumigant Methyl Isothiocyanate ［J］. Energies, 2016, 10（1）: 16.

［42］ Ou L T, Thomas J E, Allen Jr L H, et al. Effects of application methods and plastic covers on distribution of cis- and trans-1, 3-dichloropropene and chloropicrin in root zone ［J］. Journal of Nematology, 2005, 37（4）: 483-488.

［43］ Qin R, Gao S, Ajwa H, et al. Interactive Effect of Organic Amendment and Environmental Factors on Degradation of 1, 3-Dichloropropene and Chloropicrin in Soil ［J］. Journal of Agricultural and Food Chemistry, 2009, 57（19）: 9063-9070.

［44］ 王秋霞, 颜冬冬, 王献礼, 吕平香, 李雄亚, 曹坳程. 土壤熏蒸剂研究进展［J］, 植物保护学报, 2017, 44（4）: 529-543.

［45］ EPA（US Environmental Protection Agency）. Pesticides in ground water database, a compilation of monitoring studies: 1971—1991. National Summary EPA734-12-92-0001, 1992.

［46］ Chellemi D O, Ajwa H A, Sullivan D A.Atmospheric flux of agricultural fumigants from raised-bed, plastic-mulch crop production systems ［J］. Atmospheric Environment, 2010, 44（39）: 5279-5286.

［47］ Qian Y, Kamel A, Stafford C, et al. Evaluation of the Permeability of Agricultural Films to Various Fumigants ［J］. Environmental Science andTechnology, 2011, 45: 9711-9718.

［48］ Simpson C R, Nelson S D, Stratmann J E, et al. Surface water seal application tominimize volatilization loss of methyl isothiocyanate from soil columns ［J］. Pest Management Science, 2010, 66: 686-692.

［49］ Gan J, Yates S R, Papiernik S, et al. Application of organic amendments to reduce volatile pesticide emissions from soil ［J］.Environmental Science andTechnology, 1998, 32（20）: 3094-3098.

［50］ Schwarzenbach R P, Gschwend P M, Imboden D M. Environmental organic chemistry ［M］. John Wiley & Sons: New York, 1993.

［51］ Gan J, Yates S R, Knuteson J A, et al. Transformation of 1, 3-dichloropropene in soil by thiosulfate fertilizers ［J］. Journal of Environmental Quality, 2000, 29: 1476-1481.

［52］ Ashworth D J, Ernst F F, Xuan R, et al. Laboratory assessment of emission reduction strategies for the agricultural fumigants 1, 3-dichloropropene and chloropicrin ［J］. Environmental Science and Technology, 2009, 43（13）: 5073-5078.

［53］ Zheng W, Yates S R, Papiernik S K, et al. Reducing 1, 3-dichloropropene emissions from soil columns amended with thiourea ［J］. Environmental Science and Technology, 2006, 40（7）: 2402-2407.

［54］ Wang Q X, Yan D D, Liu P F, et al. Chloropicrin Emission Reduction by Soil Amendment with Biochar ［J］. PloS One, 2015, 10（6）: e0129448.

［55］ Wang Q X, Gao S D, Wang D, et al. Mechanisms for 1, 3-dichloropropene dissipation in biochar-amended soils ［J］. Journal of Agricultural and Food Chemistry, 2016, 64: 2531-2540.

［56］ Xuan R C, Yates S R, Ashworth D J, et al. Mitigating 1, 3-dichloropropene, chloropicrin, and methyl iodide emissions from fumigated soil with reactive film ［J］. Environmental Science and Technology, 2012, 46: 6143-6149.

［57］ Shen G Q, Ashworth D J, Gan J, et al. Biochar amendment to the soil surface reduces fumigant emissionsand enhances soil microorganism recovery ［J］. Environmental Science and Technology, 2016, 50: 1182-1189.

［58］ Han D W, Yan D D, Cao A C, et al. Degradation of dimethyl disulfide in soil with or without biochar amendment ［J］. Pest Management Science, 2017.

［59］ 郑永权, 农药高效低风险技术体系创建与应用, 中国植物保护学会 2016 年学术年会论文集.

［60］ 袁会珠, 王国宾, 雾滴大小和覆盖密度与农药防治效果的关系, 植物保护, 2015, 41（6）: 9-16.

［61］ 崔龙飞, 薛新宇, 丁素明, 乔白羽, 乐飞翔. 大型喷杆及其摆式悬架减振系统动力学特性分析与试验［J］. 农业工程学报, 2017, 33（9）: 61-68.

［62］张玲，周良富，孙竹，薛新宇，秦维彩．双风道风送静电喷雾系统试验研究［J］．中国农机化学报，2014，35（6）：65-68，93.

［63］樊荣．植保喷嘴系列型谱模型库的建立及应用软件的开发［D］．西北农林科技大学，陕西，2014.

［64］王潇楠，何雄奎，Andreas Herbst，等．喷杆式喷雾机雾滴飘移测试系统研制及性能试验［J］．农业工程学报，2014，30（18）：55-62.

［65］王俊，董祥，严荷荣，王锦江，张铁，曾亚辉．风幕式喷杆喷雾机玉米田间施药试验［J］．农业机械学报，2015，7（46）：79-84.

［66］刘雪美，苑进，张晓辉，等．3MQ-600型导流式气流辅助喷杆弥雾机研制与试验［J］．农业工程学报，2012，28（10）：8-12.

［67］苑进，赵新学，李明，等．高地隙喷杆式与隧道式一体喷雾机的设计与试验［J］．农业工程学报，2015（s2）：60-68.

［68］刘雪美，李扬，李明，等．喷杆喷雾机精确对靶施药系统设计与试验［J］．农业机械学报，2016，47（3）：37-44.

［69］韩红阳，陈树人，邵景世，等．机动式喷杆喷雾机机架的轻量化设计［J］．农业工程学报，2013，29（3）：47-53.

［70］魏新华，邵菁，解禄观，等．棉花分行冠内冠上组合风送式喷杆喷雾机设计与试验［J］．农业机械学报，2016，47（1）：101-107.

［71］张铁，杨学军，董祥，等．超高地隙风幕式喷杆喷雾机施药性能试验［J］．农业机械学报，2012，43（10）：66-71.

［72］张铁，杨学军，严荷荣，等．超高地隙喷杆喷雾机风幕式防飘移技术研究［J］．农业机械学报，2012，43（12）：77-86.

［73］陈晨，薛新宇，顾伟，等．喷雾机喷杆结构形状及截面尺寸优化与试验［J］．农业工程学报，2015，31（9）：50-56.

［74］Batte M T, Ehsani M R. The economics of precision guidance with auto-boom control for farmer-owned agricultural sprayers［J］. Computers & Electronics in Agriculture, 2006, 53（1）: 28-44.

［75］Gunn J, Womac A R, Hong Y J. Sprayboomdynamic effects on application uniformity［J］. Transactions of the Asae, 2004, 47（3）: 647-658.

［76］Teske, M.E., Thistle, H.W., Lawton, T.C.R., Petersen, R.L. Evaluation of the flow downwind of an agricultural ground sprayer boom［J］. Transactions of the Asabe, 2016, 59（3）: 839-846,

［77］Teske M E, Thistle H W. Technical Note: A Comparison of Single Spray Path Ground Boom Sprayer Deposition Patterns［J］. Transactions of the Asabe, 2011, 54（5）: 1569-1571.

［78］Sharda A, Fulton J P, Mcdonald T P, et al. Real-time pressure and flow dynamics due to boom section and individual nozzle control on agricultural sprayers［J］. Transactions of the Asabe, 2010, 53（53）: 1363-1371.

［79］Luck J D, Zandonadi R S, Luck B D, et al. Reducing pesticide over-application with map-based automatic boom section control on agricultural sprayers［J］. Transactions of the Asabe, 2010, 53（53）: 685-690.

［80］Balsari P, Gil E, Marucco P, et al. Field-crop-sprayer potential drift measured using test bench: Effects of boom height and nozzle type［J］. Biosystems Engineering, 2017: 3-13.

［81］Ade G, Rondelli V. Performance of an air-assisted boom sprayer in the control of Colorado beetle infestation in potato crops［J］. Biosystems Engineering, 2007, 97（2）: 181-187.

［82］Fujimoto A, Satow T, Kishimoto T. Simulation of spray distribution with boom sprayer considering effect of wind for agricultural cloud computing analysis［J］. Engineering in Agriculture Environment & Food, 2016, 9（4）: 305-310.

［83］Visacki, V., Sedlar, A., Gil, E., et al. Effects of sprayer boom height and operating pressure on the spray uniformity and distribution model development [J]. Applied Engineering in Agriculture, 2016, 32（3）: 341-346.

［84］ Miller P C H, Miller P C H, Miller P C H. BREAM: A probabilistic Bystander and Resident Exposure Assessment Model of spray drift from an agricultural boom sprayer [M]. Elsevier Science Publishers B. V. 2012, 88（4）: 63-71.

［85］ Baetens K, Ho Q T, Nuyttens D, et al. A validated 2-D diffusion-advection model for prediction of drift from ground boom sprayers [J]. Atmospheric Environment, 2009, 43（9）: 1674-1682.

［86］ 丁素明, 傅锡敏, 薛新宇, 等. 低矮果园自走式风送喷雾机研制与试验 [J]. 农业工程学报, 2013, 29（15）: 18-25.

［87］ 周良富, 张玲, 薛新宇, 等. 3WQ-400 型双气流辅助静电果园喷雾机设计与试验 [J]. 农业工程学报, 2016, 32（16）: 45-53.

［88］ 周良富, 傅锡敏, 丁为民, 等. 组合圆盘式果园风送喷雾机设计与试验 [J]. 农业工程学报, 2015, 31（10）: 64-71.

［89］ 邱威, 丁为民, 申宝营, 等. 3WZ-700 型果园喷雾机通过性能分析 [J]. 农业机械学报, 2012, 43（6）: 63-67.

［90］ 邱威, 丁为民, 汪小旵, 等. 3WZ-700 型自走式果园风送定向喷雾机 [J]. 农业机械学报, 2012, 43（4）: 26-30.

［91］ 许林云, 张昊天, 张海锋, 等. 果园喷雾机自动对靶喷雾控制系统研制与试验 [J]. 农业工程学报, 2014, 30（22）: 1-9.

［92］ 张晓辉, 姜宗月, 范国强, 等. 履带自走式果园定向风送喷雾机 [J]. 农业机械学报, 2014, 45（8）: 117-122.

［93］ 姜红花, 白鹏, 刘理民, 等. 履带自走式果园自动对靶风送喷雾机研究 [J]. 农业机械学报, 2016, 47（S1）: 189-195.

［94］ 杨洲, 牛萌萌, 李君, 等. 果园在线混药型静电喷雾机的设计与试验 [J]. 农业工程学报, 2015, 31（21）: 60-67.

［95］ 李龙, 何雄奎, 宋坚利, 等. 基于变量喷雾的果园自动仿形喷雾机的设计与试验 [J]. 农业工程学报, 2017, 33（01）: 70-76.

［96］ Zhai C Y, Zhao C J, Wang X, et al. Nozzle test system for droplet deposition characteristics of orchard air-assisted sprayer and its application [J]. International Journal of Agricultural & Biological Engineering, 2014, 7（2）: 122-129.

［97］ Delele M A, Jaeken P, Debaer C, et al. CFD prototyping of an air-assisted orchard sprayer aimed at drift reduction [J]. Computers & Electronics in Agriculture, 2007, 55（1）: 16-27.

［98］ Endalew A M, Debaer C, Rutten N, et al. A new integrated CFD modelling approach towards air-assisted orchard spraying. Part I. Model development and effect of wind speed and direction on sprayer airflow [J]. Computers & Electronics in Agriculture, 2010, 71（2）: 128-136.

［99］ Endalew A M, Debaer C, Rutten N, et al. A new integrated CFD modelling approach towards air-assisted orchard spraying—Part II: Validation for different sprayer types [J]. Computers & Electronics in Agriculture, 2010, 71（2）: 137-147.

［100］ Dekeyser D, Duga A T, Verboven P, et al. Assessment of orchard sprayers using laboratory experiments and computational fluid dynamics modelling [J]. Biosystems Engineering, 2013, 114（2）: 157-169.

［101］ Endalew A M, Debaer C, Rutten N, et al. Modelling the Effect of Tree Foliage on Sprayer Airflow in Orchards [J]. Boundary-Layer Meteorology, 2011, 138（1）: 139-162.

［102］ Duga A T, Dekeyser D, Ruysen K, et al. Numerical analysis of the effects of wind and sprayer type on spray distribution in different orchard training systems［J］. Boundary-Layer Meteorology, 2015, 157（3）: 1-19.

［103］Khot L R, Ehsani R, Maja J M, et al. Evaluationof deposition and coverage by an air-assistedsprayer and two air-blast sprayers in a citrus orchard［J］. Transactions of the Asabe, 2014, 57（4）: 1007-1013.

［104］Pai N, Salyani M, Sweeb R D. Regulating airflow of orchard airblast sprayer based on tree foliage density.［J］. Transactions of the Asabe, 2009, 52（52）: 1423-1428.

［105］Salcedo R, Vallet A, Granell R, et al. Eulerian-Lagrangian model of the behaviour ofdroplets produced by an air-assisted sprayer inacitrus orchard［J］. Biosystems Engineering, 2017, 154: 76-91.

［106］A. Escol í, J. R. Rosell-Polo, Planas S, et al. Variable rate sprayer. Part 1-Orchard prototype: Design, implementation and validation［J］. Computers & Electronics in Agriculture, 2013, 95（1）: 122-135.

［107］M. Lešnik, D. Stajnko, S. Vajs. Interactions between spray drift and sprayer travel speed in two different apple orchard training systems［J］. International Journal of Environmental Science & Technology, 2015, 12（9）: 3017-3028.

［108］Osterman A, Stopar M. Real-time positioning algorithm for variable-geometry air-assisted orchard sprayer［J］. Computers & Electronics in Agriculture, 2013, 98（7）: 175-182.

［109］Kim E, Moon J K, Choi H, et al. Probabilistic Exposure Assessment for Applicators during Treatment of the Fungicide Kresoxim-methyl on Apple Orchard by Speed Sprayer［J］. Journal of Agricultural & Food Chemistry, 2015, 63（48）: 10366-10371.

［110］祁力钧, 杜政伟, 冀荣华, 等. 基于GPRS的远程控制温室自动施药系统设计［J］. 农业工程学报, 2016, 32（23）: 51-57.

［111］龚艳, 陈小兵, 赵刚, 等. 设施农业可控雾滴喷雾机的设计与试验［J］. 农业开发与装备, 2012,（05）: 10-13.

［112］Lee I N, Lee K H, Lee J H, et al. Autonomous greenhouse sprayer navigation using automatic tracking algorithm［J］. Applied Engineering in Agriculture, 2015, 31（1）: 17-21.

［113］Ramos L M, Querejeta G A, Flores A P, et al. Potential dermal exposure in greenhouses for manual sprayers: analysis of the mix/load, application and re-entry stages.［J］. Science of the Total Environment, 2010, 408（19）: 4062-4068.

［114］Thomson S J, Smith L A, Hanks J E. Evaluation of application accuracy and performance of a hydraulically operated variable-rate aerial application system.［J］. Transactions of the Asabe, 2009, 52（3）: 715-722.

［115］Zhang Ruirui, Li Yang, Yi Tongchuan, Chen Liping. Design and experiments of control system of variable pesticide application for manned helicopter. Journal of Agricultural Mechanization Research［J］. 2007, 10: 124-127.

［116］Yanbo Huang, SJ Thomson. Characterization of spray deposition and drift from a low drift nozzle for aerial application at different application altitudes. Electronics Letters［J］. 2011, 38（17）: 967-968.

［117］Zhang D Y, Chen L P, Zhang R R, et al. Evaluating effective swath width and droplet distribution of aerial spraying systems on M-18B and Thrush 510G airplanes. Int J Agric & Biol Eng［J］. 2015, 8（2）: 21-30.

［118］Kirk I W, Hoffmann W C, Carlton J B. Aerial Electrostatic Spray System Performance［J］. Transactions of the ASAE, 2001, 44（5）: 1089-1092.

［119］Fritz B K, Hoffmann W C, et al. Aerial application methods for increasing spray deposition on wheat heads［J］. Applied Engineering in Agriculture, 2007, 23（6）: 709-715.

［120］张亚莉, 兰玉彬, Bradley, 等. 美国航空静电喷雾系统的发展历史与中国应用现状［J］. 农业工程学报, 2016, 32（10）: 1-7.

［121］茹煜, 周宏平, 贾志成, 等. 航空静电喷雾系统的设计及应用［J］. 南京林业大学学报（自然科学版）, 2011, 35（1）: 91-94.

［122］茹煜，金兰，贾志成，等.无人机静电喷雾系统设计及试验［J］.农业工程学报，2015，31（8）：42-47.

［123］Xue X Y，Jian L，Liu P Z，et al. Development of a Distribution System for Measuring Nozzle Integrative Parameters［C］// Selected Abstracts in the，International Conference of Bionic Engineering，2010：133-138.

［124］Zhou Q Q, Xue X Y, Qin W C, Cai C, Zhou L F. Optimization and test for structural parameters of UAV spraying rotary cup atomizer［J］. Int J Agric & Biol Eng, 2017; 10（3）：78-86.

［125］Xue X, Lan Y, Sun Z, et al. Develop an unmanned aerial vehicle based automatic aerial spraying system［J］. Computers & Electronics in Agriculture, 2016, 128：58-66.

［126］Xue X Y, Tu K, Qin W C, et al. Drift and deposition of ultra-low altitude and low volume application in paddy field.［J］. International Journal of Agricultural & Biological Engineering, 2014, 7（4）：23-28.

［127］Qin W C, Qiu B J, Xue X Y, et al. Droplet deposition and control effect of insecticides sprayed with an unmanned aerial vehicle against plant hoppers［J］. Crop Protection, 2016, 85：79-88.

［128］秦维彩，薛新宇，周立新，等.无人直升机喷雾参数对玉米冠层雾滴沉积分布的影响［J］.农业工程学报，2014，30（5）：50-56.

［129］张宋超，薛新宇，秦维彩，等.N-3型农用无人直升机航空施药飘移模拟与试验［J］.农业工程学报，2015，31（3）：87-93.

［130］Zhang H, Lan Y, Suh P C, et al. Fusion of remotely sensed data from airborne and ground-based sensors to enhance detection of cotton plants［J］. Computers & Electronics in Agriculture, 2013, 93（1）：55-59.

［131］陈盛德，兰玉彬，李继宇，等.植保无人机航空喷施作业有效喷幅的评定与试验［J］.农业工程学报，2017，33（07）：82-90.

［132］廖娟，臧英，周志艳，等.作物航空喷施作业质量评价及参数优选方法［J］.农业工程学报，2015（s2）：38-46.

［133］王双双，何雄奎，宋坚利，等.农用喷头雾化粒径测试方法比较及分布函数拟合［J］.农业工程学报，2014，30（20）：34-42.

［134］王昌龄，何雄奎，王潇楠，Janes Bonds，植保无人机施药雾滴空间质量平衡测试方法，农业工程学报，2016，32（20）：54-61.

［135］邱白晶，王立伟，蔡东林，等.无人直升机飞行高度与速度对喷雾沉积分布的影响［J］.农业工程学报，2013，29（24）：25-32.

［136］高圆圆，张于涛，袁会珠，等.小型无人机低空喷洒在玉米田的雾滴沉积分布及对玉米螟的防治效果初探［J］.植物保护，2013，39（2）：152-157.

［137］Bilanin A J, Teske M E, Barry J W, et al. AGDISP：The Aircraft Spray Dispersion Model, Code Development and Experimental Validation［J］. 1989, 32（1）：0327-0334.

［138］Thistle H W, Teske M E, Droppo J G, et al. AGDISP as a Source Term in Far Field Atmospheric Transport Modeling and Near Field Geometric Assumptions［C］// 2005 Tampa, FL July 17-20, 2005. 2005.

［139］Zhu H, Salyani M, Fox R D. A portable scanning system for evaluation of spray deposit distribution［M］. Elsevier Science Publishers B. V. 2011.

［140］张瑞瑞，陈立平，兰玉彬，等.航空施药中雾滴沉积传感器系统设计与实验［J］.农业机械学报，2014，45（8）：123-127.

［141］Fritz B K, Hoffmann W C, Lan Y B. Evaluation of the EPA Drift Reduction Technology（DRT）low-speed wind tunnel protocol.［J］. Journal of Astm International, 2009, 6（4）：183-191.

［142］Hoffmann W C, Fritz B K, Lan Y. Evaluation of a proposed drift reduction technology high-speed wind tunnel testing protocol.［J］. Journal of Astm International, 2009, 6（4）：212-223.

［143］Fritz B K, Hoffmann W C, Birchfield N B, et al. Evaluation of spray drift using low-speed wind tunnel

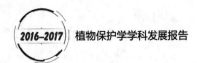
measurements and dispersion modeling. ［J］. Journal of Astm International，2010，7（6）：1–14.

［144］ 茹煜，朱传银，包瑞.风洞条件下雾滴飘移模型与其影响因素分析［J］.农业机械学报，2014，45（10）：66–72.

［145］ 刘洪山，兰玉彬，薛新宇，周志艳，罗锡文.农业航空喷施风洞试验技术研究进展［J］，农业工程学报，2015（s2）.

撰稿人：曹坳程　袁会珠　刘西莉　薛新宇　兰玉彬　秦维彩　王国宾　颜冬冬

杂草科学学科发展研究

一、引言

杂草科学研究的对象是一大类重要生物灾害——杂草。杂草生物学、生态学研究是认知杂草的重要基础，杂草致灾机制、杂草抗药性机制、杂草防控方法研究是建立杂草防控技术体系的理论依据，杂草防控方法和技术研究是农业产业持续健康发展的重要保障。在"十二五"科技支撑计划、公益性行业（农业）科研专项农田杂草防控技术研究与示范（201303022）、公益性行业（农业）科研专项杂草抗药性监测及治理技术研究与示范（201303027）、国家自然科学基金等项目的支持下，2011—2017年，我国杂草科学研究和应用取得了重要进展。

明确了我国四个杂草稻群体的起源及其独立去驯化起源方式，发现栽培稻的基因渗入对杂草稻种群的遗传分化、杂草稻适应性进化起着重要作用；揭示了稗通过基因簇合成防御性次生代谢化合物与水稻竞争或抵御稻田病菌的遗传机制；明确了陕西、山东等六省多份节节麦和圆柱山羊草的亲缘关系；发现在菟丝子及其连接的不同寄主形成的微群落中，受攻击菟丝子产生的系统性信号能够通过菟丝子连接快速、持续、远距离地传递到微群落中的其他寄主植物；发现了休眠相关基因 *DELAY OF GERMINATION1*（*DOG1*）通过 microRNA 途径调控种子休眠和开花的新机制。

揭示了夏熟（麦、油）作物田杂草以猪殃殃属为优势的旱作地杂草植被类型和以看麦娘属为优势的稻茬田杂草植被类型与分布，提出了杂草群落复合体的概念和相应治理策略，明确了节节麦、雀麦、大穗看麦娘、多花黑麦草等杂草的生物学特性、扩散机制。

明确了细交链格孢菌酮酸（tenuazonic acid，简称 TeA）、从椰子中分离得到的除草活性化合物羊脂酸、空心莲子草（*Alternantheraphiloxe-roides*）生防菌假隔链格孢（*Nimb-*

yaalternantherae）毒素（Vulculic acid）、马唐致病型弯孢霉 *Curvulariaera grostidis* QZ–2000 菌株在侵入马唐组织过程中产生的 α，β–dehydrocurvularin 毒素、鸭跖草茎点霉毒素的抑草机制。

明确了稗对二氯喹啉酸、五氟磺草胺，耳叶水苋、野慈姑对苄嘧磺隆，萤蔺、鳢肠对吡嘧磺隆、苄嘧磺隆、五氟磺草胺，茵草、看麦娘、日本看麦娘、耿氏硬草对精噁唑禾草灵、甲基二磺隆，播娘蒿、荠菜、牛繁缕对苯磺隆，马唐对烟嘧磺隆、咪唑乙烟酸和氟唑嘧磺草胺、反枝苋对咪唑乙烟酸、牛筋草高效氟吡甲禾灵、草甘膦、百草枯的抗药性与抗药性机制，抗药性杂草种群或在靶标的位点氨基酸取代，或代谢酶活降低。成功获取 332 个代谢基因全序列，发现一些与杂草抗药性相关的差异蛋白和与调节相关的 microRNA，鉴定得到多个潜在代谢抗药性基因。

发现平衡施加化肥或配施有机肥处理能减少稻田杂草密度，从而抑制其发生危害程度。长期平衡施肥既有利于作物的优质高产，也有利于农田土壤种子库群落的稳定。平衡施加化肥和实行养分循环两种施肥模式结合起来对杂草的抑制效果更佳。不同水稻栽培方式的稻田已形成了完整的化学除草体系。磺酰脲类、酰胺类、二氯喹啉草酮等 10 余类化学除草剂在稻田大面积推广使用，解决了稻田杂草危害的主要问题。明确了主要杂草的关键防控时期，多种化学除草剂的除草活性、喷雾助剂对麦田重要除草剂的增效作用、多种农艺措施的控草作用，制定了针对不同优势杂草种群及群落的控草方案，提出了小麦田杂草防除精准防控时期、精准环境条件、精准靶标和精准药剂选择的"四个精准"的杂草化学防控技术，结合轮作、深翻、秸秆还田等农艺控草技术，极大地提高了除草效果和对作物的安全性，有效降低了除草剂使用量。

我国杂草科学研究的整体水平与发达国家相比仍有较大差距。一是缺乏有重大影响的领军人才和有影响力的杂草科学家；二是国家对该领域的立项重视不够，研究队伍太小；三是研究工作的创新性不强；四是研究工作缺乏自我特色；五是主攻研究方向不够稳定持续。致使科研积累和沉淀不足，具有特色的创新性成果少，国际竞争力不强。为缩小我国杂草科学研究与国际研究水平的差距，提高国际影响力和竞争力，解决现代农业发展和全球气候变化中不断增加且日益复杂的杂草科学问题，服务可持续发展农业，杂草科学须加强基础研究和应用基础研究，研发创新非化学防控生态友好型技术，构建和推广多样性可持续控草技术体系，推动杂草治理方式向多样性措施并举的转变。

二、学科发展现状

（一）杂草生物学和生态学研究

杂草生物学、生态学研究是认知杂草的重要基础。2011—2017 年间，我国科学家针对杂草稻、稗、节节麦、菟丝子等重要杂草开展深入研究，取得了一系列突破性进展。明确了化学除草技术广泛推广应用、省工节本的轻型耕作栽培模式普遍实施、单季稻取代双季稻被、外来杂草入侵以及抗药性杂草形成等，导致农田杂草群落结构发生明显演替。

1. 杂草稻

杂草稻（*Oryza sativa*）是一种在水稻田不断自生并危害水稻生产的具有杂草特性的稻属植株，全国杂草稻发生面积在333.33万/万顷以上，已经成为危害广泛的恶性杂草（梁帝允和强胜，2011）。我国是水稻起源国，杂草稻类型多样、来源复杂、分布广，且与栽培稻的形态、生理生化代谢、生长发育以及对除草剂的敏感性等十分相似。因此，深入开展杂草稻起源与演化的研究，将为其防除甚至水稻育种，提供理论依据。

浙江大学樊龙江团队联合中国水稻研究所陆永良团队，对从我国江苏、广东、辽宁和宁夏四地收集的155份杂草稻材料和76份当地历年栽培稻品种进行了全基因组重测序（平均层数18X）和群体分析明确了我国杂草稻均起源于栽培稻，在起源过程中均经历了强烈的遗传瓶颈效应。其中江苏、广州杂草稻起源于籼稻，而辽宁、宁夏杂草稻起源于粳稻，且四个群体的起源方式为独立去驯化起源。鉴定出了四个主要杂草稻群体和去驯化相关的位点，且在7号染色体6.0~6.4Mb区间发现了各独立起源杂草稻的趋同进化区域。这段区域包括了决定水稻种皮颜色基因 *Rc* 且富集了一串编码水稻过敏性蛋白的相关基因（如图1）。这段区域可能在水稻去驯化形成杂草稻的过程中扮演了重要的作用。将杂草稻去驯化区域和栽培稻驯化区域比较，阐明了杂草稻去驯化过程中并非是简单地将栽培基因型恢复为野生型，而是利用新的变异和分子机制适应环境。等位基因频率变化分析发现，已有变异（Standing variation）和新的突变（new mutation）在不同类型（籼、粳）杂草稻进化中的作用有明显差异。杂草稻基因组上很多区域受到了平衡选择信号的发现，揭示了杂草稻群体可能在从农田人为环境到复杂的自然环境的适应性进化过程中，受到了平衡选择

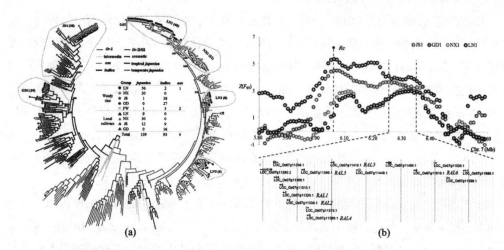

图1　栽培水稻及其去驯化水稻（杂草稻）系统发生树（a）和一个重要趋同进化环境适应基因位点（b）

从而产生更多的遗传多态性以适应复杂的生存环境。这一过程与水稻驯化过程经历的正向（定向）选择相反。研究结果，加深了对作物驯化和去驯化进化的遗传机制认识，对理解杂草稻环境适应机制具有重要理论指导意义。研究成果论文 Genomic variation associated with local adaptation of weedy rice during de-domestication 发表在 *Nature Communications*（Qiu et al.，2017）。

复旦大学卢宝荣团队和南京农业大学强胜团队一系列的研究工作也从不同侧面为去驯化理论提供思路和佐证。利用 SSR 和 *InDel* 分子指纹检测技术研究中国杂草稻基因多样性和基因结构，发现栽培稻的基因渗入对杂草稻种群的遗传分化、杂草稻适应性进化起着重要作用（Xia et al.，2011；Jiang et al.，2012；Song et al.，2015；Li et al.，2015）。通过比较不同水稻栽培方式下杂草稻单核苷酸多态性（SNPs）的频率，发现人类活动对杂草稻适应性突变和突变的积累起到了至关重要的作用（Song et al.，2017）。利用中性标记对东北杂草稻和水稻品种之间的进化关系进行了分析，发现当地品种的基因渗入，再加上选择性的保留杂草特性，从而进化形成了东北杂草稻（Sun et al.，2013）。利用经典遗传学杂交方法和分子标记方法检测全国 358 个杂草稻株系，发现了 16 份杂草稻含有不育细胞质基因，这不仅提供了一个直接的证据，证明栽培稻与杂草稻存在基因交流，而且考虑到含有雄性不育基因的花粉是不可能正向漂移到杂草稻，仅可能是反向杂草稻的花粉漂移到杂交稻所产生的后代（Zhang et al.，2015）。对中国南部地区杂草稻全基因组测序发现杂草稻起源于籼粳杂交（Qiu et al.，2014）。稍早，中国和美国科学家联合对美国杂草稻全基因组测序并分析发现，南亚栽培稻祖先的"去驯化（de-domestication）"过程是美国杂草稻形成的主要原因（Li et al.，2017）。

南京农业大学强胜团队在同质园中设计不同密度比例杂草稻与水稻单混混种，比较研究了杂草稻的竞争能力，结果表明杂草稻均表现出明显的生长优势，能显著影响栽培稻的生长和产量（Dai et al.，2014）。进一步比较研究了杂草稻和栽培稻幼苗生长特性，发现杂草稻出苗早而快，生长速度快，苗期表现出强竞争优势，这主要归因于苗期较强的光合特性了（Dai et al.，2016）。此外，还有通过研究杂草稻培与粳稻杂交，发现杂草稻与粳稻杂交后代表现出较高的杂种优势（Tang et al.，2011）。杂草稻的发生与危害主要决定于 0~10cm 土壤杂草稻种子库，确立的一个半经验数学模型可以利用土壤种子库或上季的发生量，预测杂草稻的发生与危害，为防除或避免杂草稻为害提供科学的依据（Zhang et al.，2014）。复旦大学卢宝荣团队研究了中国东部和北部杂草稻和栽培稻的种子发芽习性，阐述了杂草稻能改变其种子发芽以避免在不适宜的环境中生长的机制（Xia et al.，2011）。不同生态型杂草稻的休眠基因研究，发现了大部分种子休眠的 QTL 位点位置相同，表明不同生态型杂草稻在分化过程中大部分的休眠基因是保守的（Zhang et al.，2017）。Sun 等（2015）评估了抗草铵膦转基因水稻对杂草稻和栽培稻的基因交流，发现转基因水稻与受体水稻花期重叠时间越长，其发生基因交流频率就越大。

2. 稗

稗（*Echinochloa crus-galli*）被认为是全球最严重的杂草之一，也是中国稻田杂草之首。长期以来，人们对稗如何抑制水稻生长形成竞争优势知之甚少。浙江大学樊龙江团队联合中国水稻研究所和湖南省农业科学院等科研人员，发现合成化感化合物异羟肟酸类次生代谢产物丁布的相关三个基因簇（图 2），并且发现，在与水稻混种时会，该基因簇会快速启动，大量合成丁布。丁布可以明显抑制水稻生长。而水稻基因组中该基因簇并不存在，无法合成该化合物。同样，稗中还进化出合成次生代谢产物稻壳素的基因簇，稻瘟菌诱导其表达合成稻壳素，其在稻田环境下可能用于抵御真菌等病菌。该研究揭示了稗通过基因簇合成防御性次生代谢化合物与水稻竞争和抵御稻田病菌的遗传机制。还成功完成了稗 6 倍体基因组测序，发现其具有目前已知最大 *CYP450* 和 *GST* 基因家族，*P450* 基因 900 多个，*GST* 基因 280 多个，认为这也许是稗大范围抗除草剂的重要原因，为除草剂抗性研究提供了重要遗传基础。其研究论文 *Echinochloa crus-galli* genome analysis provides insight into its adaptation and invasiveness as a weed 发表在 *Nature Communications*（Guo et al.，2017）。该团队对稗和稻稗叶绿体基因组分析揭示，稗与黍分化发生在大约 2160 万年前，而稗与稻稗分化则发生在 330 万年前（Ye et al.，2014）。稗基因组学研究我国处于国际领先地位，多国科学家参与我国主导的稗草基因组研究。

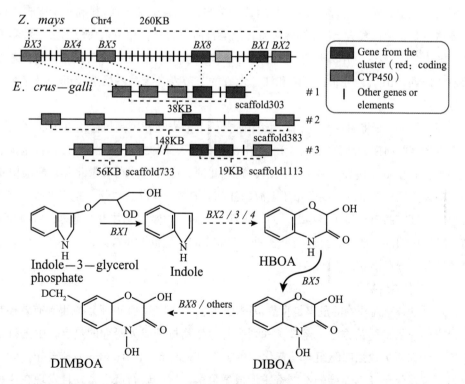

图 2　稻田稗基因组部分研究结果（显示稗基因组上合成防御性次生代谢产物丁布的基因簇）

3. 节节麦

节节麦（*Aegilops tauschii* Coss.）又名粗山羊草，属禾本科（Gramineae）山羊草属（Aegilops），一年生或越年生世界性的恶性杂草，为我国进境植物检疫潜在危险性杂草之一。节节麦是小麦野生近缘植物中与小麦亲缘关系最近的一个种，形态和生长周期与小麦极为相似，能与小麦竞争水分、光、养料和空间等，严重影响小麦的产量和品质。近年来，节节麦在我国河北、山西、山东、河南、陕西和江苏等省麦田严重发生，危害程度越来越重，并呈迅速蔓延之势，已成为我国小麦主产区的恶性杂草。中国农业科学院植物保护研究所张朝贤团队运用微卫星（ISSR）分子指纹技术对陕西、山西、山东、河北、河南和江苏六省四十份节节麦和圆柱山羊草的亲缘关系进行了分析。ISSR 标记的遗传相似系数（Genetic similarity coefficient，GS）的范围在 0.313~1.000，大部分在 0.9000 以上。其中河南新乡 1 和山东泰安 4 之间遗传相似系数（0.313）最小，河北邯郸和河北邢台之间遗传相似系数最大，均在 0.950 以上。来自河北保定的一份圆柱山羊草与其他节节麦材料相似系数相对较低。UPGMA 聚类分析显示，在遗传距离 0.892 时，40 份材料聚为三个类群，其中，类群 I 包含 26 份材料，包括河北、河南省全部材料和山东泰安、济宁和菏泽的材料；类群 II 包含 13 份材料，包括陕西、山西、江苏、山东济南和山东滨州的材料；类群 III 包含 1 份材料，为采自河北省石家庄的圆柱山羊草。在遗传距离为 0.902 时，类群 I 又可以分为二两大类，第一类含有 15 份材料，为采自河北省全部 14 材料和 1 份来自于河南省安阳的材料；第二类含有 11 份材料为其他采自河南的材料和山东菏泽、济宁和泰安的材料。ISSR 遗传多样性分析表明，1 份圆柱山羊草与 39 份节节麦材料具明显遗传差异，而陕西、山西、山东、河北、河南和江苏六省的节节麦亲缘关系虽然较近，仍存在一定的遗传变异。

运用 ArcGIS 将 MaxEnt 技术，该团队分析节节麦在我国高风险潜在分布区主要在冬小麦主产区的河南大部分地区、河北中南部延伸至天津和北京、山东、山西西南部、陕西关中平原、宁夏中南部、甘肃东南部、湖北北部，以及江苏和安徽北部、新疆伊犁河流域。中风险区分布范围主要分布于上海、江苏、安徽、湖北、贵州、重庆等省、市的大部分地区，辽宁西南部和辽宁半岛，四川东部，江西、内蒙古、甘肃、青海、新疆和西藏等省、自治区的部分地区。上述结果表明，节节麦的适生范围非常大，几乎涵盖所有冬小麦种植区和部分春小麦种植区。

4. 寄生性杂草

寄生性杂草对作物的危害是世界范围的问题，一旦，发生几乎难以得到有效控制。为了寻求的有效的防治方法，菟丝子和列当寄生生物机理成为研究的热点。中国科学院昆明植物研究所吴建强课题组与马普化学生态学研究所 Ian T. Baldwin 教授合作，创新性地提出了"菟丝子及其连接的不同寄主形成微群落"这一崭新概念，并且发现在这种微群落中，菟丝子能在不同寄主植物间传递代谢物、蛋白及 mRNA 等物质信息。更重要的是，系统性信号能够通过菟丝子传递到微群落中的其他寄主植物，从而诱导转录组和代谢物响应。该系统性信号在不同物种间非常保守，甚至可以在不同科的寄主植物间传递，而且茉莉酸（jasmonic acid）在此系统性信号的产生或传递过程中扮演着重要的角色。他们的研究还指出，菟丝子传导的系统性信号产生和传播速度非常快（大约 1 厘米 / 分钟），而且还可以远距离传递（超过 100 厘米）。研究成果以 "The stem parasitic plant *Cuscuta australis*（dodder）transfers herbivory-induced signals among plants" 为题作为封面文章在 Proceedings of the National Academy of Sciences USA（PNAS）上发表（Hettenhausena *et al.*，2017）。叶绿体全基因组比较分析表明亚洲分布的大花菟丝子（*Cuscuta reflexa*）编码的功能基因与欧洲的完全相同，且基因排列顺序也完全一致。不过，在它们之间存在 251 个插入和 210 个缺失现象，很多插入缺失都是单碱基，但仍然存在四个长度超过 200 bp 的大突变，两个大的缺失发生在 ycf2 基因中，两个大的插入分别发生在 trnF-psbE 和 matKtrnQ 间隔区，而且大量的插入缺失都发生在大单拷贝区的基因间隔区，且插入缺失在反向重复区的发生频率较低（王朝波，龚洵，2013）。

列当（*Orobanche* spp.）的寄生过程是在其种子萌发过程中通过感受、识别寄主的化学信号而实现的。西北农林大学马永青团队系统研究非寄主如玉米、小麦、大豆、棉花、水稻以及柳枝稷等的根系分泌物质，发现可以诱导向日葵列当萌发，但不能够寄生这些非寄主植物（Ma et al. 2012；Zhang et al. 2013；Ma et al.，2013；Ma et al. 2014；An et al.，2015）。浙江大学周伟军团队用茉莉酸处理向日葵种子，可以诱导寄主植物向日葵整株的系统抗药性，其主要作用机理是引起活性氧水平提高以及酚类和木质素含量增加，激活了过敏反应基因 hsr 的上调（Yang et al.，2016）。

5. 休眠相关基因的调控作用

中国农业科学院植物保护研究所魏守辉博士与美国科学家合作，发现休眠相关基因通过小 RNA 途径调控种子休眠和开花的新机制。延迟萌发基因 *DELAY OF GERMINATION1*（*DOG1*）不仅参与调控拟南芥和生菜种子的休眠深度，确定种子萌发的适宜时机，而且能影响植株的开花时间。进一步研究证实，*DOG1* 基因主要通过影响 microRNA 的生成来调控植物生长周期中的关键相变（休眠 - 萌发、营养生长 - 生殖生长）。该研究结果对揭示种子休眠和开花对环境协同适应的分子遗传学机制以及杂草绿色防控具有重要的理论和应用价值，是植物适应和感知气候变化、调控自身发育状态的重要发现。该研究成果 *DELAY OF GERMINATION1*（*DOG1*）regulates both seed dormancy and flowering time through microRNA pathways 在 *PNAS* 发表（Hou et al.，2016）。

中国农业科学院植物保护研究所杂草科学研究团队完成了克隆获得了刺萼龙葵种子休眠相关的 *DOG1* 基因，其编码区序列长 753bp，编码 250 个氨基酸。将 *DOG1* 基因序列与已有茄科、禾本科、十字花科等 27 种植物的相关序列进行了比对和系统树构建，发现 *SrDOG1* 与番茄和马铃薯的 *DOG1* 基因亲缘关系较近。在 *SrDOG1* 基因的表达特性方面，研究建立了其表达特性的 qPCR 测定方法，并采用该方法对刺萼龙葵种子萌发不同阶段、不同发育时期及不同部位的 *DOG1* 基因表达水平进行了测定。发现 *DOG1* 基因主要在种子萌发阶段表达，在植株营养生长阶段表达水平较低，并且种子低温贮藏条件下其表达水平较高。

6. 农田杂草群落及其演替规律

阐明杂草发生危害规律将为杂草的科学防治提供理论依据。南京农业大学强胜团队采用七级目测法调查并结合多元数据统计分析，定量系统地对长江中下游地区农田杂草群落及动态进行调查研究，揭示了等夏熟（麦、油）作物田杂草以猪殃殃属为优势的猪殃殃旱作地杂草植被类型和以看麦娘属为优势的看麦娘稻茬田杂草植被类型，包括看麦娘 + 牛繁缕 + 日本看麦娘 + 雀舌草稻茬田杂草群落，猪殃殃 + 野燕麦 + 波斯婆婆纳 + 大巢菜丘陵地区旱地杂草群落，猪殃殃 + 波斯婆婆纳 + 粘毛卷耳 + 大巢菜沿海滩涂旱地杂草群落、猪殃殃 + 麦仁珠 + 播娘蒿 + 麦家公温带旱地杂草群落，分布于秦岭淮河以北的苏北、皖北和豫南等地区。水稻田的稗草 + 节节菜 + 鸭舌草 + 矮慈姑早稻田杂草群落，稗草 + 节节菜 + 鸭舌草 + 牛毛毡中稻、单季晚稻田杂草群落；节节菜 + 牛毛毡 + 鸭舌草 + 矮慈姑双季晚稻田杂草群落。这些杂草群落由于连作轮作制度，而构成了时间和空间的组合，提出了杂草群落复合体的概念，即相应的种植不同作物在同一块田就发生不同的现实的杂草群落（显杂草群落），其发生根源是土壤中存在两三个潜在的杂草群落的种子库（潜杂草群落）。防除实践上应立足于杂草群落复合体而不仅仅是显杂草群落。

进一步明确了化学除草技术广泛推广应用、省工节本的轻型耕作栽培模式普遍实施、单季稻取代双季稻被、外来杂草入侵以及抗药性杂草形成等，导致农田杂草群落结构发生明显演替。夏熟杂草群落成分中的菵草、稻槎菜演变为主要杂草甚至优势种；外来杂草野老鹳草危害加重，而雀舌草、绵毛酸模叶蓼等优势或主要杂草优势度降低。轻型栽培方式下的少水管理，稻田中千金子和水苋菜在杂草群落中的地位提升，演化为优势杂草或建群种，飘拂草增多。优势杂草牛毛毡和水莎草等减少（Chen et al., 2013）。由低到高的顺序为：传统手工插秧 < 机插秧 < 抛秧 < 水直播 < 旱直播 < 麦套稻。其中，麦套稻和旱直播模式中有旱地杂草马唐、碎米莎草等危害，其中的杂草种子库显著高于其他模式，其他轻型栽培模式的种子库密度不足旱直播模式的 1/3。以长江中下游地区典型稻作区随灌溉水流传播的杂草种子有 14 科 21 种杂草种子随灌溉水流输入稻田。这是长江中下游地区农田杂草传播扩散的重要途径。上述这些杂草生物学和生态学理论成为强胜等的江苏省科技进步二等奖（2011）的支撑内容。此外，国内关于夏熟作物田主要杂草的种子萌发生物学方面研究也有进展，发现雀麦的种子可以在 5℃ ~30℃范围萌发，仅在表面至 5 厘米深土壤层的种子萌发（Li et al., 2015）。棒头草的种子萌发 10℃ ~20℃，pH 及光照几乎没有影响，4 厘米深及表面土壤种子可以萌发（Wu et al., 2015）。

中国农业科学院植物保护研究所张朝贤团队、山东省农业科学院植物保护研究所李美团队和青海省农林科学院植物保护研究所郭青云团队，分别对各地杂草群落进行了调查，结果表明，冬小麦田优势杂草以越年生杂草和春季萌发的杂草为主，如播娘蒿、猪殃殃、雀麦等；春小麦田优势杂草则以春季萌发和夏季萌发的杂草为主，如藜、稗草等。麦田杂草群落构成和优势种不断演替变化。如原来黄淮海区域冬小麦田以阔叶杂草为优势杂草，逐渐演变为单、双子叶杂草混合发生，雀麦、节节麦等禾本科杂草与播娘蒿等混合发生的区域越来越大，危害程度逐年加重；难防、恶性杂草，如节节麦、猪殃殃、麦家公、泽漆、婆婆纳等发生也逐年加重。另外，随除草剂的长时间使用，抗药性杂草种类逐年增多、分布逐年加重，如播娘蒿、荠菜、猪殃殃等对苯磺隆的抗药性，看麦娘、日本看麦娘、菵草等对精恶唑禾草灵的抗药性等（魏有海等，2013；李美等，2016；高兴祥等，2016；Gao et al. 2017）。

近几年，节节麦、雀麦在黄淮海冬麦区快速扩散蔓延，大穗看麦娘、多花黑麦草也在部分区域泛滥成灾。中国农业科学院植物保护研究所张朝贤、山东省农业科学院植物保护研究所李美、河北省农业科学院植物保护研究所浑之英等团队，对上述杂草的生物学特性、扩散机制等开展了研究。结果表明，土层深度对杂草种子的萌发出土为害影响很大，对于多数杂草种子而言，0.5~5厘米是其最适萌发出土深度，往往种子越小，适宜萌发出土深度越浅，种子越大，生长力越强，适宜萌发出土深度越深，10厘米以下土层仅有大粒的节节麦和野燕麦能萌发出土。节节麦种子在10~14厘米土层中仅有少量萌发，16厘米土层以下不能萌发出土（房锋等，2014）。由此可以看出，目前浅旋耕、免耕技术的推广应用，有利于杂草的萌发、为害，这也是杂草危害逐年加重的原因之一。受目前小麦播种前浅旋耕及暖冬的影响，小麦田越年生杂草萌发出土时间提前，黄淮海冬麦区大部分地块95%~98%的越年生杂草在越冬前即可萌发出土，这为越冬前杂草的防除提供了条件。另外，节节麦有超强的环境适应能力和抗逆能力，温度、湿度、土壤类型、酸碱度、黏重程度、土壤有机质含量等对其种子萌发和生长发育的影响不大；节节麦可以随耕作机械跨区作业、不同地区麦种调拨、小麦秸秆运输等进行远距离传播，传播数量与节节麦发生地的发生密度密切相关。节节麦的这些特性是其快速扩散、蔓延及成灾为害的机制（房锋等，2015）。

杂草群落构成、种类、分布、危害程度等与作物种类、品种、栽培特点、耕作方式、轮作制度、生产水平、用药种类和历史，以及外来杂草种子入侵、不同区域种子调拨、耕作收获机械跨区作业等密切相关。化学除草技术广泛推广应用、省工节本的轻型耕作栽培模式普遍实施、外来杂草入侵以及抗药性杂草形成等，均导致农田杂草群落结构发生了明显演替。

（二）生物除草剂作用机理

在全球三十余大类约五百个有机化学除草剂中已发现的作用靶标有24个，然而，许多除草剂是如何杀死植物的作用机理仍不十分清楚。同已知的商业除草剂相比，文献证据表明自然界中数量庞大、化学结构多样、生物活性丰富的天然产物拥有更多的独特的分子作用靶标，而且绝大多少的天然产物的作用靶点和机制仍然是未知的。随着现代生命科学的飞速发展，一些新的除草关键性作用靶点陆续被发现，其杀草机制逐渐被揭示。除草作用机理的阐明一方面有助于我们对杂草基础生理生化过程和分子机制的理解；另一方面，为将来针对新靶点开发新除草剂提供的理论依据。因此，除草活性物质、作用靶标以及除草相关基因的克隆、功能研究将是杂草科学甚至生物和化学领域研究的热点。

南京农业大学强胜团队在国家十二五"863"重点项目的支持下，在前期明确紫茎泽兰链格孢菌的致病毒素—细交链格孢菌酮酸（tenuazonic acid，简称 TeA）为杀草谱广、活性高、作用速度快的新型光系统抑制剂，与靶标杂草 D1 蛋白的 256 位氨基酸结合后，会阻断光合电子传递链活性，引起过能量化，并导致叶绿体活性氧迅速暴发，引起叶绿体结构破坏，大量活性氧扩散到整个细胞中，进一步引起膜脂过氧化、细胞膜破裂、细胞器解体、细胞核浓缩和 DNA 断裂，导致细胞死亡和组织坏死，最终杀死杂草。TeA 的活性中心是吡咯环，活性受环上 5 位烷基侧链长短和疏水性的影响，据此修饰其结构，在获得中国发明专利 4 件的基础上，特别自 2012 年以来，获得美国发明专利两件，日本发明专利一件。进一步深入开展 TeA 的作用机理以及作物耐性机制等研究发现，叶绿体蛋白 Executer 介导的单线态氧信号参与了 TeA 杀草的过程。而棉花、烟草等作物对 TeA 具有天然的耐药性，其可能的机制是 TeA 处理不能引起活性氧的大暴发，从而降低了对叶绿体等光合系统的伤害。相关研究成果在 Plant Cell Environ、EEB 等国际著名植物学期刊上发表（Chen et al.，2015）。

植物叶绿体是大多数除草剂的作用靶点所在，因此，抑制光合作用也是最常见的除草活性物质的作用机理。南京农业大学强胜团队在研究马唐致病型弯孢霉 *Curvulariaeragrostidis* QZ-2000 菌株时发现，在侵入马唐组织过程中该菌会产生 α，β-dehydrocurvularin 毒素，该毒素对马唐的希尔反应、非环式光合磷酸化和叶绿体 ATPase 活性均有较强的抑制作用。分子机理研究表明，该毒素能够抑制叶绿体线和粒体功能相关基因的表达，引起叶绿体和线粒体的结构紊乱和功能障碍以及蛋白质合成受阻，最终导致了植物生长减缓或死亡。向梅梅等发现空心莲子草（*Alternantheraphiloxe-roides*）生防菌假隔链格孢（*Nimbyaalternantherae*）毒素 Vulculic acid（2-乙酰基-3，4-二羟基-5-甲氧苯基-乙酸）为多靶点光合作用抑制剂，能够抑制光系统 II 电子传递活性和叶绿体 ATPase 活性，主要作用靶点是光系统 II 供体侧的捕光天线复合物和放氧复合体（Xiang et al. 2013）。湖南省农业科学院柏连阳团队从椰子中分离出除草活性化合物羊脂酸，研究发现羊脂酸除草机理可能与光合作用有关，能够导致小飞蓬类囊体结构紊乱、叶绿体变形甚至破裂。他们用蛋白质组技术发现了羊脂酸处理与对照相比有 112 个差异蛋白，其中高表达 46 个、低表达 66 个，并用 qRT-PCR 验证了差异蛋白中光合作用蛋白相关的 *A0A103XJN2*、*A0A103XLU4*

等六个基因的表达量。沈阳农业大学纪明山团队发现鸭跖草茎点霉毒素具有光合作用抑制剂的特性，能够降低叶绿素含量、抑制希尔反应活力、破坏细胞膜完整性、导致呼吸作用异常，从而抑制幼苗的生长。华南农业大学 Wu 等发现植物碱 Berberine 能够降低鬼针草（*Bidens pilosa*）叶绿色含量、抑制根茎的生长，其可能通过改变植物细胞膜上脂肪酸的不饱和度，进而引起抗氧化酶活性的变化和细胞结构的畸变，最终导致细胞死亡。

（三）抗药性杂草

随着长期、大量使用相对有限的化学除草剂，我国抗药性杂草发展十分迅猛，水稻、小麦、玉米、大豆、油菜等主要农田已有四十种杂草的六十个生物型对十类三十种化学除草剂产生了抗药性。而且，我国抗药性杂草呈现出种类多、分布范围广、发生速度快、抗药性水平高、抗药性机制多样，即，靶标位点抗药性与代谢抗药性同时存在、单抗性、多抗性、交互抗药性同时存在，尤其是发达省份和用药水平高的省份抗药性杂草危害重的明显特点。农田杂草抗药性的发生发展，给化学除草剂的减量应用和可持续利用以及杂草治理策略的制定带来严峻挑战。杂草抗药性机理研究有助于阐明抗药性产生及进化的原因，可为杂草抗药性监测及科学治理提供理论基础，尤其是抗药性分子机理研究可为抗除草剂作物育种，除草剂研发等提供优质基因资源。2011—2017 年，国内学者在杂草抗药性研究方面取得了卓著成绩。

1. 稻田抗药性杂草

国内正式报道的稻田抗药性杂草主要有：稗、野慈姑、雨久花、萤蔺、鳢肠、耳叶水苋等。

湖南省农业科学研究院柏连阳团队明确了长江中下游部分稻区稻田稗对二氯喹啉酸的抗药性水平。抗药性机理研究发现稗草体内 ACS 合成酶和 β–CAS 解毒酶活性差异是对二氯喹啉酸敏感性差异的重要原因之一。此外，该团队初步明确稗对五氟磺草胺产生抗药性的原因为 ALS 对药剂敏感性降低及 GSTs 代谢活性增强（马国兰等，2013；Yang et al.，2017）。中国农业科学院植物保护研究所张朝贤团队初步研究证实抗药性种群与敏感种群体内 β–氰丙氨酸合成酶活性的不同是稗对二氯喹啉酸产生抗药性可能原因。南京农业大学董立尧团队研究表明乙烯生物合成及抗氧化酶系参与了稗对二氯喹啉酸的抗药性。扬州大学袁树忠团队从细胞膜损伤、叶绿素含量、保护酶和解毒酶活性等方面的变化异同探讨了稗对二氯喹啉酸的敏感性差异机理。华南农业大学钟国华团队研究了稗对丁草胺抗药性发展动态，从主要代谢酶（GSTs）、保护性酶活性、赤霉素水平的变化等角度探讨了稗对丁草胺的抗药性机制。

沈阳农业大学纪明山团队明确了东北地区部分稻田野慈姑对苄嘧磺隆的抗药性，并证实 ALS 发生 Pro197Ser/Leu 导致靶标酶对除草剂敏感性下降是抗药性产生的重要原因。此外，该团队最新研究报道 P450s 活性增强介导的除草剂代谢加强是 BC1 种群对苄嘧磺隆、五氟磺草胺和双草醚产生抗药性的重要原因（Zhao et al., 2017）。东北农业大学刘亚光团队明确了黑龙江省九个地区部分稻田萤蔺对吡嘧磺隆、苄嘧磺隆、五氟磺草胺以及嘧啶肟草醚的抗药性水平，初步探讨了不同生物型萤蔺体内 ALS 酶、SOD 酶、POD 酶和 CAT 酶差异与抗药性间的相关性（刘亚光等，2015）。中国农业科学院植物保护研究所李香菊团队研究发现江苏部分稻田鳢肠对吡嘧磺隆、苄嘧磺隆、甲磺隆和苯磺隆，啶磺草胺、五氟磺草胺，咪唑乙烟酸、甲氧咪草烟产生广谱抗药性，抗药性机理研究发现鳢肠 ALS 发生 Pro197Ser 导致靶标酶对上述 ALS 抑制剂类除草剂敏感性降低是抗药性产生的靶标抗药性分子机理（Li et al., 2017）。

东北农业大学陶波团队研究了耳叶水苋对苄嘧磺隆的抗药性水平和产生抗药性后耳叶水苋生物学特性的变化，明确了该杂草对水稻的竞争作用和产量的影响，并证实 ALS 发生 Pro197Ser 突变是其对苄嘧磺隆产生抗药性的分子机理。刘亚光团队利用荧光定量 PCR 技术研究了耳叶水苋对 ALS 抑制剂类除草剂的抗药性分子机制。浙江大学朱金文研究发现长江三角洲地区绍兴地区耳叶水苋的抗药性水平最高，宁波次之，湖州、杭州和嘉兴地区的抗药性水平相对较低。表明稻田耳叶水苋对苄嘧磺隆的抗药性程度较高，且在宁绍平原和杭嘉湖平原稻区已普遍出现抗药性。

2. 麦田抗药性杂草

国内正式报道的麦田抗药性杂草主要有：菵草、看麦娘、日本看麦娘、耿氏硬草、荠菜、播娘蒿、麦家公、牛繁缕等。

山东农业大学王金信团队和南京农业大学董立尧团队分别对江苏、上海、安徽、山东等地 90 个小麦田菵草种群对精噁唑禾草灵的抗药性进行了系统深入的研究。发现其抗药性指数在 7.7~615.4 之间，同时发现部分种群对精喹禾灵、高效氟吡甲禾灵、炔草酯、烯草酮、烯禾啶、唑啉草酯、啶磺草胺、甲基二磺隆、氟唑磺隆产生了不同程度的交互抗药性或多抗药性。抗药性机理研究表明不同抗药性种群质体型 ACCase 发生 Trp2027Cys、Ile1781Leu、Ile1781Val、Ile2041Asn、Asp2078Gly、Gly2096Ala 等氨基酸取代，多抗种群 Dylj 发生 ACCase-Leu1781Ile 和 ALS-Pro197Ser 取代；成功构建 dCAPS 方法快速检测 Accase 特定位点突变；qRT-PCR 测定表明抗药性、敏感种群 ACCase 基因表达量无显著差异。该团队进一步利用 RNA-Seq 技术探究了抗药性产生机理，成功获取 332 个代谢基因全序列，并对筛选到的部分差异基因进行了初步功能验证。此外，又结合蛋白质组学分析，微小核糖核酸（microRNA）测序等，发现一些与杂草抗药性相关的差异蛋白和与调节相关的 microRNA，亦进行了初步验证（Pan et al., 2016；Pan et al., 2017）。代谢酶活性测定发现 AH02 抗药性种群 GSTs、P450s 活性较敏感种群 SD07 有所增强。本课题组进一步开展了 AH02、SD07 种群的转录组测序，通过 RNA-seq 数据结合基因功能验证分析鉴定到代谢抗药性基因 13 个（Li et al., 2015）。中国农业科学院植物保护研究所李香菊团队从安徽、河北、河南、湖北、江苏、山东及四川七省的 65 个菵草种群中，鉴定出抗药性种群 23 个，并且部分菵草种群对甲基二磺隆亦产生了抗药性。抗药性机理研究显示靶标 ALS 突变（Pro197Leu/ Arg/Thr）导致的靶标酶敏感性降低是菵草对甲基二磺隆产生抗药性产生的重要原因之一，并且抗药性种群对甲咪唑烟酸、啶磺草胺、氟唑磺隆存在交互抗药性。

麦田杂草看麦娘近年来在我国部分地区发生迅速，并且表现出对精噁唑禾草灵和甲基二磺隆两种不同作用靶标除草剂的多抗药性，成为小麦生产中的一大威胁。山东农业大学王金信团队研究发现在安徽、江苏、山东、河南等地 71 个种群对精噁唑禾草灵和甲基二磺隆产生（多）抗药性。抗药性机理研究发现：看麦娘抗药性种群质体型 ACCase 发生 Ile1781Leu 变、Ile2041Thr、Asp2078Gly 突变，*ALS* 基因发生 Trp574Leu、Pro197Arg/Thr/Ser 突变是菵草对除草剂产生靶标抗药性的分子机理。此外，研究成员成功构建（d）CAPS 方法快速检测看麦娘 ACCase 基因 1781、2041、2078 和 ALS 基因 197、574 位点突变。同时，在多个看麦娘种群中发现了对甲基二磺隆的非靶标抗药性现象。基于此，利用 RNA-Seq 技术探究了抗药性产生机理，筛选鉴定出 17 个持续过量表达的代谢抗药性基因，并对筛选到的部分差异基因进行了初步功能验证（Guo et al., 2015；Zhao et al., 2017）。此外，南京农业大学董立尧团队研究表明看麦娘 ALS 发生 Pro197Thr 和 Trp574Leu 突变是其对甲基二磺隆产生靶标抗药性的分子机理，同时发现抗药性种群对氟唑磺隆、啶磺草胺、五氟磺草胺等存在交互抗药性（Wang et al., 2013；Xia et al., 2015）。

南京农业大学董立尧团队研究了江苏、安徽小麦田不同日本看麦娘种群对精噁唑禾草灵的抗药性。发现 22 个种群中 16 个种群产生了抗药性。明确了日本看麦娘的倍性及 ACCase 基因的拷贝数，发现 ACCase 发生 Trp2027Cys、Asp2078Gly、Ile1781Leu、Ile2041Asn、Trp1999Cys/Leu 多种突变，并构建了不同突变的（d）CAPS 及 LAMP 快速检测技术（Xu et al., 2013；Chen et al., 2017）。同时，该团队发现油菜田日本看麦娘对高效氟吡甲禾灵的抗药性由靶标抗药性机理以及代谢酶代谢能力增强导致。山东农业大学王金信团队对不同省份采集点日本看麦娘种群进行了抗药性鉴定，发现日本看麦娘单抗精噁唑禾草灵种群 24 个，单抗甲基二磺隆种群 5 个，多抗种群 4 个。抗药性机理研究发现：抗精噁唑禾草灵的日本看麦娘种群 ACCase 发生 Ile1781Leu、Trp2027Cys、Ile2041Asn、Asp2078Gly 突变，抗甲基二磺隆抗日本看麦娘种群 ALS 发生 Pro197Thr 突变，多抗种群同时存在 ACCase 的 Ile1781Leu 和 ALS 的 Trp574Leu 突变；代谢酶活性测定发现日本看麦娘 HB-1、HN-3 种群 GSTs、P450s 活性高于敏感种群（Bi et al. 2016）。此外，中国农业科学院植物保护研究所张朝贤团队对河南、湖北、江苏等地的日本看麦娘种群进行了抗药性测定，结果表明日本看麦娘已经对精噁唑禾草灵产生不同程度的抗药性，并对炔草酸产生交互抗药性。

山东农业大学王金信团队测定了多个采集点的耿氏硬草（*Sclerochloa kengiana*）对精噁唑禾草灵的抗药性水平，发现 13 个种群对精噁唑禾草灵有高抗药性，8 个种群对精噁唑禾草灵有低水平抗药性。抗药性分子机制研究发现耿氏硬草抗药性种群 ACCase 发生 Trp1999Ser，Trp2027Cys，Ile2041Asn 突变。构建了快速检测 ACCase 第 1999 位野生型和 Trp1999Ser 突变型的 dCAPS 方法（袁国徽等，2016）。南京农业大学董立尧团队整株生物测定结果显示，采自我国东部的耿氏硬草种群（JYJD-2）对精噁唑禾草灵产生高水平抗药性。运用 dCAPS 技术，发现抗药性种群 ACCase 基因的 1999 位色氨酸被半胱氨酸取代，证实了耿氏硬草对乙酰辅酶 A 羧化酶抑制剂 – 精噁唑禾草灵的抗药性。研究结果同样表明其对其他 ACCase 抑制剂，精喹禾灵、唑啉草酯产生交互抗药性（Gao et al., 2017）。

中国农业科学院植物保护研究所崔海兰明确了北京、天津、河北、河南、山东、山西、陕西、甘肃、青海、江苏及四川十一个省（市）的九十一个播娘蒿种群对苯磺隆的敏感性。研究发现十一个种群对苯磺隆抗药性指数在 100 以上。抗药性机理研究表明靶标 ALS 突变（Pro197Ser/Leu//Thr/Ala）导致的靶标酶敏感性降低是抗药性产生的重要原因之一，抗药性种群对咪唑乙烟酸、嗪草硫醚、甲氧磺草胺和双氟磺草胺等产生不同程度交互抗药性（Cui et al., 2011）。中国农业大学郑明奇团队研究发现播娘蒿对 ALS 突变种类的多样性是其苯磺隆等不同 ALS 抑制剂类除草剂产生抗药性的靶标分子机理，同时利用 RNA-Seq 技术探究了播娘蒿对苯磺隆同时产生靶标抗药性和非靶标抗药性的机理，成鉴定到潜在代谢抗药性基因 8 个。

山东农业大学王金信团队研究表明河南省十八地市二十八个荠菜种群对苯磺隆产生 11.3~595.8 倍抗药性，抗药性机理研究显示靶标 ALS 突变（Pro197Ser/Lyr/Leu/Ala/His/Arg/Thr、Trp574Leu）导致的靶标酶敏感性降低是抗药性产生的重要原因之一，并且发现多个种群中可能存在抗苯磺隆非靶标抗药性机制。同时王贵启和崔海兰团队发现河北省多个地区荠菜种群对苯磺隆产生不同程度抗药性，在不同抗药性种群中鉴定出 Pro197Ser//Leu/His/ Thr 等突变。

该团队还检测了江苏、安徽、河南、湖北、山东等五省部分地区牛繁缕对苯磺隆的敏感性，鉴定出抗药性种群四十四个。抗药性机理研究表明抗药性种群 ALS 关键位点发生 Pro197Ser/Leu/Ala/Thr/Glu、Asp377Glu 等多种氨基酸取代。整株植物的实验表明，WRR04 人口具有广谱的抗药性，苯磺隆（318 倍）、嗪草硫醚（197 倍）、啶磺草胺（81 倍）、双氟磺草胺（36 倍）和咪唑乙烟酸（11 倍）（Liu et al., 2015）。基于靶标基因测序，构建了牛繁缕 ALS 等位基因不同突变的 CAPS 快速检测方法。代谢酶活性研究表明 GSTs、P450s 活性增强是部分种群对苯磺隆产生抗药性的原因之一。团队成员进一步利用 RNA-Seq 技术开展了非靶标抗药性机理研究，鉴定到潜在代谢抗药性基因 24 个，为进一步解析代谢抗药性机理奠定了基础。

3. 其他作物田及非耕地杂草抗药性

玉米田杂草对除草剂的抗药性呈现快速发展的迹象，报道的主要抗药性杂草有反枝苋、马唐、鳢肠等；大豆田的杂草抗药性问题主要集中在反枝苋；非耕地杂草对灭生性除草剂的抗药性情况也有频繁报道，主要抗药性杂草有牛筋草、反枝苋等。

山东省农业科学院植物保护研究所李美团队，2017 年正式报道山东省部分地区玉米田马唐对烟嘧磺隆产生不同程度抗药性，并证实马唐 *ALS* 基因 Trp574Arg（植物中首次发现）突变可导致对烟嘧磺隆、咪唑乙烟酸和氟唑磺草胺的广谱抗药性。但抗药性种群对莠去津、硝磺草酮和苯唑草酮敏感（Li et al.，2017）。中国农业科学院植物保护研究所张朝贤团队研究发现黑龙江、吉林、安徽、内蒙古、新疆五省市部分大豆田反枝苋对咪唑乙烟酸已产生抗药性，其产生抗药性的重要原因之一为靶标 ALS 发生 Ala205Val、Ser653Thr 和 Trp574Leu 突变引起 ALS 对咪唑乙烟酸敏感性降低（Chen et al.，2015；Huang et al.，2016）。湖南省农业科学院柏连阳团队明确了长江中下游三个省部分棉田马唐对草甘膦抗药性水平，并证实草甘膦处理后不同马唐种群体内莽草酸积累量和 GSTs 活力的变化差异是抗药性产生的原因之一（李玉等，2016）。该团队还明确了湖南省不同地区棉田牛筋草对高效氟吡甲禾灵均产生了不同程度的抗药性，抗药性指数在 2.4~18.4，对精喹禾灵的抗药性指数在 1.6~9.7。汉寿抗药性牛筋草种群 GST 活力明显高于鼎城区敏感种群，表明 GST 对高效氟吡甲禾灵代谢能力的差异是牛筋草对高效氟吡甲禾灵产生抗药性的一个重要原因（李洁等，2014；宗涛等，2015）。

湖南省农业科学院柏连阳团队明确了安徽、河北、河南、湖南、山东、陕西、新疆共 7 个省部分地区非耕地反枝苋对草甘膦的抗药性水平。抗药性机理研究表明抗药性产生的原因与不同种群反枝苋体内莽草酸含量、叶绿素含量差异相关，与 GSTs 活性并无显著相关性。华南农业大学陈勇团队通过 RNA-Seq 探究了牛筋草对百草枯的抗药性，通过转录组信息分析筛选到 53 个与活性氧清除相关基因，10 个多胺相关基因，18 个转运相关基因在百草枯抗药性牛筋草中显著表达上调。并通过农杆菌介导法，初步建立了牛筋草遗传转化体系，为遗传转化体系的建立奠定了基础；利用 q RT-PCR 明确了 Pq E、Pq TS1、Pq TS2 和 Pq TS3 基因在牛筋草抗百草枯机制中的表达差异，并初步构建了牛筋草对百草枯抗药性机理模型（An et al.，2014）。中国农业科学院植物保护研究所张朝贤团队明确了广州、成都两地部分牛筋草种群对草甘膦的抗药性水平，明确了靶标基因单突变、双突变及其过表达是其产生靶标抗药性的重要机制，其中单突变（P106L）与靶标扩增的抗药性机制均在牛筋草中首次发现（Chen et al.，2015）；利用高通量测序技术筛选出了与牛筋草光合作用、碳代谢及解毒作用相关的重要抗药性基因，发现并验证了其抗药性的产生是多种代谢方式系统作用的结果（Chen et al.，2017）。

（四）稻麦田杂草防控技术

1. 稻田杂草防控技术

（1）农业措施防控稻田杂草

农业措施是稻田杂草防控技术的重要因子，利用机械、物理、农艺等农业措施是安全

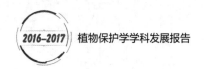

有效的杂草控制策略之一。

施肥能促进水稻生长，使其更快地占据有利的空间，从而抑制草害的发生。南京农业大学强胜教授团队发现平衡施加化肥或配施有机肥处理能减少稻田杂草密度，从而抑制其发生危害程度。长期平衡施肥既有利于作物的优质高产，也有利于农田土壤种子库群落的稳定。中国科学院亚热带农业生态研究所谢小立团队发现平衡施加化肥和实行养分循环均能抑制杂草，两种施肥模式结合起来对杂草的抑制效果更佳。Feng 等的研究显示不施肥与化肥配施秸秆条件下的田间土壤杂草种子库密度显著低于单施化肥和化肥配施猪粪处理。Benny 等发现在作物生长一致的情况下，施加低 C/N 比有机物会降低杂草种子库密度，这可能与杂草种子对微生物降解的抵抗力有关；Nie 等和 Marcinkeviciene 等认为作物冠层通光率是影响杂草的主要因素之一；Uchino 等的研究表明作物套作通过增加盖度抑制杂草。Kristensen 等试验证明增加作物密度可以增加作物的生物量和产量并降低杂草生物量；Chauhan 等发现通过增加播种量可抑制杂草生长，减少因草害引起的差量损失；李淑顺等发现不同轻型栽培稻作模式杂草种子库对应着不同的优势杂草种类，这主要是由于不同稻作模式间在水分管理等田间操作环节的差异所致。土壤水分以及水层深浅决定着不同杂草种类的生长状况。尤其在水稻生长前期的出芽、立苗阶段，手插秧和机插秧稻田需要保持相对较深的水层，抛秧稻田水层较浅，水直播则要求较薄水层，而旱直播和麦套稻仅保持偶尔湿润。而且在不同水稻栽培方式下，以直播稻田种子库密度最大，传统的手插秧最小；高婷等发现秸秆还田可以促进稻田阔叶杂草、莎草科杂草的发生，对禾本科杂草无显著影响，另外，秸秆还田可以推迟杂草的出草高峰期。田间湿润管理的杂草发生持续时间长、杂草发生量大，而保持田间 4~5cm 深水层，可推迟杂草发生高峰，减少杂草发生。

（2）化学除草剂防控稻田杂草

应用杂草化学防治技术是实现现代化农业的重要标志。我国稻田杂草治理主要以化学除草为主。除草剂的水平代表着整个农药行业的水平，也引领着整个农药行业的发展。在三大类农药的发展史中，除草剂的发展是稳步提升的，不管是我国的除草剂份额，还是在全球领域内，除草剂的使用总量都一直处于不断上升状态中，而且今后仍将继续增加。

除草剂品种的演替。从二十世纪六十年代初，我国稻田开始使用五氯酚钠和除草醚防除禾本科杂草。六十年代中期，开始使用敌稗和 2- 甲 -4- 氯进行稻田除草，但由于当时加工剂型落后，严重影响其推广。七十年代，我国引进杀草丹、禾草特、丁草胺等多种除草剂，为稻田化学除草的普及和发展提供了条件。后来又引进了酰胺类除草剂乙草胺、异丙甲草胺，乙氧氟草醚，禾大壮，禾田净，优克稗、丙草胺等。1985—1995 年，杜邦公司开发了磺酰脲类除草剂，代表品种苄嘧磺隆在稻田杂草防除方面取得了显著的经济效益。这标志着化学除草开始进入高活性、低成本时代。同时稻田除草剂混用技术得到了重大发展，乙·苄、丁·苄、乙·苄·甲获得登记进入市场。1995—2000 年，除草剂进入飞速发展阶段，技术推广与产品均供不应求，除草剂在用量和品种方面的增长速度均超过了杀菌剂和杀虫剂。2000年以后进入全面普及阶段，但仍存在作物药害问题、土壤残留及对后茬作物药害等一系列问题。目前，我们对不同水稻栽培方式的稻田已形成了完整的化学除草体系。化学除草的迅速发展使得除草剂品种的筛选与开发进程也加快了。磺酰脲类、三氮苯类、酰胺类、苯氧羧酸类、芳氧苯氧羧酸类、磺酰胺类、苯甲酸类、取代脲类、硫代氨基甲酸酯类、咪唑啉酮类等一系列化学除草剂被开发之后，又陆续开发出了一系列除草剂新品种，如有二苯醚类、环己烯酮类、三酮类、联吡啶类、机磷类、嘧啶水杨酸类、杂环类、吡啶羧酸类等，为化学除草技术的发展奠定了坚实的基础。近年来，国内企业的自主创新能力增强，新产品不断涌现，如激素类除草剂二氯喹啉草酮，羟基苯基丙酮酸双氧化酶抑制剂类三唑磺草酮等。

除草剂的迅速发展以及大面积推广使用解决了稻田杂草危害的主要问题。除此之外，化学除草具有先进、快速、经济、有效等特点，除草技术不仅促使了耕作制度的改变，还节约了农业生产中由于机械除草所消耗的能源。对农业生产和除草剂化学工业的发展起到了巨大的推动作用。但也产生了许多不良影响。如对环境的污染，对当茬或后茬作物的药害，在作物中的残留对人类的影响，尤其是随着使用频率的不断提高，除草剂能诱导杂草群落迅速发生演变，产生抗药性。

水稻栽培方式的演变。化学除草不仅解决了农田杂草危害的主要问题，而且促使了水稻栽培方式改变。近十年来我国水稻的栽培方式发生了很大变化，长江中下游地区已经从传统的手工移栽改变为手工直播、机械直播，以及工厂化塑盆钵育秧—机械插秧；华南地区已经从传统的手工移栽改变为塑盆钵育秧—抛秧；西南地区仍然维持传统的手工移栽；东北地区也已经从传统的湿润（水）育秧－手工移栽改变为旱（地）育秧—手工（稀植）移栽和塑盆钵育秧—机械插秧。稻田水管理方式也发生了重大变化，即从传统的移栽田前期保水层护苗促返青变为直播田、抛秧田、机械插秧田前期湿润促进出苗、定苗和扎根立苗的节水灌溉模式。栽培方式和水管理方式的改变，导致杂草种群密度增加，杂草危害水平呈直线上升，对杂草防控技术的需求更加迫切。

栽培方式的差异化使得稻田化学除草变得更为复杂。目前虽然我们对不同水稻栽培方式的稻田已形成了完整的化学除草体系。但随着水稻直播这一轻型耕作栽培技术的发展，除草剂长期单一使用，使得杂草抗药性及频繁出现的除草剂药害问题日益突出，杂草危害越来越严重。

稻田杂草群落的演替。随着水稻栽培方式的改变以及除草剂长期单一的使用，稻田杂草群落也发生了变化。目前稻田杂草种群演替具有如下特点：稗草仍然是稻田危害最严重的杂草，田间稗草种群密度高、冠层压过水稻，过去稻田是一种稗草危害，现在是多种稗草同时危害，导致水稻严重减产；千金子是长江中下游地区直播稻田发生严重的杂草，其对水稻的危害仅次于稗草；杂草稻在局部地区危害严重，如辽宁丹东、江苏泰州、广东雷州等；田埂上的多年生杂草蔓延到稻田中，构成对水稻的危险，如双穗雀稗、假稻（李氏禾）、匍茎剪股颖等，且无特效除草剂防除这类杂草；旱地杂草水田化，如马唐、牛筋草、狗尾草等这些旱地杂草已进入水田；抗药性杂草生物型日趋增加，有许多除草剂已对杂草产生了抗药性。如稗草对二氯喹啉酸、五氟磺草胺和氰氟草酯，鸭舌草、雨久花以及莎草对苄嘧磺隆和吡嘧磺隆等磺酰脲类除草剂的抗药性。

由于过份依赖于化学除草剂，导致实际应用时随意性大，超剂量、超限次、随意混用等现象普遍，杂草抗药性问题日益突出。尤其是稗草、千金子、鸭舌草、雨久花以及水苋菜的抗性日趋严重，发生数量与危害面积迅速上升。

（3）生物防治措施控制稻田杂草

从二十世纪六十年代起，在国内外就已经开展微生物除草剂研究。目前活体微生物除草剂尤其是活体真菌除草剂的开发和研究取得较大进展，在已登记注册的七个微生物除草制剂中，六个为真菌制剂。全世界约有八十种不同的侵染生物种被研究，防除约七十种杂草。有除草潜力的真菌类的微生物主要集中在盘孢菌属（*Colletotrichum*）、镰孢菌属（*Fusaium*）、链格孢菌属（*Alternaria*）、尾孢菌属（*Cercospora*）、疫霉属（*Phytoph-thora*）、柄锈菌属（*Puccinia*）、叶黑粉菌属（*Entyloma*）、壳单孢菌属（*Ascochyta*）和核盘菌属（*Sclerotinia*）等种属。微生物源物质（植物毒素）是指微生物所产生的一些有活性的次级代谢产物及其化学修饰物具有除草活性，已报道有较好除草活性的物质有除草素（Herbicidines）、除草霉素（Herbimycins）、茴香霉素（Anisomycin）、双丙氨膦（Bialaphos）、AAL-毒素（AAL-toxin）和蛇孢菌素 A（Ophiobolin A）等。

2. 麦田杂草防控技术

我国小麦种植面积约 2450 万公顷[2]，分布遍及全国各省（市、自治区），以冬小麦为主，占 90% 以上。小麦田杂草多达三百余种，其中危害较重的有四十余种。麦田草害发生面积占小麦播种面积的 80%~90%，危害较重的占 30%~40%。小麦自出苗至收获，始终与杂草互相竞争。一方面，杂草与小麦争夺水分、养分；另一方面杂草侵占小麦生长所需的空间，影响小麦通风、透光、散热等，对小麦产量和品质都造成很大影响。杂草一般可造成小麦减产 15%~30%，严重地块可造成减产 50% 以上。2011—2017 年间，依托国家"十二五"科技支撑计划、公益性行业（农业）科研专项"农田杂草防控技术研究与示范201303022"的支持，小麦田杂草防控技术方面取得了较大进展，主要开展了各地小麦田杂草群落分布与为害现状普查，优势杂草抗药性水平监测、抗药性机理及治理技术研究，恶性杂草节节麦、大穗看麦娘、麦家公等生物学特性、发生为害的关键因素及精准防控技术研究，开展了轮作、深翻等农艺措施控草技术研究，对新型除草剂开展了杀草谱及关键使用技术研究。

（1）农艺控草技术

目前小麦生产上，杂草防除存在过度依赖除草剂的现象，国内学者对小麦田杂草综合防控技术开展了部分研究，生态控草措施和农艺控草措施等，此外山东省农业科学院植物保护研究所杂草研究团队还提出了诱萌除草、深翻控草、轮作除草以及小麦合理密植等措施，减少杂草危害。

1）诱萌除草。黄淮海区玉米收获后9月下旬，按常规耕作后，田间浇水造墒，促进田间杂草种子提早萌发，在浇水后25~30天，等杂草基本出齐后，采用物理或化学方式灭除田间已出杂草，小麦播种时间由传统的10月上旬改为10月下旬，按照播种时间调整小麦播种密度，从10月15日始，每晚一天播种，每亩小麦用种量增加0.5kg。此杂草诱萌的措施防控秋季萌发杂草效果可达90%以上，可以大幅度降低除草剂的使用量。

2）深翻控草。小麦播种前深翻可有效控制杂草危害。试验数据表明，不同土层的杂草萌发危害各不相同，0~5厘米土层的杂草种子大多数均可萌发危害，10~20厘米土层的杂草仅少数萌发出土，20厘米土层以下的杂草不能萌发出土。深翻措施可将多数杂草种子耕翻到20~30厘米左右的土层，可以很好地控制杂草的萌发危害。

3）轮作控草。研究表明，改变轮作方式显著减少田间杂草基数。黄淮海区绝大部分区域常年采用小麦玉米的轮作方式，这种不变的轮作方式杂草种类和基数远远大于其他多样变化的轮作方式，可采用种植春棉花、春大豆或春花生等作物与小麦、玉米二年三作，也可采用其他轮作方式降低杂草危害。

4）适当密植。小麦种植密度与杂草发生密切相关，适当增加小麦种植密度，可以有效抑制杂草的发生。秸秆还田条件下，小麦播种量从75kg/公顷^{2}增至225kg/公顷^{2}时，单位面积看麦娘和菵草发生数量随小麦播种密度的增加而呈明显下降趋势，看麦娘密度显著下降34.78%~55.80%，菵草密度显著下降42.31%~77.73%，且1/2推荐剂量5%唑啉·炔草酯EC对看麦娘和菵草的控制效果与无除草剂的效果差别已不甚明显，表明提高播种密度，有助于降低化学除草剂的用量。

以这些应用基础理论研究为依托，山东省农业科学院植物保护研究所李美团队提出了小麦田杂草防除精准防控时期、精准环境条件、精准靶标和精准药剂选择的"四个精准"的杂草化学防控技术，结合轮作、深翻等农艺控草技术，解决了杂草防除的疑点和难点，极大地提高了除草效果和对作物的安全性，有效降低了除草剂使用量。该团队的"冬小麦田杂草高效防除技术研究与应用"和"黄淮海地区冬小麦田杂草精准防控技术研究与推广"分别获山东省农牧渔业丰收奖一等奖和山东省科技进步三等奖。

5）秸秆还田。秸秆还田可控制包括杂草在内有害生物的发生、发育，可减少使用化学除草剂。结果表明水稻秸秆还田量从1125kg/公顷^{2}增至4500kg/公顷^2，后茬小麦田杂草的发生量显著下降，其中4500kg/公顷^{2}秸秆还田量下小麦田看麦娘、菵草密度较对照显著下降，结合炔草酯施用可进一步降低杂草密度。同时4500kg/公顷^{2}秸秆单独还田对禾本科杂草的控制作用与推荐剂量炔草酯控草效果相当。同时水稻秸秆还田对小麦各生育期功能叶 F_v/F_m、F_v'/F_m' 和 Φ_{PSII} 等叶绿素荧光参数没有明显影响，4500kg/公顷^{2}秸秆还田时，小麦苗期、拔节期功能叶 SPAD 值以及抽穗期功能叶净光合速率、气孔导度和蒸腾速率均较对照明显提高，说明秸秆还田可以通过改善土壤养分、水分状况，在维持小麦功能叶较高叶绿素含量的基础上，促进小麦生育后期功能叶净光合速率、气体交换和水分利用，有利于干物质积累和产量增加。

（2）化学除草剂与关键使用技术

2011—2017年，小麦田杂草防除市场上引入了较多的除草剂新品种，对小麦田很多恶性杂草及抗药性杂草的防控起到了很好地作用。氟氯吡啶酯（halauxifen-methyl）和啶磺草胺（pyroxsulam）均是美国陶氏益农公司新近开发投放市场的麦田除草剂。氟氯吡啶酯是属人工合成激素类除草剂新成员芳香基吡啶甲酸类的一种全新作用类型的高效除草剂，可用于小麦田防除播娘蒿、猪殃殃等多种阔叶杂草。啶磺草胺是一种乙酰乳酸合成酶抑制剂，可有效防除雀麦、野燕麦、看麦娘、播娘蒿、荠菜等多种单双子叶杂草。该药与苯磺隆有交互抗药性，对抗药性播娘蒿、荠菜近无效。氟噻草胺（flufenacet）是德国拜耳公司开发的氧乙酰替苯胺类除草剂，主要通过抑制细胞分裂与生长而发挥作用。氟噻草胺首先由德国拜耳公司作为的复配制剂氟噻草胺·吡氟酰草胺·呋草酮引入我国，由于专利期已过，国内厂家也在办理登记手续。吡氟酰草胺也是德国拜耳公司开发引进的除草剂，为选择性脂肪酸合成酶抑制剂除草剂，主要是抑制NADH和NADPH所依赖的烯酰酰基载体蛋白还原酶活性；同时也通过对八氢番茄红素脱氢酶的抑制，阻碍类胡萝卜素生物合成；施药后可被萌发幼苗的芽吸收，表现为植株白化，而后逐渐死亡；该药对小麦、大麦安全性好，即可作为土壤处理除草剂又可作为苗后早期茎叶处理除草剂。吡氟酰草胺专利保护期过后，近几年才在国内登记推广使用。青岛清原抗药性杂草防治有限公司研制开发的环吡氟草酮近两年也在麦田杂草防除中表现出很强的优势，该药为HPPD抑制剂类除草剂，兼具茎叶活性和土壤活性，可有效防除多种杂草。

明确除草剂的杀草谱，生产上才能根据田间草相科学选择除草剂，对症施药，避免盲目复配、盲目喷施造成的除草剂用量的提升、浪费、及对环境的污染。尤其是近几年禾本科杂草的快速扩散蔓延，使得各地形成草荒的地块屡见不鲜，就与防除禾本科杂草的除草剂选择不恰当密切相关，山东省农业科学院植物保护研究所杂草研究团队立足解决生产中的问题，对目前生产中十种茎叶处理除草剂啶磺草胺、甲基二磺隆、氟唑磺隆、吡氟酰草胺、唑啉草酯、三甲苯草酮、炔草酯、精噁唑禾草灵、吡草醚、异丙隆以及新近推广的三种土壤处理除草剂氟噻草胺、吡氟酰草胺、苄草丹等开展了除草活性及杀草谱研究，明确了各药剂的高效防除草谱，对指导田间用药起到了积极的指导作用。

为了更好地防除田间杂草，各研究团队进行了大量田间药效试验。山东省农业科学院植物保护研究所杂草研究团队更是针对部分难防恶性杂草，如节节麦、大穗看麦娘、雀麦、麦家公、猪殃殃、打碗花、葎草等进行了不同药剂不同时期施药田间效果评价，针对十二种禾本科杂草开展了不同药剂活性评价。通过上述大量的应用基础研究，该团队针对小麦田间不同杂草群落特点，提出了相应的除草剂选择建议，真正做到麦田杂草的精准防控。

以播娘蒿、荠菜、藜等为优势杂草的地块，可选用双氟磺草胺、2甲4氯钠、苯磺隆（非抗药性区域）或2，4-滴异辛酯；或者选用复配制剂；以猪殃殃为优势杂草的地块，可选用氯氟吡氧乙酸、氟氯吡啶酯、麦草畏、唑草酮或苄嘧磺隆；或含有这些药剂的复配制剂，如氯氟吡氧乙酸+双氟磺草胺等；猪殃殃、荠菜、播娘蒿等阔叶杂草混合发生的地块，建议选用复配制剂，如氟氯吡啶酯+双氟磺草胺，或双氟磺草胺+氯氟吡氧乙酸，或双氟磺草胺+唑草酮等；可扩大杀草谱，提高防效；以婆婆纳为优势杂草的地块，可选用苯磺隆（非抗药性区域），或含有苯磺隆的复配制剂；防除抗药性播娘蒿等，可选用双氟磺草胺与唑草酮、2甲4氯、2，4-滴异辛酯、氟氯吡啶酯等的复配制剂；防除抗药性荠菜等，可选用双氟磺草胺与2甲4氯、2，4-滴异辛酯等的复配制剂；以雀麦为优势杂草的地块，可选用啶磺草胺、氟唑磺隆、甲基二磺隆；以早熟禾为优势杂草的地块可选用啶磺草胺、异丙隆、甲基二磺隆；以节节麦为优势杂草的地块 可选用甲基二磺隆；以野燕麦为优势杂草的地块，可选用精恶唑禾草灵、炔草酯、异丙隆或三甲苯草酮等；以看麦娘、日本看麦娘、硬草、菵草为优势杂草的地块，可选用啶磺草胺、精恶唑禾草灵（非抗药性区域）、炔草酯、甲基二磺隆、唑啉草酯、异丙隆或三甲苯草酮等药剂；以多花黑麦草、碱茅、棒头草为优势杂草的地块，可选用炔草酯、唑啉草酯或啶磺草胺等；以大穗看麦娘为优势杂草的地块，可选用啶磺草胺、精恶唑禾草灵、炔草酯、甲基二磺隆或唑啉草酯等。

该团队研究表明，要达到理想的除草效果同时避免除草剂对小麦的药害，除了针对田间草相科学选择除草剂以外，冬小麦喷药时还要注意影响除草效果的环境条件，以黄淮海区冬小麦为例，除草剂关键使用技术介绍如下：选择适当的时机施药，杂草叶龄小的时候，对除草剂相对敏感，因此，冬小麦田喷药一般掌握在杂草出齐后尽早施药。冬小麦田杂草防除有两个适宜的喷药时期，第一个适宜时期是冬前11月上中旬；第二个适宜时期是春季气温回升后，小麦分蘖期至返青初期，2月下旬至3月中旬，春季施药也宜早不宜迟。但这两个喷药时期前后三天内不宜有强降温（日低温低于0℃），且要掌握在白天喷药时气温高于10℃（日平均气温8℃以上）时喷施除草剂。另外，抓住降雨或麦田浇水时机，及时施药，确保除草剂药效的发挥；喷施2，4-滴异辛酯、2甲4氯及含有它们的复配制剂时，与阔叶作物的安全间隔距离应在200m以上，避免飘移药害的发生，棉花种植区避免使用此类药剂。另外，干悬剂、可湿性粉剂剂型药剂要二次稀释使用。

研究了五种喷雾助剂对六种麦田重要除草剂的增效作用。结果表明，有机硅对各种剂型的麦田除草剂均有显著的增效作用；脂肪胺对悬浮剂的增效作用显著；渗透剂对水分散粒剂的增效作用显著。增效剂用量为除草剂制剂用量的3%~5%，可减少除草剂用量15%左右。

（五）"十二五"以来，本学科建设发展情况

"十二五"以来，本学科建设发展情况见表。

表1 本学科重大研究项目

序号	项目类型	项目名称	主持人	主持单位	执行时间
1	公益性行业（农业）科研专项	杂草抗药性监测及治理技术研究与示范	柏连阳	湖南农业大学	2013—2017
2	公益性行业（农业）科研专项	农田杂草防控技术研究与示范	张朝贤	中国农业科学院植物保护研究所	2013—2017
3	科技基础性工作专项（重点）项目	主要农作物有害生物及其天敌资源调查	张朝贤	中国农业科学院植物保护研究所	2013—2018

表2 本学科重大科研平台

序号	平台名称	依托单位	首席科学家	成立时间	授予部门
1	江苏省杂草防治技术工程技术研究中心	南京农业大学杂草研究室		2012至今	
2	中国农业科学院杂草害鼠生物学与治理重点开放实验室	中国农业科学院植物保护研究所		2011至今	中国农业科学院

表3 "十二五"以来获奖成果

序号	获奖等级	成果名称	第一完成人	第一完成单位	获奖年度
1	江苏省科技进步奖二等奖	长江中下游地区农田杂草发生规律及其控制技术	强胜	南京农业大学	2011
2	天津市科技进步奖	外来入侵植物黄顶菊生态影响和防控关键技术研究	杨殿林，	农业部环境保护科研监测所	2011
3	国家科学技术进步二等奖	水田杂草安全高效防控技术与应用	柏连阳	湖南省农业科学院	2013
4	山东省科技进步奖三等奖	黄淮海地区冬小麦田杂草精准防控技术研究与推广	李美	山东省省农业科学院	2017

三、本学科国内外研究进展比较

国内外科学家均十分重视杂草生物学基础研究。美国马萨诸塞大学 Caicedo 团队运用群体结构分析明确了南亚杂草稻具有高度异质性的遗传背景源于栽培品种（澳大利亚和籼稻）和野生稻，而与澳大利亚稻和籼稻品种有关的美国两个主要杂草稻群体，构成与南亚杂草稻不同的起源。南亚杂草稻种群集红色果皮、芒和落粒性等特点。美国和南亚杂草稻种群及其亲缘作物的全基因组差异扫描丰富了代谢相关基因位点。一些有特定的杂草性状和竞争力的候选基因在一些杂草－作物间明显不同，但这种特性并不在所有杂草－作物间存在。表明杂草稻是一个多重进化的极端例子，多数种群则以不同的遗传机制进化形成其杂草性状（Huang，et al.，2017）。我国学者明确了我国杂草稻起源于栽培稻，去驯化是其演化的重要机制，而杂草稻去驯化并非是简单的将栽培基因型恢复为野生型，而是利用新的变异和分子机制适应环境（Qiu *et* al.，2017），还发现栽培稻基因渗入对杂草稻种群的遗传分化、杂草稻适应性进化起着重要作用（Song et al.，2015；Li et al.，2015）。而且稗基因组测序、稗 CYP450 和 GST 基因家族发现、以及稗通过基因簇合成防御性次生代谢化合物与水稻竞争和抵御稻田病菌的遗传机制、寄生杂草菟丝子与寄主的互作传递机制、休眠相关基因的调控作用等方面的研究处于国际领先或先进水平。不足的是，杂草基因组研究团队较少，针对已完成的测序工作，尚未完成相关基因功能解析，而且，其他恶性杂草，如节节麦、大穗看麦娘、田旋花、莎草、向日葵列当等的基因组测序工作也有待尽早启动。

国内外科学家也十分重视杂草抗药性机制研究。澳大利亚杂草抗药性研究中心以及美国、日本等多家国外相关研究机构在代谢抗药性分子机理解析方面处于领先地位。日本学者 Iwakami 等从多抗药性水稗分离的 *CYP81A12* 和 *CYP81A21* 对苄嘧磺隆、五氟磺草胺具有很强代谢能力，遗传研究证实 *CYP81A12* 和 *CYP81A21* 可在抗药性水稗中稳定遗传，并且其表达受单一反式作用元件的调控（Iwakami et al.，2014a）。此外，美国孟山都公司（德国拜耳）同澳大利亚杂草抗药性研究中心合作，成功实现了室内利用基因沉默技术治理抗药性杂草。2011—2017 年间，我国学者围绕农田杂草抗药性开展了较为深入的研究，在抗药性杂草的发生分布、杂草靶标抗药性机制方面取得了可喜成绩。其中，在杂草抗药性机制方面，更是在核酸、蛋白水平初步阐明了靶标抗药性的分子机制。在杂草对除草剂的非靶标抗药性机理方面，我国学者分别在解析茵草、看麦娘、稗草、牛筋草对除草剂的抗药性机理中鉴定出多个潜在抗药性基因，在解析杂草对除草剂的非靶标抗药性机理方面取得了显著成绩。然而，同国际研究水平比较，仍存在较大差距。主要体现在：杂草抗药性遗传进化、抗药性杂草生态适合度、杂草对除草剂非靶标抗药性分子机理、抗药性杂草的综合治理等方面。例如，在抗药性遗传方面，国内绝大部分关于抗药性研究中明确靶标突变是抗药性产生的分子机理，但未进一步研究抗药性突变基因在杂草中的遗传方式，尤其是多倍体抗药性杂草的抗药性性状遗传更为复杂；关于抗药性杂草生态适合度的研究有助于阐明特定突变种类在大田环境中频繁（鲜有）发生的原因，从一定程度揭示（某种）抗药性突变在杂草种内或种间的进化速度；而该方面的研究在国内报道很少。再者，也亟待深入研究潜在抗药性基因功能，基因表达调控网络及代谢途径调节。同时，抗药性杂草在田间的扩散传播方式也亟待明确。美国学者证实，抗药性稗和敏感种群间存在基因飘移，其飘移距离能够达到 50 米（Bagavathiannan and Norsworthy，2014）。尽管花粉介导的基因飘移（Pollen-mediated gene flow，PMGF）不太可能远距离、大范围地在抗药性稗和敏感种群中发生，但基因飘逸可在相邻田块间以明显高于自然界中未经选择种群的抗药性等位基因的初始频率发生。因此，任何抗性治理策略应考虑 PMGF 能抗除草剂的生产田块间的传播。

农田杂草一直是制约农作物高产、稳产的重要因素。农田杂草治理方法和技术的创新推广一直为各国政府、科学家和企业家所关注。发达国家劳动力十分紧缺，农田杂草防控十分倚重化学除草剂，化学除草面积高达种植面积的 90% 以上（Fernandez-Cornejo，et al.，2014）。例如，2010 年美国玉米田化学除草面积占玉米种植面积的 95% 以上，2012 年美国大豆田化学除草面积也达相同水平（Shaner and Beckie，2014）。尤其是 2011 年以来，转基因耐除草剂作物在发达国家的广泛种植进一步扩大，例如，2016 年，美国种植的主要转基因耐除草剂作物（含双/多价）大豆、玉米、棉花、油菜、甜菜面积达 7038 万公顷，占五种作物总种植面积（7711 万公顷）的 91.3%，加拿大种植的四种主要转基因耐除草剂作物（含双/多价）大豆、玉米、油菜、甜菜面积达 1174 万公顷，占四种作物总种植面积（1150 万公顷）的 92.9%（International Service for the Acquisition of Agri-biotech Applications，ISAAA，2016）。上述转基因耐除草剂作物的种植必定极大地推动化学除草面积的攀升。由于抗药性杂草发生态势严峻，以及由于长期大量使用除草剂，甚至滥用除草剂而引起的环境关注，国外杂草科学家已意识到农田杂草治理方式必须转变，必须发挥农业生态系统自身的最大优势，更加倚重其他控制措施和杂草综合治理，尤其是多样性作物系统，多样性农艺措施，多样性机械措施，多样性生物措施，多样性化学防控技术，以长期保持和发挥各项重要杂草治理技术的控草作用（Powles，2017；Chauhan et al.，2017）。针对突出的抗药性杂草问题，国外科学家认为，RNA 干扰（RNAi）技术（BioDirect™ Monsanto）可能有助于治理杂草对草甘膦和其他除草剂的抗药性。使用这种技术，可以用杂草 DNA 的一个镜像拷贝来启动或中止靶标基因。孟山都公司使用精确的 RNA 片段能够直接抑制植物烯醇式丙酮酰 - 莽草酸 -3- 磷酸合成酶（EPSPS）蛋白合成。特别有趣而重要的是实验条件下，当 BioDirect™ 与除草剂结合时可以逆转抗药性（Hollomon，2012）。我们倡导针对区域辽阔，作物种类繁杂，耕作栽培模式多样，草相差异大的特点，发挥杂草诱萌、深翻、轮作等农艺措施防控杂草，但是，农田杂草化学除草在我国农田杂草治理中依然占据主导地位。由于我国农村耕地碎片化严重，农民文化水平和施药水平普遍偏低，所用施药器械大多老旧、分散、不标准，滥用除草剂现象普遍，致使我国整体用药水平较低，除草剂有效利用率低下，致使除草剂药害频发，抗药性杂草发展迅猛。

总之，我国杂草科学研究的整体水平与发达国家相比仍有较大差距。一是缺乏有重大影响的领军人才和能够引领整个杂草科学专家；二是国家对该领域的立项重视不够，研究队伍太小；三是研究工作的创新性不强；四是研究工作缺乏自我特色；五是主攻研究方向不够稳定持续。以上差距，致使研究创新能力低，科研积累和沉淀不足，具有特色的创新性成果少，国际竞争力不强。

四、本学科发展趋势与展望

基因组学、蛋白组学、重测序等分子生物学技术的快速发展和广泛应用，为杂草科学研究从分子、蛋白水平认知杂草，阐明其休眠（萌发）、生态适应、竞争、致灾机制提供了重大机遇，使进一步阐明靶标抗性和代谢抗性机制，创新发展分子治理技术成为可能。杂草科学基础和应用基础研究必将成为今后一定时期的热点。

农田化学除草是现代化农业的重要标志，在当前和今后相当长时期，在农田杂草防控中化学除草剂必将不可或缺。随着我国农业栽培方式的改变，农田杂草群落的演替以及除草剂长期单一的使用，我国农田杂草发生与危害，特别是农田恶性杂草和抗药性杂草问题日趋严重，危害面积呈不断扩大趋势，以化学除草为主的农田杂草治理现状正面临严峻挑战。

现代化农业对杂草科学的倚重必将不断加强，农田杂草防控的比重将日益增加。在国家生态文明建设和农业供给侧结构性改革的实践中，我们必须明确农田杂草防控的方式，必向追求绿色生态可持续转变。随着中国城镇化进程的加快，尤其是十七届三中全会"土地流转"政策的出台，农场规模在不断扩大，中国农业的现代化、规模化和集约化将逐步实现，对农业机械和农业技术的投入将随之增加，社会对化学除草剂残留对人类健康和环境安全影响的关注也将增加。

因此，一方面我们必须十分重视化学除草剂的科学合理使用，充分考虑种植模式、栽培方式，了解杂草群落组成及优势种，关注环境因子变化，除草剂的作用方式，除草剂的使用原理，除草剂的应用历史，要根据不同生态区杂草的种类和防治对象，研究推广现有除草剂的合理混用及科学轮换使用技术，重视新型除草剂的引进和配套应用技术研究，避免单一长期使用作用方式相同的除草剂。同时，杂草科学需要切实加强适宜不同生态区、不同作物的实用新型生态技术研发，研究杂草精准治理技术和决策支持模型等先进技术，强化多样性治理理念，努力构建以生态控草为中心，农业措施、机械措施、生物措施、生态措施与化学除草相促进的多样性可持续控草技术体系，实施精准防控，全力降低化学除草措施实施前的杂草基数，减少化学除草剂单位面积使用量，降低化学除草剂对人类健康和环境安全的影响，实现农田杂草治理方式向多样性生态控草方式的转变，确保高效绿色防控农田杂草，护航农业产业发展和生态文明建设。

在国家生态文明和现代化农业建设的伟大事业中，为缩小我国杂草科学研究与国际研究水平的差距，提高国际影响力和竞争力，解决现代农业发展和全球气候变化中不断增加且日益复杂的杂草科学问题，服务可持续发展农业，杂草科学须加强基础研究和应用基础研究，研发创新非化学防控生态友好型技术，构建和推广多样性可持续控草技术体系，推动杂草治理方式向多样性措施并举的转变。因此，未来五年杂草科学发展的重点方向是：

1. 加强基础和应用基础研究。

为适应国家可持续农业发展对杂草科学的要求，在国家重点研发计划、国家自然科学基金及相关科技领域设立杂草科学重点研究项目，重点开展基于基因组及表观遗传组学的农田恶性杂草演化与致灾机制、抗药性杂草生态适应性分子机制研究，在重要杂草基因组测序、相关基因功能解析、基因修饰（沉默）等方面下大气力，研究草害监测预警系统、生物和生态防治新技术基础理论；加强杂草科学国际间合作研究，尤其是同"一带一路"沿线国家的合作。

2. 强化杂草防控技术研究。

在国家生态文明建设和农业供给侧结构性改革的实践中，农田杂草防控的任务将日益增加，我们必须明确农田杂草防控的方式必向追求绿色生态可持续转变，亟须发展减少除草剂使用的生态友好型技术。因此，在国家产业需求和生态文明建设的引领下，针对我国日益复杂的杂草问题、抗药性杂草、恶性杂草迅猛发展的态势，强化多样性治理、多措施并举理念，开展农田杂草长期监测，重点研发创新非化学防控方法、化学除草剂减量精准防控技术、抗药性杂草早期检测与治理技术，构建以生态控草为中心，农业、机械、生物、化学等多措施相促进的多样性可持续控草技术体系。

3. 重视队伍建设与防控技术示范推广。

在国家现代化农业对杂草科学的倚重不断增加，高新技术日新月异光速发展的新时代，亟须培养引进领军人才和壮大杂草科学研究、推广队伍。国家应设立杂草科学领军人才培养和引进专项计划，教学科研机构须设立杂草科学学科，加大本科、硕士、博士多层次人才培养力度，为杂草科学领军人才的培养引进和研究推广队伍的壮大创造平台和条件。农村农田是各种控草技术发挥其应有作用之地。杂草科学工作者不仅要研究实用新型的杂草防控技术，更要深入农村农田，广交农民朋友，传授推广相关理念和应用技术。唯有如此，杂草治理新理念才能尽快为广大农民所接受，各种杂草治理新技术才能尽早在广阔农田所应用，才能真正实现农田杂草治理方式向多样性生态控草方式的转变，确保高效绿色防控农田杂草，护航农业产业发展和生态文明建设。

参考文献

［1］ An J, She X, Ma Q, Yang C, et al., Transcriptome Profiling to Discover Putative Genes Associated with Paraquat Resistance in Goosegrass (Eleusine indica L.)［J］. PLoS ONE, 2014, 9 (6)：e99940.

［2］ An Y, Ma Y Q, Shui J F, et al., Switchgrass (Panicum virgatum L.) has ability to induce germination of Orobanche cumana［J］. Journal of Plant Interactions, 2015, 10 (1)：142–151.

［3］ Bagavathiannan M V, Norsworthy J K. Pollen–mediated transfer of herbicide resistance in Echinochloa crus–galli［J］. Pest Manag Sci., 2014, 70：1425–1431.

［4］ Bi Y L, Liu W T, Guo W, Li L, et al. X. Molecular basis of multiple resistance to ACCase– and ALS–inhibiting herbicides in Alopecurus japonicus from China ［J］. Pestic. Biochem. Physiol., 2016, 126：22–27.

［5］ Huang Z Y, Young N D, Reagon M, et al., All roads lead to weediness：Patterns of genomic divergence reveal extensive recurrent weedy rice origins from South Asian Oryza. Molecular Ecology, 2017, 26(12)：3151–3167.

［6］ Chauhan B S, Matloob A, Mahajan G, et al., Emerging challenges and opportunities for education and research in weed science［J］. Front. Plant Sci., 2017, (8)：1537. http：//dx.doi.org/10.3389/fpls.2017.01537.

［7］ Chen G Q, He Y H, Qiang S. Increasing seriousness of plant invasions in croplands of eastern China in relation to changing farming practices：A case study［J］. Plos One, 2013, 8 (9)：e74136.

［8］ Chen G Q, Wang L, Xu H L, et al., Cross–resistance patterns to acetyl–CoA carboxylase inhibitors associated with different mutations in Japanese foxtail (Alopecurus japonicus)［J］. Weed Science, 2017, 65：444–451.

［9］ Chen J C, Huang H J, Zhang C X, et al. Mutations and amplification of EPSPS gene confer resistance to glyphosate in goosegrass (Eleusine indica)［J］. Planta, 2015, 242：859–868.

［10］ Chen J C, Huang H J, Wei S H, Huang Z F, et al. Investigating the mechanisms of glyphosate resistance in goosegrass (Eleusine indica (L.) Gaertn.) by RNA sequencing technology［J］. the Plant Journal, 2017, 89(2)：407–415.

［11］ Chen J C, Huang Z F, Huang H J, et al. Selection of relatively exact reference genes for gene expression studies in goosegrass (Eleusine indica) under herbicide stress［J］. Scientific Reports, 2017, 7：46494.

［12］ Chen J Y, Huang Z F, Zhang C X, et al. Molecular basis of resistance to imazethapyr in redroot pigweed (Amaranthus retroflexus L.) populations from China［J］. Pesticide Biochemistry and Physiology, 2015, 124：43–47.

［13］ Chen S G, Kang Y, Zhang M, et al. Differential sensitivity to the potential bioherbicide tenuazonic acid probed by the JIP–test based on fast chlorophyll fluorescence kinetics［J］. Environmental and Experimental Botany, 2015, 112：1–15.

［14］ Chen S G, Kim C H, Lee J M, et al. Blocking the QB–binding site of photosystem II by tenuazonic acid, a non–host–specific toxin of Alternaria alternata, activates singlet oxygen–mediated and EXECUTER–dependent signaling in Arabidopsis［J］. Plant, Cell and Environment, 2015, 38：1069–1080.

［15］ Chen S G, Qiang S. Recent advances in tenuazonic acid as a potential herbicide［J］. Pesticide Biochemistry and Physiology, 2017, http：//dx.doi.org/10.1016/j.pestbp.2017.01.003.

［16］ Cui H L, Zhang C X, Wei S H, et al. ALS gene proline (197) mutations confer Tribenuron–methyl resistance in flixweed (Descurainia sophia) populations from China［J］. Weed Science, 2011, 59(3)：376–379.

［17］ Dai L, Dai W, Song X, et al. A comparative study of competitiveness between different genotypes of weedy rice (Oryza sativa) and cultivated rice［J］. Pest Management Science, 2014, 70 (1)：113–122.

［18］ Dai L, Song X, He B, et al. Enhanced photosynthesis endows seedling growth vigor contributing to the competitive dominance of weedy rice over cultivated rice[J]. Pest Management Science, 2017, 73 (7): 1410-1420.

[19] Delye C, Jasieniuk M, Le Corre V. Deciphering the evolution of herbicide resistance in weeds[J]. Trends Genet., 2013, 29 (11), 649-658.

[20] Dong S, Ma Y Q, Wu H, et al. Stimulatory effects of wheat (Triticumae stivum L.) on seed germination of Orobanche minor[J]. Allelopathy J., 2012, 30: 247-258.

[21] Fernandez-Cornejo, J Nehring, R Osteen, et al. Pesticide Use in U.S. Agriculture: 21 Selected Crops, 1960-2008. Economic Information Bulletin -124, 2014, U.S. Department of Agriculture, Economic Research Service.

[22] Gao H, Yu J, Pan L, et al. Target-site resistance to fenoxaprop-P-ethyl in Keng stiffgrass (Sclerochloa kengiana) from China[J]. Weed Science, 2017.

[23] Guo L B, Qiu J, Ye C Y, et al. Echinochloa crus-galli genome analysis provides insight into its adaptation and invasiveness as a weed.[J]. 2017, Nature Communications, DOI: 10.1038/s41467-017-01067-5.

[24] Guo W, Liu W, Li L, Yuan G, et al. Molecular Basis for Resistance to Fenoxaprop in Shortawn Foxtail (Alopecurus aequalis) from China [J]. Weed Sci., 2015, 63 (2): 416-424.

[25] Hettenhausena C, Lia J, Zhuang H F, et al. Stem parasitic plant Cuscuta australis (dodder) transfers herbivory-induced signals among plants[J]. PNAS, 2017, E6703-E6709, www.pnas.org/cgi/doi/10.1073/pnas.1704536114.

[26] Hollomon D W. Do we have the tools to manage resistance in the future?[J] Pest Manag Sci., 2012, 68: 149-154.

[27] Huang Z F, Chen J Y, Zhang C X, et al. Target-site basis for resistance to imazethapyr in redroot amaranth (Amaranthus retroflexus L.)[J]. Pesticide Biochemistry and Physiology, 2016, 128: 10-15.

[28] Huo H Q, Wei S H, Bradford K J. Delay of germination 1 (DOG1) regulates both seed dormancy and flowering time through microRNA pathways[J]. PNAS, 2016, 113 (15)E2199-E2206.

[29] Iwakami S, Endo M, Saika H, et al. Cytochrome P450 CYP81A12 and CYP81A21 Are Associated with Resistance to Two Acetolactate Synthase Inhibitors in Echinochloa phyllopogon[J].Plant Physiol., 2014, 165 (2), 618-629.

[30] Jiang Z, Xia H, Basso B, et al. Introgression from cultivated rice influences genetic differentiation of weedy rice populations at a local spatial scale[J]. Theoretical and Applied Genetics, 2012, 124 (2): 309-322.

[31] Li L F, Li Y L, Jia Y, et al. Signatures of adaptation in the weedy rice genome[J]. Nature Genetics, 2017, 49 (5): 811-814.

[32] Li L, Liu W, Chi Y, et al. Molecular Mechanism of Mesosulfuron-Methyl Resistance in Multiply-Resistant American Sloughgrass (Beckmannia syzigachne)[J]. Weed Sci 2015, 63 (4): 781-787.

[33] Li M, Wang H, Cao L. Evaluation of Population Structure, Genetic Diversity and Origin of Northeast Asia Weedy Rice Based on Simple Sequence Repeat Markers[J]. Rice Science, 2015, 22 (4): 180-188.

[34] Li Q, Tan J-N, Li W, et al. Effects of environmental factors on seed germination and emergence of Japanese brome (Bromus japonicus)[J]. Weed Science, 2015, 63, (3): 641-646.

[35] Li Z M, Ma Y, Guddat L, et al. The structure-activity relationship in herbicidal monosubstituted sulfonylureas [J]. Pest Management and Science, 2012; 68: 618-628.

[36] Li D, Li X, Yu H, et al. Cross-Resistance of Eclipta (Eclipta prostrata) in China to ALS Inhibitors Due to a Pro-197-Ser Point Mutation [J].Weed Science, 2017, 1-10. doi: 10.1017/wsc.2017.16.

[37] Li J, Li M, Gao X, et al. A novel amino acid substitution Trp574Arg in ALS confers broad resistance to ALS-inhibiting herbicides in crabgrass (Digitaria sanguinalis)[J]. Pest Management Science, 2017, doi: 10.1002/ps.4651.

[38] Liu W T, Yuan G, Du L, et al. A novel Pro197Glu substitution in acetolactate synthase (ALS) confers broad-spectrum resistance across ALS inhibitors [J]. Pestic Biochem Physiol 2015, 117: 31-38.11.

[39] Ma Y Q, Jia J N, An Y, et al. Potential of some hybrid maize lines to induce germination of sunflower broomrape[J]. Crop Sci. 2013, 53: 260-270.

［40］ Ma Y Q, Lang M, Dong SQ, et al. Screening of some cotton varieties for allelopathic potential on clover broomrape germination［J］. Agron J. 2012, 104：569–574.

［41］ Ma Y Q, Zhang M, Li Y L, et al. Allelopathy of rice（Oryza sativa L.）root exudates and its relations with Orobanche cumana Wallr. And Orobanche minor Sm. Germination［J］. J Plant Interact. 2014, 9：722–730.

［42］ Pan L, Zhao H, Yu Q, et al. MiR397/Laccase Gene Mediated Network Improves Tolerance to Fenoxaprop–P–ethyl in Beckmannia syzigachne and Oryza sativa［J］. Frontiers in Plant Science, 2017, 8.

［43］ Pan L, Gao H, Xia W, et al. Establishing a herbicide–metabolizing enzyme library in Beckmannia syzigachne to identify genes associated with metabolic resistance［J］. Journal of Experimental Botany, 2016, .doi：10.1093/jxb/erv565.

［44］ Pan L, Zhang J, Wang J, et al. LTRAQ–based quantitative proteomic analysis reveals proteomic changes in three fenoxaprop– P –ethyl–resistant Beckmannia syzigachne biotypes with differing ACCase mutations［J］. Journal of Proteomics, 2017, 160, 47–54.

［45］ Powles S B, Yu Q. Evolution in action：plants resistant to herbicides［J］. Annu Rev Plant Biol., 2010, 61, 317–347.

［46］ Powles S. Future food in a world with herbicide resistant weeds［P］. Global Herbicide Resistance Challenge, 2017, Proceedings p. 15, Denver, Colorado, USA, May 14–18, 2017.

［47］ Qiang S, Chen SG, Yang CL, et al. Method for eradicating weeds with derivatives of 3–acetyl–5–sec–butyl–4–hydroxy–3–pyrrolin–2–one. 美国专利, 2014, 专利号 US8921274B2.

［48］ Qiu J, Zhu J, Fu F, et al. Genome re–sequencing suggested a weedy rice origin from domesticated indica–japonica hybridization：a case study from southern China［J］. Planta, 2014, 240（6）：1353–1363.

［49］ Qiu J, Zhou Y J, Mao L F, et al. Genomic variation associated with local adaptation of weedy rice during de–domestication［J］. Nature Communications, 2017, 15323 doi：10.1038/ncomms15323.

［50］ Shaner D L, Beckie H J. The future for weed control and technology［J］. Pest Manag Sci., 2014, 70：1329–1339.

［51］ Shen C, Tang W, Zeng D, et al. Isoxadifen–Ethyl Derivatives Protect Rice from Fenoxaprop–P–Ethyl–associated Injury during the Control of Weedy Rice［J］. Weed Science, 2017, 1–9.

［52］ Song D Y, Wang Z, Song Z J, et al. Increased novel single nucleotide polymorphisms in weedy rice populations associated with the change of farming styles：Implications in adaptive mutation and evolution［J］. Journal of Systematics and Evolution, 2017, 55（2）：149–157.

［53］ Song Z J, Wang Z, Feng Y, et al. Genetic divergence of weedy rice populations associated with their geographic location and coexisting conspecific crop：implications on adaptive evolution of agricultural weeds［J］. Journal of systematics and evolution, 2015, 53（4）：330–338.

［54］ Sun G, Dai W, Cui R, et al. Gene flow from glufosinate–resistant transgenic hybrid rice Xiang 125S/Bar68–1 to weedy rice and cultivated rice under different experimental designs［J］. Euphytica, 2015, 204（1）：211–227.

［55］ Sun J, Qian Q, Ma D R, et al. Introgression and selection shaping the genome and adaptive loci of weedy rice in northern China［J］. New Phytologist, 2013, 197（1）：290–299.

［56］ Tang L, Ma D R, Xu Z J, et al. Utilization of weedy rice for development of japonica hybrid rice（Oryza sativa L.）［J］. Plant science, 2011, 180（5）：733–740.

［57］ Tang W, Zhou F Y, Chen J, Zhou X G. Resistance to ACCase–inhibiting herbicides in an Asia minor bluegrass（Polypogon fugax）population in China［J］. Pesticide Biochemistry and Physiology, 2014, 108：16–20.

［58］ Vila–Aiub M M, Neve P, Powles S B. Fitness costs associated with evolved herbicide resistance alleles in plants［J］. New Phytol. 2009, 184（4）, 751–767.

［59］ Wang H C, Li J, Lv B, et al. The role of cytochrome P450 monooxygenase in the different responses to fenoxaprop–P–ethyl in annual bluegrass（Poa annua L.）and short awned foxtail（Alopecurus aequalis Sobol.）［J］. Pesticide

Biochemistry and Physiology, 2013, 107: 334–342.

［60］ Wang J S, Wang X M, Yuan B H, et al. Differential gene expression for Curvularia eragrostidis pathogenic incidence in crabgrass (Digitaria sanguinalis) revealed by cDNA–AFLP analysis［J］. PloS One, 2013, 8（10）: e75430.

［61］ Wei Z J, Chen C S, Shi L B, et al. Novel N–nitroacetamide derivatives derived from 2, 4–D: design, synthesis, bio evaluation, and prediction of mechanism of action ［J］. Pesticide Biochemistry and Physiology, 2013, 106: 68–74.

［62］ Wu J, Ma J J, Liu B, et al. Herbicidal Spectrum, Absorption and Transportation, and Physiological Effect on Bidens pilosa of the Natural Alkaloid Berberine ［J］.Journal of Agricultural and Food Chemistry, 2017, 65, 6100–6113.

［63］ Wu X, Li J, Xu H–L, Dong L–Y. Factors affecting seed germination and seedling emergence of Asia minor bluegrass (Polypogon fugax)［J］. Weed Science, 2015, 63（2）: 440–447.

［64］ Xia H B, Wang W, Xia H, et al. Conspecific crop–weed introgression influences evolution of weedy rice (Oryza sativa f. spontanea) across a geographical range［J］. PLoS One, 2011, 6（1）: e16189.

［65］ Xia H B, Xia H, Ellstrand N C, et al. Rapid evolutionary divergence and ecotypic diversification of germination behavior in weedy rice populations［J］. New Phytologist, 2011, 191（4）: 1119–1127.

［66］ Xia W W, Pan L, Li J, et al. Molecular basis of ALS– and/or ACCase–inhibitor resistance in shortawn foxtail (Alopecurus aequalis Sobol.)［J］. Pesticide Biochemistry and Physiology, 2015, 122: 76–80.

［67］ Xiang M M, Chen S G, Wang L S, et al. Effect of vulculic acid produced by Nimbya alternantherae on the photosynthetic apparatus of Alternanthera philoxeroides［J］. Plant Physiology and Biochemistry, 2013, 65（4）: 81–88.

［68］ Xu H L, Zhu X D, Wang H C, et al. Mechanism of resistance to fenoxaprop in Japanese foxtail (Alopecurus japonicus) from China［J］. Pesticide Biochemistry and Physiology, 2013, 107, 25–31.

［69］ Yang C, L Y Hu, B Ali, et al. Seed treatment with salicylic acid invokes defence mechanism of Helianthus annuus against Orobanche cumana［J］. Ann Appl Biol 169（2016）408–422.

［70］ Yang Q, Deng W, Li X, et al. Target–site and non–target–site based resistance to the herbicide tribenuron–methyl in flixweed (Descurainia sophia L.)［J］. BMC Genomics, 2016, 17, 551.

［71］ Yang X, Zhang Z, Gu T, et al. Quantitative proteomics reveals ecological fitness cost of multi–herbicide resistant barnyardgrass (Echinochloa crus–galli L.)［J］. Journal of Proteomics, 2017, 150, 160–169.

［72］ Ye C Y, Lin Z X, Li G M, et al. J. Echinochloa chloroplast genomes: insights into the evolution and taxonomic identification of two weedy species［J］. Plos One, 2014, 11: e113657.

［73］ Yu Q, Powles S B. Metabolism–based herbicide resistance and cross–resistance in crop weeds: A threat to herbicide sustainability and global crop production［J］. Plant Physiol. 2014, 166, 1106–1118.

［74］ Yu Q, Powles S B. Resistance to AHAS inhibitor herbicides: current understanding［J］. Pest Manag Sci. 2014, 70, 1340–1350.

［75］ Zhang J, Lu Z, Dai W, et al. Cytoplasmic–genetic male sterility gene provides direct evidence for some hybrid rice recently evolving into weedy rice［J］. Scientific reports, 2015, 5: 10591.

［76］ Zhang L, Lou J, Foley M E, et al. Comparative Mapping of Seed Dormancy Loci Between Tropical and Temperate Ecotypes of Weedy Rice (Oryza sativa L.)［J］. G3: Genes, Genomes, Genetics, 2017, 7（8）: 2605–2614.

［77］ Zhang S, Tian L, Li J, et al. Morphological Characterization of Weedy Rice Populations from Different Regions of Asia［J］. Molecular Plant Breeding, 2017, 8.

［78］ Zhang W, Ma Y, Wang Z, Ye X, Shui J. Some soybean cultivars have ability to induce germination of sunflower broomrape［J］. PLoS One, 2013, 8: e59715.

［79］ Zhang Z, Dai WM, Song XL, Qiang S. A model of the relationship between weedy rice seed–bank dynamics and rice-crop infestation and damage in Jiangsu Province, China［J］. Pest Management Science, 2014, 70（3）: 716-724.

［80］Zhao B, Fu D, Yu Y, et al. Non-target-site resistance to ALS-inhibiting herbicides in a Sagittaria trifolia L. population［J］. Pesticide Biochemistry and Physiology, 2017, doi: 10.1016/j.pestbp.2017.06.008.

［81］Zhao N, Li W, Bai S, et al. Transcriptome Profiling to Identify Genes Involved in Mesosulfuron-Methyl Resistance in Alopecurus aequalis［J］. Frontiers in Plant Science, 2017, 8.doi: 10.3389/fpls.2017.01391.

［82］陈世国, 强胜. 生物除草剂研究与开发的现状及未来的发展趋势［J］. 中国生物防治学报, 2015, 31: 770-779.

［83］房锋, 高兴祥, 魏守辉, 等. 麦田恶性杂草节节麦在中国的发生发展［J］. 草业学报, 2015, 24（2）: 194-201.

［84］房锋, 张朝贤, 黄红娟, 等. 麦田节节麦发生动态及其对小麦产量的影响［J］. 生态学报, 2014, 34（14）: 3917-3923.

［85］高兴祥, 李美, 房锋, 等. 河南省小麦田杂草组成及群落特征防除［J］. 麦类作物学报, 2016, 36（10）: 1402-1408.

［86］高兴祥, 李美, 葛秋岭, 等. 啶磺草胺等八种除草剂对小麦田八种禾本科杂草的生物活性［J］. 植物保护学报, 2011, 38（6）: 557-562.

［87］纪明山, 郭佳, 付丹妮, 等. 草茎点霉毒素Ⅲ对鸭跖草叶片希尔反应活力的影响［J］. 农药, 2014, 53（5）: 366-368.

［88］李洁, 宗涛, 刘祥英, 柏连阳. 湖南省部分地区棉田牛筋草（Eleusine indica）对高效氟吡甲禾灵的抗药性［J］. 棉花学报, 2014, 3: 279-282.

［89］李美, 高兴祥, 李健, 等. 黄淮海冬小麦田杂草发生现状、防除难点及防控技术［J］. 山东农业科学, 2016, 48（11）: 119-124.

［90］李玉, 宗涛, 杨浩娜, 柏连阳. 长江中下游棉田马唐（Digitaria sanguinalis）对草甘膦的抗药性初步研究［J］. 棉花学报, 2016, 3: 300-306.

［91］李祖任, 王立峰, 邬腊梅, 等. 植物源羊脂酸除草活性及其作用机理研究//中国植物保护学会杂草学分会, 第十三届全国杂草科学大会论文集, 中国贵阳, 2017, 91.

［92］梁帝允, 强胜. 我国杂草稻危害现状及其防控对策［J］. 中国植保导刊, 2011, 31（3）: 21-24.

［93］刘亚光, 李敏, 李威, 等. 黑龙江省萤蔺对苄嘧磺隆和吡嘧磺隆抗性测定［J］. 东北农业大学学报, 2015, 10: 29-36.

［94］马国兰, 柏连阳, 刘都才, 等. 我国长江中下游稻区稗草对二氯喹啉酸的抗药性研究［J］. 中国水稻科学, 2013, 2: 184-190.

［95］王朝波, 龚洵. 欧亚大陆分布的大花菟丝子叶绿体基因组插入缺失分析［J］. 植物分类与资源学报, 2013, 35（2）: 158-164.

［96］袁国徽, 王恒智, 赵宁, 等. 耿氏硬草对乙酰辅酶A羧化酶类除草剂抗性水平及分子机制初探［J］. 农药学学报, 2016, 3: 304-310

［97］宗涛, 李洁, 刘祥英, 柏连阳. 湖南省部分地区棉田牛筋草（Eleusine indica）对精喹禾灵的抗性［J］. 植物保护, 2015, 2: 58-63.

撰稿人: 张朝贤　柏连阳　强　胜　王金信　李　美　樊龙江　吴建强

鼠害防治学学科发展研究

一、引言

受全球气候变化、种植业结构调整等因素的影响，我国农林业鼠害问题日益严峻。据统计，全国每年因鼠害造成的农田受灾面积达 3.7 亿亩，粮食损失达 50 亿~100 亿千克；草场受灾面积达 6 亿亩，牧草损失近 200 亿千克；森林鼠害、兔害每年发生面积在 1200 万亩左右，涉及二十一个省（区、市），新造林被害率达 30%~80%。鼠害的频繁暴发不仅对农林牧业等造成巨大经济损失，同时严重影响了我国生态文明建设。如草原地区因鼠害造成植被破坏而产生严重的水土流失和沙尘暴问题；青藏高原的黑土滩问题，仅三江源地区鼠害面积已达 3.24 万平方公里，占总面积的 10% 以上；退耕还林区，由于林业鼠害造成了很多地区林苗出现"边栽边吃，常补常缺"的窘境，严重威胁了正在实施的退耕还林工程和天然林保护工程建设。害鼠还是多种病原的宿主与传播的载体，害鼠暴发可能带来的鼠源性疾病的散播也随时可能威胁着广大人民的健康。

导致我国农业鼠害频发的原因有很多，其中气候变化是当前农林鼠害频繁暴发的最主要原因之一。气候变暖导致的害鼠种群繁殖期的延长，鼠类繁殖的代数增加，栖息地范围的扩大，北方草原植被恢复能力的下降，都直接或间接地与鼠害暴发有关。人类活动是引发鼠害的另一个关键因素。如农区节水灌溉、免耕、温室大棚、农林果蔬复合种植等新型农业技术的推广与应用为鼠类的生存和繁殖提供了更为优越的条件；连年过度放牧造成的草原大面积退化，导致植被更替向着有利于鼠害发生的方向发展；退耕还林过程中幼林面积的增加为害鼠发生提供了丰富的食物。

我国是个人口大国，粮食生产安全对我国包括鼠害在内生物灾害治理提出了很高的要求，我国是目前世界上鼠害治理实践最活跃的国家。在历史上，伴随我国历次种植业结构调整中的鼠害大发生现象，化学杀鼠剂为有效控制鼠害大暴发发挥了无可替代的作用。然而到目前为止，我国鼠害治理仍旧过度依赖化学杀鼠剂，并且这一现状可能还不得不维持较长的一段时期。其主要原因是长期对化学杀鼠剂的依赖，加剧了生态系统的失衡，如化学杀鼠剂可快速控制害鼠种群，但过度的灭杀影响了生态系统食物链的正常运转，同时，化学杀鼠剂的残留也通过食物链的传递影响着天敌种群的正常维持。失去了天敌种群的制约，鼠害一旦发生即以暴发形式发生，又不得不依赖化学杀鼠剂以快速控制鼠害的暴发，形成了恶性循环。

生态文明建设已经成为我国的基本国策之一。以生态学理念指导鼠害治理已经成为鼠害治理的基本发展方向。长期的鼠害治理实践，为我国鼠害治理的研究积累了宝贵的财富。目前我国鼠害治理应用研究已经走在了世界前列，而基础理论研究，全世界都尚未有重大突破，但我国在鼠害治理方面逐步积累的鼠害数据、材料，则为我国害鼠生物学的基础理论研究奠定了丰厚的基础。在当前，以生态学理念为指导，我国鼠害应用研究及基础理论研究都以害鼠种群数量控制为核心。在应用研究领域，注重标准化的数据监测与长期积累，以逐步实现害鼠种群动态的精准预测预报，为鼠害综合治理提供依据；注重综合治理技术中环境友好型鼠害控制技术的研发，力求提高杀鼠剂使用的效率与安全性，以降低杀鼠剂的使用量及其对环境的影响；注重 TBS（围栏捕鼠系统）等非化学防治技术的研发，逐步提升这一类技术在鼠害综合治理技术中的比重，在有效控制鼠害发生的同时促进生态平衡的逐步恢复。在基础理论研究领域，从宏观及外因角度，逐步开始注重从生态系统整体的角度分析气候变化、栖息环境、食物资源、天敌、疾病、人类活动等多种因素与害鼠种群发生及波动的关系；从内因角度，开始注重宏微观相结合，借助逐步累积的生态学表型数据，利用生理学、分子生物学、表观遗传学等技术通过分析环境影响害鼠繁殖的内在生理遗传机制，以探索害鼠种群对环境响应的机制。

二、本学科发展现状

（一）害鼠生物学基础理论研究

鼠类占据地球上哺乳动物种类的 42%，是最大的哺乳动物类群。鼠类的驯化品系如大白鼠、小白鼠一直是生理学、遗传学、医学等生物学领域最重要的模型生物，在生物学基础理论研究领域一直发挥着至关重要的作用。我国是一个鼠害灾害发生大国，鼠害对我国粮食生产安全及人类健康安全造成了巨大的威胁。然而，随着生态学理念进一步普及，人们逐步认识到鼠类种群在多种生态系统中作为初级消费者在食物链运转、作为植食性生物在植物种子传播等过程中关键作用。因此，害鼠基础生物学研究，不仅具有重大的实践意义，同时具有重大的理论意义。随着人们对全球气候变化的关注，各种野生鼠类成为人类研究全球气候变化对动物，尤其是对哺乳动物以及人类影响的关键模型动物类群。对褐家鼠、长爪沙鼠、西伯利亚仓鼠、普通田鼠等等模式化或正在模式化野生鼠类种群繁殖调控、环境应激调控影响等基础理论的研究，在阐明害鼠发生机制的同时，极大地促进了人类医学的发展。我国长期的鼠害治理实践活动，为害鼠基础生物学的研究提供了宝贵的生态学数据积累，以此为基础，我国害鼠基础生物学研究正处于一个快速发展的阶段。在我国学者的长期努力下，我国已经开始逐步成为引领国际害鼠生物学发展方向的先导国之一。如，鼠类生物学与治理国际会议（International Conference on Rodent Biology and Management，ICRBM）是全球范围唯一聚焦鼠类生物学与治理的国际性会议，由我国学者发起并于 1998 年在北京举行了第一届会议，我国也是该会议组织者国际动物学会的主席国。2014 年 8 月第五届 ICRBM 又在我国郑州召开，本届会议揭示了鼠类生物学发展的两个重要趋势：首先鼠类生物学研究正在从整体走向细节；与细化的鼠类生物学研究相对应，各类更具有害鼠种类针对性的防控技术的研发正方兴未艾。总体说来，在生态学理念指导下，以逐步深入的基础理论研究为支撑，针对害鼠种群发生的关键环节研发环境友好型害鼠控制技术，注重生态平衡的保护与恢复，以不同农业生态环境特征为依据，因地制宜制定不同害鼠综合治理策略，是害鼠生物学及其治理技术发展的根本趋势。

1. 啮齿类的进化与系统发育

分类学是生物学的基础学科，啮齿类的分类、进化与系统发育，是害鼠生物学基础理论研究的关键基础之一。害鼠的分类、进化及系统发育，不仅提供了基本的害鼠种群辨识标准，同时也提供了害鼠发生的历史、扩散方向等关键数据，是研究害鼠对环境响应等的重要基础支撑。

啮齿类是世界上最成功的一个类群，根据世界贸易公约指定使用的分类系统（Wilson and Reeder，2005），目前全世界有啮齿类 2277 种，大约占全世界已描述哺乳类的 40%。根据这一系统，中国啮齿目包括 4 个亚目，79 个属，10 个科，193 种。其中大约 30 种为农田、草原、森林的关键有害生物种类。

啮齿类循环反复的适应进化和惊人的多样性，使得科学家对其系统发育关系的研究产生了巨大困难。在高级分类阶元上，很长时间均没有取得一致意见。分子生物学的发展，为解决啮齿类系统发育提供了一个可靠的途径。近二十年来，分子系统学研究是啮齿动物的分类和系统发育研究的热点和方向之一。早期分子系统学研究主要基于第一代测序技术，其中线粒体基因的研究（Zhou, et al. 2008；Bužan et al., 2008；Bannikova, Lebedev, and Golenishchev, 2009；Bannikova et al. 2010；Tu et al. 2013；Liu et al. 2012, 2013, 2017）是分子系统学研究的主要领域。近年来，基于二代测序技术的大批量核基因用于系统发育分析，逐步接近了物种系统发育的本源。近十年来，几何形态学用于动物学的系统发育研究也悄然兴起。几何形态学能排除样本的大小、方位和物理性能等因素的干扰，更精确地辨别样本间的细微差异（索中毅等，2015）。如今几何形态测量方法已在生物个体发育、种群分化、系统发育等生物学研究领域得到了广泛的应用。

小型兽类的分类与系统发育研究无论几何形体学还是分子系统学，中国科学家总体上是一个跟随者的角色。方法上，总是欧美科学家提出并率先实践，中国科学家再利用他们的研究方法和思路。啮齿动物分类上，高阶分类单元的变更主要是欧美科学家得出的结论（Montgelard et al.，2008；Blanga-Kanfi et al.，2009；Churakov et al.，2010；Meredith et al.，2011；Fabre et al.，2013b）。我国分类学家在啮齿类的分类与系统发育研究领域的工作有以下几个特点，一是主要针对科级以下分类单元，很少在目级及更高分类单元开展系统发育研究。二是主要针对我国有分布，或主要分布于我国的类群开展相关研究。

尽管如此，由于我国啮齿类的生物多样性丰富，2005 年以来，我国科学家针对啮齿目分类与系统发育仍然做了大量工作。这些研究通过形态学和分子系统学，得出了很多重要发现，发表了系列新种，修订了很多物种的分类地位。到目前为止，我国啮齿目增加到 9 科 78 属 220 种。近年来的主要成果如下：

在绒鼠类研究方面，马勇（1996）通过细胞学研究恢复了绒鼠平属的地位（Caryomys）。在此研究基础上，四川省林业科学院刘少英团队基于形态学和分子系统学，针对田鼠亚科绒鼠属进行了研究，发表了绒鼠属新亚属（Ermites），并确定了多个绒鼠鼠种的分类地位（Liu et al. 2012；Zeng et al. 2013）。

在鼢鼠类研究领域，西华师范大学周开亚团队通过扩增 12s RNA 和 cytb，重建了鼢鼠亚科（Myosplaxiinae）中华鼢鼠属（Eospalax）的系统发育，结果证实 *M. psilurus, M. aspalax, E. baileyi, E. cansus and E. rufescens* 均是独立种（Zhou et al，2008）。

在松鼠类研究领域，中国科学院昆明动物所李松团队通过分子系统学方法及形态学方法开展了长吻松鼠属（Dremomys）、䴕鼠属（Petaurista）、飞鼠属（Hylopetes）的研究，确认了 3 个属 10 个啮齿类物种的分类地位（Li et al.，2007；Li et al.，2012；Li et al.，2013；Li and Yu，2013）。

在田鼠类研究方面，刘少英团队开展了凉山沟牙田鼠（Proedromys liangshensis）、白尾松田鼠属（Phaiomys）等系统发育研究，确立了多个田鼠鼠种的分类地位，发表了 2 个新种（Liu et al.，2007；Liu et al.，2012；Liu et al.，2017；）。

其他领域，Cheng et al.（2017）开展了猪尾鼠属的系统发育研究，发表了猪尾鼠属（*Typhlomys*）一个新种——小猪尾鼠（*T. nanus*）和由亚种提升的大猪尾鼠（*T. daloushanensis*）。蒋学龙等（2017）对壮鼠属开展了分子系统学研究，把休氏壮鼠（*Hadromys humei*）订正为云南壮鼠（*H. yunnanensis*）。

我国大规模的物种发现与命名主要是 1870 年至 1936 年间有外国科学家完成的，到目前为止，我国哺乳动物总数 683 种，但只有约 30 种由中国科学家发表命名。近十年来，随着技术的进步以及国家投入的增加，各个类群均发现了大量新种，但我国哺乳类编目工作还存在较多尚未解决的问题，有待分类学家们进一步探索。

2. 鼠害发生与气候、植被条件之间的关系

环境条件及其变化对害鼠种群密度波动的影响，是鼠害发生规律研究的核心内容之

一，也是实现鼠害预测预报的理论基础。以张知彬为首席专家的"973"项目《农业鼠害暴发成灾规律、预测及可持续控制的基础研究》（2007CB109100）为契机，来源于中国科学院动物所张知彬、王德华研究团队，亚热带农业生态研究所王勇团队，中国农业科学院植物保护研究所刘晓辉研究团队，中国农业大学王登研究团队，扬州大学魏万红研究团队等多家单位，实现多学科、多功能单元相结合，联合分析了鼠害发生与气候、植被、天敌等条件之间的关系。以历史数据为基础的分析表明，洞庭湖东方田鼠的暴发与 ENSO、温室效应等气候因素密切相关。内蒙古围栏平台，是迄今为止世界最大的半开放式鼠类种群研究平台，其中设计了降雨、放牧、植被等因素对内蒙古典型草原主要害鼠布氏田鼠种群发生的影响。该平台自 2007 年筹建，相关研究一直持续至今。主要结果表明，尽管在内蒙地区不同程度的增雨都将促进植被生长，为鼠类提供更丰富的食物，但降雨通过影响植被影响害鼠食物来源的同时，也会影响鼠类的栖息环境和行为，因此不同的降雨条件对害鼠种群具有不同的甚至完全相反的效应。由于实验平台为半封闭系统，不同放牧强度同样通过影响植被与害鼠形成食物竞争关系从而影响害鼠种群的发生，目前结果已经表明在围栏条件下中度放牧将抑制布氏田鼠种群发生。然而，本研究结果来源于半封闭系统，其效应还有待在田间开放系统进一步研究。通过连续多年实验，不同实验条件下植被条件已经发生了极为显著的分化，项目组从生态理念出发，进一步设计了围栏系统中鼠类种群、鼠类行为、降雨、放牧、植被、微生物、地化循环等多因素相关分析设计，目前这种持续生态实验形成的植被分化，则为该设计提供了重要的研究基础，有望在不远的将来，获得极为重要的生态系统数据，这对于从宏观生态学角度阐明布氏田鼠的种群动态具有重要的意义。在青藏高原野外研究中，中国科学院西北高原研究所张堰明研究团队同样获得了重要的植被、食物条件及天敌对高原鼠兔种群空间利用模式、觅食策略的关键数据。目前，高原鼠兔对极端气候条件变化的生理生态学响应、生活史特征变异及其进化适应机制的研究工作仍在继续。

3. 鼠类种群遗传结构动态及遗传调节机制

（1）害鼠繁殖调控机制

鼠害是威胁和阻碍农牧业可持续发展的一项世界难题，但目前仍然未能彻底阐明害鼠暴发成灾的机制，达到精准预测与防控的目的。害鼠成灾的实质是鼠类种群数量的迅速增加，而繁殖是导致种群增长最直接的因子。在此过程中，许多生物与非生物因子调控动物繁殖活力的变化方向，决定种群数量变动趋势。明确鼠类的繁殖通路，解析关键调控因子，不仅是科学问题研究的需求，也是不育控制等鼠害治理技术的核心问题。因此，鼠类的繁殖调控一直是种群生态学和鼠害防治领域的热点问题。

季节性繁殖现象是研究鼠类繁殖调控机制的天然模型。季节性繁殖的产生根本原因，是动物为了追求后代的最大适合度，将其生产于最适宜生长的季节中。季节性繁殖策略的产生是动物适应外界环境的复杂变化结果，而各种环境因子的变化往往就成为动物判断季节变化方向的重要参考指标，可以诱导动物繁殖生理状态的改变，例如光照周期、温度、食物等（Stevenson & Ball，2011）。这种现象是动物长期适应环境的结果，是多种因子在生物体上综合作用的体现。因此，季节性繁殖现象是研究环境影响鼠类繁殖的极佳的切入点，以鼠类季节性繁殖为研究范式，明确环境外因与基因内因对鼠类个体和种群繁殖力的影响，建立环境与基因关系的研究模式，对于阐明害鼠种群变动机制的核心问题，理解害鼠暴发成灾机制和彻底解决鼠害问题具有极为重要的理论和实际意义。近年来，我国学者在鼠类繁殖调控领域取得了长足的进步，主要进展如下。

以中国科学院动物所王德华研究团队，沈阳师范大学杨明团队，曲阜师范大学徐来祥团队为代表，主要通过室内生理实验与设计，从能量平衡角度研究光周期、温度、食物对鼠类代谢与繁殖生理的影响。如王德华团队发现，光周期、食物、温度等环境因素可以通过能量代谢调控影响布氏田鼠的繁殖性能（赵志军等，2008；Zhang et al.，2009；Zhao et al.，2010；娄美芳等2013；Zhang et al.，2015；Liu et al.，2016）。徐来祥团队则围绕黑线仓鼠繁殖调控中能量代谢的作用开展了大量研究（徐金会等，2014，王同亮等，2015），并通过分子生物学技术，克隆研究了黑线仓鼠多个繁殖相关基因在繁殖调控中的作用，如催乳素受体（Prolactin Receptor，*PRLR*），*FSHβ*，黄体生成素受体基因（*LHR*），*KiSS-1,GnRH* 等（王东宽等，2009；靳鹏等，2010；谢海燕等，2011；张强等，2012；王硕等，2013；薛慧良等，2013）。

中国农业科学院植物保护研究所刘晓辉研究团队，主要致力于鼠类野生种群繁殖特征及其调控机制的研究。证明了褐家鼠起源于我国南方地区，我国东北地区褐家鼠种群的繁殖抑制现象源于该物种对环境的高度适应性（Wang DW, et al.，2011；Song Y，2014）。证明了布氏田鼠与光周期同步的周期性繁殖抑制现象（Chen et al.，2017；任飞等，2016；王大伟等，2010），并阐明了光周期在布氏田鼠繁殖调控中的作用及其生理、遗传机制。

中国农业科学院植物保护研究所刘晓辉研究团队，中国农业大学王登研究团队，中国科学院动物所宛新荣研究团队，分别通过独立的研究，从害鼠种群结构角度阐明了布氏田鼠的近交回避现象、多父权现象和偏雄扩散现象（Yue et al.，2009；Huo et al.，2010；Wang et al.，2011；Liu et al.，2013）。刘晓辉团队依托内蒙古围栏研究平台，证明了布氏田鼠越冬种群的绝对繁殖垄断地位。王登团队，证明了布氏田鼠越冬种群遗传结构的特征及越冬种群在来年繁殖贡献中的作用。

（2）害鼠适应进化及其机制

动物，包括人类的适应进化，一直是生物学领域的研究热点。动物的适应进化不仅仅局限于基础理论问题，同时具有重大的应用价值。如人类是目前所有物种中进化速度最快的物种，通过与其他灵长类基因组比较分析筛选人类快速进化的基因，具有重大的医学应用价值。例如，人类免疫基因的快速进化研究一直是艾滋病研究领域的热点，利用进化理论模型通过预测蛋白质结构的形成机制与演化趋势，在制药领域发挥着重要的作用。由于人类的特殊性，实际上更多的相关研究必须依赖模型动物。除了与人类更为相似的灵长类动物，鼠类模型动物是这一研究领域不可或缺的重要资源。

鼠类由于繁殖周期短、环境适应性强、体型小便于操作等特征，是最重要的哺乳动物类模型动物类群之一，广泛应用于进化生物学以及医学的研究。近年来全球气候变暖及其生物学效应是人类最为关注的研究领域之一，鼠类以其强大的环境敏感性，成为研究哺乳动物对环境适应的关键类群。如上文所述害鼠繁殖调控机制研究中，害鼠如何响应变化的环境条件，是目前最为活跃的研究领域之一。借助近年来害鼠种群波动及繁殖特征方面生态学、生理学数据的积累，中国农业科学院植物保护研究所刘晓辉研究团队，正致力于通过表观遗传学与生态学、生理学、遗传学的相结合，从内因角度探索害鼠对环境变化的适应过程。

与害鼠生物学研究相关联，害鼠繁殖调控及其对不同环境的适应，在具有重大的理论价值的同时，也具有重要的应用价值。如褐家鼠是除人类之外在全世界分布最为广泛的物种之一，褐家鼠对环境的高度适应能力不仅是研究动物对环境适应进化的俱佳模型，该研究对于从内因角度阐明环境如何影响害鼠繁殖及其对后代的影响，实现鼠害的精准预测预报也具有重要理论指导价值。我国生态环境多样性丰富，为研究动物的适应进化提供了极佳的条件。如相同害鼠种类（如褐家鼠、小家鼠、黑线姬鼠等）在不同环境的繁殖特征，为研究害鼠对不同环境的适应提供了清晰的生态表型；不同害鼠种类在类似环境条件下的不同繁殖调控过程，则为研究动物对环境的不同响应机制提供了切入点。这些研究，对于阐明鼠类种群繁殖调控机制及其与环境变化的关系，对于实现害鼠精准预测预报，以至新型害鼠控制策略及技术的研发都具有重要的意义。

（二）鼠害监测预警技术研究

鼠害的暴发会造成巨大的经济损失和生态退化，且治理难度大。农业害鼠的成灾具有一定的周期性，准确预测农田害鼠种群的动态，建立以预警为主的鼠害监测系统，是实现科学、及时、有效防治的前提与关键。完善的鼠害监测体系及科学的数据采集，是实现鼠害精准预测预报的基础，而精准预测预报则是鼠害治理决策、措施制定、人力物力投入预算等措施的基础。目前我国的鼠情监测年限短，缺乏长期、系统的鼠类分布情况及生物学、生态学资料，对一些主要害鼠种类的预测预报工作还存在困难，尚缺乏对农业鼠害发生大尺度监测的技术手段与能力。鼠害监测仍以常规手段为主，靠传统的实地调查和经验分析进行预测预报，技术含量低、手段落后，农业鼠害预测预报技术的研究与发展，是摆在我们面前的一项迫切任务。

1. 害鼠监测技术

害鼠成灾实质上是害鼠种群数量的暴发。从外因来看，害鼠种群数量的暴发是气候变化、栖息环境、食物资源、天敌、疾病、人类活动等多种因素的综合作用的结果。从内因看，害鼠种群依赖外界环境的周期性变化，可能存在环境变化的内在响应机制，通过调控害鼠繁殖影响害鼠种群的出生率与种群数量。目前害鼠监测技术主要着眼于通过调查害鼠种群密度的变化，建立害鼠种群密度变化与环境因子的相互关系，实现鼠害预测预报。

夹捕调查法是国内外最普遍使用的害鼠监测调查技术，以夹捕率表示鼠密度，代表调查地区的相对鼠数量。二十世纪八十年代以来，夹捕法是我国农区鼠情监测的主要方法，其简便易行、适用于不同环境，可以比较不同时间不同地点害鼠种群或群落的结构特点；其主要缺点在于对种群或群落的扰动，环境不均一性所造成的夹捕密度的准确性。而且鼠夹规格，不同鼠种及不同年龄段害鼠对鼠夹的灵敏度，对诱饵的喜好程度不同。此外，不同人员操作，不同布夹方法（夹距、布夹方式）调查的鼠密度存在较大差异。标记重捕法是科学研究调查中常用的鼠类种群或群落监测方法，其在十七、十八世纪已经被用于调查动物生态特征。该法最大的优点是对动物集群的扰动小，能够客观体现种群或群落的动态特征。调查数据较详细、准确、不误伤非靶标动物、保护动物福利、维护生态平衡，但调查操作繁琐、费工费时、对调查人员技术要求较高，另一难点在于如何准确地根据重捕数据估算种群的大小，目前国外相关的研究较多，而我国大量的研究是利用标记重捕技术和已有的算法解决相关的科研问题，对于标记重捕方法学的研究报道几乎没有。针对以上现状，我国学者近年来开展了多种害鼠监测技术的研究，其中 TBS 技术、物联网技术、红外监测技术有望成为未来我国鼠害监测的主要技术手段。

TBS 技术起源于东南亚水稻种植区，其基本原理是利用鼠类有沿着物体边缘行走的习性，紧贴其途径的屏障边缘线设置陷阱，捕获小型啮齿动物的一种方式，可以实现连续性长期性的捕鼠效果。基于这一特性，以农业部全国农技推广中心郭永旺牵头的我国各级鼠害监测点、中国农业大学王登研究团队，开展了大量 TBS 技术在害鼠监测中的应用研究。实践证明，TBS 与传统夹捕法监测法相比，更贴合农田害鼠自然种群的特征，在获得与传统夹捕法基本相同鼠密度变化特征的同时，能够更真实地反映害鼠种类及种群构成。同时，结合我国地方农业生产特征，进行了大量的改进，在不影响捕鼠效率的前提下，便于田间操作。由于该技术可同时实现害鼠控制及种群密度监测，因此具有非常重要的应用价值。但该技术本身对害鼠种群数量的干扰，可能将会影响准确的建模。这一问题还有待在未来的研究中加以解决。

借鉴动物保护领域的红外相机监测技术，中国科学院动物所肖治术研究团队尝试将红外相机监测技术应用于害鼠监测，该技术不会对害鼠种群密度产生干扰，但害鼠种类辨识及有效的害鼠数量统计问题成为阻碍这一技术进一步发展的关键制约因素。借助大数据分析平台与物联网技术相结合，中国科学院亚热带农业生态研究所王勇研究团队，可能实现害鼠的自动化监测与数据分析，借助大数据分析平台，可以实现害鼠图像的高辨识分析，通过现有及逐步积累的害鼠图像数据库，可以实现害鼠种类的精准辨识、个体差异的精准辨识，从而实现害鼠种群结构、种群数量的精确统计。而物联网技术则提供了便捷的数据传输体系，与大数据平台相链接，可以实现数据的自动化采集、录入、分析与输出。目前该技术还存在成本较高，数据库积累尚不完善等缺点，但该技术是未来最有希望实现害鼠种群动态自动化监测的技术。

遥感技术可以通过遥感得到图片中的植被绿度、指数等参数，推断灾害的发生情况。近年来，新疆维吾尔自治区灭蝗治鼠指挥办公室倪亦菲团队进行了大量通过遥感技术预测鼠害发生的研究。结合无人机技术，该技术可以更便捷地在大尺度范围实现鼠害的监测预警，也是鼠害监测技术的重要发展方向之一。然而，与其他监测技术相类似，如何通过科学的数据采集及分析，实现害鼠种类、为害程度的精准辨识，也是未来这一技术所需要解决的难题。

上述各技术都有自身的优缺点，目前都难以对大群体多个体进行个体识别、进而实现对害鼠种群动态信息的精确、长期、自动跟踪监测功能。其用于害鼠种群动态监测的实践之路还有很多工作要做。

2. 鼠害预测预报技术

害鼠成灾实质上是害鼠种群数量的暴发。从内因看，种群数量的暴发反映了害鼠种群出生率、死亡率、迁入与迁出的变化；从外因来看，种群数量的暴发受气候变化、栖息环境、食物资源、天敌、疾病、人类活动等多种因素的影响。掌握这些因子对种群的影响机制，进而对区域性鼠害发生进行中长期预测预报是鼠害研究领域的长远目标之一。由于各种环境因素变化的不确定性及复杂相互作用，鼠害的暴发通常也呈现了时空上的多变性，给预测预报带来很多困难。要对鼠害的发生做出比较准确的预报，非常依赖于对鼠害灾变规律和机制的深入认识及区域性鼠害预警模型的建立。

自二十世纪九十年代起，新观点、新方法被大量探索用于模拟鼠类种群长期动态研究，鼠类种群数量波动规律及调节机制研究进入了一个全新的发展期。学者们从不同层次和角度对鼠类种群调节理论进行了深入的探讨。一个最显著的发展趋势是应用复杂的数学统计方法、数值模拟技术及遥感信息技术，对区域性害鼠种群的长期监测数据进行深入分析，并结合外界因子，主要是温度、降水及微环境的变化等历史数据，模拟种群动态规律，揭示其变动机理。以期解析宏观气候因素及其影响下的食物、植被等因素对鼠类种群暴发的影响。GAP 分析、小波分析、仿真模拟等模型分析方法的引入，在鼠类种群暴发的科学研究及灾害预测预报方面具有广阔的前景。

将环境因子如气候因子、植被因子等引入鼠害预测的参数中是近年来的本学科的重要进展之一。其中研究最多的是温度和降水因素。由于气候对鼠类种群的影响是多方面的，既有直接作用，也有间接作用。极端气候，如暴雨、寒冷等可以直接引起动物死亡，或阻止动物繁殖，这是直接作用。气候通过影响动物的食物、栖息环境来影响种群增长，可发挥间接调控作用。

在全球气候变化的大背景下，中国科学院动物所张知彬研究团队提出厄尔尼诺—南方涛动（ENSO）可能是鼠类种群暴发的重要启动因子，并分析了典型草原区布氏田鼠的暴发与 ENSO 密切相关。全球性的气候变化可在较大的空间尺度诱发鼠类危害的发生，鼠类种群暴发有明显的空间尺度相关性。与 ENSO 关联的气候或食物是引起啮齿动物种群暴发的关键因子。

降水量的增加可增加食物资源量，进而影响野外小家鼠种群的暴发。中国科学院亚热带农业生态研究所王勇团队的研究结果表明，洞庭湖流域东方田鼠暴发与降雨量密切相关，上一年的干旱对次年鼠害暴发是促进作用，而本年度的降水量对田鼠当年发生是个刺激作用。

张知彬团队，采用旱涝指数作为降水量的历史代用指标，使用广义可加模型建立时空动态模型，分析了鼠疫和气候因子的相互关系。发现气候对鼠疫的驱动作用在中国南方、北方不同。降水对鼠疫强度间的驱动作用呈现出非线性关系。干旱环境下高降水有利于鼠疫发生，潮湿环境下高降水不利于鼠疫发生。

上述研究表明，将气候因子引入鼠害暴发的种群参数中，不仅可延长鼠害预测模型的时间尺度，同时可提升鼠害预测模型的预测精度。并能够明确鼠害暴发的机理，制定有针对性的预防措施。外界因子对种群的影响是通过相关因子对种群繁殖调节介导产生，具明显的时间和空间特征。如一定纬度内的哺乳动物有固定的繁殖时期，这是自然栖息地食物和水的供给、温度和光周期等环境因子每年的季节性变化对繁殖周期和精子发生调节的结果。我国各地生态环境及气候差异较大，可导致同种动物繁殖特征的地区差异。同一动物不同地区的繁殖生态学特征研究是全国乃至整个分布区范围内掌握其生态学特征的必要累积。同时，啮齿动物繁殖力强，受气候、食物等因素的影响变化迅速，可引起种群数量的大起大落。掌握不同环境条件下有害啮齿动物的繁殖特点，是对其种群暴发短期乃至中长期预警及制定合理防治策略的必要条件。

3. 鼠害为害损失及经济效益评估

经济阈值是有害生物管理体系中的一个重要组成部分，是制定有害生物种群优化管理的基本决策。实践中有害生物防控效果的评估及防治效益（即防治措施能够挽回的经济损失和防治投入差）的估算，是经济阈值计算中不可或缺的步骤，精确的有害生物防治收益值的获得明显有助于该地有害生物防控频率和范围的确定。

结合 TBS 技术的应用与推广，中国农业大学王登研究团队开展了东北地区玉米种植区鼠害为害损失、TBS 防治效果评价及经济效益评估，为东北地区鼠害综合治理策略的制定以及 TBS 技术的进一步推广应用提供了重要依据。

（三）鼠害化学防控技术

化学防控技术在我国历史上鼠害暴发的治理工作中发挥了不可替代的作用，而在全球气候变化、种植业结构调整等多种因素影响下，我国局部地区害鼠呈现暴发性发生已经是无法避免的现象，因此，在未来较长的一段时期内，鼠害化学防控技术仍将是应当鼠害暴发的不可或缺的技术手段。近年来，随着生态环境意识的增强，在我国生态文明建设的基本国策的指导下，如何通过提高杀鼠剂的使用效率来降低化学杀鼠剂的使用量，提高杀鼠剂的使用安全性，降低化学杀鼠剂对非靶标动物以至生态平衡的影响，是目前化学防控技术的主要发展方向。

1. 化学杀鼠剂研究

（1）毒杀性杀鼠剂

相对于病、虫、草等其他有害生物及其多样的农药制剂，杀鼠剂种类非常简单，目前我国登记的杀鼠剂有效成分仅包括七种抗凝血杀鼠剂，两种不育剂，及一种生物制剂。其中，抗凝血杀鼠剂是世界最为广泛应用的杀鼠剂种类，其拟合了鼠类的预警行为，具有低毒、安全等多种优点。由于我国抗凝血杀鼠剂并未遇到欧美等国所面临的抗性问题，在我国，新型杀鼠剂的研究相对较少，化学杀鼠剂研究主要集中在通过复配等方式提高抗凝血杀鼠剂灭杀效率方面。

中国科学院亚热带农业生态研究所王勇研究团队，广东省农业科学院植物保护研究所冯志勇研究团队，分析筛选了第二代抗凝血剂溴敌隆和第一代抗凝血剂敌鼠钠盐杀鼠剂混合制剂的增效作用；筛选发现盐酸四环素对抗凝血杀鼠剂具有明显的协同抗凝血作用，而且适口性和水溶性好、价格低廉。经过配比筛选试验，提出该增效剂与敌鼠钠盐或溴敌隆复配应用的组方。这两种增效杀鼠剂配方既能确保灭鼠效果，又可减少抗凝血杀鼠剂用量的50%；筛选获得杀鼠醚的增溶／增效剂二甲基亚砜，可以在不影响杀鼠剂效率的前提下将杀鼠醚的使用浓度由0.0375%下降至0.015%；针对南方害鼠喜欢剥离稻谷壳取食稻谷，但杀鼠剂难以充分浸润稻谷壳进入稻谷，导致杀鼠剂效率下降，残留增加的现象，筛选了杀鼠剂的溶解助剂，主要成分为乙醇、二甲基亚砜、氯化钠和碱。通过黄毛鼠的灭杀实验证明，在助剂与杀鼠剂混合使用后，可提高抗凝血灭鼠剂的渗透力，增加药物进入谷壳内米粒的含量，提高了药物的利用率，同时，氯化钠能提高灭鼠剂的适口性，从而提高了灭鼠效果。

在与新西兰合作过程中，中国农业大学王登研究团队开展了鼠种特异性杀鼠剂的筛选。随着对降低杀鼠剂环境影响需求的增加，这一类鼠种特异性杀鼠剂有望成为选择性鼠害控制潜在产品。但我国鼠类多样性丰富，选择性杀鼠剂的研发还存在相当大的困难，还有很长的路要走。

（2）不育剂及鼠害不育控制技术研发

随着生态学理念的增强，鼠害治理正在经历着由灭转控的理念转变过程。在有效控制害鼠种群暴发为害，保持一定的害鼠种群数量以维持天敌种群的繁衍，促进生态平衡恢复，实现鼠害可持续控制，是鼠害治理的最理想状态。毒杀性杀鼠剂在控制暴发性鼠害，以及控制要求较高的农区（如高附加值经济作物种植区）的鼠害中有着不可替代的作用，但在草原、森林生态环境系统中，对害鼠具有相对较大的容忍度，同时具有更大的生态平衡的要求，毒杀性药剂则无法满足害鼠种群的可控操作。因此，在草原、森林系统中，不育剂及相应控制技术，是解决调控害鼠种群，促进生态平衡恢复的有效途径之一。

自 1959 年，Knipling 提出不育控制理念以来，早已成功应用于有害昆虫的控制与治理。在鼠类不育控制研究领域，主要以不育剂为主。免疫不育技术主要在澳洲得到广泛的研究，但由于一直无法实现不育剂的口服，该项技术在澳洲并没有真正得到应用。我国有 3 项登记的不育剂产品（α–氯代醇，莪术醇和雷公藤甲素），其中莪术醇对高原鼠兔等害鼠，雷公藤甲素对玉米种植区害鼠的田间试验都显示出了一定的控制效果。目前 α–氯代醇，莪术醇应用范围还不十分广泛，雷公藤甲素则更倾向于一种高毒制剂，需要加强管理。

近十年来，以中国科学院动物研究所张知彬研究团队为首，西北高原所张堰铭团队，亚热带农业生态研究所王勇团队，中国农业大学王登团队，广东省生物资源应用研究所刘全生团队等开展了大量不育剂相关研究。目前研究最深入的不育剂是炔雌醚和左炔诺孕酮。近年就其对害鼠的不育药效评价，对害鼠激素、生殖器官等的影响，不育药饵的研制，不育调节生理机制的探索，环境行为检测等方面进行了全面深入的研究。并针对黑线毛足鼠，长爪沙鼠，高原鼠兔，棕背鼾进行了一定规模的野外实际防治实践研究，均取得了丰硕的成果。其不育效果和实际防效都得到了较好的验证。其中，张堰铭团队在该药对野外高原鼠兔种群的研究中发现，炔雌醚饵料能在当年有效降低雌性的怀孕率，种群密度下降不明显，但第二年种群密度明显下降。炔雌醚处理后，雄性的攻击性显著降低，但长鸣和追逐等领域行为明显加强。炔雌醚不育处理的高原鼠兔雄性种群的遗传亲缘关系度高于正常雄性种群，也证明不育处理可能抑制雄性的迁移扩散。但其他研究中同时也发现该药针对不同鼠种其治理效果差异较大，如在某些种类中不育后种群数量下降，一段时间很快恢复。针对这些现象，不育种群越冬幼体增加对种群后续的发展影响，不育对种群数量压制的持续时间等种群水平的生态调节机制，有效经口配方饵料的研制等大量问题还有待解决。

2. 杀鼠剂基饵、引诱剂研发

我国目前登记的杀鼠剂种类，必须通过害鼠取食方可达到控制的作用，因此杀鼠剂饵料是决定杀鼠剂使用效率的最关键因素之一，是近年来杀鼠剂应用技术研究的热点之一。

我国目前规模化灭鼠工作中，由于考虑成本、机械化等因素，主要还使用小麦、稻谷等原粮作为杀鼠剂基饵。据统计，全国每年仅用于农田灭鼠消耗的粮食达 4.5 万吨。为减少粮食消耗，研制可代替粮食的饵料，广东省农业科学院植物保护研究所冯志勇团队，山西省农业科学院植物保护研究所邹波团队等开展了可替代原粮毒饵的相关研究，从节约粮食的理念出发，做了大量的杀鼠剂饵料筛选实验。如冯志勇团队将淀粉类的番薯、花生麸

（花生油厂下脚料）、木薯、碎玉米（饲料厂下脚料）、碎面渣（方便面厂下脚料）、碎米（精米厂下脚料）等和谷壳（米厂）、甘蔗渣（糖厂下脚料）、稻谷秸秆等纤维类组合配比成不同处方，研究了黄毛鼠、褐家鼠和板齿鼠对不同处方基饵的适口性，筛选最优基饵配方。邹波团队以作物秸秆、藤蔓和酒糟、醋糟等为原料，掺入一定比例的粮食粉碎后，用制粒机制成非原粮饵料，并用0.005%溴敌隆制成毒饵，添加了引诱剂，加工成成品毒饵。田间效果测试表明非原粮毒饵的灭鼠效果完全可以替代原粮毒饵用于北方常见鼠害的防治，达到节约粮食和降低灭鼠成本的目的。

在毒饵中添加鼠类引诱剂成分，是提高毒饵效率的一个重要途径。冯志勇团队将各种植物油、动物油脂、各种常用食用调味剂、常见的食品添加剂、毒饵配制中可能用到的各种化学溶剂以及大葱素等已有报道对鼠类具有引诱作用的化学药品进行配比组合。从引诱材料中初筛出对三种鼠具有引诱效果且效果较为明显的材料，进行调试后按比例复配成引诱剂配方并配制饵料，通过检测从25种可能对试鼠具有引诱作用的物质中获得四种引诱剂配方。

邹波团队和黑龙江省农业科学院植物保护研究所丛林团队测试了白糖、白酒、乙醇、乙酸乙酯、盐、酱油、醋等不同成分对褐家鼠、社鼠、子午沙鼠、花鼠、林姬鼠、黑线姬鼠等多种鼠类的引诱效果。丛林团队研究结果表明饵料中添加白酒对褐家鼠引诱力显著提高，其主要有效成分为乙醇而非乙酸乙酯。田间试验表明，处理后十天饵料引诱力仍旧显著高于对照。抗凝血类杀鼠剂作用时间高峰一般为害鼠取食后3~7天，这表明这项技术可以有效提高毒饵引诱力，从而提高杀鼠剂使用效率。

3. 杀鼠剂安全、高效施用技术研发

尽管抗凝血杀鼠剂总体上毒性较低，并且可以通过大量服用维生素K1进行解毒，杀鼠剂的安全使用技术，一直是杀鼠剂应用技术的核心领域。在季节性、统一部署的灭鼠行动中，如草原灭鼠，一般会通过预先部署的禁牧措施以降低裸投毒饵对家畜、家禽的影响。但农区和城市裸投毒饵则存在非常大的风险，如目前我国北方村屯仍旧存在散养家畜、家禽的现象，因此这些区域一般要求使用毒饵站投放杀鼠剂。

毒饵站是我国学者发明的杀鼠剂投放技术，目前早已风靡世界。毒饵站拟合鼠类的取食行为，在提高杀鼠剂使用效率的同时保护毒饵免于日晒雨淋的影响，延长了毒饵的有效期，并且可以避免毒饵散落到周边环境中，从而减低了杀鼠剂对环境的污染。但不同环境，对毒饵站的使用也提出了不同的要求。黑龙江省农业科学院植物保护研究所丛林团队和中国农业科学院植物保护研究所刘晓辉团队，针对农区不同环境，研发了水泥毒饵站，适用于村屯鼠害控制，可以有效防止大型散养家畜对毒饵的误食；研发了便捷式蛇形管毒饵站，便于田间毒饵的快捷投放；尤其是近年来新获专利的高置式大容量毒饵站，可以更有效地防止大雨导致的径流对毒饵站的影响，同时毒饵站采用了沙漏式毒饵缓释装置，在保护毒饵的前提下解决了毒饵站的毒饵容量问题。在东北的田间实验结果表明，单个毒饵

站的毒饵用量的控制面积可达一公顷，与目前推荐的每亩两个毒饵站的使用标准相比，极大地降低了毒饵站本身的成本、毒饵站投放以及毒饵投放和更换的人力成本。

4. 抗凝血杀鼠剂抗性监测及新型检测技术研究

抗凝血杀鼠剂拟合了鼠类取食行为，通过降低鼠类的预警行为提高了杀鼠剂的使用效率。然而正是由于抗凝血杀鼠剂的慢性毒理，导致这类药剂非常容易产生抗性。目前，第一代抗凝血在欧美已经普遍扩散，严重影响了抗凝血杀鼠剂在这些地区的应用。鉴于此，我国学者也开展了大量抗凝血杀鼠剂监测、检测技术的研发工作。

（1）杀鼠剂抗性监测与检测技术研发

广东省农业科学院植保所冯志勇团队，是抗凝血杀鼠剂监测、检测研究的传统团队。近年来，冯志勇团队从未间断褐家鼠、黄毛鼠等关键鼠种的抗凝血杀鼠剂抗性监测工作，目前已经建立了黄毛鼠的凝血反应标准曲线及黄毛鼠的凝血实验检测方法。中国农业科学院植物保护研究所刘晓辉团队，结合传统饲喂致死法，血凝法分析了不同地区褐家鼠种群的抗性现状，结合分子技术，分析了来源于我国 29 个省份与地区褐家鼠抗性基因的分布频率，证明了我国褐家鼠目前的低抗性水平与我国合理的杀鼠剂施用管理措施有关，对于抗凝血杀鼠剂的应用策略的制定具有重要的理论价值。同时，在褐家鼠抗性基因分析过程获得的分子标签，有望应用于我国褐家鼠的分子快速检测技术。

（2）害鼠抗药性的生理、遗传机制研究

以杀鼠灵（warfarin）等为代表的第一代抗凝血类灭鼠剂于二十世纪五十年代左右开始在欧美被广泛用于控鼠和灭鼠，然而不到十年的时间就出现了抗性鼠。抗性发生的生理遗传机制，是抗性检测技术研发，抗性种群治理的关键。

最近的研究表明，鼠类对抗凝血杀鼠剂的抗性与凝血反应过程中维生素 K 环氧化物还原酶编码基因（Vkorc1）的突变有关，但不同鼠种及相同鼠种所涉及的变异位点可能不尽相同。中国科学院动物所戴家银团队发现黄毛鼠抗性可能与 Vkorc1 基因变异有关。中国农业科学院植物保护研究所刘晓辉团队证明了黄胸鼠的抗性与经典的 Vkorc1 基因的 139 位变异有关。刘晓辉团队对大量褐家鼠样本的分析，表明褐家鼠的抗性除了可能来源于 139 位变异，可能还来源于其他位点氨基酸的变异。这些结果为我国鼠类抗性的分子检测技术的研发提供了分子标记。

然而，Vkorc1 基因的变异，目前无法完全解释鼠类的抗性现象。如冯志勇团队发现黄毛鼠有拒食毒饵的现象，属于行为抗性范畴。实际上，即使相同的种群，也存在抗性水平巨大的个体差异。这一现象定义为表型可塑性。中国科学院亚热带农业生态研究所王勇团队发现，采用敌鼠钠盐亚致死剂量连续多代饲喂东方田鼠，可以导致东方田鼠种群抗性的逐步升高。中国农业科学院植物保护研究所刘晓辉团队在褐家鼠中也证明了类似的现象，并开始致力于通过表观遗传学的手段分析褐家鼠生理抗性的成因及其在种群中的遗传特性。

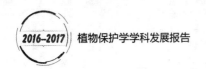

5. 抗凝血杀鼠剂残留检测

抗凝血杀鼠剂一向被认为是低毒药物，对环境影响小。然而，近年来我国以及其他世界各地相继发现了第二代抗凝血杀鼠剂导致的非靶标物种如鸟类的中毒现象以及在天敌生物中的二次中毒现象。因此，第二代抗凝血杀鼠剂的环境残留问题开始进入科学家的视野。通过与新西兰的合作，中国科学院亚热带农业生态研究所王勇团队近年来开展了溴敌隆环境残留分析的研究，并建立了溴敌隆土壤残留的检测方法。

（四）鼠害生态调控技术

有害生物长期持续综合治理体系的建立，是依据相关环境和有害生物种群动态，尽可能协调一致地采用所有适当的技术和方法，将有害生物的种群控制在可造成经济损失的水平之下。基于目前现状，化学防治仍是不可或缺的手段，在化学防治过程中，如何合理使用，最大限度降低其不利影响，是其今后研究的焦点。另一方面，在鼠害防治的实践中，人们越来越多地意识到新型控制技术开发的必要性。农艺措施，规模化物理防治方法，天敌防控，围栏陷阱（TBS）等生态治理的可持续控制技术不断涌现，这些新型可持续防治技术本质上都是一种生态调控技术。如何提升这些新型控害技术的科技含量及控制效果是近年来鼠害防治工作者关注的焦点之一。

在这些措施中，受种植业结构调整影响，一些农艺措施如免耕、冬季大棚的大规模应用等，反而有利于害鼠的越冬及鼠害的暴发，农艺措施的应用，受到当地生态环境、耕作措施等实际情况的限制，因此在近年来并没有十分深入系统的研究。天敌防控，一方面在鼠害发生早期方可发挥更好的抑制效应，一方面其延迟效应导致其很难及时快速控制鼠害，因此，尽管广东省农业科学院植保所冯志勇团队曾经尝试采用人工释放猫防治鼠害，并取得了一定的效果，但天敌防控技术很难进行大范围推广与应用。内蒙古草原的立杆招鹰技术，是一项优良的长期性的鼠害治理技术，但同样依赖于以一定害鼠种群为基础的天敌种群的自然繁衍。因此，从理论上只有完善鼠害治理的理念，改变目前灭杀为主的现状，改灭为控，促进天敌种群的繁衍，逐步恢复生态系统的平衡，才有可能真正发挥天敌防控的作用。鼠害物理防治技术的本质是利用物理器械致死一定量的害鼠，与化学控制相比其对环境影响的优势是不言而喻的，但物理防治技术一般都费时费工，对使用人员的要求较高，是影响这类技术大规模应用的主要因素。目前，物理防治技术主要大规模用于化学防治无法有效发挥作用的地下害鼠的治理。近年来，主要以企业牵头的一些新型捕杀地下害鼠器械的发明创新，如机械式地箭、红外触发的地箭等不断问世，但其实际使用效果的报道并不多。近年来，TBS 技术是生态调控技术中在我国鼠害治理领域影响最大的一项技术。

TBS 技术（英文 Trap Barrier System，围栏陷阱法）的大规模应用源于东南亚水稻种植区，最原始的设计原理为利用围栏内种植的引诱作物吸引害鼠，沿围栏设计连续捕鼠装置，达到长期、连续控制鼠害的目的。我国学者根据我国农业生态环境的实际情况与特点，对原有 TBS 的设计进行了改进。以农业部全国农技推广中心郭永旺领导的各级地方植保系统，于 2006 年开始推广示范 TBS 控鼠技术。以此为基础，根据各地反馈的情况，中国农业大学王登团队、中国农业科学院植物保护研究所刘晓辉团队、黑龙江省农业科学院植保所丛林团队、广东省农业科学院植保所冯志勇团队，因地制宜进一步提出了适合当地措施的 TBS 系统。如中国农业大学王登团队，与鼠害预测预报相结合，尝试将 TBS 同时用于鼠害监测，并测定了已推广 TBS 的防治效果与应用范围，为科学合理设置 TBS 提供了依据。黑龙江省农业科学院植保所丛林团队与中国农业科学院植物保护研究所刘晓辉团队合作，利用红外监测技术研究了 TBS 捕鼠的特性，发现 TBS 捕鼠的关键不在于引诱作物，而是鼠类沿物体边缘行走的习性，并由丛林与王大伟率先提出了线性 TBS 的概念。线性 TBS 在具有相同捕鼠效率的情况下，能够更好拟合我国东北地区的机械化操作。王登团队在同时期的规模实验中充分验证了这一特点，并提出了更优化的设置方式。冯志勇团队，则依据广东省害鼠体型硕大，多雨的气候特征，发明了适合当地害鼠的连续捕鼠系统，为 TBS 在相似地区的应用提供了可能。

利用生态系统中各物种间相互依存、相互制约的关系，以防治控制有害动物的生物防治技术是当前有害生物防治发展的理想方向。但生态平衡是一个动态的、理想的平衡状态，目前尚未有可以完全量化的指标进行衡量以反映一个生态系统的平衡状态。包含生物多样性是衡量一个生态系统优劣的一个共识的指标。生物多样性不仅仅局限于人类目前正在利用的生物物种与资源，自然界天然存在的生物多样性才真正是最宝贵的资源与财富。从另一个角度，在农业生态系统中，人类及人类行为本身，也是生态系统的有机组成。如何协调人与自然的关系，如何以生态学理念为指导，立足于我国现有鼠害治理技术，在加强农业生态系统及有害生物发生规律等基础理论研究基础上，以深化的理论知识指导农业鼠害治理技术的发展，将人类活动与生态系统的合理运转结合起来，真正实现农业生态系统的平衡，是鼠害可持续综合治理的最理想方式，也是鼠害以至于其他有害生物治理的根本发展方向。

三、本学科国内外研究进展比较

（一）鼠害防控技术研发与应用

我国长期的鼠害治理实践与经验积累，促进了我国鼠害防控技术的发展。目前我国是世界上鼠害治理最成功的国家，这得益于我国政府部门在鼠害治理中的统一部署与管理。鼠类的高繁殖率是鼠害频发的生物学基础，以害鼠发生规律为依据，鼠害治理行动中的统一部署和规模化实施，保证了我国鼠害治理的高效性。在国内外交流中，我国先进的鼠害治理规划，是最吸引国外学者的领域之一。与长期的鼠害实践经验积累相对应，尽管还缺乏本质性的创新，近年来我国学者依据多样的农业生态系统所研发的多种多样单项技术，如改进的 TBS 技术在用于害鼠治理的同时可以用于种群监测；适用于不同环境的毒饵站；

不育治理技术等，同样吸引了国外学者的目光。但从研究发展的角度，很多方面与欧美国家相比存在较大的差距，主要体现在以下几个方面。

1. 鼠害治理理念的差异

与欧美发达国家相比，由于我国粮食生产的压力，对鼠害容忍度阈值较低，这也是我国鼠害实践活动最为活跃的根本原因。随着人类生态意识的增强，生物多样性越来越受到人类的关注。然而，生物多样性不仅仅局限于人类已经利用或者可以利用的生物资源，生物多样性的高低指示着一个生态系统健康发育的程度，鼠类作为哺乳动物最大的类群，其生态学功能不容忽视。因此在欧美发达国家，对包括啮齿动物在内的野生动物的管理以及研究具有更加严格的立法，在研究中使用鼠类等野生动物都具有非常严格的管理条例，包括鼠害在内有害生物治理策略制定中，生态环境的保护往往被放在第一重要的位置。如近年来与我国在鼠害治理方面交流较多的新西兰，鼠类作为入侵生物严重影响了当地生态系统的平衡，尽管与当地害鼠种类有限相对易于操作有关，但新西兰关于第二代抗凝血杀鼠剂残留的研究以及鼠种特异性杀鼠剂的研发，充分体现了新西兰高度的生态保护意识。

我国生态平衡及生物多样性意识相对而言要淡薄很多，尽管我国科学家近年来已经开始宣传鼠类的生态功能重要性，然而我国经过这么多年全国范围的鼠害治理的言传身教，总体上，尤其是基层群众，主要还是单纯从害的角度看待啮齿动物类群。我国卓有成效的鼠害治理实践，让大众获得了现实的鼠害治理所带来的经济效益，也在不知不觉中灌输了鼠类单纯有害的思维，忽略了从更高更长远的角度看待整个生物系统的健康发展。如内蒙古地区的牧民就经历了从十至十五年前基本无视鼠害，到目前见鼠即灭的思维方式。而从政府决策角度，我国也缺乏完善的生物多样性保护的法律法规、执行机构，缺乏全民性的生物多样性保护意识。如我国有《中华人民共和国野生动物保护法》《中华人民共和国陆生野生动物保护实施条例》《国家重点保护野生动物名录》和《国家保护的有益的或者有重要经济、科学研究价值的陆生野生动物名录》，两个名录只重点收录了部分我国的珍稀动物生物资源，绝大多数常见动物以及绝大多数啮齿类动物都不在名录范围内，因此对这些动物该如何对待，尚缺乏相关的依据。如何从更长远的生态保护的角度，转变思维，改变目前以灭为主的鼠害治理现状，实现鼠害的预防为主，防控结合，在有效控制鼠类为害的前提下，发挥鼠类的生态学功能，促进生态系统健康发育，引导、规范、提高全民的生态保护和生物多样性保护意识，还有很长的路要走。

2. 鼠害监测及预测预报技术研发

鼠害预测预报是鼠害治理决策的依据，鼠害监测及预测预报技术研发一直是鼠害应用研究的核心之一。我国是鼠害治理实践最为活跃的国家之一，然而，鼠害精准预测预报，尤其是中长期预测预报，一直是鼠害预测预报技术的短板。与欧美发达国家相比，我国已经具备大数据分析能力与平台。如近年来张知彬等团队对我国鼠害历史数据的分析及其成果，王勇团队基于大数据分析平台的鼠害物联网监测技术平台的研发，证明我国学者已经具备了相关能力。然而，基础数据的采集与积累，以及基础数据的质量，是影响我国鼠害精准预测预报的主要瓶颈之一。如我国局部地区，也积累了长达三十年以上的鼠害监测历史数据，然而近年来鼠害预测预报精准建模中发现，数据的质量，如科学性、精确度、相关影响条件的记录等，是影响建模准确质量的主要因素。与国外相比，很多历史数据还嫌粗糙与缺乏规范，同时我国农业生态环境多样，总体上还缺乏标准化的相关基础数据的采集、录入体系。

3. 其他鼠害控制技术研发

目前在世界范围内害鼠控制的创新技术相对较少，我国依据农业生态多样性因地制宜多样化的毒饵站、TBS技术产品，是近年来鼠害控制技术研发的亮点之一。然而，与日益受到重视的生态学理念相对应，我国抗凝血杀鼠剂残留、鼠种特异性杀鼠剂研发等还处于起步阶段。一些应用基础研究，也还存在很大的深入空间。如，抗凝血杀鼠剂抗性监测技术，目前传统的饲喂致死法和血凝法都存在费事费力的缺点，基于DNA标记的分子检测技术，是未来解决这一问题的主要途径之一。然而，与欧美相比，相关分子机制的研究尚存在很大的深入空间，如我国害鼠种类繁多，尚需要针对不同的害鼠种类开展深入细致的研究。

（二）害鼠生物学基础理论研究

害鼠发生规律不仅是鼠害监测预警的基础，从更长远的角度，也是新型鼠害控制技术研发的潜力所在。鼠类同时也是重要的模式生物，鼠类的驯化品系如大白鼠、小白鼠一直是生理学、遗传学、医学等生物学领域最重要的模型生物，在生物学基础理论研究领域一直发挥着至关重要的作用。而随着人们对全球气候变化的关注，各种野生鼠类成为人类研究全球气候变化对动物，尤其是对哺乳动物以及人类影响的关键模型动物类群。以鼠类季节性繁殖及全球气候变化为切入点，通过研究环境因子（如光照、温度、食物等）变化对野生鼠类（如西伯利亚仓鼠、金仓鼠、普通田鼠等等）为代表的动物繁殖调控、环境应激调控的影响，科学家们在解析动物对环境因子响应神经通路、分子机制等基础理论的同时，极大地促进了人类医学的发展。由于我国与欧美等国对鼠类为害认识及需求的不同，总体上欧美国家科学家是将鼠类，尤其是已经实现驯化的实验室品系作为模式生物进行应用和研究，研究也主要集中在宏观生态的领域和生物保护领域，除了少数几个种类，较少关注鼠类野生种群的数量动态等深层调控机制。我国出于鼠害控制的需求，害鼠野生种群数量及其动态一直是害鼠生物学研究的核心领域，除了宏观生态学领域关于害鼠种群动态与外部环境因子变化相关的研究，以逐渐积累的这些宏观数据为基础，害鼠种群动态调控的内在生理遗传机制也是正在兴起的主要领域之一。

与国外相关领域相比，我国学者，如中国科学院动物所张知彬团队，基于历史数据的有关害鼠种群动态与环境变化关系的分析在国际上具有相当高的影响力，表明我国在宏观生态基础研究方面的能力。而在微观领域害鼠基础生物学研究方面，尽管存在研究领域关注点的差异，总体上我国相关领域的研究还处于起步阶段，还存在很大的发展空间。如通过生态学、生理学、分子生物学为主的理论和技术所建立的动物表型差异，是研究动物适应进化的基础。以鼠类繁殖调控机制为例，目前国外利用完善的实验室条件以及鼠类驯化品系稳定的表型，在鼠类繁殖调控机制方面取得了重要的进展，目前解析的最为清楚的就是光周期调控机制。但是，国外学者对从有害鼠类治理角度关注季节性繁殖调控的研究还很少，对其繁殖调控机制用于害鼠防控的研究基本没有，对于野生种群的繁殖特征及种群动态机制尚缺乏系统的研究。

我国鼠害治理研究处于世界前沿，借助相对更加完善的害鼠治理体系与实践活动，在害鼠生态学、生理学等方面积累了大量数据，并且近年来研究越来越深入和细化。然而与国外相比，很多历史数据还嫌粗糙与缺乏规范，很多基础生物学及理论研究方面还流于表层数据，远远不够深入。目前，即使在世界范围内，用分子生物学、表观遗传学等新方法、新理论解析宏观生态学现象的研究尚属前沿的研究领域，目前尚无太多的研究报道。但以模式生物为基础的大量相关研究，的确为实现这一目的提供了方法学与理论的可能。并且，正是由于国内外鼠害理念与实际需求的差异，也我国在害鼠生物学领域的研究发展提供了新的契机，与逐步完善的鼠害治理理念以及治理实践相结合，为本领域原创性和开拓性的成果提供了空间。

四、本学科发展趋势与对策

（一）本学科总体发展趋势

（1）生态学理念指导下的鼠害治理技术研发，害鼠生物学基础研究是本学科的基本发展方向。在我国生态文明建设基本国策的指导下，注重生态系统的协调发展，在有效控制鼠类为害的基础上，注重发挥鼠类自身的生态学功能，注重鼠害防控技术与生态系统发育的协调，注重从生态系统的整体角度开展害鼠基础生物学与理论的研究。

（2）鼠类生物学研究正在从整体走向细节，从粗犷走向精细。我国农业生态环境多样，鼠类多样性丰富，不同害鼠种类在不同农业生态环境中发生规律不同，生态功能不同，反之不同农业生态环境对鼠类为害的容忍度不同，治理需求不同。在生态学理念指导下，宏微观相结合，从生态系统整体出发，探索不同鼠类种群在不同农业生态系统中的作用，采用先进的微观理论与方法，深入分析害鼠的发生规律及其与环境变化的关系。

（二）本学科关键对策

1. 鼠害治理技术研发与应用

我国鼠害治理研究与实践处于世界前沿，随我国"一带一路"战略的实施，我国先进的鼠害治理技术与管理经验等在蒙古、巴基斯坦等发展中国家，甚至新西兰等发达国家都有所需求，这对于我国鼠害防控技术走出国门，促进我国"一带一路"战略的实施具有重要的意义。如蒙古曾明确提出希望我国提供草原鼠害防控机械，新西兰专家曾专门考察了我国多个省份鼠害治理的管理与实施。同时，针对我国目前鼠害治理技术研发应用过程存在的问题，也需要从不同层面提出应对措施。

（1）鼠害治理理念的转变与普及。鼠类作为有害生物的同时，也是生态系统最重要的组成类群之一，是生态系统健康发育和生物多样性维持的关键。要在鼠害管理策略上和实际应用上，从根本理念出发逐步转变目前鼠害治理的现状，以防为主，防控结合，在保障有效控制鼠类为害的前提下，通过有效控制鼠类种群密度，而不是单纯灭杀，以充分发挥鼠类在生态系统食物链运转中的功能，促进生态平衡的逐渐恢复，真正实现鼠害的可持续治理。做好宣传工作，通过教学与实践的结合，中央与地方的结合，依托我国农业教育体系以及现有的鼠害防控部门与体系，通过逐级培训，加强科普宣传等方式，普及生态学理念、生物多样性概念、对鼠类在不同农业生态系统中害与益的两面性认识等基础知识，促进基层技术人员以及人民大众生态保护理念的提高。

（2）鼠害监测预警技术研发。针对我国目前鼠害监测预警技术的现状，从整体上实现我国害鼠种群动态监测数据采集、录入、分析、输出与共享的标准化，从源头做起，在保证数据质量的前提下，实现数据采集的系统化和长期化。如依托我国已经形成的植物保护实验站体系，完善发展我国现有鼠害监测新技术如 TBS 技术、物联网 + 大数据分析平台技术中，尝试多种技术的整合，建立长期的标准化的鼠害监测预警体系。

（3）鼠害治理技术研发。以我国发展生态文明的基本国策为根本出发点，在生态理念指导下，开展鼠害治理技术的研发。在杀鼠剂应用领域，在目前杀鼠剂高效应用的研究基础上，开展杀鼠剂环境残留、鼠种特异性杀鼠剂研发等，有效降低杀鼠剂对环境的影响，更大地发挥杀鼠剂、不育剂等在害鼠种群调控中的作用。进一步发挥 TBS 等技术的优势，提高这类措施在鼠害综合治理体系中的比重。

2. 害鼠生物学的基础研究

鼠害发生规律是鼠害治理策略制定、鼠害治理技术研发的基础。依托我国丰富的鼠害治理实践及逐步积累的害鼠宏观生态学数据，针对我国鼠害治理的发展趋势及实际需求，以生态学理念为指导，宏微观相结合，从生态系统整体出发，借鉴国外先进的害鼠生物学基础研究，采用先进的生理学、分子生物学、表观遗传学等先进微观技术，深入解析害鼠发生规律与环境变化的关系，为鼠害治理技术研发、综合治理措施制定等提供理论依据及支撑。

（1）鼠害发生规律研究。立足于中国特有的环境特点和鼠种特点，寻找有代表性的和特殊性的害鼠为研究对象，建立繁殖调控模型，针对环境与基因互作开展研究，深入揭示繁殖调控机制。以害鼠种群动态、害鼠繁殖调控及其与环境变化的关系为核心，从各个层面，尤其是分子调控通路上深入解析鼠类繁殖调控通路，寻找主要基因及其表观调控模式、遗传机制，从科学问题的角度阐明季节性繁殖的根源；二是在此基础上，寻找关键调控因子或通路的阻断方法，实现害鼠繁殖的可控化，达到害鼠防治的目的。

（2）鼠类适应进化及其与环境变化的关系。从人类适应进化研究可知，基因组学与表观组学的理论与技术的应用，是研究动物适应进化的关键途径和基本发展方向。多年的鼠害治理实践，为我国积累了越来越多的害鼠基础生物学、生态学数据，在未来动物适应进化研究中将发挥越来越重要的作用。与此同时，应当意识到目前历史数据的不足以及现有基础研究的薄弱，结合我国鼠害治理的实践和要求，实现多团队，多学科的联合，进一步规范基础数据的积累和采集，引进先进的理念、人才和技术，真正实现宏微观相结合，以鼠类适应进化机制为切入点，分析害鼠对环境变化的响应机制，为鼠害发生规律研究提供理论支持。

参考文献

［1］ Cao L，Wang Z，Yan C，et al. Differential foraging preferences on seed size by rodents result in higher dispersal success of medium-sized seeds［J］. ECOLOGY，2016，97：3070-3078.

［2］ Chen W，Geng M，Zhang L，et al. Determination of coumarin rodenticides in soils by high performance liquid chromatography［J］. Chinese Journal of Chromatography，2016，34：912-917.

［3］ Chen X，Chen Y，Bo Z，et al. Anti-fertility effect of levonorgestrel-quinestrol on the reproductive organs of male Apodemus draco and male Apodemus agrarius［J］. Acta Theriologica Sinica，2016.

［4］ Chen Y，Liu L，Li Z，et al. Molecular cloning and characterization of kiss1 in Brandt's voles（*Lasiopodomys brandtii*）［J］. Comp Biochem Physiol B Biochem Mol Biol，2017：208-209，68-74.

［5］ Cowan P E，Gleeson D M，Howitt R L，et al. Vkorc1 sequencing suggests anticoagulant resistance in rats in New Zealand［J］. PEST MANAG SCI，2017，73：262-266.

［6］ Deng K，Liu W，Wang D H. Inter-group associations in Mongolian gerbils：quantitative evidence from social network analysis［J］. INTEGR ZOOL，2017.

［7］ Du E，Haibao R，Bo Z，et al. Non-crop bait JZLY9 and its control efficiency on rodent pests［J］. Agricultural Technology & Equipment，2016：20-22.

［8］ Hao W，Wang D，Fe R，et al. Fecal hormones imply different reproduction strategies of male Brandt's voles born in different seasons［J］. Acta Theriologica Sinica，2016，36：413-421.

［9］ Jiang G，Liu J，Xu L，et al. Intra- and interspecific interactions and environmental factors determine spatial-temporal species assemblages of rodents in arid grasslands［J］. LANDSCAPE ECOL，2015，30：1643-1655.

［10］ Lai X，Guo C，Xiao Z. Trait-mediated seed predation，dispersal and survival among frugivore-dispersed plants in a fragmented subtropical forest，Southwest China［J］. INTEGR ZOOL，2014，9：246-254.

［11］ Li G，Hou X，Wan X，et al. Sheep grazing causes shift in sex ratio and cohort structure of Brandt's vole：Implication of their adaptation to food shortage［J］. INTEGR ZOOL，2016，11：76-84.

［12］ Li K，Kohn M H，Zhang S，et al. The colonization and divergence patterns of Brandt's vole（*Lasiopodomys brandtii*）populations reveal evidence of genetic surfing［J］. BMC EVOL BIOL，2017，17：145.

［13］ Liu M，Luo R，Wang H，et al. Recovery of fertility in quinestrol-treated or diethylstilbestrol-treated mice：

Implications for rodent management [J]. INTEGR ZOOL, 2017, 12: 250-259.

[14] Liu SY, et al. Taxonomic position of Chinese voles of the tribe Arvicolini and the description of two new species from Xizang, China [J]. Journal of Mammalogy, 2017, 98 (1): 166-182.

[15] Liu S, Jin W, Liu Y, et al. Taxonomic position of Chinese voles of the tribe Arvicolini and the description of 2 new species from Xizang, China [J]. J MAMMAL,, 2016: 70.

[16] Luo Y, Yang Z, Steele M A, et al. Hoarding without reward: rodent responses to repeated episodes of complete cache loss [J]. Behav Processes, 2014, 106: 36-43.

[17] Ren F, Wang D, Li N, et al. The analysis on developmental patterns of reproduction system of Brandt's voles born in different seasons [J]. Plant Protection, 2016: 31-37.

[18] Song Y, Endepols S, Klemann N, et al. Adaptive introgression of anticoagulant rodent poison resistance by hybridization between old world mice [J]. CURR BIOL, 2011, 21: 1296-1301.

[19] Song Y, Lan Z, Kohn M H. Mitochondrial DNA phylogeography of the Norway rat [J]. PLOS ONE, 2014, 9, e88425.

[20] Wang D, Li Q, Li K, et al. Modified trap barrier system for the management of rodents in maize fields in Jilin Province, China [J]. CROP PROT, 2017, 98: 172-178.

[21] Wen J, Tan S, Qiao Q, et al. The strategies of behavior, energetic and thermogenesis of striped hamsters in response to food deprivation [J]. INTEGR ZOOL, 2017.

[22] Wen Z, Wu Y, Ge D, et al. Heterogeneous distributional responses to climate warming: evidence from rodents along a subtropical elevational gradient [J]. BMC Ecol, 2017, 17: 17.

[23] Xiao Z, Zhang Z. Contrasting patterns of short-term indirect seed-seed interactions mediated by scatter-hoarding rodents [J]. J ANIM ECOL, 2016, 85: 1370-1377.

[24] Xu L, Liu Q, Stige L C, et al. Nonlinear effect of climate on plague during the third pandemic in China [J]. Proc Natl Acad Sci U S A, 2011, 108: 10214-10219.

[25] Xu L, Schmid B V, Li J, et al. The trophic responses of two different rodent-vector-plague systems to climate change [J]. Proc Biol Sci, 2015, 282: 20141846.

[26] Xu L, Xue H, Li S, et al. Seasonal differential expression of KiSS-1/GPR54 in the striped hamsters (*Cricetulus barabensis*) among different tissues [J]. INTEGR ZOOL, 2017, 12: 260-268.

[27] Xu ZG, Zhao YL, Li B, et al. Habitat evaluation for outbreak of Yangtze voles (*Microtus fortis*), and management implications [J]. Integrative Zoology, 2015, 10: 267-281.(DOI: 10.1111/1749-4877.12119).

[28] Ye J, Xiao Z, Li C, et al. Past climate change and recent anthropogenic activities affect genetic structure and population demography of the greater long-tailed hamster in northern China [J]. INTEGR ZOOL, 2015, 10: 482-496.

[29] Zhang J Y, Zhao X Y, Wang G Y, et al. Food restriction attenuates oxidative stress in brown adipose tissue of striped hamsters acclimated to a warm temperature [J]. J THERM BIOL, 2016, 58: 72-79.

[30] Zhang J Y, Zhao X Y, Wen J, et al. Plasticity in gastrointestinal morphology and enzyme activity in lactating striped hamsters (*Cricetulus barabensis*)[J]. J EXP BIOL, 2016, 219: 1327-1336.

[31] Zhang MW, Han QH, Shen G, et al. Reproductive characteristics of the Yangtze vole (*Microtus fortis calamorum*) under laboratory feeding conditions [J]. Animal reproduction Science, 2016, 164: 64-71. DOI: 10.1016/j.anireprosci.2015.11.13.

[32] Zhang Q, Lin Y, Zhang X Y, et al. Cold exposure inhibits hypothalamic Kiss-1 gene expression, serum leptin concentration, and delays reproductive development in male Brandt's vole (*Lasiopodomys brandtii*)[J]. INT J BIOMETEOROL, 2015, 59: 679-691.

[33] Zhang Q, Wang C, Liu W, et al. Degradation of the potential rodent contraceptive quinestrol and elimination of its

estrogenic activity in soil and water ［J］. Environ Sci Pollut Res Int , 2014, 21: 652-659.

［34］ Zhang Z. A review on anti-fertility effects of levonorgestrel and quinestrol（EP-1）compounds and its components on small rodents ［J］. Acta Theriologica Sinica , 2015, 35: 203-210.

［35］ Zhao L, Zhong M, Xue H L, et al. Effect of RFRP-3 on reproduction is sex- and developmental status-dependent in the striped hamster（ *Cricetulus barabensis* ）［J］. GENE , 2014, 547: 273-279.

［36］ Zhao Z J, Chen K X, Liu Y A, et al. Decreased circulating leptin and increased neuropeptide Y gene expression are implicated in food deprivation-induced hyperactivity in striped hamsters, *Cricetulus barabensis* ［J］. HORM BEHAV, 2014, 65: 355-362.

［37］ Zou Y B, Wang A R, Guo C, et al. Inhibitory effect of a contraceptive compound（EP-1）on reproduction in field populations of Maximowicz's vole（ *Microtus maximowiczii* ）［J］. Chinese Journal of Vector Biology & Control , 2014, 25: 506-508.

［38］ 陈闻, 耿梅梅, 张丽萍, 等. 高效液相色谱法测定土壤中香豆素类灭鼠药残留［J］. 色谱. 2016, 34（9）: 912-917.

［39］ 杜恩强, 任海宝, 邹波. 一种非原粮灭鼠诱饵 JZLY9 剂型的研制与灭鼠效果试验［J］. 农业技术与装备, 2016（9）: 20-25.

［40］ 杜桂林, 洪军, 王勇, 等. 氏田鼠秋季家群数量与捕食风险的关系［J］. 动物学杂志, 2016, 51（2）: 176-182.

［41］ 戴年华, 张美文, 卢萍, 等. 警惕鄱阳湖区滨湖农田害鼠暴发成灾［J］. 植物保护, 2016, 42（6）: 133-138.

［42］ 冯蕾, 赵运林, 张美文, 等. 室内饲养条件下成年东方田鼠长江亚种对苔草的取食研究［J］. 中国媒介生物学及控制杂志, 2016, 27（6）: 546-548.

［43］ 范尊龙, 王勇, 孙琦, 等. EP-1 不育剂对内蒙古沙地黑线仓鼠种群结构与繁殖的影响［J］. 生态学报, 2015, 35（11）: 3541-3547.

［44］ 韩群花, 张美文, 郭聪, 等. 种群密度效应对成年东方田鼠内脏器官的影响［J］. 生态学报, 2015, 35（3）: 865-872.

［45］ 胡祥发, 丛林, 郭永旺, 等. 东北地区水稻初冬晾晒期鼠害调查与为害分析［J］. 植物保护, 2014（6）: 131-134.

［46］ 李波, 扎西, 桑珠, 等. 藏北草原第一代抗凝血灭鼠剂应用技术研究［J］. 西藏科技, 2015, 267（6）: 73-75.

［47］ 李波, 桑珠, 许军基, 等. 2 种不育剂和 1 种抗凝血剂在藏北草原控鼠比较试验［J］. 植物保护, 2015, 41（6）: 230-234.

［48］ 任飞, 王大伟, 李宁, 等. 不同季节出生的布氏田鼠繁殖发育模式分析［J］. 植物保护, 2016, 42（2）: 31-37.

［49］ 王同亮, 张学英, 付荣恕, 等. 布氏田鼠双亲低体重导致雄性后代生长和繁殖间的权衡［J］. 兽类学报, 2015, 35（4）: 389-397.

［50］ 徐金会, 王硕, 薛慧良, 等. 温度对黑线仓鼠能量代谢及开场行为的影响［J］. 动物学杂志, 2014, 49（2）: 154-161.

［51］ 杨再学, 郭永旺, 王登. 贵州地区黑线姬鼠种群繁殖特征［J］. 动物学杂志, 2016, 51（6）: 939-948.

［52］ 周训军, 杨玉超, 王勇, 等. 左炔诺孕酮和炔雌醚复合不育剂（EP-1）对雌性东方田鼠生殖的影响［J］. 兽类学报, 2015, 35（2）: 176-183.

［53］ 何锴, 白明, 万韬, 等. 白尾鼹（鼹科: 哺乳纲）下颌骨几何形态测量分析及地理分化研究［J］. 兽类学报, 2013, 33（1）: 7-17.

［54］ 靳鹏, 张菲菲, 解学辉, 等. 黑线仓鼠 FSHβ 基因外显子 3 部分序列的克隆与分析［J］. 中华胰腺病杂志,

2017，45（2）：60–68.

［55］李克欣．高原鼠兔种群遗传多样性及其对不育控制的响应［D］.中国科学院西北高原生物研究所博士学位论文，2011.

［56］沈伟，郭永旺，施大钊，等.炔雌醚对雄性长爪沙鼠不育效果及其可逆性［J］.兽类学报，2011，31（2）：171–178.

［57］王同亮，张学英，付荣恕，等. 布氏田鼠双亲低体重导致雄性后代生长和繁殖间的权衡［J］.兽类学报，2015，（04）：389–397.

［58］徐金会，王硕，薛慧良，等. 温度对黑线仓鼠能量代谢及开场行为的影响［J］.动物学杂志，2014，（02）：154–161.

［59］薛慧良，王东宽，徐金会，等. 催乳素受体与黑线仓鼠胎产仔数的关联性［J］.生态学杂志，2013，（11）：3043–3047.

［60］杨再学，郭永旺，王登.贵州地区黑线姬鼠种群繁殖特征［J］.动物学杂志，2016，51（6）：939 –948.

［61］张锦伟，海淑珍，郭永旺，等.复合不育剂EP–1对雄性长爪沙鼠的抗生育作用［J］.植物保护学报，2011，38（1）：86–90.

［62］张亮亮，施大钊，王登.不同不育比例对布氏田鼠种群增长的影响［J］.草地学报，2009，17（6）：830–833.

［63］张强，卜凡莉，徐金会，等. 黑线仓鼠KiSS–1基因的生物信息学与系统进化研究［J］.井冈山大学学报（自然科学版），2012（05）：99–106.

［64］张志强，张丽娜，王德华.渐变的光周期和温度对布氏田鼠能量代谢和身体成分的影响［J］.兽类学报，2007（01）：18–25.

［65］赵志军，陈竞峰，王德华. 光周期和高脂食物对布氏田鼠能量代谢和产热的影响［J］.动物学报，2008（04）：576–589.

撰稿人：王　勇　刘晓辉　王　登　刘少英

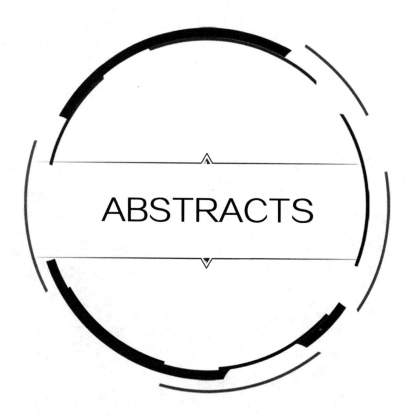

ABSTRACTS

Comprehensive Report

Report on Advances in Plant Protection

Beginning year of the 13th Five-Year Plan for National Economic and Social Development of China, 2016-2017, is the key period of implementing the strategy of innovation-driven development, achieving an all-round well-off society and building the country into one of the innovative nations in the world. China's scientific innovation has achieved qualitative leap from quantity accumulation, her innovation ability has been systematically enhanced, its core standing in the nation development is more prominent, the potential in the global innovation layout has been further improved, and China has become a nation with important scientific influence.

China is a big agricultural country with frequent occurrence of agricultural pests and fragile agro-eco environment. With the global climate change and agricultural structure adjustment, crop pests in China are in the state of multiple, frequent and severe occurrence, original secondary pests become the major pests and new pests continue to emerge, dominant races or types constantly appear, resistance kept increasing, over reliance on chemical pesticides lead increased pest resistance, posing greater pressures on agricultural structure adjustment, exploration and utilization of resistant germplasm, and research in new technologies for crop protection. According to preliminary statistics, the overall outbreak of major crop pests seriously presented during 2016-2017 in China, the occurrence area was about 4.2-4.4 billion hectares, and 5.1-5.4 billion hectares were treated with chemical pesticides. With the effect of super El Niño, flooding

season shifted earlier in most part of Southern China, extreme weather increased, resulting in scab and aphids in wheat heavily occurred, early occurrence, rapid reproduction and wide spread of rice planthopper, Cnaphalocrocis medinalis and rice blast, and significantly heavier infestation of stripe rust and aphids in wheat, all those together posed a serious threat to the rice and wheat production. Maize pests generally tended to heavily outbreak, the infestation of cotton bollworm (Helicoverpa armigera) , corn armyworm (Mythimna separate) , and corn borer (Ostrinia nubilalis) was serious in some regions. Cotton pests demonstrated medium occurrence, cotton spiders in Xinjiang and cotton plant bug (Lygus lucorum) in the Yellow River Valley occurred seriously. Weed infestation was overall severe, herbicide resistant barnyardgrass in rice growing areas of the middle and lower reaches of Yangtze River, Northeast and Northwest China occurred seriously. Rodent pests showed an overall medium infestation, with an occurrence trend that tended to heavily outbreak in most part of Northeast China, Southern China and some part of northwestern region.

In the face of the rigorous situation and national vital demands, and increasing human beings' expectations for friendly ecological environment, high quality of foods and natural resources, with the support of the National Basic Research Programs, National High-Tech R&D Programs, the National Key Technologies R&D Programs, Special Fund for Agro-scientific Research in the Public Interest, the National Natural Science Fund Projects, crop protection science has being developed rapidly, its system is tending to be perfect, its role and importance in the national economic and social development have been continuously enhanced; with the constant development and wide application of molecular and information technologies in the field of crop protection, a number of great breakthrough achievements in basic and applied research, innovation and application of key technologies for plant protection have been made in China, substantial successes and fruitful results have been achieved in the areas of the toxicity variation and virulent mechanisms of agricultural pests, the tolerant mechanisms in host plants, the exploration and utilization of new resistant genes, the pesticide molecular synthesis, information technology, and other emerging technologies related to the basic and applied research for the prevention and management of agricultural pests, a good number of the research findings have been published in *Cell*, *Nature*, *Science*, *Nature Communication*, *Nature Biotechnology*, *Nature Genetics*, *Proceedings of the National Academy of Science*, the *ISME Journal*, *PLoS Pathogens*, *Current Biology*, and *Trends in Plant Science*, further internationally expand the academic influence and discourse in some disciplines of Crop Protection Science. Considering the breakthrough achievements, Chinese plant pathologists, entomologists, and invasive biologists were invited to publish review articles in Annual Review of Entomology and Annual Review of Phytopathology, that certainly further enhanced our independent innovation capability, demonstrated our standing and discourse power in international crop protection, brought Chinese crop protection from the trace mainly into the tracing, parallel and pioneer coexisted new era.

In the application technology, it has expounded that the infestation reason and the outbreak mechanism of rice planthopper, rice black-streaked dwarf viral disease (RBSDV) and Stripe leaf blight in the main cropping areas in China, integrated the sustainable prevention and management techniques; established high efficiency and low risk technology systems for pesticide application, discovered a new anti-virus fungicide with independent intellectual property right, that enhanced the immunization prevention technology on managing rice virus disease and its vector insects in China; established a highly efficient system for agro-antibiotic strains, excavated and cultivated a batch of new bio-control resources and natural enemies, for the first time revealed rheochrysidin, a natural anthraquinone fungicide, from the plant metabolic products for plant disease management, pest management using biological control as the core has begun to take shape. A series of early warning, monitoring and intercepting techniques have been developed, confirmed the invasive species and their risk levels, innovated quantitative risk assessment for invasive alien species, a breakthrough in molecular detection, species identification, and port quarantine for important plant pathogens has been made. Broken out the confined uses of metolachlor and metsulfuron methyl, a high active herbicide, having long been believed that can only be used as dryland herbicides at home and abroad. Overcome the key technologies for safety evaluation of preemergence herbicide mixtures, R & D in botanical safeners and mycoherbicide for paddy field weed management, achieved safe and high effective paddy weed management in South of China, creatively put forward the safe and effective system, essentially achieved rodent management by integrating the pest control techniques with monitoring and early warning, to provide supporting data for gradually achieving accurate rodent prediction and forecast.

Compared with the developed countries, certain gaps in systematic, integrity and prospective in crop protection science still remain. We propose that top-level design, development layout and strategic planning for crop protection science should be taken into consideration from the national level during the 13th Five-Year Plan - 14th Five-Year Plan, in order to systematically evaluate virulence variations of agricultural pests, crop resistance mechanisms and multi-interaction mechanisms among crops, pests and mediators, chemical information communication and feedback, from multiple dimensions of molecule, cell, individual and population, to identify, clone, and analyze virulent genes and pest resistant genes, further improving our independent

innovation ability and international academic standing. Having made full good use of modern information technology, such as internet and mega data, to build three-dimensional, diversified and comprehensive platform of monitoring and early warning, and gradually achieve the network management for remote diagnosis, real-time monitoring, early warning and emergency management, to consolidate the foundation of improving the timeliness and accuracy epidemic monitoring and warning.

The total amount of chemical pesticides used in 2017 reached about 290 thousand tons, which was slightly lower than that of 2016. Pesticide zero growth action will promote the transformation of pesticide products to high efficiency, low toxicity, low residue, environmentally friendly and safe to human and livestock. With the relevant support policies of national vigorous development, keeping green development as the masterstroke, with pesticide reduction and increasing pesticide efficiency as the gripping point, in order to develop green pesticides with high efficiency and low risk, pay more attention in protecting and utilizing natural enemies, to implement the use of RNA interference, physical, biological, ecological measures rationally combining with other environmental friendly non chemical control means, such as soil treatment, fallow and crop rotation, competitive variety and good agriculture practice, biodiversity, conservation and utilization of natural enemies, ensuring the quality and safety of agricultural products, to gradually realize sustainable pest management for main crop production, maintain the diversity of ecosystem, promote the coordinated development of ecosystem and agriculture production, to avoid biological invasion and its spread and infestation, to provide sound technical support in promoting the healthy and comprehensive development of agriculture.

This report mainly outlined the research and progress made in plant pathology, entomology, biological control, invasive biology, allelopathy, pesticide science, weed science and rodent science in China since 2014, in order to promote the development and innovation of crop protection in the country, to provide pure and applied supports for safeguarding ecosystem, bio-safety, food security, qualified and safe agricultural products in the country, to promote high efficient agriculture and farmers increasing income, to achieve our magnificent goal of building an all-round well-off society.

Written by Zheng Chuanlin, Wang Zhenying, Wen Liping, Ni Hanxiang

Reports on Special Topics

Report on Advances in the Plant Pathology

Plant pathology is the scientific study of diseases in plants caused by pathogens (infectious organisms) and environmental conditions (physiological factors) . Disease epidemics in plants can cause huge losses in yield of crops because of susceptible hosts, pathogens, and conducive environment. In recent years, Chinese scientists have made significant advances on the plant pathology researches. This report summarized the advances on rice blast, crop diseases caused by fungi, viruses, bacteria, nematodes and the application of CRISPR/Cas9 on plant pathology in China during 2014-2017. The most significant advances included the identification and functions of fungus, oomycete and bacteria effectors, the mechanisms of pathogenicity and resistance, the transmission mechanism of viruses by their vector insects, tagging, cloning and function of resistance genes, and so on. In other hand, some research areas included signal transduction in primary infection, the interactions among host plants, pathogens and vectors, new biotechiques and molecular epidemiology should be paid more attention.

Written by Wang Xifeng, Lin Ruiming, Wang Guoliang, Kang Houxiang,
Zhao Tingchang, Peng Deliang, Liao Jinling, Zhou Huanbin

Report on Advances in the Agricultural Entomology

China is a big agricultural country, but agricultural production has always been threatened by various pests. In recent years, the study in agricultural entomology has made remarkable progress in China. Research had clarified the expansion single-season japonica rice area and co-cultivation of the indica and japonica rice were the key reasons for the early outbreak of small brown planthopper and late sudden outbreak of brown planthopper in the middle and lower reaches of Yangtze River, the resistance development existed "big and small double S-curve" rising mode and the mechanism of target double mutations were the important factor for high resistance levels in rice planthoppers, the accurate early warning method of brown planthopper and early monitoring of high resistance to brown planthopper as well as new integrated management strategy and technical system of planthoppers in indica and japonica rice areas were established. Important research progress also revealed insulin receptor, which regulated by the transcription factor of forkhead transcription factor O, moderate the wing-type differentiation in brown planthopper. In addition, the correlation between abiotic factors such as pesticides, temperature and carbon dioxide concentration in farmland ecosystems and the growth and decline of pests were also clarified, and found the ecosystem self-regulation function could strengthen through the increasing farmland biodiversity. The resistance mechanism of cotton bollworm to *Bt* transgenic cotton has gradually being uncovered, and it was clear that natural refuges could effectively delay the development of cotton bollworm resistance to Bt cotton. The underground pest control levels gained significantly improved through the development of new and efficient biological pesticides, optimizing the efficiency of low toxicity chemical pesticide formulations and application of technology. Moreover, seasonal migration of insect populations has important ecological effects, large-scale insect migration has important implications for ecosystem services, ecological processes and biogeochemistry.

Written by Fang Jichao, Lu Yanhui, Li Kebin

Report on Advances in Biological Control

In recent years, sustainable agriculture has become one of the key principle in agricultural development in China, and it brings opportunity to speed up the development of biological control aganst pests. During last five years, eight key projects with funding in total over 30 millions dollors has been launched and remarkable achievements have been gained both in theory and application area. The national alliance on science and technology innovation of entomophagous insects (NASTIEI) held its founding ceremony last August in Jinan, Shandong Province. The aim of NASTIEI is to increase the cooperation of companies and research institutes and to promote the industrial development of entomophagous insects as biological agents.

New resources of entomophagous arthropoda have been explored, and more than 10 parasitoids speceies and two predatory mites were found as new-recorded species in China in last five years. The study on the parasitic wasps belonging to 48 families of 12 superfamilies in China are reviewed. Several dominant species of parasitoids and their functions in pest control in rice, vegetable, orchard and forests have been well studied. Moreover, alternative and artifical diets of ladybug Cryptolaemus montrouzieri and other predatory natural enemies have been developed, and the technologies of cold storage and transportation of parasitoids, particularly the egg parasitoids, are improved. The resources of entomophagous pathogens, including bacteria, fungi and viruses, and the fundamental research on the mechanism underlying infection were also carried out and then promoted the industry development of microbial pesticides. Screening of hemipetera-target genes from *Bacillus thuringiensis* is one of the research focus recently, and several Bt biopesticides are used in insect pest control in field. The fermentation process and reprocessing technology in factory production of fungal agents, such as *Nomuraea rileyi*, *Beauveria bassiana*, *Metarrhizium anisopliae*, *Paecilomyces lilacinus* and *Isaria fumosorosea* were optimized, which could significantly improve the productivity as well as reduce fermentation period and production cost. Insect viruses as biological control agents have been registed in number over 60 in 2017 and more than 10 are commercially available. The concept "plant-mediated support system for natural enemies" has been proposed, which use honey/nectar plant,

banker plant, habitat plant, trap plant, indicator plant, guardian plant, cover plant, and crop allocation to favour the survival and development of natural enemies in field. New technologies, such as RNAi, have been develeping for control of insect pests, such as *Nilaparvata lugens, Ostrinia nubilalis, Helicoverpa armigera, Plutella xylostella* and *locust*.

Plant diseases and plant nemotodes are serious problems in agriculture in China. The collection of new resources, isolation and identification of bioactive metabolites, and the researches on pathogenic mechanism of fungi as bio-control agents against plant diseases were conducted in the last several years, and important breakthroughs were made in several new strains of traditional fungi, especially species of *Trichoderma, Pichia, Rhodosporidium, Pythium, Chaetomium, Gliocladium* and *Coniothyrium*. Fugal viruses were also founded and studied for the control of plant fungal disease. Plant nematodes can be killed by bateria, such as Bt, fungi, such as *Paecilomyces lilacinus* and *Pochonia chlamydosporia*, and plant or microbial metabolites, and three biopesticides against plant nematodes have been developed.

The plant immune inducer and or plant vaccine is one of the important approach recently developed for increasing the resistance of plants or crops. Oxycom, KeyPlex, Actigard, NCI, Chitosan are some plant vaccine products. In China, based on protein elicitor PeaT1 and Hrip1, two plant vaccine products have been commercialized.

With the development of "Green Agriculture" in China, the technigues of biological control will receive more attention and more use. However, there are still many challenges we are facing in China in this area, such as improvement of mass production of bio-control agents, combined application of enntomophagous insects and microorganisms, storage of natural enemies, and assembly of single technology into technology system. Therefore, the basic researches and technology innovation in biological control still need great attention with the priority in the field of plant protection in the future.

Written by Chen Xuexin, Jiang Daohong, Liu Yinquan, Pang Hong, Qiu Dewen, Sun Xiulian,

Wang Zhongkang, Xu Xuenong, Zhang Fan, Zhang Jie, Zhang Keqin,

Zhang Lisheng, Zhang Wenqing

Report on Advances in Invasive Biology

Increased human activities and the volume of international trade have largely facilitated globally introduction and spread of non-indigenous species (NIS)in the past three decades. These alien organisms, including insect, plant and microorganisms, were transfer to new ecosystems. And then, they spread widely and threaten local biodiversity, economy and available food (known as ecological, economic and food safety). In last decades, numerous invasive species had been detected in China. Several of them have attracted much attention since their first reports.

In this chapter, we choose invasive species in different ecological systems in China and introduce their latest progress obtained by Chinese scientists on both basic theoretical and applied research. In the past few years, we indeed achieved great progress on theoretical research, but there is still a long way to go compared with some developed countries, especially in practical application, such as biological control, ecological replacement and new technologies for control invasive species. At the end of this chapter, we discussed main strategies and policies for management of invasive species. Future directions in control of invasive species in China were pointed out. Theoretically, the understanding of causes and consequences of biological invasions is extremely poor in China. For many widely spread invasive species, factors for successful invasions remain poorly understood. Future studies should be focus on the contributions of each factor, including introduced vectors, biological/genetic characteristics, and environmental/ecological changes, to invasion success. Mathematic models, which need to be updated, will provide platform to reveal how different effectors works underlie the invasion success.

Written by Wan Fanghao, Guo Jianyang, Wang Xiaowei, Jiang Hongbo, Lu Min, Wei Shujun,
Zhan Aibin, Li Shiguo, Hu Baishi, Xu Haigen, Ma Fangzhou, Zhou Zhongshi,
Lu Yongyue, Peng Zhengqiang, Jiang Mingxing, Chen Ke

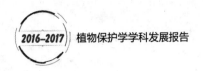
Report on Advances in Allelopathy

Allelopathy is an interference mechanism in which living or dead plants release allelochemicals into the environment, exerting an effect (commonly negative) on the associated organisms. In recent years, much effort has focused on the use of allelopathy with allelochemicals as an efficient component of integrated pest management in China. This report outlines recent advances in allelopathic interference of crop plants with weeds, insects and pathogenic microbes occurred in China agro-ecosystems. In crop-weed allelopathic interactions, the mechanisms underlying such interactions have been elucidated. In particular, allelopathic crop cultivars can release their own "herbicides" (*i.e.* allelochemicals) to inhibit the growth and establishment of weeds, reducing the use of herbicides. In crop-insect pest interactions, many chemicals that mediate interactions among crops, insect pests and their natural enemies have been identified. Moreover, molecular mechanisms underlying the production of such chemicals and the perception of insects on these chemicals have been extensively investigated. In addition, the methods of insect pest management, such as using plant volatiles as attractants or repellents of insect pests and their natural enemies, the application of chemical elicitors and the genetic modification of crop variety have been exploited. In crop-pathogen interactions, it has been confirmed that plant secondary metabolites are able to affect the growth of plant pathogenic microbes. In particular, the interactions between plant secondary metabolites and soil-borne microbes have been focused in the past couple of years. Furthermore, the chemical interactions between medicinal plants and insects and pathogenic microbes including herbivore pests and natural enemies have been clarified. Allelopathy is an important factor in the continuous monocultures of medicinal plants while soil microorganisms are an important determinant of allelopathic activity in the monocultures. Allelochemicals of several medicinal plants including *Panax ginseng*, *Panas quinquefolium*, *Rehmannia glutinosa* and *Pseudostellaria heterophylla* have been isolated and identified. These allelochemicals may alter soil microbial community structure in the rhizosphere of medicinal plants. With allelochemicals as leading compounds, new agrochemicals have been developed through chemical structural modification. These agrochemicals have many advantages such as multiple active sites, and low drug resistance. Some of the allelopathy-based agrochemicals are employing in organic agriculture for managing weeds, insect pests and diseases in fields. Based on the comparison of more specific regarding what has been already done on this issue by Chinese scholars versus other scientists throughout the world, the report provides compelling future lines of research on allelopathy. Actually, the development of pest management and control is striving toward a future of sustainable agriculture. Allelopathy thus offers an attractive environmentally friendly alternative to pesticides in agricultural pest management. In-depth understanding of allelopathy in agro-ecosystems may assist in developing new environmentally safe biological control strategies for sustainable agriculture.

Written by Kong Chuihua, Lou Yonggen, Ye Min, Chen Jun, Zhao Xuesong, Qin Bo

Report on Advances in Pesticide Sciences

This part was divided into several topics. Firstly, we introduced the creation, mode of action and application status of fungicide and antiviral agent in domestic. Domestic scientist established the new pesticide screening model based on molecular target of viruses and fungi in crops, studied the target and reaction mechanism of viruses and fungi, and created several pesticides, such as dufulin, pyrimorph, coumoxystrobin, with independent intellectual property rights, which has good control effect. These innovations in fungicide and antiviral pesticides are of great impetus to innovative green pesticide in China. The second topic is the creation, mode of action and application status of insecticides and nematicides in domestic. The domestic scientists focus on creation of insecticides and nematicides with high activity, low residue and low mammalian toxicity, and are environment friendly, such as acetamiprid and fipronil. In the third topic, we introduced some new leads and herbicides targeting the enzymes such as PPO、AHAS、HPPD and Accase, and commercialized the new herbicides or inhibitors with novel mode of action, and introduced the transgenic plants with resistance to PPO-inhibiting herbicides、HPPD-inhibiting herbicides、AHAS-inhibiting herbicides and

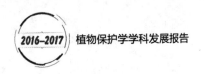
ACCase-inhibiting herbicides. In the final topic, we introduced the basic theory, monitoring and the control of pesticide resistance.

Written by Song Baoan, Li Xiangyang, Li Zhong, Shao Xusheng, Yang Guangfu,
Wu Qiongyou, Gao Xiwu, Zhou Mingguo, Hou Yiping, Liang Pei, Zhang Youjun,
Wu Yidong, Wang Jinjun, Li Jianhong, Rui Changhui, Qiu Xinghui

Report on Advances in Pesticide application technology

Pesticide application technology is a kind of science that study the relevant technology problems about the pesticide use methods, and it is a complicated discipline that involves a large of scale, has the characteristics of interdisciplinary integration. Pesticide application technology and pesticide use method and other concepts is to study the dispersion, dose transfer, deposition and distribution of pesticide active ingredients. The aim is to transfer small amount of pesticide active ingredients to the insects, plant pathogens and weeds etc., with the least risk of non-target organisms. According to different situation, the targets of pesticide application technology are plants, soil, insects, pathogens, weeds and so on. There are many different application methods, including seed treatment, seedling treatment, soil fumigation, smear method, fogging, granular application, dusting, spraying, chemigation and so on. Every method requires study of the characteristics of pesticide formulation, the relevant plant protection machinery, to achieve pesticide, plant protection machinery, agronomy fusion. So, It can conform the technology have a greatest effect on pesticide control of crop pest, and reduce environment risk to the lowest, to achieve high efficiency and low risk of pesticides.

Recent years, great progress have been achieved in seed coating, soil fumigation, ground high-efficient spray, aerial low-volume spray and other pesticide use technology in China. First, there are great achievements in seed treatment technology. It have been developed in pathogen detection and rapid diagnosis technology, dry powder seed coating agent, nanometer functional seed coating agent, micro-encapsule control release seed coating agents, intelligent seed coating machinery. Second, the soil fumigation technology develop quickly, including a rapid detection method of soil pathogen, a fumigant capsule agent and application technology, a control method of fumigant distribution technology and other soil disinfection technology. It also established a soil disinfection technology system in a variety of crops foundation. Third, it has been create a high efficiency and low risk technology system of pesticide, including scientific pesticide selection, rational dispensing, precision spraying, high efficiency and low risk application technology. Four, the initial study to establish the basic theory of pesticide spray droplets and evaluation techniques; Five, the development of ground self-propelled spray technology, orchard air-assitance spray technology, UAV low-volume spray technology and other modern technology and intelligent plant protection machinery and equipment.

Written by Cao Aocheng, Yuan Huizhu, Liu Xili, Xue Xinyu, Lan Yubin,
Qin Weicai, Wang Guobin, Yan Dongdong

Report on Advances in Weed Science

The research object of weed science is the large group of crop weeds with great agricultural, biological importance. Studies on weed biology and ecology are important foundation for cognition of weeds. Understanding weed infestation mechanisms and herbicide resistance mechanism are the theoretical essential for establishing weed management systems, innovating weed management methods and technologies are important guarantee for sustainable and healthy agriculture development. With the great support of National "12th Five-Year" Science and Technology Support Program, Special Fund for Agro-scientific Research in the Public Interest "Farmland Weed Management Technology Research and Demonstration"(201303022), and "Herbicide Resistance Monitoring and Management Technology Research and Demonstration" (201303027), the National Natural Science Foundation Projects in 2011-2017, significant progress in weed science research and application have been made.

Clarified the origin and unique domestication process of four weedy rice populations in China,

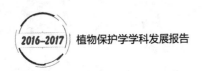
identified the important role of introgression cultivated rice in the genetic differentiation and adaptive evolution of weedy rice; revealed two gene clusters involved in the biosynthesis of secondary metabolic compounds in *Echinochloa crus-galli* genome, contributing its competing and defending capabilities in rice paddy, which provided a new understanding of the molecular mechanisms underlying the extreme adaptation of the weed. distinguished the genetic relation of multiple populations *Aegilops tauschii* and *A. cylindrica* collected from 6 provinces; demonstrated that the induced systemic signals could be rapidly, consecutively and far-reaching transmitted from attacked plants to un-attacked plants in *Cuscuta* bridge-connected plant clusters; found that dormancy related gene *DELAY OF GERMINATION1 (DOG1)* regulated seed dormancy and flowering by micro RNA pathway.

Revealed the weed community types and distribution of *Galium aparine* dominated weeds in crop lands and *Alopecurus aequalis* dominated weeds in rice stubble fields, put forward the concept of weed community complex and the corresponding management strategies; clarified the biological characteristics and spreading mechanisms of *Aegilops tauschii*, *Bromus japonicus*, *Alopecurus myosuroides*, *Lolium multiflorum*, the major grass weeds in wheat fields.

Herbicidal inhibiting mechanisms of tenuazonic acid (TeA), caprylic acid, isolated from coconut herbicidal compound, vulculic acid produced by *Nimbya alternantherae*, α, β-dehydrocurvularin excreted from *Curvulariaera grostidis*, strain QZ-2000 and Commelina Phoma toxin from *Phoma herbarum* were all studied.

Quinclorac and penoxsulam resistant *Echinochloa crus-galli*, bensulfuron resistant *Ammannia arenaria*, *Sagittaria trifolia*, pyrazosulfuron, bensulfuron and penoxsulam resistant *Scirpus juncoides* and *Eclipta prostrate*, fenoxaprop and mesosulfuron resistant *Beckmannia syzigachne*, *Alopecurus aequalis*, *A. japonicas* and *Sclerochloa kengiana*, tribenuron resistant *Descurainia sophia*, *Capsella bursa-pastoris* and *Myosoton aquaticum*, *Digitaria sanguinalis* resistant to nicosulfuron, imazethapyr and flumetsulam, *Amaranthus retroflexus* resistant to imazethapyr, *Eleusine indica* resistant to haloxyfop, glyphosate and paraquat were investigated, and their resistance mechanisms demonstrated that either substituted amino acids on the target sites or decreased metabolic enzyme activity occurred in the resistant populations. 332 metabolic gene sequences were successfully obtained, some resistance related differential proteins and regulation related microRNA were found, and several potential genes related to metabolic resistance were identified.

It was found that balanced chemical fertilizer application alone or applied with organic fertilizer could reduce weed density in paddy field, long term balanced fertilization is not only beneficial to the high quality and high yield of crops, but also to the stability of soil seed bank community in farmland. The combination of two fertilization modes: balanced application of chemical fertilizer and nutrient circulation is more effective for weed control. Chemical weed control systems have been formed for rice production of various cultivation systems. The key period for major weed management, herbicide efficacy, the synergistic effects of spray additives and important agronomic measures were explored, formulated weed management schemes focused on different dominant weed populations and communities, put forward the "four precision" weed chemical control techniques: precision period, precision conditions, precision targets and precision herbicides, combined with crop rotation, deep tillage, straw mulching, greatly improved the weeding efficiency and crop safety, effectively reduced use, especially indiscriminate use of herbicides.

Compared with developed countries, weed science in China is still short of recognized leading talents and experts, lack of national attention and projects, undersized research capacity, few innovative and distinguished research work, inconstant research direction, that directly resulted in low innovation ability, insufficient scientific accumulation and precipitation, less innovative achievements, and not-strong international competitive ability in the sector. To narrow the gap between China's weed science and the international ones, to improve our international influence and competitiveness, to solve the increasing, more dynamic and complex weeds and scientific issues associated with China's weed science in the development of modern agriculture and global climate change, pure and applied research, innovative studies on eco-friendly, non-chemical techniques, and constructing and promoting of diversified weed management systems must be emphasized and strengthened for sustainable agriculture development in China.

Written by Zhang Chaoxian, Bai Lianyang, Qiang Sheng, Wang Jinxin,

Li Mei, Fan Longjiang, Wu Jianqiang

Report on Advances in Rodent Pests Management

This paper introduces the causes and harms of agricultural rodents in China during the 12th Five-Year Plan period, and points out that climate change is one of the most important causes of frequent occurrence of pest rodents. The prolongation of the breeding period of the rodent population caused by climate warming, the expansion of the habitat and the decline of vegetation restoration in the northern grassland were directly or indirectly related to the outbreak of rodent infestation. Human activities are another key factor in causing rodent pests, and the large-scale degeneration of grassland caused by overgrazing in successive years leads to the development of vegetation change in favor of rodents. The increase in the area of young trees during the process of returning farmland to forest provides a wealth of food for the occurrence of pests.

In recent years, Chinese scholars have made some important progress in the research of basic theory of rodent biology, early warning technology of pest rodent, the technology of rodent chemical control and the ecological management of rodents.

Under the condition of closed large fence, the relationship between the occurrence of rodents and climate and vegetation conditions was studied. The results show that, although different degrees of rainfall in Inner Mongolia will promote the growth of vegetation, provide more richer food for rodents, but the impact of the impact of vegetation affected by the impact of rodent food sources, but also affect the habitat and behavior of rodents, So different rainfall conditions have different or even completely opposite effects on the rodent population

In order to clarify the effects of environmental causes and gene internal factors on the fecundity of rodents and populations, we established the research model of the relationship between environment and genes, and explained the core problems of the mechanism of population changes Outbreak disaster mechanism and completely solve the problem of rodents has a very important theoretical and practical significance.

TBS technology, Internet of things technology, infrared monitoring technology is expected to become the future of China's rodent monitoring the main technical means.

The introduction of climatic factors into the population parameters of pest rodent outbreaks can not only extend the time scale of the model of rodent prediction, but also improve the prediction accuracy of the rodent prediction model. And to clear the mechanism of rodent outbreaks, the development of targeted preventive measures. The effect of external factors on the population is mediated by the relevant factors to the population reproductive regulation, with obvious temporal and spatial characteristics.

By increasing the efficiency of the use of rodenticide to reduce the use of chemical rodenticide to improve the safety of rodenticide and reduce the impact of chemical rodenticide on non-target animals and ecological balance.

In the aspect of ecological control, it is necessary to improve the concept of rodent control in theory, and change the current situation of anti-killing to management, to promote the reproduction of natural enemies, and to gradually restore the balance of ecosystems. It is possible to really play the role of natural enemies prevention and control.

At the same time, pointed out that the development trend of rodent control disciplines and countermeasures. Under the guidance of the ecological concept of rodent control technology research and development, pest biology basic research is the basic development direction of the discipline. Rodent biology research is moving from the whole to the details, from rugged to fine. In the rodent management strategy and practical application, starting from the fundamental concept of the current changes in the current status of rodent control to prevent the main prevention and control, in the protection of effective control of rodents under the premise of harm. Through the effective control of rodent population density, rather than simply kill, in order to give full play to the role of rodents in the operation of the ecosystem food chain to promote the gradual restoration of ecological balance, the real realization of sustainable management of rodent pests.

Written by Wang Yong, Liu Xiaohui, Wang Deng, Liu Shaoying

索　引

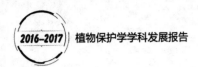